Vorwort zur dreizehnten Auflage

Dieses Physikbuch *orientiert sich an den Lehrplänen der Länder der Bundesrepublik Deutschland.* Die in den Lehrplänen genannten Stoffinhalte wurden methodisch so aufbereitet und leicht verständlich dargestellt, daß *die Schüler zahlreiche Abschnitte des Buches selbständig auch ohne die Hilfe des Lehrers erarbeiten und verstehen können.* Dies verlangt eine gewisse Breite und Ausführlichkeit der Darstellung. Es bringt aber dafür den Vorteil, daß der Schüler so die Möglichkeit hat, versäumte Unterrichtsstunden in eigener Arbeit nachzuholen oder sich selbständig mit einzelnen im Unterricht nicht behandelten Gebieten zu beschäftigen. Auf der Sekundarstufe II ist dies von besonderer Wichtigkeit, weil die Schüler auch *auf die selbständige wissenschaftliche Arbeitsweise der Hochschulen vorbereitet werden müssen.*

Die dreizehnte Auflage des zweiten Teilbandes von Physik II für die Sekundarstufe II ist gegenüber der zehnten bis zwölften Auflage strukturell nicht verändert worden. Die zehnte bis dreizehnte Auflage können also im Unterricht nebeneinander benutzt werden. Zahlreiche Verbesserungsvorschläge seitens der Benutzer und der Gutachter in den Kultusministerien wurden jedoch berücksichtigt. Darüber hinaus ist der Text auf wissenschaftliche Korrektheit und mit dem Blick auf jüngste Forschungsergebnisse überprüft worden.

Es war der Wunsch der Verfasser, eine Konzeption verwirklichen zu können, die sich an modernen fachlichen, didaktischen und lernpsychologischen Erkenntnissen orientiert. Im einzelnen ist dazu folgendes zu sagen:

Den größeren Kapiteln liegen *methodische Entwürfe* zugrunde; sie mögen Ausgangspunkt zu einer Unterrichtsplanung sein. Die Verkettung der einzelnen Abschnitte ist jedoch nicht so streng angelegt worden, daß Lehrer und Lerngruppe sich der vorgelegten Konzeption ganz unterwerfen müssen. Solche Gesetzmäßigkeiten, die in einer endgültigen Formulierung vom Schüler auch dann verstanden werden können, wenn er sie nicht in allen Einzelheiten selbst erarbeitet hat, wird man dort in den selbstgeplanten Lehrgang integrieren, wo es notwendig ist. Die Verfasser haben die Kapitel auch als *Arbeitsunterlagen für den Gruppenunterricht* konzipiert. Der Forderung der Lernpsychologie nach Eigeninitiative des Schülers soll damit entsprochen werden. Die angebotenen Lehrgänge sind alle in der Praxis erprobt worden. In dieser Erprobungsphase ist manche Anregung aus der Arbeit mit Lerngruppen heraus erwachsen.

Bei dem raschen Anwachsen der physikalischen Erkenntnisse können die Bildungsaufgaben dieses Faches nur erfüllt werden, wenn einige charakteristische Gebiete der Physik im Unterricht in den Vordergrund gestellt werden und im übrigen eine starke Stoffbegrenzung vorgenommen wird. Dabei ist es nicht entscheidend, an welchen Stoffgebieten die Hauptziele erarbeitet werden. Es muß dem einzelnen Lehrer überlassen bleiben, je nach den vorliegenden Verhältnissen diejenigen Gebiete auszuwählen, die besonders ausführlich und gründlich behandelt werden sollen. Ein Lehrbuch kann und darf eine solche Entscheidung nicht vorwegnehmen. Deshalb wird in diesem Buch das Material für alle wichtigen Gebiete zur Verfügung gestellt. Selbstverständlich ist es keineswegs im Sinne dieses Buches, *alle hier dargestellten Gebiete mit der angebotenen Ausführlichkeit und Eindringlichkeit im Unterricht zu behandeln.*

In der Elektrizitätslehre wurde konsequent die Möglichkeit genutzt, die elektrischen und magnetischen Erscheinungen im Vakuum und in Luft *unter Verwendung nur zweier Feldvektoren darzustellen.* Die Wahl fiel auf die elektrische Feldstärke $\vec{E}$ und die magnetische Flußdichte $\vec{B}$. Damit entfällt die unmotivierte Einführung von vier Feldvektoren für die Felder im Vakuum, die Lehrern und Schülern von jeher unnötige Schwierigkeiten bereitet hat. Die Verfasser stützen sich dabei auf die moderne Hochschulliteratur. Wer auf die Erarbeitung der Felder im materieerfüllten Raum verzichten will, braucht sich daher mit manchem Problem nicht zu belasten.

Neue Geräte der Lehrmittelindustrie sollten insbesondere dann eingesetzt werden, wenn mit ihnen Meßvorgänge für den Schüler transparenter gemacht werden können. So wurde z.B. bei der Untersuchung zeitlich veränderlicher Felder der Spannung-Zeit-Schreiber (XY-Schreiber) verwendet. Die entsprechenden Abbildungen im Buch wurden nach Originalaufzeichnungen erstellt.

Die Verfasser verbürgen sich dafür, daß *sämtliche beschriebenen Versuche ohne Schwierigkeiten erfolgreich durchgeführt* werden können. Es werden zu diesen Versuchen stets nur solche Geräte benötigt, die von den Lehrmittelherstellern angeboten werden. Die Verwendung der günstigsten Apparaturen schien für diese Zwecke angezeigt; so wird z.B. die HALL-Sonde als Standardmeßgerät zur Bestimmung der magnetischen Flußdichte benutzt. Die Angabe von technischen Daten erfolgte dort, wo das Einhalten solcher Daten für das Gelingen eines Versuchs wesentlich sein kann. Es lag zwar nicht in der Absicht der Verfasser, aus dem Buch ein Experimentierbuch zu machen, wohl aber, Lehrern und Schülern auch auf dem experimentellen Sektor Anregungen und Hilfen zu geben.

Wenn die Darstellung der technischen Anwendungen physikalischer Erkenntnisse in der Schule auch nicht Selbstzweck und Endziel des Physikunterrichts sein kann, so darf auf der anderen Seite die *enge Verflechtung der Physik mit der natürlichen und technischen Umwelt des Menschen* nicht übersehen werden. Es wird daher in diesem Buch versucht, die Beziehungen der behandelten physikalischen Erscheinungen und Gesetze zu dieser Umwelt aufzuzeigen. Der Schüler muß auch erkennen, wie die Technik ihrerseits Voraussetzungen für die weitere physikalische Forschung schafft. So wurde z.B. den Teilchenbeschleunigern ein eigener Abschnitt eingeräumt. Ein vertieftes Verständnis der inneren Zusammenhänge erscheint uns jedoch wichtiger als die Kenntnis technischer Einzelheiten.

Ein moderner Physikunterricht kann sich nicht auf die Vermittlung physikalischer Fakten und Gesetze beschränken, sondern er muß darüber hinaus besonderen Wert darauf legen, die Schüler mit den *Wegen physikalischer Erkenntnisgewinnung* vertraut zu machen. An solchen Inhalten, die sich von der methodischen Anlage her dazu eignen, werden darum wissenschaftstheoretische oder historische Hintergründe aufgezeigt.

Eine wertvolle Hilfe für die Festigung und Vertiefung der behandelten Stoffe sowie eine aufschlußreiche Selbstkontrolle über das erworbene Verständnis ist das *Lösen von Aufgaben.* Am Ende aller größeren Abschnitte finden sich deshalb jeweils eine oder mehrere Aufgaben mit der vollständigen Lösung, wobei auf eine exakte und saubere Schreibweise in der Form von Größengleichungen besonderer Wert gelegt wurde. Es wird empfohlen, in jedem Falle weitere Aufgaben aus der von den gleichen Verfassern herausgegebenen Sammlung von *Physik-Aufgaben II/2* durch die Schüler lösen zu lassen.

Dieses Buch ist der zweite Band des Gesamtwerkes Physik II. Die *Gliederung des Gesamtwerkes* ist weiterhin in der traditionellen Weise erfolgt, indem an der Einteilung des Stoffes in Mechanik, Wärme, Elektrizität, Magnetismus, Optik, Relativitätstheorie, Quanten und Atome festgehalten wird. Aus praktischen Gründen erscheint das Buch in den folgenden drei Teilbänden:

Band II, Teil 1: *Mechanik und Wärme;*

Band II, Teil 2: *Elektrizität, Magnetismus, Optik, Relativitätstheorie;*

Band II, Teil 3: *Quanten und Atome.*

Außerdem steht eine aus der Vereinigung der drei Teilbände sich ergebende Gesamtausgabe zur Verfügung, ebenso zu jedem Teilband je eine Sammlung von Physik-Aufgaben ohne numerische Endergebnisse und zum Gesamtband eine solche mit numerischen Endergebnissen.

Für alle Anregungen und Verbesserungsvorschläge, die seitens der Kollegenschaft und der Hochschule gemacht wurden, möchten die Verfasser und der Verlag an dieser Stelle ausdrücklich danken und die Bitte aussprechen, weiterhin in der täglichen Unterrichtspraxis erarbeitete Anregungen den Verfassern oder dem Verlag mitzuteilen, damit diese Vorschläge auch anderen Schulen zugute kommen.

Hamburg, Frühjahr 1983 — Die Verfasser

OSKAR HÖFLING

PHYSIK

BAND II TEIL 2

ELEKTRIZITÄT – MAGNETISMUS – OPTIK – RELATIVITÄTSTHEORIE

Dreizehnte Auflage.
Bearbeitet von Bernd Mirow
und Gerhard Becker.
Mit 326 Abbildungen.
Dümmlerbuch 4115

DÜMMLER

HÖFLINGS neubearbeitete PHYSIK für die Sekundarstufe I und II

Lehrbücher

PHYSIK I
für die Sekundarstufe I (Gelber Band)
16. Aufl. Bearbeitet von Dr. Oskar Höfling und Bernd Mirow. 1980.
480 Seiten. 637 Abbildungen. 1 Farbtafel.
Gelber Linsoneinband. Dümmlerbuch 4103

PHYSIK II (Rote Teilbände)
für die Sekundarstufe II
Bearbeitet von Dr. Oskar Höfling, Bernd Mirow und Gerhard Becker

Teilband 1: Mechanik – Wärme
13. Aufl. Bearbeitet von Dr. Oskar Höfling. 1981.
422 Seiten. 320 Abbildungen.
Kart. Ausgabe. Dümmlerbuch 4114

Teilband 2: Elektrizität – Magnetismus – Optik – Relativitätstheorie
13. Aufl. Bearbeitet von Bernd Mirow und Gerhard Becker. 1983.
340 Seiten. 326 Abbildungen. 1 Farbtafel.
Kart. Ausgabe. Dümmlerbuch 4115

Teilband 3: Quanten und Atome
12. Aufl. Bearbeitet von Dr. Oskar Höfling. 1979.
326 Seiten. 140 Abbildungen. 1 Farbtafel.
Kart. Ausgabe. Dümmlerbuch 4116

PHYSIK II (Roter Gesamtband)
Lehrbuch für Unterricht und Selbststudium
Umfaßt die drei Teilbände von Physik II.
13. Aufl. 1981.
1065 Seiten. 784 Abbildungen. 2 Farbtafeln.
Roter Linsoneinband. Dümmlerbuch 4104

PHYSIK II (Blaue Kurzausgabe)
Einbändige Kurzausgabe der drei Teilbände von Physik II.
12. Aufl. 1982.
480 Seiten. 355 Abbildungen. 1 Farbtafel.
Blauer Linsoneinband. Dümmlerbuch 4126

Aufgabensammlungen

PHYSIK-AUFGABEN I
für die Sekundarstufe I (zu 4103; blau)
15., erw. Aufl. Bearbeitet von Dr. Oskar Höfling und Bernd Mirow. 1981.
64 Seiten. 500 Aufgaben.
Blauer Umschlag. Dümmlerbuch 4181

PHYSIK-AUFGABEN II (Grüne Teilbände)
für die Sekundarstufe II
Bearbeitet von Dr. Oskar Höfling, Bernd Mirow und Gerhard Becker

Teil 1: Mechanik – Wärme (zu 4114)
11. Aufl. Bearbeitet von Dr. Oskar Höfling, Bernd Mirow und Gerhard Becker. 1981.
51 Seiten. 320 Aufgaben.
Grüner Umschlag. Dümmlerbuch 4183

Teil 2: Elektrizität – Magnetismus – Optik – Relativitätstheorie (zu 4115)
10. Aufl. Bearbeitet von Dr. Oskar Höfling, Bernd Mirow und Gerhard Becker. 1980.
47 Seiten. 260 Aufgaben.
Grüner Umschlag. Dümmlerbuch 4185

Teil 3: Quanten und Atome (zu 4116)
4. Aufl. Bearbeitet von Dr. Oskar Höfling, Bernd Mirow und Gerhard Becker. 1981.
24 Seiten. 120 Aufgaben.
Grüner Umschlag. Dümmlerbuch 4187

PHYSIK-AUFGABEN II (Roter Gesamtband)
Übungsbuch für Unterricht und Selbststudium
Umfaßt die drei Teile von Physik-Aufgaben II.
Zu 4104, 4126 und 4114–4116.
12. Aufl. 1983. 144 Seiten.
700 Aufgaben mit numerischen Endergebnissen.
Roter Umschlag. Dümmlerbuch 4189

ISBN 3-427-**41153**-2

Printed in Germany by Universitätsdruckerei H. Stürtz AG, 8700 Würzburg

Inhalt

5. Elektrizität und Magnetismus

5.1 Elektrische Felder

5.1.1 Grundtatsachen der Elektrizitätslehre

In einem einführenden Physikunterricht lernt man zahlreiche Grundtatsachen über elektrische Vorgänge kennen, von denen die wichtigsten im folgenden zusammengefaßt werden. Es handelt sich vor allem um die Größen Ladung, Stromstärke, Spannung, Energie, aber auch um den wichtigen Begriff des elektrischen Feldes. Die Aufgabe, die uns hier gestellt ist, besteht darin, die genannten Größen in einem streng wissenschaftlichen und systematischen Aufbau zu sehen und Feldgrößen einzuführen, die innerhalb dieses Aufbaues das behandelte Gebiet auch mathematisch zu erfassen gestatten. Dabei soll einmal zum Ausdruck kommen, daß die moderne Physik neben der experimentellen eine mindestens ebenso wichtige theoretische Seite enthält; zum anderen soll deutlich gemacht werden, daß die Differential- und Integralrechnung für die hier durchgeführten theoretischen Betrachtungen zwar sehr elegant, in weiten Bereichen der Darstellung aber keineswegs erforderlich ist.

Folgende Tatsachen sollen als bekannt vorausgesetzt werden:

Der elektrische Strom in Metallen besteht in einem Fließen von Elektronen.

In einem elektrischen Stromkreis treten die Elektronen am negativen Pol der Spannungsquelle aus, fließen mit einer mittleren Driftgeschwindigkeit durch den Draht und treten am positiven Pol wieder in die Spannungsquelle ein. Im Innern der Spannungsquelle setzen die Elektronen ihre Bewegung vom positiven zum negativen Pol fort.

Gleichstrom liegt vor, wenn die Elektronen im zeitlichen Mittel in der gleichen Richtung wandern, Wechselstrom dagegen, wenn sie ihre Bewegungsrichtung regelmäßig wechseln (bei technischem Wechselstrom 100 Wechsel in der Sekunde, d.h. mit der Frequenz 50 Hz).

Der Zusammenhang zwischen der Ladung Q, die in der Zeit t durch einen Querschnitt fließt, und der Stromstärke I ist

$$I = \frac{Q}{t} \quad \textbf{oder} \quad Q = I\,t.$$

Diese Gleichungen sind nicht an den Sonderfall der metallischen Leitung gebunden, sie gelten z.B. auch für die Leitung in Elektrolyten, Halbleitern oder für den Elektronenstrom in Hochvakuumröhren.

Wird eine der beiden Größen I oder Q in den vorstehenden Gleichungen als Basisgröße durch ein Meßverfahren definiert, so ist die andere als abgeleitete Größe durch die entsprechende Gleichung definiert. Für welche Größe man sich als Basisgröße entscheidet, ist erkenntnismäßig und für den konsequenten Aufbau des physikalischen Begriffssystems gleichgültig. Die Standpunkte haben sich in solchen Fragen aus meßtechnischen und systematischen Gründen im Laufe der Entwicklung der Physik auch mehrfach gewandelt. Diese Entwicklung ist durch internationale Vereinbarungen nun zu einem Abschluß gekommen.

Als *elektrische Basisgröße* wird die Stromstärke I gewählt. Mit unseren Sinnen ist es allerdings nicht möglich, elektrische Ströme wahrzunehmen. Es ist deshalb nicht möglich, Ströme unmittelbar zu messen, so wie wir etwa eine Länge durch Vergleich mit einem Maßstab messen können. Wir können elektrische

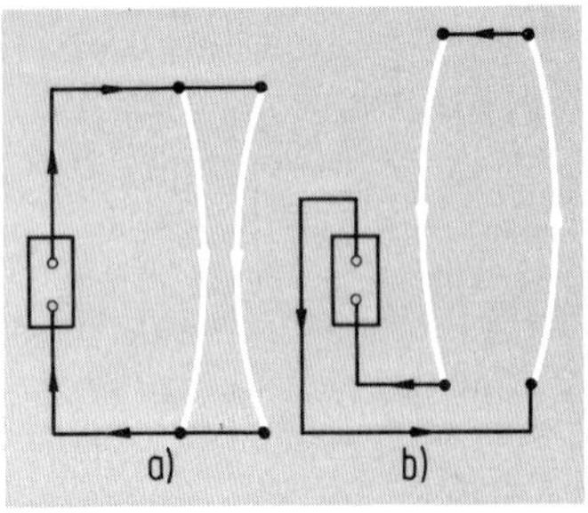

Abb. 402.1
Zwei bei Stromlosigkeit zunächst parallel aufgehängte Metallbänder ziehen sich an bei Stromfluß in der gleichen Richtung (a) und stoßen sich ab bei Stromfluß in entgegengesetzten Richtungen (b).

Ströme vielmehr nur auf dem Umweg über die von ihnen ausgeübten und für uns wahrnehmbaren Wirkungen erkennen. Elektrische Ströme sind stets von Magnetfeldern umgeben; daher üben z. B. zwei parallele, stromdurchflossene Leiter Kräfte aufeinander aus (Abb. 402.1). Außerdem können elektrische Ströme chemische Wirkungen und Wärmewirkung hervorrufen. Für das Meßverfahren hat man die magnetische Kraftwirkung gewählt und die Stromstärkeeinheit Ampere gesetzlich festgelegt. Bei der gesetzlichen Definition der Stromstärke werden statt der Metallbänder Drähte mit kreisförmigem Querschnitt verwendet. Außerdem werden zahlreiche andere Versuchsbedingungen genau festgelegt, um den heute sehr hohen Anforderungen an die Präzision phyikalischer Messungen zu genügen.

Das *Gesetz über Einheiten im Meßwesen* bestimmt über die Einheit der elektrischen Stromstärke:

Die Basiseinheit 1 Ampere (Einheitenzeichen: A) ist die Stärke eines zeitlich unveränderlichen elektrischen Stromes, der, durch zwei im Vakuum parallel im Abstand 1 Meter voneinander angeordnete, geradlinige, unendlich lange Leiter von vernachlässigbar kleinem, kreisförmigem Querschnitt fließend, zwischen diesen Leitern je 1 Meter Leiterlänge die Kraft $2 \cdot 10^{-7}$ Newton hervorrufen würde.

Diese Einheit erhielt ihren Namen nach dem französischen Physiker A. M. AMPÈRE (1775–1836).

Wir kommen auf diese Definition und auf das zugrundeliegende Meßverfahren an späterer Stelle noch zurück (S. 484).

In der Praxis verwendet man zur Stromstärkemessung Drehspulamperemeter, bei denen in technischer Abwandlung des oben beschriebenen Verfahrens die magnetische Kraftwirkung der stromdurchflossenen Leiterteile der Drehspule im Magnetfeld eines Permanentmagnets ausgenutzt wird.

Das Drehspulamperemeter ist ein sehr verbreitetes Gerät zur Messung der elektrischen Stromstärke. Der Zeigerausschlag hängt von der Richtung des Stromes ab. Mit diesen Geräten wird deshalb die Stromstärke von Gleichstrom gemessen. Sie können aber auch zur Messung der Wechselstromstärke dienen, wenn der Wechselstrom durch einen Gleichrichter vorher in Gleichstrom umgewandelt wird.

Gemäß der Definitionsgleichung $Q = I\,t$ für die elektrische Ladung ist die Einheit der elektrischen Ladung 1 Amperesekunde (A s). Diese Ladungseinheit wird nach dem französischen Physiker CH. A. DE COULOMB (1736–1806) auch als 1 Coulomb (C) bezeichnet.

Die *Ausführungsverordnung zum Gesetz über Einheiten im Meßwesen* bestimmt hierzu:

Die abgeleitete Einheit der Elektrizitätsmenge oder elektrischen Ladung ist das Coulomb (Einheitenzeichen: C). 1 Coulomb ist gleich der Elektrizitätsmenge, die während der Zeit 1 s bei einem zeitlich unveränderlichen elektrischen Strom der Stärke 1 A durch den Querschnitt eines Leiters fließt.

$$1\,\text{C} = 1\,\text{A} \cdot 1\,\text{s} = 1\,\text{A s}.$$

Aus der Einheit 1 Coulomb können mit Hilfe der früher (S. 11) erwähnten Vorsätze dezimale Vielfache und Teile gebildet werden.

Beispiele 1 kC = 10^3 C, 1 mC = 10^{-3} C, 1 μC = 10^{-6} C.

Abgeleitete Einheiten der Elektrizitätsmenge oder elektrischen Ladung sind auch alle Produkte, die aus einer gesetzlichen Einheit der elektrischen Stromstärke und einer gesetzlichen Zeiteinheit gebildet werden.

Beispiel 1 A h = 1 A · 1 h = 3,6 kC.

Als weitere wichtige Größe in der Elektrizitätslehre haben wir früher die elektrische Spannung kennengelernt und festgestellt:

Eine elektrische Spannung zwischen zwei Körpern kommt dadurch zustande, daß man auf ihnen eine unterschiedliche, vom Normalzustand abweichende Elektronenverteilung herstellt.
Eine elektrische Spannung ist die Voraussetzung für das Fließen eines elektrischen Stromes.

Die Einheit der elektrischen Spannung erhielt ihren Namen nach dem italienischen Physiker A. VOLTA (1745–1827).

Die *Ausführungsverordnung zum Gesetz über Einheiten im Meßwesen* bestimmt hierzu:

Die abgeleitete Einheit der elektrischen Spannung oder elektrischen Potentialdifferenz ist das Volt (Einheitenzeichen: V). 1 Volt ist gleich der elektrischen Spannung oder elektrischen Potentialdifferenz zwischen zwei Punkten eines fadenförmigen, homogenen und gleichmäßig temperierten metallischen Leiters, in dem bei einem zeitlich unveränderlichen elektrischen Strom der Stärke 1 A zwischen den beiden Punkten die Leistung 1 W umgesetzt wird.

$$1\,\mathrm{V} = \frac{1\,\mathrm{W}}{1\,\mathrm{A}}.$$

Aus der Einheit 1 Volt können mit Hilfe der früher (S. 11) erwähnten Vorsätze dezimale Vielfache und Teile gebildet werden.

Beispiele 1 MV = 10^6 V, 1 kV = 10^3 V, 1 mV = 10^{-3} V, 1 μV = 10^{-6} V.

Auf den oben genannten Begriff der elektrischen Potentialdifferenz gehen wir an späterer Stelle noch genauer ein (S. 439).

Mit Hilfe der Größen Stromstärke und Spannung konnte das elektrische Verhalten von Leiterkreisen beschrieben werden. Dazu lernten wir noch folgende Zusammenhänge kennen:

Den Quotienten aus der Spannung U zwischen den Enden eines Leiters und der im Leiter herrschenden Stromstärke I bezeichnet man als den elektrischen Widerstand R des Leiters.

$$R = \frac{U}{I}.$$

Die Einheit des elektrischen Widerstandes erhielt ihren Namen nach dem deutschen Physiker G. S. OHM (1789–1854).

Die *Ausführungsverordnung zum Gesetz über Einheiten im Meßwesen* bestimmt hierzu:

Die abgeleitete Einheit des elektrischen Widerstandes ist das Ohm (Einheitenzeichen: Ω). 1 Ohm ist gleich dem elektrischen Widerstand zwischen zwei Punkten eines fadenförmigen, homogenen und gleichmäßig temperierten metallischen Leiters, durch den bei der elektrischen Spannung 1 V zwischen den beiden Punkten ein zeitlich unveränderlicher elektrischer Strom der Stärke 1 A fließt.

$$1\,\Omega = \frac{1\,\mathrm{V}}{1\,\mathrm{A}}.$$

Aus der Einheit 1 Ohm können mit Hilfe der früher (S. 11) erwähnten Vorsätze dezimale Vielfache und Teile gebildet werden.

Beispiele $1\ \text{M}\Omega = 10^6\ \Omega$, $1\ \text{k}\Omega = 10^3\ \Omega$, $1\ \text{m}\Omega = 10^{-3}\ \Omega$.

In der Technik wird auch vielfach der Begriff des *elektrischen Leitwertes* (Formelzeichen: G) gebraucht. Mit dem elektrischen Widerstand R steht der elektrische Leitwert G in folgendem Zusammenhang:

$$G = \frac{1}{R}.$$

Die *Ausführungsverordnung zum Gesetz über Einheiten im Meßwesen* definiert die Einheit des elektrischen Leitwertes in folgender Weise:

Die abgeleitete Einheit des elektrischen Leitwertes ist das Siemens (Einheitenzeichen: S). 1 Siemens ist gleich dem elektrischen Leitwert eines Leiters vom elektrischen Widerstand 1 Ω.

$$1\ \text{S} = \frac{1}{1\ \Omega}.$$

Die Einheit des elektrischen Leitwertes erhielt ihren Namen nach dem Begründer der Elektrotechnik W. v. SIEMENS (1816 – 1892).

Ein wichtiges Gesetz zum Verhalten elektrischer Widerstände ist das OHM-*Gesetz:*

Der elektrische Widerstand oder der elektrische Leitwert von metallischen Leitern ist bei gleichbleibender Temperatur konstant, d.h. unabhängig von der Stromstärke im Leiter.

Eine weitere früher behandelte Größe ist die *elektrische Leistung.*

Die elektrische Leistung P eines Stromes ist gleich dem Produkt aus der Spannung U und der Stromstärke I.

$$P = UI.$$

Die Einheit der elektrischen Leistung ist die in der Mechanik eingeführte Leistungseinheit 1 Watt (Einheitenzeichen: W); sie erhielt ihren Namen nach dem englischen Ingenieur J. WATT (1736 – 1819). Zwischen der Leistungseinheit 1 W, der Spannungseinheit 1 V und der Stromstärkeeinheit 1 A besteht der Zusammenhang

$$1\ \text{W} = 1\ \text{V} \cdot 1\ \text{A} = 1\ \text{VA}.$$

Die elektrische Energie oder Arbeit W ist gleich dem Produkt aus der elektrischen Leistung P und der Zeit t, während der die Leistung vom elektrischen Strom verrichtet wird.

$$W = Pt = UIt.$$

Die Einheit der elektrischen Energie oder Arbeit ist die in der Mechanik eingeführte Energieeinheit 1 Joule (Einheitenzeichen: J); sie erhielt ihren Namen nach dem englischen Physiker J. P. JOULE (1818 – 1889). Zwischen der Energieeinheit 1 J, der Leistungseinheit 1 W, der Zeiteinheit 1 s, der Spannungseinheit 1 V und der Stromstärkeeinheit 1 A besteht der Zusammenhang

$$1\ \text{J} = 1\ \text{Nm} = 1\ \text{W} \cdot 1\ \text{s} = 1\ \text{Ws} = 1\ \text{VAs}.$$

Wenn zwischen zwei entgegengesetzt geladenen Körpern eine elektrische Spannung herrscht, aber kein Strom fließt, weil die Körper isoliert voneinander und auch isoliert gegenüber ihrer Umgebung stehen, spricht man von einem *elektrostatischen* Zustand. Dieser Zustand liegt z.B. bei einem geladenen Plattenkondensator vor, dessen eine Platte die Ladung $+Q$ und dessen andere Platte die gleich große Ladung $-Q$ entgegengesetzten Vorzeichens trägt (Abb. 405.1).

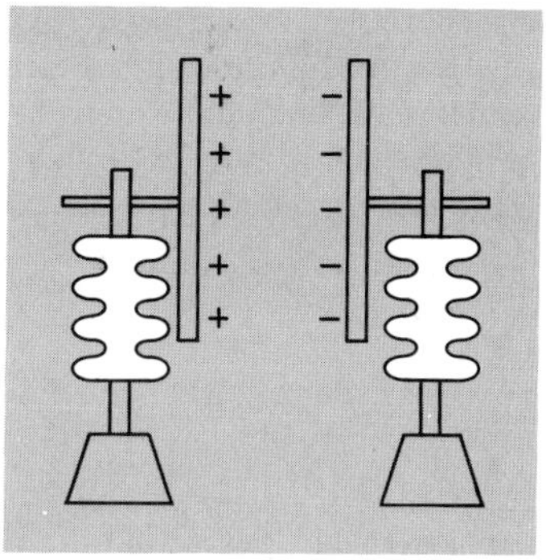

Abb. 405.1
Geladener Plattenkondensator

Wenn man einen Kondensator mit einer Spannungsquelle verbindet, so zeigt sich:

Die auf einen Kondensator fließende Ladung Q ist der angelegten Spannung U proportional.

$$Q = CU.$$

Der Proportionalitätsfaktor C ist für jeden Kondensator aufgrund seiner Bauart und Größe eine charakteristische Konstante und wird als Kapazität des Kondensators bezeichnet.

Die Einheit der Kapazität erhielt ihren Namen nach dem englischen Physiker M. FARADAY (1791–1867).

Über die Einheit der Kapazität bestimmt die *Ausführungsverordnung zum Gesetz über Einheiten im Meßwesen:*

Die abgeleitete Einheit der elektrischen Kapazität ist das Farad (Einheitenzeichen: F). 1 Farad ist gleich der elektrischen Kapazität eines Kondensators, der durch die Elektrizitätsmenge 1 C auf die elektrische Spannung 1 V aufgeladen wird.

$$1\,\mathrm{F} = \frac{1\,\mathrm{C}}{1\,\mathrm{V}}.$$

Aus der Einheit 1 Farad können mit Hilfe der früher (S. 11) erwähnten Vorsätze dezimale Vielfache und Teile gebildet werden.

Beispiele $1\,\mu\mathrm{F} = 10^{-6}\,\mathrm{F}$, $1\,\mathrm{nF} = 10^{-9}\,\mathrm{F}$, $1\,\mathrm{pF} = 10^{-12}\,\mathrm{F}$.

Die Beziehung $Q = CU$ ist nicht an den Spezialfall des Plattenkondensators gebunden. Wir werden diesen Sachverhalt noch ausführlich untersuchen (S. 443).

Die zusammengestellten Definitionen und Zusammenhänge zwischen den elektrischen Größen könnten noch zu folgendem Widerspruch führen. Die Festsetzung der Einheit 1 Volt für die elektrische Spannung erfolgte mit Hilfe der Leistung und deren Einheit 1 Watt. Andererseits wurde an späterer Stelle der Zusammenhang zwischen der elektrischen Leistung P und der elektrischen Spannung U genannt: $P = UI$. Hier sieht es so aus, als ob man sich definitorisch im Kreise dreht. Dazu muß bemerkt werden, daß man früher die Spannungseinheit ganz anders festlegte, nämlich über ein sog. Normalelement. Die historische Entwicklung des Spannungsbegriffs knüpfte an das VOLTA-Element und die VOLTA-Säule, einer Hintereinanderschaltung von gleichartigen VOLTA-Elementen, an. Die Spannung wurde also neben der Stromstärke als eine Basisgröße eingeführt, so daß man in der Elektrizitätslehre mit zwei voneinander unabhängigen Basisgrößen arbeitete. Die elektrische Leistung $P = UI$ ist dann eine abgeleitete Größe dieser Basisgrößen. Ihr Zusammenhang mit der mechanischen Leistung konnte nur mit Hilfe eines Umrechnungsfaktors erfolgen. Später sah man ein, daß man das physikalische Begriffssystem rationeller mit nur einer elektrischen Basisgröße, nämlich der Stromstärke I mit der Einheit 1 Ampere, und den mechanischen Basisgrößen Länge s mit der Einheit Meter, Masse m mit der Einheit Kilogramm und Zeit t mit der Einheit Sekunde aufbauen konnte. Diese Basisgrößen bilden das sog. MKSA-System. Innerhalb dieses Systems hat die mechanische Energie oder Arbeit W

die Einheit 1 Newtonmeter (Nm), wobei die Krafteinheit $1\,\mathrm{N} = 1\,\mathrm{kg\,m\,s^{-2}}$ ist. Wenn nun mit Hilfe von bewegten Ladungen Q, d.h. durch einen elektrischen Strom mit der Stärke I, die mechanische Arbeit W verrichtet wird, so kann das nur dadurch geschehen, daß die Ladungen sich zwischen zwei Punkten bewegen, zwischen denen ein elektrischer Zustand herrscht, den wir mit elektrischer Spannung bezeichnen. Diese elektrische Spannung wird jetzt definiert als Quotient

$$U = \frac{W}{Q}.$$

Die Ladung Q ist aber definiert durch $Q = I\,t$. Damit ergibt sich

$$U = \frac{W}{I\,t}.$$

Da die Einheiten für W, I und t bereits festliegen, ergibt sich für die elektrische Spannung U die abgeleitete Einheit

$$1\,\frac{\mathrm{Nm}}{\mathrm{As}}.$$

Diese Einheit bekommt nun den Kurznamen 1 Volt (V), so daß

$$1\,\mathrm{V} = 1\,\frac{\mathrm{Nm}}{\mathrm{As}}$$

gilt. Die Leistungseinheit 1 Watt (W) ist die abgeleitete Einheit $1\,\mathrm{W} = 1\,\frac{\mathrm{Nm}}{\mathrm{s}}$. Damit erhält man $1\,\mathrm{V} = 1\,\frac{\mathrm{W}}{\mathrm{A}}$. An diese Gleichung knüpft die Formulierung des *Gesetzes über Einheiten im Meßwesen* bei der Festlegung der Einheit 1 Volt an.

Wir merken uns diese Zusammenhänge besser mit Hilfe einer Übersichtstabelle und achten streng darauf, daß die physikalischen Größen mit kursiv gesetzten Buchstaben, die Einheiten dagegen mit gerade gesetzten Buchstaben bezeichnet werden.

Basisgrößen (durch Meßverfahren definiert)

Größe	*Einheit*	*Größe*	*Einheit*
Länge $\vec{s}$	m	Stromstärke I	A
Masse m	kg	Stoffmenge ν	mol
Zeit t	s		

Abgeleitete Größen (durch Produkt- oder Quotientenbildung aus den Basisgrößen definiert)

Größe		*Einheit*	*Größe*		*Einheit*
Geschwindigkeit	$\vec{v} = \frac{\vec{s}}{t}$	$\frac{\mathrm{m}}{\mathrm{s}}$	Ladung	$Q = I\,t$	$\mathrm{C} = \mathrm{As}$
Beschleunigung	$\vec{a} = \frac{\vec{v}}{t}$	$\frac{\mathrm{m}}{\mathrm{s}^2}$	Spannung	$U = \frac{W}{Q}$	$\mathrm{V} = \frac{\mathrm{Nm}}{\mathrm{As}} = \frac{\mathrm{W}}{\mathrm{A}}$
Kraft	$\vec{F} = m\,\vec{a}$	$\mathrm{N} = \frac{\mathrm{kg\,m}}{\mathrm{s}^2}$	Widerstand	$R = \frac{U}{I}$	$\Omega = \frac{\mathrm{V}}{\mathrm{A}}$
Arbeit	$W = \vec{F}\,\vec{s}$	Nm	Leitwert	$G = \frac{1}{R}$	$\mathrm{S} = \frac{1}{\Omega}$
Leistung	$P = \frac{W}{t}$	$\mathrm{W} = \frac{\mathrm{Nm}}{\mathrm{s}}$	Kapazität	$C = \frac{Q}{U}$	$\mathrm{F} = \frac{\mathrm{C}}{\mathrm{V}}$

Die vorstehenden Gleichungen setzen voraus, daß die Größen zeitlich und räumlich konstant sind. Ist dieses nicht der Fall, geht man zur Differenzenschreibweise über, wie es aus der Mechanik bekannt ist:

$$\vec{v}=\frac{\Delta\vec{s}}{\Delta t};\quad \vec{a}=\frac{\Delta\vec{v}}{\Delta t};\quad \Delta W=\vec{F}\cdot\Delta\vec{s};\quad W=\sum\vec{F}\cdot\Delta\vec{s}\quad \text{oder in Integralform}\quad W=\int_A^B\vec{F}\cdot \mathrm{d}\vec{s}.$$

Entsprechend verfährt man mit elektrischen Größen, z.B.

$$\Delta Q=I\cdot\Delta t;\quad Q=\sum I\cdot\Delta t\quad \text{oder in Integralform}\quad Q=\int_{t_1}^{t_2}I\cdot \mathrm{d}t,$$

falls die Stromstärke nicht zeitlich konstant ist.

Zum Begriff des elektrischen Feldes stellen wir vorläufig fest:

Jeder elektrisch geladene Körper ist von einem elektrischen Feld umgeben.

Die räumliche Struktur des Feldes wird mit Hilfe von Feldlinien dargestellt. Wir erinnern an drei typische Feldlinienbilder (Abb. 407.1 bis 407.3).

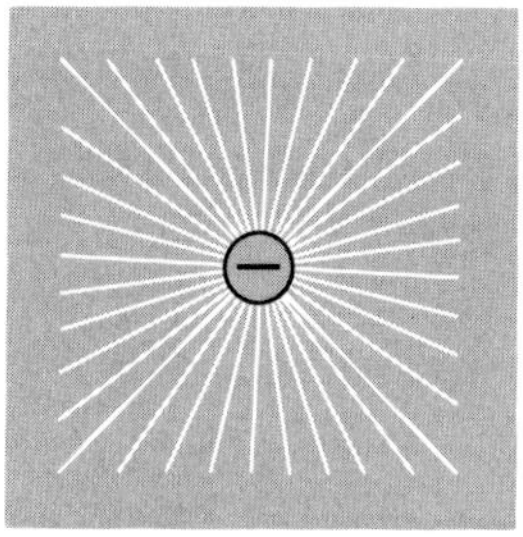

Abb. 407.1 Feld einer positiv oder negativ geladenen kreisförmigen Scheibe

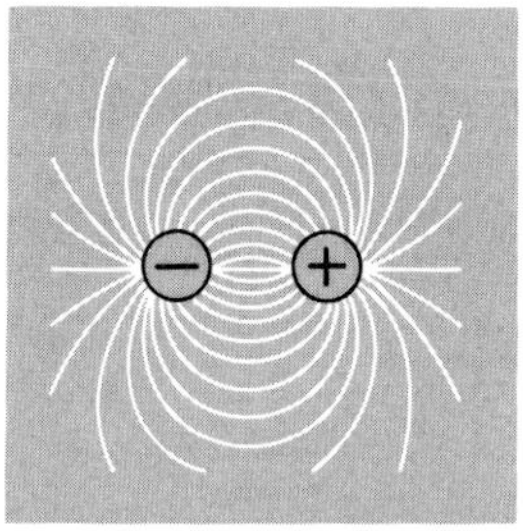

Abb. 407.2 Feld von zwei gleich stark und ungleichnamig geladenen, kreisförmigen Scheiben

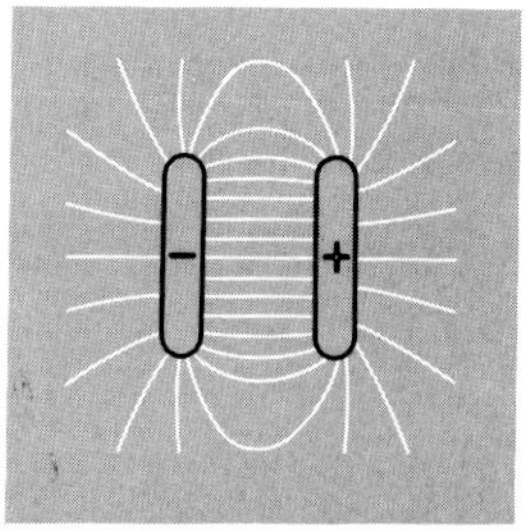

Abb. 407.3 Feld zwischen zwei parallelen, entgegengesetzt geladenen Streifen

Diese Feldliniendarstellungen sollen folgende wichtige Eigenschaften eines elektrostatischen Feldes wiedergeben:

1. Feldlinien verlaufen immer von einer Ladung zur anderen, d.h., Anfang und Ende einer Feldlinie sind stets durch eine elektrische Ladung gekennzeichnet. Feldlinien können niemals im leeren Raum beginnen oder enden.
2. Auf Leiteroberflächen stehen die Feldlinien eines elektrostatischen Feldes stets senkrecht.
3. Feldlinien durchkreuzen sich niemals und laufen auch niemals zusammen.

5.1.2 Die Messung kleiner Ladungen

Die Ladung Q, die von einem Gleichstrom mit konstanter Stromstärke I transportiert wird, läßt sich mit Hilfe der Gleichung $Q=It$ leicht berechnen, wenn die Zeit t so groß ist, daß ein Amperemeter während dieser Zeit einen konstanten Ausschlag zeigt. Lassen wir dagegen etwa die Ladung eines geladenen Kugelkonduktors oder eines geladenen Plattenkondensators über ein Drehspulgerät auf die Erde abfließen, so bewirkt sie einen Stoßausschlag des Instruments, d.h., der Zeiger des Instruments kehrt nach dem Ausschlag sofort wieder in die Nullstellung zurück. Fließt die Ladung in einer so kleinen Zeit durch das Instrument, daß diese Durchflußzeit klein gegenüber der Schwingungsdauer des aus Drehspule mit Zeiger und rücktreibender Spiralfeder bestehenden Systems ist, so nennt man den Ausschlag *ballistisch.* Für ballistische Ausschläge gilt:

Der ballistische Ausschlag eines Drehspulgerätes ist der hindurchgegangenen Ladung proportional.

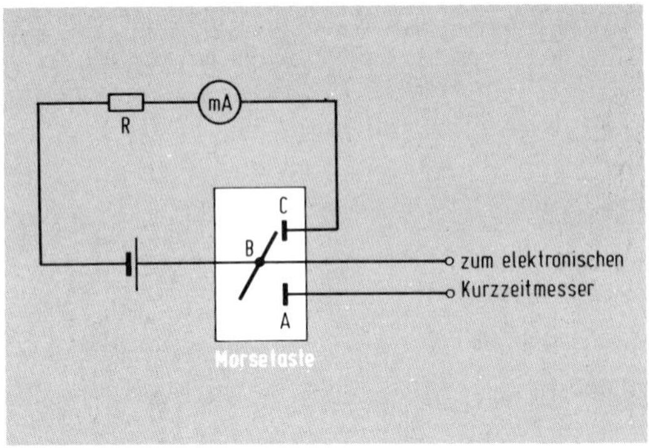

Abb. 408.1
Schaltung zur Erzeugung von Stromstößen für ballistische Messung

Sehr gut geeignet für ballistische Messungen sind die empfindlichen *Spiegelgalvanometer*. Ob ein *Demonstrationsdrehspulgerät* für ballistische Messungen geeignet ist, kann man experimentell leicht feststellen.

Versuch 408.1 Wir stellen die Schaltung nach Abb. 408.1 her. Das Amperemeter ist ein Demonstrationsdrehspulgerät mit dem Meßbereich 2 mA. Der elektronische Kurzzeitmesser ist während der Verbindung der Kontakte *A* und *B* der Morsetaste abgeschaltet. Als Spannungsquelle verwenden wir einen Akku mit den Abgriffen 1,2 V – 2,4 V – 3,6 V. *R* ist ein Schiebewiderstand von ca. 160 Ω. Für jeden Einzelversuch drücken wir die Morsetaste kurzzeitig. Solange bei gedrückter Taste die Kontakte *B* und *C* verbunden und die Kontakte *A* und *B* unterbrochen sind, fließt ein Strom durch das Drehspulgerät. Gleichzeitig läuft der Kurzzeitmesser und zeigt die Dauer des Stromflusses an.

Wir führen drei Versuchsreihen durch. Da der Widerstand des Stromkreises unverändert bleibt, liefert die doppelte bzw. dreifache Spannung nach dem OHM-Gesetz einen Strom mit doppelter bzw. dreifacher Stromstärke. Den ballistischen Ausschlag bezeichnen wir mit y und messen ihn in Skalenteilen (Skt). Der Meßbereich 2 mA ist in 30 Skt unterteilt.

Ein Beispiel für Meßwerte liefert folgende Tabelle:

1. $U_1 = 1{,}2$ V			
$t =$	0,128 s	0,180 s	0,269 s
$y =$	7 Skt	10 Skt	15 Skt
$\frac{y}{t} =$	$54{,}7\ \text{Skt} \cdot \text{s}^{-1}$	$55{,}6\ \text{Skt} \cdot \text{s}^{-1}$	$55{,}8\ \text{Skt} \cdot \text{s}^{-1}$
	Mittelwert: $55\ \text{Skt} \cdot \text{s}^{-1}$		
2. $U_2 = 2{,}4$ V; $I_2 = 2 \cdot I_1$			
$t =$	0,094 s	0,135 s	0,237 s
$y =$	10 Skt	15 Skt	27 Skt
$\frac{y}{t} =$	$106\ \text{Skt} \cdot \text{s}^{-1}$	$111\ \text{Skt} \cdot \text{s}^{-1}$	$114\ \text{Skt} \cdot \text{s}^{-1}$
	Mittelwert: $110\ \text{Skt} \cdot \text{s}^{-1} = 2 \cdot 55\ \text{Skt} \cdot \text{s}^{-1}$		
3. $U_3 = 3{,}6$ V; $I_3 = 3 \cdot I_1$			
$t =$	0,121 s	0,155 s	0,161 s
$y =$	20 Skt	25 Skt	27 Skt
$\frac{y}{t} =$	$165\ \text{Skt} \cdot \text{s}^{-1}$	$161\ \text{Skt} \cdot \text{s}^{-1}$	$168\ \text{Skt} \cdot \text{s}^{-1}$
	Mittelwert: $165\ \text{Skt} \cdot \text{s}^{-1} = 3 \cdot 55\ \text{Skt} \cdot \text{s}^{-1}$		

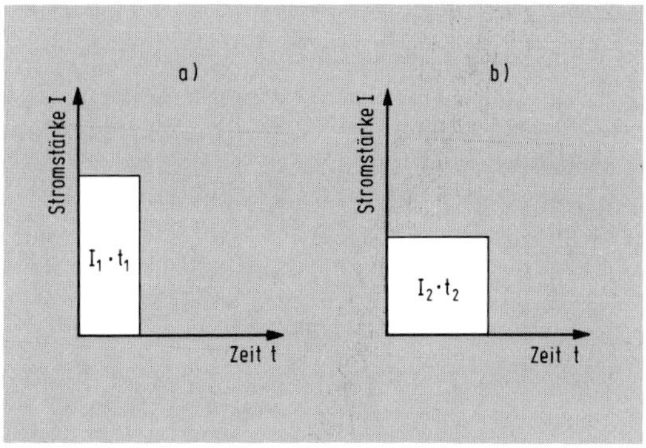

Abb. 409.1 Stromstöße mit konstanter Stromstärke, die einen gleich großen ballistischen Ausschlag hervorrufen.

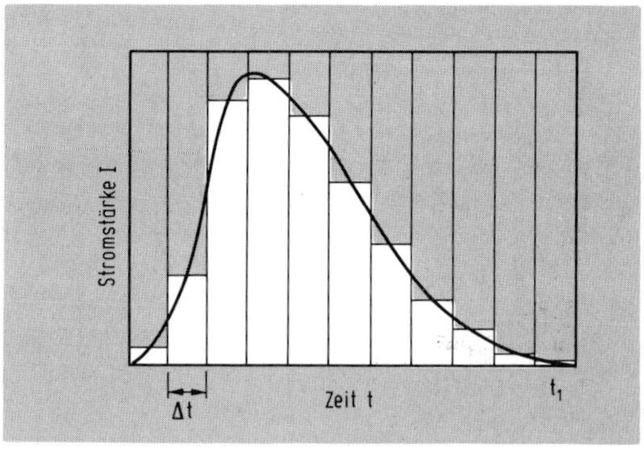

Abb. 409.2 Stromstoß mit veränderlicher Stromstärke und seine angenäherte Darstellung durch eine Rechteckflächensumme.

Den Meßwerten entnehmen wir den oben mitgeteilten Sachverhalt der Proportionalität zwischen Stoßausschlag y und Ladung $Q = I\,t$. Das von uns verwendete Demonstrationsdrehspulgerät kann also zur Messung sehr kurz andauernder Stromstöße ballistisch verwendet werden.

In den vorangegangenen Versuchen haben wir Stromstöße erzeugt, deren Stromstärke sich während der Dauer des Stromstoßes nicht änderte. Grafisch sind zwei Beispiele dafür in Abb. 409.1 wiedergegeben.

Der Flächeninhalt des Rechtecks ist ein Maß für die Ladung $Q = I\,t$, die während des Stromstoßes durch das Drehspulgerät fließt. In den Abb. 409.1a und 409.1b handelt es sich um die gleiche Ladung, obwohl die Zeiten verschieden sind. Das Drehspulgerät zeigt in diesen Fällen auch den gleichen ballistischen Ausschlag an.

Wenn die Stromstärke während des Stromstoßes veränderlich ist, so ist die den Stromstoß darstellende Fläche kein Rechteck mehr, sondern krummlinig begrenzt. Eine solche krummlinig begrenzte Fläche kann aber immer mit ausreichender Näherung als Summe von Rechteckflächen dargestellt werden, wie dies Abb. 409.2 zeigt. Jedem Rechteck entspricht dann ein Stromstoß von rechteckiger Gestalt, und der gesamte Stromstoß ergibt sich als Summe der Einzelstöße. Das ballistische Drehspulgerät zeigt mit seinem Ausschlag den Gesamtstromstoß an.

Eine experimentelle Überprüfung nehmen wir mit Hilfe von Kondensatorentladungen vor. Wird ein Kondensator entladen, so sinkt die Entladestromstärke während der Entladezeit t_1 von einem Anfangswert auf Null ab. Die Stromstärke ist in diesem Fall daher sicher nicht konstant (Abb. 409.3). Wenn wir einen Kondensator bei einer bestimmten Spannung aufladen, so ist die aufgenommene Ladung durch die Spannung und durch die Größe des Kondensators genau festgelegt. Fließt die Ladung Q über ein ballistisches Drehspulgerät ab, so muß sich nach den oben getroffenen Feststellungen ein durch diese Ladung bestimmter ballistischer Ausschlag ergeben, der nicht mehr einzeln von I oder t_1 abhängt.

Versuch 409.1 Mit Hilfe der in Abb. 409.4 wiedergegebenen Schaltung wird ein Blockkondensator über eine Gleichspannungsquelle (ca. 100 V) aufgeladen. Legt man den Schalter um, so entlädt sich der Kondensator mit einem Stromstoß

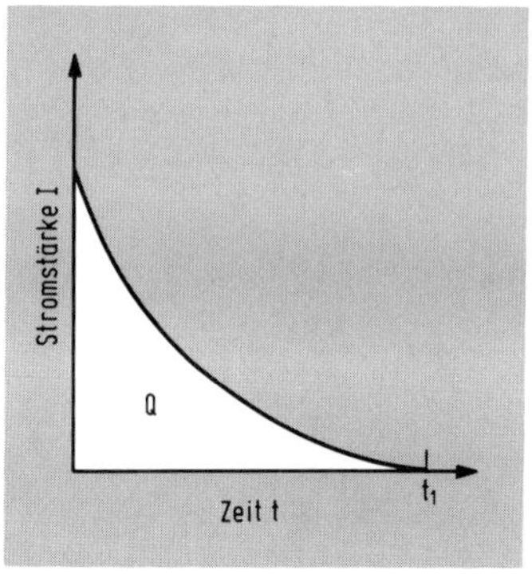

Abb. 409.3
Zeitlicher Verlauf der Stromstärke bei einer Kondensatorentladung

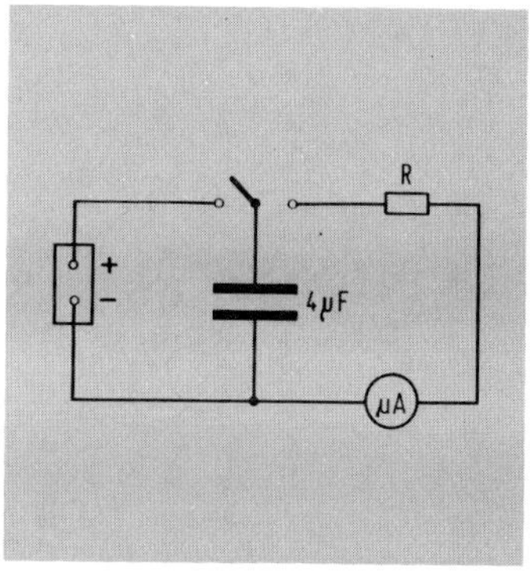

Abb. 409.4
Aufladen und Entladen eines Blockkondensators

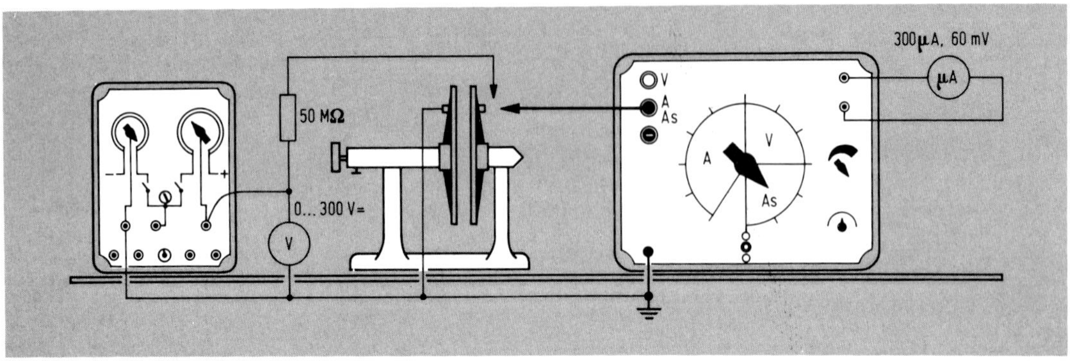

Abb. 410.1 Schaltung zur Ladungsmessung mit Hilfe des Meßverstärkers

durch das Drehspulgerät. Als ballistisches Drehspulgerät ist etwa ein Spiegelgalvanometer mit 5 bis 10 s Schwingungsdauer und 30 Ω Innenwiderstand oder ein Demonstrationsdrehspulgerät mit 1 bis 2 s Schwingungsdauer, das bei 60 mV oder 300 μA Vollausschlag anzeigt, geeignet.

Der Versuch zeigt:

Werden nacheinander die Widerstände 100 Ω, 1 kΩ, 10 kΩ in den Entladestromkreis geschaltet, ändert sich der Stoßausschlag nicht, obwohl die Entladezeit t_1 sich bei sinkender Stromstärke vergrößert. Erst bei Widerständen in der Größenordnung 200 kΩ wird die Entladezeit so groß, daß der Ausschlag nicht mehr ballistisch erfolgt.

Sehr kleine Ladungen mißt man mit Hilfe des *Meßverstärkers*, an den ein Drehspulgerät angeschlossen wird. Meßverstärker und Drehspulgerät bilden eine Einheit. Der Meßverstärker hat verschiedene Meßbereiche für Spannungen, Stromstärken und Ladungen. Hier interessiert nur die Ladungsmessung. Selbst die außerordentlich kleine Ladung eines aufgeladenen Pingpong-Balles mit leitender Oberfläche kann man mit Hilfe des Meßverstärkers im Meßbereich $30 \cdot 10^{-10}$ As messen. Die Abb. 410.1 zeigt die Schaltung zur Messung der Ladung eines Plattenkondensators. Die eine Platte ist geerdet. Die andere Platte wird zunächst bei einer Spannung von 0 bis 300 V über einen Schutzwiderstand durch kurzes Berühren der Kondensatorplatte mit dem spannungsführenden Leiter aufgeladen. Danach berührt man die Platte mit dem Stecker des Kabels, das in den Eingang **As** des Meßverstärkers führt. Die Ladung der Platte (in der Abb. 410.1 positive Ladung) fließt über den Meßverstärker zur Erde ab. Gleichzeitig fließt die (in der Abb. 410.1 negative) Ladung der anderen Platte direkt zur Erde ab.

Um die Funktion des Meßverstärkers zu verstehen, erinnern wir an die Verstärkerwirkung einer Triode. In Abb. 410.2 ist eine Triode mit einem Anodenstromkreis eingezeichnet. Die Katode ist geerdet. Der Eingang **As** liegt am Gitter. Zwischen Gitter und Erde liegt ein Hochohmwiderstand, z.B. $2 \cdot 10^8$ Ω bei dem Meßverstärker-Meßbereich $30 \cdot 10^{-10}$ As. Fließt nun eine sehr kleine Ladung als Stromstoß über den Hochohmwiderstand zur Erde ab, so entsteht zwischen den Endpunkten des Widerstandes nach dem Ohm-

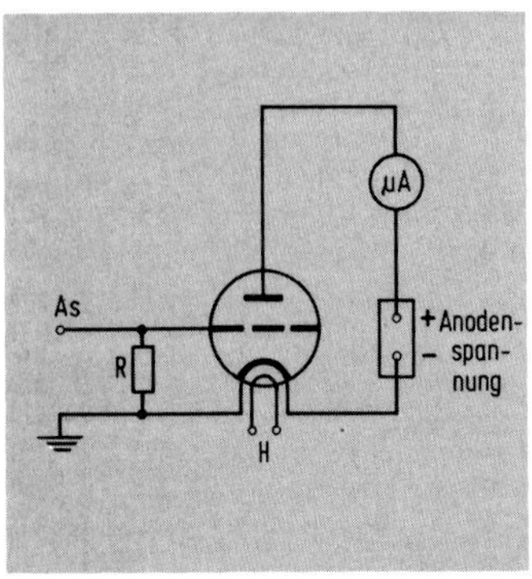

Abb. 410.2
Schaltung einer Triode im Meßverstärker

Gesetz die Spannung $U = RI$. Diese Spannung liegt am Gitter und steuert den Anodenstrom, der proportional zur Gitterspannung ist, sofern man innerhalb des Drehspulgerät-Vollausschlages bleibt. Das Drehspulgerät macht einen ballistischen Ausschlag.

Manche Meßverstärker haben anstelle des Widerstandes einen Kondensator zwischen Gitter und Katode der Triode. Die Kapazität C dieses Kondensators muß so groß sein, daß der Kondensator praktisch die gesamte zu messende Ladung aufnimmt; im angegebenen Beispiel also groß gegenüber der Kapazität des Plattenkondensators. Nach $Q = CU$ ist die Gitterspannung U der zu messenden Ladung Q proportional. Da diese Spannung wegen der im Kondensator gespeicherten Ladung erhalten bleibt, zeigt das Drehspulgerät Dauerausschlag. In modernen Meßverstärkern wurde die Triodenschaltung durch integrierte Halbleiterschaltungen abgelöst.

Bei den vorangehend beschriebenen Meßverfahren geht die zu messende Ladung durch den Meßakt verloren. Das ist in den meisten Fällen auch unvermeidlich. Es gibt aber Sonderfälle, bei denen man unter Ausnutzung der Influenz von elektrischen Ladungen die zu messende Ladung erhalten kann. Abb. 411.1 zeigt einen solchen Fall.

Unter Influenz versteht man die Änderung der Ladungsverteilung auf einem Körper durch Annähern eines geladenen Körpers.

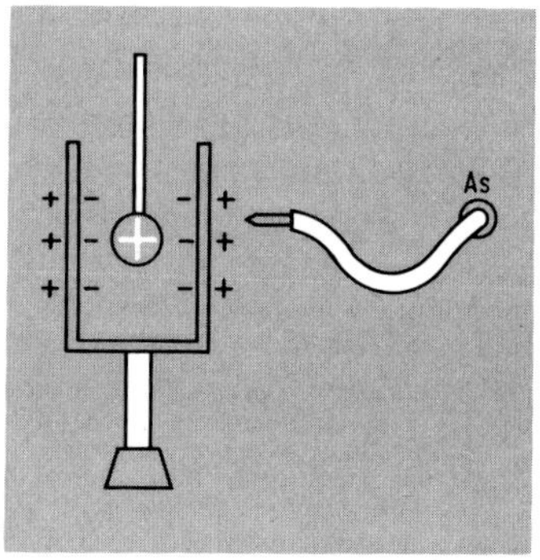

Abb. 411.1
Ladungsmessung mit Hilfe der Influenzwirkung. Die zu messende Ladung fließt nicht ab.

Die Ladung eines geladenen kleinen Kugelkonduktors von wenigen Zentimetern Durchmesser kann man messen, indem man diesen Konduktor an seinem Isoliergriff in einen Faraday-Becher hält. Der Faraday-Becher ist vorher elektrisch neutral. Durch die influenzierende Wirkung der Ladung $+Q$ des Konduktors tritt im Faraday-Becher eine Ladungstrennung ein, die zu einer Aufladung mit der negativen Ladung $-Q$ auf der Innenfläche und einer Aufladung mit der positiven Ladung $+Q$ auf der Außenfläche des Faraday-Bechers führt. Berührung der Außenfläche mit dem Stecker des Meßverstärkerkabels läßt die Ladung $+Q$ durch das Meßgerät zur Erde abfließen. Anschließend wird die geladene Kugel aus dem Faraday-Becher herausgezogen und der negativ geladen zurückbleibende Faraday-Becher entladen.

5.1.3 Das Coulomb-Gesetz

Ein grundlegendes Gesetz der Elektrostatik ist das Coulomb-Gesetz:

Die Kraft zwischen zwei Punktladungen ist dem Produkt der Ladungen direkt und dem Quadrat ihres Abstandes umgekehrt proportional. Die Richtung der Kraft fällt mit der Verbindungslinie der beiden Ladungen zusammen.

Befinden sich die beiden Ladungen Q_1 und Q_2 im Vakuum und bezeichnet man ihren gegenseitigen Abstand mit r, so lautet dieses Gesetz

$$F = \frac{1}{4\pi\varepsilon_0} \cdot \frac{Q_1 Q_2}{r^2},$$

wobei die Konstante ε_0 als *elektrische Feldkonstante* bezeichnet wird.

$$\varepsilon_0 = 8{,}8542 \cdot 10^{-12} \frac{\text{As}}{\text{Vm}}.$$

Die Einheit von ε_0 ergibt sich aus dem COULOMB-Gesetz, wenn man die Kraft F in Newton (N), die Ladung Q in Coulomb (C) und den Abstand r in Meter (m) mißt und zusätzlich die Zusammenhänge

$$1\,\mathrm{Nm} = 1\,\mathrm{J} = 1\,\mathrm{VAs} \quad \text{und} \quad 1\,\mathrm{C} = 1\,\mathrm{As}$$

beachtet.

Der Zahlenwert von ε_0 kann nicht auf theoretischem Wege ermittelt werden, sondern muß durch einen Versuch gemessen werden. Wir beschäftigen uns damit auf S. 445.

Die Kraft zwischen den Ladungen Q_1 und Q_2 wirkt abstoßend, wenn die Ladungen das gleiche Vorzeichen haben ($F > 0$), sie wirkt anziehend bei entgegengesetzten Ladungen ($F < 0$).

Es sei hier betont, daß das COULOMB-Gesetz zunächst eine Aussage über Punktladungen macht. Der Begriff der Punktladung ist ebenso wie der Begriff des Massenpunktes eine nicht realisierbare Modellvorstellung, weil eine Ladung niemals in einem Punkte, sondern immer nur auf einem Körper mit endlicher Ausdehnung sitzen kann. Das COULOMB-Gesetz gilt jedoch auch für geladene Kugeln. Wenn die Ladungen auf den Kugeloberflächen gleichmäßig verteilt sind, kann der Abstand der Kugelmittelpunkte als Abstand entsprechender Punktladungen betrachtet werden.

Das COULOMB-Gesetz für elektrische Ladungen besitzt den gleichen formalen Aufbau wie das früher (S. 161) behandelte *Gravitationsgesetz* von NEWTON:

Die Kraft zwischen zwei Massenpunkten ist dem Produkt der Massen direkt und dem Quadrat ihres Abstandes umgekehrt proportional. Die Richtung der Kraft fällt mit der Verbindungslinie der beiden Massenpunkte zusammen.

$$F = G \cdot \frac{m_1 m_2}{r^2}.$$

Die Kraft zwischen den Massen m_1 und m_2 wirkt stets anziehend; G ist die Gravitationskonstante.

Auf der Suche nach einem quantitativen Ausdruck für die Kraft zwischen elektrischen Punktladungen nahm sich COULOMB das Gravitationsgesetz zum Vorbild. Daß die Kraft zwischen den Punktladungen proportional dem Produkt der Ladungen ist, konnte er allerdings nicht nachweisen, weil es zu seiner Zeit noch kein geeignetes Gerät zur Messung von elektrischen Ladungen gab. Dagegen konnte er zeigen, daß die Kraft zwischen den Punktladungen umgekehrt proportional zum Quadrat ihres Abstandes ist. Zu diesem Zweck konstruierte er eine *Drehwaage*, die vereinfacht in der Abb. 412.1 dargestellt ist.

In einem Gestell ist vertikal ein dünner Stahldraht straff eingespannt, an dem in seiner Mitte ein kleiner Isolierstab senkrecht zum Draht befestigt ist. Am Ende des Isolierstabes sitzt eine kleine Metallkugel A. In derselben Höhe wie A und in veränderbarem Abstand befindet sich isoliert aufgestellt eine gleich große Metallkugel B. Zunächst berühren sich die beiden Metallkugeln. Dann berührt man dieses System mit einer

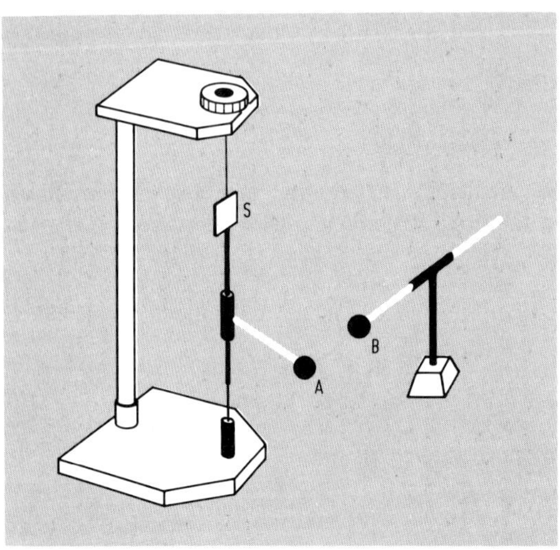

Abb. 412.1
Drehwaage nach COULOMB

dritten, jedoch geladenen Kugel. Nachdem auf diese Weise die Kugeln A und B gleichartig geladen wurden, stoßen sie sich ab. Der Aufhängedraht wird tordiert, bis er durch das dadurch entstehende rückdrehende Drehmoment ins Gleichgewicht kommt. Den Drehwinkel liest man mit Hilfe eines Lichtstrahles ab, der an einem kleinen, fest mit dem drehenden System verbundenem Spiegel S reflektiert wird.

COULOMB führte den Versuch im Jahre 1785 bei gleicher Ladung und drei verschiedenen Abständen der Kugeln durch und konnte so das vermutete Abstandsgesetz bestätigen. Zuvor hatte er nachgewiesen, daß das rückdrehende Drehmoment bei der Tordierung des Fadens dem Drehwinkel proportional ist. Wenn man heute darüber erstaunt ist, daß sich COULOMB nach der äußerst schwierigen Konstruktion eines so empfindlichen Gerätes mit wenigen Messungen zufrieden gab und Abweichungen zwischen den Messungen und dem erwarteten Gesetz von 5% für belanglos hielt, so muß man bedenken, daß er von der Analogie zum Gravitationsgesetz überzeugt war und den durchgeführten Versuch nur als Bestätigungsexperiment für seine Theorie benutzte.

Meßtechnisch einfacher als mit der Drehwaage können wir die Überprüfung des quadratischen Abstandsgesetzes mit Hilfe der in Abb. 413.1 fotografisch wiedergegebenen Versuchsanordnung vornehmen. Wir verwenden hier auch nicht näherungsweise Punktladungen, sondern eine große geladene Konduktorkugel und eine geladene Probekugel. Der Holzstab im Vordergrund dient zur Lagebestimmung der Probekugel. Wir setzen voraus, daß die Ladungen auf den Kugeln gleichmäßig verteilt sind, d. h., daß sie sich nicht durch Influenz verschieben. Der Vorteil der Verwendung einer großen Konduktorkugel (Durchmesser 10 cm) besteht darin, daß dieser Konduktor wegen seiner relativ großen Oberfläche bei gleicher Spannung eine wesentlich größere Ladung Q aufzunehmen vermag als die kleine Kugel des Stativs in der COULOMB-Anordnung.

Abb. 413.1 Versuchsanordnung zur Überprüfung des COULOMB-Gesetzes mit Hilfe einer großen Konduktorkugel.

Als Probekugel benutzen wir einen als Pendelkugel aufgehängten Pingpong-Ball, dessen Oberfläche mit Hilfe einer Bleistiftmine, d.h. durch Graphitierung, leitend gemacht worden ist. Zur Aufhängung sind hochisolierende dünne Perlonfäden geeignet. Der Ausschlag y dieser Probekugel kann in guter Näherung zur wirkenden Kraft proportional gesetzt werden, so daß y ein relatives Maß für die COULOMB-Kraft ist. Der Abstand der Mittelpunkte von Konduktorkugel und Probekugel wird mit r bezeichnet. Es ist bequem, den ganzen Versuchsaufbau im Schattenwurf zu beobachten. Durch die Projektion mittels eines schwach divergenten Lichtbündels erhalten wir dann in der Schattenablesung die Bildgrößen $\bar{y}=k \cdot y$ und $\bar{r}=k \cdot r$. Da wir aber nur die Proportionalität $y \sim \frac{1}{r^2}$ bzw. die Konstanz des Produktes yr^2 nachweisen wollen, können wir statt dessen auch die Konstanz des Produktes $\bar{y}\bar{r}^2$ nachweisen.

Versuch 414.1 Im Versuchsaufbau nach Abb. 413.1 laden wir die Konduktorkugel und die Probekugel gleichartig auf und messen bei verschiedenen Abständen der Kugeln den Ausschlag der Probekugel. Die Messungen werden im Schattenwurf vorgenommen. In einer Versuchsreihe ergaben sich folgende Meßergebnisse:

Ort des Mittelpunktes der Probekugel (Einheit cm)	*Ort des Mittelpunktes der Konduktorkugel* (Einheit cm)	*Ausschlag $\bar{y}$ der Probekugel* (Einheit cm)	*Abstand $\bar{r}$ der Kugelmittelpunkte* (Einheit cm)	*Produkt $\bar{y}\bar{r}^2$* (Einheit cm^3)
34,9	∞	0,0	∞	
33,6	65,0	1,3	31,4	1282
33,1	60,0	1,8	26,9	1302
32,8	57,0	2,1	24,2	1230
32,2	54,0	2,7	21,8	1283
31,3	50,0	3,6	18,7	1259
32,2	54,0	2,7	21,8	1283
32,7	57,0	2,2	24,3	1299
33,2	60,0	1,7	26,8	1221
33,6	65,0	1,3	31,4	1282
34,9	∞	0,0	∞	

Damit haben wir experimentell nachgewiesen, daß die Kraft zwischen zwei geladenen Kugeln dem Quadrat des Abstandes ihrer Mittelpunkte umgekehrt proportional ist. In einer weiteren Versuchsreihe kann man die Ladungen variieren und mit einem Drehspulgerät, dem ein Meßverstärker vorgeschaltet ist, messen. Als Meßbereich wählt man etwa $30 \cdot 10^{-9}$ A s. Man kommt auf diese Weise zur vollen Bestätigung des COULOMB-Gesetzes einschließlich der Bestimmung der elektrischen Feldkonstante. Wir messen die elektrische Feldkonstante später (S. 445) mit Hilfe einer anderen Versuchsanordnung.

5.1.4 Ladungstrennung und Bandgenerator

Der Begriff der elektrischen Ladung ist wie jede physikalische Größe erst dadurch physikalisch brauchbar geworden, daß die Möglichkeit zu einer Messung geschaffen worden ist und daß Kraftwirkungen zwischen Ladungen aufgrund des COULOMB-Gesetzes mathematisch erfaßt werden konnten.

Die Vorstellung von der Existenz zweier verschiedener elektrischer Substanzen hat sich als zutreffend herausgestellt. Beide sind bereits in den Atomen vertreten, deren Kerne eine positive und deren Hüllen eine negative Ladung aufweisen. Wie bei jeder Substanz, so gibt es auch bei diesen elektrischen Substanzen kleinste, nicht weiter teilbare Bausteine. Die Erkenntnis von der Existenz negativer und positiver „Elektrizitätsatome" hat sich für die gesamte Physik als sehr bedeutungsvoll erwiesen. Das negative Elektrizitätsatom wird als *Elektron* und sein positives Gegenstück als *Positron* bezeichnet. Während Elektronen aber in jedem Atom vorkommen, treten Positronen verhältnismäßig selten auf; insbesondere wird die oben erwähnte positive Ladung des Atomkerns nicht durch Positronen gebildet. Diese Zusammenhänge werden später bei der Behandlung des Atombaues noch genauer besprochen.

Bei den neutralen Atomen wird die positive Ladung des Kernes durch die negative Ladung der Hülle gerade ausgeglichen. Durch Reiben können von dem einen Stoff einige Elektronen entfernt werden, wodurch dieser positiv geladen wird, während der andere jetzt zu viele Elektronen und damit eine negative Ladung besitzt. Durch Reibungsvorgänge entstehen also niemals eine positive oder negative Ladung allein, sondern stets gleich große Mengen entgegengesetzter elektrischer Ladungen.

Wir stellen fest:

Negative Ladung bedeutet Elektronenüberschuß, positive Ladung bedeutet Elektronenmangel.

Die Art der auf einem Körper erzeugten Ladung hängt nicht nur von diesem selbst, sondern auch von dem Reibzeug ab. So wird Glas durch Reiben mit Seide positiv, durch Reiben mit Fell aber negativ elektrisch. Hartgummi wird beim Reiben mit Fell oder Wolle stets negativ, beim Reiben mit Papier aber manchmal auch positiv. Darüber hinaus haben genauere Untersuchungen gezeigt, daß auch die Oberflächenbeschaffenheit eine Rolle spielt. Ein polierter Glasstab verhält sich anders als ein mattgeschliffener.

Es sei schließlich noch erwähnt, daß die Reibung der Körper eigentlich gar nicht die wesentliche Voraussetzung für die Entstehung elektrischer Ladungen ist. So stellt man z.B. fest, daß eine an einem isolierten Griff befindliche Paraffinkugel durch Eintauchen in Wasser und Wiederherausziehen elektrisch geladen wird und daß das Wasser eine gleich große entgegengesetzte Ladung erhält. Die Reibung zwischen Kugel und Wasser ist dabei so gering, daß sie für die Entstehung der Ladungen keine Bedeutung hat. Es hat sich vielmehr gezeigt, daß die innige Berührung und nachfolgende Trennung verschiedener Stoffe bereits ausreicht, um sie elektrisch zu machen. Wegen der verschiedenen Oberflächengestaltung und wegen der Rauhigkeit erreicht man eine solche innige Berührung bei festen Körpern im allgemeinen nur durch Zusammendrücken und Reiben. Der Name *Reibungselektrizität*, der zu einer Zeit entstand, als diese Tatsachen noch nicht bekannt waren, trifft deshalb nicht das Wesentliche des Vorganges; man spricht besser von *Berührungselektrizität*.

Bei vielen Versuchen in der Elektrostatik benutzt man zur Trennung elektrischer Ladungen den *Bandgenerator*, weil dieser wirksamer ist und größere Ladungen liefert als geriebene Hartgummi- oder Glasstäbe.

Ein für solche Versuche geeigneter Bandgenerator ist in Abb. 415.1 dargestellt. Er enthält ein endloses Band B aus einem isolierenden Stoff (meist Gummi), das über vier drehbare Walzen läuft. Die Walzen W_1, W_2, W_3 sind aus Metall, die Walze W_4, die als Erregerwalze bezeichnet wird, ist aus einem isolierenden Kunststoff, z.B. Plexiglas. W_1 kann durch eine Handkurbel mit Übersetzungsgetriebe oder durch einen Motor angetrieben werden, so daß sich das Band in der durch Pfeile gekennzeichneten Richtung bewegt. Durch die innige Berührung zwischen Band und Erregerwalze und nachfolgende Trennung werden beide elektrisch geladen, und zwar das Band negativ und die Walze positiv (oder auch umgekehrt). Gegenüber der Erregerwalze befindet sich ein Spitzenkamm S, auf dem durch die positiv geladene Erregerwalze eine negative Influenzladung erzeugt wird, die aufgrund der Spitzenwirkung auf das sich nach oben bewegende Band aufgesprüht wird. Die oben ankommende negative Ladung wird dem Band durch die Metallwalzen W_2 und W_3 entnommen und auf eine große, isoliert aufgestellte, metallische Hohlkugel K abgeleitet, auf deren äußerer Oberfläche sie sich verteilt. Das Transportband verläßt die Kugel ungeladen; der Vorgang wiederholt sich dann in gleicher Weise. Durch laufende Zuführung weiterer Ladungen kann die Elektrizitätsmenge auf der Kugel immer weiter gesteigert werden; die Kugel nimmt die ihr auf der Innenseite zugeführten neuen Ladungen ohne weiteres auf, da diese sofort auf die äußere Oberfläche abgeleitet werden. Es können auf diese Weise sehr hohe Flächenladungsdichten erzielt werden.

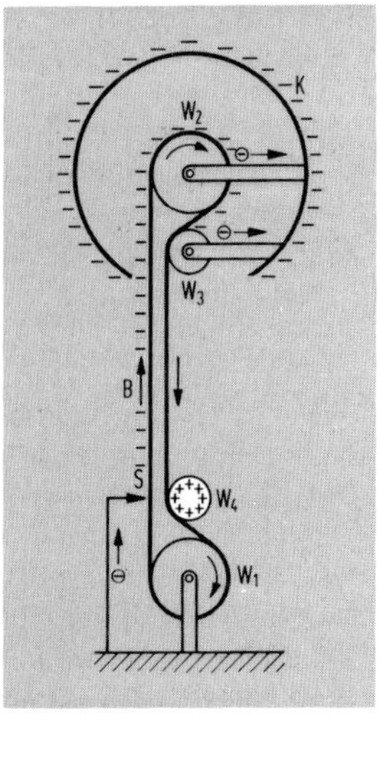

Abb. 415.1
Schematische Darstellung des Bandgenerators

5.1.5 Die elektrische Feldstärke

Auf S. 407 haben wir die Aussagen über elektrische Felder, soweit wir sie als bekannt vorausgesetzt haben, zusammengestellt. Auf der Suche nach der mathematischen Darstellbarkeit elektrischer Kraftwirkungen hatte COULOMB erste Erfolge erzielt, den Begriff des elektrischen Feldes kannte er jedoch nicht. Damit war für COULOMB natürlich auch die Frage nach der quantitativen Erfassung des elektrischen Feldes, also z.B. nach der elektrischen Feldstärke, gegenstandslos. Man muß sich darüber klar sein, daß zur Zeit COULOMBS auch eine ganz andere Auffassung über die Art der Kraftwirkung bei Gravitationskräften und elektrischen Kräften herrschte als heute. Gravitationskräfte wirken durch den Weltenraum, also durch den leeren Raum hindurch, und auch das COULOMB-Gesetz ist zunächst nur für Punktladungen im Vakuum konzipiert. Man gewinnt also den Eindruck, als ob die elektrischen Anziehungs- und Abstoßungskräfte ohne die Vermittlung irgendeines Mediums von einem geladenen Körper auf den anderen wirksam sind. Solche ohne eine Vermittlung wirksamen Kräfte hat man früher als *Fernkräfte* bezeichnet. Alle bisher behandelten und eine Reihe weiterer Erscheinungen lassen sich durch die Annahme solcher Fernkräfte verstehen, und deshalb war diese Vorstellung auch bis in die zweite Hälfte des vergangenen Jahrhunderts hinein allgemein verbreitet. Wir haben schon in der Mechanik bei der Behandlung der Gravitation auf diesen Sachverhalt hingewiesen. Die *Fernwirkungstheorie* ist aber unbefriedigend, weil man sich schlecht vorstellen kann, wie die Kraftwirkungen ohne Vermittlung des dazwischenliegenden Raumes übertragen werden können.

Deshalb stellte FARADAY der Fernwirkungstheorie eine andere Theorie entgegen, die man als *Nahewirkungstheorie* bezeichnet. FARADAY vertrat die Auffassung, daß eine Kraft nur an dem Ort wirken kann, an dem sie entsteht. Wenn trotzdem bei den elektrischen Kräften räumliche Abstände zwischen dem Entstehungs- und dem Wirkungsort vorhanden zu sein scheinen, so muß dies eine Täuschung sein. Man kann sich den Sachverhalt klarmachen, wenn man an Kraftübertragungen durch materielle Medien denkt. Ein auf einer Wasserfläche schwimmender Kork wird in Bewegung versetzt, wenn man auf eine andere Stelle der Wasserfläche für kurze Zeit eine Kraft ausübt. Die durch diese Kraft hervorgerufene Störung breitet sich mit einer bestimmten Geschwindigkeit von Ort zu Ort aus und setzt schließlich den Kork in Bewegung. In diesem Falle liegt also eindeutig eine Nahewirkung vor. Wenn das Wasser aber unsichtbar wäre, so würde man trotzdem den Eindruck einer Fernkraft gewinnen.

In ähnlicher Weise stellte sich FARADAY die Ausbreitung der elektrischen Kraftwirkungen vor. Während in dem genannten Beispiel das Wasser die Kräfte überträgt, müßte bei elektrischen Kräften ein anderes Medium gefunden werden. Da die elektrischen Kräfte auch durch den materiefreien Raum wirksam sind, könnte dies nur ein masseloser „Stoff" sein, der alle Körper durchdringt und auch im leeren Raum vorhanden ist. Man hat diesen gedachten Stoff *Weltäther* oder kurz *Äther* genannt und versucht, bestimmte Vorstellungen über die Beschaffenheit und die Eigenschaften dieses Äthers zu entwickeln, um den Übertragungsmechanismus der elektrischen Kräfte verstehen zu können. Dabei knüpfte man an die aus der Mechanik bekannten Vorgänge an und versuchte die Gesetze der Mechanik auch auf den Äther anzuwenden. Alle diese Bemühungen haben sich aber als erfolglos erwiesen; die für den Äther aus der Theorie sich ergebenden Eigenschaften waren so widerspruchsvoll, daß man diese Hilfsvorstellung nicht mehr aufrechterhalten konnte. Schließlich zeigte der auf S. 686 dargestellte MICHELSON-Versuch, daß überhaupt jede Vorstellung eines substantiellen Weltäthers im Widerspruch zur experimentellen Erfahrung steht. Die Äthervorstellung, die ein Kind der mechanistischen Naturbetrachtung, d.h. der Zurückführung aller Vorgänge auf mechanische Erscheinungen, war, mußte aufgegeben werden. Wenn trotzdem heute bisweilen noch von dem Äther als dem Träger elektrischer Eigenschaften gesprochen wird, so ist damit einfach der leere Raum selbst gemeint, dem damit die Fähigkeit zugeschrieben wird, in seinen einzelnen Punkten verschiedene physikalische Zustände anzunehmen. So wird also der leere Raum selbst in der Umgebung einer elektrischen Ladung Träger ganz bestimmter physikalischer Eigenschaften, die dadurch charakterisiert sind, daß an jeder Stelle des Raumes auf eine dorthin gebrachte elektrische Ladung eine Kraft bestimmter Größe ausgeübt wird. Der Raum als Träger dieses elektrischen Zustandes wird als *elektrostatisches* Feld bezeichnet, weil dieser Zustand durch eine ruhende elektrische Ladung hervorgerufen wird. In diesem Abschnitt soll nun dargelegt werden, wie man zu einer Definition der *elektrischen Feldstärke* gelangen kann, ohne daß man die das Feld erzeugenden Ladungen kennt. Das Problem wird mit der Abb. 417.1 nochmals verdeutlicht.

Die Herkunft des Feldes interessiert hier überhaupt nicht. Daß ein elektrisches Feld existiert, schließt man aus der Kraftwirkung auf eine ruhende Probeladung Q. Eine frei bewegliche positive Probeladung würde

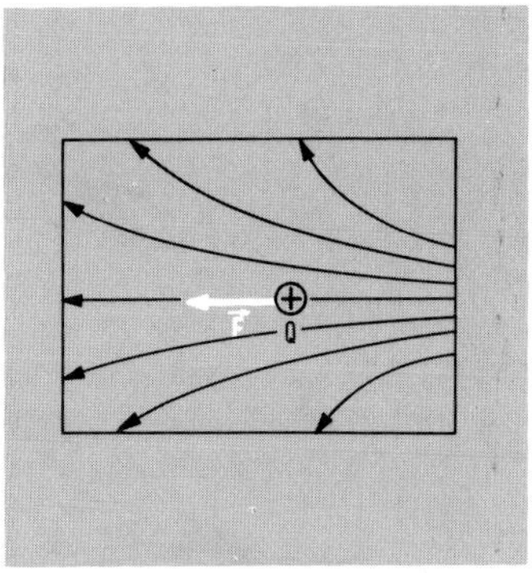

Abb. 417.1 Positive Probeladung Q in einem elektrischen Feld unbekannter Herkunft

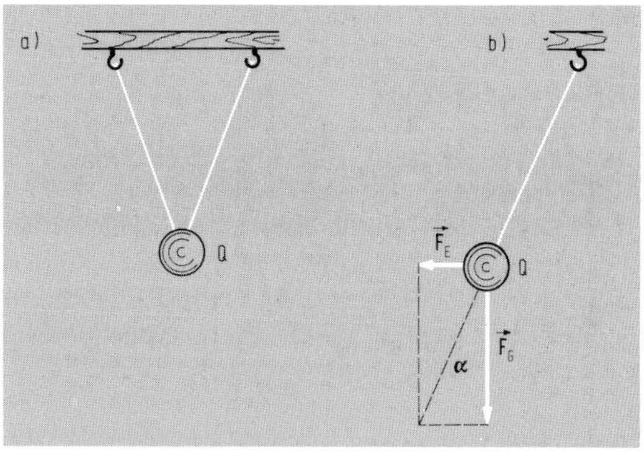

Abb. 417.2 Bifilar im elektrischen Feld aufgehängter, positiv geladener Probekörper a) von vorn gesehen b) von der Seite gesehen

sich zwar in Richtung der Feldlinien beschleunigt bewegen, sofern nicht noch andere Kräfte, wie z.B. die Gewichtskraft, auf den Probekörper wirken; wir können den Probekörper aber als Pendelkugel ins Feld hängen, so daß er ins Kräftegleichgewicht kommt. Man wählt dazu eine bifilare Aufhängung, wie sie Abb. 417.2 in Vorder- und Seitenansicht zeigt. Als geladenen Probekörper kann man gut einen Pingpong-Ball mit leitender Oberfläche benutzen.

Es muß zunächst noch geklärt werden, ob die Ladung Q des Probekörpers und das elektrische Feld dieser Ladung den Meßvorgang beeinträchtigen, d.h. Rückwirkungen auf das auszumessende elektrische Feld haben. Nun kann sicher der Probekörper nicht auf sich selbst Kraftwirkungen ausüben, also können auch nicht die Ladung Q oder das von ihr gebildete elektrische Radialfeld auf den Probekörper selbst wirken. Dagegen kann sehr wohl die Ladung Q des Probekörpers eine influenzierende Wirkung auf ihre Umgebung ausüben, was rückwirkend eine unsymmetrische Ladungsverteilung auf dem Probekörper zur Folge hat. In diesem Fall würden zusätzliche Kräfte zwischen Probekörper und Umgebung auftreten, die mit der durch das auszumessende Feld auf den Probekörper ausgeübten Kraft gar nichts zu tun haben. Solche Influenzwirkungen spielen aber kaum eine Rolle, wenn der Probekörper von geringer Ausdehnung ist, keine zu große Probeladung Q trägt und von Metallkörpern in der Umgebung möglichst weit entfernt bleibt. Bei Präzisionsmessungen z.B. mit der Drehwaage von COULOMB, müssen allerdings auch die geringen Feldveränderungen durch Influenzwirkung berücksichtigt werden. Wir stellen aber nochmals ausdrücklich fest:

Das Eigenfeld einer Probeladung darf mit dem auszumessenden Feld nicht überlagert gedacht werden, weil das Eigenfeld der Probeladung auf diese selbst keine Kraftwirkung ausübt.

Nach diesen Vorbetrachtungen führen wir folgenden Versuch durch:

Versuch 417.1 Mit Hilfe des Bandgenerators werden eine isoliert aufgestellte Metallplatte und der bifilar aufgehängte, graphitierte Pingpong-Ball gleichartig aufgeladen. Die bifilare Aufhängung ist an einer Isolierstange (z.B. Pertinax) befestigt, weil an einer metallenen Stativstange Influenzwirkungen auftreten können. Wir bringen nun den Probekörper an eine beliebige Stelle des elektrischen Feldes, aber so, daß sie sich etwa gleich hoch über der Tischplatte befindet wie der Mittelpunkt der geladenen Metallplatte. Den Ort des Probekörpers markieren wir durch einen Holzstab H (oder Trinkröhrchen oder anderen Isolator) und messen den Ausschlag α_1 mit Hilfe eines Wandtafel-Winkelmessers. Dann rücken wir das Gestell beiseite, um die Ladung des Pingpong-Balles zu halbieren. Zu diesem Zweck schlagen wir einen gleichen, aber ungeladenen Pingpong-Ball an den geladenen. Die Ladung verteilt sich augenblicklich auf beide Pingpong-Bälle; der bifilar aufgehängte Pingpong-Ball trägt nun die Ladung $\frac{1}{2}Q$. Wir bringen ihn anschließend wieder an die gleiche Stelle des elektrischen Feldes und messen den Ausschlag α_2.

Da die Herkunft des Feldes hier grundsätzlich nicht interessiert, kann statt der Metallplatte (Abb. 418.1) auch direkt die Kugel (bzw. der Korb) des Bandgenerators benutzt werden.

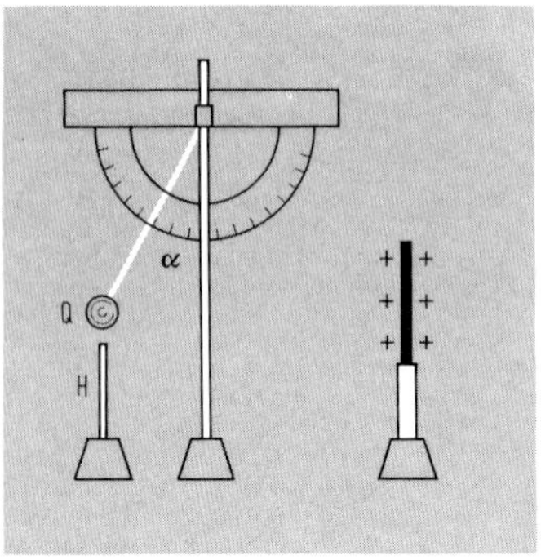

Abb. 418.1
Geladener Probekörper im elektrischen Feld

Im Rahmen der Meßgenauigkeit zeigt sich, daß $\alpha_2 = \frac{1}{2}\alpha_1$ ist. Der Probekörper in Abb. 418.1 befindet sich im Kräftegleichgewicht, wenn $\tan\alpha = \frac{F_E}{F_G}$ ist; vgl. Abb. 417.2b.

Damit erhalten wir

$$\frac{\tan\alpha_1}{\tan\alpha_2} = \frac{F_{E,1}}{F_{E,2}}.$$

Für kleine Winkel α (bis etwa 30°) ist der Tangens dem Winkel in guter Näherung proportional, so daß wir

$$\frac{\alpha_1}{\alpha_2} = \frac{F_{E,1}}{F_{E,2}}$$

setzen können. Die Aussage des Versuchs, $\alpha_2 = \frac{1}{2}\alpha_1$, bedeutet dann $F_{E,2} = \frac{1}{2}F_{E,1}$, d.h.:

Wird an einem festen Ort des elektrischen Feldes die Probeladung des Probekörpers halbiert, so wirkt auch nur noch die halbe elektrische Kraft auf den Probekörper.

Mit den experimentellen Mitteln, die uns zur Verfügung standen, haben wir keine Versuchsreihe mit vielen Messungen durchführen können. Der Versuch sollte auch nur das prinzipielle Verfahren zeigen, mit dem man die elektrische Kraft auf einen geladenen Probekörper im elektrischen Feld untersuchen kann. Präzisionsmessungen mittels aufwendiger Apparaturen haben aber die Allgemeingültigkeit unseres Ergebnisses gezeigt:

An einem festen Ort des elektrischen Feldes ist der Quotient aus der elektrischen Kraft $\vec{F}_E$ auf einen geladenen Probekörper und der Ladung Q des Probekörpers konstant. Diesen Quotienten nimmt man als Maß für die Stärke des Feldes und nennt ihn daher elektrische Feldstärke $\vec{E}$.

$$\vec{E} = \frac{\vec{F}_E}{Q}.$$

Die Einheit der elektrischen Feldstärke ergibt sich aus der vorstehenden Definition als Quotient aus der Krafteinheit Newton (N) und der Ladungseinheit Coulomb (C) zu $1\,\frac{\text{N}}{\text{C}}$.

Berücksichtigt man die Zusammenhänge

$$1\,\text{Nm} = 1\,\text{J} = 1\,\text{VAs} \quad \text{und} \quad 1\,\text{C} = 1\,\text{As},$$

so ergibt sich

$$1\,\frac{\text{N}}{\text{C}} = 1\,\frac{\text{V}}{\text{m}}.$$

Auf die letzte Gleichung bezieht sich die *Ausführungsverordnung zum Gesetz über Einheiten im Meßwesen*, das die Einheit der elektrischen Feldstärke folgendermaßen definiert:

Die abgeleitete Einheit der elektrischen Feldstärke ist das Volt durch Meter (Einheitenzeichen: $\frac{\text{V}}{\text{m}}$ oder $\text{V}\,\text{m}^{-1}$). 1 Volt durch Meter ist gleich der elektrischen Feldstärke eines homogenen elektrischen Feldes, in dem die Potentialdifferenz zwischen zwei Punkten im Abstand 1 m in Richtung des Feldes 1 V beträgt.

Abgeleitete Einheiten der elektrischen Feldstärke sind auch alle anderen Quotienten, die aus einer gesetzlichen Einheit der elektrischen Spannung und einer gesetzlichen Längeneinheit gebildet werden.

Beispiele $1\,\text{kV}\,\text{m}^{-1} = 10^3\,\text{V}\,\text{m}^{-1}$, $1\,\text{V}\,\text{cm}^{-1} = 10^2\,\text{V}\,\text{m}^{-1}$, $1\,\text{kV}\,\text{mm}^{-1} = 10^6\,\text{V}\,\text{m}^{-1}$.

Die elektrische Feldstärke ist ein Vektor. Kennt man diesen Vektor nach Größe und Richtung für die verschiedenen Feldpunkte des elektrischen Feldes, dann kann man die Kraft auf einen Körper mit der Ladung Q (kurzer Sprachgebrauch: die Kraft auf die Ladung Q) berechnen:

$$\vec{F}_\text{E} = Q\vec{E}.$$

In der vektoriellen Schreibweise ist zu berücksichtigen, daß die Ladung Q auch negativ sein kann. Das Elektron hat z.B. eine negative Elementarladung $Q = -e = -1{,}6022 \cdot 10^{-19}$ C (S. 429). Damit ergibt sich:

Die elektrische Kraft $\vec{F}_\text{E}$ auf ein Elektron im elektrischen Feld mit der Feldstärke $\vec{E}$ ist

$$\vec{F}_\text{E} = -e\vec{E}.$$

Aus der Beziehung $\vec{F}_\text{E} = Q\vec{E}$ folgt die auf S. 407 getroffene Feststellung:

Auf Leiteroberflächen stehen die Feldlinien eines elektrostatischen Feldes stets senkrecht.

Würde nämlich der elektrische Feldvektor nicht senkrecht zur Leiteroberfläche stehen, so könnte man diesen Vektor in eine zur Leiteroberfläche senkrechte und eine tangentiale Komponente zerlegen. Die tangentiale Komponente hätte die Kraft $\vec{F}_\text{tang} = Q\vec{E}_\text{tang}$ auf die Ladung Q zur Folge, was zu einer Verschiebung der Ladung Q auf der Leiteroberfläche führen müßte. Solange aber Ladungen verschoben werden, liegt kein statischer Fall vor, wie in der Voraussetzung angenommen wurde.

Im allgemeinen wird die elektrische Feldstärke eine Funktion des Ortes sein. So nimmt die elektrische Feldstärke im Radialfeld um einen geladenen Kugelkonduktor mit der Entfernung vom Konduktor ab. Homogen nennt man ein Feld, in dem unabhängig vom Ort die Feldstärke nach Größe und Richtung konstant ist. Das ist erfüllt für das Feld in einem Plattenkondensator, dessen Plattenabstand klein gegenüber der Plattengröße ist. Mit den Spezialfällen des radialen und des homogenen Feldes wollen wir uns im folgenden beschäftigen.

5.1.6 Das radiale elektrische Feld

Ein radiales elektrisches Feld wird durch eine Punktladung oder durch einen geladenen Kugelkonduktor erzeugt. Das typische Feldlinienbild ist in Abb. 407.1 wiedergegeben.

Die elektrische Feldstärke im Abstand r von einer Punktladung Q können wir leicht berechnen. Zwischen dieser Ladung und einer im Abstand r befindlichen Probeladung, die wir jetzt zur Unterscheidung von der felderzeugenden Ladung Q mit Q_P bezeichnen, besteht nach dem COULOMB-Gesetz die Wechselwirkungskraft

$$F = \frac{1}{4\pi\varepsilon_0} \cdot \frac{Q Q_\text{P}}{r^2}.$$

Andererseits läßt sich der Betrag der Kraft $\vec{F}$ auf die Probeladung Q_P mittels der Feldstärke $\vec{E}$ des durch die Ladung Q erzeugten elektrischen Feldes angeben:

$$F_\text{E} = Q_\text{P} E.$$

Da es sich um dieselbe Kraft handelt, können wir die rechten Seiten der Gleichungen gleichsetzen:

$$Q_\text{P} E = \frac{1}{4\pi\varepsilon_0} \cdot \frac{Q Q_\text{P}}{r^2}$$

$$E = \frac{1}{4\pi\varepsilon_0} \cdot \frac{Q}{r^2}.$$

Der Betrag der elektrischen Feldstärke $\vec{E}$ des Radialfeldes um eine Punktladung Q ist der Ladung Q direkt und dem Quadrat des Abstandes r von der Punktladung umgekehrt proportional.

Die Kraft $\vec{F}_E$ auf eine positive Probeladung Q_P ist zur Feldstärke $\vec{E}$ wegen $\vec{F}_E = Q_P \vec{E}$ gleichgerichtet. Andererseits wissen wir, daß gleichartige Ladungen sich abstoßen. Die Feldlinien des Radialfeldes um eine positive Punktladung sind daher von dieser weg gerichtet (bzw. auf eine negative Punktladung zu gerichtet). Statt des Feldlinienbildes in Abb. 407.1 erhalten wir nun folgende verbesserte Darstellung (Abb. 420.1):

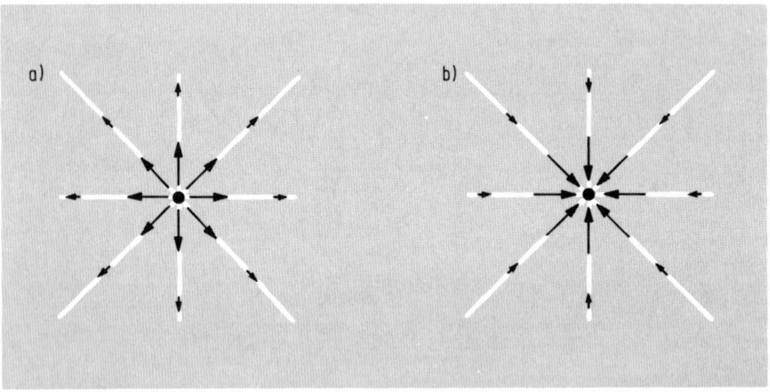

Abb. 420.1
Feldlinienbild eines elektrischen Radialfeldes
a) um eine positive Punktladung
b) um eine negative Punktladung

Es wurde früher (S. 412) schon darauf hingewiesen, daß es strenggenommen Punktladungen nicht gibt. In unseren Experimenten und in der Technik hat man es mit geladenen Kugelkonduktoren zu tun, deren Kugelradius R nicht vernachlässigt werden darf. Eine solche Metall-Hohlkugel trage die Ladung Q. Diese Ladung wird sich gleichmäßig auf der Oberfläche verteilen, weil die einzelnen Ladungsträger (z. B. Elektronen) sonst nicht im Kräftegleichgewicht sind. Wegen der Symmetrie der Anordnung befindet sich um die geladene Kugel wieder ein radiales elektrisches Feld. Wie groß ist nun die Feldstärke im Abstand r vom Mittelpunkt der Hohlkugel? Diese Frage ist nicht leicht zu beantworten. Wir treffen zunächst die Fallunterscheidung $0 < r < R$ und $r > R$.

Für $0 < r < R$ befinden wir uns im Innern der Kugel. Hier ist sicher kein elektrisches Feld vorhanden. Wäre nämlich ein Feld vorhanden, so müßten auch hier die Feldlinien die auf S. 407 genannten Bedingungen erfüllen: Die Feldlinien müßten senkrecht aus der Metallfläche austreten und senkrecht in die Metallfläche wieder eintreten. Das steht aber im Widerspruch zu der Eigenschaft des elektrischen Feldes, daß Feldlinien sich niemals durchkreuzen.

Für die weitere Untersuchung führen wir den Begriff des *elektrischen Flusses* ein. Wir denken uns um eine Punktladung Q eine beliebige geschlossene Hüllfläche gelegt, die durch ein Netz in Flächenelemente ΔA aufgeteilt ist (Abb. 420.2). Das elektrische Feld am Ort des Flächenelementes ΔA wird nach Richtung und Betrag durch den Feldvektor $\vec{E}$ charakterisiert. Da im allgemeinen der Vektor $\vec{E}$ nicht senkrecht auf dem Flächenelement ΔA steht, führen wir noch die Projektion ΔA_N des Flächenelementes ΔA senkrecht zu den

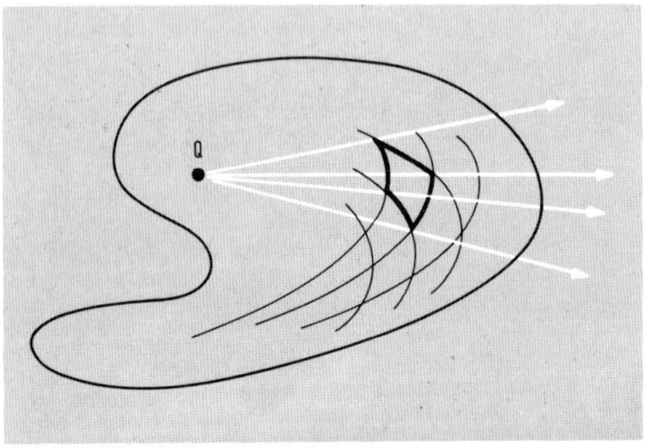

Abb. 420.2
Die geschlossene Hüllfläche wird von den Feldlinien der eingeschlossenen Punktladung durchsetzt.

Feldlinien ein. Wählen wir das Flächenelement hinreichend klein, kann man praktisch parallele Feldlinien durch das Flächenelement zeichnen. Aus Abb. 421.1 entnimmt man den Zusammenhang zwischen den Größen ΔA, ΔA_N, E und der zum Flächenelement ΔA senkrechten Komponente E_N der elektrischen Feldstärke.

Es gilt

$$\frac{\Delta A_N}{\Delta A} = \frac{E_N}{E} \quad \text{oder} \quad E_N \cdot \Delta A = E \cdot \Delta A_N.$$

Unter dem elektrischen Fluß Ψ durch das Flächenelement ΔA versteht man das Produkt $\Psi = \varepsilon_0 \cdot E_N \cdot \Delta A$. Den gesamten elektrischen Fluß durch die geschlossene Hüllfläche erhält man, indem man die Flächensumme über E_N bildet:

$$\Psi = \varepsilon_0 \cdot \sum E_N \cdot \Delta A = \varepsilon_0 \cdot \sum E \cdot \Delta A_N = \varepsilon_0 \cdot \sum \vec{E} \cdot \Delta \vec{A}.$$

Dabei bedeutet $\vec{E} \cdot \Delta\vec{A}$ das Skalarprodukt des Feldvektors $\vec{E}$ mit dem Flächenvektor $\Delta\vec{A}$, der senkrecht auf dem Flächenelement ΔA steht und dessen Betrag $|\Delta\vec{A}| = \Delta A$ gleich dem Flächeninhalt dieses Flächenelementes ist.

In der Schreibweise der Integralrechnung ist der elektrische Fluß das Integral über eine geschlossene Oberfläche (gekennzeichnet durch das Symbol $\oint$).

$$\Psi = \varepsilon_0 \cdot \oint \vec{E} \cdot d\vec{A}.$$

Die Einheit des elektrischen Flusses ergibt sich nach dessen Definition als Produkt aus den Einheiten für die elektrische Feldkonstante, für die elektrische Feldstärke und für die Fläche zu

$$1\,\frac{\text{As}}{\text{Vm}} \cdot 1\,\frac{\text{V}}{\text{m}} \cdot 1\,\text{m}^2 = 1\,\text{As} = 1\,\text{C}.$$

Die Einheit des elektrischen Flusses ist gleich der Einheit der elektrischen Ladung.

Dieser Zusammenhang wird durch die folgende Betrachtung verständlich.

Zunächst läßt sich leicht zeigen, daß der elektrische Fluß durch die beliebige Hüllfläche gleich dem Fluß durch die Oberfläche einer Kugel mit dem Radius ρ ist, in deren Mittelpunkt die Ladung Q sich befindet.

Nach Abb. 421.2 kann man jedem Flächenstück ΔA_N ein Kugelflächenelement ΔA_K zuordnen. Da die zugeordneten Flächenstücke sich wie die Quadrate ihrer Abstände von der Punktladung Q verhalten, gilt

$$\frac{\Delta A_N}{\Delta A_K} = \frac{r^2}{\rho^2},$$

und wir erhalten für den elektrischen Fluß

$$\Psi = \varepsilon_0 \cdot \sum E \cdot \Delta A_N = \varepsilon_0 \cdot \sum \frac{1}{4\pi\,\varepsilon_0} \cdot \frac{Q}{r^2} \cdot \frac{r^2}{\rho^2} \cdot \Delta A_K = \sum \frac{1}{4\pi} \cdot \frac{Q}{\rho^2} \cdot \Delta A_K.$$

Die konstanten Größen können wir vor das Summenzeichen ziehen und erhalten mit der Kugeloberfläche $\sum \Delta A_K = 4\pi\rho^2$:

$$\Psi = \frac{1}{4\pi} \cdot \frac{Q}{\rho^2} \cdot \sum \Delta A_K = \frac{1}{4\pi} \cdot \frac{Q}{\rho^2} \cdot 4\pi\rho^2 = Q.$$

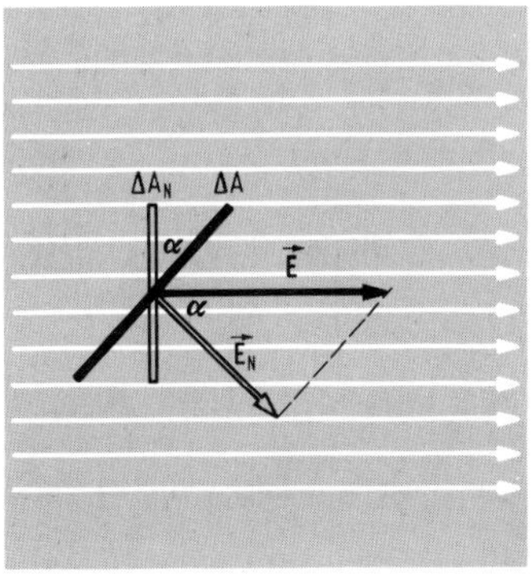

Abb. 421.1
Flächenelement ΔA (von der Seite gesehen) im elektrischen Feld der Feldstärke E und ihre senkrechten Projektionen

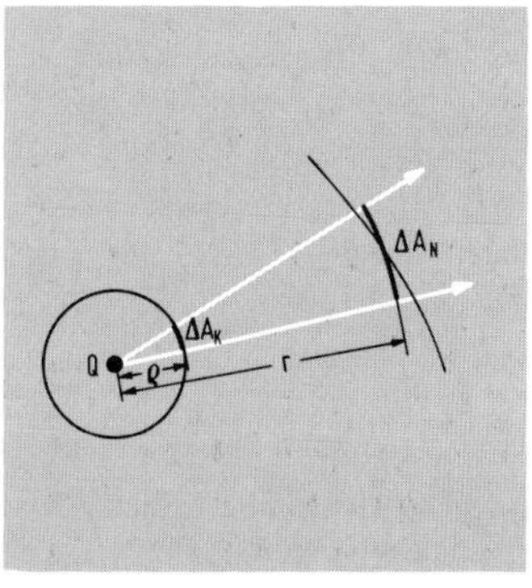

Abb. 421.2
Geometrische Beziehung zwischen den Flächenstücken ΔA_N und ΔA_K einer beliebigen Hüllfläche und einer Kugelfläche mit der Punktladung Q im Mittelpunkt der Kugel

Wir fassen das Ergebnis zusammen:

Der elektrische Fluß durch eine beliebige geschlossene Fläche ist gleich der eingeschlossenen Ladung.

Dritte Maxwell-Gleichung: $\Psi = \varepsilon_0 \cdot \sum E_N \cdot \Delta A = Q$.

Die Herleitung dieser Gleichung zeigt, daß der elektrische Fluß durch eine geschlossene Fläche unabhängig davon ist, wo sich die Ladung innerhalb des umschlossenen Raumes befindet. Es ist dann auch gleichgültig, ob die Ladung als Punktladung vorliegt oder verteilt ist. Letzteres liegt z.B. bei geladenen Kugeln oder Platten vor. Jede Ladungsverteilung kann man sich aus Punktladungen zusammengesetzt denken. Jede Punktladung kann man aber innerhalb des umschlossenen Raumes verschieben, ohne daß der von ihr erzeugte Fluß durch die Hüllfläche sich ändert. Dann kann man sich auch alle Punktladungen in einen Punkt zusammengeschoben denken und hat damit die Ausgangslage für die dargelegten Überlegungen.

Wir können nun die Frage nach der Feldstärke im Außenraum um einen geladenen Kugelkonduktor beantworten. Die Ladung Q ist auf der Oberfläche der Kugel vom Radius R gleichmäßig verteilt. Um diese Kugel denken wir als geschlossene Hüllfläche die Oberfläche einer konzentrischen Kugel vom Radius $r > R$ (Abb. 422.1). Für den elektrischen Fluß gilt

$$\Psi = \varepsilon_0 \cdot \sum E_N \cdot \Delta A = Q.$$

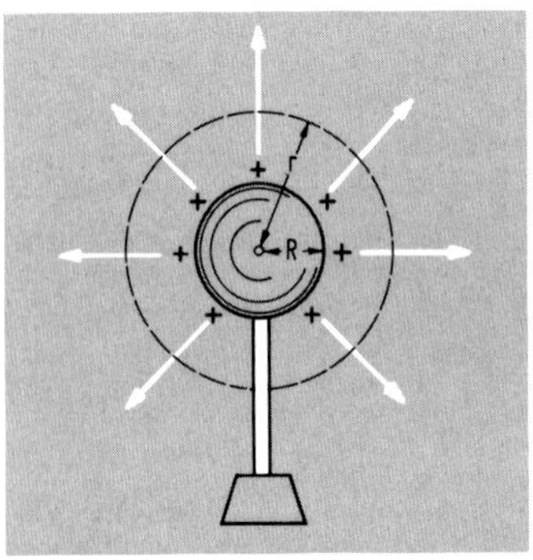

Abb. 422.1
Geladener Kugelkonduktor mit Hüllfläche zur Berechnung des elektrischen Flusses

Da wegen der Kugelsymmetrie der Anordnung das Feld radialsymmetrisch ist, steht auf den Flächenelementen ΔA der Feldvektor $\vec{E}$ senkrecht, so daß in diesem Fall überall auf der Kugelfläche $E_N = E$ ist. Damit ergibt sich

$$\Psi = \varepsilon_0 \cdot E \cdot 4\pi r^2 = Q$$

$$E = \frac{1}{4\pi\varepsilon_0} \cdot \frac{Q}{r^2}.$$

Das ist aber die gleiche elektrische Feldstärke, wie wir sie um eine Punktladung Q auf S. 419 berechnet haben. Damit haben wir eine wichtige Eigenschaft des elektrischen Feldes gefunden:

Das Außenfeld einer elektrisch geladenen Kugel ist das gleiche wie das Feld einer Punktladung gleicher Größe im Zentrum der Kugel.

Aus diesem Sachverhalt folgt eine weitere wichtige Feststellung. Die elektrische Feldstärke E auf der geladenen Kugeloberfläche ist

$$E = \frac{1}{4\pi\varepsilon_0} \cdot \frac{Q}{R^2}.$$

Nun ist $A = 4\pi R^2$ die Oberfläche der Kugel. Man bezeichnet den Quotienten $\frac{Q}{A}$ als *Flächenladungsdichte*. Die Gleichung

$$E = \frac{1}{\varepsilon_0} \cdot \frac{Q}{A}$$

sagt dann aus:

Die elektrische Feldstärke auf einer geladenen Kugeloberfläche ist zur Flächenladungsdichte der Kugeloberfläche proportional.

Als Anwendung des zuletzt festgestellten Sachverhaltes betrachten wir das *Feldelektronenmikroskop.*

Elektronenablösung von Metalloberflächen wird meistens mittels des glühelektrischen Effektes bewirkt, wie z.B. bei Glühkatoden in Trioden. Bei kalten Metallen ist aber auch Elektronenablösung an Spitzen möglich, wenn die elektrische Feldstärke durch hinreichend kleinen Krümmungsradius der Spitze groß genug gemacht wird. Dieser Effekt heißt *Feldelektronenemission*; er wird im Feldelektronenmikroskop ausgenutzt.

Während die Durchstrahlungselektronenmikroskope (S.588) kompliziert gebaute und schwierig zu handhabende Geräte sind, ist das seit 1936 entwickelte und in den letzten Jahren beträchtlich vervollkommnete Feldelektronenmikroskop so einfach, daß es auch in der Schule vorgeführt und verstanden werden kann. Es besteht im wesentlichen aus einem glühlampenähnlichen Gefäß *G*, in dem ein besonders gutes Vakuum herrscht (Abb.423.1). Die eine halbkugelförmige Seite der Glaswand ist innen mit einem Leuchtstoff *L* überzogen, der beim Auftreffen von Elektronen Licht aussendet. Im Mittelpunkt dieses halbkugelförmigen Leuchtschirmes befindet sich die als feine Spitze ausgezogene Katode *K* aus Wolfram, die vorn kugelförmig abgerundet ist. Die Spitze ist so montiert, daß sie durch einen besonderen Stromkreis geheizt werden kann (Abb.423.2). Seitlich von der Spitze befindet sich die Anode *A*. Bei den für die Schule vorwiegend in Frage kommenden Ausführungsformen ist neben der Anode noch eine Drahtwendel *D* untergebracht, die ebenfalls elektrisch heizbar ist. Die Drahtwendel enthält eine kleine Menge metallisches Barium, von dem bei kurzem Heizen der Wendel ein wenig verdampft werden kann.

Das Feldelektronenmikroskop unterscheidet sich in seiner Wirkungsweise von den übrigen Elektronenmikroskopen zunächst dadurch, daß als Elektronenquelle nicht ein Glühdraht, sondern die schon erwähnte außerordentlich feine Spitze in kaltem Zustand dient. Ferner wird nicht mehr ein in den Strahlengang gebrachtes Objekt, sondern die Spitze selbst und ihre besondere Oberflächenstruktur mit Hilfe der in der Umgebung vorhandenen Feldverteilung abgebildet.

Da die Spitze gegenüber der Anode negativ ist, befinden sich Elektronen auf ihrer Oberfläche. Ein Elektron besitzt die Ladung $-e=-1{,}6\cdot 10^{-19}$ C. Im elektrischen Feld an der Oberfläche der Spitze wirkt die Kraft $\vec{F}=-e\vec{E}$ auf das Elektron. Bei einer Spannung von ca. 10^4 V zwischen Spitze und Anode und einem Spitzen-Krümmungsradius von 10^{-7} m wird die Flächenladungsdichte so groß, daß bei Betrieb des Feldelektronenmikroskops eine Feldstärke vom Betrag $E=10^9\ \mathrm{V\,m^{-1}}$ aufrechterhalten werden kann. Der Betrag der Kraft auf das Elektron ist dann

$$F=1{,}6\cdot 10^{-19}\ \mathrm{C}\cdot 10^9\ \frac{\mathrm{V}}{\mathrm{m}}=1{,}6\cdot 10^{-10}\ \mathrm{N}.$$

Diese Kraft genügt, um das Elektron von der kalten Spitze abzulösen und im elektrischen Feld auf die gegenüberliegende Glaswand hin zu beschleunigen.

Bei hohen Feldstärken ist die Beschleunigung von Ladungsträgern so groß, daß bei Gasresten eine durch Zusammenstöße mit diesen Ladungsträgern ausgelöste selbständige Entladung die Folge wäre. Deshalb muß der Druck im Gefäß unter 10^{-10} bar gebracht werden.

Die aus der Spitze austretenden Elektronen bewegen sich in dem elektrischen Feld in Richtung der Feldlinien, die in der Nähe der Spitze radial nach außen verlaufen. Da der Glaskolben ein extrem hohes Vakuum hat, fliegen die Elektronen praktisch ohne Zusammenstöße mit Gasteilchen in radialer Richtung auf den Leuchtschirm zu. Wenn die Oberfläche der Spitze homogen wäre, würden die Elektronen an jeder Stelle senkrecht und mit der gleichen Intensität austreten, so daß der Leuchtschirm überall gleich hell wäre. Die Wolframspitze stellt aber einen Einkristall dar, dessen Struktur es mit sich bringt, daß die Elektronenemission in den verschiedenen Richtungen verschieden stark ist. Die Richtungen des Kristalls, in denen besonders wenig Elektronen austreten, ergeben auf dem Schirm dunklere Stellen, während andere dazwischenliegende Richtungen hellere Bilder auf dem Leuchtschirm erzeugen. Das auf dem Schirm

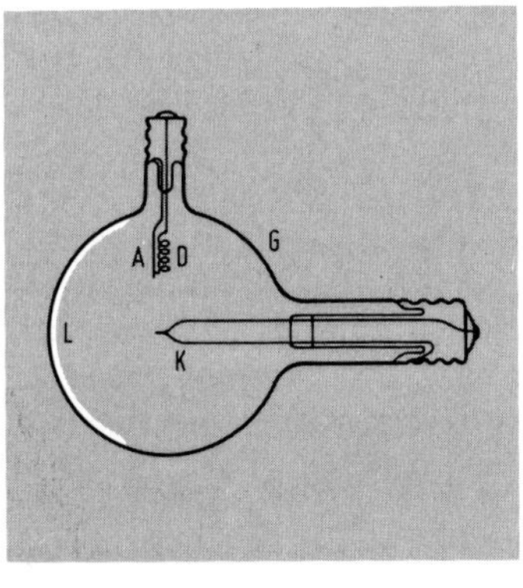

Abb. 423.1
Bau eines Feldelektronenmikroskops in schematischer Darstellung

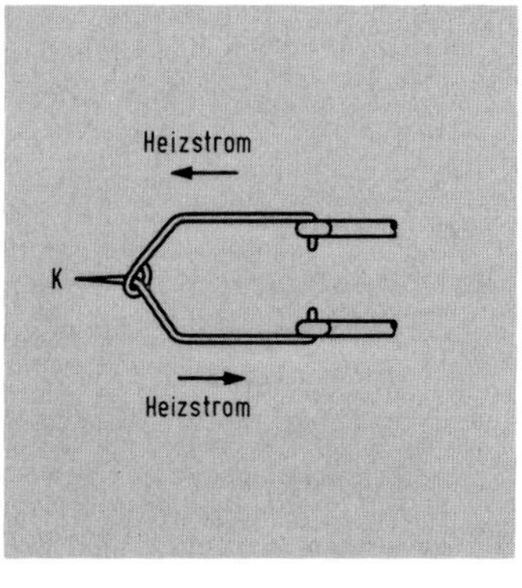

Abb. 423.2
Die Spitze des Feldelektronenmikroskops kann durch einen besonderen Stromkreis geheizt werden.

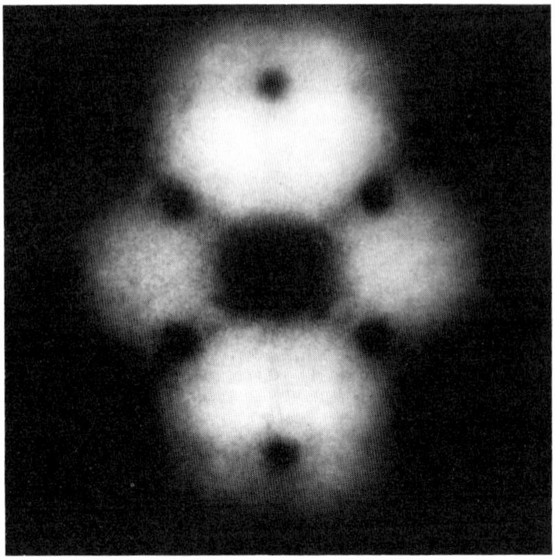

Abb. 424.1 Bild einer reinen Wolfram-Einkristallspitze

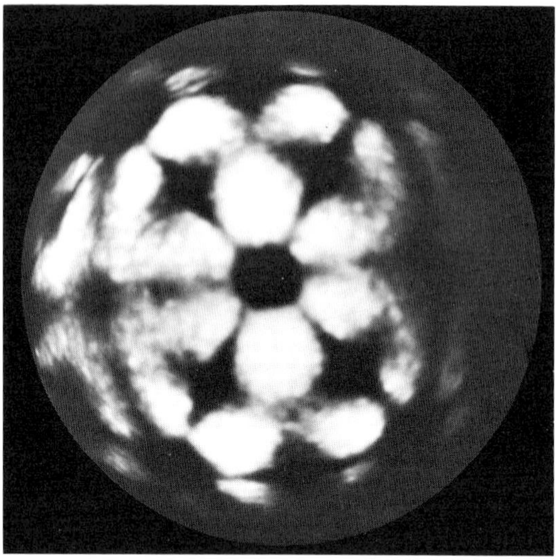

Abb. 424.2 Die hellen Körner sind die Bilder von Bariumatomen, die auf die Wolframspitze des Feldelektronenmikroskops aufgedampft werden.

entstehende Bild läßt also unmittelbare Schlüsse auf die Struktur des Einkristalls zu (Abb. 424.1). Die Elektronenemission der Spitze kann aber noch durch einen anderen Faktor beeinflußt werden. Auf der Spitze sitzende Fremdatome oder -moleküle bewirken eine Veränderung der Feldstärke. Diese wird an der Oberfläche der Fremdatome besonders groß, so daß dort mehr Elektronen austreten als in der Nachbarschaft. Auf dem Leuchtschirm entstehen deshalb an den entsprechenden Stellen kleine, helle Kreise. Diese hellen Stellen geraten in lebhafte Bewegung, wenn man die Spitze elektrisch heizt (in Übereinstimmung mit der kinetischen Wärmetheorie).

Um die Fremdatome oder -moleküle auf die Spitze zu bringen, befinden sich in dem seitlichen Ansatz *D* geringe Mengen geeigneter Stoffe, von denen Spuren verdampft werden können. Von den dann in dem Glaskolben hin und her fliegenden Atomen oder Molekülen treffen einzelne auf die Wolframspitze und bleiben dort sitzen. Es ist zweckmäßig, für diese Versuche besonders große Atome zu verwenden; als sehr geeignet haben sich Bariumatome erwiesen, die in der oben angegebenen Weise in dem Rohr untergebracht sind und nach Bedarf verdampft werden können. Die auf dem Leuchtschirm entstehenden hellen Punkte sind die Bilder einzelner Bariumatome (Abb. 424.2). Bringt man auf die Wolframspitze größere Moleküle, so erhält man als Bilder ausgedehnte Scheibchen, die mancherlei von der Gestalt und Struktur der Moleküle erkennen lassen.

Man erhält auf diese Weise mit dem Feldelektronenmikroskop eine millionenfache Vergrößerung. Damit ist die beste Vergrößerung des Durchstrahlungselektronenmikroskops noch übertroffen.

Die Verwendung des Feldelektronenmikroskops zeigt der folgende Versuch.

Versuch 424.1 Nach Abb. 425.1 wird eine Hochspannungsquelle (z.B. ein Bandgenerator) mit der Katode und Anode des Feldelektronenmikroskops verbunden. Nach Anlegen der Hochspannung erscheint auf dem Leuchtschirm sofort das Bild der Wolframspitze, das aber zunächst durch Fremdatome gestört ist, die sich trotz des hohen Vakuums immer auf der Spitze absetzen. Um ein Bild der reinen Wolframspitze zu erhalten, muß man diese durch Ausglühen von den Fremdatomen befreien. Die dazu erforderliche Spannung wird in der dargestellten Schaltskizze aus der Netzspannung von 220 V über einen Transformator T_1 und einen Spannungsteiler S_1 gewonnen. Nachdem man das Bild der reinen Wolframspitze auf dem Schirm erzeugt hat, wird die das Barium enthaltende Wendel über einen zweiten Transformator T_2 und einen Spannungsteiler S_2 einige Sekunden geheizt. Die dabei verdampfenden Bariumatome setzen sich teilweise auf der Spitze ab und erscheinen als hell leuchtende Punkte auf dem Bild der Wolframspitze.

Wir haben gesehen, daß das Feldelektronenmikroskop in mancher Hinsicht dem Durchstrahlungselektronenmikroskop überlegen ist. Auf der anderen Seite sind seine Anwendungsmöglichkeiten aber begrenzter. Während man mit dem Durchstrahlungselektronenmikroskop Präparate, Schnitte usw. untersuchen kann, können mit dem Feldelektronenmikroskop nur Objekte und Vorgänge auf der Wolframspitze selbst vergrößert abgebildet werden.

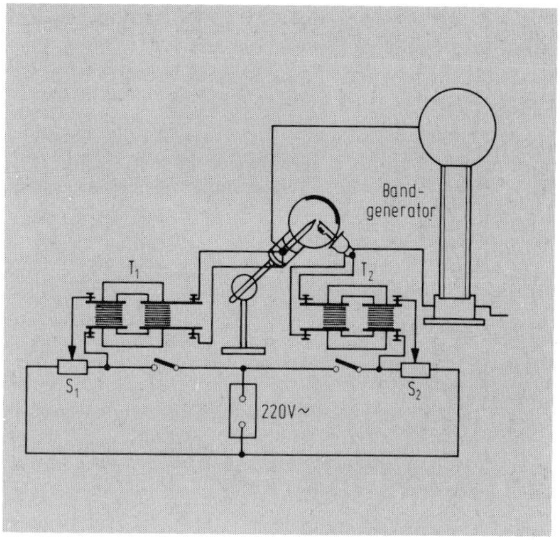

Abb. 425.1
Schaltbild des Feldelektronenmikroskops

5.1.7 Das homogene elektrische Feld

Ist der Plattenabstand eines Plattenkondensators sehr klein gegenüber dem Plattendurchmesser, so ist das elektrische Feld zwischen den Platten homogen (Abb. 425.2). Die Feldlinien eines homogenen Feldes verlaufen parallel, die Feldstärke ist räumlich konstant.

Wie bei dem radialen elektrischen Feld stellt sich hier sofort die Frage nach dem Betrag der elektrischen Feldstärke. Selbstverständlich kann die Feldstärke nicht nach der früher beschriebenen Methode (S. 417) mittels einer geladenen Probependelkugel gemessen werden. Die Platten stehen so eng, daß zwischen ihnen kein zugänglicher Experimentierraum ist. Wir machen daher einen *Gedankenversuch*; d.h. einen Versuch, der zwar in der Praxis aus technischen Gründen nicht durchführbar ist, dessen prinzipielle physikalische Ausführung aber mit allen Vorbedingungen und in allen Konsequenzen durchschaubar ist. Es handelt sich also nicht um eine Theorie, sondern um die gedankliche Anwendung bereits erworbenen physikalischen Wissens.

Wir denken uns von der negativen Platte ein Elektron als Probekörper gelöst. Da im elektrischen Feld mit der Feldstärke $\vec{E}$ die Kraft $\vec{F} = -e\vec{E}$ auf das Elektron wirkt, wird das Elektron entgegengesetzt zur Feldlinienrichtung durch das Feld beschleunigt. Es fliegt durch den Plattenkondensator und prallt schließlich mit einer gewissen kinetischen Energie auf der positiven Platte auf. Das Feld hat also an dem Elektron Arbeit verrichtet, die wir hier als Produkt der Beträge von Kraft und Weg berechnen können, weil die Kraft in Richtung des Weges wirkt: $W = F d$. Der Betrag der Kraft ist $F = e E$, so daß sich $W = e E d$ ergibt. Andererseits haben wir früher (S. 406) gesehen, daß bei einem Transport einer Ladung Q zwischen zwei Punkten mit der Spannung U die Arbeit durch $W = QU$ berechnet wird, d.h. in diesem Fall durch $W = eU$. Die am Elektron verrichtete Arbeit muß aber von der speziellen Art ihrer Berechnung unabhängig sein, so daß wir die Ausdrücke für W gleichsetzen können. Damit erhalten wir

$$e E d = e U$$

$$E = \frac{U}{d}.$$

E = Elektrische Feldstärke
U = Spannung zwischen den Platten
d = Plattenabstand

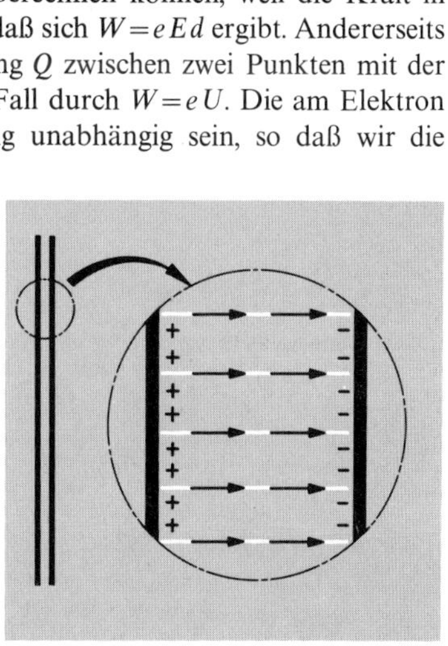

Abb. 425.2
Homogenes Feld im geladenen Plattenkondensator

Die elektrische Feldstärke E des homogenen Feldes zwischen den Platten eines geladenen Plattenkondensators ist gleich dem Quotienten aus der Spannung U zwischen den Platten und dem Plattenabstand d. Von der Plattenfläche hängt die elektrische Feldstärke nicht ab.

Für die Untersuchung des radialen elektrischen Feldes führten wir den Begriff des elektrischen Flusses ein und erhielten als bemerkenswertes Ergebnis

$$\Psi = \varepsilon_0 \cdot \sum E_N \cdot \Delta A = Q.$$

Wir hatten schon festgestellt, daß diese Beziehung zwischen dem elektrischen Fluß durch eine geschlossene Hüllfläche und der eingeschlossenen Ladung völlig unabhängig von der Verteilung der eingeschlossenen Ladung ist. Wir können daher diese Beziehung auf den Plattenkondensator anwenden, um eine Aussage über die elektrische Feldstärke zu bekommen. Dabei setzen wir große Platten, die eng zusammenstehen, voraus. Dann befindet sich fast die gesamte Ladung auf den Innenflächen der Platten, so daß das elektrische Feld außerhalb des Plattenkondensators vernachlässigt werden kann.

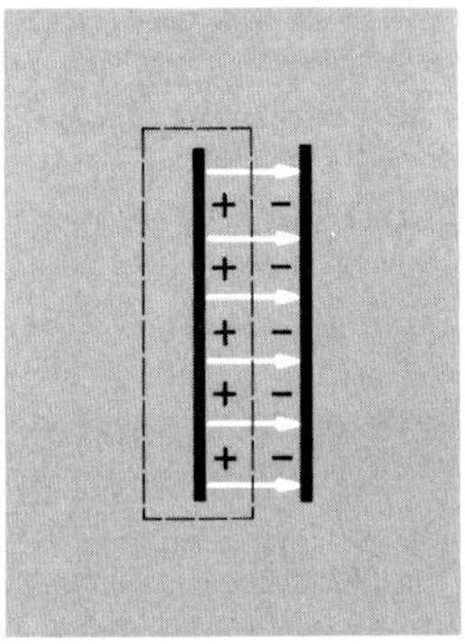

Abb. 426.1
Hüllfläche und elektrischer Fluß beim Plattenkondensator

Wir denken uns eine der beiden geladenen Platten durch eine Hüllfläche eingeschlossen (Abb. 426.1). Der Feldvektor $\vec{E}$ steht senkrecht auf der Platte mit der Fläche A, so daß $E_N = E$ ist. Damit geht die Gleichung

$$\Psi = \varepsilon_0 \cdot \sum E_N \cdot \Delta A = Q$$

über in

$$\Psi = \varepsilon_0 \cdot E \cdot A = Q,$$

und wir erhalten für die Feldstärke

$$E = \frac{1}{\varepsilon_0} \cdot \frac{Q}{A}.$$

Wie bei einer geladenen Kugel ergibt sich auch hier:

Die elektrische Feldstärke im Plattenkondensator ist zur Flächenladungsdichte der Platten proportional.

Da wir diesen Zusammenhang zwischen elektrischer Feldstärke und Flächenladungsdichte für zwei ganz verschiedene Fälle erhalten haben, liegt die Vermutung der Allgemeingültigkeit dieser Aussage nahe. Ergänzend sei hier mitgeteilt, daß tatsächlich für alle beliebigen Leiteranordnungen folgender Sachverhalt besteht:

Die elektrische Feldstärke des elektrostatischen Feldes ist am Ort eines Flächenstückes ΔA eines beliebigen elektrischen Leiters zur Flächenladungsdichte $\frac{\Delta Q}{\Delta A}$ des Flächenstückes proportional, und es gilt

$$E = \frac{1}{\varepsilon_0} \cdot \frac{\Delta Q}{\Delta A}.$$

Wird die Ladung Q auf einer Fläche A mit konstanter Flächenladungsdichte $\frac{Q}{A}$ verteilt, so ist auf der ganzen Fläche der Betrag der elektrischen Feldstärke

$$E = \frac{1}{\varepsilon_0} \cdot \frac{Q}{A}.$$

Man kann diesen Sachverhalt auch zur Messung der Feldstärke im elektrischen Feld ausnutzen. Dazu führen wir folgenden Versuch durch:

Versuch 427.1 Nach Abb. 427.1 halten wir zwei ungeladene dünne Metallplatten (Influenzplatten) gleicher Form an Isoliergriffen so zusammen, daß ihre Flächen sich deckungsgleich berühren. In dieser Stellung bringen wir das Plattenpaar senkrecht zu den Feldlinien in ein elektrisches Feld, z.B. in das Feld eines Plattenkondensators. Dann ändert sich die ursprüngliche Feldlinienrichtung durch das als Meßsonde dienende Plattenpaar nämlich nicht. An derselben Stelle des Feldes trennen wir die Platten geringfügig voneinander, so daß die Influenzladungen sich beim anschließenden Herausziehen der Platten aus dem Feld nicht mehr gegenseitig neutralisieren können. Außerhalb des Feldes wird die Influenzladung mit Hilfe des Meßverstärkers gemessen. (Anmerkung: Die Abbildung ist nicht maßstabsgerecht. In Wirklichkeit sind die Platten des Kondensators viel größer und die Influenzplatten dünner.)

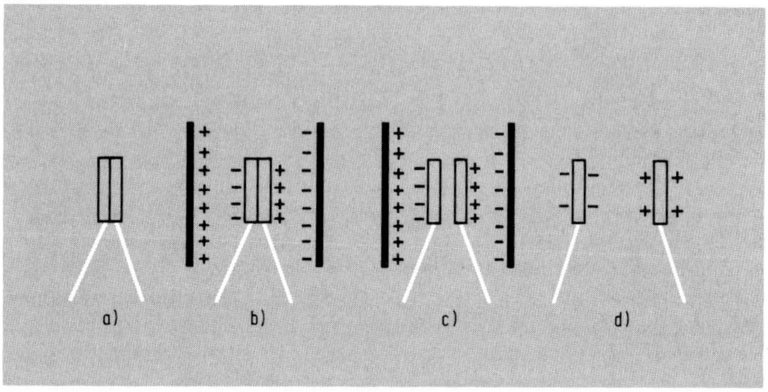

Abb. 427.1
Influenzplattenpaar zur Messung der elektrischen Feldstärke

Die Plattenfläche jeder Influenzplatte sei A_i, die auf der Plattenfläche influenzierte Ladung Q_i. Beide Größen werden gemessen. Die elektrische Feldstärke am Ort des Influenzvorganges beträgt dann

$$E = \frac{1}{\varepsilon_0} \cdot \frac{Q_i}{A_i}.$$

Speziell für das homogene Feld des Plattenkondensators gilt

$$\frac{Q_i}{A_i} = \frac{Q}{A},$$

wenn A die Fläche einer Platte des Kondensators und Q die auf ihr sitzende Ladung bedeuten.

Zur Speicherung elektrischer Ladungen hat der Plattenkondensator wegen seiner geringen Kapazität technisch kaum Bedeutung. Bezüglich seiner Kapazität ist er nur wissenschaftlich interessant. Wir werden uns mit der Kapazität des Plattenkondensators noch eingehend beschäftigen (S. 444). Als technisches Hilfsmittel zur Erzeugung eines homogenen Feldes ist dagegen der Plattenkondensator unentbehrlich. Wir bringen dazu als repräsentative Beispiele den berühmten MILLIKAN-*Versuch* und das *Oszilloskop*.

1. Der MILLIKAN-*Versuch*

Die Bewegung kleiner elektrisch geladener Teilchen in einem homogenen elektrischen Feld kann nach R.A. MILLIKAN (1868–1953) zur Bestimmung der *elektrischen Elementarladung* dienen. In das homogene Feld eines Plattenkondensators, dessen Feldlinien vertikal verlaufen, bringt man hierzu fein zerstäubte Öltröpfchen. Die Tröpfchen werden durch Bestrahlen mit RÖNTGEN-Strahlung aufgeladen, falls sie nicht schon beim Sprühen an der Zerstäuberdüse aufgeladen wurden. Diese Tröpfchen können mit einem Mikroskop beobachtet werden, und ihre Bewegung kann im Feld verfolgt werden. Solange kein Feld vorhanden ist, fallen die Tröpfchen nach unten. Es handelt sich aber nicht um einen freien Fall, weil die Reibungskraft der Luft der Gewichtskraft eines Tröpfchens entgegenwirkt. Modellmäßig kann man sich den Fall so vorstellen wie den Fall einer Kugellagerkugel im zähflüssigen Honig. Nach kurzer Zeit stellt sich eine konstante Sinkgeschwindigkeit ein. Das Gesetz für diese Bewegung entwickelte STOKES. Es ist uns schon aus der Mechanik bekannt und heißt: Um eine Kugel vom Radius r mit der Geschwindigkeit v durch eine Flüssigkeit oder ein

Gas mit der Viskosität η zu bewegen, muß die Kraft $F=6\pi\eta v r$ aufgebracht werden. Dabei ist die Viskosität oder innere Reibung eine Materialkonstante des Mediums, in dem die Kugel bewegt wird. Konstante Sinkgeschwindigkeit stellt sich also ein, wenn die Sinkgeschwindigkeit so groß geworden ist, daß die Reibungskraft $F=6\pi\eta v r$ dem Betrage nach gleich der Gewichtskraft des Tröpfchens ist:

$$6\pi\eta v r=m g.$$

Da das Tröpfchenvolumen als Kugelvolumen $V=\frac{4}{3}\pi r^3$ beträgt und der Zusammenhang zwischen Volumen V des Tröpfchens, Masse m des Tröpfchens und Dichte ρ des verwendeten Öls $m=V\rho$ ist, erhält man

$$6\pi\eta v r=\tfrac{4}{3}\pi r^3 \rho g.$$

Aus dieser Gleichung läßt sich der Tröpfchenradius r durch die Messung der Sinkgeschwindigkeit v ermitteln:

$$r^2=\frac{9\eta v}{2\rho g}$$

$$r=\sqrt{\frac{9\eta v}{2\rho g}}.$$

Auf der rechten Seite stehen außer v die der Messung zugänglichen Größen η, ρ und g. Präzisionsmessungen müssen noch den Auftrieb des Tröpfchens in Luft berücksichtigen. Dann muß ρ durch $\rho-\rho_L$ ersetzt werden, wobei ρ_L die Dichte der Luft ist.

Zur Messung der Sinkgeschwindigkeit wird das seitlich beleuchtete Tröpfchen mit einem Mikroskop, dessen Tubus horizontal, d.h. senkrecht zu den Feldlinien, liegt, beobachtet. Eine direkte Messung des Tröpfchenradius mittels Mikroskopbeobachtung ist dagegen wegen der außerordentlich kleinen Tröpfchenradien nicht möglich.

Bei eingeschaltetem Feld wirkt noch die elektrische Kraft $F=QE$ auf das Tröpfchen. Bei richtiger Polung der Spannungsquelle wirken die Gewichtskraft und die elektrische Kraft entgegengesetzt, so daß ein Gleichgewichtszustand erreicht werden kann. Dazu muß die Feldstärke im Plattenkondensator so groß gemacht werden, daß

$$QE=m g$$

ist (Abb. 428.1). Da die Feldstärke E im Plattenkondensator $E=\frac{U}{d}$ ist, schwebt das Tröpfchen, wenn

$$\frac{Q}{m}=\frac{g\cdot d}{U}$$

ist.

Man geht nun so vor, daß man sich von den vielen Öltröpfchen jeweils eines bei der Beobachtung herausgreift und die Spannung U so hoch regelt, bis das Tröpfchen schwebt. Aus der gemessenen Spannung läßt sich dann $\frac{Q}{m}$ berechnen. Nach Abschalten der Spannung sinkt das Tröpfchen. Die Sinkgeschwindigkeit v wird ermittelt, indem man die Bewegung des Tröpfchens mit Hilfe einer im Mikroskop eingebauten Mikrometerskala beobachtet. Aus der so gemessenen Geschwindigkeit läßt sich dann r berechnen. Mit dem Radius r ist auch die Masse $m=\frac{4}{3}\pi r^3\rho$ bekannt und damit auch die Ladung Q des Tröpfchens.

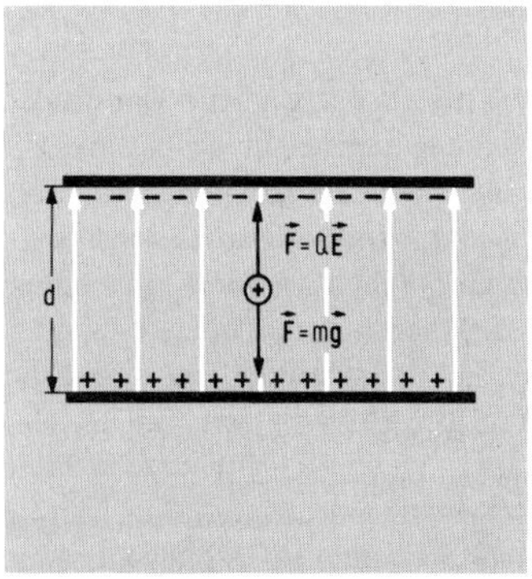

Abb. 428.1
Schwebendes Tröpfchen im homogenen Feld des MILLIKAN-Kondensators

Das fundamentale Ergebnis der Messung an vielen Tröpfchen ist

$$Q = z\,e; \qquad z = 1;\,2;\,3;\,\ldots; \qquad e = 1{,}6022 \cdot 10^{-19}\,\mathrm{C}.$$

Die elektrische Ladung tritt nur in ganzzahligen Vielfachen einer kleinsten Ladung $e = 1{,}6022 \cdot 10^{-19}$ C auf. Die Ladung e heißt daher Elementarladung.

Mit dem MILLIKAN-Versuch war 1913 die atomistische Struktur der elektrischen Ladung nachgewiesen.

2. Das Oszilloskop

Im zweiten Beispiel für die wissenschaftliche Ausnutzung des homogenen elektrischen Feldes eines Plattenkondensators beschäftigen wir uns mit dem Oszilloskop (Katodenstrahloszillograf), dessen wichtigster Bestandteil die von K.F. BRAUN (1850–1918) konstruierte und nach ihm benannte BRAUN-*Röhre* ist. Diese Röhre ist für die messende Physik schnell verlaufender Vorgänge, insbesondere periodischer Vorgänge, unersetzlich geworden. In Abb. 429.1 ist die BRAUN-Röhre schematisch dargestellt.

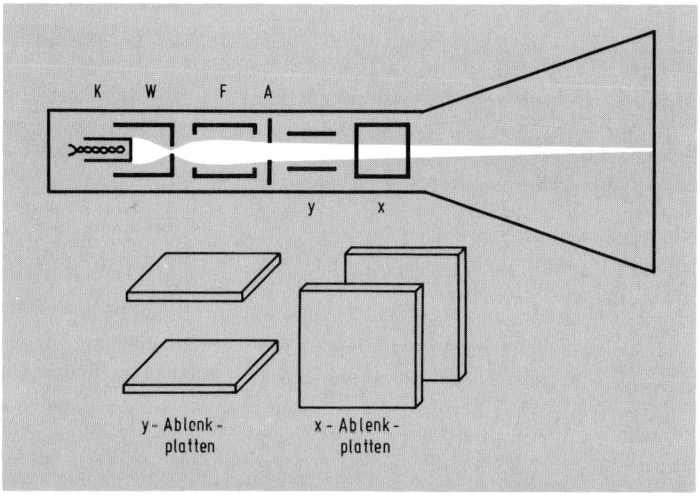

Abb. 429.1
Schematische Darstellung der BRAUN-Röhre

Die *Glühkatode* K ist mit einem kleinen Zylinder W umgeben, der von A. WEHNELT (1871–1944) konstruiert wurde und nach ihm WEHNELT-*Zylinder* genannt wird. Zwischen diesem Zylinder und der Katode liegt eine regelbare Spannung, mit deren Hilfe mehr oder weniger Elektronen zurückgedrängt werden können, so daß sich eine Helligkeitssteuerung ergibt. Elektronen, die den WEHNELT-Zylinder verlassen und zur Anode A hin beschleunigt werden, durchlaufen zunächst einen weiteren Zylinder F, der *Fokussierungszylinder* heißt. Mit Hilfe der an diesem Zylinder regelbaren Spannung kann das Elektronenstrahlbündel so geformt (fokussiert) werden, daß die Elektronen auf dem Leuchtschirm zusammentreffen und dort einen scharfen Leuchtpunkt erzeugen. Das ganze System $K-W-F-A$ bezeichnet man auch als *Elektronenkanone.* Auf dem Wege von der Anode zum Schirm durchlaufen die Elektronen zwei senkrecht zueinanderstehende Plattenkondensatoren, die man als *y-Ablenkplatten* und *x-Ablenkplatten* bezeichnet. Legt man an die y-Ablenkplatten eine elektrische Spannung, so wird der Elektronenstrahl im homogenen Feld zwischen den Platten vertikal abgelenkt. Damit verschiebt sich auch der Leuchtfleck auf dem Schirm in der Vertikalen. Legt man an die y-Ablenkplatten eine Wechselspannung, so wird der Leuchtpunkt auf dem Schirm zu einem vertikalen Strich auseinandergezogen, der im rotierenden Spiegel das Kurvenbild der Wechselspannung zeigt, da ein solcher Drehspiegel zeitlich nacheinander ablaufende Vorgänge in ein räumliches Nebeneinander umsetzt. Die umständliche Methode der Beobachtung mittels eines Drehspiegels läßt sich elektrisch mit Hilfe der x-Ablenkplatten vereinfachen. Eine Wechselspannung an diesen Ablenkplatten bewirkt, daß der Lichtfleck in horizontaler Richtung auseinandergezogen wird. Man verfährt nun so, daß man an diese Ablenkplatten eine Spannung legt, die proportional zur Zeit ansteigt, plötzlich auf Null absinkt, wieder in gleicher Weise ansteigt usw., die also den in Abb. 430.1 dargestellten zeitlichen Verlauf besitzt und die man mit Hilfe von Kippschwingungen erzeugen kann. Die Wirkung dieser Spannung ist, daß der Lichtfleck sich gleichmäßig in horizontaler Richtung über den Leuchtschirm bewegt, dann plötzlich in die Ausgangslage zurückspringt und erneut die gleiche horizontale Bewegung ausführt. Wird gleichzeitig eine zu untersuchende variable Spannung an die y-Ablenkplatten gelegt, so wird die dadurch bewirkte Vertikalbewegung des Leuchtflecks durch die Kippschwingung in horizontaler Richtung auseinandergezogen, und man erhält auf dem Schirm ein ähnliches Bild wie im rotierenden Spiegel. Da die Masse der Elektronen sehr klein ist, folgen sie dem Wechsel des ablenkenden elektrischen Feldes ohne merkliche Trägheit, so daß es auf diese Weise möglich ist, elektrische Vorgänge mit hohen Frequenzen zu untersuchen. Man kann noch Spannungsschwankungen, die sich in 10^{-9} s abspielen, erkennen.

Abb. 430.1
Zeitlicher Verlauf der Spannung bei einer elektrischen Kippschwingung

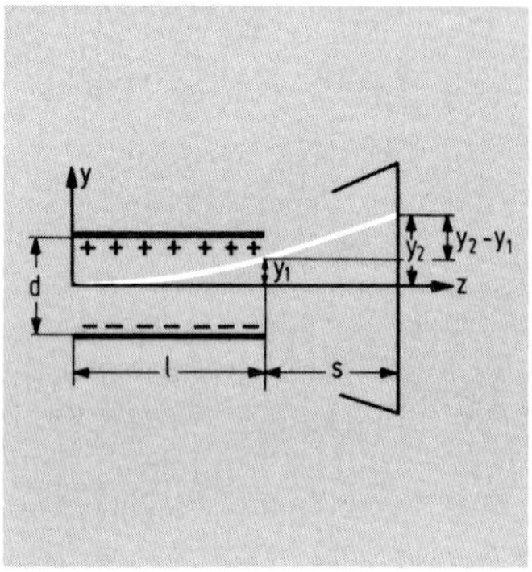

Abb. 430.2
Wirkungsweise der y-Ablenkplatten im Oszilloskop

Wir betrachten jetzt rechnerisch den Bewegungsablauf eines Elektrons im Feld zwischen den horizontalen Ablenkplatten und denken uns dazu die Platten in ein Koordinatensystem gelegt (Abb. 430.2). Die Symmetrieachse der Elektronenkanone bezeichnen wir als z-Achse. Die Platten des Kondensators haben die Länge l und den Abstand d. Zwischen ihnen liegt die Spannung U. Das Elektron möge mit der Geschwindigkeit v_z in Richtung der z-Achse in das elektrische Feld eintreten. In z-Richtung wirkt keine Kraft auf das Elektron, in y-Richtung die elektrische Kraft $\vec{F} = -e\vec{E}$. Da diese Kraft auf das Elektron wegen der Homogenität des Feldes überall im Kondensator gleich ist, führt das Elektron eine in y-Richtung gleichmäßig beschleunigte Bewegung aus. Wegen der geringen Masse des Elektrons ($m = 9{,}1 \cdot 10^{-31}$ kg) kann man die Gewichtskraft $\vec{F} = m\vec{g}$ gegenüber der elektrischen Kraft, die ja unabhängig von der Masse ist, vernachlässigen. Dann ist

$$z = v_z\, t \quad \text{und} \quad y = \tfrac{1}{2} a\, t^2,$$

wobei die Beschleunigung a sich aus $F = m\,a$, $F = e\,E$ und $E = \dfrac{U}{d}$ zu $a = \dfrac{e\,U}{m\,d}$ ergibt.

Damit erhält man

$$y = \frac{e\,U}{2m\,d} \cdot t^2 .$$

Quadrieren von $z = v_z\, t$ ergibt $z^2 = v_z^2\, t^2$. Damit erhalten wir die Gleichung für die Bahn des Elektrons zwischen den y-Ablenkplatten:

$$y = \frac{e\,U}{2m\,d\,v_z^2} \cdot z^2 .$$

Dies ist die Gleichung einer Parabel $y = k\,z^2$; k = Konstante.

Um den Weg y_1 zu ermitteln, den das Elektron im Bereich des Kondensators senkrecht zu seiner ursprünglichen Bewegungsrichtung zurückgelegt hat, ist in dieser Parabelgleichung $z = l$ zu setzen:

$$y_1 = \frac{e\,U\,l^2}{2m\,d\,v_z^2} .$$

Nach dem Austritt aus dem Kondensatorfeld bewegt sich das Elektron geradlinig weiter und trifft auf den im Abstand s vom Kondensator befindlichen Leuchtschirm, auf dem man die Ablenkung y_2 beobachtet.

Bei dem Verlassen des elektrischen Feldes hat das Elektron die horizontale Geschwindigkeitskomponente

$$v_z = \frac{l}{t}$$

und die vertikale Geschwindigkeitskomponente

$$v_y = a\,t = \frac{e\,U}{m\,d} \cdot t.$$

Eliminierung von t ergibt

$$v_y = \frac{e\,U\,l}{m\,d\,v_z}.$$

Da im feldfreien Raum die Geschwindigkeitskomponenten v_z und v_y konstant sind, ist das Streckenverhältnis $\frac{y_2 - y_1}{s}$ dem Geschwindigkeitsverhältnis $\frac{v_y}{v_z}$ gleich:

$$\frac{y_2 - y_1}{s} = \frac{v_y}{v_z} = \frac{e\,U\,l}{m\,d\,v_z^2}.$$

Für die Ablenkung y_2 erhalten wir dann

$$y_2 = \frac{e\,U\,l\,s}{m\,d\,v_z^2} + y_1$$

$$= \frac{e\,U\,l\,s}{m\,d\,v_z^2} + \frac{e\,U\,l^2}{2m\,d\,v_z^2}$$

$$= \frac{e\,l \cdot (2s + l)}{2m\,d\,v_z^2} \cdot U.$$

Die Geschwindigkeit v_z erreichen die Elektronen auf dem Weg von der Glühkatode bis zur Anode. Ihre kinetische Energie $\frac{1}{2} m\,v_z^2$ muß der elektrischen Energie $e\,U_a$ gleich sein. Es ist dann

$$\tfrac{1}{2} m\,v_z^2 = e\,U_a$$

$$v_z^2 = \frac{2\,e\,U_a}{m},$$

wenn U_a die Beschleunigungsspannung zwischen Katode und Anode ist. Damit ist

$$y_2 = \frac{l \cdot (2s + l)}{4d\,U_a} \cdot U.$$

Die Ablenkung des Leuchtpunktes auf dem Leuchtschirm ist zur Spannung an den y-Ablenkplatten proportional.

5.1.8 Der elektrische Dipol

1. Das elektrische Feld eines Dipols

Zwei einander entgegengesetzt gleiche Ladungen $+Q$ und $-Q$ im Abstand l bilden einen elektrischen Dipol (Zweipol). Eine solche Ladungsverteilung mit dem zugehörigen Feldlinienbild haben wir bereits in Abb. 407.2 kennengelernt. Im folgenden wollen wir die Ladungen $+Q$ und $-Q$ als Punktladungen auffassen, die jede für sich ein elektrisches Feld mit der Feldstärke

$$E=\frac{1}{4\pi\varepsilon_0}\cdot\frac{Q}{r^2}$$

erzeugen. Die Felder unterscheiden sich durch die Feldlinienrichtung, wie in Abb. 420.1 dargestellt wurde. Es soll nun die Feldstärke in einem beliebigen Punkt P des Dipolfeldes ermittelt werden.

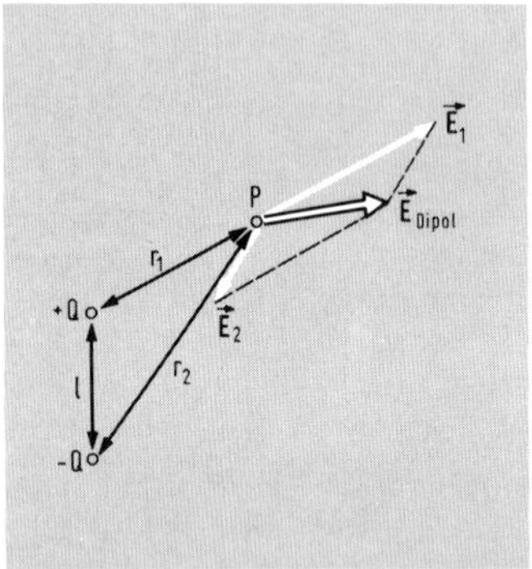

Abb. 432.1
Vektorielle Addition der elektrischen Feldstärken von Punktladungen zur Feldstärke eines Dipols

In Abb. 432.1 befindet sich der Punkt P im Abstand r_1 von der Ladung $+Q$ und im Abstand r_2 von der Ladung $-Q$. Die durch die einzelnen Ladungen am Ort P erzeugten Feldstärken lassen sich nach

$$E=\frac{1}{4\pi\varepsilon_0}\cdot\frac{Q}{r^2}$$

berechnen. Die Feldvektoren $\vec{E}_1$ und $\vec{E}_2$ liegen auf den Verbindungsgeraden von P zu den Ladungen $+Q$ und $-Q$. Der Vektor $\vec{E}_1$ weist von Q weg, der Vektor $\vec{E}_2$ zeigt auf $-Q$ hin. Damit sind die Vektoren $\vec{E}_1$ und $\vec{E}_2$ nach Größe und Richtung bekannt. Vektoren addiert man mit Hilfe des Vektorparallelogramms, dessen eine Diagonale der resultierende Vektor ist. Formal erhalten wir nach dieser Methode den Summenvektor. Daß dieser Summenvektor

$$\vec{E}_{\text{Dipol}}=\vec{E}_1+\vec{E}_2$$

tatsächlich die elektrische Feldstärke der zu einem Dipolfeld überlagerten Einzelfelder wiedergibt, ist aber keineswegs aus der Mathematik herleitbar; es ist vielmehr experimentelle Naturerfahrung. Man spricht in diesem Sinne auch von einer *ungestörten Überlagerung* der Einzelfelder. Wir stellen also fest:

Elektrische Felder sind Vektorfelder. Mehrere elektrische Felder überlagern sich ungestört.

Die Vektoraddition ist in Abb. 432.1 durchgeführt worden. Da die Beträge der elektrischen Feldstärken E_1 und E_2 sich umgekehrt wie die Quadrate der Abstände der Ladungen vom Punkt P verhalten, gilt für die Zeichnung

$$\frac{E_1}{E_2}=\frac{r_2^2}{r_1^2}.$$

Im folgenden berechnen wir die Feldstärke des Dipolfeldes auf der Dipolachse (y-Achse) und auf einer dazu senkrechten Achse (x-Achse) durch den Mittelpunkt des Dipols (Abb. 433.1).

In einem Punkt P der y-Achse ergibt sich nach Abb. 433.1 der Betrag der elektrischen Feldstärke aus der Differenz der Beträge der von den Punktladungen $+Q$ und $-Q$ erzeugten Feldstärken:

$$E_{\text{Dipol}}=E_1-E_2=\frac{1}{4\pi\varepsilon_0}\cdot\frac{Q}{r_1^2}-\frac{1}{4\pi\varepsilon_0}\cdot\frac{Q}{r_2^2}.$$

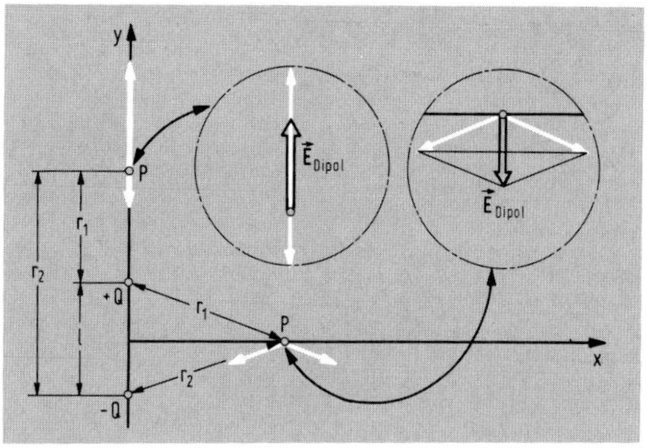

Abb. 433.1
Elektrische Feldstärke auf den Koordinatenachsen eines Dipols im x-y-Koordinatensystem

Da $r_1 = y - \frac{l}{2}$ und $r_2 = y + \frac{l}{2}$ ist, erhält man

$$E = \frac{Q}{4\pi\,\varepsilon_0} \cdot \left[\frac{1}{\left(y - \frac{l}{2}\right)^2} - \frac{1}{\left(y + \frac{l}{2}\right)^2} \right]$$

$$= \frac{Q}{4\pi\,\varepsilon_0} \cdot \left[\frac{\left(y + \frac{l}{2}\right)^2 - \left(y - \frac{l}{2}\right)^2}{\left(y - \frac{l}{2}\right)^2 \cdot \left(y + \frac{l}{2}\right)^2} \right]$$

$$= \frac{Q}{4\pi\,\varepsilon_0} \cdot \frac{2yl}{\left(y^2 - \frac{l^2}{4}\right)^2}.$$

In größerer Entfernung vom Dipol können wir $\frac{l^2}{4}$ gegenüber y^2 vernachlässigen und erhalten in guter Näherung

$$E_{\text{Dipol}} = \frac{Q\,l}{2\pi\,\varepsilon_0} \cdot \frac{1}{y^3}.$$

In einem Punkt P der x-Achse sind die Beträge der von den Punktladungen $+Q$ und $-Q$ erzeugten Feldstärken E_1 und E_2 gleich, weil $r_1 = r_2$ ist. Aus den geometrischen Verhältnissen entnimmt man

$$\frac{E_{\text{Dipol}}}{E_1} = \frac{l}{r_1},$$

also

$$E_{\text{Dipol}} = \frac{l}{r_1} \cdot E_1 = \frac{l}{r_1} \cdot \frac{1}{4\pi\,\varepsilon_0} \cdot \frac{Q}{r_1^2} = \frac{Q\,l}{4\pi\,\varepsilon_0} \cdot \frac{1}{r_1^3}.$$

Nach dem Satz des Pythagoras ist $r_1^2 = \frac{l^2}{4} + x^2$. In größerer Entfernung vom Dipol können wir $\frac{l^2}{4}$ gegenüber x^2 vernachlässigen und erhalten in guter Näherung

$$E_{\text{Dipol}} = \frac{Q\,l}{4\pi\,\varepsilon_0} \cdot \frac{1}{x^3}.$$

In Richtung der Achsen nimmt der Betrag der elektrischen Feldstärke mit der dritten Potenz des Abstandes vom Mittelpunkt des Dipols ab. Zur Ergänzung sei hier mitgeteilt, daß diese Aussage nicht nur für die Achsen, sondern auch für alle anderen Geraden durch den Mittelpunkt des Dipols gilt.

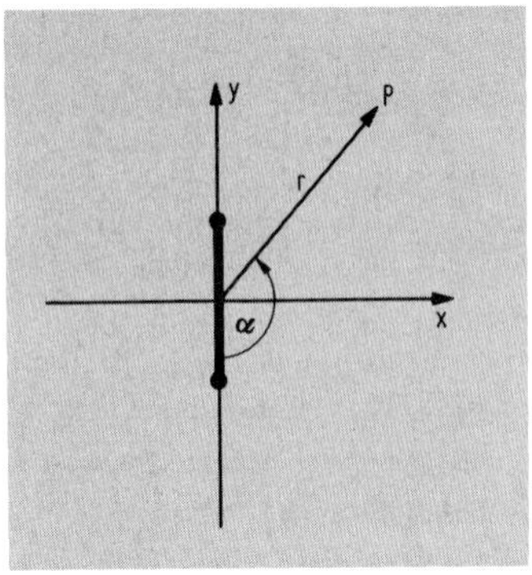

Abb. 434.1
Lageangabe eines Feldpunktes P durch Entfernung r und Winkel α

Ohne Herleitung sei hier der allgemeine mathematische Zusammenhang zwischen dem Betrag der elektrischen Feldstärke E eines elektrischen Dipols und der Entfernung r des Feldpunktes vom Mittelpunkt des Dipols wiedergegeben:

$$E_{\text{Dipol}} = \frac{Q \cdot l}{4\pi\,\varepsilon_0 \cdot r^3} \cdot \sqrt{3\cos^2\alpha + 1}, \qquad r \gg l.$$

Der Winkel α ist aus der Abb. 434.1 zu entnehmen. Für Punkte auf der x-Achse ist $\alpha = 90°$ bzw. $\alpha = 270°$, d.h. $\cos\alpha = 0$; für Punkte auf der y-Achse ist $\alpha = 0°$ bzw. $\alpha = 180°$, d.h. $\cos^2\alpha = 1$. Daraus folgen die oben angegebenen Sonderfälle.

Wir stellen zusammenfassend fest, daß die Stärke eines elektrischen Feldes auch mit der dritten Potenz der Entfernung abnehmen kann; die früher behandelte Abnahme mit der zweiten Potenz der Entfernung von einer Punktladung ist also auch nur ein Spezialfall.

Die vorangehenden Betrachtungen gelten für ein elektrostatisches Feld, das durch zwei in Dipolanordnung befindliche ortsfeste Ladungen erzeugt wird. Technisch gelingt es, die Ladungen $+Q$ und $-Q$ periodisch zu vertauschen, indem man die Leitungselektronen in einem geraden Metalldraht zum Schwingen in der Längsrichtung des Drahtes anregt. Dann ist in periodischer Folge an dem einen oder an dem anderen Ende des Drahtes ein Elektronenüberschuß $(-Q)$ bzw. ein Elektronenmangel $(+Q)$. Es ist schlecht vorstellbar, daß sich bei dieser periodischen Umpolung des Dipols das ganze sich bis ins Unendliche erstreckende Feld des Dipols augenblicklich in seiner Richtung ändern kann. Wenn es so wäre, so müßte die Kraft $\vec{F} = Q_P \vec{E}_{\text{Dipol}}$ auf eine Probeladung Q_P auch in sehr großer Entfernung der Probeladung vom Dipol ohne zeitliche Verzögerung ihre Richtung mit dem Umpolen des Dipols ändern; d.h., es wäre mittels des elektrischen Feldes eine unendlich schnelle Kraftübertragung möglich. Es ist aber eine Allgemeinerfahrung in der Physik, daß die Höchstgeschwindigkeit für solche Übertragungen die Lichtgeschwindigkeit ist; schneller als mit Lichtgeschwindigkeit lassen sich unter keinen Umständen Signale übermitteln. Diese Erkenntnis ist es letztlich, die zum Sieg der Nahewirkungstheorie mit Hilfe der Feldvorstellung über die Fernwirkungstheorie geführt hat. Der Begriff des elektrischen Feldes mit der Definition der elektrischen Feldstärke hat sich als notwendig und brauchbar erwiesen. In diesem Sinne spricht der Physiker von der Existenz des elektrischen Feldes.

2. Der elektrische Dipol im elektrischen Feld

Wir haben bisher von dem elektrischen Feld gesprochen, das ein Dipol erzeugt. Eine andere Frage ist, wie sich ein elektrischer Dipol in einem elektrischen Feld, z.B. in dem elektrischen Feld eines geladenen Plattenkondensators, verhält. Bei dieser Fragestellung betrachten wir den Dipol wie einen Probekörper und wissen aus früher dargestellten Überlegungen (S. 417), daß wir uns dann um das Eigenfeld des Dipols nicht zu kümmern brauchen. Die Frage, ob es überhaupt elektrische Dipole technischer oder natürlicher Art gibt, läßt sich leicht beantworten, wenn wir den früher verwendeten graphitierten Pingpong-Ball genauer betrachten. Hängen wir den Ball in ungeladenem Zustand in ein homogenes Feld, so wird aufgrund der Influenzwirkung eine Verschiebung der Ladungen innerhalb der leitenden Oberfläche eintreten (Abb. 435.1). Wir haben zwar keinen Dipol mit zwei getrennten Punktladungen, aber immerhin eine Ladungsverteilung, die man noch als Dipol ansprechen kann.

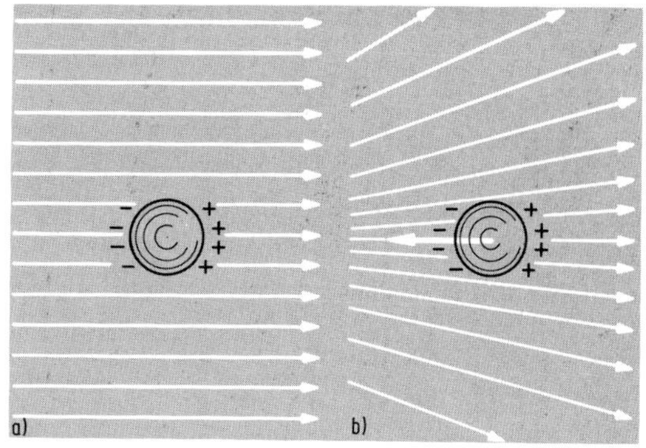

Abb. 435.1
Ladungsverschiebung auf der leitenden Oberfläche eines Pingpong-Balles in elektrischen Feldern

Versuch 435.1 Ein ungeladener Pingpong-Ball mit leitender Oberfläche wird a) in ein homogenes elektrisches Feld (Plattenkondensator) und b) in ein inhomogenes elektrisches Feld (Kugelkonduktor) gehängt und sein Verhalten beobachtet (Abb. 435.1).

Der Versuch zeigt, daß der Pingpong-Ball im homogenen Feld in Ruhe bleibt, im inhomogenen Feld dagegen in Richtung größerer Feldstärke beschleunigt wird. Man kann aus diesem Verhalten auf den Dipolcharakter des Pingpong-Balles schließen.

In der Natur kann jedes Atom zu einem Dipol werden, indem man das Atom in ein elektrisches Feld bringt. Die elektrischen Ladungen, aus denen die Atome aufgebaut sind (positive Kerne und negative Elektronenhüllen) sind nicht starr miteinander verbunden. Im elektrischen Feld greifen Kräfte an den Ladungen an und verschieben sie geringfügig gegeneinander, so daß die Ladungsschwerpunkte nicht mehr zusammenfallen. Betrachten wir die Ladungsschwerpunkte als Punktladungen $+Q$ und $-Q$, so haben wir in dem Atom einen Dipol der früher beschriebenen Art vor uns. Die Entstehung von atomaren Dipolen im elektrischen Feld bezeichnet man als die *Verschiebungspolarisation der Materie.* Grob betrachtet ist der Versuch 435.1 ein Modell für die Verschiebungspolarisation.

Es gibt einige Substanzen (z.B. Wasser), deren Moleküle auch im feldfreien Raum schon Dipolcharakter besitzen. Diese Dipole liegen aber regellos durcheinander und werden durch die Wärmebewegung auch ständig regellos umgelagert. Nach außen ist ein Dipolcharakter daher nicht erkennbar. Im elektrischen Feld dagegen erhalten diese Dipole eine Vorzugsrichtung, da die elektrischen Feldkräfte ein Drehmoment auf die Dipole ausüben. In grober Analogie haben wir eine ähnliche Erscheinung wie bei den Elementarmagneten vor uns. Die Ordnung bereits vorhandener elektrischer Dipole der Materie durch ein elektrisches Feld bezeichnet man als die *Orientierungspolarisation der Materie.*

Im folgenden wollen wir diese Vorgänge rechnerisch behandeln und denken uns für alle auftretenden Fälle die positiven und negativen Ladungen in ihren Schwerpunkten zu Punktladungen $+Q$ und $-Q$ mit dem Abstand l vereinigt.

2.1 Der Dipol liegt in Feldrichtung

Am Ort größerer Feldstärke ist auch die Kraft auf die Ladung Q größer als am Ort geringerer Feldstärke (Abb. 435.2). Der Dipol wird als starrer Körper aufgefaßt. Dann greifen beide Kräfte am Dipol selbst an, wirksam ist insgesamt die Summe der Kräfte

$$\vec{F} = \vec{F}_1 + \vec{F}_2 .$$

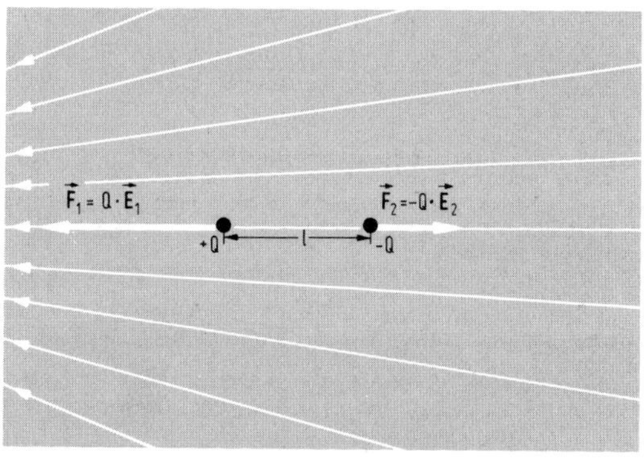

Abb. 435.2
Kräfte auf einen in Feldrichtung liegenden Dipol im elektrischen Feld

Der Betrag der Gesamtkraft ergibt sich aus der Differenz der Beträge:

$$F = F_1 - F_2,$$

d.h., der Dipol wird in das Gebiet größerer Feldstärke gezogen. Ist das Feld homogen, so ist

$$F_1 = F_2, \quad \text{d.h.} \quad F = F_1 - F_2 = 0.$$

Auf den Dipol wirkt insgesamt keine Kraft. Damit sind die Beobachtungen des Versuchs 435.1 erklärt.

2.2 Der Dipol liegt schief zur Feldrichtung eines homogenen Feldes

Die Kräfte $\vec{F}_1$ und $\vec{F}_2$ auf den Dipol sind wegen der Homogenität des Feldes dem Betrage nach gleich:

$$F_1 = F_2.$$

Die Verlängerung der Kraftvektoren geht aber nicht durch den Mittelpunkt des Dipols, d.h., es tritt ein Drehmoment auf, das den Dipol in Feldrichtung dreht. Der Betrag des Drehmomentes ist nach Abb. 436.1

$$M = 2 \cdot F \cdot \frac{l}{2} \cdot \sin\alpha = Q \cdot E \cdot l \cdot \sin\alpha.$$

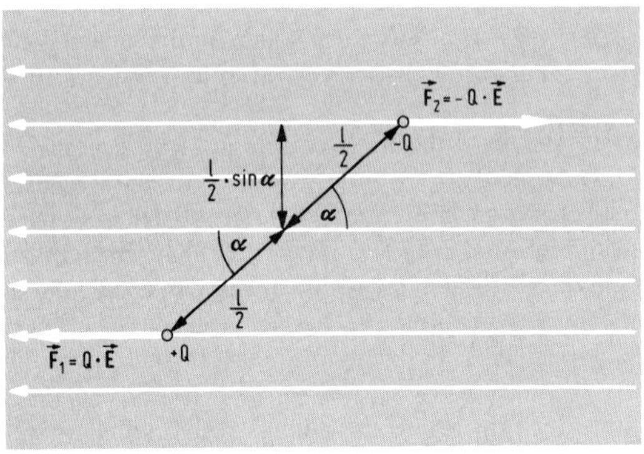

Abb. 436.1
Kräfte auf einen schief zur Feldrichtung liegenden Dipol im homogenen elektrischen Feld

Man nennt das Produkt Ql auch das elektrische Moment p des Dipols. Dann ist

$$M = pE \cdot \sin\alpha.$$

Denkt man sich einen Vektor der Länge l mit dem Anfangspunkt in $-Q$ und dem Endpunkt in $+Q$, so kann man das elektrische Moment als Vektor

$$\vec{p} = Q\vec{l}$$

definieren und erhält den Drehmomentvektor $\vec{M}$ durch das Vektorprodukt

$$\vec{M} = \vec{p} \times \vec{E}.$$

Auf einen elektrischen Dipol mit dem elektrischen Moment

$$\vec{p} = Q\vec{l}$$

wirkt im homogenen elektrischen Feld mit der Feldstärke $\vec{E}$ das Drehmoment

$$\vec{M} = \vec{p} \times \vec{E}$$

mit dem Betrag

$$M = pE \cdot \sin\alpha,$$

wenn die Dipolachse mit der Feldrichtung den Winkel α bildet.

Die Drehung eines elektrischen Dipols durch das elektrische Feld wollen wir zum Abschluß noch unter einem anderen Gesichtspunkt betrachten. Man denke sich die Ausgangslage des Dipols in Feldlinienrichtung

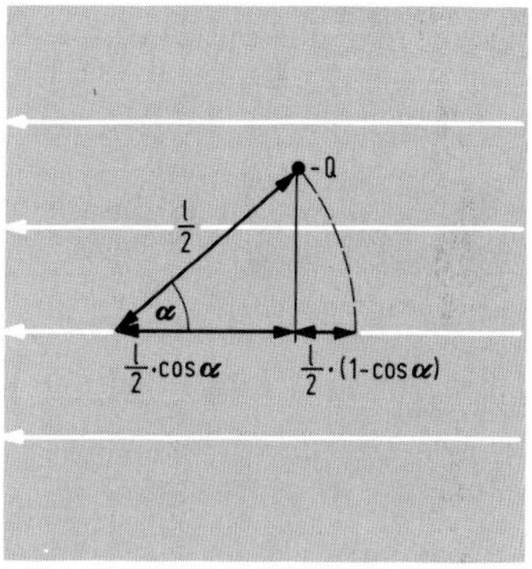

Abb. 437.1
Berechnung der Wegkomponente in Feldlinienrichtung bei der Drehung eines Dipols im Feld

und dann den Dipol mechanisch nach Abb. 437.1 um den Winkel α gedreht. Zu dieser Drehung muß Arbeit aufgewendet werden, weil die positive Ladung entgegen der Feldlinienrichtung und die negative Ladung in Feldlinienrichtung bewegt wird. Bei der Berechnung der Arbeit kommt es nur auf diese Wegkomponenten an, weil diejenigen Wegkomponenten, die senkrecht zur Feldlinienrichtung und damit auch senkrecht zur Kraftrichtung stehen, keinen Arbeitsbeitrag liefern. Wir führen die Rechnung nach Abb. 437.1 für die Bewegung der negativen Ladung $-Q$ durch. Aus den geometrischen Verhältnissen entnimmt man, daß die Wegkomponente in Feldlinienrichtung

$$\frac{l}{2} \cdot (1 - \cos \alpha)$$

ist. Für den Transport der Ladung $-Q$ ist also die Arbeit

$$W = QE \cdot \frac{l}{2} \cdot (1 - \cos \alpha)$$

erforderlich, für den Transport der Ladung $+Q$ muß aus Symmetriegründen eine gleich große Arbeit aufgewendet werden. Zur Drehung des Dipols um den Winkel α muß insgesamt die Arbeit

$$W = QlE \cdot (1 - \cos \alpha) = pE \cdot (1 - \cos \alpha)$$

aufgebracht werden. Diese Arbeit steckt nach der Drehung als potentielle Energie in dem System Feld–Dipol. Wenn wir nun ein Stück Materie, in welcher ungeordnete molekulare Dipole vorliegen, in ein elektrisches Feld bringen, so treten Drehmomente auf, die eine Verkleinerung der Winkel α zur Folge haben. Im extremen Fall kann $\alpha = 0$ werden; dann sind alle Dipole parallel geordnet. Auf jeden Fall bedeutet die Verkleinerung von α eine Vergrößerung von $\cos \alpha$ und damit eine Verkleinerung der potentiellen Energie

$$pE \cdot (1 - \cos \alpha).$$

Das elektrische Feld dreht einen Dipol im Feld so, daß die potentielle Energie des Dipols im Feld möglichst gering wird. Das ist ein allgemeines Prinzip für stabile Gleichgewichtslagen.

5.1.9 Das elektrische Potential und die elektrische Spannung

Wir haben den elektrischen Zustand in der Umgebung einer elektrischen Ladung oder einer elektrischen Ladungsverteilung mit dem Begriff der elektrischen Feldstärke beschrieben. Eine andere, für viele Berechnungen praktische Beschreibung des Feldes erfolgt mit dem Begriff des *elektrischen Potentials.* Mit Hilfe des elektrischen Potentials kann auch deutlich gemacht werden, was man unter der *elektrischen Spannung zwischen zwei Punkten im elektrischen Feld* versteht.

Es wird dabei von der Tatsache Gebrauch gemacht, daß die Bewegung einer Ladung im elektrischen Feld mit Arbeitsaufwand oder Arbeitsgewinn verbunden ist. Auf die positive Probeladung Q_P wirkt im elektrischen Feld am Ort der Feldstärke $\vec{E}$ die Kraft

$$\vec{F} = Q_P \vec{E}.$$

Verschieben wir die Probeladung so im elektrischen Feld, daß diejenige Komponente des Verschiebungsvektors $\Delta\vec{s}$, die parallel zur Feldlinie liegt, zur Feldstärke $\vec{E}$ und damit auch zur Kraft

$$\vec{F} = Q_P \vec{E}$$

entgegengerichtet ist, so müssen wir auf diesem Wegstück die Arbeit

$$\Delta W = -\vec{F} \cdot \Delta\vec{s} = -Q_P \vec{E} \cdot \Delta\vec{s}$$

verrichten. In inhomogenen Feldern ist die Feldstärke $\vec{E}$ nicht konstant, die Arbeitsbeiträge ΔW über einen längeren Weg werden daher verschieden sein. Dann muß man zur Berechnung der Arbeit W die Liniensumme

$$W_{AP} = -Q_P \cdot \sum_{i=1}^{n} \vec{E}_i \cdot \Delta\vec{s}_i$$

bilden, wenn man von einem Punkt A des Feldes über n geradlinige Wegstücke zu einem Punkt P geht. Die Wegstücke Δs_i werden dabei so klein gewählt, daß man die Feldstärke auf jedem Wegstück als konstant betrachten kann.

In der Abb. 438.1 sind zwei verschiedene Wege von A nach P eingezeichnet. Dabei taucht die Frage auf, ob die verrichtete Arbeit W von der Art des Weges von A nach P abhängt, oder ob sie unabhängig von der Art des Weges ist. Aufgrund des Energieerhaltungssatzes muß letzteres der Fall sein. Wäre nämlich die Arbeit W_1 auf dem Weg I kleiner als die Arbeit W_2 auf dem Weg II, so könnte man die Ladung auf dem Weg I unter Arbeitsaufwand von A nach P bringen und sie anschließend durch das Feld auf dem Weg II zurücktransportiert denken. Dabei wird vom Feld soviel Energie in die Ladung investiert, wie die Arbeit W_2 beträgt, die zum Transport der Ladung von A nach P auf dem Weg II erforderlich gewesen wäre. Wenn nun die Annahme $W_2 > W_1$ stimmte, so hätte man bei Wiederherstellung des alten Zustandes, nämlich der Anwesenheit der Ladung am Ort A in einem unveränderten Feld, einen Energiegewinn erzielt. Da man den Kreisprozeß beliebig oft durchlaufen könnte, hätte man ein Perpetuum mobile konstruiert. Wir stellen also fest:

Die Arbeit, die aufgebracht werden muß, um eine Ladung in einem elektrostatischem Feld von einem Punkt A zu einem Punkt P zu bringen, ist von der Art des Weges unabhängig.

Um nun eine Feldgröße zu gewinnen, die auch noch von der Größe der transportierten Ladung Q_P unabhängig ist, bilden wir den Quotienten

$$\varphi = \frac{W_{AP}}{Q_P} = -\sum_{i=1}^{n} \vec{E}_i \cdot \Delta\vec{s}_i.$$

Die so definierte Größe φ bezeichnet man als das *elektrische Potential.*

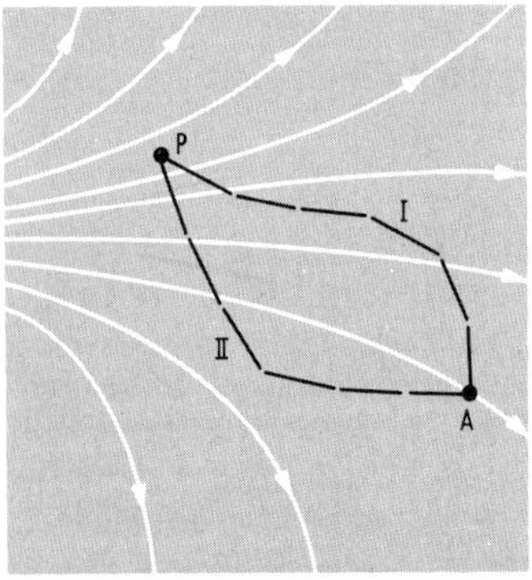

Abb. 438.1
Der Arbeitsaufwand zum Transport einer Ladung von A nach P ist unabhängig vom Weg.

Unter dem elektrischen Potential φ in irgendeinem Feldpunkt eines elektrostatischen Feldes in bezug auf einen willkürlich gewählten Anfangspunkt A verstehen wir den Quotienten aus der Arbeit W, die aufgewendet werden muß, um die positive Probeladung Q_P vom Punkt A an die betreffende Feldstelle zu bringen, und der Ladung Q_P.

Die Einheit des elektrischen Potentials ergibt sich aus der vorstehenden Definition als Quotient aus der Arbeitseinheit Joule (J) und der Ladungseinheit Coulomb (C) zu $1\,\frac{\mathrm{J}}{\mathrm{C}}$.

Berücksichtigt man die Zusammenhänge

$$1\,\mathrm{J} = 1\,\mathrm{VAs} \quad \text{und} \quad 1\,\mathrm{C} = 1\,\mathrm{As},$$

so ergibt sich

$$1\,\frac{\mathrm{J}}{\mathrm{C}} = 1\,\mathrm{V}.$$

Die abgeleitete Einheit des elektrischen Potentials ist das Volt.

Über die Wahl des Punktes A, in dem nach der Definition des Potentials $\varphi = 0$ ist, wurde bisher nichts gesagt. Tatsächlich trifft man darüber auch im allgemeinen keine festen Verabredungen. Das heißt aber, daß je nach Wahl von A in einem elektrischen Feld auch das Potential sich ändert. Man muß sich daher bei einer gegebenen Leiteranordnung entscheiden, wohin man den Punkt A mit dem Potential $\varphi = 0$ legen will, damit dann nach einmal getroffener Entscheidung die Potentiale in den anderen Feldpunkten eindeutig sind. In der Elektrostatik wählt man im allgemeinen einen unendlich fernen Punkt als Anfangspunkt oder Nullpunkt für das Potential. Jeder Punkt eines elektrischen Feldes hat dann ein eindeutiges Potential, und zwar ein positives oder negatives, je nachdem, ob bei dem Transport einer positiven Probeladung aus dem Unendlichen zu dem betreffenden Punkt hin Arbeit aufgewendet werden muß oder frei wird. In der Praxis werden natürlich Ladungen nur im Endlichen transportiert, also von einem Punkt P_1 zu einem Punkt P_2 über einen endlich langen Weg. Dann errechnet sich die aufzuwendende oder freiwerdende Arbeit aus der Potentialdifferenz $\varphi_2 - \varphi_1$. Man könnte nämlich im Gedankenversuch von P_1 nach P_2 kommen, indem man erst von P_1 nach A (nach Wahl auch im Unendlichen möglich) und dann von A nach P_2 geht. Wegen der Unabhängigkeit vom Weg gilt dann

$$W_{P_1 P_2} = W_{P_1 A} + W_{A P_2}.$$

Nach Definition der Potentials ist nun

$$\varphi_1 = \frac{W_{AP_1}}{Q_P} \quad \text{und} \quad \varphi_2 = \frac{W_{AP_2}}{Q_P},$$

also ist

$$W_{AP_1} = \varphi_1 \cdot Q_P \quad \text{und} \quad W_{AP_2} = \varphi_2 \cdot Q_P.$$

Da außerdem $W_{P_1 A} = -W_{AP_1}$ ist, erhalten wir

$$\begin{aligned} W_{P_1 P_2} &= W_{P_1 A} + W_{AP_2} \\ &= -W_{AP_1} + W_{AP_2} \\ &= -\varphi_1 \cdot Q_P + \varphi_2 \cdot Q_P \\ &= (\varphi_2 - \varphi_1) \cdot Q_P. \end{aligned}$$

Um die positive Probeladung Q_P im elektrischen Feld vom Ort P_1 mit dem Potential φ_1 zum Ort P_2 mit dem Potential φ_2 zu bringen, muß man die Arbeit $W_{P_1 P_2} = (\varphi_2 - \varphi_1) \cdot Q_P$ aufwenden. Diese Arbeit hängt nur von der Potentialdifferenz ab, sie ist unabhängig von der Wahl des Potential-Nullpunktes.

Die letzte Feststellung ist besonders wichtig, weil sie einen Zusammenhang zwischen den Begriffen *elektrisches Potential* und *elektrische Spannung* erkennen läßt. Wir haben früher (S. 406) festgestellt: Wenn mit Hilfe von bewegten Ladungen Q mechanische Arbeit W verrichtet wird, so kann das nur dadurch geschehen, daß die Ladungen sich zwischen zwei Punkten bewegen, zwischen denen ein elektrischer Zustand herrscht, den wir mit elektrischer Spannung bezeichnen. Diese elektrische Spannung wird definiert als Quotient

$$U = \frac{W}{Q}.$$

Wir erweitern die früher getroffene Feststellung jetzt auf den Fall, daß die Ladung Q nicht von einem Leiterpunkt zu einem anderen Leiterpunkt bewegt wird, sondern ganz allgemein innerhalb eines elektrischen Feldes zwischen zwei Punkten transportiert wird. Der Vergleich von

$$W_{P_1 P_2} = (\varphi_2 - \varphi_1) \cdot Q_P \quad \text{und} \quad W = U \cdot Q$$

liefert uns dann die allgemeine Spannungsdefinition

$$U = \varphi_2 - \varphi_1.$$

Unter der elektrischen Spannung U zwischen zwei Punkten P_1 und P_2 eines elektrischen Feldes verstehen wir die Potentialdifferenz $\varphi_2 - \varphi_1$ zwischen diesen Punkten.

Damit haben wir den Begriff der Spannung auf das elektrische Feld übertragen. Während früher nur von der Spannung zwischen zwei geladenen Leitern, wie z. B. zwischen zwei Kondensatorplatten, oder der Spannung zwischen den Polen einer Spannungsquelle die Rede war, hat es jetzt auch einen Sinn, von der Spannung zwischen zwei beliebigen Punkten eines elektrischen Feldes zu sprechen. Wenn diese Punkte im besonderen mit felderzeugenden Ladungen zusammenfallen, wenn wir also z. B. bei einem Plattenkondensator die beiden Punkte so wählen, daß auf jeder Platte einer der beiden Punkte liegt, so geht der erweiterte Spannungsbegriff in den früher benutzten über. Auf jeden Fall merken wir uns, daß es nur einen Sinn hat, von der *Spannung zwischen zwei Punkten* zu sprechen. Wenn man trotzdem einem einzigen geladenen Leiter bisweilen eine Spannung zuschreibt, indem man etwa sagt, daß eine isoliert aufgestellte Metallkugel durch eine bestimmte Ladung die Spannung 1000 V erhält, so ist in solchen Fällen immer die Spannung gegenüber der Erde gemeint.

Im folgenden soll das elektrische Potential im Abstand r von einer positiven Punktladung Q berechnet werden. Als Anfangspunkt A mit dem Potential $\varphi = 0$ wählen wir zunächst einen Punkt im Abstand r_A von der Punktladung. Das Potential im Punkt B (Abb. 440.1) ergibt sich dann aus

$$\varphi = \frac{W_{AB}}{Q_P} = -\sum_{i=1}^{n} \vec{E}_i \cdot \Delta \vec{s}_i,$$

wenn die positive Probeladung Q_P über die Wegstücke Δs_i von A nach B entlang einer Feldlinie des radialen Feldes transportiert gedacht wird. Auf dieser Feldlinie ist der Feldvektor $\vec{E}$ den Streckenvektoren $\Delta \vec{s}_i$ entgegengerichtet, so daß auf dem ganzen Weg

$$\vec{E}_i \cdot \Delta \vec{s}_i = -E_i \cdot \Delta s_i$$

ist. Dann ist

$$\varphi = \sum_{i=1}^{n} E_i \cdot \Delta s_i.$$

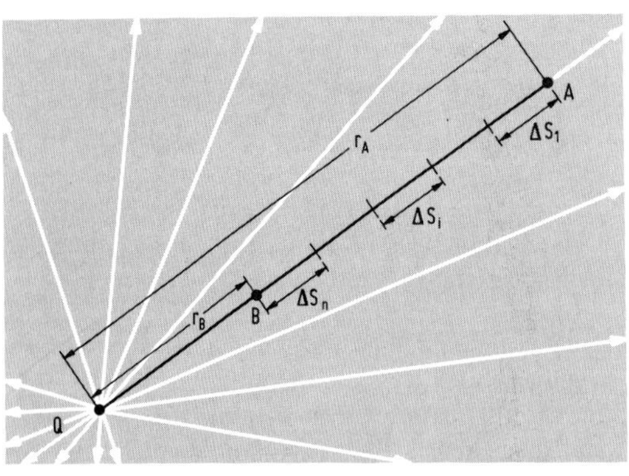

Abb. 440.1
Berechnung des Potentials um eine Punktladung Q

Am Anfang des Intervalls

$$\Delta s_1 = r_1 - r_2 = r_A - r_2$$

hat die Feldstärke den Betrag

$$\frac{1}{4\pi\,\varepsilon_0}\cdot\frac{Q}{r_A^2},$$

am Ende des Intervalls den Betrag

$$\frac{1}{4\pi\,\varepsilon_0}\cdot\frac{Q}{r_2^2}.$$

Bei hinreichend kleinem Intervall Δs_1 sind diese beiden Beträge fast gleich. Wir können daher innerhalb dieses Wegstückes für den Betrag der Feldstärke den konstanten Mittelwert

$$\frac{1}{4\pi\,\varepsilon_0}\cdot\frac{Q}{r_A\cdot r_2}$$

wählen. Für das zweite Intervall

$$\Delta s_2 = r_2 - r_3$$

verfahren wir entsprechend und rechnen mit dem Feldstärkebetrag

$$\frac{1}{4\pi\,\varepsilon_0}\cdot\frac{Q}{r_2\cdot r_3}$$

usw. Das letzte Intervall ist das Intervall

$$\Delta s_n = r_n - r_B$$

mit dem mittleren Feldstärkebetrag

$$\frac{1}{4\pi\,\varepsilon_0}\cdot\frac{Q}{r_n\cdot r_B}.$$

Dann erhalten wir

$$\begin{aligned}
\varphi &= \frac{Q}{4\pi\,\varepsilon_0}\cdot\left[\frac{r_A-r_2}{r_A\cdot r_2}+\frac{r_2-r_3}{r_2\cdot r_3}+\frac{r_3-r_4}{r_3\cdot r_4}+\dots+\frac{r_n-r_B}{r_n\cdot r_B}\right]\\
&= \frac{Q}{4\pi\,\varepsilon_0}\cdot\left[\left(-\frac{1}{r_A}+\frac{1}{r_2}\right)+\left(-\frac{1}{r_2}+\frac{1}{r_3}\right)+\left(\frac{1}{r_3}+\frac{1}{r_4}\right)+\dots+\left(-\frac{1}{r_n}+\frac{1}{r_B}\right)\right]\\
&= \frac{Q}{4\pi\,\varepsilon_0}\cdot\left[-\frac{1}{r_A}+\frac{1}{r_B}\right].
\end{aligned}$$

Verlegen wir den Anfangspunkt A ins Unendliche, so geht $\frac{1}{r_A}$ gegen Null, und das Potential im Punkt B ist

$$\varphi = \frac{1}{4\pi\,\varepsilon_0}\cdot\frac{Q}{r_B}.$$

Wir können jetzt den Index B fortlassen und formulieren das Ergebnis:

Das Potential im Abstand r von einer Punktladung Q ist

$$\varphi = \frac{1}{4\pi\,\varepsilon_0}\cdot\frac{Q}{r},$$

wenn der Anfangspunkt A mit $\varphi = 0$ im Unendlichen liegt.

Zur Ergänzung stellen wir noch fest, daß alle Überlegungen zur Berechnung des Potentials um eine negative Punktladung in gleicher Weise verlaufen. Das Potential ist dann negativ, da ja bei dem Transport einer positiven Probeladung vom Unendlichen bis zu einem Punkt B des Feldes Arbeit frei wird.

Das Verhalten einer frei beweglichen Probeladung Q_p im elektrischen Feld können wir folgendermaßen beschreiben:

Die frei bewegliche Probeladung bewegt sich im Feld, und zwar wird eine positive Probeladung in Feldlinienrichtung und eine negative Probeladung gegen die Feldlinienrichtung beschleunigt.

Mit Hilfe des Potentialbegriffs stellen wir fest:

Die frei bewegliche positive Probeladung bewegt sich von Orten höheren Potentials zu Orten niedrigeren Potentials, die frei bewegliche negative Probeladung von Orten niedrigeren Potentials zu Orten höheren Potentials. Da die potentielle Energie der positiven Probeladung

$$W = Q_P \cdot \varphi$$

und die der negativen Probeladung gleichen Betrages

$$W = -Q_P \cdot \varphi$$

ist, nimmt bei der Bewegung die potentielle Energie der Probeladung in jedem Fall ab.

Solange eine Probeladung sich nicht in einem Gleichgewichtszustand befindet, verschiebt sie sich in einem Potentialgefälle so, daß ihre potentielle Energie abnimmt.

Im elektrostatischen Gleichgewicht bewegen sich die frei beweglichen Ladungen auf einer Leiteroberfläche nicht; es kann also auch kein Potentialgefälle auf der Leiteroberfläche bestehen. Diese Aussage deckt sich mit der früher getroffenen Feststellung (S. 407), daß die Feldlinien eines elektrostatischen Feldes stets senkrecht auf der Leiteroberfläche stehen. Da zwischen zwei Punkten der Leiteroberfläche im elektrostatischen Gleichgewicht also keine Potentialunterschiede auftreten, besteht zwischen diesen Punkten auch keine elektrische Spannung.

Alle Punkte der Oberfläche eines im elektrostatischen Gleichgewicht befindlichen Leiters haben das gleiche Potential, zwischen ihnen besteht keine elektrische Spannung.

Daraus folgt weiter: Zwischen zwei verschiedenen im elektrostatischen Gleichgewicht befindlichen Leitern herrscht eine konstante Spannung, unabhängig davon, zwischen welchen Punkten der Oberfläche die Spannung betrachtet wird. Hierauf beruht die Möglichkeit zur Messung von Spannungen mit Hilfe der *elektrostatischen Spannungsmesser* oder *Elektrometer*. So wird z.B. die Spannung zwischen den Platten eines geladenen Plattenkondensators dadurch gemessen, daß man das Gehäuse des Elektrometers mit einem beliebigen Punkt der einen Platte und den Zeiger des Elektrometers mit einem beliebigen Punkt der anderen Platte verbindet (Abb. 442.1).

Nicht im elektrostatischen Gleichgewicht befinden sich dagegen stromdurchflossene Leiterkreise. Bei einem geschlossenen Stromkreis befindet sich im Gegensatz zum elektrostatischen Fall ein elektrisches Feld im Inneren des Leiters, wenn an diesem Leiter Spannung abfällt. Transport von Ladung durch einen elektrischen Strom ist also auch in Stromkreisen Transport in elektrischen Feldern, und das bedeutet Transport zwischen Leitungspunkten mit verschiedenen Potentialen. In der Technik ist es häufig erwünscht, diese Potentiale in elektrischen Stromkreisen eindeutig anzugeben. Dazu muß man einem Punkt des Stromkreises, der

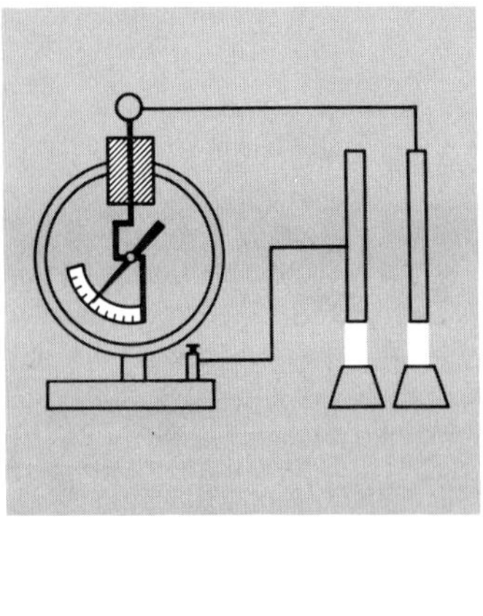

Abb. 442.1
Spannungsmessung mit einem Elektrometer

natürlich auch Leiterverzweigungen enthalten kann, das Potential Null zuordnen. In der Praxis verfährt man so, daß man einen Punkt der Schaltung leitend mit dem Grundwasser der Erde verbindet (erdet) und diesem Punkt das Potential $\varphi=0$ (Erdpotential) zuordnet. Jeder andere Punkt der Schaltung hat dann ein eindeutiges Potential gegenüber der Erde. An jeder Stelle dieser an eine Gleichspannungsquelle angeschlossenen Schaltung bewegen sich die Leitungselektronen unter Verlust von potentieller Energie zu höheren Potentialen, bis sie am Pluspol die Spannungsquelle erreicht haben und durch die Spannungsquelle wieder auf das Potential des Minuspoles zurückgebracht werden. Die Spannungsquelle muß den Leitungselektronen ständig potentielle Energie wieder zurückgeben, damit kein elektrostatisches Gleichgewicht entsteht.

In einem mathematischen Anhang zu den vorangehenden Betrachtungen, der für das physikalische Verständnis aber ohne Belang ist, wollen wir die gewonnenen physikalischen Einsichten mit Hilfe des Integrals formulieren.

Die Potentialdefinition geht über in

$$\varphi=-\int_A^P \vec{E}\,\mathrm{d}\vec{s}.$$

Dann ist die Spannung

$$U=\varphi_2-\varphi_1=-\int_A^{P_2} \vec{E}\,\mathrm{d}\vec{s}+\int_A^{P_1} \vec{E}\,\mathrm{d}\vec{s}=\int_{P_2}^{P_1} \vec{E}\,\mathrm{d}\vec{s}.$$

Die Spannung U zwischen zwei Punkten P_1 und P_2 ist das Linienintegral über die Feldstärke von P_2 bis P_1.

Das Potential φ im Abstand r von einer Punktladung Q ergibt sich mit

$$E=\frac{1}{4\pi\varepsilon_0}\cdot\frac{Q}{r^2} \quad \text{und} \quad \varphi(\infty)=0$$

zu

$$\begin{aligned}\varphi &= -\int_\infty^r \vec{E}\,\mathrm{d}\vec{s}\\ &= \int_r^\infty \vec{E}\,\mathrm{d}\vec{r}\\ &= \frac{Q}{4\pi\varepsilon_0}\cdot\int_r^\infty \frac{1}{r^2}\,\mathrm{d}r\\ &= \frac{Q}{4\pi\varepsilon_0}\cdot\left[-\frac{1}{r}\right]_r^\infty\\ &= \frac{1}{4\pi\varepsilon_0}\cdot\frac{Q}{r}.\end{aligned}$$

5.1.10 Die Kapazität und die Kondensatorschaltungen

Versuch 443.1 Verschiedene Kondensatoren, z. B. Plattenkondensatoren, Papierfolienkondensatoren, Leidener Flaschen, werden bei verschiedenen Spannungen U aufgeladen. Anschließend wird jeweils die Ladung Q mit einem Drehspulgerät, dem ein Meßverstärker vorgeschaltet ist, gemessen. Für jeden Kondensator ergibt sich eine Meßreihe.

Der Versuch zeigt den schon früher mitgeteilten Zusammenhang zwischen Ladung und Spannung:

$$Q=CU,$$

wobei der Proportionalitätsfaktor C für die verschiedenen Kondensatoren verschiedene Werte hat. Er hängt von der Beschaffenheit des benutzten Kondensators ab und wird als dessen *Kapazität* bezeichnet.

Die Messung der Ladung mit Hilfe des Meßverstärkers mußte ballistisch vorgenommen werden, weil eine Ladungsmessung, die zum Dauerausschlag führt, den hier experimentell nachzuweisenden Zusammenhang

$$Q=CU$$

bereits benutzt (S. 411).

Wir stellen also fest:

Unter der Kapazität C eines Kondensators versteht man den Quotienten aus der Ladung Q und der Spannung U zwischen den gegeneinander isolierten Leiterteilen, aus denen der Kondensator besteht:

$$C=\frac{Q}{U}.$$

Die Festsetzung der Kapazitätseinheit 1 Farad (F) wurde bereits auf S. 405 beschrieben.

Wir wenden uns nunmehr der genaueren Untersuchung der Kapazität eines Plattenkondensators zu. Die Plattenabmessungen des in Abb. 405.1 dargestellten geladenen Plattenkondensators sollen in Wirklichkeit groß gegenüber dem Plattenabstand sein; dann ist das elektrische Feld homogen, und auf den Außenflächen der Platten sitzen fast keine Ladungen. Der Betrag der elektrischen Feldstärke des homogenen Feldes wurde früher bereits mit Hilfe des elektrischen Flusses berechnet. Dabei ergab sich

$$E=\frac{1}{\varepsilon_0}\cdot\frac{Q}{A}.$$

Außerdem stellten wir einen Zusammenhang zwischen der Feldstärke E und der Spannung U zwischen den Platten fest:

$$E=\frac{U}{d}.$$

Gleichsetzen der Ausdrücke für E liefert

$$\frac{1}{\varepsilon_0}\cdot\frac{Q}{A}=\frac{U}{d} \quad \text{oder} \quad \frac{Q}{U}=\varepsilon_0\cdot\frac{A}{d}.$$

Damit haben wir für die Kapazität C des Plattenkondensators mit homogenem Feld gefunden:

$$C=\varepsilon_0\cdot\frac{A}{d}.$$

Die Kapazität C eines Plattenkondensators ist der Plattenfläche A direkt und dem Plattenabstand d umgekehrt proportional.

Der Proportionalitätsfaktor ε_0 ist die elektrische Feldkonstante, die wir erstmalig im Coulomb-Gesetz kennengelernt haben. Man hätte selbstverständlich bereits im Coulomb-Gesetz

$$F=\frac{1}{4\pi\,\varepsilon_0}\cdot\frac{Q_1 Q_2}{r^2}$$

statt des komplizierten Proportionalitätsfaktors $\frac{1}{4\pi\,\varepsilon_0}$ eine elektrische Feldkonstante k durch die vereinfachte Darstellung

$$F=k\cdot\frac{Q_1\,Q_2}{r^2}$$

definieren können; dann hätte sich für die Kapazität des Plattenkondensators aber die komplizierte Form

$$C=\frac{1}{4\pi\,k}\cdot\frac{A}{d}$$

ergeben. Es ist praktischer, den Faktor 4π dort zu verwenden, wo man es mit radialen Feldern zu tun hat; deshalb hat man sich international auf die Einführung der elektrischen Feldkonstante bei dem homogenen Feld geeinigt.

Experimentell läßt sich die hergeleitete Kapazitätsformel für den Plattenkondensator leicht überprüfen.

Versuch 445.1 Wir laden einen Plattenkondensator mit 1 mm Plattenabstand auf und messen anschließend die Ladung wie in Versuch 443.1. Bei unveränderter Spannung wiederholen wir den Versuch bei 2 mm, 3 mm, 4 mm Plattenabstand. Es ergibt sich, daß die Ladungen umgekehrt proportional zu den Plattenabständen sind. Stehen mehrere Plattenkondensatoren zur Verfügung, läßt sich in gleicher Weise die Proportionalität zur Plattenfläche nachweisen, wenn man in dieser Versuchsreihe immer den gleichen Plattenabstand wählt.

Auch die elektrische Feldkonstante ε_0 läßt sich leicht bestimmen.

Versuch 445.2 Ein Plattenkondensator mit quadratischen Platten von 20 cm Seitenlänge und dem Plattenabstand 2 mm wird durch kurzzeitiges Verbinden mit einer Spannungsquelle von 100 V aufgeladen. Die anschließende Ladungsmessung ergibt $Q = 18 \cdot 10^{-9}$ C.

Aus

$$\frac{Q}{U} = \varepsilon_0 \cdot \frac{A}{d} \quad \text{folgt} \quad \varepsilon_0 = \frac{Q\,d}{U\,A}.$$

Mit den Meßwerten

$$Q = 18 \cdot 10^{-9}\,\mathrm{C}, \quad d = 2 \cdot 10^{-3}\,\mathrm{m}, \quad U = 100\,\mathrm{V}, \quad A = 4 \cdot 10^{-2}\,\mathrm{m}^2$$

erhalten wir

$$\varepsilon_0 = 9 \cdot 10^{-12}\,\frac{\mathrm{C}}{\mathrm{V\,m}}.$$

Aufgrund genauester Messungen für ε_0 ergibt sich folgender Wert

$$\varepsilon_0 = 8{,}8542 \cdot 10^{-12}\,\frac{\mathrm{C}}{\mathrm{V\,m}}.$$

Die Formel für die Kapazität eines Plattenkondensators gilt strenggenommen nur, wenn sich zwischen den Platten ein Vakuum befindet; mit großer Annäherung gilt sie auch für Luft als Medium zwischen den Platten.

Versuch 445.3 Zwischen die Platten eines mit einem Elektrometer verbundenen, geladenen Plattenkondensators bringen wir eine Glasplatte, die den Raum zwischen den Platten ganz ausfüllt, und entfernen sie dann wieder.

Es zeigt sich, daß die Spannung beim Einführen der Glasplatte sinkt, d.h., die Kapazität des Kondensators hat zugenommen. Beim Entfernen der Glasplatte nimmt die Spannung und damit die Kapazität den ursprünglichen Wert wieder an. Wir erkennen also:

Die Kapazität eines Kondensators hängt von dem zwischen den Platten befindlichen Medium ab.

Der zwischen den Platten befindliche Isolator wird als *Dielektrikum* bezeichnet. Verwendet man Glas statt Luft als Dielektrikum, so wird die Kapazität des Kondensators auf den 5- bis 7fachen Betrag erhöht. Auch bei jedem anderen Dielektrikum wird die Kapazität gegenüber dem Vakuum um einen bestimmten Faktor vergrößert. Man erfaßt diese Materialeigenschaft zahlenmäßig durch die *Dielektrizitätszahl* ε_r, die wir folgendermaßen definieren:

Unter der Dielektrizitätszahl ε_r eines Dielektrikums verstehen wir die Zahl, die angibt, um wieviel das betreffende Dielektrikum die Kapazität eines Kondensators gegenüber dem Vakuum vervielfacht.

Für die Kapazität eines Plattenkondensators mit irgendeinem Dielektrikum ergibt sich dann

$$C = \varepsilon_0 \cdot \varepsilon_r \cdot \frac{A}{d}.$$

Die Dielektrizitätszahl hat für das Vakuum den Wert 1 und für alle anderen Dielektrika Werte größer als 1. Für Gase ist sie nur sehr wenig von 1 verschieden, d. h., Gase haben auf die Kapazität eines Kondensators keinen nennenswerten Einfluß. Wie aus der folgenden Tabelle ersichtlich ist, hat Wasser eine besonders große Dielektrizitätszahl; es ist aber als Dielektrikum bei Kondensatoren ungeeignet, weil es kein guter Isolator ist.

Dielektrizitätszahlen

Vakuum	1,00000	Papier	1,6 bis 2,6	Glimmer	4 bis 8
Wasserstoff	1,00025	Paraffin	2 bis 2,3	Aceton	21
Sauerstoff	1,00049	Plexiglas	3	Glycerin	41
Luft	1,00059	Glas	2 bis 16	Wasser	80,3
				Keramische Spezialmassen	100 und mehr

Die viel verwendeten *Papierfolienkondensatoren* enthalten zwischen Stanniol- oder Aluminiumstreifen als Dielektrikum paraffiniertes Papier. Sie sind nur für geringe Spannungen brauchbar (etwa 700 V), weil die Isolierfähigkeit des Papiers für höhere Spannungen nicht genügt. Wenn man Kondensatoren für höhere Spannungen bauen will, so verwendet man als Dielektrikum Glas oder Glimmer; Glimmer hat sich wegen seiner großen Dielektrizitätszahl und seiner großen Durchschlagsfestigkeit besonders gut bewährt. Es wurde in der Tabelle der Dielektrizitätszahlen schon angegeben, daß man heute (unter Verwendung von TiO_2) keramische Massen herstellen kann, die Dielektrizitätszahlen von 100 und mehr haben und für den Bau von Kondensatoren mit großen Kapazitäten gut geeignet sind.

Die *Kapazität einer Kugel* mit leitender Oberfläche vom Radius R, die von anderen Leitern weit entfernt ist (kurz: frei stehende Kugel genannt), läßt sich mit Hilfe des Potentials an ihrer Oberfläche leicht berechnen. Wir haben früher hergeleitet (S. 422), daß das elektrische Feld um eine geladene Kugel das gleiche ist wie das Feld einer gleich großen Punktladung am Ort des Mittelpunktes dieser Kugel. Der Transport einer positiven Probeladung aus dem Unendlichen bis zur Oberfläche der Kugel erfordert damit die gleiche Arbeit wie der Transport der Probeladung im Feld einer Punktladung bis zum Abstand R von der Punktladung. Darum ist das Potential auf der Kugeloberfläche das gleiche wie das Potential im Abstand R von einer Punktladung, also

$$\varphi = \frac{1}{4\pi\varepsilon_0} \cdot \frac{Q}{R}.$$

Besteht zwischen der praktisch unendlich weit entfernt gedachten Umgebung der Kugel (Wände, Zimmerdecke, Experimentiertisch) und der Kugel die Spannung

$$U = \varphi(R) - \varphi(\infty) = \varphi(R) - 0,$$

so ergibt sich die Kapazität $C = \frac{Q}{U}$ zu

$$C = 4\pi\varepsilon_0 \cdot R.$$

Der bei der experimentellen Einführung der elektrischen Feldstärke verwendete Pingpong-Ball mit leitender Oberfläche hat einen Radius von $r = 2$ cm. Berühren wir ihn mit dem Pol eines Hochspannungsnetzgerätes, der 6 kV Spannung gegenüber der Erde hat, so nimmt der Pingpong-Ball die Ladung

$$Q = 4\pi\varepsilon_0 \cdot R \cdot U$$

auf. Es ist

$$Q = 4\pi \cdot 8{,}85 \cdot 10^{-12} \frac{\mathrm{C}}{\mathrm{Vm}} \cdot 2 \cdot 10^{-2}\,\mathrm{m} \cdot 6 \cdot 10^{3}\,\mathrm{V} \approx 13 \cdot 10^{-9}\,\mathrm{C}.$$

Die Ladung ist also mit dem Meßverstärker im Meßbereich $30 \cdot 10^{-9}$ C meßbar.

Abschließend untersuchen wir die verschiedenen Möglichkeiten von *Kondensatorschaltungen.*

Kondensatoren können auf verschiedene Weise miteinander verbunden werden. Wir unterscheiden die *Parallelschaltung* (Abb. 447.1a) und die *Hintereinanderschaltung* (Abb. 447.1b). In der Abbildung ist für die Kondensatoren das Schaltzeichen für Kondensatoren oder das Kondensatorsymbol verwendet. Dieses Schaltzeichen orientiert sich am Plattenkondensator, soll aber ganz allgemein irgendeinen Kondensator bedeuten. Die angegebenen Schaltungen können sich z. B. auch auf Papierfolienkondensatoren, Elektrolytkondensatoren usw. beziehen.

Abb. 447.1
Parallelschaltung a) und Hintereinanderschaltung b) von Kondensatoren

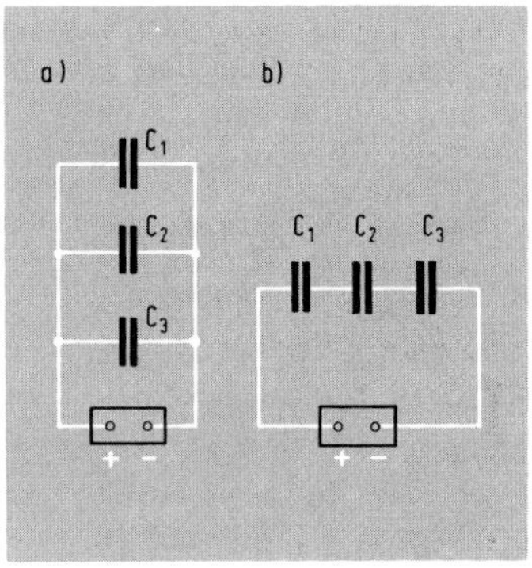

Bei der Parallelschaltung liegt an allen Kondensatoren wegen der leitenden Verbindung die gleiche Spannung U; die auf ihnen befindlichen Ladungen sind dann

$$Q_1 = C_1 U,\ Q_2 = C_2 U,\ Q_3 = C_3 U,\ \ldots,\ Q_n = C_n U.$$

Auf dem Gesamtkondensator, dessen Kapazität C_{ges} berechnet werden soll, befindet sich dann die Ladung

$$Q = Q_1 + Q_2 + Q_3 + \cdots + Q_n,$$

für die die Gleichung $Q = C_{\text{ges}} U$ gilt. Es ergibt sich also

$$C_{\text{ges}} U = C_1 U + C_2 U + C_3 U + \cdots + C_n U$$

und daher

$$C_{\text{ges}} = C_1 + C_2 + C_3 + \cdots + C_n.$$

Bei der Parallelschaltung mehrerer Kondensatoren addieren sich die Kapazitäten der einzelnen Kondensatoren.

Bei der Hintereinanderschaltung ist die Spannung an den freien Enden gleich der Summe der Spannungen an den einzelnen Kondensatoren

$$U = U_1 + U_2 + U_3 + \cdots + U_n.$$

Der Ladevorgang durch die Spannungsquelle vollzieht sich bei der Hintereinanderschaltung nur an den an die Spannungsquelle direkt angeschlossenen Leiterteilen, z. B. bei hintereinander geschalteten Plattenkondensatoren nur an der ersten Platte des ersten Plattenkondensators und an der zweiten Platte des letzten Plattenkondensators. Die anderen Platten sind nicht an die Spannungsquelle angeschlossen. Auf ihnen verschieben sich die Ladungen durch Influenzwirkung. Wenn die Spannungsquelle die Ladung $+Q$ auf die erste Platte des ersten Kondensators bringt, so influenziert diese Ladung die negative Ladung $-Q$ auf der zweiten Platte des ersten Kondensators, so daß auf der ersten Platte des zweiten Kondensators die positive Ladung $+Q$ zurückbleibt. Diese influenziert die negative Ladung $-Q$ auf der ersten Platte des dritten Kondensators usw. Daraus folgt, daß die Ladungen auf allen Kondensatoren gleich groß sind. Haben die einzelnen Kondensatoren die Kapazitäten $C_1, C_2, C_3, \ldots, C_n$, so ist

$$U_1 = \frac{Q}{C_1},\ U_2 = \frac{Q}{C_2},\ U_3 = \frac{Q}{C_3},\ \ldots,\ U_n = \frac{Q}{C_n}.$$

Dann ist also

$$\frac{Q}{C_{\text{ges}}} = \frac{Q}{C_1} + \frac{Q}{C_2} + \frac{Q}{C_3} + \cdots + \frac{Q}{C_n},$$

wobei C_{ges} die Gesamtkapazität bedeutet. Es ergibt sich damit

$$\frac{1}{C_{\text{ges}}} = \frac{1}{C_1} + \frac{1}{C_2} + \frac{1}{C_3} + \cdots + \frac{1}{C_n}.$$

Bei der Hintereinanderschaltung mehrerer Kondensatoren ist der Kehrwert der Gesamtkapazität gleich der Summe der Kehrwerte der Einzelkapazitäten.

Wir wollen diese Ergebnisse experimentell für einen Sonderfall bestätigen.

Versuch 448.1 Wir laden nacheinander einen Kondensator mit der Kapazität 2 µF, zwei parallel geschaltete Kondensatoren von je 1 µF und zwei hintereinander geschaltete Kondensatoren von je 4 µF Kapazität mit derselben Spannung auf und entladen diese Systeme anschließend über ein Drehspulgerät, dem ein Meßverstärker vorgeschaltet ist.

Der Versuch zeigt, daß sich jeweils derselbe Ausschlag ergibt, wie nach der Rechnung auch erwartet werden muß.

5.1.11 Der Energieinhalt des elektrischen Feldes

Versuch 448.2 Ein Plattenkondensator, an dem parallel zu den Platten ein Elektrometer angeschlossen ist (Abb. 442.1), wird durch einmaliges Berühren mit einer Spannungsquelle aufgeladen. Die Ladung Q bleibt auch nach dem Entfernen der Spannungsquelle auf den Platten. Der Plattenabstand wird nun durch Auseinanderziehen der Platten vergrößert und das Elektrometer beobachtet.

Der Versuch zeigt ein Anwachsen der Spannung U bei Vergrößerung des Plattenabstandes d. Rechnerisch ergibt sich dieser Zusammenhang aus

$$C=\frac{Q}{U} \quad \text{und} \quad C=\varepsilon_0 \cdot \frac{A}{d},$$

also aus

$$U=\frac{Q \cdot d}{\varepsilon_0 \cdot A},$$

da die Größen Q, ε_0 und A konstant sind. Die Ladung Q wird ja nicht vermehrt und kann auch nicht abfließen. Wir haben früher gesehen, daß der Betrag der Feldstärke E sich aus der Flächenladungsdichte ergibt:

$$E=\frac{1}{\varepsilon_0} \cdot \frac{Q}{A}.$$

Damit hat sich bei dem Auseinanderziehen der Platten die Feldstärke nicht geändert, wenn wir voraussetzen, daß das Feld auch nach Vergrößerung des Plattenabstandes noch homogen ist. Der Rauminhalt, in welchem sich das elektrische Feld befindet, ist größer geworden. Ziehen wir die Platten vom Abstand d_1 auf den größeren Abstand d_2 auseinander, so wird der felderfüllte Raum um das Volumen

$$\Delta V=(d_2-d_1) \cdot A$$

größer. Andererseits muß bei dem Auseinanderziehen der Platten mechanische Arbeit aufgewendet werden, da sich die positiven und negativen Ladungen auf den Innenflächen der Platten gegenseitig anziehen. Es hat sich nun die Vorstellung bewährt, daß diese Arbeit nach dem Energieerhaltungssatz im elektrischen Feld gespeichert wird. Wenn man bedenkt, daß der Raum zwischen den Platten „leer“ sein kann, d.h., daß die Luft bei unseren Experimenten zum elektrischen Feld praktisch keine Rolle spielt und im Idealfall sogar durch das Vakuum ersetzt werden muß, wird die Konsequenz der vorangehenden Überlegungen zunächst erstaunlich sein. Energiespeicherung im leeren Raum kann man sich anschaulich schlecht vorstellen. Wir haben aber schon bei der Betrachtung des Dipolfeldes festgestellt, daß Feldänderungen, die z.B. durch einen Dipol mit periodisch wechselnder Polarität erzeugt werden können, zu ihrer Ausbreitung Zeit benötigen. Verbinden wir diese Vorstellungen miteinander, so sehen wir, daß es die elektrische Energie des elektrischen Feldes ist, die zu ihrer Ausbreitung im Raum Zeit braucht. Anders ausgedrückt:

Ein elektrisches Feld läßt sich niemals unendlich schnell aufbauen – auch nicht das elektrische Feld im Raum zwischen den Platten eines Plattenkondensators –, denn der Aufbau eines elektrischen Feldes bedeutet immer zugleich Energiespeicherung im Raum. Es schließt sich die Frage an, ob man unter diesen

Umständen überhaupt noch von einem „leeren Raum“ sprechen kann, wenn ein elektrisches Feld im Raum besteht. Bisher haben wir anschaulich unter einem leeren Raum einen Raum verstanden, in dem „nichts“ ist. Aber auch den Begriff „nichts“ müßte man neu interpretieren. O. v. GUERICKE (1602–1686) verstand bei seinen Luftpumpenversuchen unter dem „nichts“ ein Vakuum, d.h. einen vollständig materiefreien Raum. Wenn es technisch auch mit den besten Luftpumpen nicht gelingt, ein ideales Vakuum zu schaffen, so kann man sich ein solches Vakuum jedenfalls vorstellen. Nach der Vorstellung der Existenz eines Energieinhaltes eines elektrischen Feldes könnte aber selbst in solchen Vakuumgebieten Energie enthalten sein. Der Begriff der „Leere“ wird in diesem Fall zumindest problematisch. Andererseits sieht man, daß die Einführung des Begriffs des elektrischen Feldes nicht nur ein formaler Akt für eine brauchbare Beschreibung physikalischer Gegebenheiten ist, sondern daß vielmehr mit diesem Begriff eine sehr viel tiefere Einsicht in die Struktur der Natur gewonnen werden konnte.

Wir wollen jetzt die *Energiedichte des elektrischen Feldes* mit Hilfe eines Gedankenversuchs berechnen. Wir verfahren dabei so, daß wir die Arbeit berechnen, die erforderlich ist, um die Ladung Q in kleinen Portionen q auf die Platten eines Plattenkondensators zu bringen. Wir gehen vom ungeladenen Plattenkondensator aus. Von der ersten Platte wird die Ladung q abgelöst und zur zweiten Platte gebracht. Nach diesem Vorgang ist der Kondensator geladen; die zweite Platte trägt die Ladung q, die erste die Ladung $-q$, und zwischen den Platten liegt nach $q = C \cdot U$ die Spannung

$$U_1 = \frac{q}{C}.$$

Im zweiten Schritt lösen wir erneut eine Ladung q von der ersten Platte und transportieren sie wieder zur zweiten Platte, diesmal aber in einem elektrischen Feld mit der Feldstärke

$$E_1 = \frac{U_1}{d}.$$

Der Transport erfordert daher jetzt die Arbeit

$$W_1 = F_1 \cdot d = q \cdot E_1 \cdot d = q \cdot U_1 = \frac{q^2}{C}.$$

Nach diesem Transport trägt der Kondensator die Ladung $2q$, zwischen seinen Platten liegt die Spannung

$$U_2 = \frac{2q}{C}.$$

Der dritte Transport dieser Art erfordert die Arbeit

$$W_2 = q \cdot U_2 = \frac{2q^2}{C}$$

usw., der n-te Transport die Arbeit

$$W_{n-1} = q \cdot U_{n-1} = \frac{(n-1) \cdot q^2}{C}.$$

Nach diesen n Transporten trägt der Kondensator die Ladung $Q = nq$. Der gesamte Ladevorgang erforderte die Arbeit

$$\begin{aligned} W &= \frac{q^2}{C} \cdot [1 + 2 + \cdots + (n-1)] \\ &= \frac{q^2}{C} \cdot \frac{(n-1) \cdot n}{2} \\ &= \frac{Q^2}{n^2 \cdot C} \cdot \frac{(n-1) \cdot n}{2} \\ &= \frac{Q^2}{2C} \cdot \left(1 - \frac{1}{n}\right). \end{aligned}$$

Wird die Ladung $Q = nq$ in eine sehr große Zahl n gleicher Ladungsportionen q unterteilt, so kann man praktisch $\frac{1}{n} = 0$ setzen. Damit ergibt sich für den gesamten Ladevorgang und damit für die schrittweise Herstellung eines elektrischen Feldes vom Betrag $E = \frac{U}{d}$ die Arbeit

$$W = \frac{1}{2} \cdot \frac{Q^2}{C} = \frac{1}{2} \cdot QU = \frac{1}{2} CU^2,$$

die nun als Energie W_e des elektrischen Feldes im Raum zwischen den Platten, d.h. im Volumen $V = Ad$ lokalisiert ist. Da für den Plattenkondensator außerdem noch die Kapazitätsformel $C = \varepsilon_0 \cdot \frac{A}{d}$ gilt, erhalten wir für die Energiedichte $w_e = \frac{W_e}{V}$ des elektrischen Feldes

$$w_e = \frac{1}{2} \cdot \frac{CU^2}{Ad} = \frac{1}{2} \cdot \frac{\varepsilon_0 \cdot AU^2}{Ad^2} = \frac{1}{2} \cdot \varepsilon_0 \cdot E^2.$$

Wir haben uns bei der Herleitung der Abhängigkeit der Energiedichte von der elektrischen Feldstärke am homogenen Feld des Plattenkondensators orientiert. Das Ergebnis gilt aber ganz allgemein für alle elektrischen Felder, weil man jedes elektrische Feld in einem hinreichend kleinen Bereich als homogen ansehen kann.

Die Energiedichte eines elektrischen Feldes ist dem Quadrat der elektrischen Feldstärke proportional, und es gilt

$$w_e = \tfrac{1}{2} \cdot \varepsilon_0 \cdot E^2.$$

Gleichfalls gilt die oben entwickelte Formel für den Energieinhalt eines Kondensators unabhängig von der Bauart des Kondensators:

Die in einem Kondensator mit der Kapazität C gespeicherte Energie ist dem Quadrat der Spannung U proportional, und es gilt

$$W = \tfrac{1}{2} CU^2.$$

Mit Hilfe der Integralrechnung ergibt sich die Arbeitsberechnung eleganter:
Die Gesamtarbeit erhält man durch die Integration

$$W_e = \int_0^{Q_E} U \, dQ,$$

wenn der Kondensator anfangs ungeladen ist und am Ende des Ladevorganges die Ladung Q_E trägt. Die während des Ladevorganges am Kondensator liegende Spannung ist

$$U = \frac{Q}{C} \quad \text{mit} \quad 0 \leqq Q \leqq Q_E,$$

am Ende des Ladevorganges ist sie

$$U_E = \frac{Q_E}{C}.$$

Dann ist

$$W_e = \int_0^{Q_E} \frac{Q}{C} \, dQ = \frac{1}{C} \cdot \int_0^{Q_E} Q \, dQ = \frac{1}{2} \frac{Q_E^2}{C} = \frac{1}{2} CU_E^2.$$

Der Index E kann jetzt fortgelassen werden: Die im Kondensator gespeicherte Energie beträgt

$$W_e = \tfrac{1}{2} CU^2.$$

5.1.12 Materie im elektrischen Feld

Wenn der Raum zwischen den Platten eines Plattenkondensators mit einem Dielektrikum gefüllt wird, so geht die Kapazität

$$C = \varepsilon_0 \cdot \frac{A}{d}$$

des ungefüllten Kondensators in die Kapazität

$$C = \varepsilon_0 \cdot \varepsilon_r \cdot \frac{A}{d}$$

des gefüllten Kondensators über, wobei ε_r eine für das betreffende Dielektrikum charakteristische Materialkonstante ist. ε_r heißt *Dielektrizitätszahl* (S. 445).

Der Übergang von ε_0 in $\varepsilon_0 \cdot \varepsilon_r$ bei Raumerfüllung durch ein Dielektrikum ist nicht auf den Plattenkondensator beschränkt. Das Wesentliche ist ja nicht der Plattenkondensator als Gerät, sondern das elektrische Feld, das den Raum erfüllt. Da man in hinreichend kleinen Volumenelementen jedes Feld als homogen ansehen und deshalb mit dem Feld eines Plattenkondensators vergleichen kann, muß der Übergang von ε_0 in $\varepsilon_0 \cdot \varepsilon_r$ auch für jedes hinreichend kleine Volumenelement gelten. Da man sich andererseits jeden größeren Raum aus solchen Volumenelementen aufgebaut denken kann, gilt diese Feststellung ganz allgemein:

Wird der Vakuum-Raum, in dem sich ein elektrisches Feld befindet, mit einem Dielektrikum gefüllt, so geht bei der mathematisch-physikalischen Beschreibung des Raumes in allen Gleichungen ε_0 in $\varepsilon_0 \cdot \varepsilon_r$ über.

Die Gleichung $U = \int_{P_2}^{P_1} \vec{E}\, d\vec{s}$ (S. 443), speziell für das Feld des Plattenkondensators $U = Ed$ (S. 425), enthält die Feldkonstante ε_0 nicht. Man setzt daher fest, daß die elektrische Feldstärke $\vec{E}$ diesen Gleichungen auch im materieerfüllten Raum genügen soll.

Der Raum ist materiefrei	*Der Raum ist mit einem Dielektrikum gefüllt*
COULOMB-Gesetz	
$F = \frac{1}{4\pi\varepsilon_0} \cdot \frac{Q_1 Q_2}{r^2}$	$F = \frac{1}{4\pi\varepsilon_0 \cdot \varepsilon_r} \cdot \frac{Q_1 Q_2}{r^2}$
Betrag der elektrischen Feldstärke des radialen Feldes einer Punktladung	
$E = \frac{1}{4\pi\varepsilon_0} \cdot \frac{Q}{r^2}$	$E = \frac{1}{4\pi\varepsilon_0 \cdot \varepsilon_r} \cdot \frac{Q}{r^2}$
Betrag der elektrischen Feldstärke auf den Achsen um einen Dipol	
$E = \frac{Ql}{2\pi\varepsilon_0} \cdot \frac{1}{y^3}$; $E = \frac{Ql}{4\pi\varepsilon_0} \cdot \frac{1}{x^3}$	$E = \frac{Ql}{2\pi\varepsilon_0 \cdot \varepsilon_r} \cdot \frac{1}{y^3}$; $E = \frac{Ql}{4\pi\varepsilon_0 \cdot \varepsilon_r} \cdot \frac{1}{x^3}$
Zusammenhang zwischen elektrischer Feldstärke und Flächenladungsdichte	
$E = \frac{1}{\varepsilon_0} \cdot \frac{Q}{A}$	$E = \frac{1}{\varepsilon_0 \cdot \varepsilon_r} \cdot \frac{Q}{A}$
Elektrisches Potential im Abstand r von einer Punktladung	
$\varphi = \frac{1}{4\pi\varepsilon_0} \cdot \frac{Q}{r}$	$\varphi = \frac{1}{4\pi\varepsilon_0 \cdot \varepsilon_r} \cdot \frac{Q}{r}$
Elektrischer Fluß durch eine geschlossene Hüllfläche um die Ladung Q	
$\Psi = \varepsilon_0 \cdot \sum E_N \cdot \Delta A = Q$	$\Psi = \varepsilon_0 \cdot \varepsilon_r \cdot \sum E_N \cdot \Delta A = Q$

Aus praktischen, physikalisch aber keineswegs notwendigen Gründen, führt man einen zweiten Vektor zur Beschreibung des elektrischen Feldes durch die Definition

$$\vec{D} = \varepsilon_0 \cdot \varepsilon_r \cdot \vec{E}$$

ein.

Man nennt den Vektor $\vec{D}$ die elektrische Flußdichte oder auch die elektrische Verschiebung.

Die Einführung dieses Vektors bringt in denjenigen Gleichungen Vorteile, die so umgeformt werden können, daß das Produkt $\varepsilon_0 \cdot \varepsilon_r \cdot E$ auftritt. Es ergibt sich dann folgende vereinfachte Schreibweise:

Betrag der elektrischen Flußdichte des radialen Feldes einer Punktladung:

$$D = \frac{1}{4\pi r^2} \cdot Q.$$

Betrag der elektrischen Flußdichte auf den Achsen um einen Dipol:

$$D = \frac{l}{2\pi y^3} \cdot Q; \qquad D = \frac{l}{4\pi x^3} \cdot Q.$$

Zusammenhang zwischen elektrischer Flußdichte und Flächenladungsdichte:

$$D = \frac{Q}{A}.$$

Elektrischer Fluß durch eine geschlossene Hüllfläche um die Ladung Q:

$$\Psi = \sum D_N \cdot \Delta A = Q.$$

Da die elektrische Flußdichte gerade so definiert wurde, daß in diesen Gleichungen die Dielektrizitätszahl ε_r nicht mehr auftritt, gelten die Gleichungen völlig unabhängig vom dielektrischen Material, mit dem der Raum gefüllt ist. Außerdem erkennt man, daß die elektrische Flußdichte stets zur felderzeugenden Ladung Q proportional ist.

An die Gleichung

$$D = \frac{Q}{A}$$

knüpft die *Ausführungsverordnung zum Gesetz über Einheiten im Meßwesen* an, die über die Einheit der elektrischen Flußdichte bestimmt:

Die abgeleitete Einheit der elektrischen Flußdichte oder Verschiebung ist das Coulomb durch Quadratmeter (Einheitenzeichen: $\frac{\mathrm{C}}{\mathrm{m}^2}$ oder $\mathrm{C\,m^{-2}}$). 1 Coulomb durch Quadratmeter ist gleich der elektrischen Flußdichte oder Verschiebung in einem Plattenkondensator, dessen beide im Vakuum parallel zueinander angeordnete, unendlich ausgedehnte Platten je Fläche 1 m² gleichmäßig mit der Elektrizitätsmenge 1 C aufgeladen wären.

Abgeleitete Einheiten der elektrischen Flußdichte oder Verschiebung sind auch alle anderen Quotienten, die aus einer gesetzlichen Einheit der Elektrizitätsmenge und einer gesetzlichen Flächeneinheit gebildet werden.

Beispiel $1\ \mu\mathrm{C\,cm^{-2}} = 10^{-2}\ \mathrm{C\,m^{-2}}$.

Um zu verstehen, woher der seltsame Name elektrische Verschiebung für den Feldvektor $\vec{D}$ kommt, erinnern wir uns an den früher beschriebenen Influenzversuch mit dem Influenzplattenpaar, das im elektrischen Feld getrennt wird (S. 427). Die Flächenladungsdichte der auf den Platten influenzierten, und d.h.

zugleich verschobenen Ladung beträgt in der Schreibweise mit der elektrischen Feldstärke

$$\frac{Q_i}{A_i} = \varepsilon_0 \cdot \varepsilon_r \cdot E,$$

in der Schreibweise mit der elektrischen Verschiebung

$$\frac{Q_i}{A_i} = D.$$

Der Betrag der elektrischen Verschiebung ist der Flächenladungsdichte der durch Influenz verschobenen Ladung gleich.

Dem Namen *elektrische Verschiebung* liegt also die Erscheinung der Verschiebung von Ladungen bei der Influenz zugrunde. Da diese Erscheinung schon in der Frühzeit der Geschichte der Elektrizitätslehre bekannt war, hat sich auch zunächst der Name *elektrische Verschiebung* für die Feldgröße $\vec{D}$ durchgesetzt. In der physikalisch-technischen Literatur wird aber zunehmend der Name *elektrische Flußdichte* bevorzugt. Dieser Name paßt auch besser zum Begriff des elektrischen Flusses Ψ, weil man den Zusammenhang

$$\Psi = \sum D_N \cdot \Delta A$$

dann folgendermaßen formulieren kann:

Der elektrische Fluß durch eine Fläche ist die Flächensumme über die Normalkomponenten der elektrischen Flußdichte.

Die beiden Feldgrößen $\vec{E}$ und $\vec{D}$ werden häufig nebeneinander gebraucht. Den Vektor $\vec{D}$ verwendet man vorzugsweise, wenn man in den Betrachtungen von den felderzeugenden Ladungen ausgeht, den Vektor $\vec{E}$ vorzugsweise, wenn man die Kraftwirkungen auf geladene Körper im elektrischen Feld untersucht. Das alles ist nur eine Ökonomie der Darstellung, keine tiefgründige physikalische Erkenntnis. Man kann stets $\vec{D}$ und $\vec{E}$ durch

$$\vec{D} = \varepsilon_0 \cdot \varepsilon_r \cdot \vec{E}$$

ineinander umrechnen. Kompliziert werden die Verhältnisse nur im Ausnahmefall des elektrischen Feldes in einem nicht kubischen Einkristall. In solchen Kristallen hängen die elektrischen und optischen Eigenschaften von den Richtungen im Kristall ab. Das bedeutet, daß die Dielektrizitätszahl ε_r für verschiedene Richtungen verschiedene Werte annimmt. $\vec{D}$ und $\vec{E}$ sind dann nicht mehr in allen Richtungen gleichgerichtet; die Beziehung

$$\vec{D} = \varepsilon_0 \cdot \varepsilon_r \cdot \vec{E}$$

darf nicht mehr bedenkenlos angewendet werden.

Zum Abschluß der Elektrostatik betrachten wir noch einige Übungsaufgaben.

Beispiele

1. Die geladenen Kugeln einer Drehwaage (Schulversuch) tragen jeweils die Ladung $Q = 7{,}8 \cdot 10^{-9}\,\text{C}$; ihr gegenseitiger Abstand beträgt 10 cm. Mit welcher Kraft stoßen sich die Kugeln ab?

COULOMB-Gesetz

$$F = \frac{1}{4\pi\varepsilon_0} \cdot \frac{Q_1 Q_2}{r^2}$$

$$F = \frac{1}{4\pi \cdot 8{,}85 \cdot 10^{-12}\,\frac{\text{As}}{\text{Vm}}} \cdot \frac{7{,}8 \cdot 10^{-9}\,\text{C} \cdot 7{,}8 \cdot 10^{-9}\,\text{C}}{0{,}1\,\text{m} \cdot 0{,}1\,\text{m}}$$

$$= 5{,}5 \cdot 10^{-5}\,\frac{\text{VAs}}{\text{m}}$$

$$= 5{,}5 \cdot 10^{-5}\,\text{N}.$$

2. Welche Ladung nimmt die angegebene Schaltung (Abb. 454.1) mit den Kapazitäten $C_1 = 2\,\mu F$, $C_2 = 8\,\mu F$, $C_3 = 2\,\mu F$ bei der Spannung $U = 120\,V$ auf?

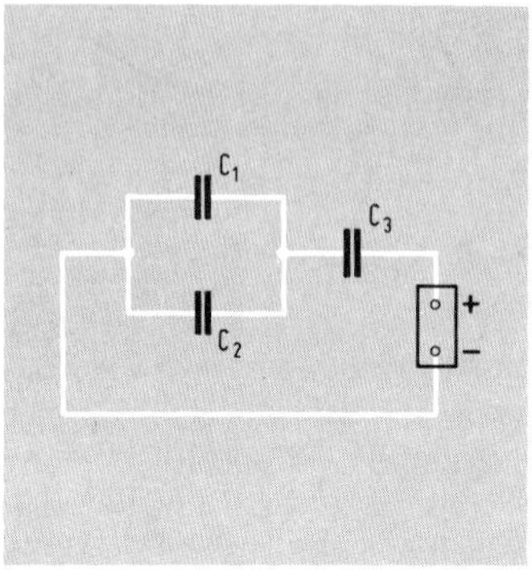

Abb. 454.1
Verzweigungsschaltung mit 3 Kondensatoren

C_1 und C_2 sind parallel geschaltet: $C_{1;2} = 2\,\mu F + 8\,\mu F = 10\,\mu F$.

$C_{1;2}$ und C_3 sind hintereinander geschaltet: $\dfrac{1}{C_{ges}} = \dfrac{1}{10\,\mu F} + \dfrac{1}{2\,\mu F} = \dfrac{6}{10\,\mu F}$.

Dann ist $C_{ges} = \frac{10}{6}\,\mu F$, $Q = C_{ges} \cdot U$, $Q = \frac{10}{6}\,\mu F \cdot 120\,V = 2 \cdot 10^{-4}\,C$.

3. Mit welcher Kraft ziehen sich die Platten eines Plattenkondensators gegenseitig an, wenn sich zwischen den Platten Vakuum befindet? (Plattenfläche A, Plattenabstand d und Spannung U zwischen den Platten sind als bekannt vorauszusetzen.)

Im Plattenkondensator mit dem Plattenabstand d_1 ist die Energie

$$W_e = \frac{1}{2} C U^2 = \frac{1}{2} \frac{Q^2}{C} = \frac{1}{2} \cdot \frac{1}{\varepsilon_0} \cdot \frac{d_1}{A} \cdot Q^2$$

gespeichert. Zieht man die Platten mit der Kraft F auf den Abstand d_2 auseinander, muß man die Arbeit

$$F \cdot (d_2 - d_1)$$

verrichten. Dafür erhält man als Energiegewinn des elektrischen Feldes

$$\Delta W_e = \frac{1}{2} \cdot \frac{1}{\varepsilon_0} \cdot \frac{(d_2 - d_1)}{A} \cdot Q^2.$$

Aus

$$F \cdot (d_2 - d_1) = \frac{1}{2} \cdot \frac{1}{\varepsilon_0} \cdot \frac{(d_2 - d_1)}{A} \cdot Q^2$$

erhält man

$$F = \frac{1}{2} \cdot \frac{1}{\varepsilon_0} \cdot \frac{Q^2}{A} = \frac{1}{2} \cdot \frac{1}{\varepsilon_0} \cdot \frac{C^2 U^2}{A} = \frac{1}{2} \cdot \varepsilon_0 \cdot A \cdot \frac{U^2}{d^2}.$$

Weitere Aufgaben: Siehe O. HÖFLING, Physik-Aufgaben II/2.

5.2 Statische Magnetfelder

Die Geschichte der Physik lehrt, daß alle Theorien, die sich bewährten und die von Bestand waren, die Naturbeschreibung ausschließlich mit beobachtbaren, meßbaren Größen bewältigen. Nur solche Größen haben Realität. Der *Lichtäther*, eine noch 1890 für notwendig befundene hypothetische Substanz, in der sich das Licht ausbreiten sollte, wurde aus der Optik ebenso verbannt wie der Wärmestoff, das *Phlogiston*, aus der Wärmelehre. Und wenn der Existenznachweis für das Elementarteilchen *Neutrino* nicht gelungen wäre, dann würde auch die 1931 von W. PAULI erdachte *Neutrinohypothese* heute nur den Historiker interessieren.

Mit den Magnetpolen verhält es sich nun ähnlich wie mit dem Lichtäther oder dem Phlogiston: der Begriff ermöglicht zunächst eine einfache Beschreibung einiger Phänomene, eine schnelle Verständigung über auftretende Erscheinungen. Später stellen sich Widersprüche heraus. Es gibt diese Pole, sozusagen die magnetische Entsprechung zur elektrischen Ladung, nicht. Nicht nur, daß man nicht einen Punkt des Magneten angeben könnte, auf den die Bezeichnung Pol exakt zuträfe, die Theorie des Elektromagnetismus macht nachdrücklich die Aussage, daß es solche Pole nicht gibt, nicht einmal in der Zweier-Verbindung von Nord- und Südpol zu einem Magneten.

Wir machen von einer fiktiven Existenz solcher Pole keinen Gebrauch, sie stellen keine beobachtbaren Größen dar.

Das schließt nicht aus, daß bei den zu schildernden Experimenten auch Magnete verwendet werden. Magnete existieren ja. Und deren Enden bezeichnen wir auch mit *Nordpol* und *Südpol*, das sind nur Namen für experimentell unterscheidbare Seiten des Magneten. Hängt man nämlich einen Magneten frei auf unserer Erde auf, dann weist immer dasselbe Ende annähernd in die Nordrichtung. Dieses Ende bekommt den Namen *Nordpol*.

In den Abschnitten 5.2.1 bis 5.2.14 sollen die *statischen*, d.h. zeitlich unveränderlichen Magnetfelder ausschließlich im leeren Raum untersucht und beschrieben werden; nur so ist es möglich, alle Aussagen mit Hilfe eines einzigen Feldvektors zu formulieren. Das erspart uns manche zusätzliche Schwierigkeit. Wir weisen aber schon hier darauf hin, daß damit auch alle Ergebnisse gewissen Einschränkungen unterliegen: sie gelten zunächst nur für Erscheinungen im leeren Raum. Dennoch werden alle Versuche im lufterfüllten Raum durchgeführt: das unterschiedliche Verhalten von Luft und Vakuum bezüglich der magnetischen Felder und ihrer Wirkungen kann ohne großen Aufwand nicht nachgewiesen werden, so geringfügig ist der Unterschied. Wir vernachlässigen ihn. Wo wir dennoch mit Spulen experimentieren, die mit einem Eisenkern gefüllt sind, da tun wir es, um recht starke Felder zu erhalten, mit denen sich manche Erscheinung besonders gut zeigen läßt. Es handelt sich dann aber stets um Zusammenhänge, bei denen die Herkunft des magnetischen Feldes ohne Belang ist. In zwei weiteren Sonderfällen weichen wir von dem Prinzip ab: wir experimentieren mit Magnetfeldern in Halbleitern und in Kupfer oder Aluminium. Für diese Materialien gilt ebenfalls, daß ihr Einfluß auf die magnetischen Erscheinungen nur mit besonderen Kunstgriffen nachgewiesen werden kann.

5.2.1 Die Struktur des Magnetfeldes von Permanentmagnet und stromdurchflossenem Leiter

Bevor wir die in diesem Buch vorausgesetzten Kenntnisse von magnetischen Erscheinungen zusammenstellen, bringen wir eine Definition, die das Formulieren erleichtert, wenn von geschlossenen, gerichteten Linien im Raum und von deren Stellung zu Vektoren oder Richtungen die Rede ist. Den Vektor nennen wir $\vec{N}$, über ihn wird im Einzelfall zu verfügen sein: es kann der Stromvektor $\vec{I}$ sein (vgl. S. 464) oder auch der Flächenvektor $\vec{A}$ (vgl. S. 494).

Definition: Einen Vektor $\vec{N}$ und eine Linie L, die eine Fläche A im Raum mit einem Umlaufsinn umrandet, nennen wir ein *rechtsorientiertes System* oder kurz auch *rechtsorientiert*, wenn der Umlaufsinn der Umrandung für einen in Richtung $\vec{N}$ blickenden Beobachter mit dem Uhrzeigersinn übereinstimmt. In einer anderen Formulierung könnte man sagen, daß der Vektor $\vec{N}$ vom Fuß zum Kopf eines Spaziergängers weist, der die Fläche so umwandert, daß sie stets zu seiner Linken liegt. Die Wegrichtung des Spaziergängers bestimmt den Umlaufsinn der Linie L. Man mag auch an eine Rechtsschraube denken; bei einer Drehung im Sinne der Linie L schraubt sie sich in Richtung $\vec{N}$ voran.

Jeder Magnet ist von einem Magnetfeld umgeben; man erkennt ein solches Feld daran, daß andere Magnete und stromdurchflossene Leiter in diesem Raum Kraftwirkungen erfahren. Kleine Magnetnadeln, als Sonde frei beweglich aufgehängt, pendeln sich schließlich in eine bestimmte Richtung ein. Die Richtung, in die die *Nordpol* benannte Seite der Magnetnadel dann weist, nennen wir die *Feldrichtung*. Diese Richtung ist im gesamten Magnetfeld eindeutig bestimmt.

Magnetfelder sind nicht an die Existenz von Magneten gebunden. Auch elektrische Ströme, also bewegte elektrische Ladungen, erzeugen Magnetfelder.

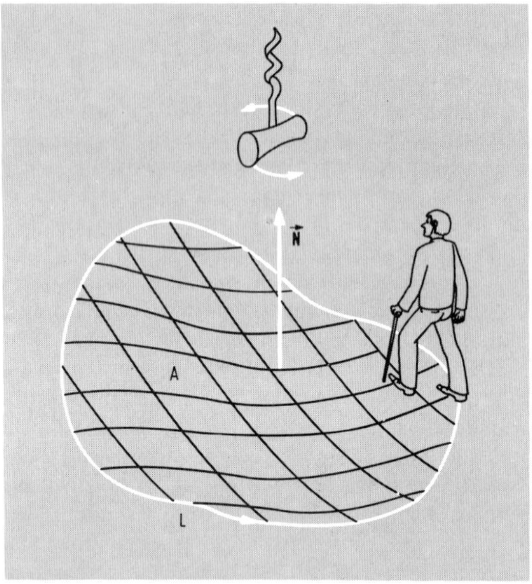

Abb. 456.1
Zusammenhang von Umlaufsinn und Vektor $\vec{N}$

Ein Magnetfeld kann durch *Feldlinien* beschrieben werden. Das sind gedachte Linien, die überall die *Richtung des Magnetfeldes* haben. Ihnen kommt keine physikalische Realität zu, sie dienen zur Beschreibung des Feldes, ähnlich wie die Höhenlinien auf einer Landkarte zur Beschreibung des Geländes dienen.

Wegen der *Eindeutigkeit der Feldrichtung* überschneiden sich oder verzweigen sich Feldlinien niemals. Die Feldlinien lassen sich mit Eisenfeilspänen jedenfalls innerhalb einer Ebene sichtbar machen. Die Späne ordnen sich in einem hinreichend starken Magnetfeld zu Ketten, die annähernd die Feldlinien nachzeichnen.

Die Felder zweier Magnete überlagern sich, es entsteht dabei ein neues Feld mit einem neuen Feldlinienbild. Das gilt auch für Magnetfelder, die nicht von Magneten erzeugt werden.

Magnetfelder sind nicht an das Vorhandensein irgendeiner *Materie* gebunden, sie können auch im *leeren Raum* existieren.

Zur Veranschaulichung des Magnetfeldes und der Feldlinien möge ein Gedankenexperiment dienen. Dazu stellen wir uns einen Stabmagneten als ein Kleinraumfahrzeug mit eigenem Antrieb vor. Es soll von dem Magnetfeld, in dem es sich befindet, stets so ausgerichtet werden, wie es oben beschrieben wurde, und es soll langsam in Richtung seines eigenen sogenannten Nordpols fahren. Dieses Raumfahrzeug fährt dann genau längs einer Feldlinie; welche Feldlinie es befährt, ist abhängig vom Ort seiner Abreise (vgl. Abb. 456.2).

Die magnetischen Feldlinien eines geraden, stromdurchflossenen Leiters verlaufen als konzentrische Kreise um den Leiter. Sie liegen in Ebenen, die zu dem Leiter senkrecht stehen. Der Umlaufsinn der Feldlinien und die Stromrichtung bilden ein rechtsorientiertes System. Wegen dieser geschlossenen Feldlinien nennt man solche Felder auch *magnetische Wirbelfelder* (vgl. Abb. 456.3 und 457.1).

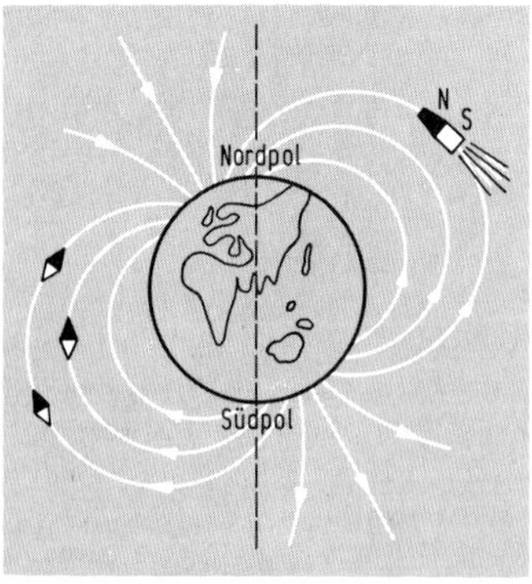

Abb. 456.2
Magnetisches Raumfahrzeug auf Feldlinienkurs

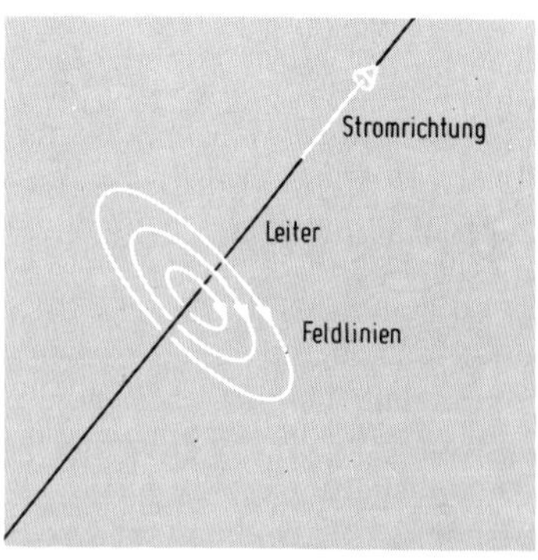

Abb. 456.3
Umlaufsinn der Feldlinien und Stromrichtung beim geraden stromdurchflossenen Leiter bilden ein rechtsorientiertes System.

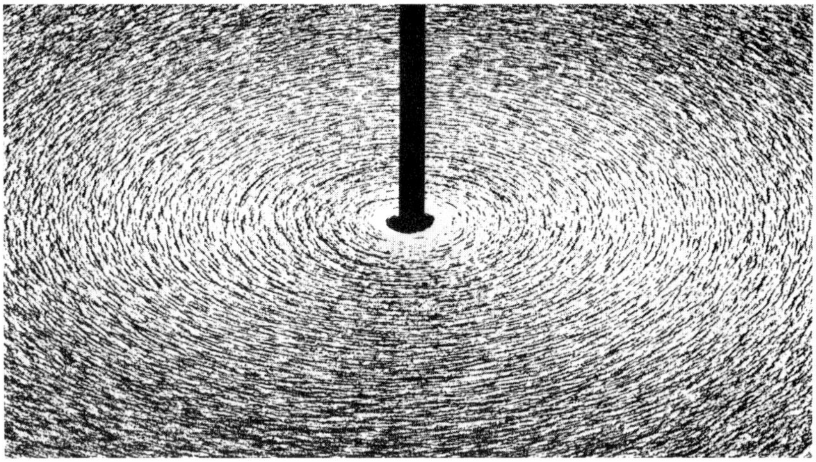

Abb. 457.1
Feldlinien eines langen geraden, stromdurchflossenen Leiters in Schrägaufsicht. Die Linien wurden mit Eisenspänen erzeugt

Abb. 457.2 Feldlinienbild einer zylindrischen Spule im Achsenschnitt

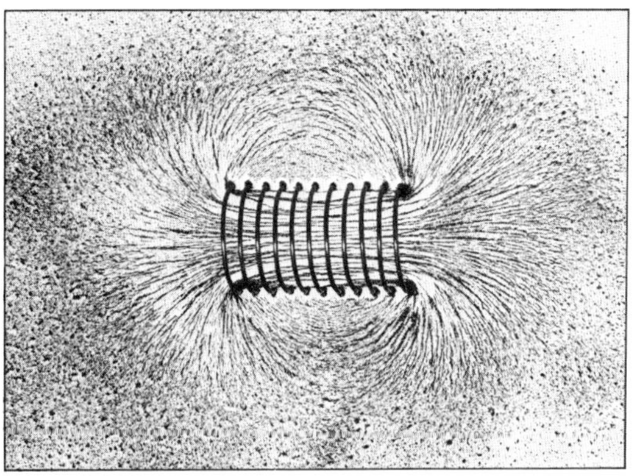

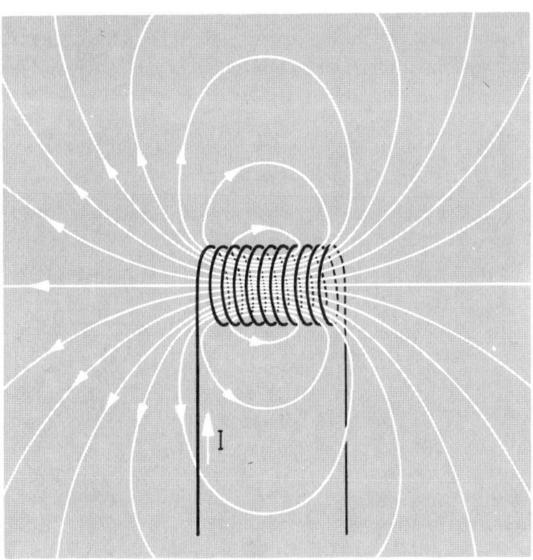

Abb. 457.3 Feldlinienbild eines Stabmagneten im Achsenschnitt

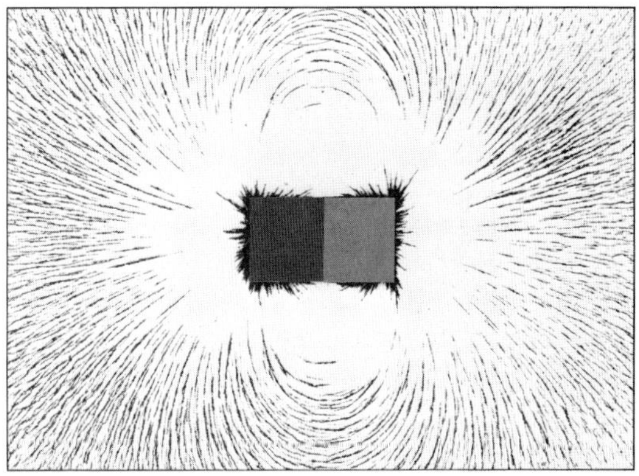

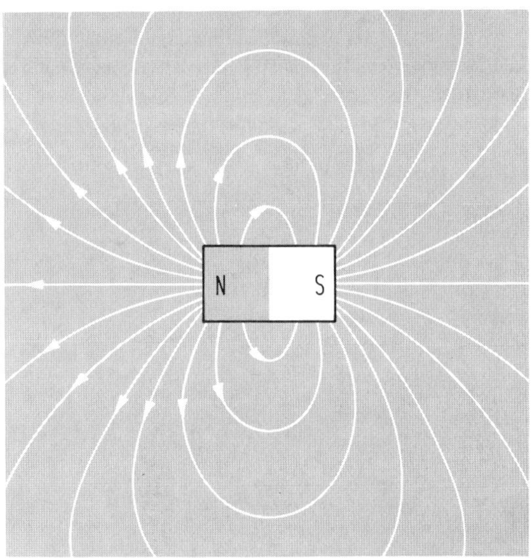

Im Innern einer langen, zylindrischen stromdurchflossenen Spule verlaufen die Feldlinien annähernd parallel zur Achse der Spule. Solche Felder nennt man *homogene Magnetfelder*. Ihre „Stärke" ist räumlich konstant (vgl. dazu Abschnitt 5.2.12). Außerhalb einer jeden stromdurchflossenen Spule schließen sich die Feldlinien, es liegt insgesamt ein magnetisches *Wirbelfeld* vor. Für den Außenraum zeigt sich eine weitgehende Übereinstimmung des Feldlinienbildes mit dem, das ein Stabmagnet hervorruft (vgl. Abb. 457.2 und 457.3).

Ein wichtiges Gesetz sagt etwas über die Kraft aus, die ein stromdurchflossener Leiter in einem Magnetfeld erfährt:

Ein senkrecht zur Magnetfeldrichtung verlaufender stromdurchflossener Leiter erfährt eine Kraft, die sowohl senkrecht zur Richtung des Leiters als auch senkrecht zur Richtung des Magnetfeldes weist.

Die Kraftrichtung läßt sich durch folgende Regel bestimmen:

Dreht man gedanklich den Stromrichtungspfeil auf dem kürzesten Wege auf den Feldrichtungspfeil, dann erhält man den Drehsinn, mit dem man einen Korkenzieher oder eine Rechtsschraube in der Kraftrichtung voranschraubt. Drehsinn und Kraftrichtung sind rechtsorientiert.

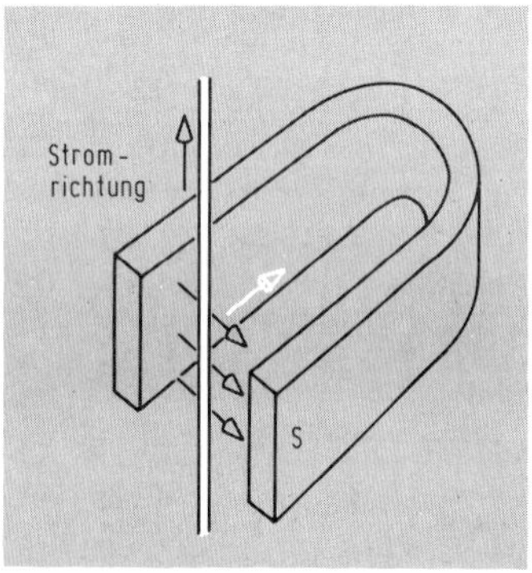

Abb. 458.1
Kraft auf einen stromdurchflossenen Leiter im Magnetfeld

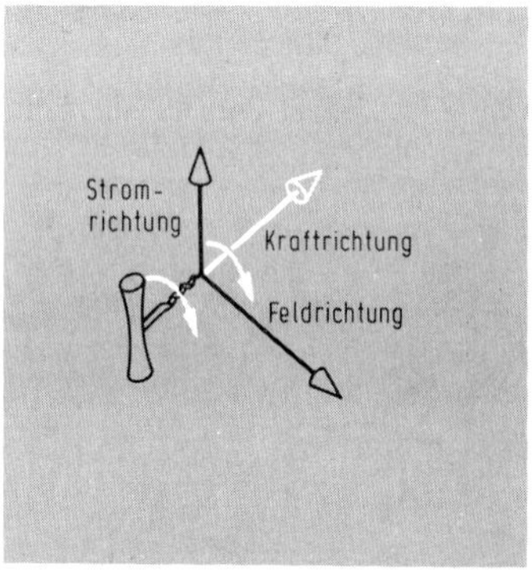

Abb. 458.2
Regel zur Bestimmung der Kraftrichtung aus Stromrichtung und Feldrichtung

Beachtet man diese beiden Erkenntnisse und verbindet sie mit der Regel, die die Richtung der Feldlinien für einen geraden stromdurchflossenen Leiter wie in Abb. 456.3 angibt, dann wird die Erscheinung nach Abb. 402.1 unmittelbar einsichtig. Wir stellen uns den einen Leiter als den *felderzeugenden Leiter*, den anderen als *Probeleiter* vor, auf den die Kraft ausgeübt wird.

Die Erfahrung zeigt:

Zwei parallele, stromdurchflossene Leiter üben bei gleicher Stromrichtung anziehende und bei entgegengesetzter Stromrichtung abstoßende Kräfte aufeinander aus. Anziehung und Abstoßung nehmen mit wachsender Stromstärke zu.

Abb. 458.3 Anziehung gleichsinnig vom Strom durchflossener Leiter

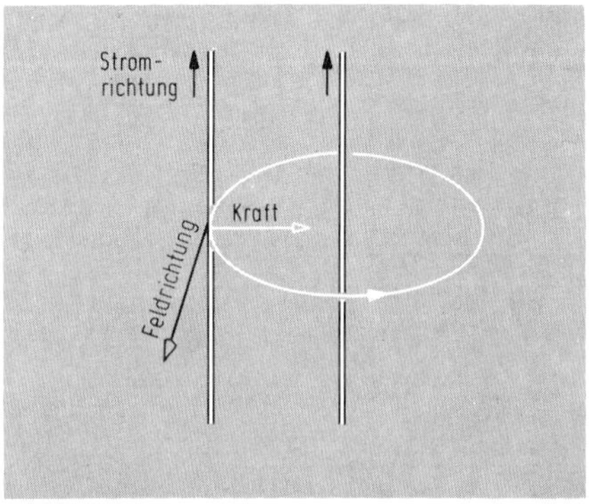

Abb. 458.4 Abstoßung ungleichsinnig vom Strom durchflossener Leiter

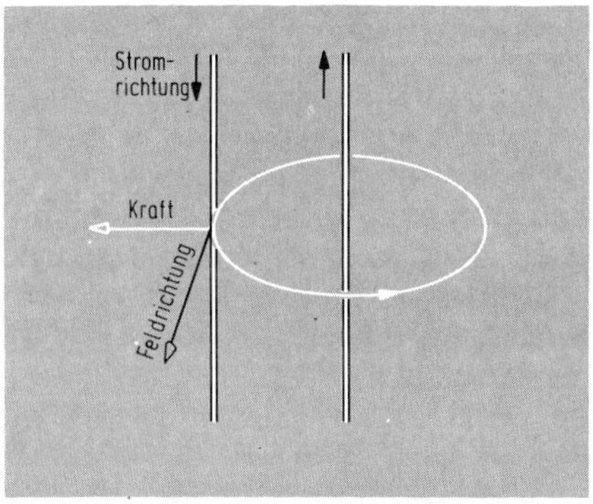

Diese Erscheinung ist insofern von Bedeutung, als sie dazu verwendet wird, die *Einheit der elektrischen Stromstärke* gesetzlich festzulegen (S. 402). Die Einteilung in Probeleiter und felderzeugenden Leiter ist ein willkürlicher Akt, beide Leiter sind grundsätzlich als gleichartig zu betrachten. Die Gleichartigkeit der Gegenstände wird nicht dadurch in Frage gestellt, daß ihre Beschreibung in ungleicher Weise erfolgt. Die Rechtfertigung für dieses Vorgehen ist ausschließlich darin begründet, daß diese Methode zur Beschreibung von Ereignissen erfolgreich verwendet werden kann.

Das Magnetfeld des Probeleiters wird niemals zur Beschreibung herangezogen, weil es ohne Wirkung auf den Probeleiter selbst bleibt.

Magnetfelder sind eine so typische Begleiterscheinung aller auftretenden Ströme, daß die Behandlung von Strömen und Magnetfeldern gemeinsam erfolgen muß. Dabei denken wir daran, daß auch eine bewegte elektrische Ladung ein Strom ist; sie eignet sich wie jeder andere Strom dazu, Magnetfelder zu untersuchen und zu beschreiben.

5.2.2 Die Kraft auf einen stromdurchflossenen Leiter im Magnetfeld

Um elektrische Felder zu untersuchen, beobachteten wir deren Wirkungen auf Probeladungen. Die Probeladung zeigt, in welches elektrische Feld sie hineingeraten ist, welche Stärke und Richtung das Feld hatte, schon bevor die Probeladung eingebracht wurde. Mit Hilfe der auf den geladenen Körper wirkenden Kraft $\vec{F}$ und dessen Ladung Q wurde der Feldstärkevektor definiert:

$$\vec{E}=\frac{\vec{F}}{Q}.$$

Für das Magnetfeld kann man nicht in ganz gleicher Weise vorgehen, weil es keine magnetische Probeladung gibt. Man zieht hier die Kraft, die auf ein stromdurchflossenes Leiterstück oder auf einen bewegten elektrisch geladenen Körper wirkt, zur Definition des Feldvektors heran. So entsteht eine weitere abgeleitete Größe. Wir stellen wie im Falle des elektrischen Feldes nachdrücklich fest:

Das Eigenfeld, das ein stromdurchflossener Probeleiter oder eine bewegte Probeladung erzeugen, darf mit dem auszumessenden Feld nicht überlagert gedacht werden, weil das magnetische Eigenfeld von Probeleiter oder Probeladung auf diese selbst keine Kraftwirkung ausübt.

Wir zeichnen in unseren Abbildungen folglich immer nur dasjenige Magnetfeld mit seinen Feldlinien ein, das schon vor Annäherung des Probeleiters bzw. der Probeladung vorhanden war. In den Abb. 458.3 und 458.4 ist der linke Leiter als Probeleiter zu denken. Wir beschränken uns in diesem Kapitel auf die Untersuchung von Magnetfeldern mit Hilfe von stromdurchflossenen Probeleitern.

Die Kraft, die in einem Magnetfeld auf einen stromdurchflossenen Leiter oder auf eine bewegte elektrische Ladung wirkt, nennen wir im folgenden *magnetische Kraft*. Um sie zu einer Definition des Feldvektors für das Magnetfeld heranziehen zu können, sollen die Zusammenhänge, unter denen diese Kraft wirkt, geklärt werden. Auf S. 458 wurde nur der Sonderfall bearbeitet, in dem der stromdurchflossene Leiter zur Feldrichtung senkrecht steht. Abb. 458.1 und 458.2 veranschaulichen die Verhältnisse. Um eine Aussage über Richtung und Betrag dieser Kraft auch dann machen zu können, wenn Feldrichtung und Leiter einen beliebigen Winkel bilden, betrachten wir zunächst einen zweiten Sonderfall: Feldrichtung und Leiter sind parallel.

Wir erzeugen das Magnetfeld mit einer langen Spule; wir verwenden dazu zweckmäßig zwei hintereinandergestellte Experimentierspulen, wie sie in Abb. 531.1 dargestellt sind. Im Innern der Spule ist das Magnetfeld homogen, es eignet sich gut für diesen Versuch.

Versuch 459.1 Ein Aluminiumstab hängt lose an zwei Zuleitungen in einer Spule, so daß er mit deren Achse zusammenfällt (Abb. 460.1). Den Spulenstrom schalten wir ein und erzeugen ein kräftiges homogenes Magnetfeld im Spuleninnenraum. Schaltet man dann einen starken durch den Aluminiumstab fließenden Strom ein, so passiert nichts.

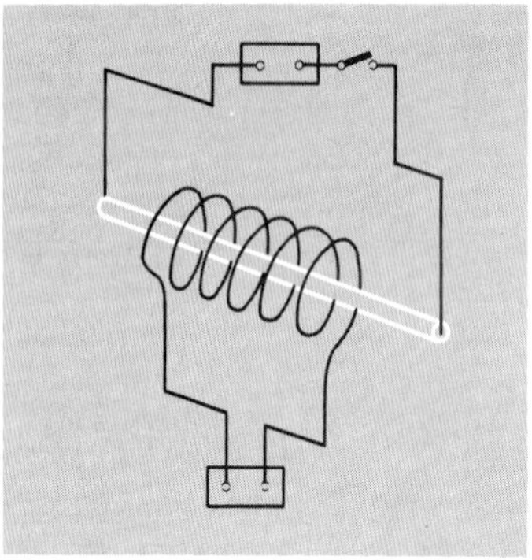

Abb. 460.1
Magnetische Kraft auf einen geraden stromdurchflossenen Leiter.
Leiter und Feldlinien sind parallel.

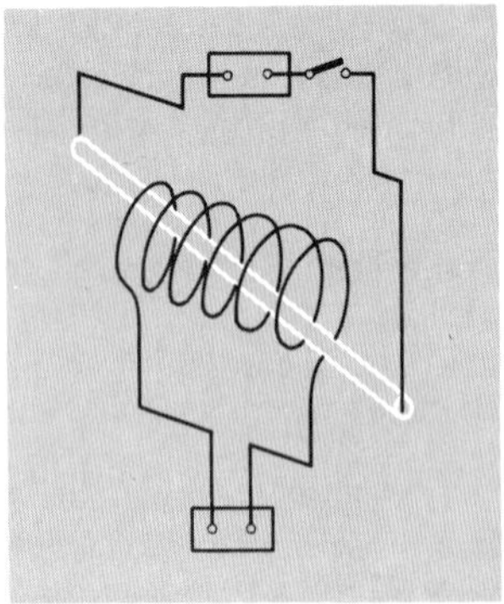

Abb. 460.2
Magnetische Kraft auf einen geraden stromdurchflossenen Leiter.
Leiter und Feldlinien bilden einen kleinen Winkel miteinander.

Sollte der Leiter dennoch einen kleinen Ruck aus der Ruhelage heraus machen, so zeigt hier das *erdmagnetische Feld* seine Wirkung: Die gleiche Bewegung macht der Leiter auch, wenn die Spule nicht von einem Strom durchflossen wird. Das Spulenfeld kann folglich nicht die Ursache der Bewegung sein. Um uns zu vergewissern, daß der negative Ausgang des Experiments nicht etwa darauf zurückzuführen ist, daß das Feld in der Spule oder der Strom im Leiter zu gering sind, um einen sichtbaren Effekt hervorzurufen, führen wir ein Kontrollexperiment durch.

Versuch 460.1 Gegenüber der Anordnung von Versuch 459.1 neigen wir jetzt Leiter und Spulenachse ein wenig gegeneinander und wiederholen den Versuch.

Jetzt ruckt beim Einschalten des Stromes der gerade Leiter geringfügig zur Seite. Kehrt man die Spulenstromrichtung um, dann ruckt der Leiter beim Einschalten seines Stromes in die Gegenrichtung.

Da die Zuleitungen zu dem geraden Probeleiter von der Spule weit entfernt sind und nicht mehr im Magnetfeld der Spule liegen, darf das Ergebnis allein auf den Probeleiter bezogen werden:

Auf einen stromdurchflossenen Leiter, der sich in einem Magnetfeld befindet, wirkt keine magnetische Kraft, wenn der Leiter den Feldlinien parallel ist.

Abb. 460.3 Stromwaage mit Probeleiter zwischen den Polschuhen eines Elektromagneten. (Stromwaage der Firma Kröncke)

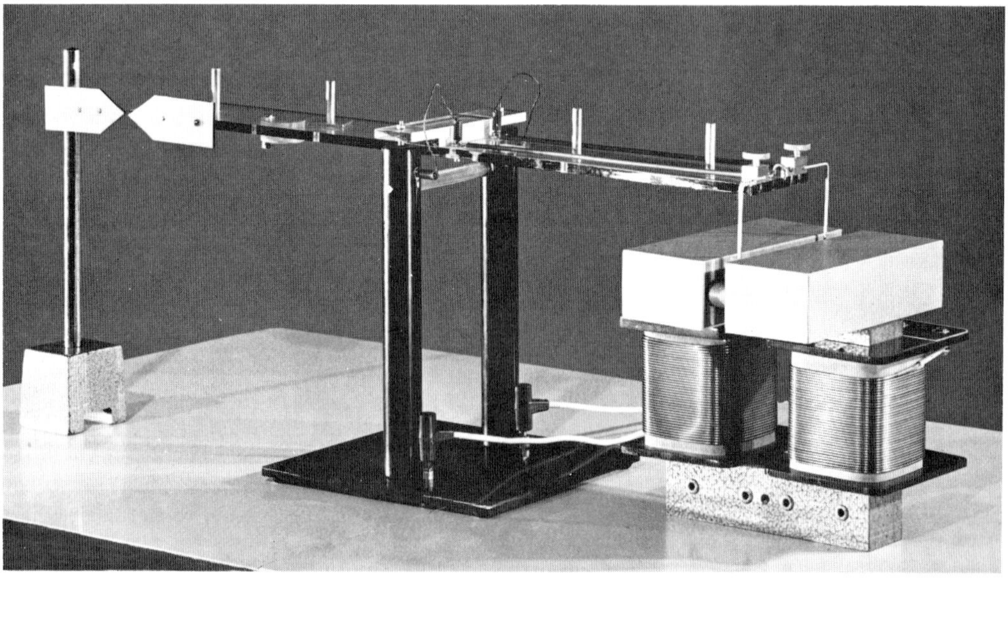

Bevor wir zu einer allgemeinen Gesetzmäßigkeit gelangen, müssen wir noch weitere Sonderfälle untersuchen: wir werden zeigen, daß die magnetische Kraft niemals in Richtung des stromdurchflossenen Leiters wirkt und daß sie niemals in Richtung der Feldlinien wirkt. Um auch geringfügige magnetische Kräfte beobachten und messen zu können, verwenden wir eine Waage, im folgenden *Stromwaage* genannt (vgl. Abb. 460.3 und 462.2). Es handelt sich um einen Waagebalken, der auf zwei Spitzen leicht beweglich gelagert ist. Zwei flexible Litzen erlauben die Stromzuführung zu am Waagebalken montierten Leiterschleifen. Jeweils eine Seite einer solchen Leiterschleife bildet im Versuch den Probeleiter. Alle Messungen werden stets in der gleichen Stellung des Waagebalkens vollzogen; zwei sich gegenüberstehende Meßmarken erlauben, diese Nullstellung zu reproduzieren. Elastische Kräfte, die von den Zuleitungen auf den Waagebalken ausgeübt werden könnten, werden vor der Messung mit einer Tariervorrichtung kompensiert.

Versuch 461.1 Wir befestigen am Waagebalken eine Leiterschleife nach Abb. 461.1 und leiten einen kräftigen Strom von wenigstens 5 A Stärke hindurch. Einen Permanenthufeisenmagneten halten wir nacheinander in die Stellungen *a*, *b*, *c* und *d*, wie sie in Abb. 461.1 wiedergegeben sind.

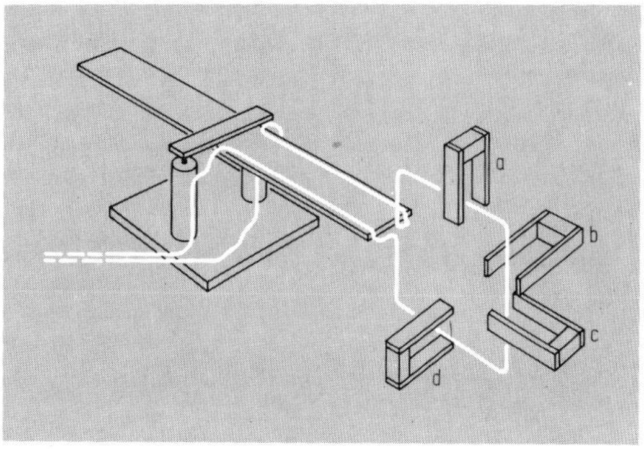

Abb. 461.1
Stromwaage mit Leiterschleife und Hufeisenmagnet in den Stellungen *a*, *b*, *c* und *d*

Die Stromwaage zeigt aufgrund ihrer Konstruktion jede auf den Probeleiter vertikal wirkende Kraft an. Eine solche Kraft wird ausschließlich in der Stellung *a* des Magneten hervorgerufen. Wir schließen daraus, daß in der Richtung der Feldlinien und in der Richtung des Probeleiters niemals eine Komponente der magnetischen Kraft auftritt.

Die auf einen Probeleiter wirkende magnetische Kraft steht auf dem Probeleiter und auf den Feldlinien senkrecht.

In einer weiteren Versuchsreihe klären wir die Abhängigkeit der magnetischen Kraft von der Länge des Probeleiters. Der Probeleiter ist gerade, er befindet sich in einem homogenen Magnetfeld.

Versuch 461.2 An der Stromwaage befestigen wir nacheinander Leiterschleifen unterschiedlicher Breite; sie werden von dem Waagebalken zwischen die Polschuhe eines starken Elektromagneten gehalten (Abb. 460.3, 461.2). Der Waagebalken wird austariert. Nach Einschalten des Stromes im Elektromagneten und im Probeleiter schwingt der Waagebalken zunächst aus der Nullstellung aus. Durch Auflegen von Gewichtsstücken auf den Waagebalken kompensieren wir die magnetische Kraft, so daß der Balken wieder in der Nullstellung steht. Die Gewichtskraft der aufgelegten Stücke dient als Maß für die auf den jeweiligen Probeleiter wirkende magnetische Kraft. Die Stromstärke in dem Elektromagneten wird in der gesamten Versuchsreihe konstant gehalten. Durch alle Leiterschleifen lassen wir Ströme der gleichen Stärke fließen.

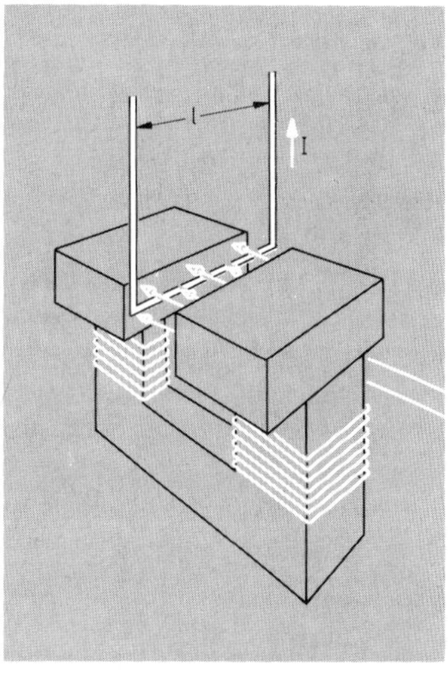

Abb. 461.2
Schematische Darstellung des stromdurchflossenen Probeleiters im homogenen Magnetfeld zwischen den Polschuhen des Elektromagneten

Aufgrund des Versuches 461.1 wissen wir, daß die Stromwaage nicht nur eine Komponente der magnetischen Kraft anzeigt, sie mißt die gesamte, in dieser Anordnung vertikal wirkende Kraft. Die beiden vertikal stehenden Teile der Leiterschleife erfahren im Magnetfeld entgegengesetzt gerichtete, dem Betrage nach gleiche Kräfte, die Summe dieser beiden Kräfte ist Null. Wir schließen aus dem Versuch:

Auf einen stromdurchflossenen, geraden Leiter, der die Feldlinien eines Magnetfeldes senkrecht schneidet, wirkt eine der Leiterlänge proportionale magnetische Kraft.

In einem nächsten Schritt bestimmen wir die Abhängigkeit der magnetischen Kraft von dem Winkel φ, den Feldrichtung und stromdurchflossener Probeleiter einschließen. Wir wollen die Kräfte vergleichen, die auf unterschiedlich gerichtete Probeleiter wirken. Dazu verwenden wir bei zwei Vergleichsmessungen die beiden in Abb. 462.1 wiedergegebenen Leiterschleifen. Sie haben gleiche Breite, aber die als Probeleiter bestimmten Abschnitte II bilden mit den Feldlinien unterschiedliche Winkel.

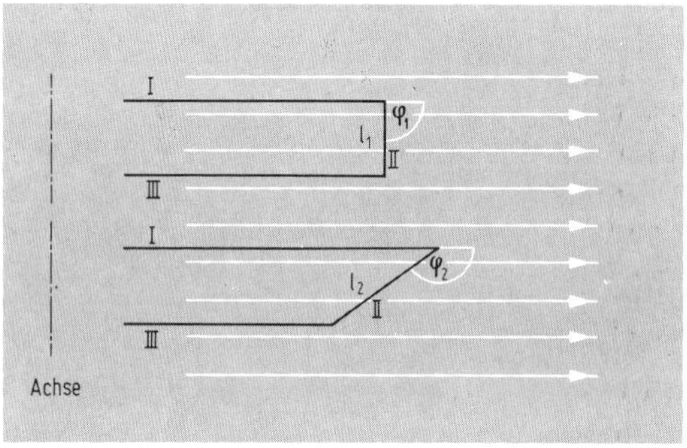

Abb. 462.1
Die beiden in Versuch 463.1 verwendeten Leiterschleifen. Feldlinien und Leiterabschnitte I und III laufen nach Einbringen in das HELMHOLTZ-Spulenpaar parallel, wie in dieser Abbildung angedeutet.

Die Befestigung der Leiterschleifen an der Stromwaage erfolgt derart, daß die Mitten der Abschnitte II von der Drehachse des Waagebalkens gleichen Abstand haben. Sie werden so in ein homogenes Magnetfeld eingebracht, wie es mit Hilfe der geraden Feldlinien in Abb. 462.1 angedeutet ist. Dieses Magnetfeld muß räumlich verhältnismäßig ausgedehnt sein, wir erzeugen es mit einem HELMHOLTZ-Spulenpaar (Abb. 462.2 und 503.1). Im Innern des von zwei flachen Spulen eingeschlossenen Raumes herrscht ein homogenes Feld, die Feldlinien laufen parallel zur gemeinsamen Spulenachse.

Abb. 462.2 Stromwaage mit Leiterschleife und HELMHOLTZ-Spulenpaar

Versuch 463.1 Stromwaage und HELMHOLTZ-Spulenpaar werden wie in Abb. 462.2 angeordnet. In zwei Vergleichsmessungen müssen die Stromstärken in den Leiterschleifen übereinstimmen, die Stromstärke in dem Spulenpaar darf ebenfalls nicht verändert werden zwischen den beiden Messungen. Nacheinander messen wir die von den magnetischen Kräften auf die Leiterschleifen ausgeübten Drehmomente.

Trotz unterschiedlicher Form der Leiterschleifen treten bei beiden Messungen gleiche Drehmomente am Balken der Stromwaage auf. Wegen der Parallelität der Leiterabschnitte I und III zu den Feldlinien im Innenraum der Spulen erfahren diese Abschnitte hier keine magnetische Kraft (vgl. Versuch 459.1). Außerhalb des Innenraumes ist das Feld inhomogen, aber dort haben beide Leiterschleifen gleiche geometrische Form. Es entsteht durch diese Inhomogenität ein nicht zu vernachlässigendes, aber in beiden Vergleichsmessungen übereinstimmendes Drehmoment. Wir schließen daraus, daß auf die Probeleiter II bei beiden Vergleichsmessungen gleiche Kräfte wirken: die magnetische Kraft hängt nur von der Breite der Leiterschleife $l_1 \cdot \sin\varphi_1$ oder $l_2 \cdot \sin\varphi_2$ ab. Aus Versuch 461.2 ergab sich, daß magnetische Kraft und Probeleiterlänge l einander proportional sind, falls der Probeleiter senkrecht zu den Feldlinien verläuft. Aus Versuch 461.1 folgt, daß die magnetische Kraft auf den Feldlinien und auf dem Probeleiter senkrecht steht. Das bedeutet, daß die Stromwaage in den Vergleichsmessungen die vollen Beträge der magnetischen Kräfte miteinander verglichen hat.

Wir fassen das Ergebnis der Versuche 461.1, 461.2 und 463.1 zusammen:

In einem Magnetfeld erfährt ein stromdurchflossener, gerader Probeleiter eine magnetische Kraft $\vec{F}$, die auf der von Probeleiter und Feldlinien gebildeten Ebene senkrecht steht. Der Betrag der Kraft $\vec{F}$ ist proportional dem Produkt aus der Länge l des Probeleiters und dem Sinus des von Leiter und Feldlinien eingeschlossenen Winkels φ.

$$F \sim l \cdot \sin\varphi .$$

Eine solche Ebene ist nur dann nicht bestimmt, wenn Probeleiter und Feldlinien parallel sind. In diesem Falle wirkt aber auch keine Kraft.

Ändert man in einem der Versuche 461.1 bis 463.1 die Richtung des Stromes in der Leiterschleife, dann kehrt die Kraft ihre Richtung um, der Betrag der Kraft ändert sich nicht. Ändert man die Richtung des Magnetfeldes in die Gegenrichtung, dann kehrt die Kraft auf den Leiter ebenfalls ihre Richtung um.

Zur Vorausbestimmung der Kraftrichtung dient die gleiche Merkregel, die wir schon für den Sonderfall, daß Feldlinien und Leiter aufeinander senkrecht stehen, auf S. 458 kennengelernt haben.

Dreht man gedanklich den Stromrichtungspfeil auf dem kürzesten Wege auf den Feldrichtungspfeil, dann erhält man den Drehsinn, mit dem man eine Rechtsschraube in der Kraftrichtung voranschraubt. Drehsinn und Kraftrichtung sind rechtsorientiert.

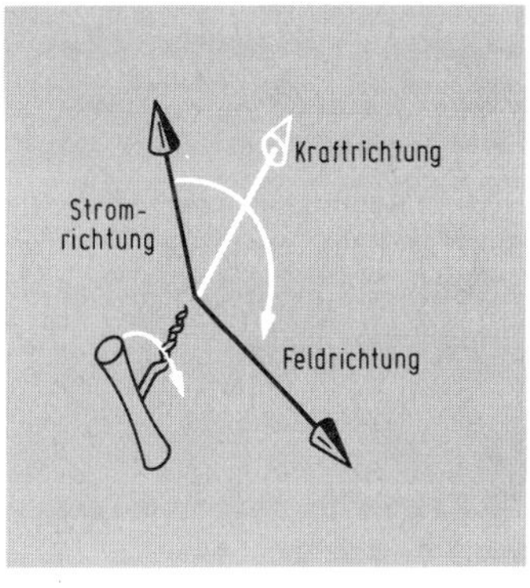

Abb. 463.1
Regel zur Bestimmung der Kraftrichtung aus Stromrichtung und Magnetfeldrichtung

Offensichtlich beschreiben diese Regeln auch den Sonderfall, den wir auf S. 458 abhandelten. Damals standen Stromrichtung und Feldrichtung aufeinander senkrecht.

Zur Ermittlung der letzten noch zu untersuchenden Abhängigkeit – von magnetischer Kraft und Stromstärke – bedarf es keines Experimentes mehr. Wir erwähnten auf S. 402, daß die magnetische Kraft zur Messung der Stromstärke und zur Definition der Einheit für die Stromstärke herangezogen wird. Die Kraft auf die Leiter einer stromdurchflossenen Drehspule, wie sie im Magnetfeld eines Meßinstrumentes aufgehängt ist, ist definitionsgemäß das Maß für die Stromstärke. Das bedeutet, daß jede magnetische Kraft der Stromstärke im Probeleiter proportional ist. Diese Aussage kann man nicht experimentell erforschen, sie ist eine Definition, mit deren Hilfe 1970 die Stromstärkeeinheit gesetzlich festgelegt wurde (S. 484).

Wir stellen fest:

Die auf einen stromdurchflossenen Leiter wirkende magnetische Kraft ist der Stärke des Leiterstromes definitionsgemäß proportional.

Der folgende Versuch demonstriert nach dieser Überlegung also kein Naturgesetz, er zeigt nur, daß unser Meßinstrument der Definition der elektrischen Stromstärke entspricht: magnetische Kraft und Stromstärke sind einander proportional.

Versuch 464.1 Wir befestigen wie in Abb. 460.3 eine Leiterschleife am Waagebalken der Stromwaage; er hält den Probeleiter zwischen die Polschuhe des Elektromagneten. Durch Auflegen von Gewichtsstücken auf den Waagebalken üben wir eine Kraft auf den Probeleiter aus, so daß der Waagebalken aus seiner Gleichgewichtslage ausschwenkt. Stellt man die Stromstärke im Probeleiter nun so ein, daß der Waagebalken wieder in die Gleichgewichtslage zurückkehrt, dann stimmen die mechanisch ausgeübte Kraft und die magnetische Kraft dem Betrage nach überein. Die Stromstärke im Probeleiter wird mit einem Meßinstrument gemessen.

Der Versuch zeigt, daß der Zeigerausschlag des Meßinstrumentes und der Betrag der magnetischen Kraft einander proportional sind.

Damit haben wir alle Größen, die den Leiter und seine geometrische Lage im Feld betreffen und die die magnetische Kraft bestimmen, kennengelernt und zusammengefügt. Eine andere Abhängigkeit der magnetischen Kraft als die von der Leiterlänge, der Leiterstromstärke, dem Winkel zwischen Stromrichtung und Feldrichtung und einer Größe, die sozusagen die Stärke des Magnetfeldes beschreibt, wurde niemals beobachtet. Ein Einfluß des Leitermaterials oder des Leiterquerschnitts z.B. ist niemals nachgewiesen worden.

Ein Zusammenspiel von mehreren Größen, das wie in unserem Falle zur Berechnung einer Kraft oder einer anderen gerichteten Größe führt, findet sich mehrfach in der Physik. Die Physiker erdachten dazu einen Formalismus, der die umständlichen Regeln auf S. 463 übersichtlicher zu schreiben gestattet, das Vektorprodukt. Unter Verwendung dieser Verknüpfung von Vektoren läßt sich unsere Regel einfach formulieren, wenn man einem Strom einen *Vektor* $\vec{I}$ zuordnet, dessen Betrag die Stromstärke und dessen Richtung die Stromrichtung ist. Wir geben die zugehörige Gleichung im folgenden Abschnitt an. Sie dient zugleich als Definitionsgleichung für die magnetische Flußdichte.

Die Sammlung und Zusammenfassung vieler Erfahrungen war notwendig, um diese Größe zweckmäßig definieren zu können. Das ist ein typisch physikalischer Vorgang.

5.2.3 Die magnetische Flußdichte

Jedem Raumpunkt in einem Magnetfeld kann man einen Feldvektor $\vec{B}$ so zuordnen, daß auf einen vom Strom $\vec{I}$ durchflossenen Leiter der Länge l die magnetische Kraft

$$\vec{F} = l \cdot \vec{I} \times \vec{B}$$

wirkt.

Diese Gleichung ist die Definitionsgleichung des magnetischen Feldvektors $\vec{B}$. Er führt den Namen magnetische Flußdichte.

Für die Betrachtung einfacher Probleme ist es oft ausreichend, sich auf den Sonderfall zu beschränken, in dem Leiter und Feldvektor $\vec{B}$ zueinander senkrecht stehen. Für diesen Fall gilt

$$F = l \cdot I \cdot B.$$

Die magnetische Flußdichte hat für jeden Raumpunkt die Richtung, in die der sog. Nordpol einer frei beweglichen, ausgependelten Magnetnadel zeigt. Die magnetische Flußdichte wird auch als *magnetische Induktion* bezeichnet, wir werden weiterhin den Namen *magnetische Flußdichte* verwenden. Sie ist eine abgeleitete Größe, ihre *Einheit* ergibt sich folglich aus der Definitionsgleichung $\vec{F} = l \cdot \vec{I} \times \vec{B}$:

$$[F] = 1\ \mathrm{N},$$

$$[lIB] = 1\ \mathrm{N},$$

$$[B] = 1\ \frac{\mathrm{N}}{\mathrm{A\,m}} = 1\ \frac{\mathrm{V\,s}}{\mathrm{m}^2}.$$

Diese Einheit bezeichnet man auch als 1 Tesla, abgekürzt 1 T. Sie trägt den Namen des kroatisch-amerikanischen Physikers N. TESLA (1856–1943).

Die Einheit der magnetischen Flußdichte 1 T kommt einem Magnetfeld zu, in dem ein Leiter, der von einem Strom der Stärke 1 A durchflossen wird und der zu den Feldlinien des Magnetfeldes senkrecht verläuft, pro 1 Meter Länge die Kraft 1 N erfährt.

$$1\ \mathrm{T} = 1\ \frac{\mathrm{N}}{\mathrm{A\,m}}, \qquad 1\ \mathrm{T} = 1\ \frac{\mathrm{V\,s}}{\mathrm{m}^2}.$$

Die *Durchführungsverordnung zum Gesetz über Einheiten im Meßwesen* bestimmt hierüber:

Die abgeleitete Einheit der magnetischen Flußdichte oder Induktion ist das Tesla (Einheitenzeichen: T). 1 Tesla ist gleich der Flächendichte des homogenen magnetischen Flusses 1 Weber, der die Fläche 1 m² senkrecht durchsetzt.

Die gesetzliche Definition gewinnt für uns erst physikalischen Inhalt, wenn wir uns mit dem magnetischen Fluß beschäftigen. Das wird in den Abschnitten 5.2.11 und 5.3.5 geschehen.

Die Messung der magnetischen Flußdichte mit Hilfe der Stromwaage ist in vielen Fällen nicht möglich, da einmal nur Vertikalkomponenten der magnetischen Kräfte mit der Stromwaage meßbar sind, zum anderen aber auch die Zuleitungen zu dem Probeleiter Kräfte erfahren, die das Meßergebnis verfälschen können. Wir werden aber noch Meßverfahren kennenlernen, die von diesem Mangel frei sind. Ein sehr geeignetes Meßgerät ist z. B. die auf S. 474 genau erläuterte HALL-Sonde.

Mit Hilfe der HALL-Sonde kann man folgende zwei Eigenschaften von Magnetfeldern experimentell nachweisen (vgl. dazu S. 499 und 476):

Magnetfelder haben in den Bereichen, in denen sie homogen sind, eine räumlich konstante magnetische Flußdichte.
Mehrere Magnetfelder überlagern sich ungestört.

Diese letzte Eigenschaft liegt einem Verfahren zugrunde, das den Vergleich von zwei Magnetfeldern erlaubt, deren Feldvektoren $\vec{B}_1$ und $\vec{B}_2$ aufeinander senkrecht stehen. Mit Hilfe einer Magnetnadel stellt man die Richtung des resultierenden Feldes gegenüber den Richtungen der einzelnen Felder fest. Wegen der ungestörten Überlagerung hat das Gesamtfeld die magnetische Flußdichte

$$\vec{B} = \vec{B}_1 + \vec{B}_2.$$

Daraus folgt:

$$\frac{B_1}{B_2} = \tan\alpha.$$

Experimentell kann man gut mit der Horizontalkomponente des erdmagnetischen Feldes als Vergleichsfeld arbeiten, man setzt das erdmagnetische Feld als eines der Felder $\vec{B}_1$ oder $\vec{B}_2$ ein (Abb. 465.1).

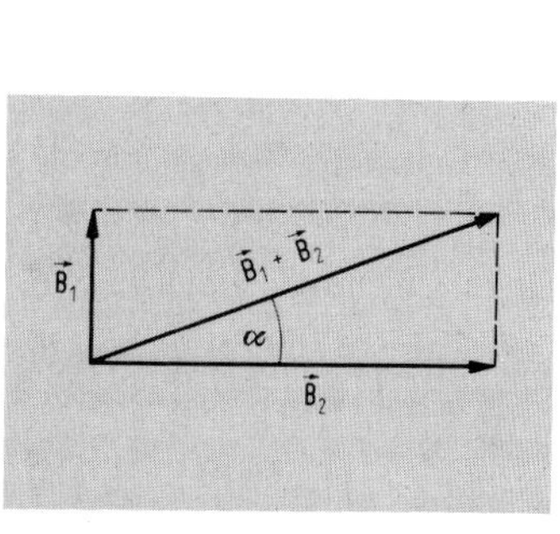

Abb. 465.1
Vektorielle Addition von zwei Magnetfeldern

In kleinen räumlichen Teilbereichen verhalten sich inhomogene Magnetfelder wie homogene Felder: Die Krümmung der Feldlinien kann vernachlässigt werden. Da die HALL-Sonde nur eine kleine räumliche Ausdehnung hat, kann man mit ihr auch die magnetische Flußdichte von inhomogenen Magnetfeldern messen.

Die Kenntnis des Feldvektors $\vec{B}$ für jeden Raumpunkt des Magnetfeldes genügt, um alle Erscheinungen im statischen Magnetfeld im leeren Raum beschreiben zu können; einer anderen Größe bedarf es nicht. Erst das Einbringen von Materie in das Magnetfeld macht die Einführung eines zweiten Feldvektors notwendig.

Beispiel

Zwischen den Polschuhen eines starken Elektromagneten befindet sich wie in Abb. 460.3 ein 0,1 m langer Probeleiter. Er wird durchflossen von einem Strom der Stärke 4 A. Mit der Stromwaage mißt man die nach oben gerichtete Kraft $F = 39{,}2 \cdot 10^{-3}$ N. Der Betrag der magnetischen Flußdichte ist unter der recht gut erfüllten Annahme zu bestimmen, daß das Feld zwischen den Polschuhen homogen ist.

Da Leiter und Feldrichtung aufeinander senkrecht stehen, ist

$$F = |l \cdot \vec{I} \times \vec{B}| = l \cdot I \cdot B,$$

$$B = \frac{39{,}2 \cdot 10^{-3}\,\text{N}}{0{,}1\,\text{m} \cdot 4\,\text{A}},$$

$$B = 98 \cdot 10^{-3}\,\frac{\text{V s}}{\text{m}^2},$$

$$B = 98 \cdot 10^{-3}\,\text{T}.$$

Weitere Aufgaben: Siehe O. HÖFLING, Physik-Aufgaben II/2.

5.2.4 Die Kraft auf einen bewegten geladenen Körper im Magnetfeld

Elektrischer Strom ist in jedem Falle ein Transport von elektrischen Ladungen; es ist dabei gleichgültig, ob die Ladungen auf ihrem Wege an einen Leiter gebunden sind, z. B. an einen Kupferdraht, oder ob sie sich frei im Raume bewegen können, wie z. B. freie Elektronen in einem evakuierten Rohr. Als Ladungsträger kommen auch Ionen in Frage, die sich in einem Gas oder einer Flüssigkeit bewegen oder auch frei durch den Raum fliegen. Als Beispiel für diese letzte Möglichkeit diene das beständige Ausströmen von hochionisiertem Gas aus der Sonnenatmosphäre. Diese Ströme erzeugen Magnetfelder wie jeder andere Strom auch. Elektrisch geladene Teilchen, die nicht an andere Teilchen (z. B. Moleküle) oder Körper (z. B. Leitungsdraht) gebunden sind, die folglich jeder auf sie einwirkenden Kraft nach den Gesetzen der Mechanik folgen, nennt man freie Ladungsträger oder auch kurz *freie Ladungen.*

Man kann nun zeigen, daß auf alle solche bewegten Ladungsträger genau die Kraft wirkt, die für den Fall beschrieben wurde, daß die Ladungsträger an einen Leiter gebunden sind. Als Richtung des Stromvektors $\vec{I}$ hat man die Richtung des Geschwindigkeitsvektors $\vec{v}$ der Teilchen einzusetzen, falls es sich um positiv geladene Teilchen handelt; man hat die entgegengesetzte Richtung einzusetzen, wenn es sich um negativ geladene Teilchen handelt.

Um zu einer allgemeingültigen Beschreibung der magnetischen Kräfte zu kommen, betrachten wir einen Leiter, in dem sich Ladungen bewegen. Da die Stromstärke nicht von der momentanen Geschwindigkeit der einzelnen Ladungsträger abhängt, sondern nur von deren Gesamtzahl und der durchschnittlichen Geschwindigkeit aller Ladungsträger, bilden wir ein vereinfachtes Modell von einem solchen Leitungsvorgang: Wir arbeiten mit der Vorstellung, daß sich alle beteiligten Ladungsträger mit der gleichen konstanten Geschwindigkeit $\vec{v}$ im Leiter bewegen (man nennt diese mittlere Geschwindigkeit die *Driftgeschwindigkeit*). Die Stromstärke I, gemessen an einem Querschnitt des Leiters, ist durch das Verhältnis $\frac{\Delta Q}{\Delta t}$ gegeben, wobei ΔQ die Gesamtladung ist, die in dem Zeitraum Δt durch diesen Querschnitt hindurchtransportiert wird.

$$I = \frac{\Delta Q}{\Delta t}.$$

Abb. 467.1
Ladungsträger bewegen sich mit der Geschwindigkeit $\vec{v}$ in einem Leiterabschnitt der Länge l.

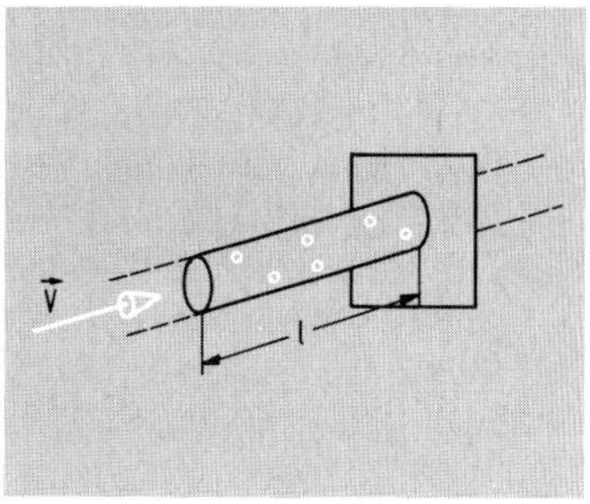

$\vec{I}$ als *Stromvektor* erhält die Richtung von $\vec{v}$, falls es sich um positiv geladene Teilchen handelt, andernfalls die Gegenrichtung.

Die Stelle, an der die Stromstärke gemessen werden soll, an der gewissermaßen das Meßinstrument eingeschaltet wird, sei der eingezeichnete Querschnitt in Abb. 467.1. l sei die Strecke, um die sich alle Ladungsträger in der Zeit Δt weiterbewegen. Es ist also:

$$l = v \cdot \Delta t.$$

Im Zeitraum Δt tritt gerade die im Leiterabschnitt der Länge l vorhandene bewegliche Gesamtladung $N \cdot Q$ durch den Querschnitt. $N \cdot Q$ ist gleich dem Produkt aus Ladung Q der einzelnen Ladungsträger und deren Anzahl N in dem Leiterabschnitt. Mit $\Delta Q = N \cdot Q$ gilt:

$$I = \frac{N \cdot Q}{\Delta t}.$$

Multipliziert man diese Gleichung mit l und beachtet, daß Δt der Zeitraum ist, in dem alle Ladungsträger sich um die Strecke l weiterbewegen, dann gilt mit $\frac{l}{\Delta t} = v$:

$$I \cdot l - \frac{N \cdot Q \cdot l}{\Delta t}$$

$$I \cdot l = N \cdot Q \cdot v.$$

Unter Berücksichtigung des Vorzeichens von Q ergibt sich, daß $\vec{I}$ und $Q \cdot \vec{v}$ stets gleichgerichtet sind, man kann die Gleichung als Vektorgleichung schreiben:

$$\vec{I} \cdot l = N \cdot Q \cdot \vec{v}.$$

Auf den Leiterabschnitt der Länge l wirkt nun nach unseren Erkenntnissen in einem Magnetfeld mit der magnetischen Flußdichte $\vec{B}$ die gesamte magnetische Kraft

$$\vec{F}_{\text{gesamt}} = l \cdot \vec{I} \times \vec{B}$$

$$\vec{F}_{\text{gesamt}} = N \cdot Q \cdot \vec{v} \times \vec{B}.$$

Man nimmt nun an, daß sie auf alle Ladungsträger gleichmäßig wirkt. Daraus folgt:

Auf einen mit der Geschwindigkeit $\vec{v}$ bewegten Körper, der die elektrische Ladung Q trägt, wirkt in einem Magnetfeld mit der magnetischen Flußdichte $\vec{B}$ die Kraft

$$\vec{F} = Q \cdot \vec{v} \times \vec{B}.$$

In unserem Beispiel ist dieser Körper ein Leitungselektron im Leiterabschnitt der Länge l.

Diese Kraft wird LORENTZ-Kraft genannt. Sie trägt den Namen des niederländischen Physikers H. A. LORENTZ (1853–1928); man könnte LORENTZ als den geistigen Vater der Elektronik charakterisieren.

Für den Fall, daß $\vec{v}$ und $\vec{B}$ aufeinander senkrecht stehen, erhält man

$$|\vec{v} \times \vec{B}| = v \cdot B.$$

Trotz der einschränkenden Bedingungen, unter denen die Deduktion erfolgte, hat diese Gleichung allgemeine Gültigkeit. Sie ist in der gesamten *Elektrodynamik*, der Lehre von den bewegten Ladungen und den zeitlich veränderlichen Feldern, von weittragender Bedeutung.

Der Vektor der LORENTZ-Kraft steht auf dem Geschwindigkeitsvektor $\vec{v}$ des geladenen Körpers stets senkrecht; die LORENTZ-Kraft ändert folglich nur die Bewegungsrichtung des Körpers, niemals den Betrag der Geschwindigkeit:

Der Einfluß eines statischen Magnetfeldes ändert die kinetische Energie eines geladenen Körpers nicht.

Die Gleichung für die LORENTZ-Kraft $\vec{F} = Q \cdot \vec{v} \times \vec{B}$ kann man mit dem *Fadenstrahlrohr* z.T. überprüfen. In einem fast evakuierten Glaskolben werden Elektronen aus einer Glühkatode wie beim Oszilloskop in einer Elektronenkanone beschleunigt. Nach ihrem Austritt aus der Elektronenkanone bilden sie einen feinen Elektronenstrahl, den sog. *Fadenstrahl*. Einige Elektronen aus dem Strahl stoßen auf ihrem Wege mit verbliebenen Gasmolekülen zusammen. Sie erzeugen dabei ein schwach bläuliches Leuchten; dieses Leuchten läßt die Elektronenbahn sichtbar werden. Der Fadenstrahl ist gerade, wenn auf die Elektronen keinerlei Kräfte wirken.

In einem ersten Versuch überprüfen wir die Richtungsangabe.

Versuch 468.1 Am Ort des Fadenstrahlrohres wird mit einem HELMHOLTZ-Spulenpaar ein homogenes Magnetfeld erzeugt (Abb. 469.1). Die Richtung des Magnetfeldes steht senkrecht zu derjenigen Richtung, in der die Elektronen aus der Elektronenkanone austreten.

Man beobachtet, daß der Fadenstrahl zu einem Kreis gebogen wird (Abb. 469.2). Weil außer der LORENTZ-Kraft keine andere Kraft wirkt, schließen wir, daß die LORENTZ-Kraft die Radialkraft ist, die die Elektronen auf der Kreisbahn führt. Diese Kraft steht in jedem Punkt der Bahn senkrecht zu $\vec{v}$ und $\vec{B}$, denn sie weist ja zum Mittelpunkt des Kreises (Abb. 468.1). Berücksichtigt man die Richtung des Magnetfeldes, so erkennt man, daß die LORENTZ-Kraft die Richtung $-\vec{v} \times \vec{B}$ hat. Das stimmt mit der Richtung von $Q \cdot \vec{v} \times \vec{B}$ überein, weil Q die negative Elektronenladung ist.

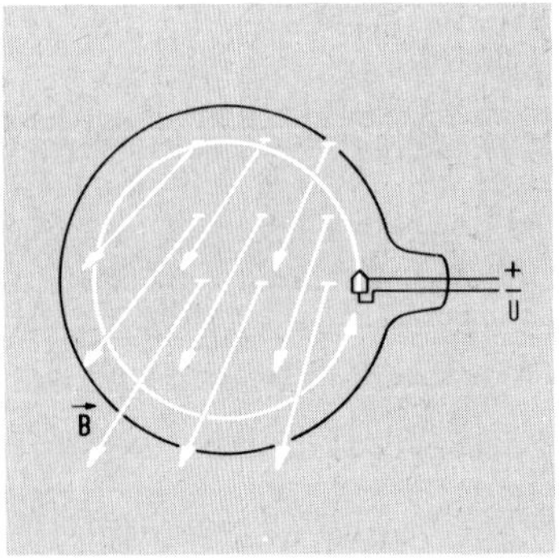

Abb. 468.1
Schematische Darstellung des Fadenstrahlrohres.
Die Elektronen treten nach oben aus der Elektronenkanone aus.
Der Vektor der magnetischen Flußdichte $\vec{B}$ weist zum Betrachter hin.
Die Elektronenkanone wurde stark vereinfacht dargestellt.

In einem zweiten Versuch überprüfen wir die Proportionalität von Kraft F und Geschwindigkeit v, die aus dem Term für die LORENTZ-Kraft folgt. Dazu verwenden wir den Zusammenhang von kinetischer Energie des Elektrons mit der Beschleunigungsspannung U. Es gilt

$$\tfrac{1}{2} m v^2 = e U.$$

$-e$ = Elektronenladung,	U = Beschleunigungsspannung,
m = Elektronenmasse,	v = Elektronengeschwindigkeit.

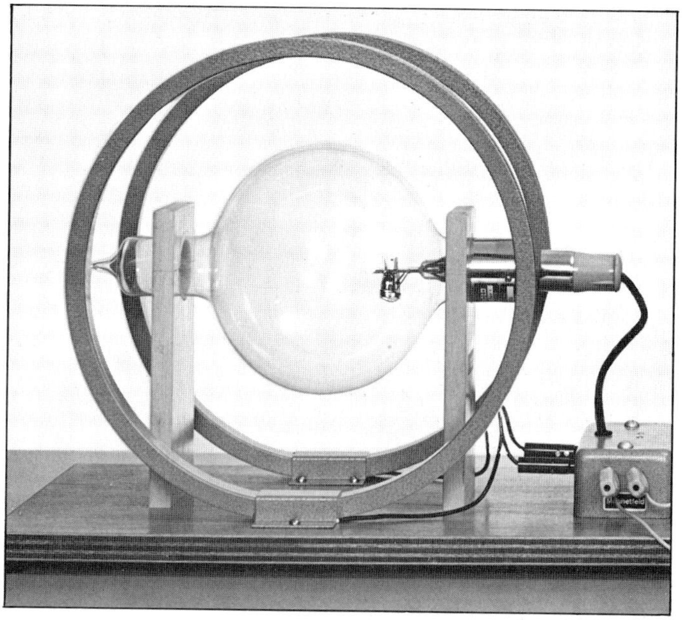

Abb. 469.1
Fadenstrahlrohr
mit HELMHOLTZ-Spulenpaar

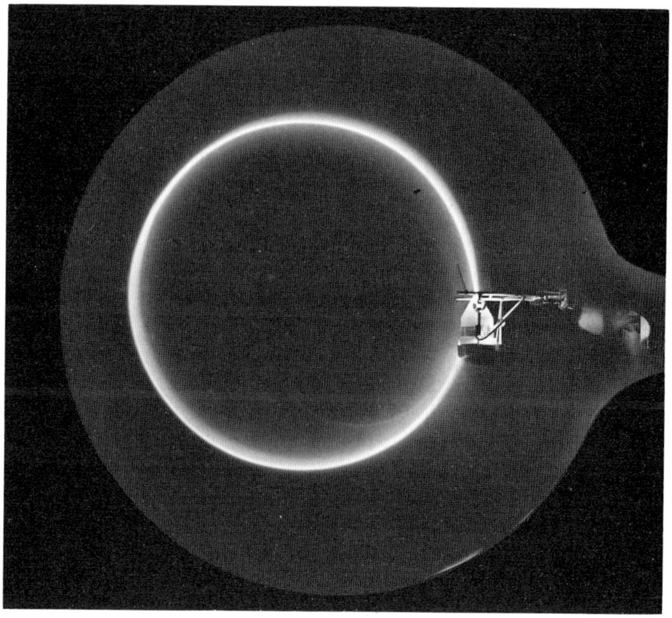

Abb. 469.2
Zum Kreis gebogener Fadenstrahl im homogenen Magnetfeld. Die Feldrichtung weist aus der Zeichenebene heraus auf den Beschauer zu. Der Elektronenstrahl tritt oben aus der Elektronenkanone aus.

Für die Geschwindigkeit v, mit der die Elektronen die Elektronenkanone verlassen, folgt daraus

$$v=\sqrt{2U\cdot\frac{e}{m}}.$$

Versuch 469.1 In dem Fadenstrahlrohr lassen wir den Elektronenstrahl wieder senkrecht zur Richtung des Magnetfeldes austreten. Ohne die magnetische Flußdichte B zu verändern, variieren wir die Beschleunigungsspannung U und messen jeweils den zugehörigen Radius r der Kreisbahn.

Das Experiment zeigt, daß $\sqrt{U}$ proportional zu r ist, d.h. $\frac{\sqrt{U}}{r}$ ist konstant gegenüber Variation von U.

Die LORENTZ-Kraft ist die Radialkraft $\vec{F}_r$. Aus der Mechanik folgt für diese Radialkraft, die das Elektron auf der Bahn führt, die Gleichung

$$F = F_r = \frac{m v^2}{r}.$$

Teilt man diese Gleichung durch v und ersetzt das auf der rechten Seite verbliebene v durch

$$\sqrt{2U \cdot \frac{e}{m}},$$

so erhält man

$$\frac{F}{v} = \frac{m}{r} \cdot \sqrt{2U \cdot \frac{e}{m}},$$

$$\frac{F}{v} = \sqrt{2em} \cdot \frac{\sqrt{U}}{r}.$$

Da $\frac{\sqrt{U}}{r}$ gegenüber Variation von U konstant ist, bestätigt der Versuch die Proportionalität von F und v.

Zu einem elektrisch geladenen Teilchen, das sich in einem elektrostatischen Feld befindet, kann man eine potentielle Energie angeben. Sie hängt von dem Ort ab, an dem das Teilchen sich befindet. Elektrostatische Felder sind mit einem Potential beschreibbar, sie gleichen darin den Gravitationsfeldern: Elektrostatische Felder und Gravitationsfelder sind *Potentialfelder*. Für Magnetfelder stellten wir auf S. 468 fest, daß sie die kinetische Energie von elektrisch geladenen Teilchen nicht verändern. Damit hängt es zusammen, daß Magnetfelder nicht mit Hilfe eines Potentials beschrieben werden können.

Elektrostatische Felder sind Potentialfelder. Magnetfelder sind keine Potentialfelder.

5.2.5 Die Bewegung geladener Teilchen im Magnetfeld

An zwei Beispielen aus Forschung und Geophysik soll die Bewegung erläutert werden, die elektrisch geladene Teilchen unter dem Einfluß der LORENTZ-Kraft ausführen.

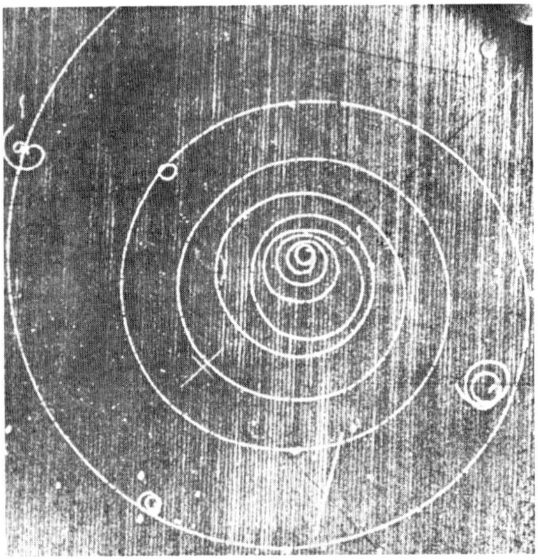

Abb. 470.1
Elektronenspur in einer mit flüssigem Wasserstoff gefüllten Blasenkammer. Der Vektor der magnetischen Flußdichte weist auf den Betrachter zu, das Elektron durchläuft die spiralförmige Bahn von außen nach innen.

Eine *Blasenkammer* ist ein Behälter, der mit flüssigem Wasserstoff oder Propan gefüllt ist. Durch Fenster kann man sein Inneres beobachten. Ein energiereiches, elektrisch geladenes Teilchen, das die Kammer durchfliegt, hinterläßt längs seiner Bahn Ionen. Unter besonderen Druck- und Temperaturbedingungen lagern sich Bläschen an diese Ionen an, und die Bahn wird sichtbar. In der Kammer erzeugt man nun ein ausgedehntes homogenes Magnetfeld. Das bewirkt, daß das geladene Teilchen – wie das Elektron im Fadenstrahlrohr – eine gekrümmte Bahn beschreibt. Aus der Krümmung der Bahn lassen sich Rückschlüsse auf die Masse, die Ladung oder die Energie des Teilchens ziehen. Oft dient die Bahnkrümmung auch als Indiz für die Art des Teilchens, wenn z.B. Kernprozesse beobachtet werden sollen. Abb. 470.1 zeigt die Bahn eines Elektrons in flüssigem Wasserstoff. Durch die Ionenbildung verliert das Elektron längs seiner Bahn Energie. Seine Geschwindigkeit wird geringer, und es ändert sich die auf das Teilchen wirkende LORENTZ-Kraft. Dadurch ergibt sich die spiralige Bahn.

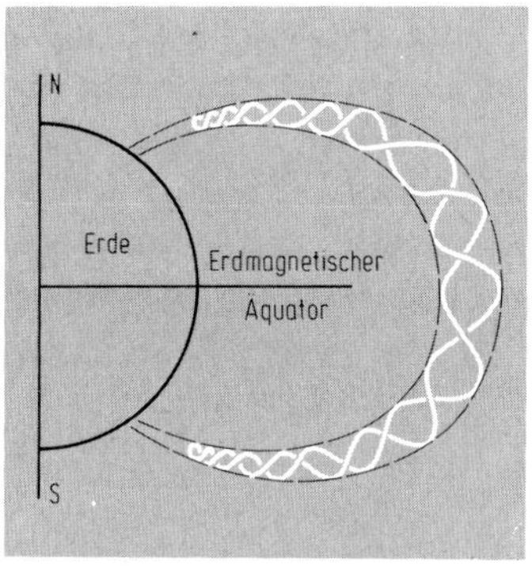

Abb. 471.1
Bewegung eines geladenen Teilchens in der hohen Atmosphäre. Die Maßstäbe wurden der Anschaulichkeit wegen stark verzerrt.

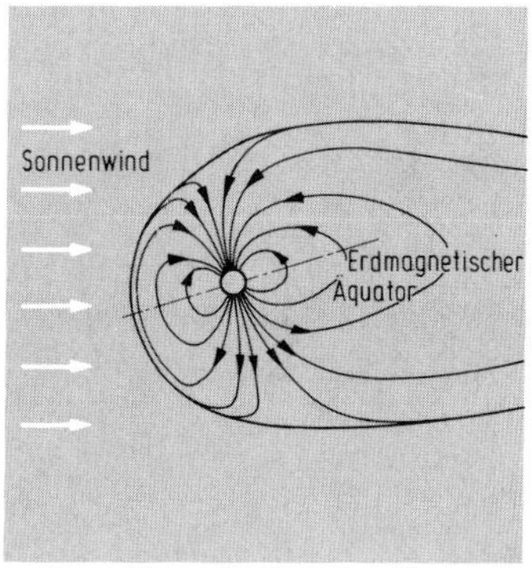

Abb. 471.2
Feldlinien des erdmagnetischen Feldes. Die Zeichenebene steht senkrecht zur Ekliptik und senkrecht zum erdmagnetischen Äquator.

In der *Erdatmosphäre* spielt die auf freie geladene Teilchen wirkende LORENTZ-Kraft eine interessante Rolle.

In Höhen von 1000 km über der Erdoberfläche ist die Zahl der elektrisch geladenen Teilchen (Elektronen und Ionen) größer als die Zahl der elektrisch neutralen Atome und Moleküle. Mit zunehmender Höhe steigt der Prozentsatz der geladenen Teilchen weiter an. Das ist eine direkte Folge der Sonneneinstrahlung. Am Rande der Atmosphäre in etwa 10 bis 15 Erdradien Abstand von der Erdoberfläche wird die Bewegung der elektrisch geladenen Teilchen fast ausschließlich von der LORENTZ-Kraft bestimmt. Sie folgen – grob gesehen – den Feldlinien des erdmagnetischen Feldes auf spiraligen Bahnen. Das Magnetfeld hat zur Erde hin konvergierende Feldlinien. Das hat eine Umkehr der geladenen Teilchen vor einem etwaigen Aufprall auf die Erde zur Folge (Abb. 471.1). Andererseits hindert die LORENTZ-Kraft die geladenen Teilchen daran, die Erde zu verlassen. Das ist deshalb bemerkenswert, weil die thermische Geschwindigkeit vieler geladener Teilchen größer ist als die notwendige Fluchtgeschwindigkeit; das erdmagnetische Feld – und nicht das Gravitationsfeld – bindet diese Teilchen folglich an die Erde. Man kann sagen, daß das erdmagnetische Feld den obersten Teil der Atmosphäre wie eine Hülle zusammenhält. Auf ungeladene Teilchen wirkt natürlich keine LORENTZ-Kraft, sie verlassen die Erde, wenn sie über eine hinreichende Energie verfügen.

Auch in der umgekehrten Richtung wirkt das erdmagnetische Feld wie ein Schirm: Energiereiche Elektronen und Protonen, die von der Sonne ausgeschleudert wurden, werden von der LORENTZ-Kraft an der Erde vorbeigelenkt. Bei einer zeitweilig sehr hohen Intensität dieses sog. *Sonnenwindes*, wie sie in Verbindung mit einer starken Sonnenfleckentätigkeit beobachtet werden kann, erzeugen die geladenen Teilchen, die ja selbst einen Strom darstellen, ein auf der Erde meßbares Magnetfeld. Das überlagert sich dem erdmagnetischen Feld und bewirkt, daß das Magnetfeld der Erde nur in unmittelbarer Nähe der Erde dem Feld eines kurzen Stabmagneten gleicht (Abb. 471.2). Zur Sonne hin hat das Erdfeld eine deutliche Grenze, die etwa 10 Erdradien vom Erdmittelpunkt entfernt ist. Auf der Seite der Erde, die der Sonne abgewandt ist, erstreckt sich das Feld weit in den Weltenraum.

Beispiel

Im homogenen Magnetfeld laufen Elektronen mit der Geschwindigkeit $v = 10^8\ \mathrm{m\,s^{-1}}$ auf einer Schraubenlinie von $r = 400$ m Radius, die Feldrichtung und der Bahnvektor schließen einen Winkel von 60° ein. Eine Feldlinie ist die Schraubenachse. Die Elektronenmasse m beträgt rund $9{,}11 \cdot 10^{-31}$ kg, die Elektronenladung $-e = -1{,}60 \cdot 10^{-19}$ As. Es ist der Betrag B der magnetischen Flußdichte in diesem Raum zu berechnen.

Die Geschwindigkeitskomponente senkrecht zu den Feldlinien beträgt $v \cdot \sin 60°$, die Radialkraft bei dem Umlauf auf der Schraube ist

$$F_r = \frac{m \cdot (v \cdot \sin 60°)^2}{r};$$

sie ist die LORENTZ-Kraft $\vec{F}$,

$$F = e \cdot v \cdot B \cdot \sin 60°.$$

$$B = \frac{m v \sin 60°}{e \cdot r}$$

$$B = \frac{9{,}11 \cdot 10^{-31}\,\mathrm{kg} \cdot 10^8\,\mathrm{m \cdot s^{-1}} \cdot 0{,}87}{1{,}6 \cdot 10^{-19}\,\mathrm{As} \cdot 400\,\mathrm{m}}$$

$$B = 1{,}2 \cdot 10^{-6}\,\frac{\mathrm{kg\,m}}{\mathrm{s^2}} \cdot \frac{1}{\mathrm{A\,m}}$$

$$B = 1{,}2 \cdot 10^{-6}\,\frac{\mathrm{N}}{\mathrm{A\,m}}$$

$$B = 1{,}2 \cdot 10^{-6}\,\mathrm{T}.$$

Weitere Aufgaben: Siehe O. HÖFLING, Physik-Aufgaben II/2.

5.2.6 Die Lorentz-Kraft und das Bezugssystem

In diesem Buch werden elektrische und magnetische Felder zunächst in zwei getrennten Abschnitten dargestellt, da es sich dem Anschein nach um zwei verschiedene Phänomene handelt. Zu diesem Problem wollen wir eine kurze Überlegung einschalten.

Beide Arten von Feldern werden durch Kräfte auf elektrisch geladene Körper definiert:

$$\vec{F}_e = Q \cdot \vec{E}$$

Die elektrische Kraft ist das Produkt von Ladung und elektrischer Feldstärke.

$$\vec{F}_m = Q \cdot \vec{v} \times \vec{B}$$

Die magnetische Kraft ist das Produkt von Ladung und dem Vektorprodukt von Ladungsträgergeschwindigkeit und magnetischer Flußdichte.

Den Unterschied der Felder kann man experimentell feststellen:

Wirkt die Kraft auf ruhende und auf bewegte geladene Körper in ganz gleicher Weise, dann ist sie auf die alleinige Gegenwart eines elektrischen Feldes zurückführbar.

Wirkt die Kraft nur auf bewegte, nicht aber auf ruhende geladene Körper, dann ist sie auf die alleinige Gegenwart eines Magnetfeldes zurückführbar.

Der Fall nun, daß freie, elektrisch geladene Teilchen in elektrischen und magnetischen Feldern zugleich beschleunigt werden, tritt in Technik und Forschung vielfältig auf. So führen das Katodenstrahloszilloskop mit zusätzlicher magnetischer Ablenkvorrichtung, der Fernsehapparat und die Menge der Zirkularbeschleuniger Teilchen mit Hilfe von elektrischen und magnetischen Feldern auf vorausberechneten Bahnen. In allen Fällen gilt:

Auf einen bewegten elektrisch geladenen Körper üben elektrische und magnetische Felder gemeinsam eine Kraft aus, die gleich der Summe der elektrischen und der magnetischen Kraft ist. Die Kräfte überlagern sich ungestört:

$$\vec{F}_{\text{gesamt}} = \vec{F}_e + \vec{F}_m,$$

$$\vec{F}_{\text{gesamt}} = Q \cdot (\vec{E} + \vec{v} \times \vec{B}).$$

Auch diese Kraft wird häufig als LORENTZ-Kraft bezeichnet.

Das Ergebnis dieser Beobachtung kann man auch so formulieren:

Zeitlich unveränderliche elektrische und magnetische Felder überlagern sich ohne gegenseitige Beeinflussung.

Die Definitionen der elektrischen und magnetischen Feldvektoren haben weitreichende Konsequenzen: Die Unterscheidung, welcher Anteil einer Kraftwirkung auf die Anwesenheit des elektrischen und welcher auf die des magnetischen Feldes zurückgeführt werden muß, wird anhand der Geschwindigkeit getroffen, die der geladene Körper relativ zu einem Bezugssystem hat. Das Bezugssystem für alle unsere Experimente ist der Labortisch. Wir verlassen es aber gedanklich schon dann, wenn wir vom Sonnenwind sprechen und gewissermaßen von außen zuschauen, wie die von der Sonne ausgeschleuderten Teilchen auf die sich drehende Erde und das von ihr mitgeführte erdmagnetische Feld aufprallen. Bei einem Wechsel des Bezugssystems ändert sich die Geschwindigkeit, die einem beobachteten Probekörper zuzuordnen ist. Das bedeutet, daß sich auch die Aufteilung der gesamten auf ein geladenes Teilchen wirkenden Kraft in elektrische und magnetische Kraft ändert.

Elektrische und magnetische Feldvektoren sind zwei verschiedene Größen, die zur Beschreibung von Kräften auf geladene Körper herangezogen werden. Elektrische und magnetische Felder sind jedoch nicht zwei vollständig wesensverschiedene Phänomene. In einer allgemein gültigen Theorie dürfen die beiden Felder nicht getrennt behandelt werden.

In den folgenden Kapiteln werden Bewegungen elektrisch geladener Teilchen nichtrelativistisch beschrieben. Ihre Eigengeschwindigkeit ist stets klein im Vergleich mit der Lichtgeschwindigkeit. Die allgemein gültige Theorie, die sich aus der Verbindung der MAXWELL-Gleichungen mit der relativistischen Mechanik ergibt, hat sich uneingeschränkt auch für hohe Teilchengeschwindigkeiten bewährt.

Die regelmäßig zutreffende Prognose ist das Kriterium für die Leistungsfähigkeit einer Theorie. Diesem Kriterium genügt die Theorie der elektrischen und magnetischen Felder. Das werden wir zunächst an Erscheinungen darlegen, bei denen sich Teilchen mit einer viel geringeren als der Lichtgeschwindigkeit bewegen.

Beispiel

Man verwendet eine Kombination von homogenen elektrischen und magnetischen Feldern dazu, um aus einem gebündelten Strahl von Ladungsträgern diejenigen Ladungsträger herauszufiltern, die eine andere als eine vorgegebene, gewünschte Geschwindigkeit haben. Dazu ordnet man die Felder wie in der Abb. 473.1 so an, daß die Feldvektoren $\vec{E}$ und $\vec{B}$ aufeinander senkrecht stehen. Nur diejenigen Ladungsträger passieren die Feldkombination ohne Ablenkung, die die vorgeschriebene Geschwindigkeit haben. Eine solche Anordnung heißt WIEN-*Geschwindigkeitsfilter*.

Es ist zu begründen, daß in der in Abb. 473.1 wiedergegebenen Kombination Ladungsträger beliebiger Ladungsart gefiltert werden können. Es ist eine mögliche Kombination von Feldvektoren $\vec{E}$ und $\vec{B}$ anzugeben, bei der Elektronen der Geschwindigkeit

$$v = 0{,}5 \cdot 10^8 \text{ m} \cdot \text{s}^{-1}$$

das Feld ohne Ablenkung passieren.

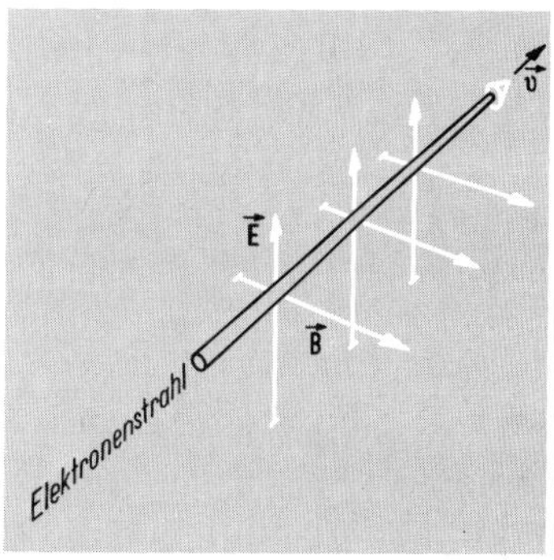

Abb. 473.1
Kombination von elektrischem und magnetischem Feld zu einem Filter für bewegte Elektronen

Es können in der angegebenen Kombination beliebige Ladungsträger gefiltert werden, weil zu vorgegebener Geschwindigkeit v und für beliebige Ladungen Q die Gleichung

$$Q \cdot \vec{E} + Q \cdot \vec{v} \times \vec{B} = 0$$

in $\vec{E}$ und $\vec{B}$ erfüllbar ist ($-\vec{v} \times \vec{B}$ hat die Richtung von $\vec{E}$). Die Kombination

$$E = 10^6 \frac{\mathrm{V}}{\mathrm{m}}, \qquad B = 2 \cdot 10^{-2}\,\mathrm{T}$$

genügt der Bedingung

$$Q\left(10^6 \frac{\mathrm{V}}{\mathrm{m}} - 0{,}5 \cdot 10^8 \frac{\mathrm{m}}{\mathrm{s}} \cdot 2 \cdot 10^{-2} \frac{\mathrm{Vs}}{\mathrm{m}^2}\right) = 0.$$

Das heißt, Ladungsträger mit einer Geschwindigkeit von $0{,}5 \cdot 10^8\,\mathrm{m \cdot s^{-1}}$ passieren den felderfüllten Raum kräftefrei. Auf Ladungsträger mit einer anderen Geschwindigkeit wirkt eine auf der Strahlrichtung senkrecht stehende Kraft. Diese Ladungsträger verlassen den Strahl.

Weitere Aufgaben: Siehe O. HÖFLING, Physikaufgaben II/2.

5.2.7 Der Hall-Effekt und die Hall-Sonde

Mit der Entwicklung der Halbleitertechnik hat sich eine neue Möglichkeit zur Messung der magnetischen Flußdichte ergeben. Es handelt sich um die Anwendung des HALL-Effektes; er ist eine Folgeerscheinung der LORENTZ-Kraft. Wir erläutern ihn an einem Versuch.

Versuch 474.1 Durch einen flachen, streifenförmigen, metallischen Leiter lassen wir in Längsrichtung einen Strom mit der Stärke I, den sog. *Steuerstrom*, fließen. Ein Magnetfeld soll den stromführenden Streifen so durchsetzen, daß der Vektor der magnetischen Flußdichte $\vec{B}$ zum Vektor $\vec{v}$ der Driftgeschwindigkeit senkrecht steht (vgl. Abb. 474.1). Ein Spannungsmeßinstrument ist mit den Streifenflanken verbunden.

Das Voltmeter zeigt eine Spannung zwischen den Flanken des Streifens an. Wir deuten die Erscheinung zunächst qualitativ: Auf die mit Driftgeschwindigkeit strömenden Elektronen wirkt die LORENTZ-Kraft. Sie ist wegen der negativen Elektronenladung in Abb. 474.1 nach oben gerichtet. Am oberen Streifenrand tritt darum eine Verdichtung der Elektronen ein; sie hat eine verstärkte gegenseitige elektrostatische Abstoßung zur Folge. Es stellt sich ein Gleichgewichtszustand ein. Eine Elektronenanhäufung ist charakteristisch für den negativen Pol einer Spannungsquelle. Das Instrument zeigt diese Spannung an. Man nennt sie HALL-*Spannung*; der Effekt heißt HALL-*Effekt*. Er trägt den Namen des amerikanischen Physikers E. H. HALL (1855–1938), der den Effekt 1879 entdeckte.

Quantitativ stellen wir fest: Im Gleichgewichtszustand bewegen sich die Leitungselektronen in der Richtung von $-\vec{I}$. Senkrecht zu dieser Richtung wirken auf die Leitungselektronen zwei Kräfte. Es wirkt die LORENTZ-Kraft

$$\vec{F}_\mathrm{L} = -e \cdot \vec{v} \times \vec{B}.$$

Außerdem wirkt die elektrische Kraft

$$\vec{F}_\mathrm{E} = -e \cdot \vec{E};$$

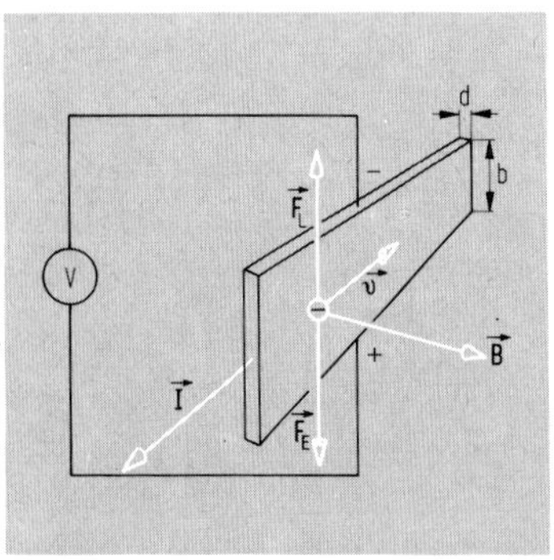

Abb. 474.1
Die LORENTZ-Kraft $\vec{F}_\mathrm{L}$ und die elektrische Kraft $\vec{F}_\mathrm{E}$ wirken im Gleichgewichtszustand auf die bewegten Leitungselektronen. (Die Zuleitungen für den Steuerstrom wurden nicht eingezeichnet.)

sie beschreibt die gegenseitige elektrostatische Abstoßung, die die Folge der Elektronenverdichtung am oberen Streifenrand ist. $\vec{E}$ ist die HALL-*Feldstärke*. Da die Leitungselektronen im Gleichgewichtszustand senkrecht zu $\vec{I}$ keine Beschleunigung erfahren, kann man schließen, daß sich die Kräfte aufheben:

$$\vec{F}_L + \vec{F}_E = 0.$$

Das bedeutet

$$\vec{E} = -\vec{v} \times \vec{B}.$$

Nun gilt für die HALL-Spannung, die an den Streifenrändern gemessen wird,

$$U_H = E \cdot b,$$

b ist die Streifenbreite. Da $\vec{v}$ und $\vec{B}$ zueinander senkrecht stehen, beträgt die HALL-Spannung

$$U_H = v \cdot B \cdot b.$$

Bezeichnet man mit n die Elektronenzahldichte, I die Steuerstromstärke, b die Streifenbreite und d die Streifendicke, so erhält man mit Hilfe der Beziehung $Il = NQv$ von S. 467 und mit $N = nbdl$ und $Q = e$ für die HALL-Spannung die Gleichung:

$$U_H = \frac{1}{ne} \cdot \frac{I \cdot B}{d}.$$

Wir wollen diese Formel veranschaulichen. Die LORENTZ-Kraft wächst mit zunehmender magnetischer Flußdichte $\vec{B}$ und zunehmender Driftgeschwindigkeit $\vec{v}$ der Ladungsträger. Die Driftgeschwindigkeit wächst mit der Steuerstromstärke I, sie ist aber um so geringer, je mehr Ladungsträger zum Ladungstransport zur Verfügung stehen und je größer die Ladung des einzelnen Ladungsträgers ist. Die Anordnung der Größen im Term für die HALL-Spannung U_H genügt dieser Überlegung.

Nimmt man hypothetisch einmal an, daß ausschließlich positive Ladungsträger am Ladungstransport beteiligt seien, so hätte man eine entgegengesetzt gerichtete HALL-Spannung zu erwarten:

In der Gleichung für die LORENTZ-Kraft

$$\vec{F} = -e \cdot \vec{v} \times \vec{B}$$

würde die Elektronenladung $-e$ durch die positive Ladung Q, die Elektronendriftgeschwindigkeit $\vec{v}$ durch eine Geschwindigkeit $\vec{v}^*$ zu ersetzen sein; $\vec{v}^*$ hätte die Gegenrichtung von $\vec{v}$. Wegen der doppelten Vorzeichenumkehr würde die auf die positiven Ladungsträger wirkende LORENTZ-Kraft die gleiche Richtung haben wie die auf die Elektronen wirkende. Statt der negativen Elektronen würden folglich die positiven Ladungsträger zum oberen Rande des Streifens hin abgelenkt werden.

Man könnte versucht sein, die Richtung der HALL-Spannung als Indiz dafür zu werten, daß der Leitungsmechanismus in Metallen nur von negativen Ladungsträgern bewirkt werden kann. Tatsächlich darf man aber zunächst nur schließen, daß er *vorwiegend* von negativen Ladungsträgern bewirkt wird. Der amerikanische Physiker TOLMAN konnte diese Frage erstmalig mit einem Experiment entscheiden. Man beschleunigt einen Metallkörper. Dabei erfahren die beweglichen Ladungsträger keine beschleunigende Kraft, da sie mit dem Atomgitter des Metalls nicht starr verbunden sind. Sie gleiten – wie Menschen in einer heftig bremsenden Bahn – an eine Seite des Metallkörpers. Eine solche Anhäufung der Ladungsträger wirkt sich als eine meßbare Spannung aus. Aus der Beschleunigung und der auftretenden Spannung kann man schließen, daß die spezifische Ladung der Ladungsträger $-1{,}76 \cdot 10^{11}\,\mathrm{As\,kg^{-1}}$ beträgt. Das aber ist genau die spezifische Ladung, die man mit dem Fadenstrahlrohr (vgl. S. 582) für Elektronen ermittelt.

In einem Silberstreifen von 2 cm Breite und 0,1 mm Dicke lassen sich HALL-Spannungen von etwa 10^{-5} V erzeugen. Die für die HALL-Spannung U_H angegebene Formel erlaubt nach Messung von U_H, der Steuerstromstärke I und der magnetischen Flußdichte B eine experimentelle Bestimmung der Elektronenzahldichte der Leitungselektronen in Metallen. Man erhält die sehr große Zahl von rund 10^{29} Leitungselektronen pro Kubikmeter. Darum ist die HALL-Spannung in Metallen sehr klein. In Halbleitern stehen dagegen nur 10^{18} bis 10^{24} Ladungsträger pro Kubikmeter zur Verfügung, der Ladungstransport vollzieht sich mit hoher Driftgeschwindigkeit, und die HALL-Spannung ist auch für geringe Steuerstromstärken viel größer als bei Metallen.

Diese große bei Halbleitern auftretende HALL-Spannung wird im HALL-*Generator* zur Messung der magnetischen Flußdichte verwendet. Die an den Flanken des Halbleiters auftretende HALL-Spannung ist ein Maß für die magnetische Flußdichte $\vec{B}$, falls der Vektor $\vec{B}$ senkrecht zur Halbleiterfläche steht. Andernfalls wird nur diejenige Normalkomponente $\vec{B}_n$ von $\vec{B}$ gemessen, die diese Bedingung erfüllt. Um $\vec{B}$ zu messen, muß der Halbleiter – auch HALL-*Sonde* genannt – kalibriert werden. Das kann mit der Stromwaage (vgl. Beispiel S. 466) geschehen. Mit der HALL-Sonde läßt sich ein Magnetfeld fast punktförmig ausmessen, experimentell ist diese Methode dem Verfahren mit der Stromwaage unvergleichlich überlegen. Die HALL-Sonde erlaubt ferner den unmittelbaren Nachweis, daß Magnetfelder sich ungestört überlagern. Wir führen diesen Nachweis in Versuch 476.1 durch.

Neben der HALL-Spannung tritt in Halbleitern als Folge der magnetischen Flußdichte auch eine Widerstandserhöhung für den Steuerstrom auf. Auch diesen Effekt zieht man zur Messung der magnetischen Flußdichte heran. Solche magnetfeldabhängigen Halbleiterwiderstände, *Feldplatten* genannt, haben in den letzten Jahren gegenüber der HALL-Sonde sehr an Bedeutung gewonnen.

Auf eine sehr merkwürdige Erscheinung soll hier noch hingewiesen werden. Durch die Dotierung eines Halbleiters mit Arsen oder anderen Donatoratomen werden zusätzliche Elektronen zur Verfügung gestellt, die die elektrische Leitfähigkeit des Halbleiters erhöhen. Man spricht von *n-Halbleitern*. Durch die Dotierung eines Halbleiters mit Indium oder anderen Akzeptoratomen werden sog. Löcher geschaffen, die die elektrische Leitfähigkeit des Halbleiters ebenfalls erhöhen. Es liegt dann ein *p-Halbleiter* vor.

Daß nun bei *n*-Halbleitern eine HALL-Spannungsrichtung wie bei Metallen auftritt, ist nicht erstaunlich, da der Leitungsvorgang von Elektronen besorgt wird. Daß aber *p*-Halbleiter eine HALL-Spannung mit umgekehrter Richtung hervorrufen, als ob positive Ladungen den Leitungsvorgang bewirkten, ist eigentlich überraschend. Das Bild von der Löcherleitung ist nur ein Modell, in Wirklichkeit springen auch bei der Löcherleitung Elektronen von Loch zu Loch, sie sind die eigentlichen Ladungsträger. Daß dennoch eine Umkehr der HALL-Spannung auftritt, zeigt, daß das Modell von der Löcherleitung sehr leistungsfähig ist. Ein Verständnis für diese Umkehr der HALL-Spannung kann nur mit Hilfe der Quantenmechanik gewonnen werden.

Wir sind uns bewußt, die LORENTZ-Kraft auf Vorgänge angewendet zu haben, die nicht im leeren Raum stattfinden. Die Kraft wirkt innerhalb des Silbers oder des Halbleitermaterials auf die Leitungselektronen. Im Vorgriff auf die Abschnitte 5.4.1 und 5.4.2 teilen wir hier mit, daß die verwendeten Materialien die Kräfte auf bewegte Ladungen in Magnetfeldern kaum meßbar verändern. Die vorgenommene Anwendung unserer Kenntnisse war zulässig.

Mit Hilfe der HALL-Sonde sind wir jetzt in der Lage, die ungestörte Überlagerung von Magnetfeldern experimentell aufzuzeigen.

Wir weisen dazu nach, daß an einem beliebigen festen Ort die magnetische Flußdichte $\vec{B}$, die von zwei Erzeugern gemeinsam hervorgerufen wird, als Summe der magnetischen Flußdichten $\vec{B}_1$ und $\vec{B}_2$, die von den einzelnen Erzeugern verursacht werden, geschrieben werden darf:

$$\vec{B} = \vec{B}_1 + \vec{B}_2 .$$

Versuch 476.1 Mit einer auf dem Experimentiertisch fest angeordneten HALL-Sonde, einem Permanentmagneten und irgendeiner Spule, z.B. einem HELMHOLTZ-Spulenpaar, wie wir es in Versuch 463.1 schon verwendeten, messen wir die zur HALL-Sonde senkrechte Komponente $\vec{B}_{1n}$ der magnetischen Flußdichte $\vec{B}_1$, die allein von der stromdurchflossenen Spule erzeugt wird. Wir schalten den Strom ab und messen ebenso die zur HALL-Sonde senkrechte Komponente $\vec{B}_{2n}$ der magnetischen Flußdichte $\vec{B}_2$, die allein von dem dazugesetzten Permanentmagneten erzeugt wird. Zuletzt wird die zur HALL-Sonde senkrechte Komponente $\vec{B}_n$ der magnetischen Flußdichte $\vec{B}$ gemessen, die von der Spule und von dem Magneten gemeinsam erzeugt wird. Die von Magnet und Spule erzeugten Felder müssen viel stärker als das erdmagnetische Feld sein, um die Verfälschung, die durch die doppelte Messung des Erdfeldes eintritt, geringfügig zu halten (Abb. 477.1).

Der Versuch zeigt, daß man für jede Lage der HALL-Sonde Meßwerte erhält, die der Gleichung

$$\vec{B}_{1n} + \vec{B}_{2n} = \vec{B}_n$$

genügen. Daraus darf man schließen, daß die Größe $\vec{B}$ die vektorielle Summe der Größen $\vec{B}_1$ und $\vec{B}_2$ ist.

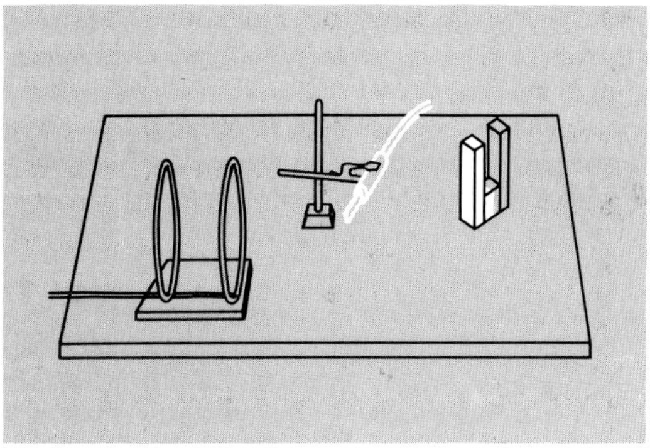

Abb. 477.1
Experimentelle Anordnung von HELMHOLTZ-Spulenpaar, Permanentmagnet und HALL-Sonde zur Bestätigung der ungestörten Überlagerung von Magnetfeldern

5.2.8 Die Bewegung eines Leiters im Magnetfeld

In diesem Kapitel wollen wir an Beispielen zeigen, daß die LORENTZ-Kraft

$$\vec{F} = Q \cdot \vec{v} \times \vec{B}$$

auch dann auf Ladungsträger wirkt, wenn diese an Leiter gebunden sind und mit ihren Leitern gegen Magnetfelder bewegt werden. Wir werden die Erscheinungen so deuten, als ob die Ladungsträger in einem stromlosen Leiter ruhten. Zwar wissen wir, daß die Elektronen in einem Metall eine ständige heftige Eigenbewegung ausführen, sie ist aber mit den hier geschilderten Verfahren nicht nachweisbar. Die Kraft auf die nun im Leiter als ruhend angenommenen Leitungselektronen berechnen wir mit Hilfe der Gleichung für die LORENTZ-Kraft. Der experimentell überprüfbare Erfolg rechtfertigt diesen Ansatz. Wir beschränken uns auf die Schilderung von drei Beispielen.

1. Der Generator

Versuch 477.1 Eine rechteckige Leiterschleife wird in einem homogenen Magnetfeld wie in Abb. 477.2 um eine Achse gedreht. Ihre Leiterenden sind über zwei gegeneinander isolierte Schleifringe mit einem Spannungsmesser, z. B. einem Katodenstrahloszilloskop, verbunden.

Das Meßgerät zeigt eine Wechselspannung an. Zur Deutung betrachten wir beispielhaft ein Elektron in einem der beiden achsenparallelen Leiterstücke (Abb. 477.3). Mit dem Leiter gemeinsam hat es relativ zum Magnetfeld die Geschwindigkeit $\vec{v}$. Es stehen die folgenden Größen im Zusammenhang:

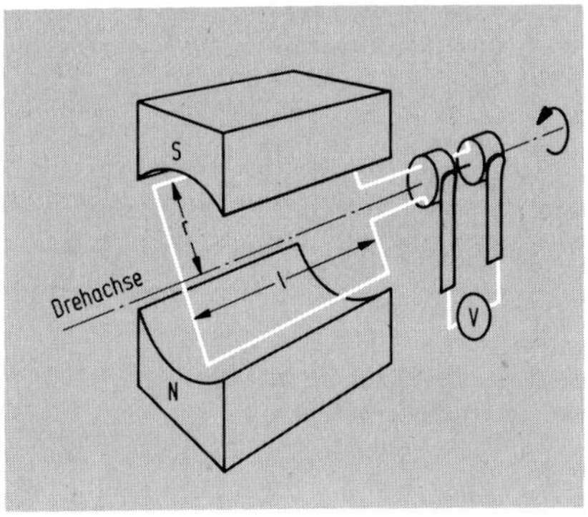

Abb. 477.2
Drehung einer Leiterschleife im homogenen Magnetfeld

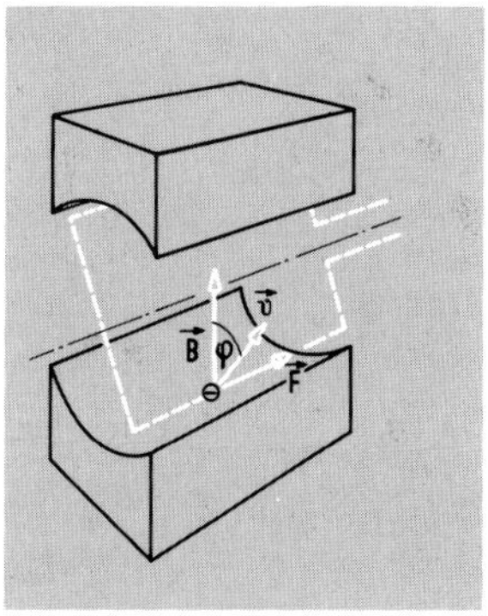

Abb. 477.3
Kraft auf ein Elektron in der Leiterschleife

$\vec{v}$ = Geschwindigkeit des Elektrons = Leitergeschwindigkeit am Ort des Elektrons,
r = Abstand des Elektrons von der Drehachse,
ω = Winkelgeschwindigkeit der Leiterschleife,
$\vec{B}$ = magnetische Flußdichte des homogenen Magnetfeldes,
φ = Winkel zwischen Geschwindigkeitsvektor $\vec{v}$ und magnetischer Flußdichte $\vec{B}$.

Definitionsgemäß gelten die Gleichungen

$$\varphi = \omega \cdot t,$$

$$v = \omega \cdot r.$$

Auf das Elektron wirkt die LORENTZ-Kraft

$$\vec{F} = -e \cdot \vec{v} \times \vec{B},$$

sie weist achsenparallel in Richtung auf die Schleifringe zu. Zur weiteren Darstellung ist es günstig, die Kraft $\vec{F}$ in skalarer Form zu beschreiben. Dazu treffen wir die Verabredung, daß die zur Drehachse parallele Kraft negativ gerechnet wird, falls sie zu den Schleifringen nach hinten weist, in der Gegenrichtung zählt sie positiv. Die LORENTZ-Kraft wird mit dieser Verabredung unabhängig von der Stellung der Leiterschleife durch folgende Gleichung nach Betrag und Richtung beschrieben:

$$F = -e \cdot v \cdot B \cdot \sin\varphi$$

$$F = -e \cdot v \cdot B \cdot \sin\omega t.$$

Die LORENTZ-Kraft verschiebt die Leitungselektronen im Leiter, und es entsteht – wie beim HALL-Effekt (S. 474) – in Leiterrichtung ein elektrisches Feld mit der Feldstärke $\vec{E}$. Im Gleichgewichtszustand, wenn die Leitungselektronen im Leiter ruhen, heben sich LORENTZ-Kraft und elektrische Kraft auf und es gilt

$$e \cdot E = e \cdot v \cdot B \cdot \sin\omega t,$$

$$E = v \cdot B \cdot \sin\omega t.$$

Dieses elektrische Feld tritt nur in den achsenparallelen Leiterabschnitten in Leiterrichtung auf, es wirkt in beiden Abschnitten so, daß sich die zugehörigen Spannungen addieren. Die Spannung U an den Leiterenden ist gleich der Liniensumme $E \cdot 2l$ der elektrischen Feldstärke.

$$U = E \cdot 2l$$

$$U = 2l \cdot v \cdot B \cdot \sin\omega t$$

$$U = 2l \cdot r \cdot \omega \cdot B \cdot \sin\omega t.$$

Man nennt die Spannung U eine *induzierte Spannung* oder kurz *Induktionsspannung*. Sie ist eine zeitlich veränderliche *Wechselspannung*, der Spannungsmesser zeigt sie an. Die Größe $2lr\omega B$ bezeichnet man als *Scheitelspannung* U_0. Die Wechselspannung U hat zu dem Zeitpunkt, in dem die achsenparallelen Leiter sich senkrecht zu der Feldrichtung bewegen, ihren größten Betrag. Abb. 478.1 soll das veranschaulichen.

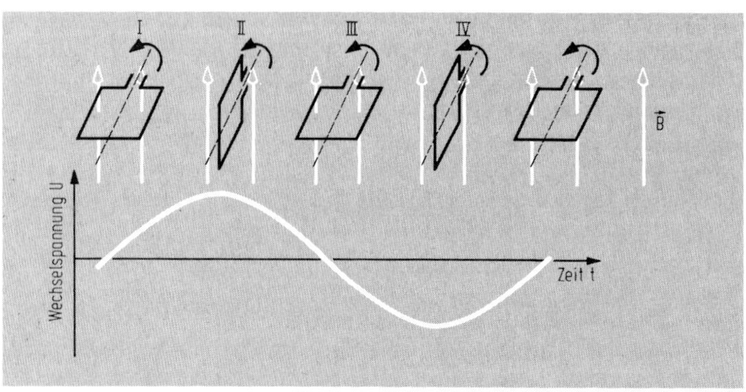

Abb. 478.1
Zeitlicher Verlauf der induzierten Wechselspannung U in Abhängigkeit von der Stellung der Leiterschleife

Die Größe $2lr=A$ ist der Flächeninhalt der Leiterschleife. Man kann zeigen, daß die Form der Schleife auf die Wechselspannung keinen Einfluß hat, ausschließlich der Flächeninhalt ist von Bedeutung. Wir wählten die rechteckige Form, weil sie die Überlegung erleichtert. Legt man n Windungen übereinander, so erhält man die n-fache Scheitelspannung

$$U=n\cdot A\cdot\omega\cdot B\cdot\sin\omega t$$
$$U=U_0\cdot\sin\omega t.$$

Bleiben die Enden der Leiterschleife ohne eine leitende Verbindung, dann mißt man die angegebene Wechselspannung, sie wird als *Quellenspannung* bezeichnet. Schließt man sie aber über einen Verbraucher kurz, dann fließt ein zeitlich veränderlicher *Wechselstrom I*.

$$I=I_0\sin\omega t.$$

I_0 = Scheitelstromstärke.

Man nennt einen solchen Strom, der durch Bewegung eines Leiters im Magnetfeld hervorgerufen wird, einen *Induktionsstrom.* Ist R der Widerstand der Leiterschleife, dann fällt die Spannung in der Schleife um $I\cdot R$, und an den Enden mißt man die niedrigere *Klemmenspannung* $U-I\cdot R$. Der Generator liefert dann Energie an den Verbraucher; sie wird ihm in mechanischer Form zugeführt, die Schleife muß gegen eine Gegenkraft gedreht werden. Es tritt wieder eine LORENTZ-Kraft auf. Wir ermitteln sie für das anfangs betrachtete Elektron (vgl. Abb. 479.1). Durch die leitende Verbindung der Schleifenenden kann das Elektron der Spannung folgen, es erhält in Leiterrichtung eine Geschwindigkeit $\vec{v}^*$ und erfährt darum die LORENTZ-Kraft $\vec{F}^*$.

$$\vec{F}^*=-e\cdot\vec{v}^*\times\vec{B}.$$

Diese auf das Elektron wirkende Kraft wirkt auch auf den Leiter, in dem das Elektron sich befindet, weil es an diesen Leiter gebunden ist und ihn nicht etwa, der Kraft $\vec{F}^*$ folgend, verlassen kann. Damit wird die Leiterschleife in ihrer Bewegung gebremst. Das entspricht unserer Erfahrung:

Der belastete Generator läßt sich schwerer drehen als der unbelastete.

Die Bewegung elektrisch geladener Teilchen im Magnetfeld erfolgt unter den Bedingungen des Energieerhaltungssatzes.

Die Energie, die der Generator in elektrischer Form dem Verbraucher liefert, wird ihm in mechanischer Form zugeführt. Das geschieht, indem die Leiterschleife gegen eine bremsende Hemmung gedreht wird.

Der Kenner des Energieerhaltungssatzes wundert sich nicht über diesen Zusammenhang; der Arzt J. R. MAYER (1814–1878) formulierte ihn erstmals 1841. 1833 entdeckte der Physiker H. LENZ (1804–1865) das nach ihm benannte LENZ-Gesetz. Er teilte eine zu seiner Zeit neue Erkenntnis mit, die für alle Induktionserscheinungen die Richtung des Induktionsstromes vorauszusagen gestattet.

Lenz-Gesetz:
Der Induktionsstrom ist so gerichtet, daß er der Ursache, die ihn hervorruft, entgegenwirkt.

Die hervorrufende Ursache ist im vorliegenden Falle die Drehung der Leiterschleife.

In technischen Generatoren wickelt man die Leiterschleife auf einen eisernen Anker, er gibt ihr mechanische Festigkeit und überträgt die großen Kräfte. Außerdem verstärkt er die magnetische Flußdichte in der Schleife. Wir gehen auf S. 555 darauf genauer ein.

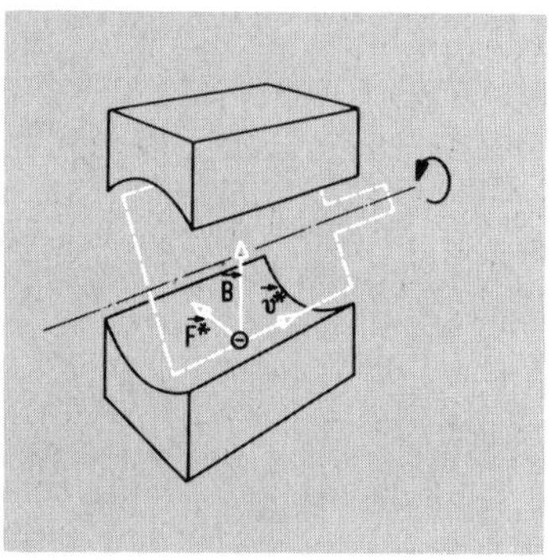

Abb. 479.1
Hemmung der Drehung durch bewegte Elektronen in der Leiterschleife

2. Die gleichförmig bewegte Leiterschleife

Versuch 480.1 Aus einem räumlich begrenzten homogenen Magnetfeld wird wie in Abb. 480.1 eine rechteckige Leiterschleife mit konstanter Geschwindigkeit $\vec{v}$ nach oben herausgezogen. Das Magnetfeld erzeugen wir mit einem Elektromagneten, dem breite Polschuhe aufgesetzt wurden. Die Enden der Leiterschleife sind über einen Spannungsmeßverstärker mit einem Voltmeter verbunden. Die magnetische Flußdichte zwischen den Polschuhen wird mit der Stromwaage wie im Beispiel S. 466 gemessen.

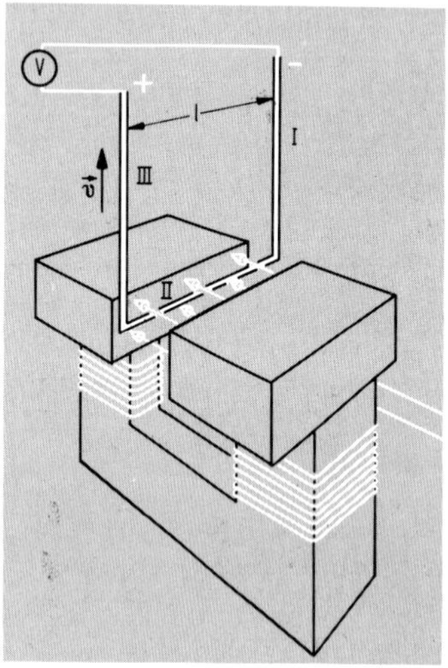

Abb. 480.1
Eine Leiterschleife wird mit konstanter Geschwindigkeit aus einem homogenen Magnetfeld herausgezogen.
Der Spannungsmeßverstärker wurde nicht eingezeichnet, er ist als Teil des Meßgerätes zu denken.

Der Versuch zeigt: Solange sich der Leiterabschnitt II im homogenen Magnetfeld zwischen den Polschuhen befindet, tritt an den Leiterenden die konstante Induktionsspannung

$$U = v\,l\,B$$

auf.

$\vec{v}$ = Geschwindigkeit der Leiterschleife,
l = Länge des Leiterabschnitts II,
$\vec{B}$ = magnetische Flußdichte zwischen den Polschuhen.

Betrag und Richtung dieser Spannung können wir wieder aus unserem Ansatz deduzieren: Die Elektronen werden in einem Magnetfeld bewegt, auf sie wirkt folglich die LORENTZ-Kraft

$$\vec{F} = -e \cdot \vec{v} \times \vec{B}.$$

Sie weist parallel zum Leiterabschnitt II vom Beschauer fort und verschiebt die mit dem Leiter mitbewegten Leitungselektronen. Durch diese Ladungsverschiebung entsteht ein elektrisches Feld im Leiterabschnitt II. Der Vektor $\vec{E}$ dieses elektrischen Feldes weist vom Beschauer fort. Im Gleichgewichtszustand, wenn die Leitungselektronen im Leiter ruhen, heben sich LORENTZ-Kraft $\vec{F}_L$ und elektrische Kraft $-e \cdot \vec{E}$ auf. Es gilt

$$-e \cdot \vec{v} \times \vec{B} - e \cdot \vec{E} = 0.$$

Wegen $|\vec{v} \times \vec{B}| = v \cdot B$ folgt

$$E = v \cdot B.$$

Wir berechnen aus der Feldstärke E die Induktionsspannung U an den Leiterenden als die Liniensumme der elektrischen Feldstärke. Dieses elektrische Feld ist nur im Leiterabschnitt II parallel zum Leiter, in den Abschnitten I und III steht es zum Leiter senkrecht. Außerhalb der Polschuhe darf die Feldstärke zu Null angenommen werden. Damit besteht die Liniensumme aus einem einzigen Summanden

$$U = E \cdot l,$$
$$U = v \cdot B \cdot l.$$

Die experimentell gemessene Spannung stimmt mit der deduzierten überein.

In dem Augenblick, in dem der Leiterabschnitt II den Raum zwischen den Polschuhen verläßt, fällt die Induktionsspannung auf Null.

Für eine spätere Verallgemeinerung (S. 521) wollen wir das Ergebnis mit Hilfe zweier anderer Größen formulieren. Wir bezeichnen den Weg, den der Leiterabschnitt II in einem Zeitintervall Δt zurücklegt, mit Δs, die Fläche, die er im gleichen Zeitraum überstreicht, mit ΔA. Damit gilt

$$v \cdot \Delta t = \Delta s,$$

$$v \cdot l = \frac{\Delta s \cdot l}{\Delta t},$$

$$v \cdot l = \frac{\Delta A}{\Delta t},$$

$$U = B \cdot \frac{\Delta A}{\Delta t}.$$

Die durch die Bewegung einer Leiterschleife entstehende Induktionsspannung ist gleich dem Produkt aus dem Betrag B der auf der Fläche senkrecht stehenden magnetischen Flußdichte $\vec{B}$ und der Flächengeschwindigkeit $\frac{\Delta A}{\Delta t}$ der von der Schleife im Magnetfeld umschlossenen Fläche A.

Diese Aussage ist auch dann gültig, wenn die Schleife nicht rechteckig ist; wir wählten diese Form wieder zur Vereinfachung der Überlegung.

Wir vergleichen die Einheiten der Ausdrücke auf den beiden Seiten der Gleichung:

$$[U] = 1\ \text{V},$$

$$\left[B \cdot \frac{\Delta A}{\Delta t}\right] = 1\ \frac{\text{V s}}{\text{m}^2} \cdot \frac{\text{m}^2}{\text{s}},$$

$$1\ \text{V} = 1\ \text{V}.$$

Auch die Aussage des LENZ-Gesetzes ist für dieses Beispiel leicht überprüfbar; sie läßt sich aus der Kenntnis der magnetischen Kraft auf einen stromdurchflossenen Leiter entwickeln. Zu diesem Zweck schließen wir gedanklich die Leiterschleife auf ihrer Oberseite kurz, so daß in der Schleife ein Induktionsstrom der Stärke I fließen kann. Die Elektronen im Leiterteil II bewegen sich infolge der auf sie einwirkenden LORENTZ-Kraft vom Beschauer fort, der Induktionsstrom fließt folglich in diesem Leiterteil auf den Beschauer zu. Er verursacht eine magnetische Kraft $\vec{F}^*$. $\vec{F}^*$ ist nach unten gerichtet. Die Kräfte auf die vertikalen Leiterstücke sind entgegengesetzt gleich, heben sich also auf; in den oberen Teilen dieser Leiterabschnitte sind sie Null, da diese Leiterstücke sich ebenso wie der gedachte Kurzschlußleiter nicht im Magnetfeld befinden. Insgesamt wirkt auf die Schleife die nach unten gerichtete Kraft $\vec{F}^*$; es ist die Kraft, die nach dem LENZ-Gesetz der Bewegung der Leiterschleife entgegenwirkt.

Der Betrag dieser Kraft $\vec{F}^*$ ist leicht zu berechnen. Nach dem OHM-Gesetz bestimmen die Induktionsspannung U und der Widerstand R der Leiterschleife die Stromstärke I des Induktionsstromes

$$I = \frac{U}{R}$$

$$I = \frac{v \cdot l \cdot B}{R}.$$

Die magnetische Kraft $\vec{F}^*$ hat den Betrag

$$F^* = l \cdot I \cdot B$$

$$F^* = \frac{l^2 \cdot v \cdot B^2}{R}.$$

Die Proportionalität von F^* und v, die aus dieser Gleichung folgt, gilt allgemein, sie ist nicht auf unser spezielles Beispiel beschränkt:

Der durch eine Leiterbewegung verursachte Induktionsstrom bewirkt eine den Leiter bremsende Kraft, deren Betrag der Leitergeschwindigkeit proportional ist.

Mit unserer einfachen Versuchsanordnung läßt sich diese Proportionalität nicht überprüfen. Man greift zu diesem Zweck gern auf Schwingungen zurück, die mit Hilfe von Induktionsströmen gedämpft werden.

3. *Wirbelströme*

Versuch 482.1 Zwischen den Polschuhen eines Elektromagneten lassen wir ein Stück dicken Kupfer- oder Aluminiumblechs an einer Achse pendeln (vgl. Abb. 482.1). Die Pendelbewegung erfährt eine sehr starke Dämpfung, wenn der Eisenkern vom Spulenstrom magnetisiert wird und die Pendelbahn durch das Magnetfeld führt.

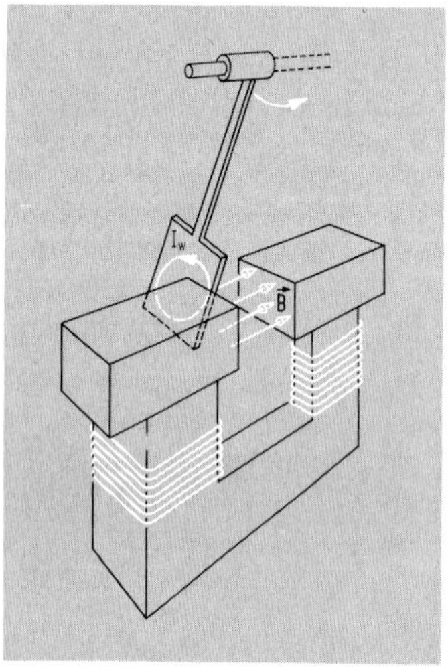

Abb. 482.1
Eine dicke Metallplatte pendelt durch ein Magnetfeld

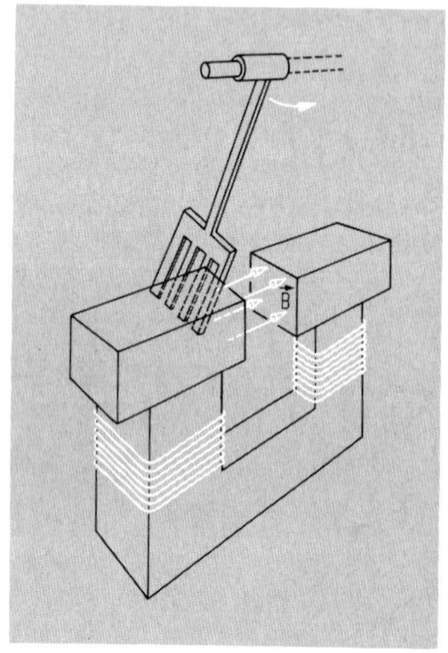

Abb. 482.2
Eine dicke geschlitzte Metallplatte pendelt durch ein Magnetfeld

Wir deuten den Versuch mit unserem eingangs geschilderten Ansatz:

Die Leitungselektronen bewegen sich mit dem Blech im Magnetfeld. Wir untersuchen die Erscheinungen, die sich bei dieser Bewegung im inhomogenen Teil des Feldes am Rande der Polschuhe einstellen. Bei der in Abb. 482.1 vorliegenden Bewegung erfahren diejenigen Elektronen, die sich im Bereich der größeren magnetischen Flußdichte zwischen den Polschuhen befinden, eine stärkere, nach unten gerichtete LORENTZ-Kraft als diejenigen Elektronen, die sich im Bereich geringerer Flußdichte außerhalb der Polschuhe befinden. Es entsteht dadurch ein geschlossener Wirbelstrom; in Abb. 482.1 ist er mit I_w angedeutet. Dieser Wirbelstrom hat wieder eine LORENTZ-Kraft zur Folge: am rechten Plattenrand entsteht eine die Plattenbewegung hemmende Kraft, am linken Plattenrand entsteht eine die Plattenbewegung fördernde Kraft. Da sich der rechte Plattenrand im stärkeren Magnetfeld zwischen den Polschuhen befindet, überwiegt die hemmende Kraft. Das entspricht der Aussage des LENZ-Gesetzes, nach dem der Induktionsstrom seiner Ursache, der Mitführung der Elektronen mit der Plattenbewegung, entgegenwirkt. Eine analoge Überlegung kann man für den Austritt der Platte aus dem Bereich größter Flußdichte auf der anderen Seite der Polschuhe durchführen.

Versuch 482.2 Wir lassen wie in Versuch 482.1 eine Platte zwischen den Polschuhen des Elektromagneten pendeln, die Platte ist aber, wie aus Abb. 482.2 ersichtlich, vielfach geschlitzt.

Die Dämpfung der Pendelbewegung stellt sich bei dieser Anordnung auch im starken Magnetfeld kaum ein, die Schlitze unterbrechen die Bahn des Wirbelstroms.

Der Versuch 482.1 demonstriert eine einfache Form einer sog. *Wirbelstrombremse*. Man verwendet sie, um Meßinstrumente, wie z.B. Waagen, in ihren Schwingungen haftreibungsfrei zu dämpfen. Im allgemeinen sind Wirbelströme jedoch nicht erwünscht, sie haben Energieverluste und Erwärmung zur Folge. Der Versuch 482.2 zeigt eine Möglichkeit, sie zu unterbinden. Man fertigt deshalb die Anker von Generatoren und Elektromotoren aus gegeneinander isolierten Eisenblechen an.

Bevor wir im nächsten Kapitel neue Erscheinungen kennenlernen, wollen wir uns besinnen, in welcher Weise die Gedankenschritte, die wir vollzogen haben, ineinandergreifen. Gerade am vorliegenden Beispiel kann man die Arbeitsweise der Physik modellmäßig gut aufzeigen.

An den Kapitelanfang stellten wir einen Ansatz. Er besagte, daß auf die Leitungselektronen eines stromlosen, in einem Magnetfeld bewegten Leiters die LORENTZ-Kraft so wirke, wie wir es in den vorangehenden Kapiteln im Falle der freien Elektronen zeigten. Die Eigengeschwindigkeit des Leiters hat man als die Geschwindigkeit der Leitungselektronen einzusetzen. Deduktionen aus diesem Ansatz führten zu quantitativen, experimentell überprüfbaren Aussagen. In keinem Experiment jedoch konnten wir die auf die Leitungselektronen wirkende Kraft unmittelbar selbst messen. Dennoch stützen die Experimente den Ansatz überzeugend.

Beispiel

In dem Versuch 480.1 soll die Länge l des Leiterabschnittes II 0,1 m, seine Geschwindigkeit $v = 2\ \text{mm} \cdot \text{s}^{-1}$ betragen. Die Induktionsspannung möge mit $4{,}8 \cdot 10^{-5}$ V gemessen werden. Welchen Betrag hat die magnetische Flußdichte zwischen den Polschuhen? Mit welcher Kraft bremst der Induktionsstrom die Bewegung der geschlossenen Leiterschleife, wenn der Widerstand der kurzgeschlossenen Schleife 0,003 Ω beträgt?

Für die Induktionsspannung ermitteln wir

$$U = v\,l\,B,$$

$$B = \frac{U}{v\,l}.$$

$$B = \frac{4{,}8 \cdot 10^{-5}\ \text{V}}{2 \cdot 10^{-3}\ \text{m}\,\text{s}^{-1} \cdot 0{,}1\ \text{m}},$$

$$B = 0{,}24\ T.$$

Die Stärke des Induktionsstromes I folgt aus dem OHM-Gesetz

$$I = \frac{U}{R},$$

$$I = \frac{48 \cdot 10^{-6}\ \text{V}}{3 \cdot 10^{-3}\ \Omega},$$

$$I = 16\ \text{mA}.$$

Die bremsende Kraft $\vec{F}$ hat den Betrag

$$F = l \cdot I \cdot B,$$

$$F = 0{,}1\ \text{m} \cdot 16 \cdot 10^{-3}\ \text{A} \cdot 0{,}24\ \frac{\text{V}\,\text{s}}{\text{m}^2}$$

$$F = 0{,}38 \cdot 10^{-3}\ \frac{\text{V}\,\text{A}\,\text{s}}{\text{m}},$$

$$F = 0{,}38 \cdot 10^{-3}\ \text{N}.$$

Das entspricht der Gewichtskraft einer Masse von rund 40 mg.

Weitere Aufgaben: Siehe O. HÖFLING, Physik-Aufgaben II/2.

5.2.9 Das Meßverfahren für die Stromstärke

In diesem Kapitel wollen wir darstellen, wie mit Hilfe der Kräfte, die zwei stromdurchflossene Leiter aufeinander ausüben, Stromstärken gemessen werden können. Da die Stromstärke eine Basisgröße ist, haben wir zu diesem Zweck eine Definition und ein experimentelles Verfahren anzugeben.

Der Übersicht wegen stellen wir die beiden Teile der Stromstärkedefinition hier zusammen, wir entwickeln dann daraus das Meßverfahren:

Definition der Einheit: **Das Ampere ist die Einheit des unveränderlichen Stromes, der in zwei parallelen geradlinigen, unendlich langen, in einem Meter Abstand befindlichen Leitern von vernachlässigbarem Querschnitt fließt und zwischen ihnen im Vakuum eine Kraft von $2 \cdot 10^{-7}$ Newton pro Meter Länge ausübt.**

Definition der Vielfachheit: **Die Stromstärke ist der magnetischen Kraft proportional, die bei unveränderlichem Magnetfeld und unveränderlicher räumlicher Anordnung auf einen von diesem Strom durchflossenen Probeleiter wirkt.**

Die Definition der Vielfachheit schließt in diesem Fall die Definition der *Gleichheit* ein: gleiche Kräfte bedeuten gleiche Stromstärken.

Das Meßverfahren, mit dem die Gleichheit zweier Stromstärken festgestellt wird, ist die Untersuchung mit einem *Drehspulgerät*, dessen Zeiger wir in diesem Falle bei zwei Messungen ausschließlich daraufhin beobachten, ob er gleiche Stellungen einnimmt oder nicht. Da die Zeigerstellung allein von der Kraft bestimmt wird, die der stromdurchflossene Leiter der Drehspule im Magnetfeld erfährt, erlauben gleiche Zeigerstellungen den Schluß auf gleiche Kräfte und damit – definitionsgemäß – auf gleiche Stromstärken. Mit einem solchen Instrument kann man die Aussage überprüfen:

In einem geschlossenen Stromkreis ist die Stromstärke an jeder Stelle des Leiters gleich groß.

Von diesem Gesetz machen wir Gebrauch, wenn wir die Stromstärke in allen Windungen einer Spule als gleich betrachten.

Um Stromstärken messen zu können, braucht man ein *Meßgerät und eine Vorschrift, wie man das Meßgerät verwenden soll.* Unendlich lange Leiter, von denen in der gesetzlichen Definition der Stromstärkeeinheit die Rede ist, kann man nicht herstellen. Darum geben wir ein Gerät an, das mit endlich langen Leitern arbeitet, das aber die Bedingungen der gesetzlichen Definition wenigstens in guter Näherung erfüllt. Das heißt, wir entwickeln ein äquivalentes Verfahren, das praktisch durchführbar ist.

Wir betrachten einen der vom Gesetzgeber genannten Leiter als Probeleiter, er befindet sich im Magnetfeld des anderen Leiters (Abb. 485.1 und Abb. 485.2). Das Feld eines Probeleiters übt keine Kraft auf den Probeleiter selbst aus. Darum dürfen wir als Probeleiter ein kurzes Leiterstück wählen. Wir geraten damit nicht in Widerspruch zur Definition des Gesetzgebers, der von zwei unendlich langen geraden Leitern spricht. Die auf das kurze stromdurchflossene Leiterstück ausgeübte Kraft kann man mit einer Stromwaage messen. Die Kraft ist, wie wir wissen, der Leiterlänge l proportional (S. 464). Der felderzeugende Leiter müßte der Definition zufolge ebenfalls unendlich lang sein; wir nehmen an seiner Stelle einen zwar langen, aber doch endlich langen Leiter. Wir verwenden dazu eine Seite einer großen, rechteckigen, flachen Rahmenspule und nehmen den Fehler, der durch diese Abwandlung entsteht, bewußt in Kauf. Grundsätzlich sind wir in der Lage, diesen Fehler beliebig zu verringern, indem wir eine hinreichend große Rahmenspule verwenden. Die Zuleitungen zum beweglich angeordneten Probeleiter verlegen wir parallel zueinander und senkrecht zum felderzeugenden Leiter, wie in Abb. 485.1 und Abb. 485.2 dargestellt. In dieser Anordnung erfahren sie dem Betrage nach gleiche, entgegengesetzt gerichtete Kräfte $\vec{F}_{\text{I}}$ und $\vec{F}_{\text{III}}$. Die auf Probeleiter und Zuleitungen insgesamt ausgeübte Kraft $\vec{F}_{\text{I}} + \vec{F}_{\text{II}} + \vec{F}_{\text{III}}$ darf folglich mit der Kraft $\vec{F}_{\text{II}}$ auf den Probeleiter gleichgesetzt werden.

Nun rufen Stromstärken, wie sie in der Schule zur Verfügung stehen, so geringe Kräfte hervor, daß eine hinreichend genaue Messung mit der angegebenen Anordnung kaum möglich ist. Wir führen darum in unserem folgenden Experiment 25 Probeleiter von gleicher Länge und Stellung durch das Magnetfeld des felderzeugenden Leiters und lassen sie alle vom gleichen Strom durchfließen. Die auf dieses Probeleiterbündel wirkende Kraft ist 25mal so groß wie die auf den Einzelleiter wirkende. Da der felderzeugende Leiter und

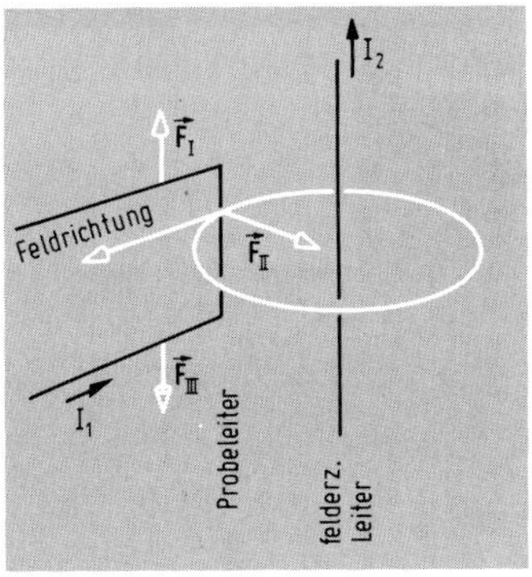

Abb. 485.1
Kraft auf Probeleiter und Zuleitungen bei gleichsinnig vom Strom durchflossenen Leitern

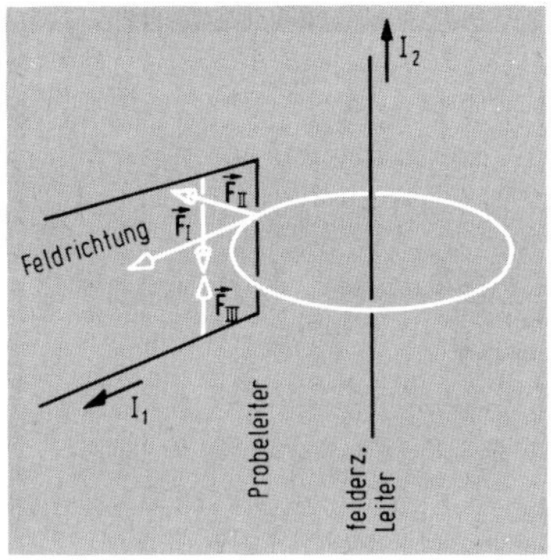

Abb. 485.2
Kraft auf Probeleiter und Zuleitungen bei ungleichsinnig vom Strom durchflossenen Leitern

der Probeleiter physikalisch ganz gleichartig sind, kann man für den felderzeugenden Leiter eine gleiche Überlegung anstellen. Man kommt zu dem Schluß, daß die Kraft zwischen felderzeugenden Leitern und den Probeleitern 30mal so groß wird, wenn man den Strom, der das Feld erzeugen soll, durch ein Bündel von 30 felderzeugenden Leitern fließen läßt.

Wir fassen zusammen:

Aus der Definition der Vielfachheit für die Stromstärke und der experimentell ermittelten Proportionalität von magnetischer Kraft F und Leiterlänge l folgt: Die zwischen Probeleiterbündel und felderzeugendem Leiterbündel wirkende Kraft ist dem Produkt $n I_1 \cdot m I_2 \cdot l$ *proportional.* I_1 *und* I_2 *sind die Stromstärken in den Bündeln.*

Wir werden im folgenden beide Leiterbündel vom gleichen Strom I durchfließen lassen. Damit liegt nur noch ein einziger Strom vor. Die zwischen den Bündeln wirkende Kraft F ist dem Produkt $nm \cdot I^2 \cdot l$ proportional.

Die im Gesetz angegebene Kraft zwischen den Leiterbündeln von $2 \cdot 10^{-7}$ N ist sehr klein und nicht gut meßbar. Wir vergrößern sie, indem wir den Abstand r zwischen den Leiterbündeln verringern. Um diese Veränderung rechnerisch berücksichtigen zu können, untersuchen wir experimentell die Abhängigkeit der Kraft vom Abstand r.

Versuch 485.1 Wir verwenden ein Probeleiterbündel II, das Teil einer Rahmenspule von 25 Windungen ist. Es hat eine Länge von 20 cm. Die Rahmenspule wird an der Stromwaage befestigt, so daß die Kraft auf das Leiterbündel meßbar ist. Abb. 485.3 zeigt die Versuchsanordnung, Abb. 486.1 die Leiteranordnung, die Kräfte sind schematisch angedeutet. Der sehr lange gerade Leiter wird dargestellt durch die lange Kante einer großen Rahmenspule von 30 Windungen. Bei unveränderter Stromstärke I messen wir die Kraft, die das Probeleiterbündel II im Magnetfeld des felderzeugenden Leiterbündels II' erfährt, in Abhängigkeit vom Abstand r der beiden Leiterbündel voneinander.

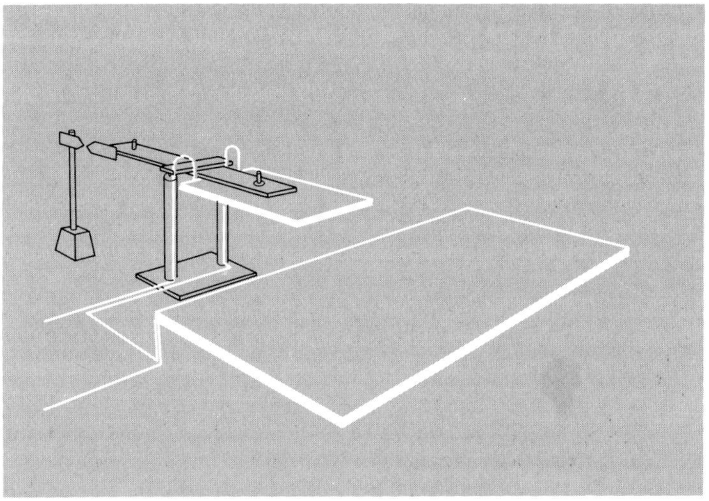

Abb. 485.3
Experimentelle Anordnung zur Messung der Kraft auf ein stromdurchflossenes Leiterbündel, das sich im Magnetfeld eines langen felderzeugenden Leiterbündels befindet.

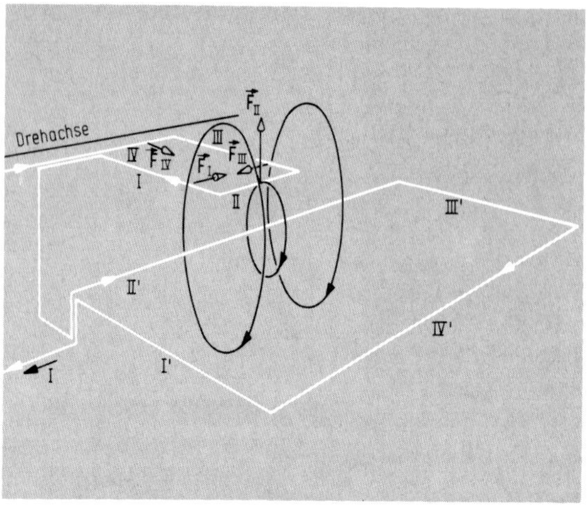

Abb. 486.1
Schematische Darstellung von Leiteranordnung, Magnetfeld und Kräften. Der Übersicht wegen wurde jeweils nur ein Leiter jedes Bündels gezeichnet.

Der Versuch zeigt, daß die auf das Probeleiterbündel wirkende Kraft $\vec{F}_{II}$ dem Abstand r der beiden Leiterbündel voneinander umgekehrt proportional ist. $F_{II} \cdot r$ ist im Rahmen der Meßgenauigkeit ein konstanter Wert. Die Leiterabschnitte I', III' und IV' (Abb. 486.1) werden als so weit entfernt angenommen, daß sie eine vernachlässigbare Kraft auf die Probeleiter ausüben. Die Kraft $\vec{F}_{IV}$ auf den Abschnitt IV kann wegen ihrer Richtung und wegen ihres Betrages vernachlässigt werden, außerdem ist der Hebelarm, mit dem sie an der Waage angreift, sehr kurz. Die Kräfte $\vec{F}_{I}$ und $\vec{F}_{III}$ sind dem Betrage nach gleich, in der Richtung entgegengesetzt. Für $\vec{F}_{II}$ schreiben wir im folgenden $\vec{F}$.

Wir fassen die Proportionalitäten

$$F \sim \frac{1}{r} \quad \text{und} \quad F \sim nm \cdot I^2 \cdot l$$

zusammen zu der Proportionalität

$$F \sim \frac{l}{r} \cdot nm \cdot I^2.$$

F = Kraft auf das Probeleiterbündel,
l = Länge des Probeleiterbündels,
r = Abstand des Probeleiterbündels vom felderzeugenden Leiterbündel,
n = Leiteranzahl im Probeleiterbündel,
m = Leiteranzahl im felderzeugenden Leiterbündel,
I = Stromstärke.

Um mit der Anordnung *messen* zu können, muß die *Proportionalität* in eine *Gleichung* umgewandelt werden. Wir fügen zu diesem Zweck einen Proportionalitätsfaktor ein, der so beschaffen ist, daß die Stromstärke 1 A beträgt, falls die Kraft $2 \cdot 10^{-7}$ N gemessen wird und $l = r = 1$ m ist und $n = m = 1$ ist. Das nämlich fordert die Definition der Stromstärkeeinheit, wie der Gesetzgeber sie formuliert. Der Faktor

$$2 \cdot 10^{-7} \frac{\text{N}}{\text{A}^2}$$

erfüllt offenbar diese Bedingung.

$$F = 2 \cdot 10^{-7} \frac{\text{N}}{\text{A}^2} \cdot \frac{l}{r} \cdot I^2 \cdot nm.$$

Wir sind nunmehr in der Lage, mit unserer Stromwaage Stromstärken zu messen:

Zur Messung der Stromstärke dient die Stromwaage in der Anordnung nach Abb. 485.3 als Meßinstrument.

Als Meßvorschrift soll gelten: Es ist diejenige Kraft F zu messen, die auf das Probeleiterbündel wirkt, wenn das Probeleiterbündel und das felderzeugende Leiterbündel vom gleichen Strom I durchflossen werden. Die

Stromstärke I beträgt

$$I=\sqrt{0{,}5\cdot 10^{7}\,\mathrm{N}^{-1}\cdot\frac{F\,r}{l\cdot n\,m}}\,\mathrm{A}.$$

Das angegebene Meßgerät und die Meßvorschrift genügen den Definitionen von Einheit und Vielfachheit der elektrischen Stromstärke.

In der Praxis verwenden wir natürlich stets das viel handlichere Drehspulinstrument. Ein solches Drehspulinstrument muß so kalibriert sein, daß es die gleichen Maße für Ströme anzeigt, wie die beschriebene Stromwaage.

Nach der Festlegung der Meßvorschrift für die Stromstärke ist jetzt auch das Maß für die magnetische Flußdichte $\vec{B}$ vollständig definiert.

Der Vektor der magnetischen Flußdichte $\vec{B}$ ist durch die Gleichung

$$\vec{F}=l\cdot\vec{I}\times\vec{B}$$

definiert.

$\vec{F}$ = Kraft auf stromdurchflossenen Probeleiter,
l = Länge des Probeleiters,
$\vec{I}$ = Vektor der Stromstärke im Probeleiter,
$\vec{B}$ = Vektor der magnetischen Flußdichte.

Wir ziehen daraus eine Folgerung für das Magnetfeld des sehr langen, geraden, vom Strom I durchflossenen Leiters. Dazu setzen wir die Parallelität des einfachen langen, geraden, felderzeugenden Leiters und des einfachen Probeleiters voraus. Dann gilt nach den vorangegangenen Überlegungen:

$$F=2\cdot 10^{-7}\,\frac{\mathrm{N}}{\mathrm{A}^2}\cdot\frac{l}{r}\cdot I^2$$

Wir formen die rechte Seite um:

$$F=l\cdot I\cdot 4\pi\cdot 10^{-7}\,\frac{\mathrm{N}}{\mathrm{A}^2}\cdot\frac{I}{2\pi\,r}.$$

Nach der Definition der magnetischen Flußdichte gilt für diesen besonderen Fall:

$$F=l\cdot I\cdot B.$$

Aus dem Vergleich folgt:

$$B=4\pi\cdot 10^{-7}\,\frac{\mathrm{N}}{\mathrm{A}^2}\cdot\frac{I}{2\pi\,r}.$$

Wir fassen dieses Ergebnis mit früheren Ergebnissen zusammen:

Ein langer, gerader, stromdurchflossener Leiter von kleinem Querschnitt erzeugt ein Magnetfeld. Die Feldlinien liegen in Ebenen senkrecht zum Leiter, sie bilden Kreise, deren Zentren im Leiter liegen. Feldlinien und Stromrichtung bilden ein rechtsorientiertes System. Der Betrag der magnetischen Flußdichte B ist gegeben durch

$$B=\mu_0\,\frac{I}{2\pi\,r}.$$

$\mu_0=4\pi\cdot 10^{-7}\,\frac{\mathrm{N}}{\mathrm{A}^2}$,
I = Stärke des Stromes in dem geraden Leiter,
r = Abstand desjenigen Aufpunktes vom geraden Leiter, für den die magnetische Flußdichte errechnet werden soll.

Die Konstante μ_0 führt den Namen *magnetische Feldkonstante*. Wegen der Beziehung

$$1\,\mathrm{Nm}=1\,\mathrm{VAs}$$

gilt auch

$$\mu_0=4\pi\cdot 10^{-7}\,\frac{\mathrm{Vs}}{\mathrm{Am}}.$$

Dieser hier gewonnene Zusammenhang ist von der Art des Leiters unabhängig; sein Material und seine Temperatur haben keinen Einfluß auf das Ergebnis der Versuche. Der Leiterquerschnitt darf nicht zu groß gewählt werden, da andernfalls eine gleichmäßige Verteilung des Stromes in dem Leiter nicht gewährleistet ist. Wir machen aber noch einmal darauf aufmerksam, daß das Ergebnis zunächst nur für Erscheinungen im leeren Raum gilt. Die Gegenwart von Luft verändert die Größe B nur in einer für uns nicht meßbaren Art. Auch Kupfer oder ein Halbleitermaterial erzeugen keine von uns meßbare Veränderung der magnetischen Flußdichte.

Die Definition des Gesetzgebers unterbindet störende Einflüsse: Sie schließt die ungleichmäßige Verteilung des Stromes im Leiter, die durch das Magnetfeld des anderen Leiters hervorgerufen wird, durch die Forderung nach einem vernachlässigbaren Querschnitt aus. Der geringfügige Einfluß, den die Luft auf die magnetische Flußdichte hat, wird durch die Forderung nach dem Vakuum ausgeschaltet. Ein unendlich langer Leiter wird zugrunde gelegt, damit der Betrag der magnetischen Flußdichte an all denjenigen Orten gleich ist, die vom felderzeugenden Leiter den gleichen Abstand haben. Daß auch eine große Rahmenspule in guter Näherung ein solches Feld erzeugt, kann man durch Verschieben des Probeleiters zeigen.

Zur Messung der magnetischen Flußdichte sei hier eine Bemerkung gemacht. Die Proportionalität der Größe B zum Kehrwert des Abstandes r zwischen felderzeugendem Leiter und Probeleiter kann man natürlich auch mit Hilfe der HALL-Sonde messen; experimentell ist dieses Verfahren weit weniger aufwendig als unser Vorgehen mit der Stromwaage. Wir haben uns dennoch zu diesem Wege entschlossen, weil die Messung der magnetischen Flußdichte mit Hilfe der HALL-Sonde ein Verfahren zur Spannungsmessung voraussetzt. Die Spannung aber ist keine Basisgröße, sie ist eine von den Basisgrößen Stromstärke, Masse, Länge und Zeit abgeleitete Größe. Ein experimentelles Verfahren, das zur Messung einer Basisgröße herangezogen werden soll, darf nicht auf die Messung anderer Größen angewiesen sein, die von der zu messenden Basisgröße abgeleitet sind.

Die anziehende bzw. abstoßende Kraft zwischen zwei stromdurchflossenen Leitern entdeckte der französische Physiker A. M. AMPÈRE (1775 – 1836). Er gab auf der Grundlage dieser Kenntnis eine erste Definition für eine Stromstärkeeinheit. Sein Vorschlag konnte sich aber nicht durchsetzen, weil die verfügbaren Stromstärken so gering waren, daß die Messung solcher auf die Leiter wirkenden Kräfte nicht möglich war.

Die heute gültige Basiseinheit trägt seinen Namen.

Beispiel

Der große Rahmen in Abb. 485.3, dessen eine Kante wir als felderzeugendes Leiterbündel betrachten, habe 30 Windungen, das Probeleiterstück mit einer Länge von 20 cm ist Teil einer Rahmenspule von 25 Windungen. Der Abstand zwischen felderzeugendem Leiter und Probeleiter beträgt 5 cm. Welche Stärke hat der durch beide Leiter gemeinsam fließende Strom I, wenn das Probeleiterbündel eine Kraft von 0,001 N erfährt?

Die magnetische Kraft auf dieses Leiterbündel ist

$$F = n \cdot l \cdot I \cdot B,$$

$$0{,}001\ \mathrm{N} = 25 \cdot 0{,}2\ \mathrm{m} \cdot I \cdot 4\pi \cdot 10^{-7}\ \frac{\mathrm{N}}{\mathrm{A}^2} \cdot \frac{30 \cdot I}{2\pi \cdot 0{,}05\ \mathrm{m}},$$

$$I^2 = \frac{10^{-3}\ \mathrm{N} \cdot 2\pi \cdot 5 \cdot 10^{-2}\ \mathrm{m} \cdot \mathrm{A}^2}{25 \cdot 2 \cdot 10^{-1}\ \mathrm{m} \cdot 4\pi \cdot 10^{-7} \cdot 30\ \mathrm{N}},$$

$$I = 1{,}29\ \mathrm{A}.$$

0,001 N ist etwa die Gewichtskraft einer Masse von 100 mg.

Weitere Aufgaben: Siehe O. HÖFLING, Physik-Aufgaben II/2.

5.2.10 Das Durchflutungsgesetz

In diesem Kapitel wollen wir eine mathematisch-physikalische Gesetzmäßigkeit darstellen, die eine grundlegende Aussage über alle Arten von Magnetfeldern im materiefreien Raum macht. Das *Durchflutungsgesetz* bezieht sich auf den Zusammenhang zwischen Magnetfeldern und elektrischen Strömen. Wir ziehen dieses Gesetz in Einzelfällen zur Berechnung von Feldvektoren $\vec{B}$ heran.

Der Vektor $\vec{H}=\frac{\vec{B}}{\mu_0}$ wird in der Literatur ebenso wie der Vektor $\vec{B}$ zur Beschreibung von magnetischen Feldern verwendet; man nennt ihn *magnetische Feldstärke.*

Solange die magnetischen Erscheinungen im materiefreien Raum untersucht werden, ist die Verwendung von zwei Feldvektoren nicht notwendig. Wir arbeiten weiterhin allein mit der magnetischen Flußdichte $\vec{B}$. $\vec{H}$ und $\vec{B}$ sind im Vakuum streng proportional, ihre Beträge unterscheiden sich um den Faktor μ_0, ihre Richtungen stimmen überein. Die Einheit für die magnetische Feldstärke ist $1\,\frac{\text{A}}{\text{m}}$.

Wir weisen auf diese Beschreibungsmöglichkeit nur deshalb an dieser Stelle hin, weil die im folgenden beschriebenen Gesetzmäßigkeiten häufig auch so formuliert werden, daß der Vektor $\vec{H}$ zur Beschreibung herangezogen wird. Zur Darstellung der magnetischen Vorgänge im materieerfüllten Raum sind jedoch beide Feldvektoren notwendig. Um nun später nicht hier eingeführte Namen abändern zu müssen und um einen widerspruchsfreien Übergang zu den Feldern im materieerfüllten Raum vollziehen zu können, brauchen wir schon an dieser Stelle den Begriff der magnetischen Feldstärke.

Zur Formulierung des Durchflutungsgesetzes bilden wir die Liniensumme der magnetischen Feldstärke $\sum \vec{H}_i \cdot \Delta\vec{s}_i$ zu einer vorgegebenen Linie, die zwei Punkte P_1 und P_2 miteinander verbindet. Die Liniensumme ist die Summe von skalaren Produkten aus Feldvektoren $\vec{H}_i$ und Streckenvektoren $\Delta\vec{s}_i$. Die Streckenvektoren liegen auf der vorgegebenen Linie; sie sollen sehr kurz gedacht werden. In dem Beispiel, an dem wir den Begriff einführen, ist die Linie geschlossen, es gilt $P_1=P_2$; es handelt sich um eine Feldlinie, die zum Magnetfeld des langen, geraden, stromdurchflossenen Leiters gehört. Wir approximieren diese Linie durch einen Streckenzug, der aus vielen kleinen Strecken Δs_i zusammengesetzt ist. Zu jeder Strecke Δs_i gehört ein Streckenvektor $\Delta\vec{s}_i$, dessen Richtung mit der Richtung der Feldlinie übereinstimmen soll. Jeden Streckenvektor $\Delta\vec{s}_i$ multiplizieren wir skalar mit dem Vektor der magnetischen Flußdichte $\vec{B}_i$, wie sie am Ort der Strecke Δs_i vorliegt.

Die Summe

$$\sum \vec{H}_i \cdot \Delta\vec{s}_i$$

nennen wir die Liniensumme der magnetischen Feldstärke.

Für das Vakuum – und in sehr guter Näherung für den mit Luft erfüllten Raum – gilt

$$\sum \vec{H}_i \cdot \Delta\vec{s}_i = \frac{1}{\mu_0} \sum \vec{B}_i \cdot \Delta\vec{s}_i .$$

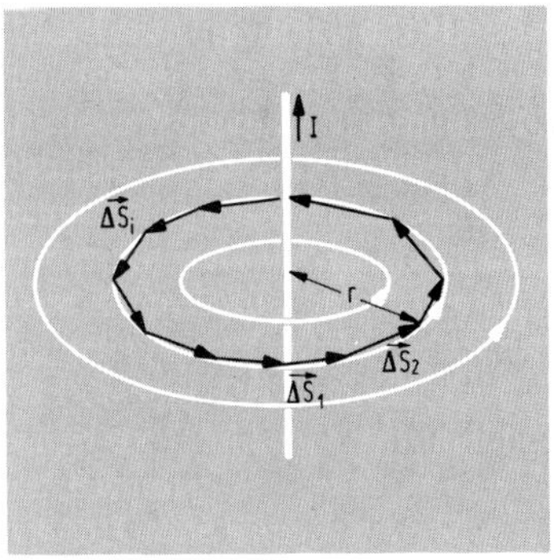

Abb. 489.1
Streckenzug mit den Streckenvektoren $\Delta\vec{s}_i$

Für das Beispiel nach Abb. 489.1 wollen wir sie berechnen. Dazu wählen wir die Längen der Strecken Δs_i hinreichend klein, dann ist die Summe aller Längen Δs_i in guter Näherung gleich der Länge der Feldlinie mit dem Radius r. Die magnetische Flußdichte $\vec{B}_i$ hat längs dieses Weges nahezu die Richtung des Streckenvektors $\Delta\vec{s}_i$ und überall auf der Feldlinie den gleichen Betrag. Für klein gewählte Strecken Δs_i ist das Skalarprodukt $\vec{B}_i \cdot \Delta\vec{s}_i$ durch das Produkt $B \cdot \Delta s_i$ ersetzbar. Der Betrag der magnetischen Flußdichte $\vec{B}$ hat auf der angegebenen Feldlinie überall den gleichen Wert:

$$B=\mu_0 \frac{I}{2\pi r} \text{ (vgl. S. 487).}$$

Damit gewinnt man für die Liniensumme der magnetischen Feldstärke einen einfachen Zusammenhang:

$$\frac{1}{\mu_0} \cdot \sum \vec{B}_i \cdot \Delta \vec{s}_i = \frac{1}{\mu_0} \sum B \cdot \Delta s_i$$

$$\frac{1}{\mu_0} \cdot \sum \vec{B}_i \cdot \Delta \vec{s}_i = \frac{1}{\mu_0} B \cdot \sum \Delta s_i$$

$$\frac{1}{\mu_0} \cdot \sum \vec{B}_i \cdot \Delta \vec{s}_i = \frac{I}{2\pi r} \cdot 2\pi r$$

$$\frac{1}{\mu_0} \cdot \sum \vec{B}_i \cdot \Delta \vec{s}_i = I.$$

Offensichtlich hängt der Wert der zu einer Feldlinie gebildeten Liniensumme von der Auswahl der Feldlinie nicht ab, denn der Radius des Feldlinienkreises tritt letztlich in der Gleichung nicht mehr auf.

Der an einem Spezialfall hergeleitete Zusammenhang zwischen der Liniensumme und der Stromstärke des umlaufenen Leiters gilt in ganz allgemeiner Form; es ist nicht einmal notwendig, als Linie eine Feldlinie des Magnetfeldes zugrunde zu legen. Wir teilen die allgemeine Gesetzmäßigkeit mit:

Für eine geschlossene Linie in einem Magnetfeld ist die Liniensumme der magnetischen Feldstärke $\frac{1}{\mu_0} \cdot \sum \vec{B}_i \cdot \Delta \vec{s}_i$ *gleich der Summe* $\sum I_k$ *aller umlaufenen Ströme, gleichgültig, ob das Magnetfeld von elektrischen Strömen oder von Permanentmagneten erzeugt wird. Eine Stromstärke* I_k *ist positiv zu rechnen, wenn Stromrichtung und Umlaufsinn der Linie rechtsorientiert sind, andernfalls ist sie negativ zu rechnen.*

Die Summe $\sum I_k$ bezeichnet man als *Gesamtstrom* oder *elektrische Durchflutung*, den genannten Zusammenhang nennt man das *Durchflutungsgesetz*.

Durchflutungsgesetz:
Die zu einer geschlossenen Linie gebildete Liniensumme der magnetischen Feldstärke ist gleich der Stromstärke des von der Linie umlaufenen Gesamtstromes.

$$\frac{1}{\mu_0} \sum \vec{B}_i \cdot \Delta \vec{s}_i = \sum I_k.$$

Wir überprüfen an dieser Stelle die Übereinstimmung der Einheiten auf beiden Seiten der Gleichung:

$$[B] = 1 \frac{\mathrm{V\,s}}{\mathrm{m}^2},$$

$$[\mu_0] = 1 \frac{\mathrm{N}}{\mathrm{A}^2} = 1 \frac{\mathrm{V\,s}}{\mathrm{A\,m}},$$

$$\left[\frac{1}{\mu_0} \cdot \sum B_i \cdot \Delta s_i\right] = 1 \frac{\mathrm{A\,m} \cdot \mathrm{V\,s}}{\mathrm{V\,s} \cdot \mathrm{m}^2} \cdot \mathrm{m} = 1\,\mathrm{A},$$

$$[I] = 1\,\mathrm{A},$$

$$1\,\mathrm{A} = 1\,\mathrm{A}.$$

Im Gegensatz zu der Liniensumme der elektrischen Feldstärke ist die Liniensumme der magnetischen Feldstärke nicht von der Wahl des Weges zwischen zwei Punkten unabhängig! Auch darin kommt zum Ausdruck, daß man sie nicht zur Definition eines Potentials heranziehen darf, wie es im Falle des elektrischen Feldes möglich war. Ein Beispiel für die Abhängigkeit der Liniensumme der magnetischen Feldstärke von der besonderen Wahl des Weges zwischen zwei Punkten P_1 und P_2 zeigt Abb. 491.1. Die Liniensumme längs des Weges L_2 unterscheidet sich von der Liniensumme längs des Weges L_1 um I.

Abb. 491.1
Zur Abhängigkeit der Liniensumme der magnetischen Feldstärke von der Wahl des Weges

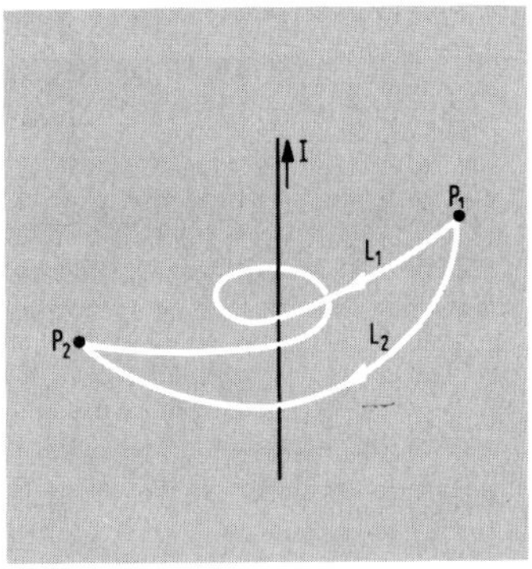

Wenn eine geschlossene Linie keinen stromführenden Leiter umschlingt und wenn durch die umrandete Fläche kein Ladungsstrom hindurchfließt, dann ist die Liniensumme der magnetischen Feldstärke gleich Null.

Die experimentelle Überprüfung des Durchflutungsgesetzes an einem Beispiel ist mühsam:

Versuch 491.1 Wir erzeugen ein Magnetfeld mit Hilfe von Strömen, eventuell gemeinsam mit Permanentmagneten. Die Linie, längs derer die Liniensumme der magnetischen Feldstärke ermittelt werden soll, fixieren wir auf einem Zeichenkarton, die Linie mag stromführende Leiter umschlingen oder auch nicht. Wir unterteilen definitionsgemäß die Linie in kleine, zweckmäßigerweise gleich lange Strecken Δs_i; in deren Mitten A_i messen wir diejenigen Komponenten der magnetischen Flußdichte $\vec{B}_i$ mit der HALL-Sonde, die in der Richtung von $\Delta\vec{s}_i$ liegt. Die Fläche der HALL-Sonde steht bei dieser Messung senkrecht zu der jeweiligen Strecke Δs_i (Abb. 491.2).

Multipliziert man die so gemessenen Komponenten mit $\frac{1}{\mu_0}$ und mit den Längen der zugehörigen Strecken Δs_i und summiert, dann erhält man eine Näherungssumme, die mit der Stärke des Gesamtstromes $I_1 + \cdots + I_n$ im Rahmen der Näherung übereinstimmt.

Als Anwendung des Durchflutungsgesetzes soll die magnetische Flußdichte $\vec{B}$ im Inneren einer langen, stromdurchflossenen Spule angenähert ermittelt werden. Von einer solchen Spule weiß man, daß im Inneren der Spule ein gut homogenes, der Spulenachse paralleles Feld vorliegt, daß das Feld aber außerhalb der Spule sehr schwach ist. Unter diesen Voraussetzungen kann man die Liniensumme der magnetischen Feldstärke längs der in Abb. 491.3 eingezeichneten Linie leicht berechnen: Nur das Produkt der Strecke Δs_3 mit der zugehörigen magnetischen Flußdichte B liefert bei der Berechnung einen Beitrag. Da nämlich die Strecken Δs_2 und Δs_4 auf ihrer ganzen Länge von den Feldlinien annähernd senkrecht geschnitten werden, sind die Skalarprodukte dieser Streckenvektoren mit den Vektoren der magnetischen Flußdichte Null. Am Ort der

Abb. 491.2 Anordnung zur experimentellen Überprüfung des Durchflutungsgesetzes

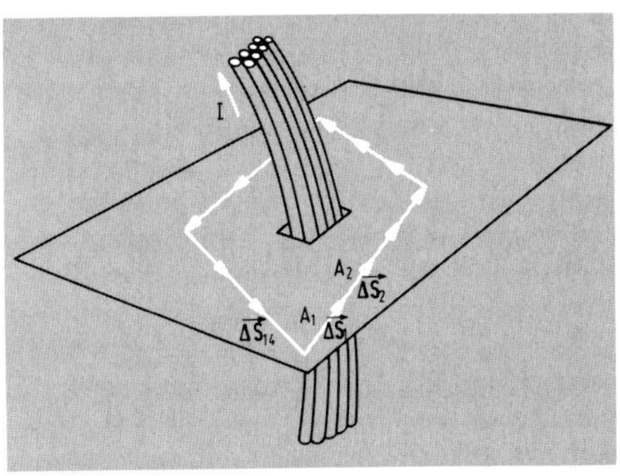

Abb. 491.3 Lange Spule mit eingezeichnetem Weg zur Berechnung der Liniensumme der magnetischen Feldstärke

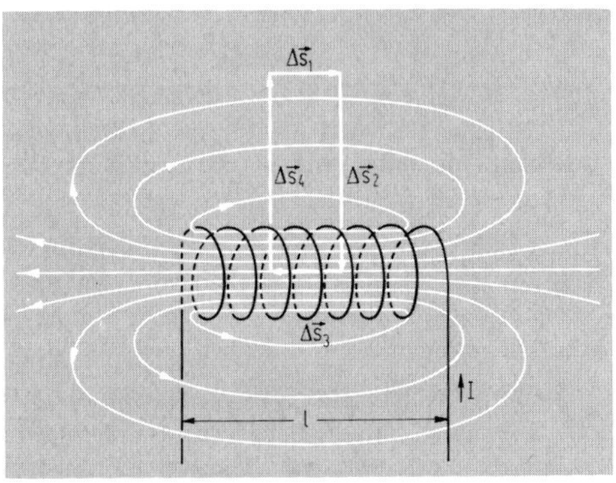

Strecke Δs_1 ist die magnetische Flußdichte von so geringem Betrage, daß auch das Produkt dieses Streckenvektors mit dem Vektor der magnetischen Flußdichte vernachlässigt werden darf. Damit besteht die Liniensumme der magnetischen Feldstärke aus dem einzigen Summanden

$$\frac{1}{\mu_0}\vec{B}\cdot\Delta\vec{s}_3=\frac{1}{\mu_0}B\cdot\Delta s_3.$$

$\vec{B}$ = Vektor der magnetischen Flußdichte in der Spulenmitte.

Wenn die Spule insgesamt n Windungen hat und ihre Länge mit l bezeichnet wird, dann ist $n\cdot\frac{\Delta s_3}{l}$ die Anzahl der von der angegebenen Linie umschlungenen Leiter. Das Durchflutungsgesetz sagt mithin für diesen Fall aus, daß die Gleichung

$$\frac{1}{\mu_0}B\cdot\Delta s_3=n\cdot\frac{\Delta s_3}{l}\cdot I$$

gilt, wenn I die Stromstärke in allen n Windungen der Spule ist.

Damit ergibt sich:

Der Betrag der magnetischen Flußdichte in der Mitte einer langen Spule ist durch die Gleichung

$$B=\mu_0\, n\cdot\frac{I}{l}$$

gegeben.

n = Windungszahl der Spule,
I = Stromstärke in den Spulenwindungen,
l = Spulenlänge.

Wir weisen am Schluß der Betrachtung noch einmal darauf hin, daß der für B angegebene Wert wegen der vereinfachenden Annahmen zu Beginn der Überlegungen als *Näherungswert* zu betrachten ist.

Für einige Überlegungen greift man gern auf eine Spulenart zurück, die – außer im Transformator – kaum eine praktische Anwendung findet. Wir denken uns eine zu einem Ring gebogene Spule. FARADAY hat sich für seine Untersuchungen solche Spulen wirklich gewickelt. Wir können sie für den später wichtigen Fall, daß der Innenraum mit Eisen gefüllt sein soll, angenähert durch eine auf einen Eisenkern mit Joch gesetzte Experimentierspule ersetzen (vgl. Abb. 493.1, 493.2).

Das Magnetfeld dieser Spule ist ganz auf ihren Innenraum beschränkt; gerade darin liegt ihr besonderer Wert für manche Überlegungen. Die Feldlinien sind Kreise, deren Mittelpunkte auf der Achse des Ringes liegen. Vereinfachend wollen wir annehmen, daß alle Feldlinien die gleiche Länge haben; das erspart uns umständliche Integrationen. Diese Annahme ist gleichbedeutend damit, daß der Spulenradius r klein ist gegenüber dem Ringradius R.

Wir berechnen mit Hilfe des Durchflutungsgesetzes die magnetische Flußdichte im Spuleninnenraum. Die magnetische Flußdichte $\vec{B}$ hat längs der Feldlinie, zu der wir die Liniensumme berechnen, konstanten Betrag:

$$\frac{1}{\mu_0}B\cdot 2\pi R=n\,I,$$

$$B=\frac{\mu_0\, n\, I}{2\pi R}.$$

n = Windungszahl der Spule,
B = magnetische Flußdichte im Spuleninnern,
R = Ringradius (vgl. Abb. 493.2),
I = Stromstärke in den Spulenwindungen.

Wir kommen auf dieses Ergebnis auf S. 498 und S. 539 zurück und ziehen dort weitere Schlüsse daraus.

In einer mathematisch exakten Form lautet das Durchflutungsgesetz $\oint\vec{H}\cdot d\vec{s}=I$. Der Kreis in dem Integralzeichen deutet an, daß die Linie, längs derer das Linienintegral gebildet werden soll, eine geschlossene Kurve ist. In den weiteren Ausführungen wird von dieser Formulierung kein Gebrauch gemacht.

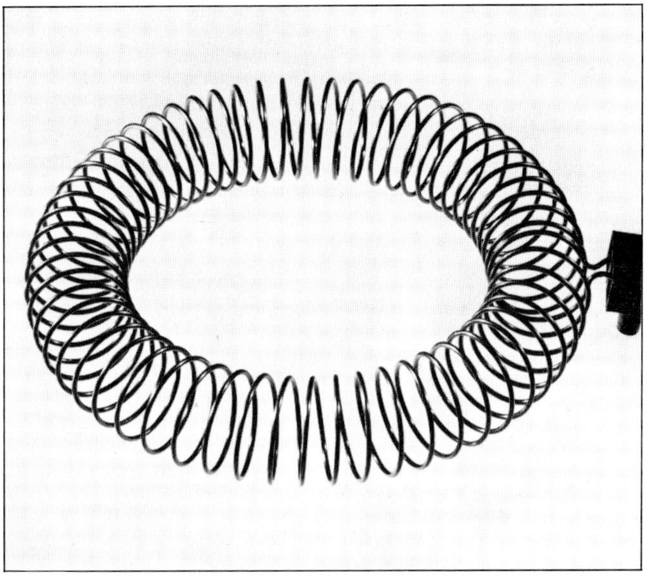

Abb. 493.1
Ringspule in Schrägaufsicht.
Solche Spulen nennt man auch *Toroid*.

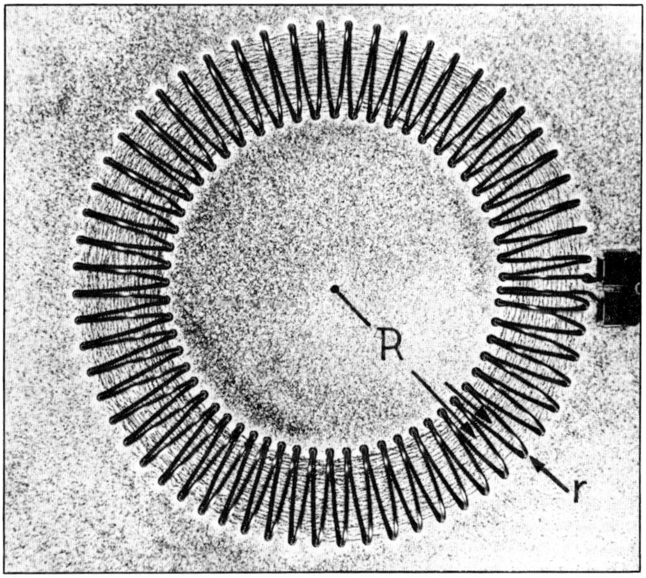

Abb. 493.2
Magnetfeld der Ringspule.
Die Feldlinien wurden mit Eisenpulver erzeugt, sie verlaufen ganz im Innern des Spulenkörpers. Außerhalb dieses Raumes liegt das Eisenpulver regellos. R = Ringradius, r = Spulenradius.

5.2.11 Der magnetische Fluß und der Satz vom magnetischen Fluß

In Versuch 480.1 wird ein Probeleiter durch ein Magnetfeld bewegt, an seinen Enden tritt eine Induktionsspannung U auf. Sie ist um so größer, je stärker das Magnetfeld ist und je schneller man den Leiter bewegt. Die Gleichung $U = v \cdot l \cdot B$ drückt diesen Zusammenhang aus. M. Faraday (1791 – 1867) formulierte diese Erkenntnis mit Hilfe des Feldlinienbildes:

Je größer die Zahl der pro Sekunde vom Probeleiter geschnittenen Feldlinien ist, um so größer ist die Induktionsspannung.

Nun ist die Zahl der Feldlinien, die durch einen Querschnitt hindurchlaufen, zwar anschaulich und gut vorstellbar, als Größe im Sinne der Physik ist sie jedoch nicht brauchbar, weil man zwischen je zwei Feldlinien stets eine weitere zeichnen kann. Dennoch benötigt der Physiker einen solchen Begriff, der ihm sozusagen ein Maß dafür ist, wieviel Feld durch einen gegebenen Querschnitt hindurchläuft. Er nennt diese Größe *magnetischen Fluß*. Wir definieren ihn zunächst am einfachen Beispiel des homogenen Feldes, das ein ebenes Flächenstück senkrecht zur Fläche durchsetzt. Dann verallgemeinern wir den Begriff.

Zur Durchführung dieses Vorhabens definieren wir zunächst, was unter einem *Flächenvektor* zu einer ebenen Fläche A verstanden werden soll.

Unter dem Flächenvektor $\vec{A}$ zu einer ebenen Fläche A soll ein auf dieser Fläche senkrecht stehender Vektor verstanden werden, dessen Betrag gleich dem Flächeninhalt A dieser Fläche gesetzt wird. In welche der beiden möglichen Richtungen senkrecht zu A der Flächenvektor $\vec{A}$ weisen soll, muß im Einzelfall festgelegt werden (Abb. 494.1).

Die Einheit für den Betrag des Flächenvektors ist, der Definition entsprechend, das Quadratmeter (m^2).

Wir definieren:

Der magnetische Fluß Φ eines homogenen Magnetfeldes durch ein ebenes Flächenstück A, das die Feldlinien senkrecht schneidet, soll dem Betrage nach gleich dem Produkt von Flächeninhalt A und dem Betrag der magnetischen Flußdichte $\vec{B}$ sein:

$$\Phi = B \cdot A.$$

Hat der Flächenvektor $\vec{A}$ die Richtung von $\vec{B}$, dann soll der magnetische Fluß Φ durch das Flächenstück A positiv sein, hat der Flächenvektor die Gegenrichtung von $\vec{B}$, dann soll Φ negativ sein.

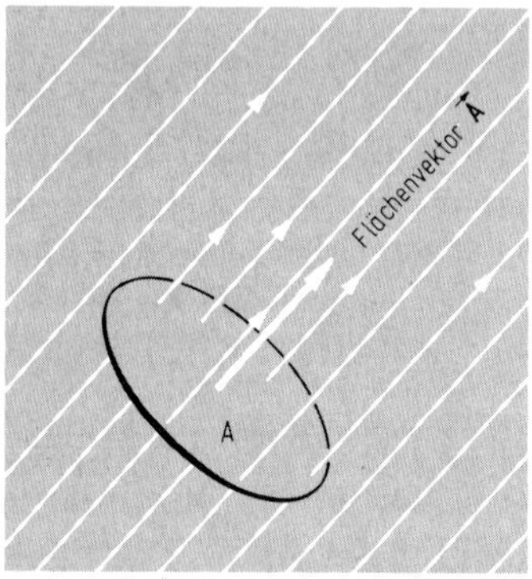

Abb. 494.1
Magnetische Feldlinien, Flächenstück A mit Flächenvektor $\vec{A}$ in Richtung der Feldlinien

Ob der magnetische Fluß Φ positiv oder negativ ist, hängt also davon ab, in welche der beiden möglichen Richtungen senkrecht zu A der Flächenvektor festgelegt wird. Obwohl der magnetische Fluß kein Vektor ist, hat es dennoch einen Sinn zu sagen, daß er ein Flächenstück in einer bestimmten Richtung durchfließe. Man meint damit einfach, daß die Feldlinien das Flächenstück in dieser genannten Richtung durchlaufen. Durchlaufen sie das Flächenstück mit dem Flächenvektor gleichsinnig, so ist der magnetische Fluß positiv (vgl. Abb. 494.1), andernfalls negativ.

Beispielhaft berechnen wir den magnetischen Fluß durch die Mitte einer langen zylindrischen Spule. In ihrem Innern ist das Magnetfeld annähernd homogen, der Fluß in dieser Spule ist damit durch

$$\Phi = B \cdot A$$

A = Spulenquerschnitt,
B = magnetische Flußdichte im Spuleninnern,

gegeben, wenn wir voraussetzen, daß Feldrichtung und die Richtung des Flächenvektors im Spuleninnern übereinstimmen. Nach S. 492 dürfen wir für die magnetische Flußdichte B im Spuleninnern angenähert

$$B = \mu_0 \frac{n \cdot I}{l}$$

setzen; daraus folgt für den magnetischen Fluß

$$\Phi = \mu_0 \frac{n \cdot I}{l} \cdot A.$$

Die *Einheit des magnetischen Flusses* ergibt sich aus der Definition:

$$[\Phi] = [B] \cdot [A]$$

$$[\Phi] = 1\ \mathrm{T} \cdot \mathrm{m}^2$$

$$[\Phi] = 1\ \frac{\mathrm{V\,s}}{\mathrm{m}^2} \cdot \mathrm{m}^2$$

$$[\Phi] = 1\ \mathrm{V\,s}.$$

Die *Ausführungsverordnung zum Gesetz über Einheiten im Meßwesen* bestimmt dazu:

Die Einheit des magnetischen Flusses ist das Weber (Einheitenzeichen: Wb). 1 Weber ist gleich dem magnetischen Fluß, bei dessen gleichmäßiger Abnahme während der Zeit 1 s auf Null in einer ihn umschlingenden Windung die elektrische Spannung 1 V induziert wird. Das Weber darf auch als Voltsekunde (Einheitenzeichen: V s) bezeichnet werden.

Die Einheit des magnetischen Flusses erhielt ihren Namen nach dem deutschen Physiker W. Weber (1804 – 1891).

In unseren weiteren Darstellungen verwenden wir ausschließlich die Einheit V s. Die im Gesetz vorgelegte Beschreibung der Einheit ist für uns noch unverständlich. Aus diesem Grunde geben wir hier eine physikalisch gleichwertige Definition:

Eine Voltsekunde ist gleich dem magnetischen Fluß, der eine Fläche von einem Quadratmeter durchsetzt, wenn alle Feldlinien die Fläche senkrecht durchlaufen und die magnetische Flußdichte des Feldes am Ort der Fläche 1 T beträgt.

Offensichtlich kommt der magnetischen Flußdichte die Einheit

$$\frac{[\Phi]}{\mathrm{m}^2} = 1\ \frac{\mathrm{V\,s}}{\mathrm{m}^2}$$

zu. So findet sich eine Erklärung für den Namen *magnetische Flußdichte*.

Wollten wir in der Mitte einer Spule von 0,5 m Länge, 10 cm Durchmesser und 1000 Windungen einen magnetischen Fluß von einer Voltsekunde erzeugen, dann gelänge das mit einer Stromstärke I_0, die folgender Gleichung genügte:

$$1\ \mathrm{V\,s} = \mu_0 \cdot \frac{1000\ I_0}{0{,}5\ \mathrm{m}} \cdot (0{,}05\ \mathrm{m})^2 \cdot \pi,$$

$$I_0 = \frac{1\ \mathrm{V\,s} \cdot 5 \cdot 10^{-1} \cdot \mathrm{m} \cdot \mathrm{A}^2}{25 \cdot 10^{-4}\ \mathrm{m}^2 \cdot \pi \cdot 4\pi \cdot 10^{-7} \cdot \mathrm{N} \cdot 1000},$$

$$I_0 = 5{,}07 \cdot 10^4\ \mathrm{A}.$$

Die Rechnung zeigt, daß die Einheit V s sehr groß ist. Mit einer Spule, wie sie in Schulen gebraucht werden, ist ein solcher Fluß nicht zu verwirklichen. Eine Spule wie die angegebene, vielleicht zweilagig gewickelt mit einem Kupferdraht von 1 mm Durchmesser, würde nur eine Dauerbelastung mit einer Stromstärke von etwa 5 A vertragen; der magnetische Fluß betrüge dann in der Spulenmitte rund 10^{-4} V s. Dieses Ergebnis steht im Einklang mit dem Resultat der Berechnung auf S. 466. Dort ermittelten wir eine Flußdichte zwischen den Polschuhen von rund 0,1 T. Nimmt man für die Fläche zwischen den Polschuhen einen Flächeninhalt von $5 \cdot 10^{-3}\ \mathrm{m}^2$ an, dann erhält man auch nur einen Fluß von $5 \cdot 10^{-4}$ V s.

Für den Fall, daß der Vektor der magnetischen Flußdichte $\vec{B}$ des homogenen Magnetfeldes nicht auf der ebenen Fläche A senkrecht steht, verallgemeinern wir die Definition des magnetischen Flusses. Wir setzen einen Flächenvektor $\vec{A}$ auf der Fläche A fest.

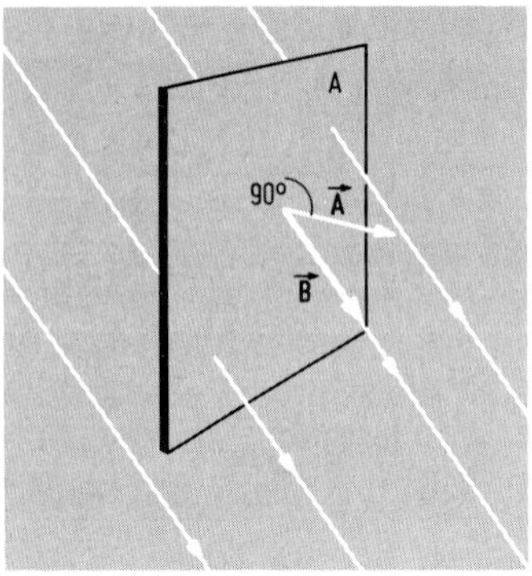

Abb. 496.1
Fläche A, Flächenvektor $\vec{A}$ und Vektor der magnetischen Flußdichte $\vec{B}$. Der magnetische Fluß ist positiv, da die Feldlinien die Fläche mit dem Flächenvektor gleichsinnig durchlaufen. Die Längen der Vektoren $\vec{A}$ und $\vec{B}$ in dieser Zeichnung sind unvergleichbar, da $\vec{A}$ und $\vec{B}$ in verschiedenen Einheiten gemessen werden.

Definition:
Unter dem magnetischen Fluß Φ eines homogenen Magnetfeldes $\vec{B}$ durch eine ebene Fläche A soll das Skalarprodukt

$$\Phi = \vec{B} \cdot \vec{A},$$

$$\Phi = B \cdot A \cdot \cos\{\vec{B}, \vec{A}\}$$

verstanden werden.

$\vec{A}$ = Flächenvektor zur Fläche A
$\vec{B}$ = Vektor der magnetischen Flußdichte,
$\{\vec{B}, \vec{A}\}$ ist der von den Vektoren $\vec{B}$ und $\vec{A}$ eingeschlossene Winkel.

Diese Definition stimmt mit der auf S. 494 gegebenen Definition überein, falls die Feldlinien die Fläche A senkrecht schneiden, denn der Kosinus des von $\vec{A}$ und $\vec{B}$ eingeschlossenen Winkels ist gleich 1, wenn der Flächenvektor $\vec{A}$ mit dem Vektor der magnetischen Flußdichte $\vec{B}$ gleichgerichtet ist; der Kosinus ist gleich -1, falls die Vektoren entgegengesetzte Richtungen haben. Nach der neuen Definition ist der magnetische Fluß Φ positiv, wenn die Feldlinien die Fläche mit dem Flächenvektor gleichsinnig durchlaufen wie in Abb. 496.1, Φ ist negativ, wenn sie sie gegensinnig durchlaufen.

Die angegebene Definition ist offenbar gleichbedeutend mit der Festsetzung, daß der magnetische Fluß dem Betrage nach gleich dem Produkt aus dem Flächeninhalt A und dem Betrag der Normalkomponente $\vec{B}_n$ von $\vec{B}$ ist, die auf der Fläche A senkrecht steht. Hat $\vec{B}_n$ die Richtung des festgesetzten Flächenvektors $\vec{A}$, dann ist Φ positiv, hat $\vec{B}_n$ die Gegenrichtung, dann ist Φ negativ (Abb. 496.2).

Für die Bearbeitung der meisten Probleme ist diese auf das homogene Magnetfeld beschränkte Definition ausreichend. Der folgende Schritt ist notwendig, um einen ganz wesentlichen Unterschied zwischen magnetischen und elektrischen Feldern verstehen zu können.

Diese Definition verallgemeinern wir ein weiteres Mal, um auch in dem Fall mit dem Begriff des magnetischen Flusses operieren zu können, daß die Fläche gekrümmt und das Magnetfeld inhomogen ist. Wir zerlegen die Fläche A in so kleine *Flächenelemente* ΔA_i, daß man im Bereich eines jeden Flächenelements die Fläche als eben und das Magnetfeld als homogen betrachten darf. Jedem Flächenelement ΔA_i ordnen wir wieder einen Flächenvektor $\Delta\vec{A}_i$ vom Betrage ΔA_i zu, alle Flächenvektoren $\Delta\vec{A}_i$ sollen zur selben Seite der Fläche A weisen (vgl. Abb. 497.1).

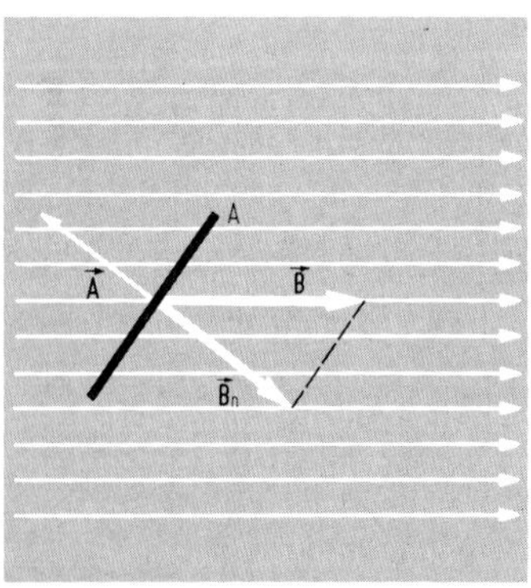

Abb. 496.2
Fläche A (von der Seite gesehen) im homogenen Magnetfeld $\vec{B}$. Der magnetische Fluß ist negativ, da die Feldlinien die Fläche nicht mit dem Flächenvektor gleichsinnig durchlaufen.
$\Phi = -B_n \cdot A$.

Wir definieren:

Unter dem magnetischen Fluß Φ eines Magnetfeldes durch eine Fläche A soll die Summe des magnetischen Flusses durch die einzelnen Flächenelemente $\Delta\vec{A}_i$ verstanden werden.

$$\Phi = \sum \vec{B}_i \cdot \Delta\vec{A}_i.$$

$\Delta\vec{A}_i$ = Flächenvektor auf dem Flächenelement ΔA_i,
$\vec{B}_i$ = Vektor der magnetischen Flußdichte in der Mitte des Flächenelements ΔA_i.

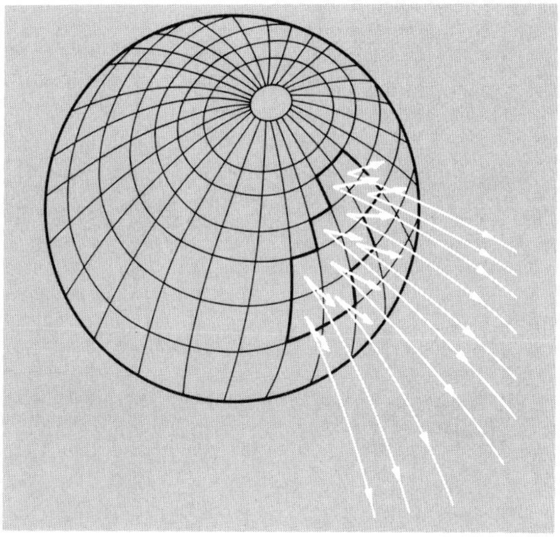

Abb. 497.1
Magnetischer Fluß durch eine gekrümmte Fläche A. Die Fläche selbst ist stark umrandet. Es wurden nur diejenigen Feldlinien eingezeichnet, die durch die Mitten der Flächenelemente ΔA_i laufen. Bei den gewählten Flächenvektoren und dem Verlauf der Feldlinien ist der magnetische Fluß durch die Fläche A positiv.

Wir nennen den magnetischen Fluß auch die *Flächensumme der magnetischen Flußdichte* zu der Fläche A. Der anfänglich herausgegriffene Spezialfall, bei dem das Feld homogen war und die Fläche senkrecht durchsetzte, ist in dieser Definition enthalten.

Um den Satz vom magnetischen Fluß formulieren zu können, denken wir uns jetzt eine geschlossene *Hüllfläche*; man mag sie sich etwa in der Form einer Kartoffel vorstellen. Die Richtung aller Flächenvektoren $\Delta\vec{A}_i$ geben wir fest vor: von innen nach außen.

Satz vom magnetischen Fluß:
In jedem Magnetfeld, gleichgültig welcher Herkunft es ist, ist der magnetische Fluß durch eine geschlossene Hüllfläche gleich Null.

$$\sum_{\text{geschl. Fläche}} \vec{B}_i \cdot \Delta\vec{A}_i = 0.$$

Der Index an dem Summenzeichen soll andeuten, daß der Summenbildung eine geschlossene Hüllfläche zugrunde gelegt wird.

Der magnetische Fluß verhält sich ähnlich wie eine Wasserströmung. Derjenige Fluß, der aus einer geschlossenen Hüllfläche herausströmt – beim Wasser z. B. aus einer Aalreuse –, fließt an anderer Stelle hinein. Aus einem begrenzten Raum kann nichts herausquellen.

Der Satz vom magnetischen Fluß ist die mathematische Formulierung der Erfahrung, daß es keine magnetischen Pole gibt, die den elektrischen Ladungen entsprechen. Magnetfelder sind quellenfrei.

Als Beispiel für diesen Satz betrachten wir den magnetischen Fluß durch eine kugelförmige geschlossene Hüllfläche um einen Stabmagneten, die Abb. 498.1 zeigt einen Querschnitt. Weiße Randlinie bedeutet, daß in diesem Bereich die Feldlinien vom Innen- in den Außenraum treten, der magnetische Fluß zu diesem Bereich ist positiv. Schwarze Randlinie bedeutet, daß in diesem Bereich die Feldlinien vom Außen- in den Innenraum treten, der magnetische Fluß zu diesem Bereich ist negativ. Wegen der Randlage des Stabmagneten in der

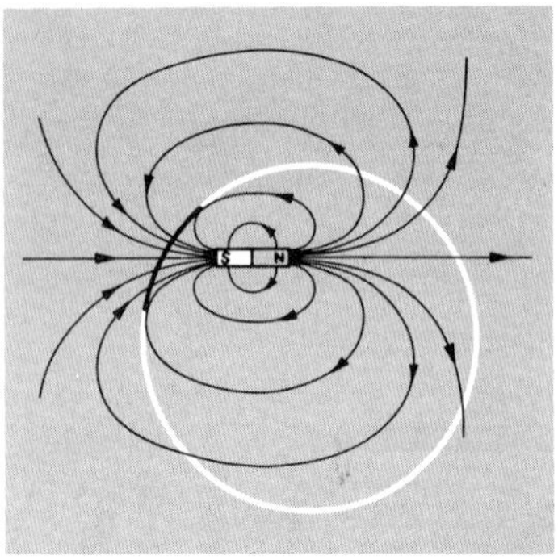

Abb. 498.1
Magnetischer Fluß durch eine Kugelfläche, die einen Stabmagneten umschließt

Kugel ist der Bereich, in dem die Feldlinien eintreten, kleiner als der, in dem sie austreten. Das wird durch den Betrag und die Richtung der magnetischen Flußdichte in den beiden Bereichen ausgeglichen, so daß der in die Kugel eintretende Fluß gleich dem aus der Kugel austretenden Fluß ist; der Gesamtfluß durch die Kugeloberfläche ist Null.

Die Gültigkeit unserer Aussagen beschränken sich verabredungsgemäß auf den leeren Raum und auf statische Magnetfelder. Wir merken aber an dieser Stelle schon an, daß der Satz vom magnetischen Fluß auch für zeitlich veränderliche Felder und für Felder im materieerfüllten Raum unverändert Gültigkeit hat.

Mit Hilfe der Integralrechnung formulieren wir den Satz vom magnetischen Fluß in folgender Weise:

$$\oint \vec{B} \cdot \mathrm{d}\vec{A} = 0 .$$

Der Kreis in dem Integralzeichen soll andeuten, daß es sich um eine geschlossene Hüllfläche handelt. In dieser Form bezeichnet man den Satz auch als 4. MAXWELL-Gleichung in Integralform.

Experimentell ist dieser Satz nur mit großem Aufwand überprüfbar. Man könnte dazu die Oberfläche eines Kastens in viele, möglichst gleiche Flächenelemente ΔA_i einteilen, für jedes Flächenelement die Normalkomponente der magnetischen Flußdichte B_{i_n} messen, alle diese Normalkomponenten B_{i_n} mit ΔA_i multiplizieren und die Produkte addieren. Diese Oberflächensumme ist stets Null, gleichgültig, was der Kasten enthält.

Eine indirekte Bestätigung gibt die Folgerung, die MAXWELL aus dem Satz in Verbindung mit drei anderen Gleichungen zog: beim deduktiven Schluß auf die Existenz von elektromagnetischen Wellen spielt der Satz vom magnetischen Fluß eine wesentliche Rolle. Wir kommen außerdem auf den Satz zurück, wenn wir die magnetische Flußdichte an Grenzflächen zwischen verschiedenen Medien im materieerfüllten Raum untersuchen (S. 552).

Beispiel

Der magnetische Fluß durch den Querschnitt einer in Abb. 493.1 dargestellten Ringspule soll ermittelt werden. Der Ringradius sei $R = 10$ cm, der Spulenradius $r = 1{,}4$ cm, die Windungszahl $n = 500$, der Strom in den Windungen habe eine Stärke $I = 0{,}4$ A.

In der Ringspule verlaufen alle Feldlinien in konzentrischen Kreisen um die Spulenachse (vgl. Abb. 493.2). Jeder Querschnitt durch die Spule mit der Fläche $A = \pi r^2$ wird von den Feldlinien senkrecht geschnitten. Darum gilt für den magnetischen Fluß durch einen solchen Querschnitt

$$\Phi = B \cdot A .$$

Nach S. 492 beträgt die magnetische Flußdichte in der Spule

$$B = \frac{\mu_0 n I}{2\pi R} .$$

Einsetzen ergibt

$$\Phi = \frac{\mu_0 n I}{2\pi R} \cdot \pi r^2$$

$$\Phi = \frac{4\pi \cdot 10^{-7}\,\mathrm{N} \cdot 500 \cdot 0{,}4\,\mathrm{A} \cdot \pi \cdot (1{,}4 \cdot 10^{-2}\,\mathrm{m})^2}{2\pi \cdot 0{,}1\,\mathrm{m} \cdot \mathrm{A}^2}$$

$$\Phi = 2{,}46 \cdot 10^{-7}\,\mathrm{Vs} .$$

Weitere Aufgaben: Siehe O. HÖFLING, Physik-Aufgaben II/2.

5.2.12 Die magnetische Flußdichte im homogenen Magnetfeld

Aus dem Durchflutungsgesetz und dem Satz vom magnetischen Fluß deduzieren wir folgenden wichtigen Satz: Ein Magnetfeld, dessen Feldlinien innerhalb eines räumlichen Bereiches gerade und parallel sind (homogenes Feld), hat in diesem Bereich überall die gleiche magnetische Flußdichte. Oder kurz:

Ein homogenes Magnetfeld hat eine räumlich konstante Flußdichte.

In einem ersten Schritt zeigen wir: Das Magnetfeld hat in zwei beliebigen Punkten P_1 und P_2, die beide in einer zu den Feldlinien senkrechten Ebene liegen, die gleiche magnetische Flußdichte. Wir bilden zu der in Abb. 499.1 angegebenen rechteckigen Linie die Liniensumme der magnetischen Feldstärke. Die Linienvektoren $\Delta\vec{s}_2$ und $\Delta\vec{s}_4$ denken wir so kurz gewählt, daß die Flußdichte längs eines jeden Vektors räumlich konstant sei. Da der von der Linie umlaufene Gesamtstrom gleich Null ist, folgt aus dem Durchflutungsgesetz:

$$\frac{1}{\mu_0}(\vec{B}_1 \cdot \Delta\vec{s}_1 + \vec{B}_2 \cdot \Delta\vec{s}_2 + \vec{B}_3 \cdot \Delta\vec{s}_3 + \vec{B}_4 \cdot \Delta\vec{s}_4) = 0$$

$$\frac{1}{\mu_0}(B_1 \cdot \Delta s_1 \cdot \cos 90° + B_2 \cdot \Delta s_2 \cdot \cos 180° + B_3 \cdot \Delta s_3 \cdot \cos 90° + B_4 \cdot \Delta s_4 \cdot \cos 0°) = 0$$

$$-B_2 \cdot \Delta s_2 + B_4 \cdot \Delta s_4 = 0$$

Mit $\Delta s_2 = \Delta s_4$ folgt daraus $\vec{B}_2 = \vec{B}_4$.

In einem zweiten Schritt zeigen wir: Das Magnetfeld hat in zwei beliebigen Punkten P_1 und P_6, die auf derselben Feldlinie liegen, die gleiche magnetische Flußdichte. Wir berechnen zu der in Abb. 499.2 angegebenen quaderförmigen Hüllfläche den magnetischen Fluß. Die Flächenelemente ΔA_1 und ΔA_6 denken wir so klein gewählt, daß die magnetische Flußdichte auf ihnen räumlich konstant sei. Nach dem Satz vom magnetischen Fluß ist der magnetische Fluß durch die geschlossene Hüllfläche gleich Null:

$$\vec{B}_1 \cdot \Delta\vec{A}_1 + \vec{B}_2 \cdot \Delta\vec{A}_2 + \vec{B}_3 \cdot \Delta\vec{A}_3 + \vec{B}_4 \cdot \Delta\vec{A}_4 + \vec{B}_5 \cdot \Delta\vec{A}_5 + \vec{B}_6 \cdot \Delta\vec{A}_6 = 0$$

$$B_1 \cdot \Delta A_1 \cdot \cos 180° + B_2 \cdot \Delta A_2 \cdot \cos 90° + B_3 \cdot \Delta A_3 \cdot \cos 90°$$
$$+ B_4 \cdot \Delta A_4 \cdot \cos 90° + B_5 \cdot \Delta A_5 \cdot \cos 90° + B_6 \cdot \Delta A_6 \cdot \cos 0° = 0$$

$$-B_1 \cdot \Delta A_1 + B_6 \cdot \Delta A_6 = 0.$$

Mit $\Delta A_1 = \Delta A_6$ folgt daraus $\vec{B}_1 = \vec{B}_6$.

Die Zusammenfassung der beiden Schritte ergibt den oben formulierten Satz: Die Flußdichte ist auf jeder zu den Feldlinien senkrechten Ebene räumlich konstant; sie ist längs einer jeden Feldlinie räumlich konstant. Folglich ist sie im ganzen Raum konstant.

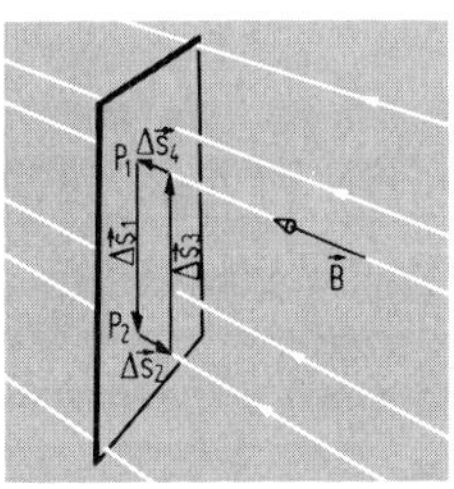

Abb. 499.1
Rechteckige Linie
zur Bestimmung
der Liniensumme

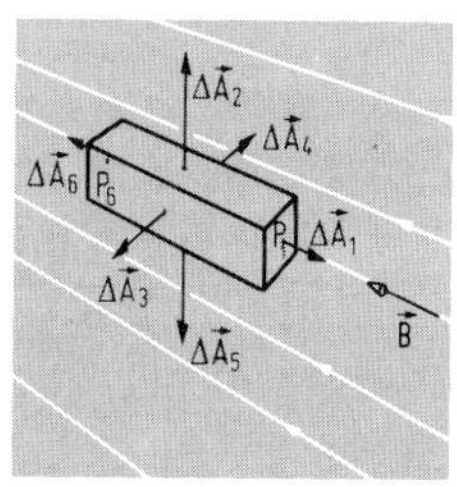

Abb. 499.2
Quaderförmige Hüllfläche
zur Bestimmung
des magnetischen Flusses

5.2.13 Die Gesetze von Biot, Savart und Laplace

Die ungestörte Überlagerung von Magnetfeldern ist die Grundlage der Berechnung von Magnetfeldern, die von stromdurchflossenen Leitern erzeugt werden. Man gewinnt den Vektor der magnetischen Flußdichte $\vec{B}$ dadurch, daß man das Gesamtfeld durch Überlagerung derjenigen Einzelfelder darstellt, die zu kurzen, geradlinig gedachten Leiterstücken gehören. Der mathematische Aufwand, der zu solchen Berechnungen notwendig wird, ist leider nur selten gering. Wir berichten vom historischen Werdegang dieser Methode und teilen für einige Fälle die fertigen Ergebnisse mit.

Die wesentlichen Gedanken zu solchem Verfahren wurden von drei französischen Physikern entwickelt: J. B. Biot (1774–1862), seinem Assistenten F. Savart (1791–1841) und P. de Laplace (1749–1827). Biot und Savart untersuchten das Magnetfeld des langen geraden Leiters mit Hilfe einer schwingenden Magnetnadel. Das ist ein Verfahren, mit dem man in der Schule auch heute noch gut arbeiten kann. Für Magnetfelder, deren Feldlinien horizontal verlaufen, ist der Betrag der magnetischen Flußdichte $\vec{B}$ der zweiten Potenz der Schwingungszeit T umgekehrt proportional,

$$B \sim \frac{1}{T^2}.$$

1821 ermittelten Biot und Savart die Gesetzmäßigkeit, die wir mit Hilfe der Stromwaage gefunden haben: Der Betrag der magnetischen Flußdichte, die von einem sehr langen, geraden stromdurchflossenen Leiter erzeugt wird, ist dem Kehrwert des Abstandes von Leiter und Aufpunkt proportional. Die Abhängigkeit der magnetischen Flußdichte vom Leiterstrom haben die Forscher nur qualitativ beobachten können. Eine Methode, Stromstärken zu messen, gab es 1821 noch nicht; es dauerte noch ein Jahrzehnt, bis brauchbare Meßverfahren entwickelt worden waren. Laplace lieferte die Lösung des Problems, die Felder beliebig geformter stromdurchflossener Leiter zu berechnen, indem er den geschilderten Ansatz mathematisch formulierte. Mit dieser Methode konnte der glänzende Mathematiker die Ergebnisse von Biot und Savart deduzieren.

Trotz der Laplaceschen Urheberschaft führt die Erkenntnis – historisch nicht zu Recht – den Namen Biot-Savart-*Gesetz.* Wir schließen uns dieser Gepflogenheit an. Bei seiner Wiedergabe bedienen wir uns moderner Darstellungsformen.

Zur Berechnung der magnetischen Flußdichte $\vec{B}$ im Aufpunkt P ordnet man auf dem vom Strom I durchflossenen Leiter Streckenvektoren $\Delta \vec{s}_i$ an. Sie schließen aneinander wie bei der Bildung der Liniensummen, ihre Richtung ist die des Stromes I. Zu jedem Streckenvektor gehört ein Abschnitt des Leiters der Länge Δs_i. Mit $\vec{r}_i$ bezeichnen wir den Vektor, der von der Mitte der Strecke Δs_i zum Aufpunkt P führt.

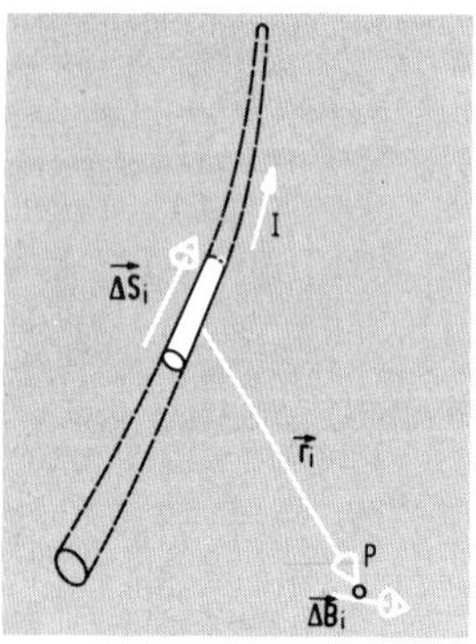

Abb. 500.1
Vektoren und Leiter im Biot-Savart-Gesetz. Der Vektor $\Delta \vec{s}_i$ wurde der Übersicht wegen neben den Leiter gezeichnet.

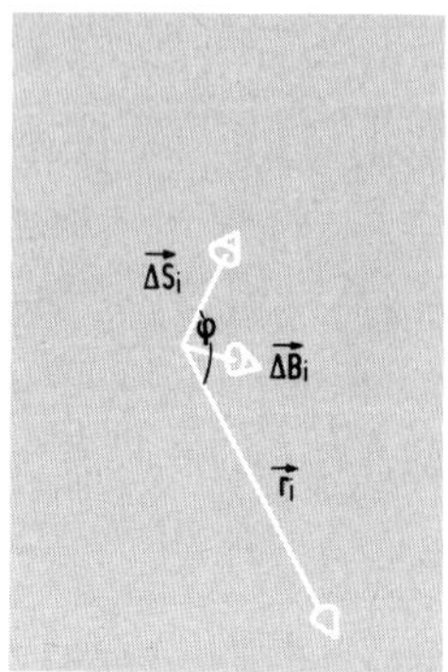

Abb. 500.2
Die Vektoren $\Delta \vec{s}_i$ und $\vec{r}_i$ und der Vektor $\Delta \vec{B}_i$. $\Delta \vec{B}_i$ liegt in Richtung des Vektorproduktes $\Delta \vec{s}_i \times \vec{r}_i$.

Biot-Savart-Gesetz:

Der Abschnitt Δs_i eines vom Strom I durchflossenen Leiters erzeugt im Aufpunkt P eine magnetische Flußdichte $\Delta \vec{B}_i$.

Es gilt:

$$\Delta \vec{B}_i = \frac{\mu_0 I}{4\pi r_i^3} \cdot \Delta \vec{s}_i \times \vec{r}_i.$$

I = Stromstärke im Leiter, $\Delta \vec{s}_i$ = Streckenvektor auf dem Leiterabschnitt, $\vec{r}_i$ = Ortsvektor vom Leiterabschnitt zum Aufpunkt P.

Die magnetische Flußdichte $\vec{B}$, die der gesamte Leiter am Ort P erzeugt, ist die Summe aller Feldvektoren $\Delta\vec{B}_i$, die von den Leiterabschnitten Δs_i erzeugt werden.

$$\vec{B}=\sum_i \Delta\vec{B}_i.$$

In der hier wiedergegebenen Form gilt das BIOT-SAVART-*Gesetz streng nur für das Vakuum. Für den lufterfüllten Raum gilt es in sehr guter Näherung.*

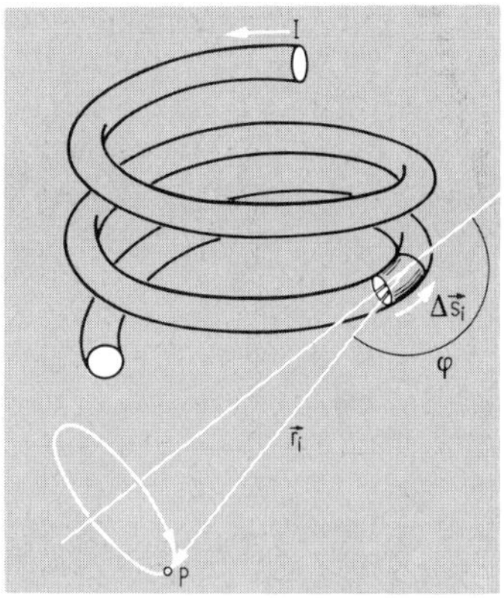

Abb. 501.1
Ein Leiterstück Δs_i erzeugt im Aufpunkt P ein Magnetfeld mit der eingezeichneten Feldlinie nach dem BIOT-SAVART-Gesetz. Die zum Feld der gesamten Spule gehörige Feldlinie verläuft ganz anders.

Das vom Leiterelement Δs_i erzeugte Feld hat im allgemeinen nicht die Richtung des Gesamtfeldes, weil die magnetische Flußdichte $\vec{B}$ sich aus vielen Vektorsummanden $\Delta\vec{B}_i$ im Aufpunkt zusammensetzt. Erst der Summenvektor $\vec{B}$ zeigt die Feldlinienrichtung des Gesamtfeldes an.

Experimentell ist das BIOT-SAVART-Gesetz nicht direkt überprüfbar, weil ein einzelnes stromdurchflossenes Leiterstück nicht verwirklicht werden kann. Ausschließlich die Bewährung bei der Berechnung von Magnetfeldern zu speziellen Leiterformen rechtfertigt das Vertrauen in das Gesetz.

Wir weisen hier nur darauf hin, daß das BIOT-SAVART-Gesetz auch die Magnetfelder bewegter Ladungen zu berechnen gestattet. Man hat – entsprechend den Überlegungen auf S.467 – $I\cdot\Delta\vec{s}$ durch $Q\cdot\vec{v}$ zu ersetzen.

Die mathematisch exakte Formulierung des BIOT-SAVART-Gesetzes in der Form eines Integrals lautet:

Die magnetische Flußdichte, die ein vom Strom I durchflossener Leiter L in einem Aufpunkt P erzeugt, wird gegeben durch das über den Leiter L erstreckte Linienintegral

$$\vec{B}=\frac{\mu_0 I}{4\pi}\int_L \frac{\mathrm{d}\vec{s}\times\vec{r}}{r^3}.$$

Für das Verständnis der folgenden Überlegungen ist diese Mitteilung ohne Bedeutung.

Zu verschiedenen Beispielen wollen wir die magnetische Flußdichte $\vec{B}$ wenigstens für einige ausgezeichnete Punkte im Raum berechnen oder mitteilen. Wir wählen dazu in Technik oder Wissenschaft häufig verwendete Leiterformen. Das Magnetfeld des langen geraden Leiters besprechen wir an dieser Stelle nicht mehr. Wir wissen, daß LAPLACE diese Leiterform seinen Überlegungen zugrunde gelegt hat: Die Formel ist gerade so angesetzt, daß sie dieses Feld richtig beschreibt.

Wir schildern an drei Beispielen, wie die magnetische Flußdichte dreier wichtiger Spulenformen mit Hilfe des BIOT-SAVART-Gesetzes berechnet werden kann.

1. Für eine *flache Kreisspule* vom Radius R mit n Windungen soll die magnetische Flußdichte $\vec{B}$ für einen auf der Spulenachse liegenden Aufpunkt P berechnet werden. Seinen Abstand von der Spulenmitte bezeichnen wir mit x.

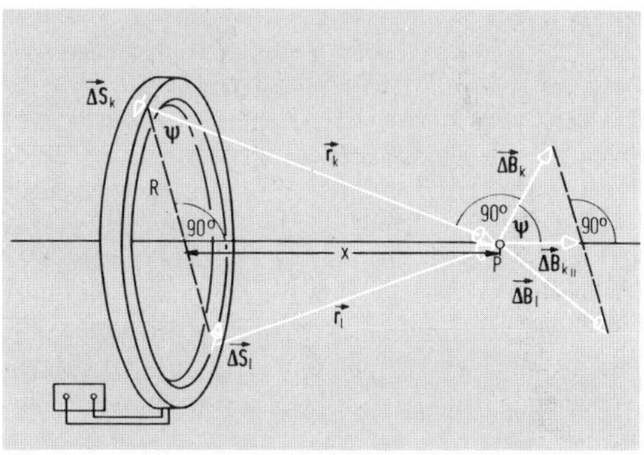

Abb. 501.2
Zur Berechnung der magnetischen Flußdichte $\vec{B}$ einer flachen Kreisspule in einem Aufpunkt P auf der Spulenachse

Die Berechnung mit Hilfe des BIOT-SAVART-Gesetzes vereinfacht man für diesen Fall, wenn man bei der Addition der Vektoren $\Delta\vec{B}_i$ jeweils solche Summanden $\Delta\vec{B}_k$ und $\Delta\vec{B}_l$ zusammenfaßt, deren zugehörige Streckenvektoren $\Delta\vec{s}_k$ und $\Delta\vec{s}_l$ sich auf dem Spulenring gegenüberliegen. Die Summe der Vektoren $\Delta\vec{B}_k$ und $\Delta\vec{B}_l$ hat dann die Richtung der Spulenachse, weil sich diejenigen Komponenten der Vektoren $\Delta\vec{B}_k$ und $\Delta\vec{B}_l$, die zur Spulenachse senkrecht stehen, bei der Summierung aufheben. Der Vektor

$$\Delta\vec{B}_k + \Delta\vec{B}_l = 2\Delta\vec{B}_{k\parallel}$$

ist der Spulenachse parallel. Es genügt folglich, bei der Summation nur diejenigen Komponenten zu addieren, die der Spulenachse parallel sind.

$$\Delta B_{i\parallel} = \frac{\mu_0 \cdot n \cdot I}{4\pi r^3} |\Delta\vec{s}_i \times \vec{r}_i| \cdot \cos\psi .$$

ψ ist der für alle Vektoren $\Delta\vec{s}_i$ gleiche Winkel zwischen $\Delta\vec{B}_i$ und der Spulenachse,
r_i ist der für alle Vektoren $\Delta\vec{s}_i$ gleiche Abstand zwischen Leiterabschnitt und Aufpunkt P, $r_i = r$.
Alle Streckenvektoren $\Delta\vec{s}_i$ stehen auf den Ortsvektoren $\vec{r}_i$ senkrecht, alle Vektoren $\Delta\vec{B}_{i\parallel}$ sind der Spulenachse parallel.

Bei der Summation aller Beträge $\Delta B_{i\parallel}$ erhält man

$$B = \sum_i \Delta B_{i\parallel}$$

$$B = \sum_i \frac{\mu_0 \cdot n \cdot I}{4\pi r^3} \cdot \Delta s_i \cdot r \cdot \frac{R}{r}$$

$$B = \frac{\mu_0 \cdot n \cdot I}{4\pi r^3} \cdot 2\pi R \cdot R .$$

Die magnetische Flußdichte $\vec{B}$ auf der Achse einer flachen Kreisspule hat den Betrag

$$B = \frac{\mu_0 \, n I R^2}{2 r^3} .$$

Feldvektor $\vec{B}$ und Umlaufsinn des Stromes I sind rechtsorientiert.

n = Windungszahl der Spule, r = Abstand des Aufpunktes vom Leiter,
I = Stromstärke im Leiter, R = Spulenradius.

Dieses Ergebnis ist mit einer HALL-Sonde gut überprüfbar.

Wir wollen die Formel dazu verwenden, das Verhalten der Größe B für wachsende Abstände x zwischen Spulenebene und Aufpunkt P zu ermitteln. Für große Abstände x darf man in dem Term für B die Größe r^3 angenähert durch x^3 ersetzen, da $\frac{r}{x}$ fast gleich 1 ist. Erweitert man den Bruch mit π, dann erhält man für den Feldvektor B im großen Abstand von der Spulenmitte:

$$B_{\text{Dipol}} = \frac{\mu_0 \, n I \cdot \pi R^2}{2\pi x^3} .$$

Den Index *Dipol* setzen wir daran, weil eine wesentliche Übereinstimmung mit der elektrischen Feldstärke des elektrischen Dipols vorliegt (vgl. S. 433). Wir haben für auf der Spulenachse liegende Aufpunkte gezeigt, daß der Betrag der magnetischen Flußdichte B mit der dritten Potenz des Abstandes x von der Spulenmitte abnimmt. Die gleiche Gesetzmäßigkeit gilt für alle Richtungen, sie ist charakteristisch für einen Dipol. Allein dieser formalen Übereinstimmung wegen bezeichnet man eine solche Spule auch als *magnetischen Dipol*. Es soll hier aber noch einmal betont werden, daß es magnetische Pole nicht gibt, auch nicht in einer Anordnung in Paaren. Die Größe $m = n I \pi R^2 = n I \cdot A$, bezeichnet man als den Betrag des *Dipolmoments* oder auch des *magnetischen Moments* $\vec{m}$. Das Dipolmoment ist ein Vektor, er steht auf der Spulenfläche senkrecht und bildet mit der Stromrichtung ein rechtsorientiertes System; $\vec{m}$ hat die Richtung der im Spuleninnern erzeugten Flußdichte $\vec{B}$. Das Dipolmoment einer Spule ist von der besonderen Form des Querschnitts A unabhängig. Allgemein gilt

$$m = n I A .$$

Die Einheit des magnetischen Moments ergibt sich aus der Definition: $[m] = 1\ \text{A} \cdot \text{m}^2$.

Wir teilen die Formel mit, nach der der Betrag der vom Dipol erzeugten Flußdichte $\vec{B}_{\text{Dipol}}$ für alle weit vom Dipol entfernten Raumpunkte P errechnet werden kann. Sie gilt für beliebige magnetische Dipole.

$$B_{\text{Dipol}} = \frac{\mu_0 \cdot m}{4 \pi r^3} \cdot \sqrt{3 \cos^2 \alpha + 1}\,.$$

$\vec{r}$ ist der Vektor, der von der Dipolmitte zum Aufpunkt P weist, $\vec{m}$ ist das magnetische Moment des Dipols, α ist der von $\vec{m}$ und $\vec{r}$ eingeschlossene Winkel, $\alpha = \{\vec{m}, \vec{r}\}$.

Im Abschnitt 5.2.14 wollen wir die Kräfte untersuchen, die auf einen magnetischen Dipol wirken, der sich in einem Magnetfeld befindet. Es werden sich dabei weitere Übereinstimmungen mit dem Verhalten des elektrischen Dipols im elektrischen Feld herausstellen.

2. Das HELMHOLTZ-*Spulenpaar*. In den Versuchen 463.1 und 469.1 verwendeten wir ein ausgedehntes, gut homogenes Magnetfeld, das wir mit Hilfe eines sogenannten HELMHOLTZ-Spulenpaares erzeugten. Wir wollen die magnetische Flußdichte $\vec{B}$, die in der Mitte M des Spulenpaares herrscht, berechnen. Dazu überlagern wir die Magnetfelder zweier flacher Kreisspulen, wie sie im ersten Beispiel beschrieben wurden. Diese Kreisspulen sind so anzuordnen, daß ihre Achsen zusammenfallen und daß der Abstand der Spulen voneinander dem Spulenradius R gleicht. Wir berechnen die magnetische Flußdichte $\vec{B}$ nur für den Mittelpunkt M. Das Magnetfeld in dem von den HELMHOLTZ-Spulen eingegrenzten Innenraum ist sehr gut homogen, nur in den Randgebieten dieses Innenraumes zeigt die HALL-Sonde eine Abweichung der magnetischen Flußdichte $\vec{B}$ von dem Wert, der in der Mitte des Spulenpaares gemessen wird. Man darf darum den für den Mittelpunkt berechneten Wert als für den gesamten Innenraum gültig betrachten.

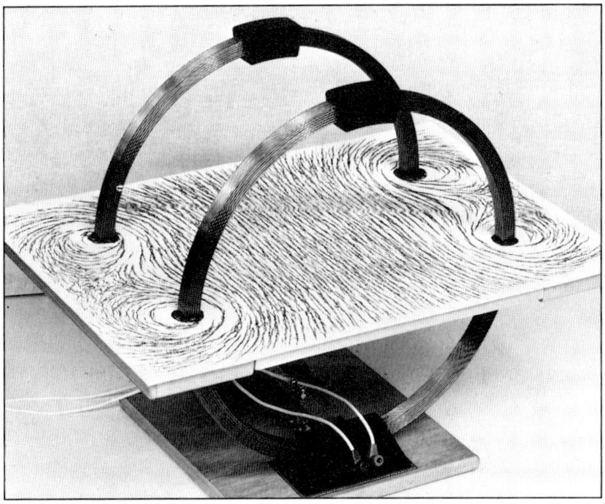

Abb. 503.1
Magnetfeld des HELMHOLTZ-Spulenpaares. Die Feldlinien wurden mit Eisenspänen erzeugt.

Abb. 503.2 HELMHOLTZ-Spulenpaar

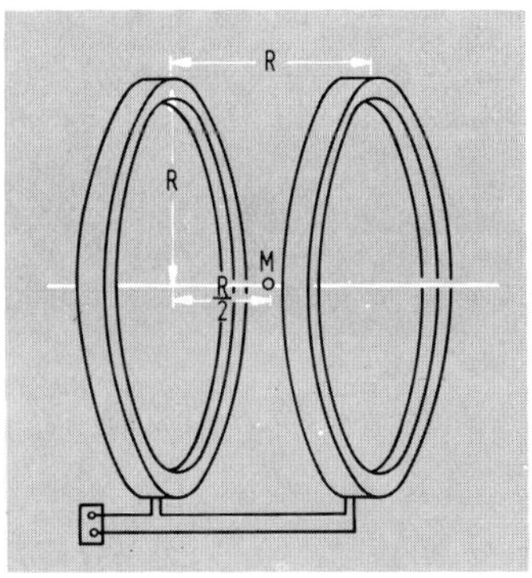

Wir berechnen die magnetische Flußdichte B für den geometrischen Mittelpunkt M des Spulenpaares: Die von einer Ringspule erzeugte magnetische Flußdichte ist nach dem ersten Beispiel durch

$$B = \frac{\mu_0 n I R^2}{2 r^3}$$

gegeben. Für die Größe r setzen wir den Abstand r_M ein, den der Mittelpunkt M von allen Leiterelementen hat.

$$r_M = \sqrt{R^2 + \frac{R^2}{4}}$$

$$r_M = R \cdot \sqrt{\tfrac{5}{4}}\,.$$

Die von den beiden Ringspulen erzeugten Felder stimmen in Richtung und Betrag der magnetischen Flußdichte überein, wir multiplizieren darum den Term mit 2.

Die magnetische Flußdichte B_H in der Mitte eines Helmholtz-Spulenpaares ist gegeben durch

$$B_H = \left(\frac{4}{5}\right)^{\frac{3}{2}} \cdot \frac{\mu_0 \cdot n \cdot I}{R}.$$

Der Feldvektor $\vec{B}_H$ ist der Spulenachse parallel, $\vec{B}_H$ und Umlaufsinn des Stromes I sind rechtsorientiert.

n = Windungszahl auf jeder der beiden Ringspulen,
I = Stromstärke in den Leitern,
R = Spulenradius, zugleich Abstand der Spulen voneinander.

$(\frac{4}{5})^{\frac{3}{2}} = 0{,}7155$

3. *Die zylindrische Spule.* Für die Erzeugung eines räumlich weniger ausgedehnten homogenen Magnetfeldes mit berechenbarer magnetischer Flußdichte B verwendet man auch lange zylindrische Spulen. Der Bereich, in dem das Feld angenähert homogen ist, beschränkt sich auf den mittleren Bereich des Spuleninneren, der Betrag der magnetischen Flußdichte ist in diesem Gebiet über den Spulenquerschnitt nahezu konstant, die angegebene Formel gilt jedoch exakt nur für auf der Achse gelegene Aufpunkte.

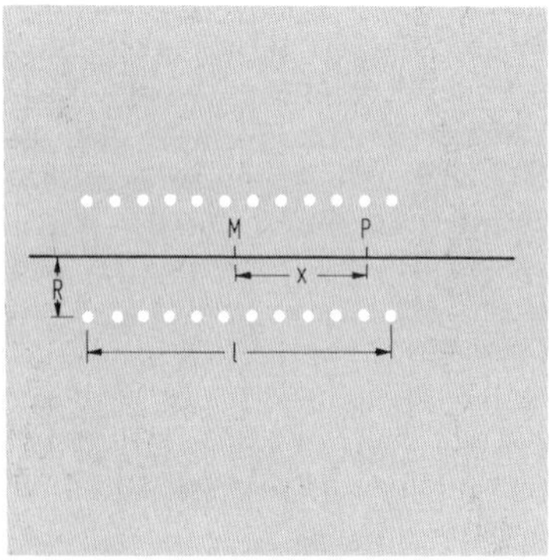

Abb. 504.1
Darstellung einer zylindrischen Spule im Querschnitt mit Angabe der unten verwendeten Maße. Die weißen Punkte stellen die Leiterquerschnitte dar.

In einem auf der Achse einer zylindrischen Spule gelegenen Punkt P hat die magnetische Flußdichte $\vec{B}$ den Betrag

$$B = \mu_0 \frac{n \cdot I}{l} \cdot \frac{1}{2} \left(\frac{\frac{l}{2} + x}{\sqrt{\left(\frac{l}{2} + x\right)^2 + R^2}} + \frac{\frac{l}{2} - x}{\sqrt{\left(\frac{l}{2} - x\right)^2 + R^2}} \right).$$

Der Vektor $\vec{B}$ liegt auf der Spulenachse, er bildet mit dem Umlaufsinn des Stromes I ein rechtsorientiertes System.

l = Spulenlänge, R = Spulenradius,
n = Windungszahl,
I = Stromstärke im Leiter,
x = Abstand des Aufpunktes P von der Spulenmitte M.

Für Spezialfälle wollen wir den für B angegebenen Term interpretieren.

Spulen, deren Länge größer ist als das Vierzehnfache ihres Radius, weisen wenigstens in der Spulenmitte (in unserer Formel ist dann x nahezu Null) eine magnetische Flußdichte B auf, die sich von dem auf S. 492 angegebenen Wert $\mu_0 \cdot n \cdot \frac{I}{l}$ um höchstens 1% unterscheidet. Am Rande einer solchen langen zylindrischen Spule $\left(\text{in unserer Formel also für } x = \frac{l}{2} \text{ oder } -\frac{l}{2}\right)$ fällt B auf nahezu die Hälfte des Wertes in der Spulenmitte ab. Das gilt um so genauer, je größer das Verhältnis $\frac{l}{R}$ ist. Zum Experimentieren eignet sich darum nur die Mitte des Spuleninneren, weil zu den Spulenenden hin der Betrag der magnetischen Flußdichte so stark abfällt, daß eine geringfügige Verschiebung der Meßanordnung eine starke Veränderung des Meßergebnisses zur Folge hat. Die Feldlinien sind in diesem Endbereich nicht mehr annähernd parallel.

Für zwei Arten von Spulen, wie sie in der Schule häufig verwendet werden, geben wir in Abb. 505.1 den Quotienten

$$\frac{B}{\mu_0 \cdot \frac{I \cdot n}{l}}$$

in einem Diagramm an, aus dem seine Abweichung vom Wert 1 zu entnehmen ist.

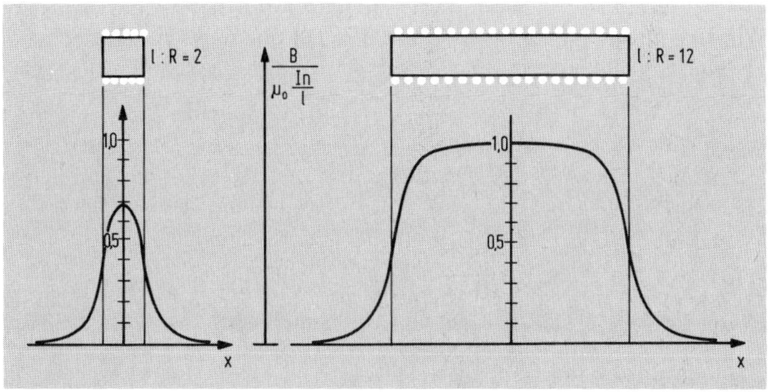

Abb. 505.1
Der Quotient $\frac{B}{\mu_0 \cdot \frac{I \cdot n}{l}}$ der magnetischen Flußdichte auf der Achse zweier Spulen mit den Verhältnissen Länge : Radius wie 2 : 1 (links) bzw. 12 : 1 (rechts).

Die Magnetfelder, die von stromdurchflossenen Leiterschleifen oder von Spulen erzeugt werden, zeigen eine weitgehende Übereinstimmung mit dem Feld, das einen Stabmagneten umgibt. Die Abb. 457.2 und 457.3 geben die Feldlinienbilder wieder. Auch dem Stabmagneten kann man ein magnetisches Moment $\vec{m}$ so zuordnen, daß sein Magnetfeld für entfernt gelegene Aufpunkte nach dem gleichen Formalismus berechnet werden kann wie er für Leiterschleifen und Spulen angewendet wird. Darum gilt die auf S. 503 angegebene Gleichung zur Berechnung der magnetischen Flußdichte $\vec{B}$ mit Hilfe des magnetischen Moments $\vec{m}$ auch für Stabmagnete.

Die gleiche Überlegung, wie sie auf S. 502 für das magnetische Moment der flachen Kreisspule durchgeführt wurde, stellen wir jetzt auch für die zylindrische Spule an. Mit Hilfe der Näherungsformeln

$$\sqrt{1+z} \approx 1+\frac{z}{2} \qquad \text{und} \qquad \frac{1}{1+\frac{z}{2}} \approx 1-\frac{z}{2}$$

mit

$$z=\frac{R^2}{\left(\frac{l}{2}+x\right)^2} \qquad \text{bzw.} \qquad z=\frac{R^2}{\left(\frac{l}{2}-x\right)^2}$$

kann man aus dem für die magnetische Flußdichte B der Spule angegebenen Ausdruck für $|x| \gg l$ und $|x| \gg R$ die Beziehung

$$B_{\text{Dipol}}=\frac{\mu_0 \cdot n \cdot I \cdot \pi R^2}{2\pi \cdot x^3}$$

$$B_{\text{Dipol}}=\frac{\mu_0}{2\pi} \cdot \frac{m}{x^3}$$

folgern. Wie bei der Kreisspule setzt man $I n \pi R^2 = I n A$ (A = Spulenquerschnitt) als Betrag für das magnetische Moment $\vec{m}$. Die Richtung des magnetischen Moments wird wieder so festgelegt, daß sie mit der Richtung der magnetischen Flußdichte auf der Spulenachse übereinstimmt. Die Querschnittsform der Spule hat keinen Einfluß auf das magnetische Moment. Im Abschnitt 5.2.14 wird von dieser Definition des magnetischen Moments Gebrauch gemacht.

Was hier ausschließlich für Aufpunkte hergeleitet wurde, die auf der Spulenachse weit von der Spulenmitte entfernt liegen, gilt wieder allgemein: in allen Richtungen nimmt der Betrag der magnetischen Flußdichte in großer Entfernung von der Spulenmitte mit der dritten Potenz der Entfernung ab.

5.2.14 Der magnetische Dipol im Magnetfeld

In der Elektrostatik wurden die Kräfte untersucht, die auf einen elektrischen Dipol wirken, der sich in einem elektrischen Feld befindet. Das gleiche Problem stellt sich beim *magnetischen Dipol.* Was oft unpräzise „Anziehung und Abstoßung von Magnetpolen“ genannt wird, kann exakt mit Hilfe des magnetischen Moments und der magnetischen Flußdichte beschrieben werden. Diese Beschreibung ist in der Atomphysik von großer Bedeutung.

Wir betrachten einen im Magnetfeld befindlichen magnetischen Dipol. Sein Eigenfeld übt auf ihn keine Wirkung aus, es geht folglich in die Betrachtung nicht ein. Zunächst denken wir an einen besonders einfach gestalteten magnetischen Dipol: er soll von einer stromdurchflossenen rechteckigen Leiterschleife gebildet werden.

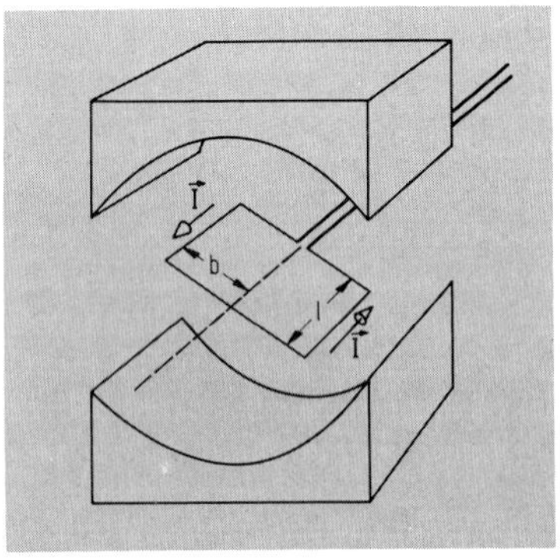

Abb. 506.1
Rechteckige Leiterschleife mit Achse im homogenen Magnetfeld

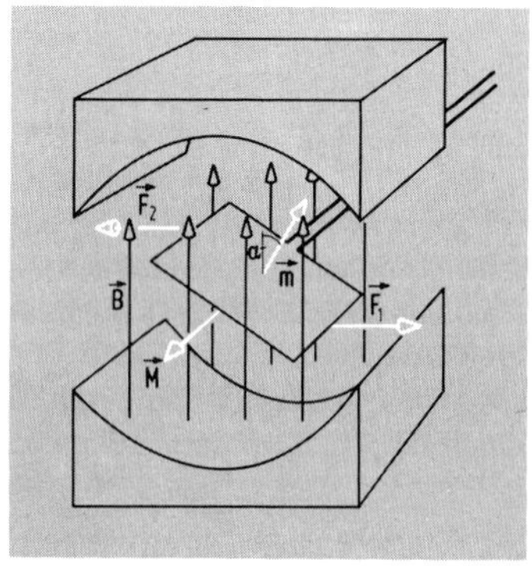

Abb. 506.2
Die Kräfte $\vec{F}$ auf die achsenparallelen Abschnitte der Leiterschleife, magnetisches Moment $\vec{m}$ und mechanisches Moment $\vec{M}$. $\sphericalangle\{\vec{m},\vec{B}\}=\alpha$

Die Schleife befinde sich in einem homogenen Magnetfeld, sie kann sich um eine Achse drehen. Diese Achse liege in der Schleifenebene und stehe senkrecht zum Vektor $\vec{B}$ der magnetischen Flußdichte. Das magnetische Moment $\vec{m}$ des Dipols ist ein Vektor, der auf der Schleifenebene senkrecht steht. Den Winkel, den $\vec{m}$ mit $\vec{B}$ bildet, bezeichnen wir mit α. Die einzelnen, vom Strom I durchflossenen Leiterabschnitte erfahren im magnetischen Felde die LORENTZ-Kraft. Die Kräfte, die auf die zur Achse senkrechten Leiterabschnitte wirken, sind entgegengesetzt gleich und heben sich auf. Die Kräfte, die auf die zur Achse parallelen Abschnitte der Länge l wirken, sind durch $\vec{F}=l\cdot\vec{I}\times\vec{B}$ gegeben. Unter Berücksichtigung der Abstände dieser Leiterabschnitte von der Drehachse und der Winkel zwischen Hebelarm und Kraft erhält man das Drehmoment, das diese Kräfte erzeugen. Es hat den Betrag

$$M=lIB\cdot 2b\sin\alpha\,.$$

l = Länge der zur Drehachse parallelen Leiterabschnitte,
b = Abstand dieser Leiterabschnitte zur Drehachse,
α = Winkel zwischen dem magnetischen Moment $\vec{m}$ und der magnetischen Flußdichte $\vec{B}$.

Das Drehmoment $\vec{M}$ ist der Achse parallel. $I\cdot l\cdot 2b$ ist der Betrag des magnetischen Moments $\vec{m}$.

Wir verallgemeinern dieses Ergebnis und verwenden die für den besonderen Fall ermittelte Gesetzmäßigkeit als Definition. Sie gilt auch für das magnetische Moment eines Stabmagneten.

Definition des magnetischen Moments $\vec{m}$:

Zu einem magnetischen Dipol kann man stets einen Vektor $\vec{m}$, sein magnetisches Moment, angeben, so daß im Magnetfeld mit der magnetischen Flußdichte $\vec{B}$ das mechanische Drehmoment

$$\vec{M}=\vec{m}\times\vec{B}$$

auf den Dipol wirkt.

Die abgeleitete Einheit des magnetischen Moments ist $1\,\frac{\mathrm{N\,m}}{\mathrm{T}}=1\,\mathrm{A\,m^2}$.

Ist der magnetische Dipol eine stromdurchflossene Spule, so hat er das Dipolmoment $\vec{m}$ mit dem Betrag

$$m = n I A$$

n = Windungszahl,
I = Stromstärke in den Windungen,
A = Spulenquerschnitt,

das Dipolmoment $\vec{m}$ steht senkrecht auf der Fläche A und bildet mit der Stromrichtung ein rechtsorientiertes System (vgl. Abb. 508.1). Ist der magnetische Dipol ein Stabmagnet, dann ist sein Dipolmoment mit Hilfe der Beziehung

$$\vec{M} = \vec{m} \times \vec{B}$$

zu bestimmen. Die Richtung des Dipolmoments ist die Richtung des Stabmagneten, dessen Nordpol man als Pfeilspitze betrachtet (vgl. Abb. 508.2).

Wir wollen noch die Energie ermitteln, die notwendig ist, um den magnetischen Dipol um den Winkel α aus derjenigen Lage herauszudrehen, in der das Dipolmoment und die Richtung der magnetischen Flußdichte übereinstimmen. Wegen der formalen Übereinstimmung des Drehmoments in dem vorliegenden Fall mit dem Drehmoment, das ein elektrischer Dipol im elektrischen Felde erfährt, können wir das Ergebnis von S. 437 übernehmen. Man kann es auch durch eine Integration gewinnen:

$$W = m \cdot B \cdot (1 - \cos\alpha).$$

Diese Energie könnte man als potentielle Energie des magnetischen Dipols im Magnetfeld bezeichnen. Es ist aber üblich, für die Festlegung des Nullniveaus diejenige Lage des Dipols zugrunde zu legen, in der das Dipolmoment auf der Feldrichtung senkrecht steht. Das bedeutet, daß man die Konstante $-m \cdot B$ hinzufügt. Das Ergebnis darf man auch für den Fall des nichthomogenen Feldes verwenden:

Die potentielle Energie W_p eines magnetischen Dipols mit dem Dipolmoment $\vec{m}$ im Feld mit der magnetischen Flußdichte $\vec{B}$ ist durch das Skalarprodukt

$$W_p = -\vec{m} \cdot \vec{B} = -m \cdot B \cdot \cos\alpha$$

gegeben.

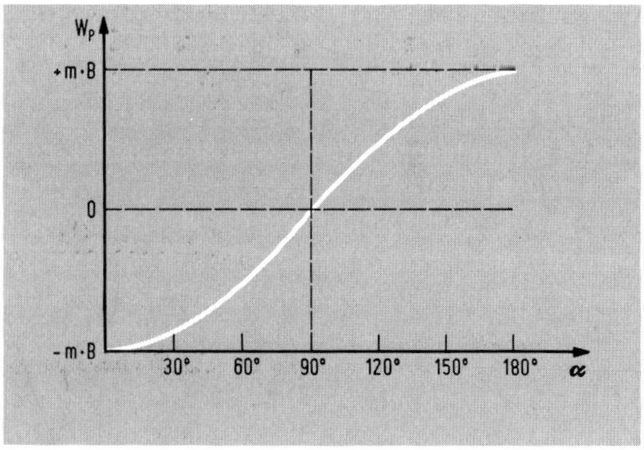

Abb. 507.1
Potentielle Energie eines magnetischen Dipols im Magnetfeld in Abhängigkeit vom Winkel α, den das magnetische Moment $\vec{m}$ mit der magnetischen Flußdichte $\vec{B}$ bildet.

Die stabile Gleichgewichtslage eines Körpers in irgendeinem System ist dadurch gekennzeichnet, daß sich dieser Körper im Zustand minimaler potentieller Energie befindet. Darum kann man den dargestellten Zusammenhang zwischen der Orientierung des Dipols im Feld und seiner potentiellen Energie auch folgendermaßen interpretieren:

1. Ein magnetischer Dipol wird in einem Magnetfeld so ausgerichtet, daß sein Dipolmoment $\vec{m}$ und die magnetische Flußdichte $\vec{B}$ gleiche Richtung haben.

2. Ein bereits ausgerichteter magnetischer Dipol erfährt im inhomogenen Magnetfeld eine Kraft in Richtung wachsender Flußdichte. Bei einer Bewegung in Richtung dieser Kraft verringert sich seine potentielle Energie $-\vec{m} \cdot \vec{B}$.

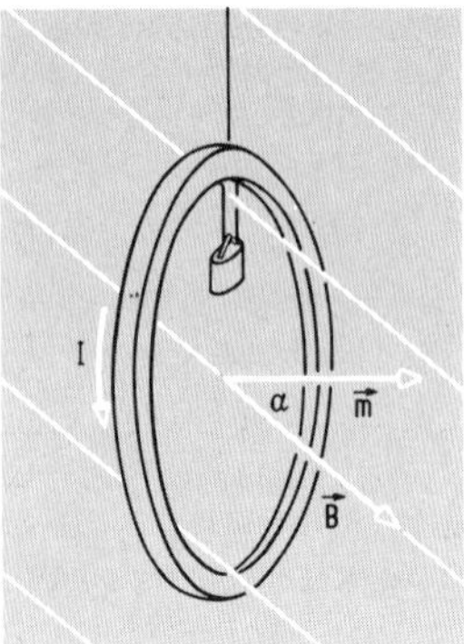

Abb. 508.1 Flache Spule mit Taschenlampenbatterie im erdmagnetischen Feld

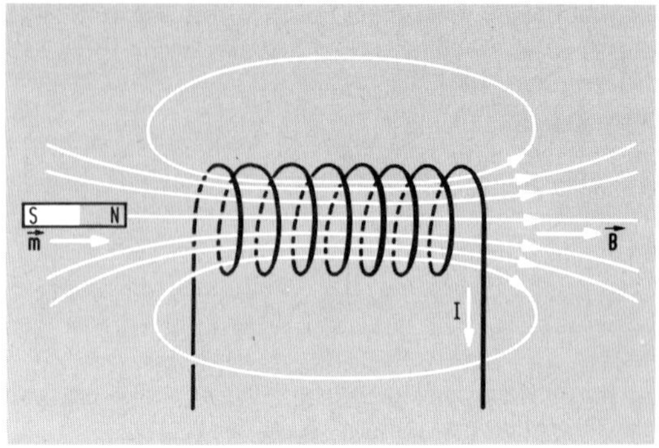

Abb. 508.2 Ein Stabmagnet wird in das Spuleninnere gezogen, falls das magnetische Moment $\vec{m}$ und die magnetische Flußdichte $\vec{B}$ gleiche Richtung haben.

Wir betrachten noch einige Sonderfälle:

1. Eine an einem dünnen Perlonfaden aufgehängte flache Spule, die von einem Strom aus einer Taschenlampenbatterie durchflossen wird, richtet sich im erdmagnetischen Feld so aus, daß ihr magnetisches Moment $\vec{m}$ mit der magnetischen Flußdichte $\vec{B}$ einen möglichst kleinen Winkel einschließt, d.h., sie pendelt sich so ein, daß ihr magnetisches Moment zum nördlichen Magnetpol der Erde weist (Abb. 508.1).

Eine Kompaßnadel richtet sich ebenso aus; die Pfeilspitze des Vektors $\vec{m}$ kennzeichnet den „Nordpol“ der Nadel.

2. Stimmen das Dipolmoment $\vec{m}$ eines Stabmagneten und die magnetische Flußdichte $\vec{B}$ einer Spule in der Richtung überein, so wird der Magnet in das Spuleninnere gezogen. B ist hier maximal, $-m \cdot B$ also minimal. Haben $\vec{m}$ und $\vec{B}$ entgegengesetzte Richtungen, so wird der Magnet aus dem Spulenfeld herausgedrängt. $W_p = -\vec{m} \cdot \vec{B}$ ist in diesem Falle positiv, wird also mit abnehmendem B geringer (vgl. Abb. 508.2).

3. Eine Folge der Inhomogenität des Magnetfeldes eines Stabmagneten ist die Tatsache, daß sich bei Stabmagneten „gleichartige Pole abstoßen, ungleichartige Pole anziehen“.

4. Auch Elektronen haben ein magnetisches Moment. Die Orientierung des Elektrons in einem Magnetfeld ist mit bestimmend für die Energie, die einem Elektron in einem System, z.B. einem Atom, zugeschrieben werden muß.

Beispiele

1. Es soll die potentielle Energie einer stromdurchflossenen Spule nach Abb. 508.1 im erdmagnetischen Feld ermittelt werden. Das Dipolmoment $\vec{m}$ der Spule soll zum nördlichen Magnetpol der Erde weisen. Die Horizontalkomponente des erdmagnetischen Feldes hat den Betrag $B^* = 1{,}7 \cdot 10^{-5}\ \mathrm{V\,s\,m^{-2}}$, die Spule hat eine Fläche von $0{,}1\ \mathrm{m^2}$, 30 Windungen, der Spulenstrom beträgt 2 A.

Im ausgerichteten Zustand ist

$$W_p = -m \cdot B^*, \qquad W_p = -30 \cdot 2\ \mathrm{A} \cdot 0{,}1\ \mathrm{m^2} \cdot 1{,}7 \cdot 10^{-5}\ \frac{\mathrm{V\,s}}{\mathrm{m^2}}$$

$$W_p = -1{,}02 \cdot 10^{-4}\ \mathrm{N\,m}.$$

Das ist etwa die potentielle Energie, die ein Massestück von 1 g hat, das sich 1 cm unter dem Nullniveau befindet.

2. Am „erdmagnetischen Äquator“ beträgt die Flußdichte des erdmagnetischen Feldes in der Nähe der Erdoberfläche zur Zeit $B_{\text{Äq}} = 3{,}10 \cdot 10^{-5}\ \mathrm{T}$. Der Äquatorradius ist $R = 6{,}378 \cdot 10^6\ \mathrm{m}$. Aus diesen Angaben soll das magnetische Moment m_E berechnet werden, das ein im Erdmittelpunkt befindlicher Stabmagnet haben müßte, der das erdmagnetische Feld erzeugt.

Aus

$$B_{\text{Dipol}} = \frac{\mu_0\, m_E}{4\pi R^3} \sqrt{3\cos^2 + 1} \quad \text{mit} \quad \alpha = 90^0$$

folgt

$$m_E = \frac{4\pi \cdot (6{,}378 \cdot 10^6\ \mathrm{m})^3 \cdot 3{,}10 \cdot 10^{-5}\ \mathrm{Vs\,m^{-2}}}{4\pi \cdot 10^{-7}\ \mathrm{Vs\,A^{-1}\,m^{-1}}},$$

$$m_E = 8{,}04 \cdot 10^{22}\ \mathrm{A\,m^2}.$$

Weitere Aufgaben: Siehe O. Höfling, Physik-Aufgaben II/2.

5.3 Zeitlich veränderliche Felder

5.3.1 Der Übergang von zeitlich unveränderlichen Feldern zu zeitlich veränderlichen Feldern

In den Abschnitten 5.1.1 bis 5.2.14 haben wir Darstellungsformen und Relationen kennengelernt, die den Zusammenhang von ortsgebundenen Ladungen und zeitlich konstanten Strömen und den von ihnen erzeugten statischen elektrischen und magnetischen Feldern beschreiben. Die Kenntnis der Felder ermöglicht unter Berücksichtigung der Gleichung für die LORENTZ-Kraft Aussagen über Kräfte, die auf geladene Körper wirken. Ein System von mathematisch formulierten Sätzen, denen eine beschränkte Zahl von Einzelerkenntnissen zugrunde liegt, und das die Aufgabe hat, eine Gruppe von experimentellen Erfahrungen in einem überschaubaren Zusammenhang zu ordnen, nennt man eine *Theorie*. Als solche Einzelerkenntnisse, die Schritt um Schritt neue Formulierungen bei unseren Überlegungen verlangten, kann man etwa die Ergebnisse betrachten, die die einzelnen Versuche uns jeweils gebracht haben. So haben wir eine einfache Theorie der statischen Magnetfelder entwickelt. Sie steht bisher in einem als unwesentlich zu bezeichnenden Zusammenhang mit der Theorie der statischen elektrischen Felder. Im Abschnitt 5.2.6 sahen wir aber, daß ein offenbar sehr enger Zusammenhang zwischen beiden Feldarten besteht.

Es erhebt sich die Frage nach der Art dieser Zusammenhänge. Es erhebt sich ferner die Frage nach den Beschreibungsformen für die elektrisch-magnetischen Abläufe für den Fall, daß die elektrischen Ladungen nicht ortsfest, die Ströme und die Felder nicht mehr zeitlich unveränderlich sind. Die folgenden Ausführungen beschäftigen sich mit solchen zeitlich veränderlichen Feldern, die gegenseitige Beeinflussung der Felder wird dabei zwangsläufig eine Rolle spielen. Keines der beiden Felder tritt mehr ohne das andere auf, man spricht deswegen auch vom *elektromagnetischen Feld*. Bewährte Beschreibungsformen werden wir beibehalten, es wird also weiterhin von Spannungen, von Strömen, von elektrischen und magnetischen Feldern die Rede sein. Die Gesetzmäßigkeiten, die durch Beobachtung von zeitlich konstanten Feldern gewonnen wurden, dürfen natürlich nicht unbesehen auf die entsprechenden zeitlich veränderlichen Abläufe übertragen werden. Vielmehr ist es notwendig, daß wir uns im Einzelfall vergewissern, welche dieser Gesetzmäßigkeiten unverändert gültig bleiben und welche – bedingt durch das Auftreten neuer Erscheinungen – eingeschränkt oder modifiziert werden müssen.

Die Meßinstrumente, die bisher verwendet wurden, sind für Untersuchungen von Vorgängen in zeitlich veränderlichen Feldern nicht in allen Fällen brauchbar, weil deren mechanische Teile, wie z.B. Drehspulen und Zeiger, diesen schnell ablaufenden Vorgängen nicht folgen können. Das Katodenstrahloszilloskop wird darum zum wichtigen Untersuchungs- und Meßinstrument, da der Elektronenstrahl jeder Veränderung der elektrischen Feldstärke zwischen den Ablenkplatten verzögerungsfrei folgt.

Das Oszilloskop kann dabei als experimentelle Anordnung und als Meßinstrument zugleich dienen. Es liefert uns eine erste, sehr wichtige Erkenntnis: Die verzögerungsfreie Ablenkbarkeit des Elektronenstrahles zeigt, daß ein geladener Körper – in unserem Falle ein Elektron – im zeitlich veränderlichen elektrischen Feld genau dieselbe Kraft erfährt wie in einem zeitlich konstanten Feld, sofern das konstante Feld mit dem Momentanzustand des zeitlich veränderlichen übereinstimmt. Das gilt nun ganz allgemein. In unzähligen Anordnungen, nicht zuletzt in den großen Teilchenbeschleunigern, wird von diesem Verhalten von elektrisch geladenen Teilchen im zeitlich veränderlichen elektrischen Feld Gebrauch gemacht. Die elektrische Kraft $\vec{F}_e$ ist der Teilchenladung Q proportional. Wir definieren die elektrische Feldstärke $\vec{E}$ wieder durch die Gleichung

$$\vec{F}_e = Q \cdot \vec{E}.$$

In ganz gleicher Weise verfahren wir beim Magnetfeld. Eine Anordnung, die dem Oszilloskop entspricht, findet man in der Fernsehbildröhre. Hier wird ein Elektronenstrahl durch zeitlich veränderliche Magnetfelder abgelenkt, die frei fliegenden Elektronen werden von der zeitlich veränderlichen LORENTZ-Kraft beschleunigt. In den großen Kreisbeschleunigern werden die beschleunigten Teilchen mit Hilfe magnetischer Felder so auf eine Kreisbahn gezwungen, wie es für das Fadenstrahlrohr geschildert wurde. Da die Geschwindigkeit dieser Teilchen aber von Umlauf zu Umlauf gesteigert wird, kann auch die magnetische Flußdichte nicht zeitlich konstant sein. In allen Fällen hat sich die Formel für die LORENTZ-Kraft auch dann bewährt, wenn die Stärke des Magnetfeldes nicht zeitlich konstant ist. Wir definieren die magnetische Flußdichte wieder mit Hilfe der LORENTZ-Kraft:

$$\vec{F}_m = Q \cdot \vec{v} \times \vec{B}.$$

Die beiden Gleichungen für die Kräfte dürfen wieder zusammengefaßt werden:

Dem zeitlich veränderlichen elektromagnetischen Feld können zwei Feldvektoren $\vec{E}$ und $\vec{B}$ zugeordnet werden, so daß auf einen mit der Geschwindigkeit $\vec{v}$ bewegten Körper, der die Ladung Q trägt, die Kraft

$$\vec{F} = Q \cdot (\vec{E} + \vec{v} \times \vec{B})$$

wirkt.

Es erweist sich als zweckmäßig, auch für das zeitlich veränderliche elektromagnetische Feld den Begriff der Spannung weiter zu verwenden; die Definition wird so gewählt, daß sie für den Fall, daß das Feld zeitlich konstant ist, mit der früher gegebenen übereinstimmt.

Unter der Spannung zwischen zwei Punkten P_1 und P_2 soll die Liniensumme der elektrischen Feldstärke zwischen den Punkten P_1 und P_2 verstanden werden: $U = \sum \vec{E}_i \cdot \Delta \vec{s}_i$.

Abweichungen von den Gesetzmäßigkeiten, wie sie für statische Felder Gültigkeit haben, treten vor allem dann auf, wenn die Felder selbst untersucht werden und nicht nur die Wirkung des Feldes auf einen Probekörper. Erstmalig wurden solche Abweichungen von FARADAY beobachtet, als er mit zeitlich veränderlichen Magnetfeldern experimentierte. Der folgende Abschnitt soll davon berichten.

Wir stellen zunächst diejenigen Gesetze zusammen, die für zeitlich konstante Felder Gültigkeit haben und bei eintretenden zeitlichen Veränderungen gültig bleiben.

Durch die zeitliche Veränderung der Felder entstehen keine neuen elektrischen Ladungen, magnetische Ladungen gibt es auch weiterhin nicht. Es ist darum nicht erstaunlich, daß die Gleichungen, die eine Aussage über den elektrischen bzw. magnetischen Fluß durch eine geschlossene Hüllfläche machen, unverändert bestehen bleiben. Diese Aussage ist jedoch keine Selbstverständlichkeit: In der Herleitung des Satzes vom elektrischen Fluß (S. 422) wurde von der Tatsache ausgegangen, daß die elektrische Feldstärke in gleichem Abstand von einer felderzeugenden Ladung überall den gleichen Betrag hat. Diese Voraussetzung ist aber für eine Ladung, die eine schnelle Schwingung um einen Mittelpunkt ausführt, wegen der endlichen Geschwindigkeit, mit der ein Feld sich im Raum ausbreitet, nicht mehr erfüllt.

Der elektrische Fluß durch eine geschlossene Hüllfläche ist gleich der eingeschlossenen Ladung, der magnetische Fluß durch eine geschlossene Hüllfläche ist Null.

$$\varepsilon_0 \cdot \sum \vec{E}_i \cdot \Delta \vec{A}_i = Q, \qquad \sum \vec{B}_i \cdot \Delta \vec{A}_i = 0.$$

Diese Aussagen gelten für zeitlich konstante und für zeitlich veränderliche Felder gleichermaßen.

FARADAYS Beobachtungen zeigten letztlich, daß ein sich zeitlich änderndes Magnetfeld von einem elektrischen Feld umgeben ist, dessen Feldlinien geschlossen sind. Diese Art von Feldern ist ganz neuartig.

Für zeitlich veränderliche elektromagnetische Felder kann die Liniensumme der elektrischen Feldstärke längs einer geschlossenen Linie

$$\sum \vec{E}_i \cdot \Delta \vec{s}_i$$

von Null verschieden sein. Die oben definierte Spannung hängt deshalb von der Wahl der Linie ab, die die Punkte P_1 und P_2 miteinander verbindet.

Auch das Durchflutungsgesetz gilt in zeitlich veränderlichen Magnetfeldern nicht in der für zeitlich konstante Felder angegebenen Form.

Für zeitlich veränderliche elektromagnetische Felder kann die Liniensumme der magnetischen Feldstärke längs einer geschlossenen Linie

$$\sum \vec{H}_i \cdot \Delta \vec{s}_i = \frac{1}{\mu_0} \sum \vec{B}_i \cdot \Delta \vec{s}_i$$

von dem umschlungenen Gesamtstrom $\sum I_k$ verschieden sein.

Für zeitlich nur langsam veränderliche Felder weicht die Liniensumme der magnetischen Feldstärke nur wenig vom umschlungenen Gesamtstrom ab.

Man kann für den Fall des Durchflutungsgesetzes leicht zeigen, daß die bisher entwickelten Vorstellungen zu Widersprüchen führen, wenn man zusätzlich annimmt, daß ein entstehendes Magnetfeld sich mit endlicher Geschwindigkeit im Raum ausbreitet, nachdem der erzeugende Strom der Stärke I eingeschaltet wurde.

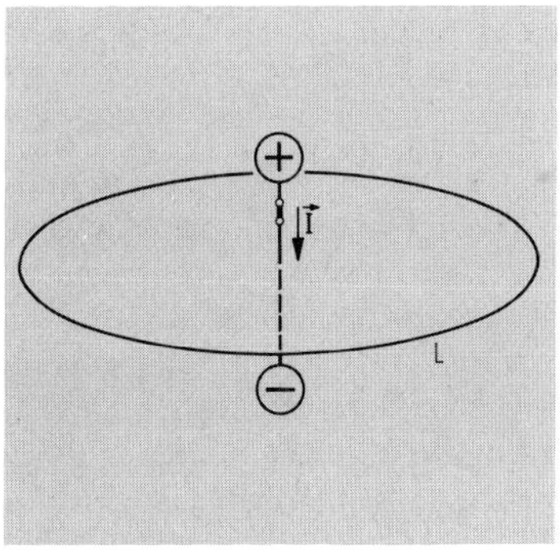

Abb. 511.1
Kurz nach dem Einschalten des Stromes I hat sich das Magnetfeld noch nicht bis zu der Linie L ausgebreitet, für die die Liniensumme der magnetischen Feldstärke berechnet werden soll.

Wir denken uns, daß in einem Leiter zu einer Zeit t_0 ein Strom eingeschaltet werde. Das könnte vielleicht dadurch geschehen, daß zur Zeit t_0 zwei elektrisch geladene Kugeln über einen Schalter leitend miteinander verbunden werden. (Die Wahl einer solchen Anordnung erspart es uns, über die Magnetfelder von etwaigen Zuleitungen Aussagen machen zu müssen.) Berechnet man nun für eine weit entfernt gedachte kreisförmige Linie L die Liniensumme der magnetischen Feldstärke zu einem Zeitpunkt, in dem das Magnetfeld sich noch nicht bis zu der Linie L ausgebreitet hat, so ist die berechnete Liniensumme Null. Diese Aussage steht aber im Widerspruch zum Durchflutungsgesetz, wie wir es auf S. 490 kennenlernten, denn die Linie umschließt einen stromführenden Leiter (vgl. Abb. 511.1).

Dieser Widerspruch wurde von dem englischen Mathematiker und Physiker J. Cl. Maxwell (1831 – 1879) dadurch behoben, daß er auf der rechten Seite der Gleichung für das Durchflutungsgesetz ein Zusatzglied hinzufügte, die sog. Maxwell-Ergänzung. Wir kommen darauf auf S. 541 zurück. Diese Maxwell-Ergänzung ist für nur langsam veränderliche Felder dem Betrage nach klein, sie darf dann vernachlässigt werden.

Die Ausbreitung von elektrischen und magnetischen Feldern im Raum mit einer endlichen Geschwindigkeit hat ferner zur Folge, daß elektrische Felder auch dann, wenn sie von Ladungen erzeugt werden, nicht mehr denjenigen Bedingungen genügen, die für zeitlich unveränderliche Felder ermittelt wurden. Der Feldstärkevektor $\vec{E}$ eines von einer schnell bewegten Ladung Q erzeugten elektrischen Feldes genügt nicht mehr der Gleichung wie sie auf S. 419 angegeben wurde. Das Biot-Savart-Gesetz (S. 500) und die Gleichung zur Berechnung magnetischer Dipolfelder (S. 503) haben für veränderliche elektromagnetische Felder ebenfalls keine Gültigkeit mehr. Es gilt jedoch:

Langsam veränderliche elektrische und magnetische Felder dürfen in guter Näherung nach den Gleichungen berechnet werden, die für statische Felder gelten. Dazu gehören z. B. die Felder, die vom technischen Wechselstrom mit der Frequenz 50 Hz erzeugt werden.

5.3.2 Die Faraday-Induktionsversuche

1820 entdeckte H. C. OERSTED (1777–1851), daß eine Kompaßnadel in der Nähe eines stromdurchflossenen Drahtes aus ihrer ursprünglichen Richtung ausgelenkt wird. Die folgende Erforschung der magnetischen Wirkungen stromdurchflossener Leiter findet ihren vorläufigen Abschluß mit den Arbeiten von BIOT, SAVART und LAPLACE: LAPLACE gab das Verfahren an, mit dessen Hilfe man die Magnetfelder beliebig geformter stromdurchflossener Leiter berechnen konnte.

Ein neuer Abschnitt der Geschichte der elektromagnetischen Felder begann 1822, als FARADAY der Frage nachging, ob ein Magnetfeld einen Strom erzeugen könne. 1824 folgten die ersten Experimente. Aber erst 1831 gelang ihm die Lösung des Problems, nachdem er den Vorgang der Induktion als einen nicht erwarteten Effekt entdeckt hatte. Der Erfolg trat also erst spät ein. Das war nicht nur die Folge der Unvollkommenheit in den experimentellen Anordnungen, die dem Forscher zur Verfügung standen; es war vor allem die Folge der falschen Erwartung, daß nämlich das Magnetfeld und nicht dessen zeitliche Veränderung einen Strom hervorrufen könne. Obwohl FARADAY bei allen sonstigen Überlegungen mit Annahmen arbeitete, die wir heute als Energieerhaltung bezeichnen, machte er bei seinen Arbeiten zur Induktion von solchen Vorstellungen keinen Gebrauch.

Einen Teil der Ergebnisse FARADAYS haben wir schon vorweggenommen. Es handelt sich dabei um die Wirkung einer Kraft auf eine zusammen mit einem Leiter bewegte Ladung, die LORENTZ-Kraft. FARADAY untersuchte diese Erscheinungen gemeinsam mit den Wirkungen, die sich bei einer zeitlichen Veränderung des Magnetfeldes einstellen. Den mit Eisenfeilspänen sichtbar gemachten magnetischen Feldlinien ordnete er eine Richtung zu. Damit gewann er ein Instrument, mit dessen Hilfe er die Polung der Induktionsspannung voraussagen und ihren Betrag qualitativ abschätzen konnte. Die Induktionsspannung trat um so stärker auf, je mehr Feldlinien pro Zeiteinheit den Leiter schnitten, wie er es formulierte. Wir ziehen für quantitative Aussagen den mathematisch faßbaren Begriff des magnetischen Flusses heran. FARADAY vergewisserte sich, daß die von Permanentmagneten und die von Strömen erzeugten Magnetfelder in allen Fällen gleiche Wirkungen hervorrufen. Auch das erdmagnetische Feld hat er in seine Untersuchungen einbezogen.

Der Erfolg FARADAYS war es letztlich, eine schier unübersehbare Fülle von Erscheinungen unter dem Oberbegriff der *Induktion* zu ordnen und *ein* Gesetz zu finden, das alle diese Erscheinungen beschreibt. Wir formulieren es zunächst qualitativ.

In einer Spule wird eine Spannung induziert, wenn sich der magnetische Fluß durch die Spule verändert. Die induzierte Spannung ist um so größer, je größer die Windungszahl der Spule ist und je schneller die Flußänderung erfolgt. Es ist dabei gleichgültig, auf welche Weise die Änderung des magnetischen Flusses herbeigeführt wird.

Der Begriff des magnetischen Flusses, definiert durch die Flächensumme der magnetischen Flußdichte

$$\Phi = \sum \vec{B}_i \cdot \Delta \vec{A}_i ,$$

ist uns bekannt (S. 497). In den folgenden Versuchen ist stets von demjenigen Fluß die Rede, der als Flächensumme über die von einer Spulenwindung umschlungene Fläche gebildet wird. In besonders einfachen Fällen, wenn nämlich das Feld homogen ist und der Feldvektor $\vec{B}$ auf der Fläche senkrecht steht, ist der magnetische Fluß gleich dem Produkt aus dem Flächeninhalt und dem Betrag der magnetischen Flußdichte:

$$\Phi = B \cdot A .$$

Einige Experimente FARADAYS wollen wir nachvollziehen. Wir verwenden dazu moderne Geräte. FARADAY hat seine Messungen mit einer schwingenden Magnetnadel durchgeführt. Sie ist der sehr unvollkommene Vorläufer des im folgenden Abschnitt beschriebenen ballistischen Galvanometers.

5.3.3 Der Spannungsstoß und seine Messung

In diesem Abschnitt werden zwei Meßverfahren vorgestellt, die beide in gleicher Weise geeignet sind, Induktionsvorgänge messend zu erfassen. Die Größe, um die es geht, ist der *Spannungsstoß*. Mit Hilfe dieser Größe werden wir später die magnetische Flußdichte auch in Materie messen können, z.B. in Permanentmagneten. Ein Induktionsversuch soll verdeutlichen, was unter einem Spannungsstoß verstanden werden soll.

Versuch 513.1 Ein Stabmagnet wird gemäß Abb. 513.1 in eine Experimentierspule von 1000 Windungen eingeführt. Die Enden der Spule sind mit dem Eingang eines Spannung-Zeit-Schreibers (auch XY-Schreiber genannt) oder eines Oszilloskops verbunden. Danach wird der Magnet wieder aus der Spule herausgezogen. Der Versuch wird wiederholt; das Einführen und das Herausziehen erfolgt dabei jedoch mit geringerer Geschwindigkeit.

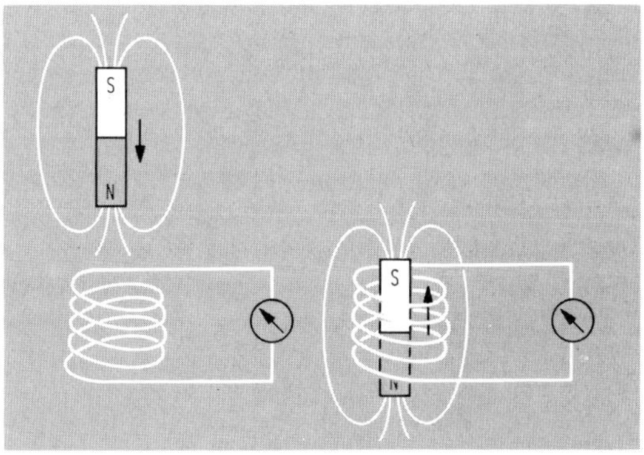

Abb. 513.1
In der Spule wird eine Spannung induziert, wenn man einen Magneten einführt oder ihn wieder herauszieht. Die Spulenenden sind mit einem Meßgerät für eine Spannung verbunden: dem Spannung-Zeit-Schreiber oder dem Oszilloskop.

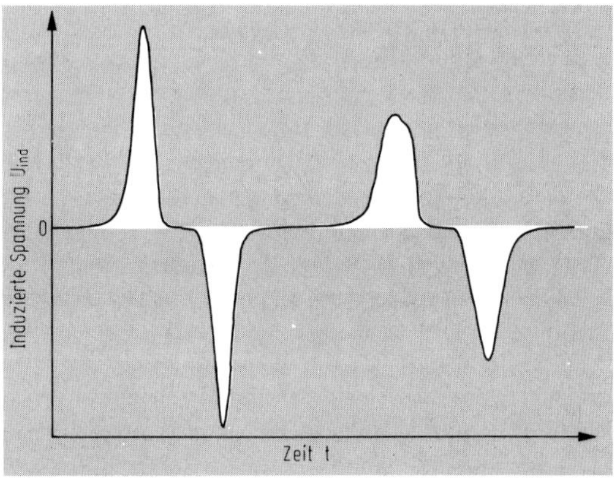

Abb. 513.2
Verlauf der Induktionsspannung U_{ind} in Abhängigkeit von der Zeit t. Die vier Kurventeile geben die vier Vorgänge wieder: schnelles Einführen des Magneten in die Spule, schnelles Herausziehen, langsames Einführen und langsames Herausziehen.

Eine Spule in der geschilderten Funktion nennt man eine *Induktionsspule*.

Beim Einführen des Magneten in die Induktionsspule und beim Herausziehen des Magneten aus der Induktionsspule entsteht an deren Ende eine Spannung; man nennt sie eine *Induktionsspannung*. Der Spannung-Zeit-Schreiber schreibt während des Versuchsablaufes ein Diagramm: er trägt die Induktionsspannung U_{ind} in Abhängigkeit von der Zeit t auf. Abb. 513.2 gibt das Diagramm wieder.

Die vier Teilbilder kann man einzeln auch kurzfristig mit dem Oszilloskop hervorrufen. Die Enden der Induktionsspule werden zu diesem Zweck mit den y-Ablenkplatten des Oszilloskops verbunden. Dann wird der Magnet in die Spule eingeführt und wieder herausgezogen.

Der letzte Versuch zeigt, daß bei dem Induktionsvorgang primär eine Spannung und nicht ein Strom erzeugt wird. Die Induktionsspannung tritt auch dann auf, wenn die Spulenenden nicht leitend miteinander verbunden sind. Das Oszilloskop zeigt diese Induktionsspannung; es fließt kein Induktionsstrom. Erst die leitende Verbindung der Spulenenden läßt den Strom beim Induktionsvorgang entstehen.

Eine Auswertung des Spannung-Zeit-Diagramms zeigt, daß die von der Zeitachse und der Kurve umrandeten vier Flächen gleiche Flächeninhalte haben. Die Überprüfung kann geschehen, indem man die Kurven auf Millimeterpapier aufnimmt und die millimetergroßen Quadrate auszählt, die von der Zeitachse und der Kurve umschlossen werden. Dieser Flächeninhalt ist von der Schnelligkeit, mit der der Magnet in die Spule eingeführt oder aus ihr herausgezogen wird, unabhängig. Mißt man ihn in der Einheit Voltsekunde, dann erhält man ein Maß für den vollzogenen Induktionsvorgang. Die zugehörige Größe nennt man *Spannungsstoß*. Der denkbar einfachste Spannungsstoß ist derjenige, bei dem eine zeitlich konstante Spannung U während der Zeit t vorliegt. Das zugehörige Diagramm ist ein Rechteck; der Spannungsstoß hat den Betrag $U \cdot t$. Im allgemeinen ist die Spannung nicht zeitlich konstant, wir bezeichnen den Spannungsstoß dann mit $\sum U_i \cdot \Delta t_i$ und stellen uns dazu vor, daß eine krummlinig begrenzte Fläche in guter Näherung als Summe von Rechteckflächen dargestellt werden kann. Abb. 514.1 veranschaulicht diese Vorstellung. Jedem Rechteck entspricht ein Spannungsstoß $U_i \cdot \Delta t_i$; der gesamte Spannungsstoß ist die Summe aller Einzelstöße.

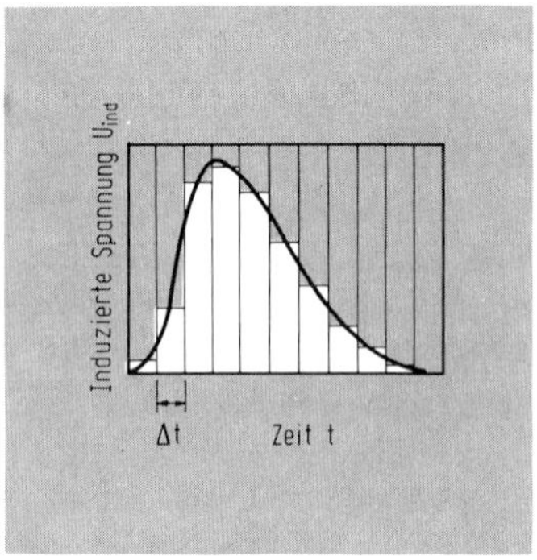

In mathematisch exakter Form wird der Spannungsstoß als $\int U \cdot \mathrm{d}t$ geschrieben.

Die abgeleitete Einheit des Spannungsstoßes ist die Voltsekunde (Einheitenzeichen: Vs).

Abb. 514.1
Spannungsstoß mit zeitlich veränderlicher Induktionsspannung U_{ind} und seine Näherungsdarstellung als Summe von Rechtecksflächen.

Weil sich Induktionsspannungen im allgemeinen schnell ändern, können Drehspulinstrumente sie nicht verzögerungsfrei anzeigen. Die Zeigerbewegung erfolgt zu träge. Wir geben darum zwei andere Meßverfahren für Spannungsstöße an. Alle Spannungsstöße können nach jedem der beiden Verfahren gemessen werden.

Auf die Theorie dieser Meßgeräte gehen wir nicht ein. Von ihrer Eigenschaft, Spannungsstöße zu messen, überzeugt man sich leicht, indem man eine zeitlich konstante Spannung während einer meßbaren Zeit anlegt und die Anzeige beobachtet.

Die beiden Meßgeräte geben wir in den Schaltskizzen gleichartig durch einen Kreis mit einem Pfeil darin wieder.

1. Die ballistische Messung mit einem Galvanometer

Ein langsam schwingendes, kaum gedämpftes Drehspulinstrument *(Galvanometer)* wird mit den Kontakten verbunden, an denen die Induktionsspannung anliegt. Das sind im allgemeinen die Enden einer Spule. In Reihe mit dem Galvanometer schaltet man einen Widerstand R; er verringert die Dämpfung und stimmt den Meßbereich des Gerätes auf die Versuchsbedingungen ab (Abb. 524.1). Die kurzzeitig auftretende Induktionsspannung ruft einen Stromstoß hervor, er gibt der Drehspule und dem Zeiger des Instruments einen Schwung. Der Zeiger macht einen schnellen, sog. *ballistischen Ausschlag* y und schwingt danach in seine Ruhelage zurück.

Die Größe des ballistischen Ausschlages ist dem Spannungsstoß proportional.

Will man mit dem ballistischen Galvanometer Spannungsstöße messen und nicht nur vergleichen, so muß man es kalibrieren. Das wird beispielhaft im Versuch S. 523 durchgeführt. Weil der Widerstand R die Stromstärke und die Dämpfung beeinflußt, muß beim Vergleich von Spannungsstößen darauf geachtet werden, daß der Widerstand im Galvanometerkreis zwischen zwei Versuchen nicht verändert wird.

2. Die elektronische Messung mit dem Integrator

Ein *Integrator* ist ein *Operationsverstärker*, der mit einem Widerstand R, einem Kondensator C und einem Tastschalter S beschaltet wird. Ein Voltmeter mißt die Ausgangsspannung U_a (Abb. 515.1).

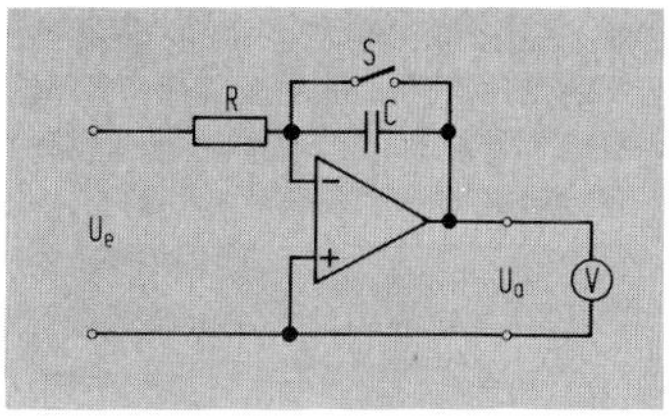

Abb. 515.1
Der mit Widerstand R, Kondensator C und Tastschalter S beschaltete Operationsverstärker in der Funktion des Integrators. Die Zuleitungen für die Versorgungsspannung wurden nicht eingezeichnet.

Die zeitlich konstante oder zeitlich veränderliche Spannung U, die zu dem Spannungsstoß $\sum U_i \cdot \Delta t_i$ gehört, wird als Eingangsspannung U_e an den Integrator gelegt. Das Voltmeter, das die Ausgangsspannung des Integrators mißt, zeigt eine zeitlich konstante Spannung U_a an, wenn die Eingangsspannung U_e auf Null abgefallen ist. Es bleibt auf dieser Anzeige stehen, bis man den Kondensator C über den Schalter S entlädt. Wenn man den Kondensator vor dem Induktionsvorgang entladen hat, kann man aus der Ausgangsspannung U_a den Spannungsstoß rechnerisch bestimmen. Es gilt der Zusammenhang:

Der Spannungsstoß ist das mit (−1) multiplizierte Produkt von Ausgangsspannung U_a und den Größen R und C:

$$\sum U_i \cdot \Delta t_i = -RC \cdot U_a.$$

Durch passende Wahl der Größen R und C bestimmt man den Meßbereich des Integrators.

Beispiel: Hat man den Integrator mit dem Widerstand $R = 100\ \mathrm{k\Omega}$ und dem Kondensator $C = 1\ \mathrm{\mu F}$ beschaltet und legt an den Eingang während der Zeit $\Delta t = 2$ s die zeitlich konstante Spannung $U_e = 0{,}3$ V, so zeigt das Meßinstrument nach Ablauf der zwei Sekunden die Ausgangsspannung U_a an.

$$U_a = -\frac{1}{RC} \cdot \sum U_i \cdot \Delta t_i, \qquad U_a = -\frac{U_e \cdot \Delta t}{RC}$$

$$U_a = -\frac{0{,}3\ \mathrm{V} \cdot 2\ \mathrm{s}}{10^5\ \Omega \cdot 10^{-6}\ \mathrm{F}}, \qquad U_a = -6\ \mathrm{V}$$

Den Integrator kann man auch experimentell kalibrieren, wenn man keinen Meßwiderstand und Meßkondensator hat. Man legt dazu die meßbare Spannung U_e während der meßbaren Zeit Δt an den Eingang des Integrators, mißt die Ausgangsspannung U_a und berechnet den Faktor RC.

Der Integrator addiert alle Spannungsstöße, die nacheinander am Eingang auftreten. Wenn nur ein einziger Spannungsstoß gemessen werden soll, so muß der Kondensator C mit dem Tastschalter S zuvor entladen werden. Bei sehr kurzen Spannungsstößen kann die Induktionsspannung so hoch werden, daß der Integrator übersteuert wird. Ein- und Ausschaltvorgänge ersetzt man dann durch Hoch- bzw. Herunterstellen des felderzeugenden Stromes.

Verbindet man den Integrator mit einem Spannung-Zeit-Schreiber, so kann man die Messungen dauerhaft festgehalten. Die Diagramme in den Abb. 516.1, 517.2, 517.3 sind auf diese Weise gewonnen worden.

5.3.4 Der Spannungsstoß als Folge der Flußänderung

Schon FARADAY hatte die Erfahrung gemacht, daß nicht das Magnetfeld eine Induktionsspannung hervorruft, sondern daß vielmehr dessen zeitliche Änderung ihre Ursache ist. Der quantitative Zusammenhang von Spannungsstoß und Flußänderung wird in diesem Kapitel geschildert.

Versuch 515.1 Wir verbinden die Enden einer Induktionsspule von 1000 Windungen mit einem ballistischen Galvanometer oder einem Integrator. Dann wiederholen wir den Versuch 513.1.

Das Versuchsergebnis geben wir in einem Diagramm wieder. Die Messung wurde mit dem Integrator durchgeführt; an den Integrator war der Spannung-Zeit-Schreiber angeschlossen. Der Integrator vollzog die Messungen unmittelbar hintereinander (Abb. 516.1).

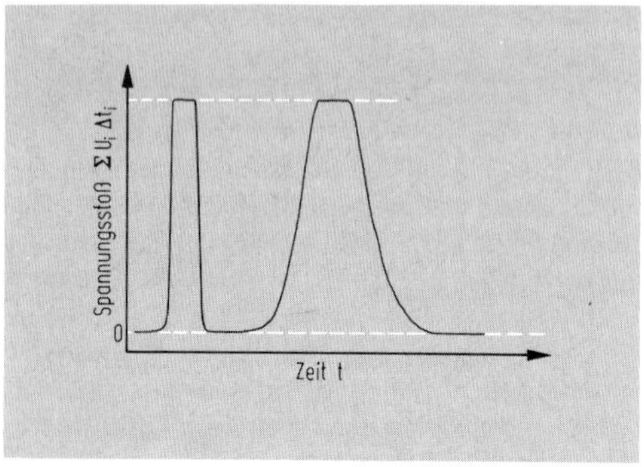

Abb. 516.1
Der Integrator mißt vier Spannungsstöße. Die Aufzeichnung erfolgte mit dem Spannung-Zeit-Schreiber.

Beim Einführen des Magneten in die Spule entsteht ein Spannungsstoß; das Diagramm steigt auf die Höhe, die dem Stoß entspricht. Beim Herausziehen des Magneten fällt das Diagramm wieder auf Null Voltsekunden ab. Das bedeutet, daß beim Herausziehen ein Spannungsstoß vom gleichen Betrag aber mit entgegengesetztem Vorzeichen entsteht. Bei der langsameren Wiederholung des Versuches steigt das Diagramm auf die gleiche Höhe und fällt ebenfalls auf Null ab.

Mit unterschiedlicher Geschwindigkeit vollzogene, sonst aber gleiche Induktionsvorgänge erzeugen gleiche Spannungsstöße.

Beim Einführen eines Magneten in die Spule und beim Herausziehen entstehen Spannungsstöße vom gleichen Betrag aber mit unterschiedlichem Vorzeichen.

Versuch 516.1 Stülpt man in der Anordnung von Versuch 515.1 die Induktionsspule über den Magneten und hält den Magneten dabei fest, so tritt ein Spannungsstoß von der gleichen Größe auf, wie man ihn beim Einführen des Magneten in die ruhende Induktionsspule erzielt.

Bei dem Induktionsvorgang spielt nur die Relativbewegung zwischen dem Magneten und der Induktionsspule eine Rolle.

Im folgenden Versuch wollen wir die Abhängigkeit des Spannungsstoßes von der Windungszahl der Induktionsspule untersuchen.

Versuch 516.2 Drei Spulen, deren Windungszahlen sich wie 1:2:4 verhalten (z.B. 250, 500 und 1000 Windungen) werden hintereinander geschaltet. Die gemeinsamen Zuleitungen werden an das ballistische Galvanometer oder an den Integrator angeschlossen. Nacheinander wird der Stabmagnet in die Spulen eingeführt (Abb. 517.1). Die Spannungsstöße werden gemessen.

Man erhält sechs Spannungsstöße. Nimmt man sie mit dem Integrator auf und läßt sie von dem Schreiber aufzeichnen, so erhält man das Diagramm in Abb. 517.2. Die drei Beträge der sechs Spannungsstöße verhalten sich zueinander wie 1:2:4.

Der in einer Spule induzierte Spannungsstoß ist der Windungszahl der Spule proportional. In jeder Windung, so darf man schließen, spielt sich der gleiche Vorgang ab.

Versuch 516.3 Wir induzieren Spannungsstöße mit zwei äußerlich gleichen Magneten und einer Spule. Zunächst führen wir den ersten der beiden Magneten in die Spule ein (1) und ziehen ihn wieder heraus (2). Anschließend führen wir den zweiten Magneten in die Spule ein (3) und ziehen ihn wieder heraus (4). Dann führen wir den ersten Magneten ein (5) und darauf den zweiten (6). Der erste Magnet wird wieder herausgezogen (7), danach der zweite (8). Zuletzt führen wir beide Magnete gemeinsam in die Spule ein (9) und ziehen sie auch gemeinsam wieder heraus (10). Die zugehörigen Spannungsstöße messen wir.

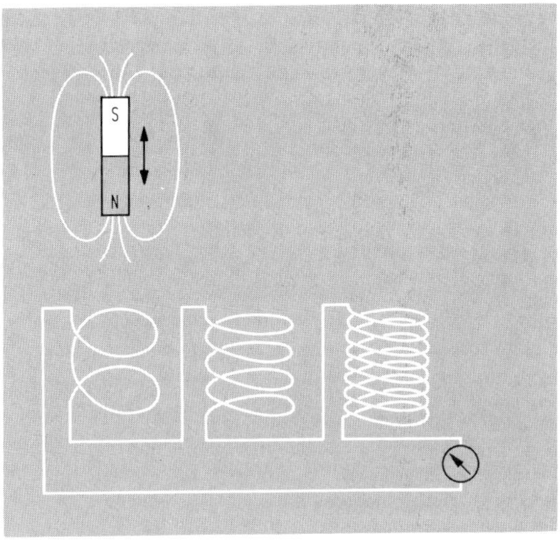

Abb. 517.1 Abhängigkeit des Spannungsstoßes von der Windungszahl der Induktionsspule

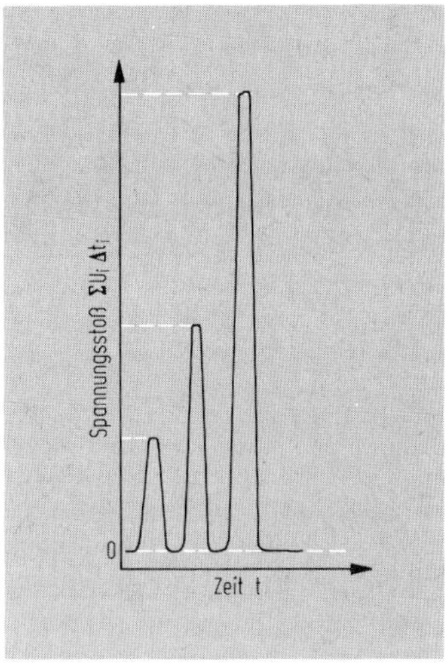

Abb. 517.2 Die Beträge der Spannungsstöße verhalten sich wie die Windungszahlen der Induktionsspulen.

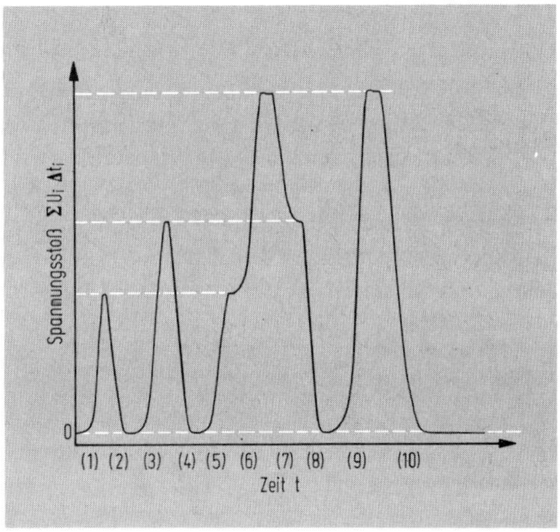

Abb. 517.3
Die in Versuch 516.3 hervorgerufenen Spannungsstöße. Die eingetragenen Nummern entsprechen den Vorgängen in dem Versuch. Offensichtlich ist der erste Magnet der schwächere; er ruft den kleineren Spannungsstoß hervor.

Um den Ablauf leichter wiedergeben zu können, haben wir die Spannungsstöße mit dem Integrator gemessen und vom Spannung-Zeit-Schreiber aufzeichnen lassen (Abb. 517.3). Das Diagramm zeigt, daß jeder Magnet stets den zu ihm gehörenden Spannungsstoß hervorruft, gleichgültig, ob schon ein anderer Magnet in der Spule steckt oder nicht. Gemeinsam eingeführt erzeugen sie einen Spannungsstoß, der gleich der Summe der einzelnen Spannungsstöße ist.

Ungenau aber anschaulich könnte man sagen: die Induktionserscheinung ist um so stärker, je „mehr Magnetfeld“ in die Induktionsspule eingebracht wird. Exakt formuliert lautet dieses Ergebnis:

Der Spannungsstoß ist für die Änderung des magnetischen Flusses in der Induktionsspule ein additives Maß.

Da eine stromdurchflossene Spule und ein Stabmagnet in ihrer Umgebung ganz ähnliche Magnetfelder erzeugen, verwundert es nicht, daß man in den Versuchen 515.1, 516.2 und 516.3 statt des Stabmagneten auch eine stromdurchflossene Spule verwenden kann. Eine solche Spule nennt man eine *Feldspule*. Die Arbeit mit einer Feldspule anstelle eines Stabmagneten bietet den Vorteil, daß die magnetische Flußdichte der Feldspule durch Verändern des Feldspulenstromes eingestellt werden kann.

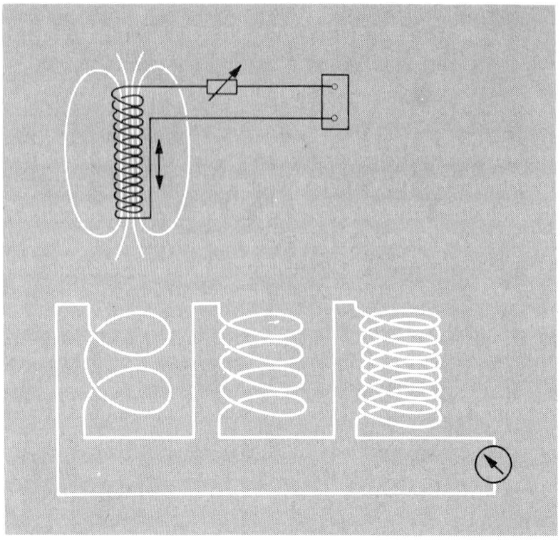

Versuch 518.1 Statt eines Stabmagneten wird eine stromdurchflossene Feldspule in die drei Induktionsspulen von Versuch 516.2 eingeführt (vgl. Abb. 518.1).

Abb. 518.1
Erzeugung von Spannungsstößen mit einer Feldspule

Die Feldspulenstromstärke kann – für alle drei Teilvorgänge übereinstimmend – so gewählt werden, daß die Spannungsstöße den vom Stabmagneten hervorgerufenen Spannungsstößen gleichen.

Auch bezüglich des Induktionsvorganges verhalten sich Magnetfelder, die von Magneten erzeugt werden, wie Magnetfelder, die von Strömen erzeugt werden.

Die Versuche 513.1 bis 518.1 haben erläutert, daß jeder Induktionsvorgang durch einen Spannungsstoß gemessen wird. Dieser Spannungsstoß ist proportional zur Windungszahl der Induktionsspule, er ist unabhängig von der Schnelligkeit, mit der der Induktionsvorgang vollzogen wird. Die Versuche haben gezeigt, daß die von Strömen und die von Magneten erzeugten Magnetfelder auch bezüglich des Induktionsvorganges ununterscheidbar sind. Die jetzt folgende Versuchsreihe soll nachweisen, daß der Spannungsstoß der Änderung des magnetischen Flusses durch die Induktionsspule proportional ist und daß er unabhängig ist von der besonderen Art, mit der diese Änderung eintritt. Als Maß für den Spannungsstoß dient wie bisher der ballistische Ausschlag des Galvanometers oder die Anzeige des Integrators.

Versuch 518.2 Eine Feldspule wird mit eingeschaltetem Feldspulenstrom in die Induktionsspule eingeführt. Der Feldspulenstrom wird am Netzgerät auf Null gestellt. Dann wird der Feldspulenstrom wieder auf die vorherige Stärke hochgestellt. Die auftretenden Spannungsstöße werden gemessen (Abb. 518.2).

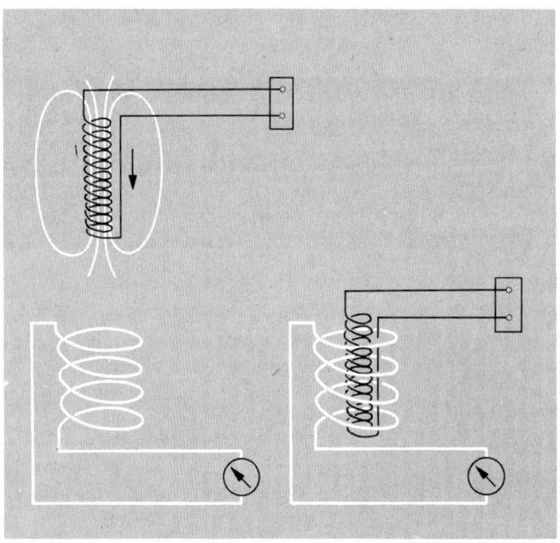

Die zugehörigen Änderungen des magnetischen Flusses in der Induktionsspule sind bei allen Vorgängen gleich, da die Anfangs- und Endzustände übereinstimmen. Es zeigt sich, daß beim Einführen der stromdurchflossenen Feldspule in die Induktionsspule und beim Hochstellen des Stromes in der bereits eingeführten Feldspule gleiche Spannungsstöße entstehen.

Abb. 518.2
Links: Einführung der stromdurchflossenen Feldspule in die Induktionsspule;
rechts: Hochstellen des Stromes in der bereits eingeführten Feldspule

Es ist gleichgültig, ob man den Induktionsvorgang durch Einführen der stromdurchflossenen Feldspule in die Induktionsspule erzeugt oder durch Einschalten des Stromes in der bereits eingeführten Feldspule: die Spannungsstöße sind gleich.

Die Frage nach der Richtung von Induktionsspannung und Induktionsstrom behandeln wir für dieses und die folgenden Experimente gemeinsam auf S. 522. Hier bemerken wir nur, daß dazu wieder das LENZ-Gesetz herangezogen wird, es führt in allen Fällen zum Ziel.

Versuch 519.1 Eine Induktionsspule ist mit dem ballistischen Galvanometer oder dem Integrator verbunden. In der Induktionsspule steckt eine Feldspule. Durch die Feldspule fließt ein Strom, dessen Stärke in beliebiger Art verändert werden kann. Die Änderung der Stromstärke ΔI und der dabei auftretende Spannungsstoß werden gemessen (Abb. 519.1).

Bei jeder Änderung der Stromstärke in der Feldspule wird in der Induktionsspule ein Spannungsstoß hervorgerufen. Dieser Spannungsstoß ist der Änderung der Stromstärke ΔI proportional. Die Stärke des Stromes, der vor der Veränderung durch die Feldspule floß, hat auf die Größe des Spannungsstoßes keinen Einfluß.

Die Stromstärke I in der Feldspule ist dem Betrag B der von der Feldspule erzeugten magnetischen Flußdichte $\vec{B}$ in jedem Punkt des Raumes proportional. Sie ist damit auch dem magnetischen Fluß in der Induktionsspule Φ proportional. Und die Änderung der Stromstärke in der Feldspule ΔI ist der Änderung des magnetischen Flusses in der Induktionsspule $\Delta\Phi$ proportional. Wenn nun der Spannungsstoß der Änderung der Stromstärke ΔI proportional ist, darf man schließen:

Der in einer Induktionsspule induzierte Spannungsstoß $\sum U_i \cdot \Delta t_i$ ist der Änderung des magnetischen Flusses in der Induktionsspule $\Delta\Phi$ proportional. Es ist bei diesem Vorgang gleichgültig, welcher magnetische Fluß vor oder nach dem Induktionsvorgang in der Induktionsspule vorliegt: ausschließlich die Änderung bestimmt den Spannungsstoß.

In den Versuchen 518.1, 518.2 und 519.1 findet die Feldspule ihren Platz in der Induktionsspule. Das hat seinen Grund ausschließlich darin, daß wir die Versuchsreihe mit dem Stabmagneten begonnen haben und die dann folgenden Versuche dieser experimentellen Anordnung zunächst angeschlossen haben. Ebensogut aber kann man die Induktionsspule in die Feldspule führen, die Versuche 518.1, 518.2 und 519.1 lassen sich in solcher Anordnung mit dem gleichen Ergebnis durchführen. Für den Versuch 520.1 wählen wir diese zweite Anordnung, um sicherzustellen, daß der magnetische Fluß Φ dem Querschnitt A der Induktionsspule proportional ist; er ist das Produkt aus dem Betrage B der magnetischen Flußdichte und dem Induktionsspulenquerschnitt,

$$\Phi = B \cdot A.$$

Abb. 519.1 Zur Abhängigkeit des Spannungsstoßes von der Änderung der Stromstärke ΔI in der Feldspule

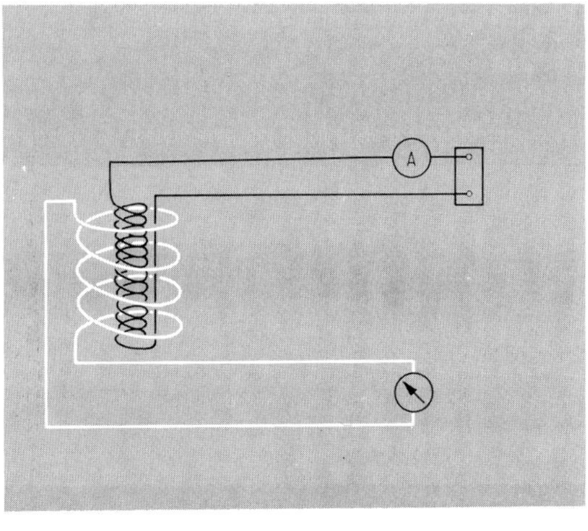

Abb. 519.2 Drei Induktionsspulen mit verschiedenen Querschnitten werden nacheinander in eine Feldspule gelegt.

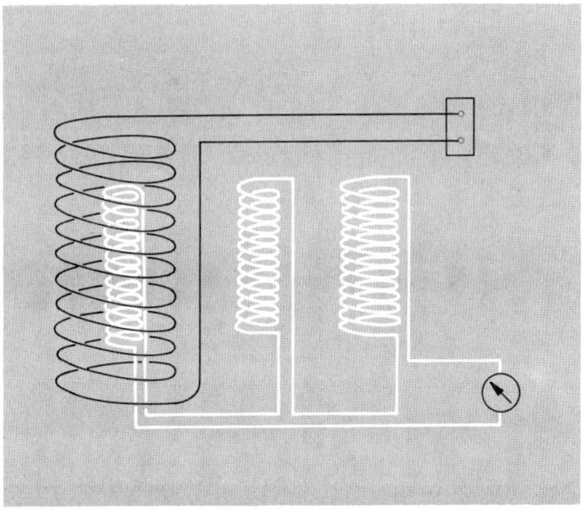

Versuch 520.1 In eine große Feldspule, in deren Innerem ein homogenes Magnetfeld vorliegt, werden nacheinander drei Induktionsspulen eingeführt. Deren Querschnitte sollen sich wie 1:2:3 verhalten (z.B. 6 cm², 12 cm², 18 cm²), ihre Windungszahlen sollen übereinstimmen. Vor Versuchsbeginn werden die Induktionsspulen in Reihe geschaltet und mit dem ballistischen Galvanometer oder dem Integrator verbunden. Für jede der drei Induktionsspulen wird, wenn sie im Innenraum der Feldspule liegt, der Feldspulenstrom von Null auf die stets gleiche Stromstärke I hochgestellt und wieder auf Null gestellt. Die in den Induktionsspulen hervorgerufenen Spannungsstöße werden gemessen (Abb. 519.2).

Die Beträge der Spannungsstöße verhalten sich wie 1:2:3, d.h., sie sind den Querschnitten der Induktionsspulen proportional. Bei hochgestelltem Strom I liegt an jedem Ort im Inneren der Feldspule die magnetische Flußdichte B vor. Der magnetische Fluß in der Induktionsspule ändert sich folglich beim Hochstellvorgang von Null auf $B \cdot A$. A ist der Querschnitt der Induktionsspule. Beim Herunterstellen der Stromstärke fällt der magnetische Fluß von $B \cdot A$ auf Null zurück. Die Änderung des magnetischen Flusses in den drei Induktionsspulen ist also den Spulenquerschnitten proportional. Der Versuch zeigt:

Der Spannungsstoß $\sum U_i \cdot \Delta t_i$ ist auch bei diesem Induktionsvorgang der Änderung des magnetischen Flusses proportional.

In der folgenden Versuchsgruppe benötigen wir eine flache Induktionsspule, die verformt werden darf. Wir wickeln sie rund, mit etwa 20 cm Durchmesser aus schmiegsamer Kupferlitze. Die Windungszahl möge etwa 100 betragen.

Versuch 520.2 In das homogene Feld eines HELMHOLTZ-Spulenpaares wird die Induktionsspule so eingebracht, daß die Spulenachsen übereinstimmen. Der magnetische Fluß Φ durch die Induktionsspule ist wieder durch das Produkt aus dem Betrag B der magnetischen Flußdichte $\vec{B}$ und dem Spulenquerschnitt A gegeben, da $\vec{B}$ auf der Spulenfläche senkrecht steht (Abb. 520.1). Der magnetische Fluß durch die Induktionsspule wird nun auf vier verschiedene Arten zu Null gemacht:

1. Der Feldspulenstrom wird auf Null heruntergestellt.
2. Die Induktionsspule wird aus dem Raum zwischen den HELMHOLTZ-Spulen herausgezogen.
3. Die Induktionsspule wird so gedreht, daß die Induktionswindungen nach der Drehung mit dem Vektor $\vec{B}$ in einer Ebene liegen (vgl. Abb. 520.2).
4. Die Spule wird zügig zu einer langen Schleife gestreckt (vgl. Abb. 520.3), so daß deren Fläche vom ursprünglichen Inhalt A auf Null schrumpft.

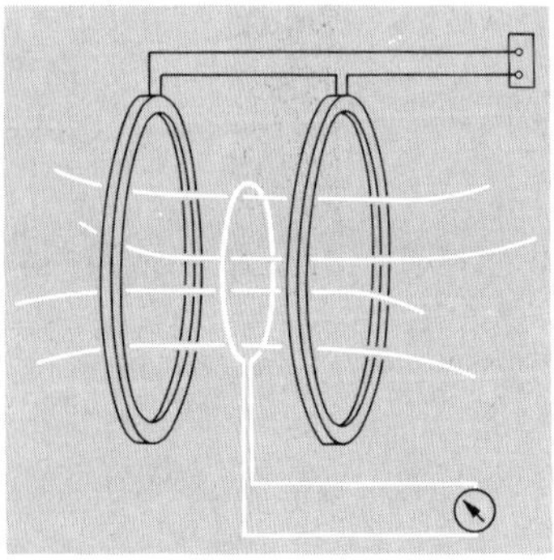

Abb. 520.1 Flache Induktionsspule im homogenen Feld des HELMHOLTZ-Spulenpaares. Der Übersichtlichkeit wegen ist nur eine Windung gezeichnet.

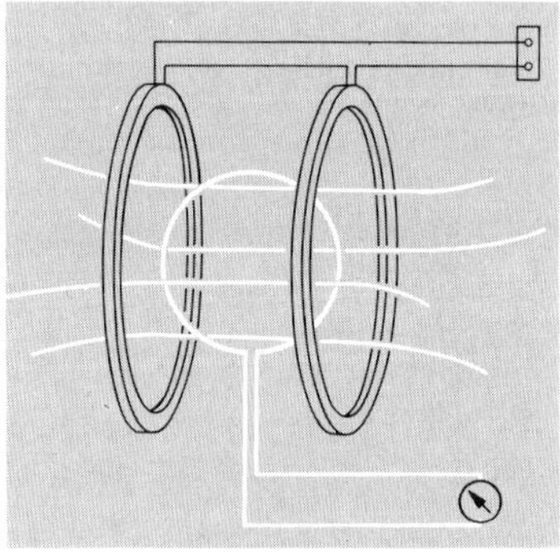

Abb. 520.2 Drehung der Induktionsspule. Nach der Drehung liegen die Induktionswindungen und der Vektor $\vec{B}$ in einer Ebene.

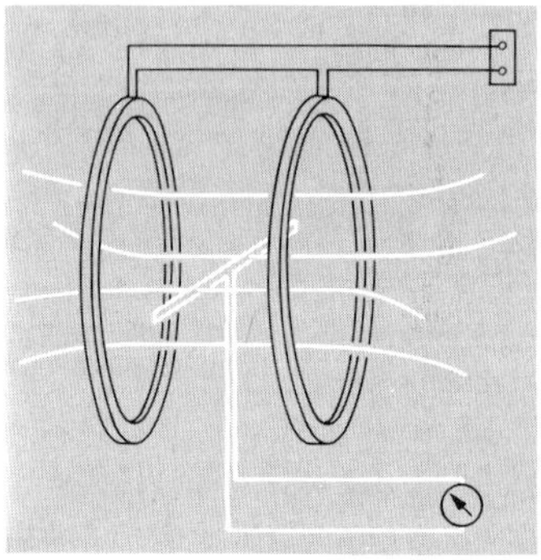

Abb. 520.3 Verformung der Induktionsspule zu einer langen Schleife

In allen vier Versuchen stimmen die Spannungsstöße überein. (Sollte im Falle 4 ein vollständiges Strecken der Induktionsspule nicht gelingen, so daß eine Fläche A_{Rest} erhalten bleibt, so zeigt sich ein Spannungsstoß, der sich zu dem der drei anderen Fälle wie $(A - A_{Rest}):A$ verhält.)

Die Spannungsstöße stimmen trotz unterschiedlicher Erzeugung überein, sofern nur die Änderungen des magnetischen Flusses übereinstimmen.

Die vorgelegte Sammlung der Versuche zur Induktion läßt sich fast beliebig fortsetzen: man kann die Versuche kombinieren und variieren. Alle zeigen sie dasselbe Ergebnis, unabhängig von Anlage, Aufbau und von der Art des zeitlichen Ablaufes:

Der in einer Windung einer Induktionsspule durch einen Induktionsvorgang hervorgerufene Spannungsstoß ist der Änderung des magnetischen Flusses durch diese Windung proportional. Ein zeitlich konstanter magnetischer Fluß hat auf die Größe des Spannungsstoßes keinen Einfluß. Es ist gleichgültig, auf welche Weise die Änderung des magnetischen Flusses herbeigeführt wird.

Zum Schluß unserer Versuchsreihe greifen wir auf den uns bekannten Versuch 480.1 zurück. In diesem Versuch wird eine Leiterschleife mit konstanter Geschwindigkeit aus einem homogenen Magnetfeld herausgezogen. Damit die Geschwindigkeit der Leiterschleife und die Induktionsspannung gemessen werden können, verläuft der Vorgang langsam. Der Versuch diente uns zunächst dazu, die auf die Leitungselektronen wirkende LORENTZ-Kraft zu demonstrieren. Wir betrachten ihn jetzt unter dem Gesichtspunkt der Induktion (vgl. Abb. 521.1).

Vom Leiterabschnitt II der Länge l wird in der Zeit Δt eine Fläche überstrichen, deren Flächeninhalt werde mit ΔA bezeichnet. Dann ergibt sich für die Spannung an den Enden der Schleife

$$U = B \cdot \frac{\Delta A}{\Delta t}, \qquad \text{(vgl. S. 481).}$$

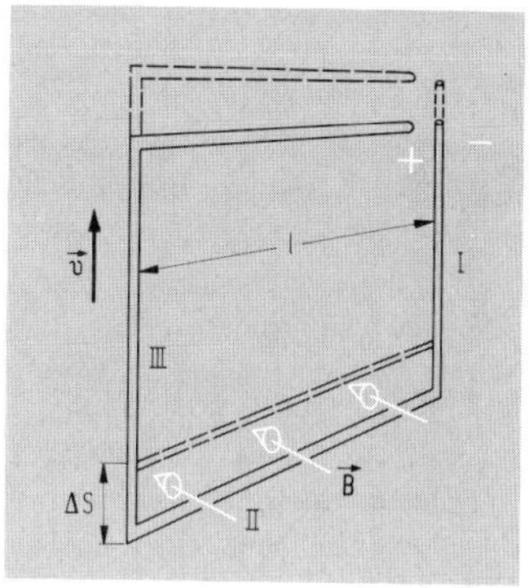

Abb. 521.1
Eine Leiterschleife wird mit konstanter Geschwindigkeit aus einem Magnetfeld herausgezogen.

Der Vektor $\vec{B}$ der magnetischen Flußdichte steht auf diesem Flächenstück senkrecht. Da der Leiterabschnitt sich mit konstanter Geschwindigkeit v bewegt, ist die von der LORENTZ-Kraft erzeugte Spannung U während der Zeit Δt auch konstant, man erhält nach Multiplikation mit Δt

$$U \cdot \Delta t = B \cdot \Delta A.$$

Diese Gleichung läßt sich nun als Beschreibung einer Induktionserscheinung wie folgt interpretieren: U ist eine Induktionsspannung; $U \cdot \Delta t$ ist ein Spannungsstoß, er besteht aus nur einem Summanden. Das ist in diesem Falle möglich, weil während des gesamten Vorganges die Induktionsspannung U konstant ist. Das Diagramm dieses Spannungsstoßes ist ein Rechteck. $B \cdot \Delta A$ ist die Änderung des magnetischen Flusses: in der Zeit Δt legt der Leiterabschnitt II die Strecke Δs zurück. Die von der magnetischen Flußdichte $\vec{B}$ durchsetzte Fläche wird um $\Delta A = \Delta s \cdot l$, der magnetische Fluß um $B \cdot \Delta A$ verkleinert. Im oberen Teil der Leiterschleife wird die magnetische Flußdichte zu Null angenommen. Die Vergrößerung des Flächeninhalts um ΔA am oberen Rande der Schleife bringt also keinen Zugewinn an magnetischem Fluß. Die Gleichung $U \cdot \Delta t = B \cdot \Delta A$ sagt damit aus, daß der Spannungsstoß gleich der Änderung des magnetischen Flusses ist, er ist ihm folglich auch proportional. Das war zu erwarten. Der Induktionsvorgang kann in diesem Einzelfall aus der LORENTZ-Kraft deduziert werden.

Die Verknüpfung von Induktionserscheinung und LORENTZ-Kraft bringt aber noch eine weitere wichtige Erkenntnis. In allen Versuchen, in denen Spannungsstöße gemessen wurden, hat es sich als gleichgültig erwiesen, auf welche Weise der Spannungsstoß hervorgerufen wird. Der Spannungsstoß, bezogen auf eine Windung der Induktionsspule, ist immer der Änderung des magnetischen Flusses durch diese Windung proportional. Wenn man nun den Versuch 480.1 als Induktionsvorgang interpretiert, dann kann man ihn dazu verwenden,

den bisher noch unbekannten Proportionalitätsfaktor zwischen Spannungsstoß und Flußänderung zu bestimmen. Aus $U \cdot \Delta t = B \cdot \Delta A$ folgt unmittelbar, daß er den Wert Eins hat. Das verwenden wir in der folgenden Formulierung.

Der in einer Windung einer Spule induzierte Spannungsstoß ist gleich der Änderung des magnetischen Flusses durch diese Windung.

$$\sum U_i \cdot \Delta t_i = \Delta \Phi .$$

Eine Überprüfung der Einheiten für beide Seiten der Gleichung zeigt, daß sie übereinstimmen:

$$[U \cdot \Delta t] = 1\ \mathrm{V} \cdot \mathrm{s}$$

$$[\Delta \Phi] = 1\ \mathrm{Vs}$$

$$1\ \mathrm{Vs} = 1\ \mathrm{Vs}.$$

Über den Betrag des induzierten Spannungsstoßes ist mit diesem Ergebnis alles gesagt. Es bleibt allein die Aufgabe, über die Richtung dieser Spannung oder die Richtung des von ihr hervorgerufenen Induktionsstromes eine Regel zu formulieren, die es ermöglicht, diese Richtung schon vor einem Experiment anzugeben.

Eine Formulierung gewinnen wir mit Hilfe des LENZ-Gesetzes. Überlegungen, wie wir sie zu den Versuchen 477.1 und 480.1 durchführten, lassen sich für jeden Induktionsversuch anstellen; in allen Fällen genügt die Richtung der Induktionsspannung und des Induktionsstromes dem LENZ-Gesetz.

Wir formulieren die Gesetzmäßigkeit und verdeutlichen sie an zwei Einzelfällen.

Jeder durch Induktion erzeugte Strom ist so gerichtet, daß er der ihn verursachenden Zustandsänderung, nämlich der Änderung des induzierenden magnetischen Flusses, entgegenwirkt. Mit der Richtung des Induktionsstromes ist auch die Richtung der Induktionsspannung festgelegt.

In Abb. 522.1 und 522.2 soll die obere Schleife die Feldspule darstellen, das von ihr erzeugte Magnetfeld, symbolisiert durch den Vektor $\vec{B}_{\mathrm{feld}}$, und der von ihr erzeugte magnetische Fluß durchsetzen auch die untere Schleife, die Induktionsspule. Der zum Schwanz hin dicker (dünner) werdende Pfeil soll den zeitlich anwachsenden (schwächer werdenden) Feldstrom verdeutlichen. (Wir denken den Pfeil an uns vorbeigleiten.)

Bei einer ersten Überlegung nehmen wir an, daß durch die Feldspule ein zeitlich anwachsender Strom I_{feld} geleitet werde. Das von diesem Strom erzeugte Magnetfeld $\vec{B}_{\mathrm{feld}}$ und der dazugehörige magnetische Fluß wachsen

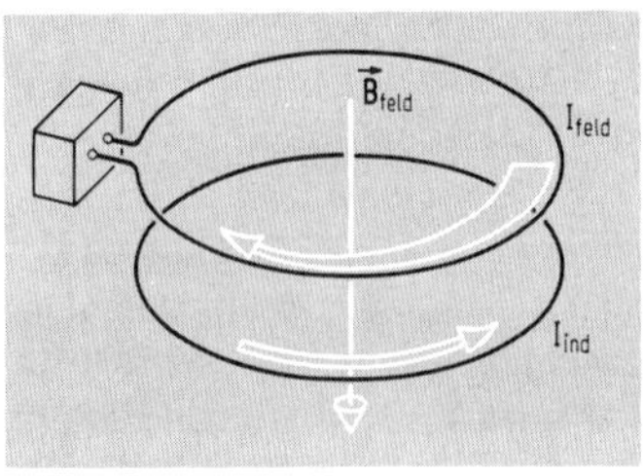

Abb. 522.1
Zeitlich anwachsender Feldstrom I_{feld} und gegensinnig gerichteter Induktionsstrom I_{ind}

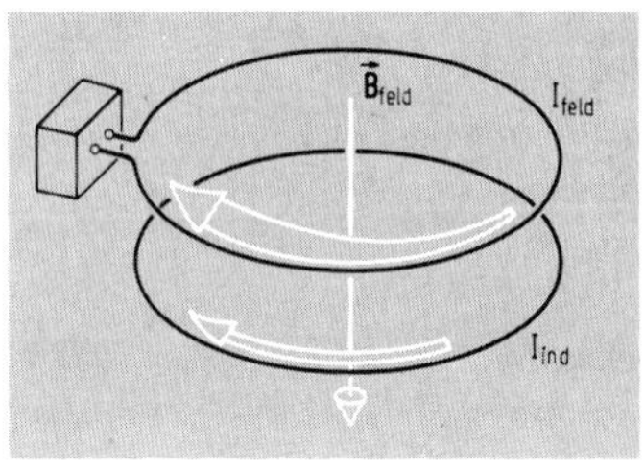

Abb. 522.2
Zeitlich schwächer werdender Feldstrom I_{feld} und gleichsinnig gerichteter Induktionsstrom I_{ind}

ebenfalls an. Die Folge des anwachsenden Flusses ist ein Induktionsstrom I_{ind} in der geschlossenen Induktionsspule (vgl. Abb. 522.1). Nach dem LENZ-Gesetz muß dieser Induktionsstrom so gerichtet sein, daß das von ihm hervorgebrachte Magnetfeld dem anwachsenden, induzierenden Feld entgegengesetzt gerichtet ist, denn nur so kann es dem zeitlichen Anwachsen des induzierenden Feldes entgegenwirken. Der induzierte Strom I_{ind} hat folglich die entgegengesetzte Richtung wie der Feldstrom. (Das vom induzierten Strom I_{ind} erzeugte Magnetfeld ist in der Abb. 522.1 der Übersichtlichkeit wegen nicht angedeutet, der Feldvektor zu diesem Feld hat zu dem Vektor $\vec{B}_{\mathrm{feld}}$ die entgegengesetzte Richtung.)

Bei einer zweiten Überlegung nehmen wir an, daß die Feldspule von einem zeitlich schwächer werdenden Strom durchflossen werde (vgl. Abb. 522.2). Wie im vorangehenden Falle induziert der sich ändernde, abnehmende magnetische Fluß in der Induktionsspule einen Strom I_{ind}. Nach dem LENZ-Gesetz muß dieser Strom I_{ind} so gerichtet sein, daß das von ihm hervorgebrachte Magnetfeld der zeitlichen Abnahme des induzierenden Feldes entgegenwirkt, der Induktionsstrom muß folglich die gleiche Richtung haben wie der Feldstrom. Es wird verständlich, daß in beiden Fällen trotz gleicher Richtung der Feldströme die induzierten Ströme unterschiedliche Richtungen haben. Nicht der Feldstrom und das Magnetfeld, sondern die zeitliche *Veränderung* des Feldstromes und die zeitliche *Veränderung* des Magnetfeldes bestimmen die Richtung von Induktionsspannung und Induktionsstrom.

Mit je einer Windung ist ein der Schilderung entsprechender Versuch nicht durchführbar, wir verweisen aber auf den Versuch 526.1, der die gleiche Erscheinung mit Spulen zu demonstrieren gestattet.

Diese zeitliche Veränderung wird zweckmäßig durch den Vektor $\frac{\Delta \vec{B}_{\text{feld}}}{\Delta t}$ beschrieben. $\Delta \vec{B}_{\text{feld}}$ hat die gleiche Richtung wie $\vec{B}_{\text{feld}}$, wenn $\vec{B}_{\text{feld}}$ anwächst; es hat die Gegenrichtung, wenn $\vec{B}_{\text{feld}}$ schwächer wird. Die Abbildungen 523.1 und 523.2 verdeutlichen das.

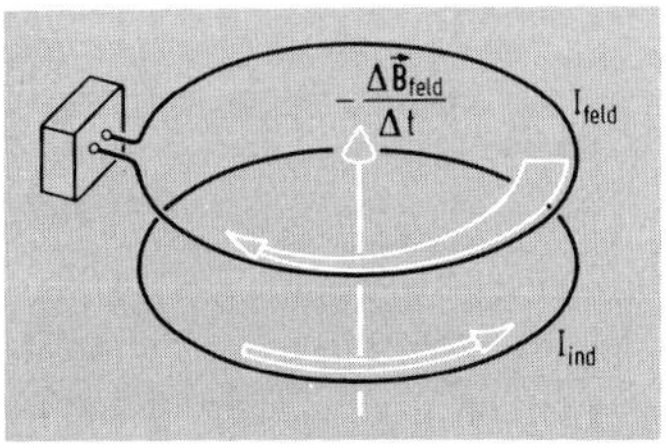

Abb. 523.1
Der Vektor $-\frac{\Delta \vec{B}_{\text{feld}}}{\Delta t}$ und der induzierte Strom I_{ind} bei zeitlich anwachsendem Feldstrom I_{feld}

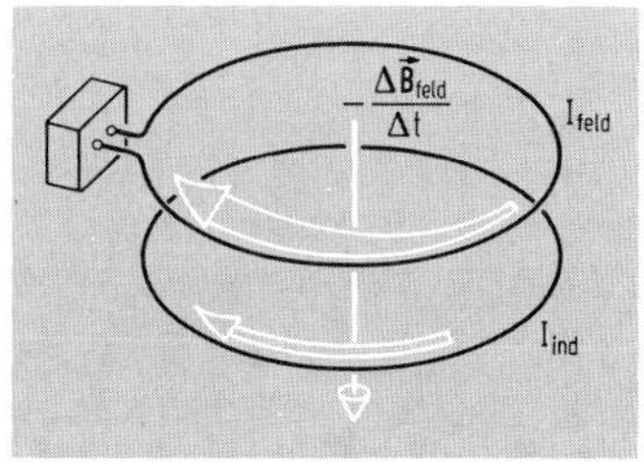

Abb. 523.2
Der Vektor $-\frac{\Delta \vec{B}_{\text{feld}}}{\Delta t}$ und der induzierte Strom I_{ind} bei zeitlich schwächer werdendem Feldstrom I_{feld}

Man erkennt:

Der Vektor $-\frac{\Delta \vec{B}}{\Delta t}$ und der Induktionsstrom I_{ind} bilden ein rechtsorientiertes System.

Die Entwicklung der Halbleiter ermöglichte in den Jahren um 1950 die Einführung der HALL-Sonde in die experimentelle Technik. Bis zu diesem Zeitpunkt maß man den Vektor der magnetischen Flußdichte im allgemeinen mit Verfahren, die das Phänomen der Induktion zugrunde legten. So erklärt sich auch der zweite Name des Vektors: *magnetische Induktion*. Bei einer solchen Messung zieht man eine Induktionsspule aus dem zu messenden Magnetfeld heraus, oder man dreht sie im Magnetfeld, oder man schaltet das Magnetfeld ein bzw. aus, falls es von einem Strom erzeugt wird und mißt den Spannungsstoß. Auf diese Weise werden wir später auch die magnetische Flußdichte im materieerfüllten Raum definieren und messen.

Wir wollen das Verfahren an einem Beispiel deutlich machen. Dazu messen wir die Horizontalkomponente $\vec{B}^*$ der magnetischen Flußdichte $\vec{B}$ des erdmagnetischen Feldes. Eine große Rahmenspule wird so aufgestellt, daß ihre Spulenachse horizontal in der magnetischen Nord-Süd-Richtung liegt. Die Horizontalkomponente $\vec{B}^*$ steht dann senkrecht auf der Spulenfläche A. Durch Drehung um die vertikale Achse kann der magnetische Fluß durch die Spule verändert werden: bei einer Drehung um 90° ändert sich der Fluß von $B^* A$ auf Null, weil der Vektor $\vec{B}^*$ nach der Drehung in der Fläche liegt und mit der Senkrechten

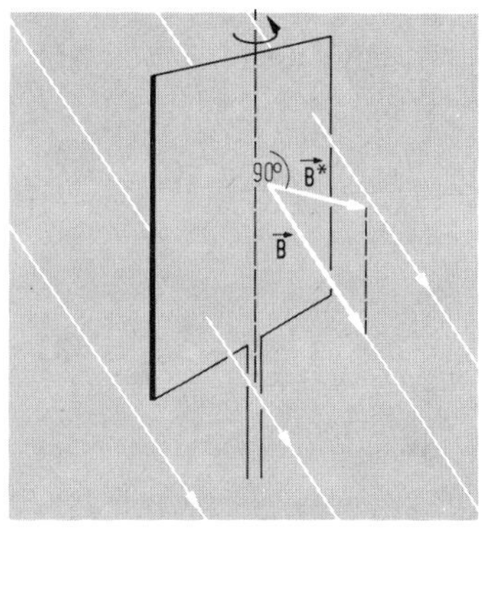

Abb. 523.3
Rahmenspule mit Drehachse zur Messung des magnetischen Flusses, den die Horizontalkomponente $\vec{B}^*$ erzeugt.
Vereinfachend wurde nur eine Windung der Spule gezeichnet.

darauf den Winkel 90° bildet. Dreht man die Spule gleichsinnig um 90° weiter, so ändert sich der Fluß noch einmal um B^*A. Es entstehen in jeder Windung der Spule zwei unmittelbar aufeinander folgende Spannungsstöße; sie wirken gleichsinnig und addieren sich zu einem Gesamtstoß. Er gleicht dem magnetischen Fluß $2B^*A$. Ist n die Windungszahl der Spule, so beträgt der gemessene Spannungsstoß $2B^*An$. Daraus kann man die Horizontalkomponente B^* der erdmagnetischen Flußdichte berechnen (Abb. 523.3).

Wir beschreiben hier eine Messung mit dem ballistischen Galvanometer. Man kann den Versuch auch mit dem Integrator durchführen. Anstelle der Rahmenspule kann man auch ein HELMHOLTZ-Spulenpaar verwenden.

In einem ersten Schritt kalibriert man dazu das ballistische Galvanometer. Man schaltet ein Netzgerät, das eine stabile Spannung liefert, eine elektrische Stoppuhr, einen Tastschalter S, drei Widerstände R_1, R_2 und R_3 zur Spannungsteilung, einen Widerstand R_4 zur Einstellung der Galvanometerdämpfung, eine große Rahmenspule und ein empfindliches ballistisches Galvanometer G, z. B. ein Spiegelgalvanometer, nach Abb. 524.1 zusammen.

Die Widerstände R_2 (5 Ω) und R_3 (1000 Ω) teilen die am Voltmeter anliegende Spannung im Verhältnis 5:1000. R_4 wird so gewählt, daß der Galvanometerzeiger bei der Rückkehr vom ballistischen Ausschlag nur wenig über die Zeigernullpunktstellung hinausschwingt. R_4 ist viel größer als R_2, darum darf R_4 bei der Berechnung der Spannungsteilung unberücksichtigt bleiben. Mit dem Potentiometer R_1 wird die zur Schaltung der Stoppuhr notwendige Spannung so geteilt, daß bei einem kurzen Antippen des Tastschalters ein gut ablesbarer ballistischer Ausschlag des Galvanometers erfolgt. Während wir die Spannung am Voltmeter ablesen, schließen wir das Galvanometer zum Schutz gegen Überlastung kurz. Die Bestimmung der Skalenkonstante beschreiben wir anhand eines Meßbeispiels: Am Voltmeter V liege eine Spannung von 1,00 V an, an den Enden von R_2 liegt folglich eine Spannung von $4{,}98 \cdot 10^{-3}$ V. Bei einer Schalterschließzeit von 0,22 s entsteht im Galvanometerkreis ein Spannungsstoß von $1{,}1 \cdot 10^{-3}$ Vs, der ballistische Ausschlag beträgt 10,3 Skalenteile. Es ergibt sich folglich ein Skalenwert von $107 \cdot 10^{-6}$ Vs, d.h., ein Skalenteil bedeutet $107 \cdot 10^{-6}$ Vs.

In einem zweiten Schritt, der Messung des magnetischen Flusses, lösen wir den weiß gezeichneten Teil der Schaltung für sich heraus und stellen die Spule mit ihrer Achse in der magnetischen Nord-Süd-Richtung auf einen Drehschemel.

Bei der Drehung der Spule um 180° macht das ballistische Galvanometer einen ballistischen Anschlag von $y = 4{,}25$ Skalenteilen. Nach unserer Theorie bedeutet das

$$2 \cdot B^* A \cdot n = 4{,}25 \cdot 107 \cdot 10^{-6}\,\mathrm{Vs},$$
$$A = 0{,}50\,\mathrm{m}^2,$$
$$n = 30,$$
$$B^* = 15 \cdot 10^{-6}\,\frac{\mathrm{Vs}}{\mathrm{m}^2},$$
$$B^* = 15 \cdot 10^{-6}\,\mathrm{T}.$$

Die Horizontalkomponente der erdmagnetischen Flußdichte liegt in ganz Mitteleuropa in der Nähe dieses Wertes. In Gebäuden mit großen Eisenträgern treten starke Abweichungen auf.

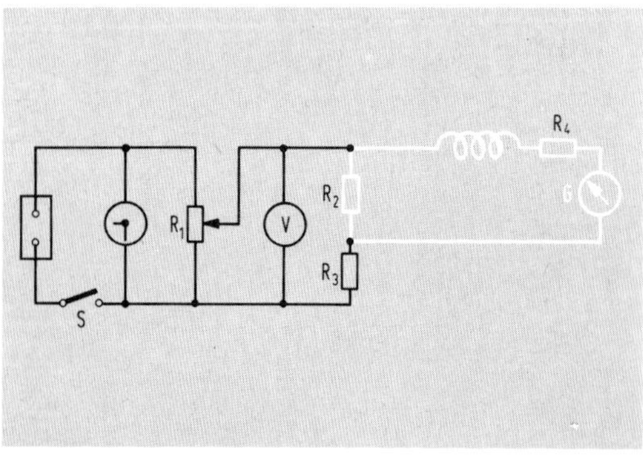

Abb. 524.1
Schaltbild zum Kalibrieren des ballistischen Galvanometers. Der zur Messung des magnetischen Flusses verwendete Teil der Schaltung ist weiß eingetragen.

In diesem Abschnitt haben wir den Spannungsstoß als Folge der Änderung des magnetischen Flusses kennengelernt. Im folgenden Abschnitt wollen wir vom Spannungsstoß zur Spannung selbst übergehen und sie in Beziehung zur Flußänderung setzen. Die so gewonnene Aussage kann für besonders einfache Fälle experimentell überprüft werden.

5.3.5 Das Induktionsgesetz

Das Induktionsgesetz macht eine Aussage über die Induktionsspannung, die an den Enden einer Spule entsteht, wenn sich der magnetische Fluß in der Spule ändert. Die Generatorspannung kann auf diesem Wege leicht gewonnen werden (Beispiel S. 529). Der induktive Widerstand, den eine Spule dem Wechselstrom entgegensetzt, kann berechnet werden (S. 564); die dabei auftretende charakteristische Größe, ihre Induktivität, bestimmt die Frequenz eines elektromagnetischen Schwingkreises neben der Kapazität des zugeschalteten Kondensators (S. 621).

Wir vollziehen zunächst den Übergang vom Spannungsstoß zur Spannung selbst. Unsere Überlegung geht von der Gleichung

$$\sum U_i \cdot \Delta t_i = \Delta \Phi$$

aus (S. 522). Wählt man nun den Zeitraum, während dessen sich eine Änderung des magnetischen Flusses ereignet, so kurz, daß die induzierte Spannung während dieser Zeit als annähernd konstant angesehen werden darf, so ist der Spannungsstoß ein Produkt

$$U_{\text{ind}} \cdot \Delta t = \Delta \Phi, \qquad U_{\text{ind}} = \frac{\Delta \Phi}{\Delta t}.$$

Das heißt, die Induktionsspannung ist während der Zeit Δt gleich dem Quotienten von Änderung des magnetischen Flusses $\Delta \Phi$ in der Induktionsschleife und dem Zeitraum Δt.

In der Literatur ist es üblich, in diese Gleichung ein Minuszeichen einzufügen. Das ist der Versuch, zwei Regeln in einer einfachen Gleichung wiederzugeben: eine, die etwas über den Betrag der Induktionsspannung aussagt und eine, die etwas über deren Richtung aussagt. Setzt man z.B. voraus, daß der Feldstrom, der den magnetischen Fluß hervorruft, mit zunehmender Zeit stärker wird, daß $\frac{\Delta \Phi}{\Delta t}$ also positiv ist, so hat der induzierte Strom die Gegenrichtung zum Feldstrom (Abb. 522.1). Die Induktionsspannung hat für diesen Fall die Gegenrichtung zu derjenigen Spannung, die den Fluß verursacht. Das Einfügen des Minuszeichens ist gleichbedeutend mit dem Hinweis, daß die Richtung der Spannung nach dem LENZ-Gesetz zu bestimmen ist.

Induktionsgesetz:

In einer Leiterschleife wird bei einer Änderung des magnetischen Flusses Φ durch diese Schleife eine Induktionsspannung U_{ind} induziert. Sie genügt der Gleichung

$$U_{\text{ind}} = -\frac{\Delta \Phi}{\Delta t}.$$

Es ist gleichgültig, auf welche Weise die Änderung des magnetischen Flusses herbeigeführt wird.

Der Gesetzgeber definiert die Einheit des magnetischen Flusses mit Hilfe des Induktionsgesetzes (S. 495): Nimmt der magnetische Fluß, wie in der Ausführungsverordnung angegeben, in einer Sekunde gleichmäßig von 1 Wb = 1 Vs auf Null ab, so entsteht die Induktionsspannung $U_{\text{ind}} = -1$ V.

Vollzieht man den Grenzübergang Δt gegen Null, dann nimmt die Gleichung die Form

$$U_{\text{ind}} = -\frac{\mathrm{d}\Phi}{\mathrm{d}t} \quad \text{oder} \quad U_{\text{ind}} = -\dot{\Phi}$$

an. Für das Verständnis der folgenden Überlegungen ist diese Bemerkung ohne Belang.

Die Gültigkeit dieser Folgerung soll experimentell überprüft werden. Das geschieht in den folgenden Versuchen, in denen eine besonders einfache zeitliche Veränderung des magnetischen Flusses herbeigeführt wird.

Versuch 526.1 Mit einem elektronischen Generator erzeugen wir in einer langen Feldspule ein zeitlich veränderliches homogenes Magnetfeld. Der Generator läßt die Stromstärke während eines Zeitraumes linear anwachsen, dann wieder linear abfallen. Die magnetische Flußdichte in der Feldspule zeigt eine gleichlaufende zeitliche Veränderung. Das obere Diagramm in Abb. 526.2 gibt diesen Verlauf an. In die Feldspule legen wir wie in Abb. 526.1 eine Induktionsspule. Die Spulenenden verbinden wir mit einem Gleichspannungsverstärker. Ein Drehspulmeßgerät erlaubt dann, die in der Induktionsspule induzierte Spannung zu messen.

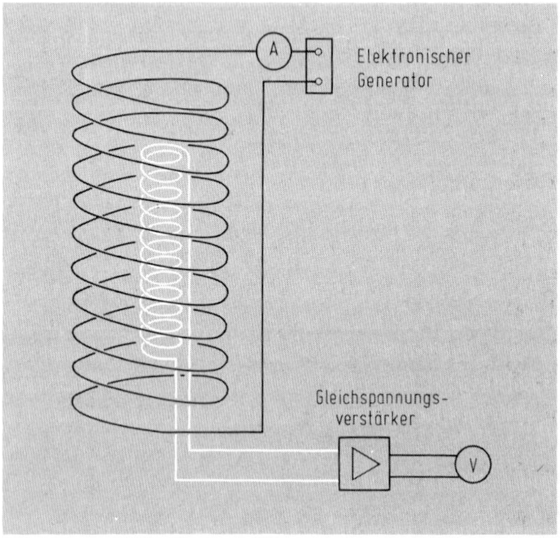

Abb. 526.1 Induktionsspule in einer Feldspule zur direkten Messung der Induktionsspannung

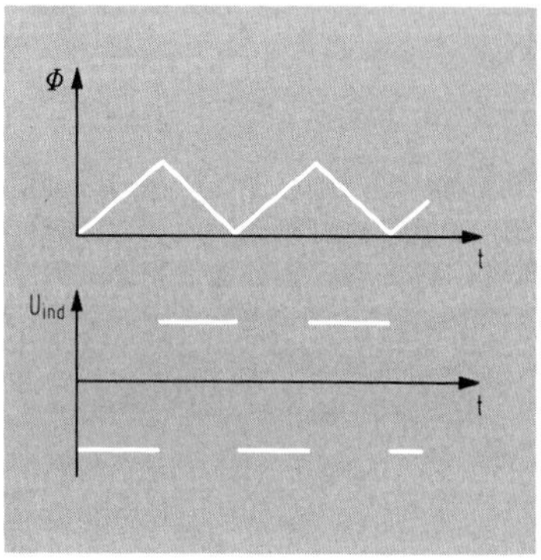

Abb. 526.2 Während des linearen Anwachsens des magnetischen Flusses Φ in der Induktionsspule ist die induzierte Spannung U_{ind} konstant.

Solange die Stromstärke und damit der magnetische Fluß in der Induktionsspule linear ansteigen, zeigt dieses Meßgerät eine konstante Induktionsspannung. Das Diagramm in Abb. 526.2 gibt den Vorgang wieder.

Setzt man die magnetische Flußdichte B in der langen Spule mit dem Näherungsausdruck

$$B = \mu_0 \cdot \frac{n_1 \cdot I}{l}$$

an (vgl. S. 492), dann ist der magnetische Fluß Φ in jeder Windung der Induktionsspule durch

$$\Phi = \mu_0 \cdot \frac{n_1 \cdot I}{l} \cdot A$$

gegeben.

I = momentane Stromstärke in der Feldspule,
n_1 = Windungszahl der Feldspule,
l = Länge der Feldspule,
A = Querschnitt der Induktionsspule.

Nach der Gleichung $U_{ind} = -\frac{\Delta \Phi}{\Delta t}$ soll an den Enden der Induktionsspule die Induktionsspannung

$$U_{ind} = -\mu_0 \cdot \frac{n_1 \cdot n_2}{l} \cdot \frac{\Delta I}{\Delta t} \cdot A$$

n_2 = Windungszahl der Induktionsspule,

auftreten. Alle in dieser Gleichung vorkommenden Größen sind meßbar. Die Gleichung $U_{ind} = -\frac{\Delta \Phi}{\Delta t}$ ist damit für diesen Fall quantitativ überprüfbar.

Für viel schneller ablaufende Vorgänge ist die angegebene Gleichung mit Hilfe des Oszilloskops quantitativ überprüfbar. Das zeigt der folgende Versuch.

Versuch 527.1 In der Anordnung von Versuch 526.1 leiten wir durch die Feldspule einen Wechselstrom und erzeugen damit in der Feldspule eine zeitlich veränderliche magnetische Flußdichte $\vec{B}$. Das hat einen zeitlich veränderlichen magnetischen Fluß Φ in der Induktionsspule zur Folge. Die induzierte Spannung machen wir mit einem Oszilloskop sichtbar und meßbar, indem wir die Enden der Induktionsspule über den Verstärker mit den y-Ablenkplatten des Oszilloskops verbinden.

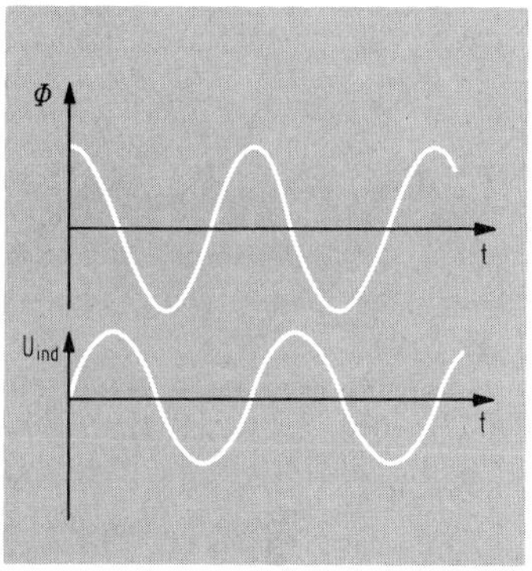

Abb. 527.1
Magnetischer Fluß Φ in der Induktionsspule und induzierte Spannung U_{ind} bei Erzeugung des magnetischen Flusses mit einem Wechselstrom

Das Diagramm in Abb. 527.1 zeigt den Verlauf des magnetischen Flusses Φ in der Induktionsspule und den Verlauf der induzierten Spannung U_{ind}.

Die Auswertung erfolgt wie in Versuch 526.1. Man erhält für die induzierte Spannung U_{ind} die Gleichung

$$U_{ind} = -\mu_0 \cdot \frac{n_1 \cdot n_2}{l} \cdot \frac{\Delta I}{\Delta t} \cdot A .$$

Nun gilt für den Wechselstrom eine analoge Gleichung wie für die Wechselspannung (vgl. S. 479)

$$I = I_0 \cdot \sin \omega t,$$

I_0 = Scheitelwert des Wechselstroms.

Nach den Regeln der Differentialrechnung ist $\dot{I} = I_0 \cdot \omega \cdot \cos \omega t$. Das heißt, daß für kleine Zeiten Δt in guter Näherung gilt:

$$\frac{\Delta I}{\Delta t} = \omega \cdot I_0 \cdot \cos \omega t .$$

Für die Induktionsspannung erhält man damit

$$U_{ind} = -\mu_0 \cdot \frac{n_1 \cdot n_2}{l} \omega \cdot I_0 \cdot \cos \omega t \cdot A$$

$$U_{ind} = -U_0 \cdot \cos \omega t,$$

U_0 = Scheitelspannung der induzierten Wechselspannung.

Die auftretenden Größen U_0, I_0, A, n_1, n_2, l und ω sind im Experiment meßbar. Das Induktionsgesetz ist damit auch in diesem Versuch quantitativ überprüfbar.

Versuch 527.2 In einem letzten Beispiel entnehmen wir dem elektronischen Generator einen periodisch ein- und wieder ausgeschalteten Strom. Er erzeugt in der Induktionsspule einen magnetischen Fluß Φ, wie er in Abb. 528.1 oben wiedergegeben ist.

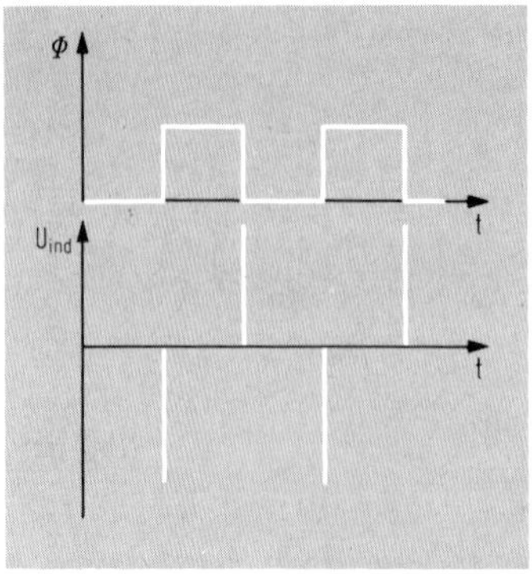

Abb. 528.1
Ein periodisch ein- und wieder ausgeschalteter Strom erzeugt einen magnetischen Fluß Φ. Eine Induktionsspannung $U_{ind} \neq 0$ zeigt sich nur zur Zeit des Schaltvorganges.

Die induzierte Spannung U_{ind} zeigt nur während des Ein- oder Ausschaltvorganges einen von 0 verschiedenen Wert. Eine quantitative Auswertung dieses Versuches ist nicht möglich, da die Zeitdauer des Ein- bzw. Ausschaltvorganges nicht bekannt ist. Folglich kann auch $\frac{\Delta\Phi}{\Delta t}$ nicht bestimmt werden.

Die letzte Form des Induktionsgesetzes, die hier behandelt werden soll, stammt von C.F. GAUSS (1777–1855) aus dem Jahre 1835, die physikalische Interpretation leistete MAXWELL 1873.

Der Formulierung liegen die Definitionen der Spannung und des magnetischen Flusses zugrunde:

$$U = \sum \vec{E}_i \cdot \Delta\vec{s}_i,$$

$$\Phi = \sum \vec{B}_i \cdot \Delta\vec{A}_i.$$

Setzt man diese Ausdrücke in die Gleichung für die Induktionsspannung

$$U_{ind} = -\frac{\Delta\Phi}{\Delta t}$$

ein, dann erhält man das Induktionsgesetz in Summendarstellung. Das Vorzeichen ergibt sich, wenn man fordert, daß der Umlaufsinn der Linie (durch die Vektoren $\Delta\vec{s}_i$ gegeben) und die Flächenvektoren $\Delta\vec{A}_i$ ein rechtsorientiertes System bilden.

Induktionsgesetz in Summendarstellung

$$\sum_{\text{geschl. Linie}} \vec{E}_i \cdot \Delta\vec{s}_i = -\frac{\Delta \sum_{\text{eingeschl. Fläche}} \vec{B}_i \cdot \Delta\vec{A}_i}{\Delta t}.$$

Der Index *geschl. Linie* soll daran erinnern, daß die Linie, längs derer die Liniensumme der elektrischen Feldstärke gebildet wird, geschlossen ist, wie z.B. eine Windung einer Induktionsspule. Durch die Streckenvektoren $\Delta\vec{s}_i$ erhält diese Linie einen Umlaufsinn. Die Linie bildet zugleich die Umrandung einer Fläche, zu der die Flächensumme der magnetischen Flußdichte berechnet werden soll; das deutet der Index *eingeschl. Fläche* an. Zu der Fläche wird durch die Vektoren $\Delta\vec{A}_i$ eine Richtung vorgegeben, die durch die Fläche hindurchweist. Diese Richtung und der Umlaufsinn der Linie bilden ein rechtsorientiertes System; so ist das Minuszeichen vor dem Term der rechten Seite zu verstehen.

Die Δ-Zeichen haben in der Gleichung leider unterschiedliche Bedeutungen: $\Delta\vec{s}_i$ ist der kurze i-te Streckenvektor, $\Delta\vec{A}_i$ ist der Flächenvektor zur Fläche ΔA_i. Das Δ-Zeichen vor der Summe $\sum_{\text{eingeschl. Fläche}} \vec{B}_i \cdot \Delta\vec{A}_i$ bedeutet, daß zu dieser Summe die Veränderung dieser Summe während der Zeit Δt gebildet werden soll, d.h. die Differenz der Summen zur Zeit $t + \Delta t$ und zur Zeit t.

In einer mathematisch exakten Form lautet diese Gleichung

$$\oint \vec{E} \cdot \mathrm{d}\vec{s} = -\frac{\mathrm{d}}{\mathrm{d}t} \int \vec{B} \cdot \mathrm{d}\vec{A},$$

davon wird aber in den weiteren Ausführungen kein Gebrauch gemacht.

Eine enger gefaßte Form, in der die Änderung des magnetischen Flusses während der Zeit Δt ausschließlich auf die zeitliche Änderung der magnetischen Flußdichte zurückgeführt wird, bezeichnet man als die zweite MAXWELL-Gleichung.

Zweite Maxwell-Gleichung:

$$\sum_{\text{geschl. Linie}} \vec{E}_i \cdot \Delta \vec{s}_i = -\sum_{\text{eingeschl. Fläche}} \frac{\Delta \vec{B}_i}{\Delta t} \cdot \Delta \vec{A}_i \qquad \text{bzw.} \qquad \oint \vec{E}\, \mathrm{d}\vec{s} = -\int \frac{\mathrm{d}\vec{B}}{\mathrm{d}t}\, \mathrm{d}\vec{A}.$$

Die zweite MAXWELL-Gleichung kann auf Induktionserscheinungen, die durch Ortsveränderung oder Verformung der Leiterschleife im Magnetfeld hervorgerufen werden, nicht angewendet werden. Sie erlaubt aber eine ganz neue Interpretation. MAXWELL schrieb die Gleichung in differentieller Form, wir gehen darauf nicht ein. Seine Vorstellung aber, die er daraus entwickelte, schildern wir im nächsten Abschnitt.

Beispiel

Es soll gezeigt werden, daß man die Gleichung für die von einem Generator erzeugte Wechselspannung (vgl. S. 479) $U = U_0 \cdot \sin \omega t$, statt mit Hilfe der LORENTZ-Kraft auch mit Hilfe des Induktionsgesetzes deduzieren kann.

Der magnetische Fluß durch eine Schleife ist gegeben durch

$$\Phi = B \cdot 2lr \cdot \cos \omega t \qquad \varphi = \omega t \qquad \text{(vgl. Abb. 477.3)}.$$

Die in n Windungen erzeugte Induktionsspannung ist nach dem Induktionsgesetz gegeben durch

$$U_{\text{ind}} = -n \cdot \frac{\Delta \Phi}{\Delta t}$$

$$U_{\text{ind}} = -n \cdot B \cdot 2lr \cdot (-\omega \cdot \sin \omega t)$$

$$U_{\text{ind}} = n \cdot \omega \cdot BA \sin \omega t$$

$$U_{\text{ind}} = U_0 \cdot \sin \omega t$$

$$U_0 = n \cdot \omega \cdot BA.$$

A ist der Flächeninhalt der von der Schleife umschlossenen Fläche.

Weitere Aufgaben: Siehe O. HÖFLING, Physik-Aufgaben II/2.

5.3.6 Das elektrische Wirbelfeld

In FARADAYS Beschreibung der Induktionserscheinungen spielt stets die Leiterschleife eine zentrale Rolle. In MAXWELLS Vorstellung ist diese Leiterschleife ausschließlich ein Hilfsmittel, das zum Nachweis des elektrischen Feldes dient. Sie stellt bewegliche Ladungsträger zur Verfügung und führt sie auf einer vorgegebenen Bahn. Zur Entstehung des elektrischen Feldes jedoch leistet die Leiterschleife keinen Beitrag. Wo immer ein zeitlich veränderliches Magnetfeld auftritt, stellt sich auch das induzierte elektrische Feld mit geschlossenen Feldlinien ein. Solch ein Feld nennt man ein *elektrisches Wirbelfeld* (vgl. S. 457, wo das magnetische Wirbelfeld beschrieben wurde). Kurz gefaßt ist der Inhalt der zweiten MAXWELL-Gleichung:

Zeitlich veränderliche Magnetfelder treten nur in Verbindung mit elektrischen Wirbelfeldern auf. Eines besonderen Zusatzes über die Herkunft dieser Felder bedarf es nicht.

Zur Veranschaulichung dieser Aussage denken wir uns ein zeitlich veränderliches Magnetfeld in einer Spule erzeugt, durch die ein Wechselstrom geleitet wird. Senkrecht zu den Vektoren $\frac{\Delta \vec{B}}{\Delta t}$ des veränderlichen Magnetfeldes stehen die Feldvektoren $\vec{E}$ des elektrischen Wirbelfeldes. Die Feldlinien des elektrischen Wirbelfeldes bilden in diesem besonderen Falle Kreise, ihr Umlaufsinn und die Richtung des Vektors $-\frac{\Delta \vec{B}}{\Delta t}$ bilden ein Rechtssystem (vgl. Abb. 530.1).

Dieses elektrische Wirbelfeld haben wir in einer großen Zahl von Versuchen kennengelernt. Es läßt sich aber auch für den Fall experimentell nachweisen, daß die Bahnen der Ladungen nicht durch eine Leiterschleife vorgegeben sind. Mit Hilfe von verdünnten Edelgasen, bei denen bereits bei vergleichsweise niedrigen elektrischen Feldstärken eine Gasentladung zündet, läßt sich eine Ringentladung entlang einer Feldlinie des elektrischen Wirbelfeldes demonstrieren.

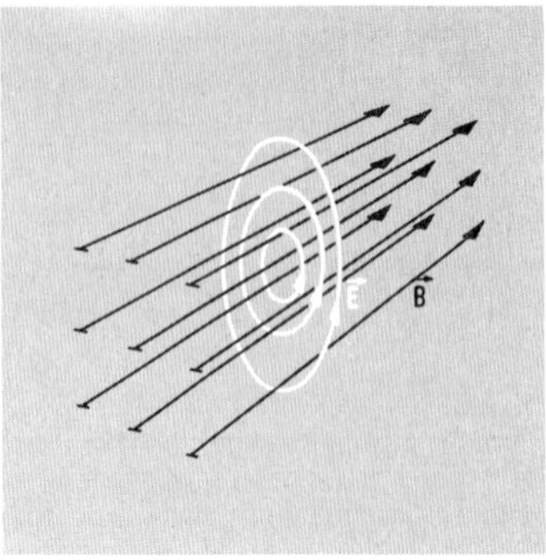

Abb. 530.1
Feldvektoren $\vec{B}$ des zeitlich veränderlichen Magnetfeldes und Feldlinien des elektrischen Wirbelfeldes in einer Phase anwachsender magnetischer Flußdichte. $\frac{\Delta \vec{B}}{\Delta t}$ hat die Richtung von $\vec{B}$. Die Feldspule wurde nicht eingezeichnet.

Versuch 530.1 Eine Entladungsröhre ist mit einem He-Ne-Gasgemisch gefüllt. Eine um die Röhre gelegte Feldspule wird von einem Wechselstrom sehr hoher Frequenz durchflossen. Dieser erzeugt ein sich schnell änderndes Magnetfeld im Innern der Röhre (vgl. Abb. 530.2).

In dem Entladungsrohr zündet längs einer Feldlinie des elektrischen Wirbelfeldes eine gut sichtbare Gasentladung. Durch die hohe Frequenz des Wechselstromes wird die Zeit Δt, innerhalb derer eine Änderung $\Delta \Phi$ des magnetischen Flusses eintritt, sehr klein, $\frac{\Delta \Phi}{\Delta t}$ wird folglich sehr groß. Das wiederum hat zur Folge, daß auch die Feldstärke des elektrischen Wirbelfeldes sehr groß wird.

Das in dem Versuch 530.1 aufgezeigte Verfahren zur Erzeugung von Wirbelfeldern und Wirbelströmen auf nicht festgelegten Bahnen spielt in der Technik eine Rolle. Man verwendet die bei solchen Strömen auftretende Wärme, um kleinere Gegenstände aufzuheizen. In einem wärmeisolierten Raum wird eine Spule mit wenigen Windungen aufgestellt. Mit Hilfe eines hochfrequenten Wechselstromes erzeugt man ein schnell veränderliches Magnetfeld, das wiederum das elektrische Wirbelfeld zur Folge hat. Abb. 530.3 zeigt einen solchen *Induktionsofen*. In einen von den Windungen umschlossenen Metalltiegel wird das Material eingelegt, das geschmolzen werden soll. Aus der Schmelze wird später ein größerer Einkristall gezogen. Die große Kammer, in der der Ofen steht, wird evakuiert. Auf diese Weise kann man Materialverunreinigungen am besten vermeiden.

Ein elektrisches Wirbelfeld, in dem Elektronen ohne Anwesenheit irgendwelcher Materie beschleunigt werden, wird im Betatron, der Elektronenschleuder, verwendet. Vgl. dazu Abschnitt 5.7.8, S. 597.

Abb. 530.2 Die Gasentladungsröhre im Innern der Feldspule von vier Windungen. Der leuchtende Ring längs einer Feldlinie des elektrischen Wirbelfeldes ist sichtbar.

Abb. 530.3
Induktionsofen

5.3.7 Die Selbstinduktion

Die bisher beobachteten Induktionserscheinungen entstanden stets dadurch, daß eine Spule von einem Magnetfeld durchsetzt wurde; dieses Magnetfeld wurde von einer anderen Spule oder von einem Magneten erzeugt. Nun erzeugt aber ein durch eine Spule fließender Strom in dieser Spule selbst auch einen magnetischen Fluß, der mit zunehmender Stromstärke wächst und mit abnehmender Stromstärke geringer wird. Nach unserer Kenntnis der Phänomene überrascht es nicht, daß diese Änderung des magnetischen Flusses in der felderzeugenden Spule selbst auch eine Spannung induziert.

Die Induktionswirkung eines stromdurchflossenen Leiters auf seinen eigenen Leiterkreis bezeichnet man als *Selbstinduktion.*

Wir wollen anhand einiger Versuche diese Wirkung demonstrieren. Dazu verwenden wir Spulen mit großen Windungszahlen, um die Effekte recht deutlich sichtbar zu machen. In dem Versuch 532.1 ist der Nachweis der Verzögerung mit den beiden Glühlampen etwas grob, er gelingt nur, wenn die Experimentierspule mit einem Eisenkern gefüllt wird. Dieser Eisenkern verändert die Erscheinung nicht, er steigert sie nur. Eine solche Steigerung ist auch in den Versuchen 532.2 und 533.1 mit Hilfe eines Eisenkernes möglich, wir legen aber Wert auf die Feststellung, daß diese Versuche mit einer leeren Spule durchgeführt werden können. Als Schaltsymbol für eine Spule verwendet man ein ausgefülltes Rechteck (vgl. Abb. 531.1, 531.2 und 531.3). Wenn die Spule einen Kern aus Eisen oder aus einem ähnlich wirkenden, sog. *ferromagnetischen* Material enthält, so fügt man einen Strich hinzu (Abb. 531.2 und 531.3).

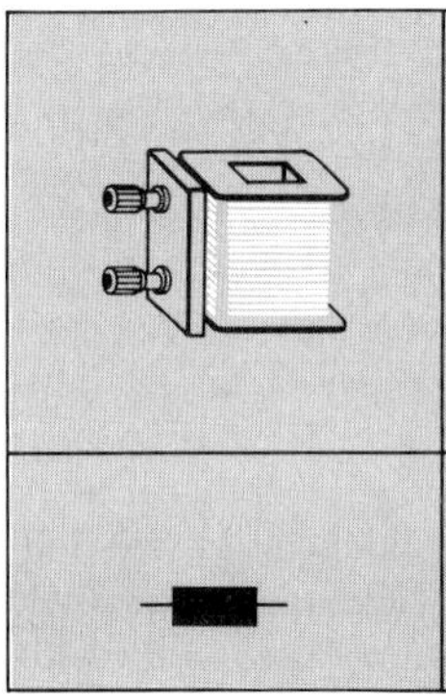

Abb. 531.1

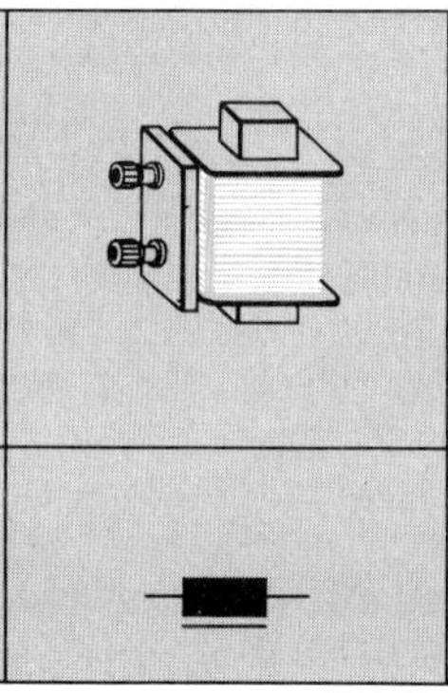

Abb. 531.2

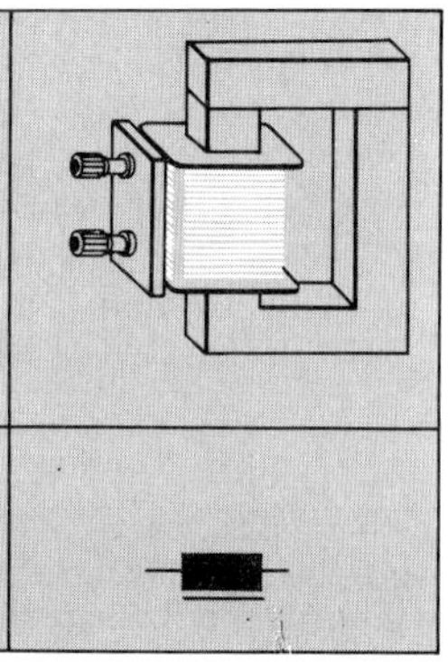

Abb. 531.3

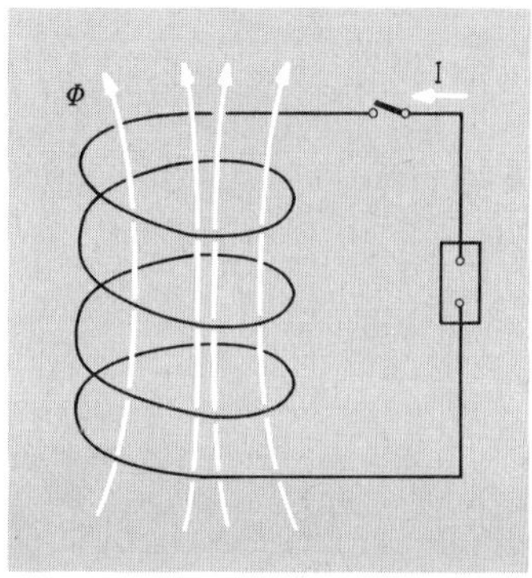

Abb. 531.4

Abb. 531.1 Experimentierspule ohne Eisenkern. Schaltzeichen für diese Spule
Abb. 531.2 Experimentierspule mit kurzem Eisenkern. Schaltzeichen für diese Spule
Abb. 531.3 Experimentierspule mit geschlossenem Eisenkern. Schaltzeichen für diese Spule
Abb. 531.4 Durch das Einschalten eines Stromes wird in einer Spule ein zeitlich wachsender magnetischer Fluß erzeugt.

Eine Vorüberlegung soll verdeutlichen, wie die Selbstinduktion sich äußern kann. Dazu denken wir uns, es fließe infolge einer angelegten Spannung U ein zeitlich wachsender Strom in den Windungen einer Spule. Er erzeugt einen wachsenden magnetischen Fluß Φ. Die zeitliche Änderung des Flusses induziert in der Spule eine Spannung U_{ind}. Sie ist der angelegten Spannung U entgegengesetzt gerichtet; das folgt aus dem LENZ-Gesetz. Dieser zeitlich anwachsende Strom könnte z.B. durch einen Einschaltvorgang erzeugt werden (vgl. Abb. 531.4).

Wir sind es bisher gewohnt gewesen, die Zeitdauer Δt, während der ein Strom nach dem Einschalten von Null auf seinen endgültigen Wert

$$I_{max} = \frac{U}{R}$$

ansteigt, als beliebig klein anzunehmen. R sei der Widerstand des Leiterkreises. Eine einfache Überlegung zeigt aber, daß diese Zeitdauer nicht beliebig klein werden kann. In dieser Zeit wächst nämlich auch der magnetische Fluß Φ in der Spule von Null auf den Höchstwert Φ_{max}. Wir bezeichnen diesen Zuwachs mit $\Delta\Phi$. Dadurch wird, dem Induktionsgesetz folgend, in jeder Windung der Spule während der Zeitspanne Δt eine Gegenspannung induziert, die durchschnittlich gleich $\frac{\Delta\Phi}{\Delta t}$ ist. Diese Gegenspannung kann aber nicht größer als die angelegte Spannung U sein, d.h., daß Δt von Null verschieden sein muß. Es ist folglich zu erwarten, daß der Strom nach dem Einschaltvorgang erst nach einer geraumen Zeit seinen Höchstwert annimmt.

Versuch 532.1 Zwei kleine Glühlampen G_1 und G_2 liegen nach Abb. 532.1 parallel an einer Stromquelle. Vor der Glühlampe G_1 liegt ein veränderbarer Widerstand, vor der Glühlampe G_2 eine Spule mit einem geschlossenen Eisenkern (vgl. Abb. 531.3). Der Widerstand wird so reguliert, daß die Lampen bei geschlossenem Stromkreis gleich hell leuchten. Der Spulenstrom wird eingeschaltet.

Beim Einschalten des Stromes zeigt sich, daß die Lampe G_2 ihre volle Helligkeit erst später als G_1 erreicht. Die erwartete Verzögerung stellt sich also sichtbar ein.

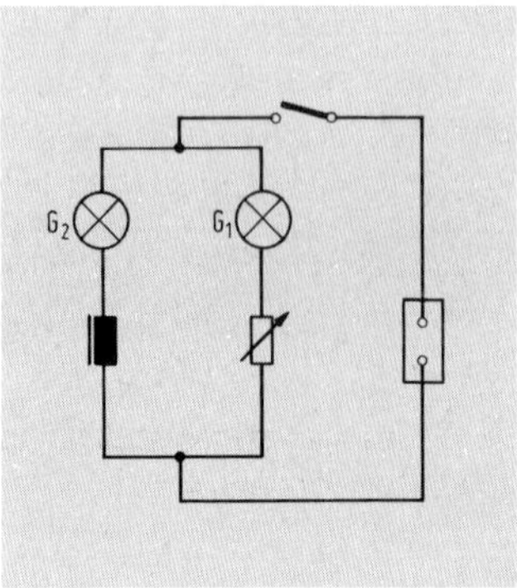

Abb. 532.1
Versuch zum Nachweis der Selbstinduktion beim Schließen eines Stromkreises

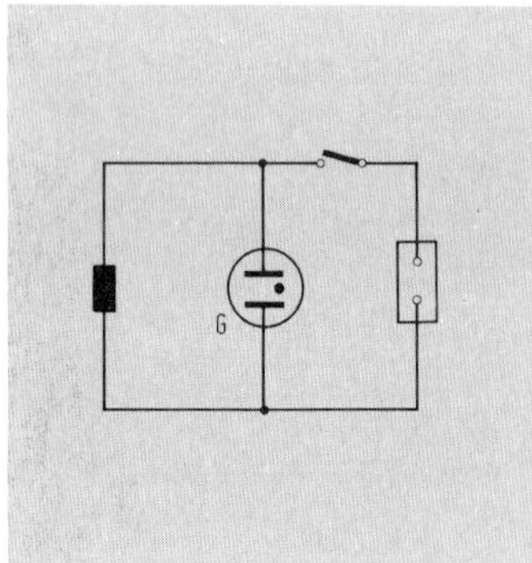

Abb. 532.2
Versuch zum Nachweis der Selbstinduktion beim Öffnen eines Stromkreises

Eine ganz analoge Überlegung zeigt, daß beim Abschalten des Stromes in einer Spule durch das Verschwinden des magnetischen Flusses in einer kurzen Zeit eine hohe Spannung an den Enden der Spule auftritt. Sie läßt den Strom in der Richtung weiterfließen, die er vor dem Schaltvorgang hatte. Die Unterbrechungsstelle des Leiterkreises wird dabei im allgemeinen durch einen Funken überbrückt. In dem folgenden Versuch machen wir diese *Selbstinduktionsspannung* mit Hilfe einer Glimmlampe sichtbar. Eine Glimmlampe zündet erst bei einer Spannung von etwa 85 V. Die leuchtende Elektrode ist stets mit dem negativen Pol der Spannungsquelle verbunden, man kann daran die Richtung des durch die Glimmlampe fließenden Stromes erkennen.

Versuch 532.2 Eine leere Experimentierspule von 10000 Windungen wird nach Abb. 532.2 mit einer Spannungsquelle von 50 V verbunden. Parallel zur Spule liegt eine Glimmlampe G. Der Spulenstrom wird ein- und ausgeschaltet.

Beim Einschalten des Stromes leuchtet die Lampe nicht auf, beim Unterbrechen des Stromes leuchtet sie kurz an derjenigen Elektrode auf, die zuvor mit dem positiven Pol der Spannungsquelle verbunden war.

Beim Einschalten des Stromes leuchtet die Glimmlampe nicht auf, weil die Spannung von 50 V zur Zündung nicht ausreicht. Bei der Unterbrechung des langsam angestiegenen Stromes verschwindet der von diesem Strom erzeugte magnetische Fluß jedoch sehr plötzlich. Diese Flußänderung bewirkt eine Induktionsspannung, die die Glimmlampe zu zünden vermag, die also größer als 85 V sein muß.

Solche Versuche lassen sich auch in einer mehr quantitativen Form durchführen. Wir verwenden dazu wieder den elektronischen Generator, der einen periodischen Ein- und Ausschaltvorgang vollzieht. Ein solcher Spannungsverlauf erzeugt auf dem Oszilloskop ein Bild, das in Abb. 533.2 oben wiedergegeben ist. Der Generator schließt die Kontakte kurz, wenn die Generatorspannung Null Volt beträgt.

Abb. 533.1
Schaltung von Generator, Spule, Widerstand und Oszilloskop zur Aufnahme des Strom-Zeit-Diagramms für den Spulenstrom

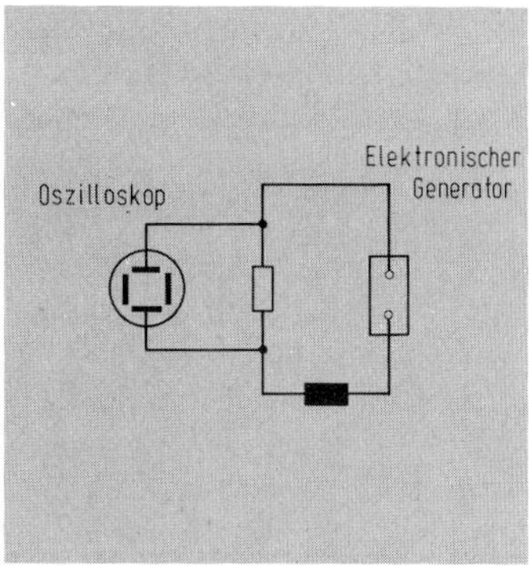

Versuch 533.1 Der elektronische Generator in der Funktion einer Spannungsquelle mit periodischem Schalter wird wie in Abb. 533.1 mit einer leeren Spule von 10000 Windungen und einem Widerstand von etwa 1000 Ω zu einem Stromkreis geschlossen. Die an dem Widerstand auftretende Spannung wird mit dem Oszilloskop sichtbar gemacht, indem die Zuleitungen mit den y-Platten des Oszilloskops verbunden werden.

Das Schirmbild zeigt Abb. 533.2 Mitte und unten.

Nach dem OHM-Gesetz liegt an den Enden des Widerstandes von 1000 Ω eine Spannung, die der Stärke des durch den Widerstand und die Spule fließenden Stromes proportional ist. Die Diagramme Abb. 533.2 Mitte und unten geben folglich den zeitlichen Verlauf der Stromstärke in der Spule beim Ein- und Ausschaltvorgang wieder. Der Vergleich der beiden Diagramme zeigt, wie sich die Veränderung der Schaltfrequenz auf den Verlauf des Spulenstromes auswirkt: der Spulenstrom nähert sich in jeder Periode viel mehr dem größten möglichen Wert, wenn ihm dazu nur genug Zeit gelassen wird.

Die Versuche haben gezeigt, daß die Selbstinduktion beim Einschalten des Stromes das Anwachsen der Stromstärke verzögert und daß sie beim Abschalten das Fließen des Stromes aufrechtzuerhalten sucht.

Allgemein gilt:

Jede Änderung der Stromstärke in irgendeinem Leiterkreis ruft eine Selbstinduktionsspannung hervor, die der Stromstärkeänderung entgegenwirkt.

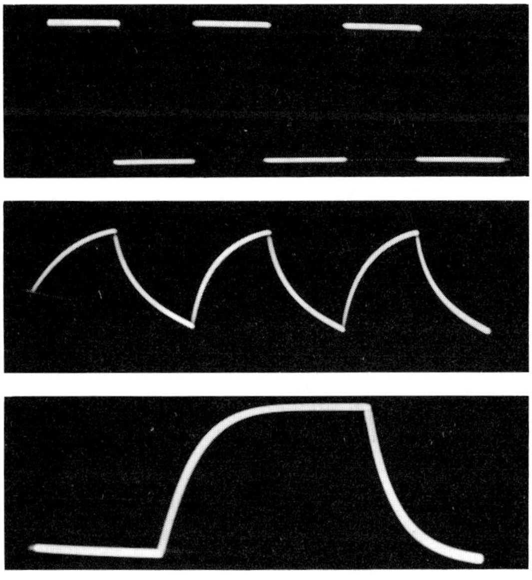

Abb. 533.2
Oben: Spannung-Zeit-Diagramm der vom Generator erzeugten Spannung
Mitte: Strom-Zeit-Diagramm des Spulenstromes
Unten: Strom-Zeit-Diagramm des Spulenstromes bei geringerer Schaltfrequenz

Wenn bisher die von der Selbstinduktion hervorgerufenen Erscheinungen nur an Spulen aufgezeigt wurden, so geschah das deshalb, weil sich die zugehörigen Experimente einfach durchführen lassen. Auch bei anderen, beliebig gestalteten Leitern tritt das Phänomen Selbstinduktion auf. Die Auswirkungen sind jedoch oft nur bei sehr großen zeitlichen Änderungen $\frac{\Delta I}{\Delta t}$, d.h. in Hochfrequenzversuchen, nachweisbar.

Zu einer quantitativen Erfassung der Phänomene gehen wir davon aus, daß in einer Spule im Vakuum oder praktisch auch in Luft nach dem BIOT-SAVART-Gesetz die magnetische Flußdichte überall der Stromstärke proportional ist, daß folglich auch der magnetische Fluß in der Spule der Stärke des Spulenstromes proportional ist:

$$\Phi \sim I.$$

Daraus folgt wiederum, daß auch die zeitliche Änderung des magnetischen Flusses der zeitlichen Änderung des Spulenstromes proportional ist

$$\frac{\Delta \Phi}{\Delta t} \sim \frac{\Delta I}{\Delta t}.$$

In mathematisch exakter Form hat diese Proportionalität die Form

$$\frac{d\Phi}{dt} \sim \frac{dI}{dt} \quad \text{oder} \quad \dot{\Phi} \sim \dot{I}.$$

Die in einer Induktionsspule induzierte Spannung U_{ind} genügt nach dem Induktionsgesetz der Gleichung

$$U_{ind} = -n \frac{\Delta \Phi}{\Delta t} \quad \text{bzw.} \quad U_{ind} = -n \cdot \dot{\Phi},$$

n = Windungszahl der Spule.

Faßt man diese Gleichung mit der obigen Proportionalität zusammen, so erhält man

$$U_{ind} \sim -\frac{\Delta I}{\Delta t} \quad \text{bzw.} \quad U_{ind} \sim -\dot{I}.$$

Für weitere Überlegungen fügen wir in diese Proportionalität einen Proportionalitätsfaktor L ein, um eine Gleichung daraus zu gewinnen:

$$U_{ind} = -L \frac{\Delta I}{\Delta t} \quad \text{bzw.} \quad U_{ind} = -L \cdot \dot{I}.$$

Der Faktor L ist eine physikalische Größe, die die magnetischen Eigenschaften einer Spule oder allgemein eines Leiterkreises charakterisiert. Er hat den Namen *Induktivität.*

Die Definitionsgleichung für die Induktivität ist durch

$$L = -\frac{U_{ind}}{\frac{\Delta I}{\Delta t}} \quad \text{bzw.} \quad L = -\frac{U_{ind}}{\dot{I}}$$

gegeben.

U_{ind} = im Leiter induzierte Spannung,
$\frac{\Delta I}{\Delta t}$ = zeitliche Änderung der Leiterstromstärke.

Aus der Definitionsgleichung ergibt sich die *Einheit der Induktivität L*:

$$[L] = 1 \frac{\text{V s}}{\text{A}}.$$

Denn es gilt

$$[U] = 1 \text{ V},$$

$$\left[\frac{\Delta I}{\Delta t}\right] = 1 \frac{\text{A}}{\text{s}}.$$

Die *Ausführungsverordnung zum Gesetz über Einheiten im Meßwesen* bestimmt:

Die abgeleitete Einheit der Induktivität ist das Henry (Einheitenzeichen: H). 1 Henry ist gleich der Induktivität einer geschlossenen Windung, die von einem elektrischen Strom der Stärke 1 A durchflossen im Vakuum den magnetischen Fluß 1 Wb umschlingt.

Da 1 Wb gleich 1 Vs ist, ändert sich in der im Gesetz genannten Windung der magnetische Fluß von 0 auf 1 Vs, wenn sich die Spulenstromstärke von 0 auf 1 A ändert. Findet diese Änderung in einer Sekunde gleichmäßig statt, so ist während dieser Sekunde $\frac{\Delta\Phi}{\Delta t} = 1\,\text{V}$. Nach dem Induktionsgesetz tritt an den Enden der Windung eine Induktionsspannung von 1 V auf. Wir können also auch sagen:

Die Einheit der Induktivität kommt einer Spule zu, an deren Enden die induzierte Spannung von 1 V auftritt, wenn sich die Stromstärke gleichmäßig um 1 A in der Zeit von 1 s ändert.

Die Einheit trägt den Namen des amerikanischen Physikers J. Henry (1797 – 1878), der gleichzeitig mit Faraday die Induktionsgesetze entdeckte.

$$1\,\text{H} = 1\,\frac{\text{Vs}}{\text{A}}.$$

Für einen Sonderfall, für die lange zylindrische Spule im leeren Raum, wollen wir die Induktivität L berechnen. A sei der Querschnitt der Spule, n ihre Windungszahl und l ihre Länge.

In der Auswertung zum Versuch 526.1 entwickelten wir für die in der Induktionsspule induzierte Spannung die Gleichung

$$U_{\text{ind}} = -\mu_0 \cdot \frac{n_1 \cdot n_2}{l} \frac{\Delta I}{\Delta t} \cdot A.$$

A = Querschnitt der Induktionsspule,
n_1 = Windungszahl der Feldspule,
n_2 = Windungszahl der Induktionsspule,
l = Länge der Feldspule,
I = Stromstärke in der Feldspule.

Da die Feldspule jetzt zugleich auch die Induktionsspule ist, hat man $n_1 = n_2 = n$ zu setzen:

$$U_{\text{ind}} = -\mu_0 \cdot \frac{n^2}{l} \frac{\Delta I}{\Delta t} \cdot A$$

bzw.

$$U_{\text{ind}} = -\mu_0 \cdot \frac{n^2}{l} \cdot \dot{I} \cdot A.$$

Daraus folgt:

$$L = \mu_0 \cdot \frac{n^2}{l} \cdot A.$$

Diese Formel darf man nur als Näherungsformel ansehen: in Abb. 505.1 zeigten wir im Diagramm den Betrag der magnetischen Flußdichte in einer Spule. Daraus wird deutlich, daß der magnetische Fluß durch die Windungen am Spulenende erheblich geringer ist als der durch die Windungen in der Spulenmitte. Mit diesem zu großen Fluß haben wir aber für alle Windungen gerechnet. Für die Induktivität L einer solchen Spule ergibt sich aus Messungen ein geringerer Wert als der nach der Näherungsformel berechnete.

Es ist verständlich, daß die Induktivität einer Spule gesteigert werden kann, indem man einen Eisenkern einführt. Die magnetische Flußdichte steigt dann, verglichen mit dem Wert in der eisenlosen Spule, sehr stark an. Für die Induktivität können dann aber wegen der Materialeigenschaften des Eisens keine allgemeingültigen Werte mehr angegeben werden. Die auftretende Selbstinduktionsspannung hängt nicht mehr allein von der zeitlichen Änderung des Spulenstromes $\frac{\Delta I}{\Delta t}$, sondern auch von der Stärke dieses Stromes I selbst und von dem momentanen magnetischen Zustand des Eisens ab. Um überhaupt eine Größenordnung zu nennen, teilen wir mit, daß für die genannte Spule von 10000 Windungen die Erscheinungen der Selbstinduktion bei Einführung eines einfachen kurzen Eisenkerns (vgl. Abb. 531.2) auf das Dreifache, bei Verwendung eines geschlossenen Eisenkerns (vgl. Abb. 531.3) auf das Zwanzigfache anwachsen können. Das ist der Grund dafür, daß wir den Versuch 532.1 mit einer solchen eisengefüllten Spule durchführten.

Zu Experimentierspulen, wie wir sie in unseren Versuchen viel verwendeten, entnimmt man den Gerätekarten einer Lehrmittelfirma folgende Angaben:

Windungszahl der Spule	*Induktivität in* H
250	0,0027
500	0,011
1000	0,044
10000	4,46
23000	25

Für eine Spule hoher Induktivität gibt eine Lehrmittelfirma eine Induktivität L von ca. 630 H und einen Widerstand R gegenüber einem Gleichstrom von 280 Ω an. Legt man an diese Spule eine Spannung U an, so dauert es rund 5 s, bis der durch die Spule fließende Strom eine Stärke erreicht hat, die $\frac{9}{10}$ seiner maximalen Stärke $I_{\max}=\frac{U}{R}$ beträgt. Diese Spule ist mit einem besonderen Widerstand versehen, er schützt sie vor überhohen Spannungsspitzen, die beim Ausschalten des Spulenstromes auftreten könnten.

Die Selbstinduktion ist dafür verantwortlich, daß gelegentlich auch bei Geräten mit niedriger Betriebsspannung hohe Induktionsspannungen auftreten. An einer mit einer Taschenlampenbatterie betriebenen elektrischen Glocke kann man einen elektrischen Schlag bekommen. Der Konstrukteur elektrischer Maschinen muß solche Spannungen in seine Überlegungen einbeziehen und z.B. Stromausschalter mit besonderen Schutzvorrichtungen gegen solche Spannungsspitzen ausstatten. Da bei einem Elektromotor mit Kommutator ständig Umschaltvorgänge in den Spulenwindungen des Ankers stattfinden, treten am Kommutator solche Spannungsspitzen auf. Mit Hilfe eines Kondensators kann man vermeiden, daß dabei Überbrückungsfunken entstehen; sie würden den Kommutator sehr bald zerstören. Außerdem bewirken solche Funken eine empfindliche Störung im Rundfunk und beim Fernsehen.

Beispiele

1. Für eine zylindrische Spule von 8 cm Durchmesser, 48 cm Länge und 100 Windungen ist die Induktivität L abzuschätzen. Daraus ist zu ermitteln, welche Selbstinduktionsspannung U_{ind} auftreten kann, wenn der Spulenstrom in 0,1 s von 0 auf 5 A gesteigert wird.

Aus der Näherungsformel für die Induktivität L solcher Spulen folgt

$$L=4\pi\cdot 10^{-7}\,\frac{\text{N}}{\text{A}^2}\cdot\frac{10^4}{0{,}48\text{ m}}\cdot\pi\cdot(0{,}04\text{ m})^2$$

$$L=0{,}13\cdot 10^{-3}\,\frac{\text{N}\cdot\text{m}^2}{\text{A}^2\,\text{m}}$$

$$L=0{,}13\cdot 10^{-3}\,\frac{\text{VAs}}{\text{A}^2}$$

$$L=0{,}13\cdot 10^{-3}\text{ H}.$$

Daraus folgt für die Selbstinduktionsspannung

$$U_{\text{ind}}=-0{,}13\cdot 10^{-3}\text{ H}\cdot\frac{5\text{ A}}{0{,}1\text{ s}},$$

$$U_{\text{ind}}=-6{,}5\cdot 10^{-3}\text{ V}.$$

2. Zu der auf S. 493 genannten Ringspule ist die Induktivität zu berechnen. Die Daten seien wie im Beispiel auf S. 498 gewählt: $R=10$ cm, $r=1{,}4$ cm, $n=500$.

Nach S. 498 beträgt der magnetische Fluß in der Spule

$$\Phi=\frac{r^2}{2R}\,\mu_0\,n\,I.$$

Nach dem Induktionsgesetz gilt für die induzierte Spannung U_{ind}

$$U_{ind} = -\frac{\Delta\Phi}{\Delta t} \cdot n$$

$$U_{ind} = -\frac{\mu_0 \cdot r^2 \cdot n^2}{2R} \cdot \frac{\Delta I}{\Delta t}.$$

Nach der Definitionsgleichung von S. 534 gilt

$$L = -U_{ind} : \frac{\Delta I}{\Delta t}.$$

$$L = \frac{\mu_0 \cdot r^2 \cdot n^2}{2R}.$$

Setzt man die Daten der gegebenen Spule ein, so erhält man

$$L = \mu_0 \cdot \frac{(1{,}4 \cdot 10^{-2}\ \mathrm{m})^2}{2 \cdot 0{,}1\ \mathrm{m}} \cdot 25 \cdot 10^4$$

$$L = 0{,}31 \cdot 10^{-3}\ \mathrm{H}.$$

Weitere Aufgaben: Siehe O. HÖFLING, Physik-Aufgaben II/2.

5.3.8 Der Energieinhalt des Magnetfeldes

In den Versuchen 532.2 und 533.1 haben wir gesehen, daß ein Strom in den Windungen einer kurzgeschlossenen Spule auch dann noch eine Weile zu fließen vermag, nachdem die leitende Verbindung zwischen der Spule und dem Stromversorgungsgerät unterbrochen worden ist. Während der Zeit, in der dieser nicht von außen eingespeiste Strom fließt, wird ein bestimmter Energiebetrag frei. Da sich der Energieerhaltungssatz in der gesamten Physik ohne Einschränkung bewährt hat, ist die Frage am Platze, in welcher Form und an welchem Ort diese Energie zuvor gespeichert gewesen ist. Es darf ferner mit Recht angenommen werden, daß dieser Energiebetrag aufgewendet worden ist, als der Strom nach dem Einschalten durch die Spule zu fließen begann. Natürlich wird von der Energie, die das Netzgerät nach dem Einschaltvorgang an die Spule abgibt, ein Teil in den Drahtwindungen der Spule in Wärme umgewandelt. Sie ist für die elektrischen Vorgänge verloren. Von dieser verlorenen Energie soll in den folgenden Überlegungen nicht die Rede sein. Wir interessieren uns vielmehr für denjenigen Anteil, der beim *Zusammenbrechen des Magnetfeldes* in der Spule, also nach der Trennung der Spule von dem Netzgerät, an den Klemmen der Spule wieder frei und verfügbar wird.

Es wird sich zeigen, daß diese Energie im Magnetfeld gespeichert worden ist und daß dem Magnetfeld – wie auch dem elektrischen Felde – eine Energiedichte zuzuschreiben ist.

Wir beginnen die Überlegung, indem wir den Einschaltvorgang des Spulenstromes betrachten. Dazu gehen wir von einem besonders übersichtlichen Fall aus und verallgemeinern dann.

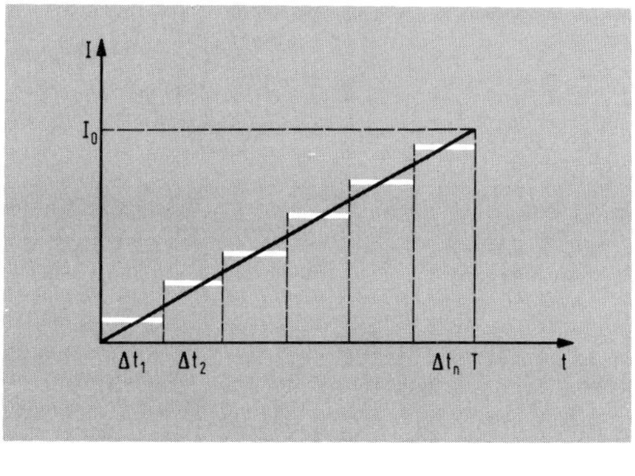

Abb. 537.1
Zeitlich anwachsender Spulenstrom I

Wir denken uns, daß durch eine Spule mit der Induktivität L ein Strom fließt, dessen Stromstärke I während der Zeit T von Null auf die maximale Stärke I_0 linear anwächst. Die Stromstärke I genügt der Gleichung

$$I=\frac{I_0}{T}t, \qquad 0\leqq t\leqq T \qquad \text{(vgl. Abb. 537.1)}.$$

Diese Spezialisierung im Ansatz erleichtert unsere Überlegung, denn die in der Spule induzierte Gegenspannung U_{ind}, die eine Folge der anwachsenden Stromstärke ist, bleibt während der Zeit von 0 bis T konstant.

$$U_{\mathrm{ind}}=-L\frac{\Delta I}{\Delta t}$$

$$U_{\mathrm{ind}}=-L\frac{I_0}{T}.$$

Die in der Spule hervorgerufene Induktionsspannung ist der an die Spule angelegten Spannung U entgegengesetzt gerichtet, das wird durch das Minuszeichen in der Gleichung für U_{ind} berücksichtigt. Die Spannungen U und U_{ind} erzeugen im Zusammenwirken mit dem Widerstand R den Strom I:

$$U+U_{\mathrm{ind}}=RI$$

Die vom Netzgerät abgegebene Leistung P wird durch

$$P=UI$$

angegeben.

$$P=RI^2+(-U_{\mathrm{ind}})I.$$

Der Leistungsanteil RI^2 dient dazu, den fließenden Strom mit der jeweiligen Stärke I aufrechtzuerhalten, er wird im Leitungsdraht in Wärme umgesetzt. Wir interessieren uns jetzt nur für den zweiten vom Netzgerät abgegebenen Leistungsanteil $(-U_{\mathrm{ind}})I$. Er wird nicht in Wärme umgesetzt, sondern in anderer Form gespeichert: Er dient dazu, das Magnetfeld um den Leiter herum zu erzeugen. Die während der Zeit T dazu aufgewandte Energie W_{m} ist gerade diejenige Energie, die nach dem Abschalten der Spannung in den Versuchen 532.2 und 533.1 frei wurde.

Zur Berechnung der Energie W_{m} teilen wir den Zeitraum von 0 bis T, in dem der Strom I von 0 auf I_0 anwächst, in n so kurze, gleiche Zeitintervalle

$$\Delta t_i=\frac{T}{n}, \qquad i=1\dots n,$$

daß während eines solchen Teilintervalles Δt_i die Stromstärke I als konstant angesehen werden darf. Während einer Zeitspanne Δt wird zur Verstärkung des Magnetfeldes die Energie

$$\Delta W_{\mathrm{m}i}=(-U_{\mathrm{ind}})\cdot I_i\,\Delta t_i$$

aufgewendet. Die gesamte, während der Zeit T gesammelte Energie ist die Summe aller dieser Anteile:

$$W_{\mathrm{m}}=\sum(-U_{\mathrm{ind}})\cdot I_i\,\Delta t_i,$$

$$W_{\mathrm{m}}=(-U_{\mathrm{ind}})\cdot\sum I_i\,\Delta t_i.$$

Die Summanden $I_i\,\Delta t_i$ werden in Abb. 537.1 durch Rechtecke dargestellt. Deren Gesamtfläche ist flächengleich mit dem Dreieck, das von der Zeitachse und dem Diagramm für die Stromstärke in der Zeit von 0 bis T eingeschlossen wird. Daraus folgt, daß

$$\sum I_i\,\Delta t_i=\tfrac{1}{2}I_0\,T$$

gilt. Folglich gilt wegen $U_{\text{ind}} = -L\,\frac{I_0}{T}$

$$W_m = \tfrac{1}{2}\,L I_0^2.$$

Die speziellen Annahmen, die wir eingangs zur Vereinfachung der Deduktion machten, schränken die Allgemeingültigkeit des Ergebnisses nicht ein.

Mit Hilfe der Integralrechnung erhält man auf elegantere Weise ohne einschränkende Annahmen das gleiche Ergebnis. Man geht dazu ebenfalls von der Gleichung

$$\Delta W_m = L\frac{\Delta I}{\Delta t}\cdot I\,\Delta t$$

aus. Daraus folgt

$$W_m = \int_0^T L\cdot\frac{dI}{dt}\cdot I\cdot dt$$

$$W_m = \tfrac{1}{2}\,L I_0^2.$$

Ein vom Strom I durchflossener Leiter mit der Induktivität L ist von einem Magnetfeld umgeben; zur Erzeugung dieses Magnetfeldes muß die Energie

$$W_m = \tfrac{1}{2}\,L I^2$$

aufgewendet werden. Diese Energie wird wieder frei, wenn der Strom unterbrochen wird.

Die Frage nach der Art, wie diese Energie gespeichert wurde, beantworten wir wie im Falle des elektrischen Feldes:

Das Magnetfeld ist der Ort, an dem Energie gespeichert wird.

Alle Erfahrung zeigt, daß es sogar sinnvoll ist, eine Energiedichte anzugeben. Diese *Energiedichte* w_m des Magnetfeldes hängt natürlich von der lokalen Stärke des Feldes ab. Wir greifen zu einer entsprechenden Überlegung auf das Feld der Ringspule zurück (Abb. 493.1 und 493.2), weil das gesamte Feld dieser Spule in deren Innenraum eingeschlossen ist. Ferner ist der Betrag der magnetischen Flußdichte in diesem Volumen praktisch eine konstante Größe, wenn wir den Spulenradius r gegenüber dem Ringradius R klein wählen. Für die Induktivität der Ringspule errechneten wir im Beispiel auf S. 537

$$L = \mu_0\cdot\frac{r^2}{2R}\cdot n^2,$$

für die Flußdichte gaben wir auf S. 492 an:

$$B = \mu_0\,\frac{n\cdot I}{2\pi R}.$$

Wir lösen die zweite Gleichung nach I auf und setzen die Terme für L und I in die Gleichung für W_m ein

$$W_m = \frac{1}{2}\,L I^2$$

$$W_m = \frac{1}{2}\,\mu_0\,\frac{r^2}{2R}\,n^2\cdot\left(\frac{B\cdot 2\pi R}{\mu_0\,n}\right)^2$$

$$W_m = \frac{1}{2}\,\frac{B^2}{\mu_0}(\pi r^2\cdot 2\pi R).$$

$\pi r^2\cdot 2\pi R$ ist das Volumen V des Spuleninnenraumes, darum gilt

$$W_m = \frac{1}{2}\,\frac{B^2}{\mu_0}\cdot V.$$

Den Ausdruck $w_m = \frac{W_m}{V}$ bezeichnen wir als die *Energiedichte des Magnetfeldes.*

Die Energiedichte des Magnetfeldes mit der magnetischen Flußdichte B ist durch

$$w_m = \frac{1}{2}\frac{B^2}{\mu_0}$$

gegeben.

Trotz der Herleitung mit Hilfe einer speziellen Spulenform hat das Ergebnis allgemeine Gültigkeit.

Wir wollen wieder die Einheiten der Terme überprüfen:

$$[B^2] = 1\left(\frac{\mathrm{V\,s}}{\mathrm{m}^2}\right)^2$$

$$\left[\frac{1}{\mu_0}\right] = 1\,\frac{\mathrm{A}^2}{\mathrm{N}}$$

$$\left[B^2 \cdot \frac{1}{\mu_0}\right] = 1\,\frac{\mathrm{V}^2\mathrm{s}^2\mathrm{A}^2}{\mathrm{m}^4 \cdot \mathrm{N}} = 1\,\frac{(\mathrm{N\,m})^2}{\mathrm{m}^3 \cdot \mathrm{N\,m}}$$

$$\left[B^2 \cdot \frac{1}{\mu_0}\right] = 1\,\frac{\mathrm{N\,m}}{\mathrm{m}^3}.$$

$1\,\frac{\mathrm{N\,m}}{\mathrm{m}^3}$ ist die Einheit einer Energiedichte.

Der Leser sollte an dieser Stelle wohl noch einmal zurückblättern und sich die Bemerkungen über die Speicherung elektrischer Feldenergie im leeren Raum ins Gedächtnis zurückrufen (S. 448). Alle Feststellungen, die dort über den Energieinhalt des elektrischen Feldes gemacht wurden, gelten ohne jede Einschränkung auch für das Magnetfeld. Wir ersparen uns deshalb eine Wiederholung an dieser Stelle.

Eine interessante Rolle spielen diese Zusammenhänge in der Astrophysik.

Nach heute gültiger Modellvorstellung entstehen Sterne und Planeten durch Zusammenziehung von Gasmassen, die sich im Weltenraum befinden. Dabei wird das sehr schwache, überall im Weltenraum vorhandene Magnetfeld mit zusammengezogen. Die magnetische Feldenergie wird auf einen kleinen Raum verdichtet, und es entstehen die z.T. sehr starken Magnetfelder der Sterne. Es ist möglich, daß auch das Magnetfeld der Erde auf diese Weise erstmalig hervorgerufen wurde. Das nach der Sternentstehung folgende zeitliche Abklingen eines solchen Magnetfeldes wird u.a. auch durch die Selbstinduktion bestimmt: Die zeitliche Veränderung des Feldes ruft elektrische Ströme im elektrisch leitenden Inneren der Himmelskörper hervor. Je größer der Himmelskörper ist, desto größer ist seine Induktivität, und desto langsamer verläuft das Abklingen. (Im Versuch 533.1 konnten wir eine entsprechende Verzögerung beobachten.) Modellrechnungen haben ergeben, daß die ursprünglichen Magnetfelder der Erde und der Sonne in 10^5 bzw. 10^9 Jahren unter die heute meßbaren Werte abgeklungen wären. Da Erde und Sonne rund $4{,}5 \cdot 10^9$ Jahre alt sind, müssen neben der Selbstinduktion noch andere Effekte an der Erhaltung der Magnetfelder beteiligt sein (vgl. S. 559).

Beispiele

1. Es soll die Energie berechnet werden, die im Magnetfeld einer Experimentierspule gespeichert ist. Ihre Induktivität beträgt $L = 4{,}46$ H; die Stromstärke beträgt $I = 0{,}1$ A. Es ist festzustellen, wie hoch man ein Wägestück von 1 g Masse mit dieser Energie anheben könnte.

$$W_m = \tfrac{1}{2} L I^2$$

$$W_m = \tfrac{1}{2} \cdot 4{,}46\ \mathrm{H} \cdot (0{,}1\ \mathrm{A})^2$$

$$W_m = 22{,}3 \cdot 10^{-3}\ \mathrm{VA\,s}.$$

Man könnte das Wägestück mit einer Gewichtskraft von $F_G \approx 10^{-2}$ N um 2,2 m anheben.

Mit dieser Energie haben wir in Versuch 532.2 eine Glimmlampe aufleuchten lassen.

2. Zwei Magnete mit einem Querschnitt von 1,5 cm² liegen sich mit unterschiedlichen Polen gegenüber; zwischen den Polen möge ein fast homogenes Feld mit einer Flußdichte von 0,2 T herrschen. Es soll die Kraft berechnet werden, mit der die Magnete sich anziehen.

Wir bezeichnen die Spaltbreite zwischen den Endflächen der Magnete mit Δs. Die magnetische Feldenergie in diesem Spalt beträgt

$$W_m = \text{Volumen} \cdot \text{Energiedichte},$$

$$W_m = 1{,}5 \cdot 10^{-4}\,\text{m}^2 \cdot \Delta s \cdot \frac{1}{2\mu_0} \cdot (0{,}2\,\text{T})^2.$$

Wir setzen überschlagsmäßig die Anziehungskraft F zwischen den Magneten als von der Spaltbreite Δs unabhängig an. Dann gilt

$$W_m = F \cdot \Delta s \quad \text{und} \quad F = \frac{W_m}{\Delta s},$$

$$F = \frac{1{,}5 \cdot 0{,}04 \cdot 10^{-4}}{2 \cdot 4\pi \cdot 10^{-7}} \; \frac{\text{m}^2\,\text{V}^2\,\text{s}^2\,\text{m}^{-4}}{\text{Vs}\,\text{A}^{-1}\,\text{m}^{-1}},$$

$$F = 2{,}4\,\text{N}.$$

Aus der Erfahrungstatsache, daß sich zwei Magnete um so stärker anziehen, je geringer der Abstand zwischen ihnen ist, darf man schließen, daß die magnetische Flußdichte wächst, wenn man den Abstand verringert.

Weitere Aufgaben: Siehe O. Höfling, Physikaufgaben II/2.

5.3.9 Der Maxwell-Verschiebungsstrom

Auf S. 511 sahen wir, daß das Durchflutungsgesetz in der für statische Magnetfelder gültigen Form nicht auch für zeitlich veränderliche Felder zutreffen kann. Es bedarf einer Korrektur, die nach Möglichkeit so beschaffen sein sollte, daß die Formulierung des neuen Gesetzes die Verhältnisse im statischen Magnetfeld ebenfalls noch richtig beschreibt. Eine solche Korrektur gab der englische Physiker und Mathematiker Maxwell an. Maxwell knüpfte gedanklich an den Vorgang an, der sich im Innern eines Dielektrikums beim Aufladen eines Kondensators abspielt. Wir folgen in der Darstellung diesem Gedankengang.

Wenn man einen Kondensator auflädt, indem man ihn mit einer Spannungsquelle leitend verbindet, dann werden in dem Leiter Elektronen bewegt, so daß sich auf der einen Platte ein Elektronenüberschuß, auf der anderen ein Elektronenmangel bildet. In dem Leiterkreis, der die Kondensatorplatten über die Spannungsquelle verbindet, fließt dabei ein Leitungsstrom. Er erzeugt ein Magnetfeld. Dessen Feldlinien bilden geschlossene Linien, die den Leiter umschlingen. Wir nannten ein solches Feld ein magnetisches Wirbelfeld. Maxwell bemerkte nun, daß der Vorgang mit dieser Feststellung noch keineswegs vollständig beschrieben sei, sondern daß auch diejenigen Erscheinungen berücksichtigt werden müßten, die sich im Dielektrikum des Kondensators abspielen. Man kann sie als eine Art elektrischen Strom betrachten. Diese neue, von Maxwell als *Verschiebungsstrom* bezeichnete Stromart besteht in einer wirklichen Verschiebung derjenigen positiven und negativen Ladungen, die im Dielektrikum vorhanden sind. Unter dem Einfluß eines elektrischen Feldes werden nämlich in dem elektrisch neutralen Isolator, dem Dielektrikum, alle elektrisch geladenen Partikeln aus derjenigen Ruhelage ein wenig ausgelenkt, an die sie ohne den Einfluß des elektrischen Feldes sonst gebunden sind. Solange sich die Ladung des Kondensators und damit das zwischen den Kondensatorplatten bestehende Feld nicht ändern, bleiben auch die verschobenen Ladungen im Dielektrikum in Ruhe. Bei einer Änderung der elektrischen Feldstärke zwischen den Kondensatorplatten, d. h. beim Laden und Entladen, bewegen sie sich jedoch. Der so entstehende Verschiebungsstrom kann als Fortsetzung des Leitungsstromes betrachtet werden. Er ergänzt diesen zu einem geschlossenen Stromkreis.

Das Neuartige in Maxwells Auffassung besteht darin, daß nicht nur stromführende Leiter ein magnetisches Wirbelfeld erzeugen können, sondern daß auch der zwischen den Kondensatorplatten fließende Verschiebungsstrom ein solches magnetisches Wirbelfeld hervorruft. In einem zweiten, weiterführenden Schritt entschloß Maxwell sich, die Existenz eines magnetischen Wirbelfeldes auch dann anzunehmen, wenn der Raum zwischen den Kondensatorplatten nicht von einem dielektrischen Material angefüllt ist. Maxwell verwendete auch in diesem Falle das Wort *Verschiebungsstrom*, obgleich keinerlei Ladungen verschoben werden.

Nach seiner Vorstellung bedarf es einer solchen Ladungsverschiebung nicht, um die Wirkungen des Verschiebungsstromes hervorzurufen. Der Verschiebungsstrom ist lediglich die Fortsetzung des elektrischen Stroms durch den Innenraum des Kondensators hindurch. Er ist gleichbedeutend mit der zeitlichen Änderung des elektrischen Feldes.

Wir formulieren den Inhalt der von MAXWELL entwickelten Hypothese:

Zeitlich veränderliche elektrische Felder treten nur in Verbindung mit magnetischen Wirbelfeldern auf. Eines besonderen Zusatzes über die Herkunft dieser Felder bedarf es nicht.

Zur Veranschaulichung dieser Aussage denken wir uns ein zeitlich veränderliches elektrisches Feld zwischen den Platten eines Kondensators erzeugt, an den eine Wechselspannung angelegt wird. Senkrecht zu den Vektoren $\frac{\Delta\vec{E}}{\Delta t}$ des veränderlichen elektrischen Feldes stehen die Vektoren $\vec{B}$ des magnetischen Wirbelfeldes. Die Feldlinien dieses magnetischen Wirbelfeldes bilden in diesem besonderen Falle Kreise, ihr Umlaufsinn und die Richtung des Vektors $\frac{\Delta\vec{E}}{\Delta t}$ bilden ein rechtsorientiertes System (vgl. Abb. 542.1).

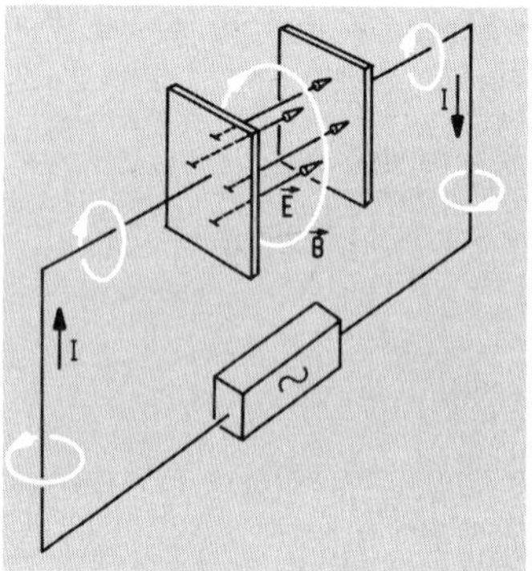

Abb. 542.1
Feldvektoren $\vec{E}$ des zeitlich veränderlichen elektrischen Feldes und Feldlinien des magnetischen Wirbelfeldes B in einer Phase anwachsender elektrischer Feldstärke. $\frac{\Delta\vec{E}}{\Delta t}$ hat die Richtung von $\vec{E}$.
An verschiedenen Stellen des Leiterkreises wurde jeweils nur eine der vielen magnetischen Feldlinien weiß eingezeichnet.

MAXWELL gab auch den quantitativen Zusammenhang von magnetischer Flußdichte des Wirbelfeldes und der zeitlichen Veränderung der elektrischen Feldstärke an. Diese Angabe hatte zunächst sehr hypothetischen Charakter. Der Verschiebungsstrom war eigentlich nicht mehr als eine Fiktion, mit der MAXWELL eine Reihe von Widersprüchen in der Theorie der zeitlich veränderlichen elektrischen und magnetischen Felder beseitigen konnte. Wir geben den von MAXWELL gefundenen Zusammenhang in der folgenden Gleichung wieder. Es handelt sich sozusagen um die Verallgemeinerung des Durchflutungsgesetzes. Es ist die in Summenform geschriebene erste MAXWELL-Gleichung:

Erste Maxwell-Gleichung

$$\frac{1}{\mu_0}\sum_{\text{geschl. Linie}} \vec{B}_i \cdot \Delta\vec{s}_i = \sum I_k + \varepsilon_0 \sum_{\text{eingeschl. Fläche}} \frac{\Delta\vec{E}_i}{\Delta t} \cdot \Delta\vec{A}_i .$$

Die Liniensumme der magnetischen Feldstärke ist gleich der Summe von umlaufenem Gesamtstrom und der zeitlichen Änderung des elektrischen Flusses durch die von der Linie umlaufene Fläche. Der Umlaufsinn der Linie und die Richtungen der Flächenvektoren $\Delta\vec{A}_i$ auf der Fläche bilden ein rechtsorientiertes System. Die geschlossene Linie ist zeitlich unveränderlich zu denken.

In der wiedergegebenen Form gilt das Gesetz exakt nur für das Vakuum.

Wir überprüfen die Einheiten auf beiden Seiten der Gleichung, das ist nämlich alles, was wir zur Überprüfung tun können.

$$\left[\frac{1}{\mu_0} \cdot B \cdot \Delta s\right] = 1\,\frac{\text{A}^2}{\text{N}} \cdot \frac{\text{V s}}{\text{m}^2} \cdot \text{m}$$

$$\left[\frac{1}{\mu_0} \cdot B \cdot \Delta s\right] = 1\,\frac{\text{A Vs}}{\text{N m}} \cdot \text{A}$$

$$\left[\frac{1}{\mu_0} \cdot B \cdot \Delta s\right] = 1\,\text{A}$$

$$[I] = 1\,\mathrm{A}$$

$$\left[\varepsilon_0 \cdot \frac{\Delta E}{\Delta t} \cdot \Delta A\right] = 1\,\frac{\mathrm{A\,s}}{\mathrm{V\,m}} \cdot \frac{\mathrm{V}}{\mathrm{m \cdot s}} \cdot \mathrm{m}^2$$

$$\left[\varepsilon_0 \cdot \frac{\Delta E}{\Delta t} \cdot \Delta A\right] = 1\,\mathrm{A}$$

$$1\,\mathrm{A} = 1\,\mathrm{A}.$$

In einer mathematisch exakten Form hat die Gleichung die Gestalt

$$\frac{1}{\mu_0} \oint \vec{B}\,\mathrm{d}\vec{s} = I + \varepsilon_0 \int \frac{\mathrm{d}\vec{E}}{\mathrm{d}t} \cdot \mathrm{d}\vec{A}.$$

Die umlaufene Linie muß als zeitlich unveränderlich gedacht werden.

In dieser Form bezeichnet man die Aussage als *erste* MAXWELL-*Gleichung in integraler Form.*

Mit Hilfe dieser ersten MAXWELL-Gleichung wollen wir die Abb. 511.1 korrigieren. Wir konnten ja zeigen, daß schon bei einem so einfach erscheinenden Vorgang wie dem Einschalten eines Stromes Widersprüche auftraten: die endliche Ausbreitungsgeschwindigkeit des Magnetfeldes und das Durchflutungsgesetz waren nicht miteinander vereinbar. Nehmen wir jetzt an, daß die von der Linie L umrandete Fläche von einem Vektor $\frac{\Delta\vec{E}}{\Delta t} = \dot{\vec{E}}$, der zeitlichen Änderung der elektrischen Feldstärke, durchsetzt wird, dann ist der Widerspruch nach MAXWELL behoben. Der Strom I und der Verschiebungsstrom

$$\varepsilon_0 \cdot \sum \frac{\Delta\vec{E}_i}{\Delta t} \cdot \Delta\vec{A}_i$$

sind entgegengesetzt gleich, so daß die Liniensumme Null sein kann, obgleich ein Strom I fließt.

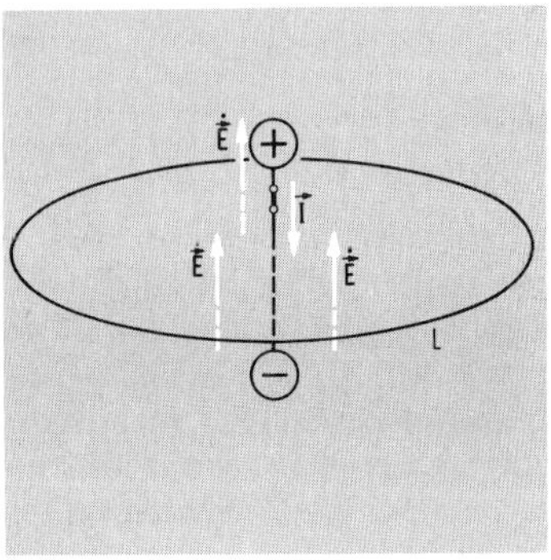

Abb. 543.1
Einschaltvorgang eines Stromes. Die Liniensumme der magnetischen Feldstärke wird längs einer Linie L gebildet, durch die ein Strom und ein entgegengesetzt gerichteter Verschiebungsstrom fließen.

Es gibt keinen einfachen Versuch, mit dessen Hilfe man das Magnetfeld eines Verschiebungsstromes experimentell nachweisen könnte. Dessen brauchen sich die Schulphysiker nicht sehr zu schämen: 1879 stellte die *Berliner Akademie der Wissenschaften* die Preisaufgabe, den MAXWELL-Verschiebungsstrom experimentell nachzuweisen. H. HERTZ (1857–1894), damals junger Assistent von HELMHOLTZ in Berlin, machte Ansätze zur Lösung dieser Preisaufgabe. Er hat sein Ziel nicht erreicht. Aber er hat 1886 die ersten *elektromagnetischen Wellen* erzeugen und empfangen können. Die Existenz dieser elektromagnetischen Wellen und die experimentell aufweisbare Art ihrer Ausbreitung gelten heute als der unanfechtbare Nachweis, daß MAXWELLS Ansatz richtig ist.

5.3.10 Die Maxwell-Gleichungen

Zu Beginn dieses Kapitels stellen wir noch einmal die MAXWELL-Gleichungen für den leeren Raum in Summenform zusammen.

1. $\frac{1}{\mu_0} \cdot \sum_{\text{geschl. Linie}} \vec{B}_i \cdot \Delta \vec{s}_i \quad = \sum I_k + \varepsilon_0 \sum_{\text{eingeschl. Fläche}} \frac{\Delta \vec{E}_i}{\Delta t} \cdot \Delta \vec{A}_i$

2. $\sum_{\text{geschl. Linie}} \vec{E}_i \cdot \Delta \vec{s}_i \quad = \quad - \sum_{\text{eingeschl. Fläche}} \frac{\Delta \vec{B}_i}{\Delta t} \cdot \Delta \vec{A}_i$

3. $\varepsilon_0 \sum_{\text{geschl. Hüllfläche}} \vec{E}_i \cdot \Delta \vec{A}_i = Q$

4. $\sum_{\text{geschl. Hüllfläche}} \vec{B}_i \cdot \Delta \vec{A}_i = 0$

Ihr physikalischer Aussagegehalt ist:

1. **Ströme und zeitlich veränderliche elektrische Felder sind von magnetischen Wirbelfeldern umschlossen.**
2. **Zeitlich veränderliche Magnetfelder sind von elektrischen Wirbelfeldern umschlossen.**
3. **Es gibt neben den elektrischen Wirbelfeldern elektrische Quellenfelder.**
4. **Magnetfelder sind quellenfrei, es gibt nur magnetische Wirbelfelder.**

Fügt man den vier MAXWELL-Gleichungen noch die Gleichung für die LORENTZ-Kraft hinzu

$$\vec{F} = Q \cdot (\vec{E} + \vec{v} \times \vec{B}),$$

mit deren Hilfe die Feldvektoren $\vec{E}$ und $\vec{B}$ definiert werden, so erhält man ein System von fünf Gleichungen.

Aus den vier Maxwell-Gleichungen und der Gleichung für die Lorentz-Kraft sind alle überhaupt bekannten Aussagen über elektrische und magnetische Felder im leeren Raum, über deren Eigenschaften und Zusammenhänge ableitbar.

Es ist das Verdienst MAXWELLS, die vier Gleichungen, die heute mit Recht seinen Namen tragen, zusammengestellt und ihre Bedeutung erkannt zu haben.

MAXWELL selbst schrieb die Gleichungen in differentieller Form. Statt der Integralgleichungen hat man es dabei mit Differentialgleichungen zu tun. Sie sind für den Physiker besser zu handhaben als die Integralgleichungen. Die Schlüsse, die MAXWELL als erster aus den Gleichungen zog, wollen wir anschaulich schildern.

In den Abb. 530.1 und 542.1 zieht man gedanklich die Linien, längs derer die Liniensummen gebildet werden sollen, und die eingeschlossenen Flächen zu Punkten zusammen. Auf diese Weise erhält man Gesetze über die Zusammenhänge zwischen den Veränderungen von elektrischen und magnetischen Feldern für beliebige Raumpunkte und beliebige Zeiten. Die Gleichungen machen nicht nur Aussagen über einzelne Punkte im Raum, in denen sich ruhende oder bewegte elektrische Ladungen befinden, wie es etwa das COULOMB-Gesetz tut. Sie gelten für den gesamten Raum. Und so wie man in der Mechanik in der Lage ist, die Bahn eines Massenpunktes zu berechnen, wenn man die wirkenden Kräfte und für einen einzigen Zeitpunkt seinen Ort und seine Geschwindigkeit kennt, so kann man mit Hilfe der MAXWELL-Gleichungen angeben, wie sich das ganze elektromagnetische Feld in Raum und Zeit verändert, sofern man nur seinen Zustand zu einem bestimmten Zeitpunkt kennt. Dabei besteht aber gegenüber den mechanischen Gesetzen noch ein wichtiger Unterschied. Wir erläutern ihn an einem Beispiel.

Mit Hilfe der Gesetze der Mechanik läßt sich die Bewegung der Planeten aus den von Himmelskörpern wechselseitig aufeinander ausgeübten Kräften herleiten. An diesem Zusammenwirken der Kräfte sind die weit voneinander entfernten Himmelskörper unmittelbar beteiligt. Es werden durch die mechanischen Gesetze Zusammenhänge zwischen räumlich weit auseinanderliegenden Vorgängen hergestellt und Ereignisse miteinander in Verbindung gebracht, die sich an weit voneinander entfernten Orten abspielen. Anders ist dies bei den MAXWELL-Gleichungen. Der Zustand des elektromagnetischen Feldes an einem bestimmten Ort und zu einer bestimmten Zeit hängt von dem Zustand des Feldes ab, der in unmittelbarer räumlicher Nachbarschaft in dem gerade verflossenen Zeitpunkt geherrscht hat. Die Gleichungen gestatten Voraussagen darüber, wie sich das Feld ein wenig später an einem benachbarten Ort entwickeln wird. Man kann auf diese Weise die Kenntnisse über das elektromagnetische Feld *Schritt für Schritt erweitern* und so aus den Vorgängen an einer Stelle diejenigen an einem anderen, entfernten Ort bestimmen.

NEWTONS Theorie der Planetenbewegung ist eine *Fernwirkungstheorie*, die den Zusammenhang weit voneinander entfernter Ereignisse herstellt. MAXWELLS Theorie ist eine *Nahewirkungstheorie*, die räumlich getrennte Ereignisse durch das elektromagnetische Feld miteinander verbindet.

Eine mathematische Auswertung der MAXWELL-Gleichungen, die wir hier nicht durchführen können, führt noch zu weiteren überraschenden Ergebnissen: 1864 veröffentlichte MAXWELL Folgerungen, die er aus seinen vier Gleichungen erschlossen hatte. Er konnte sowohl für den elektrischen Vektor $\vec{E}$ als auch für den magnetischen Vektor $\vec{B}$ eine Gleichung deduzieren, die formal die Gleichung einer Welle ist. Er schloß daraus, daß sich elektromagnetische Störungen im Raum in der Form von *elektromagnetischen Wellen* ausbreiten müßten. Er konnte zeigen, daß eine solche Welle, sollte sie wirklich existieren, notwendig eine *Transversalwelle* sein müßte. Das bedeutet, daß die Feldvektoren $\vec{E}$ und $\vec{B}$ senkrecht zu dem Vektor der Ausbreitungsgeschwindigkeit stehen müssen. Er konnte ferner zeigen, daß diese Ausbreitungsgeschwindigkeit im Vakuum die Lichtgeschwindigkeit c sein müsse. Diese Ausbreitungsgeschwindigkeit ergab sich dadurch, daß die elektrische und die magnetische Feldkonstante über die Gleichung

$$\frac{1}{c^2} = \varepsilon_0 \cdot \mu_0$$

c = Vakuum-Lichtgeschwindigkeit,

im Zusammenhang stehen. Diese Erkenntnisse veranlaßten MAXWELL zu dem Schluß, daß auch Lichtwellen nur eine besondere Art der elektromagnetischen Wellen seien. Die Ergebnisse, die HERTZ mit der Erzeugung und dem Empfang der elektromagnetischen Wellen im Bereich der experimentellen Physik erzielen konnte, nahm MAXWELL 22 Jahre früher auf rein theoretischem Wege vorweg.

Es gehört zu den Großtaten der physikalischen Forschung, daß die Existenz dieser Wellen und die sie beherrschenden Gesetze aufgrund theoretischer Untersuchungen bereits vorausgesagt worden sind, als man von ihrer experimentellen Verwirklichung noch weit entfernt war. MAXWELLS Vermutungen, die er 1864 nur spekulativ äußern konnte, zählen heute zum Bestand gesicherter physikalischer Erkenntnisse. Auf die Bedeutung der elektromagnetischen Wellen in unserer technischen Welt von heute gehen wir in Abschnitt 5.9.5 näher ein.

5.4 Materie im Magnetfeld

Die Erfahrung zeigt, daß fast jede Art von Materie, die sich in einem Magnetfeld befindet, durch dieses Feld meßbare Veränderungen erfährt, die Materie erzeugt dann ein Eigenmagnetfeld. Am auffallendsten und bekanntesten ist diese Erscheinung beim Eisen. Abb. 546.1 zeigt beispielhaft, wie sich zwei Nägel gegenseitig abstoßen, wenn sie in ein Magnetfeld gebracht werden. Das magnetische Moment einer stromdurchflossenen Spule steigt um ein Vielfaches, wenn man in die Spule einen Eisenkern einführt.

In den folgenden beiden Kapiteln wollen wir uns auf die Beschreibung solcher Erscheinungen beschränken, die in Magnetfeldern an ferromagnetischem Material beobachtet werden können. *Ferromagnetisch* nennt man diejenigen Stoffe, die sich bezüglich ihrer Magnetisierbarkeit dem Eisen ähnlich verhalten (von dem lat. Wort *ferrum*, d.h. Eisen). Es handelt sich um Eisen, Kobalt, Nickel und die speziell als magnetische Stoffe hergestellten Speziallegierungen aus den schon genannten Metallen mit den selbst nicht ferromagnetischen Elementen Aluminium, Chrom, Kohlenstoff, Kupfer und anderen. Die nicht ferromagnetischen Stoffe – man nennt sie auch schwach magnetische Stoffe – teilt man in zwei Gruppen: in *paramagnetische* und *diamagnetische* Stoffe. Die paramagnetischen Stoffe werden in Richtung eines vorhandenen Magnetfeldes magnetisiert, sie werden von einem Stabmagneten ganz schwach angezogen; Quecksilber, Chrom und Sauerstoff sind Beispiele für paramagnetische Stoffe. Die diamagnetischen Stoffe werden in der Gegenrichtung zu einem vorhandenen Magnetfeld magnetisiert, sie werden von einem Stabmagneten schwach abgestoßen; Blei, Diamant und Helium sind Beispiele für solche diamagnetischen Stoffe. Zur Untersuchung der magnetischen Eigenschaften von para- oder diamagnetischen Stoffen bedarf es hochempfindlicher physikalischer Meßinstrumente. Der Einfluß dieser Materialien auf Magnetfelder ist so geringfügig, daß wir in den Kapiteln 5.2.7 und 5.2.8 gerechtfertigt den Ansatz machen durften, daß Silber, Kupfer, Aluminium und Halbleiter das Magnetfeld nicht meßbar beeinflussen.

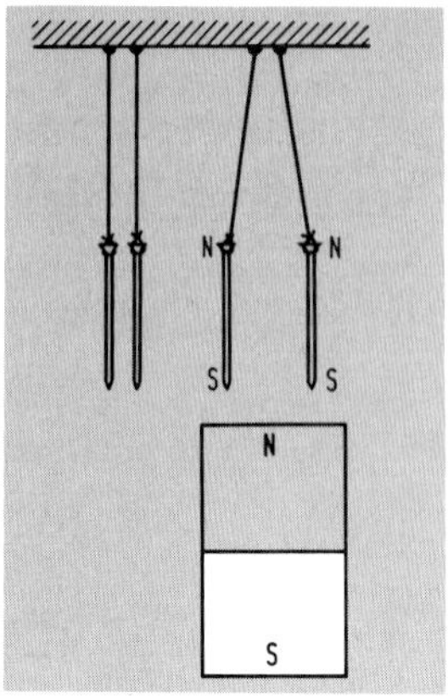

Abb. 546.1
Wirkung eines Magnetfeldes auf zwei nebeneinander hängende Nägel

5.4.1 Die magnetische Flußdichte und die magnetische Feldstärke im materieerfüllten Raum

Auf S. 466 sagten wir, daß man alle magnetischen Erscheinungen im leeren Raum unter Verwendung eines einzigen Feldvektors beschreiben könne. Wir entschieden uns, dazu den Vektor $\vec{B}$ der magnetischen Flußdichte einzuführen.

Für das Vektorfeld der zeitlich konstanten magnetischen Flußdichte $\vec{B}$ fanden wir zwei, bei Abwesenheit von magnetisierbarer Materie geltende Gesetze:

1. Das Durchflutungsgesetz

$$\frac{1}{\mu_0} \cdot \sum_{\text{geschl. Linie}} \vec{B}_i \cdot \Delta \vec{s}_i = \sum I_k$$

und

2. den Satz vom magnetischen Fluß

$$\sum_{\text{geschl. Hüllfläche}} \vec{B}_i \cdot \Delta \vec{A}_i = 0 .$$

Der erste Satz macht eine Aussage über den Zusammenhang von statischen Magnetfeldern und stromdurchflossenen Leitern, der zweite Satz macht eine Aussage über die Struktur von Magnetfeldern.

Im materieerfüllten Raum liegen die Verhältnisse komplizierter. Einen Feldvektor, der den beiden Gesetzen zugleich genügt, kann man nicht angeben. Um die Zusammenhänge von Magnetfeldern und Strömen dennoch beschreiben zu können, führt man zweckmäßig neben dem Feldvektor $\vec{B}$ der magnetischen Flußdichte einen zweiten Feldvektor $\vec{H}$ ein, der den Namen *magnetische Feldstärke* bekommt. Man trennt mit der Einführung des Vektors $\vec{H}$ die Beschreibung derjenigen Vorgänge, die an einem betrachteten Ort das Feld hervorrufen von der Beschreibung des Gesamtfeldes an diesem Ort. Das Gesamtfeld kommt unter zusätzlicher Einwirkung der an diesem Ort befindlichen magnetisch veränderbaren Materie zustande. Die magnetische Materialveränderung besteht darin, daß die Raumteile der Materie zu magnetischen Dipolen mit mehr oder weniger einheitlicher Richtung durch die am Ort herrschende Feldstärke gemacht werden. Man nennt eine solche Materialveränderung *magnetische Polarisation.* Diese Trennung in eine das Material verändernde Feldgröße $\vec{H}$ und eine den Gesamtzustand beschreibende Feldgröße $\vec{B}$ ist ausschließlich eine Frage der Zweckmäßigkeit. Wir erinnern daran, daß es sich auch bei den elektrischen Feldern als zweckmäßig erwiesen hatte, zwei Feldvektoren einzuführen, wenn sich elektrisch polarisierbare Materie im Feld befindet. Die Definition der Feldvektoren $\vec{H}$ und $\vec{B}$ für den mit beliebiger Materie erfüllten Raum soll so erfolgen, daß die für das Vakuum geltenden Gesetzmäßigkeiten als Spezialfälle in der erweiterten, allgemeineren Theorie enthalten sind.

Wir definieren:

Der Vektor $\vec{H}$ der magnetischen Feldstärke ist im Vakuum dem Vektor $\vec{B}$ der magnetischen Flußdichte streng proportional. Es gilt:

$$\vec{B} = \mu_0 \vec{H} .$$

Die Einheit der magnetischen Feldstärke folgt aus ihrer Definition:

$$[H]=\left[\frac{1}{\mu_0}\cdot B\right]$$

$$[H]=1\,\frac{\mathrm{A}^2}{\mathrm{N}}\cdot\frac{\mathrm{V\,s}}{\mathrm{m}^2}$$

$$[H]=1\,\frac{\mathrm{A\,m}}{\mathrm{V\,s}}\cdot\frac{\mathrm{V\,s}}{\mathrm{m}^2}$$

$$[H]=1\,\frac{\mathrm{A}}{\mathrm{m}}.$$

Die *Ausführungsverordnung zum Gesetz über Einheiten im Meßwesen* bestimmt dazu:

Die abgeleitete Einheit der magnetischen Feldstärke ist das Ampere durch Meter (Einheitenzeichen: $\frac{\mathrm{A}}{\mathrm{m}}$ oder $\mathrm{A\,m^{-1}}$).

Ein Ampere durch Meter ist gleich der magnetischen Feldstärke, die ein durch einen unendlich langen, geraden Leiter von kreisförmigem Querschnitt fließender elektrischer Strom der Stärke 1 A im Vakuum außerhalb des Leiters auf dem Rand einer zum Leiterquerschnitt konzentrischen Kreisfläche vom Umfang 1 m hervorrufen würde.

Abgeleitete Einheiten der magnetischen Feldstärke sind auch alle anderen Quotienten, die aus einer gesetzlichen Einheit der elektrischen Stromstärke und einer gesetzlichen Längeneinheit gebildet werden.

Wir vergleichen die von uns gegebene Definition der magnetischen Feldstärke, die aus der Definition der magnetischen Flußdichte folgt, mit der Definition des Gesetzgebers.

Für das Vakuum erhielten wir die Beziehung

$$B=\mu_0\,\frac{I}{2\pi\,r}\qquad \text{(vgl. S. 487).}$$

Daraus folgt

$$H=\frac{I}{2\pi\,r}.$$

Setzt man $2\pi r=1\,\mathrm{m}$, $I=1\,\mathrm{A}$, so erhält man für die Einheit der magnetischen Feldstärke

$$[H]=1\,\frac{\mathrm{A}}{\mathrm{m}}$$

in Übereinstimmung mit dem Gesetzgeber.

In einem ersten Schritt wollen wir jetzt für den materieerfüllten Raum definieren, was unter der *magnetischen Flußdichte* zu verstehen ist. Die Definition von S. 464 ist für den materieerfüllten Raum nicht verwendbar, weil die Kraft auf einen stromdurchflossenen Leiter nicht gemessen werden kann. Ein zweiter Schritt soll der Definition der *magnetischen Feldstärke* für den materieerfüllten Raum gelten. Und in einem dritten Schritt untersuchen wir dann, welche Gesetzmäßigkeiten zwischen den beiden Feldvektoren bestehen. Wir gewinnen damit Erkenntnisse über den Zusammenhang von Magnetfeldern und felderzeugenden elektrischen Strömen.

Zur Definition der magnetischen Flußdichte in einem magnetisierbaren Material greifen wir auf das Induktionsgesetz zurück. Wir messen zur Bestimmung der magnetischen Flußdichte $\vec{B}$ einen Spannungsstoß und eine Fläche A. Das erläutern wir an einem Beispiel.

Versuch 547.1 Einen Stabmagneten legen wir in eine Induktionsspule, die den Magneten eng umschließt. Die Spulenenden werden über einen passenden Widerstand mit einem ballistischen Galvanometer oder mit einem Integrator verbunden. Der Stabmagnet wird aus der Induktionsspule herausgezogen, und der dabei entstehende Spannungsstoß wird gemessen (Abb. 548.1).

Das Meßinstrument zeigt den Spannungsstoß $\sum U_i \Delta t_i$ an. Wir legen das Induktionsgesetz zugrunde und schließen: Die Änderung des magnetischen Flusses Φ in der Induktionsspule wird zur Bestimmung der Flußdichte B im Inneren des Magneten herangezogen. Der Spulenquerschnitt A bleibt konstant, wenn der Magnet aus der Induktionsspule herausgleitet. Die magnetische Flußdichte in der Spule ändert sich von B auf Null. Folglich ist $\Delta\Phi$ gleich BA. Man erhält

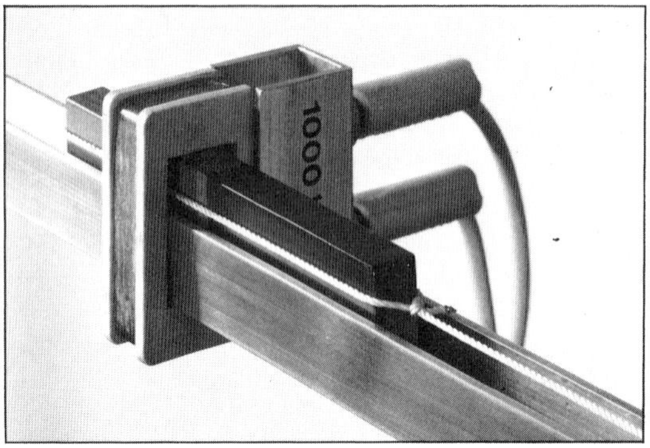

Abb. 548.1
Stabmagnet mit Induktionsspule[1] zur Bestimmung der magnetischen Flußdichte im Magneten.
Die Funktion der Schiene wird weiter unten beschrieben.

$$B = \frac{\sum U_i \Delta t_i}{A\, n_I}$$

n_I = Windungszahl der Induktionsspule

Die magnetische Flußdichte in einem Stabmagneten ist vom Ort (x-Koordinate) des Querschnitts abhängig, zu dem der Spannungsstoß gemessen wurde (Abb. 548.2). In der Mitte des Magneten ist sie am größten. Es zeigt sich, daß die Flußdichten im Innern einer stromdurchflossenen Spule und im Stabmagneten weitgehend übereinstimmen (Abb. 505.1).

Das Diagramm in Abb. 548.2 wurde mit Hilfe eines Integrators gewonnen. Der Magnet wurde an einem Faden in einer Schiene vom Schreiber selbst durch die enge Induktionsspule geschleppt (Abb. 548.1). Dabei zeichnete der Schreiber das Diagramm in x-Richtung in natürlicher Größe auf. Die Gestalt des Diagramms ist von der Geschwindigkeit, mit der der Magnet durch die Spule gezogen wird, unabhängig.

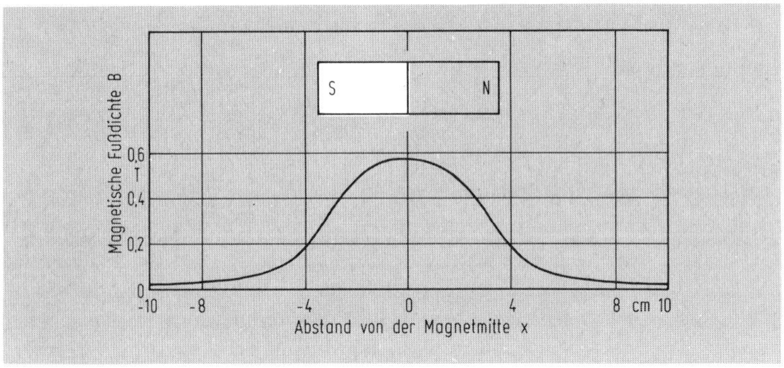

Abb. 548.2
Magnetische Flußdichte in einem Stabmagneten in Abhängigkeit vom Ort des Querschnitts

Für gute Stahl- oder Keramikmagnete erhält man eine Flußdichte zwischen 0,5 und 1 T.
Wir definieren:

Die magnetische Flußdichte $\vec{B}$ eines statischen Magnetfeldes in einem mit Materie erfüllten Raum ist mit Hilfe des Induktionsgesetzes zu bestimmen.

Das kann durch Ein- oder Ausschalten von Strömen geschehen, falls das Feld von diesen Strömen hervorgerufen wird. Es kann aber auch durch Herausziehen der Induktionsspule aus dem vom Magnetfeld durchsetzten Raumteil geschehen. Der entstehende Spannungsstoß ist zu messen.

[1] Induktionsspule der Firma Kröncke.

Offensichtlich steht diese Definition im Einklang mit den Verfahren, die auch im Vakuum zur Messung der magnetischen Flußdichte herangezogen werden können. Es liegt damit eine einwandfreie Verallgemeinerung vor.

Die Messung mit einer HALL-Sonde an dieser Stelle würde verlangen, daß man die Materie, also z. B. das Eisen, am Ort der HALL-Sonde entfernte. Das hätte aber Veränderungen des Feldes zur Folge. Solche Feldveränderungen durch Spalten im Material sind so groß, daß die Techniker mit Hilfe magnetischer Messungen selbst sehr feine Risse in eisernen Werkstücken feststellen können. Solche Messungen gehören zu den Verfahren der *zerstörungsfreien Werkstoffprüfung*. Man kann aber den Einfluß eines Luftspalts in günstig gelagerten Fällen rechnerisch kompensieren.

Für die Definition der magnetischen Feldstärke $\vec{H}$ greifen wir auf das Durchflutungsgesetz zurück und verallgemeinern die für das Vakuum getroffene Festsetzung:

Die magnetische Feldstärke $\vec{H}$ eines statischen Magnetfeldes soll der Bedingung genügen, daß die Liniensumme der magnetischen Feldstärke gleich dem von der geschlossenen Linie umschlungenen Gesamtstrom ist.

$$\sum_{\text{geschl. Linie}} \vec{H}_i \cdot \Delta\vec{s}_i = \sum I_k .$$

Mit Hilfe dieser Definition können wir nur solche Fälle bearbeiten, die sich dadurch auszeichnen, daß der Betrag der Feldstärke $\vec{H}$ längs der gewählten Linie konstant oder mindestens abschnittweise konstant ist. Diese Bedingung erfüllen die Ringspule und die lange zylindrische Spule.

Leider wird nämlich in fast allen anderen Fällen auch die magnetische Feldstärke durch die Anwesenheit ferromagnetischer Materie stark beeinflußt. Wer zunächst aus der geometrischen Form der stromdurchflossenen Leiter und aus der Stärke der fließenden Ströme nach dem BIOT-SAVART-Gesetz den Feldvektor $\vec{H}$ für den leeren Raum berechnen wollte, um daraus auf die magnetische Flußdichte des gleichen, aber mit Materie erfüllten Raumes schließen zu können, würde im allgemeinen zu ganz falschen Ergebnissen kommen!

Wir wenden unsere Definition auf die Ringspule an (vgl. Abb. 493.1). Das Innere der Ringspule sei mit einem homogenen[1], isotropen[2] ferromagnetischen Material ausgefüllt, z. B. mit Eisen, dem nicht etwa durch Walz- oder andere Bearbeitungsverfahren eine magnetische Vorzugsrichtung eingeprägt worden ist. Dann darf man aufgrund der Rotationssymmetrie in der Anordnung annehmen, daß die Feldstärke $\vec{H}$ an jedem Ort im Spuleninnern den gleichen Betrag hat. Die Richtung der magnetischen Feldstärke ist die Richtung der jeweiligen Tangente an die Feldlinie. Definitionsgemäß gilt:

$$H = \frac{n_F I}{2\pi R} = \frac{n_F I}{l} .$$

n_F = Windungszahl der Ringspule (Feldspule),
I = Stromstärke in den Windungen,
R = Ringradius,
l = mittlere Spulenlänge.

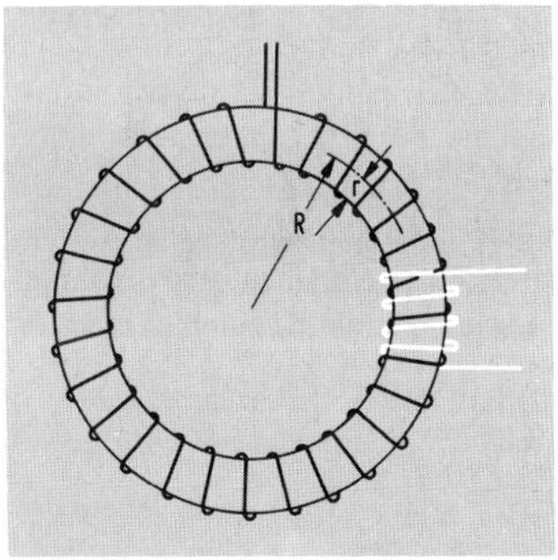

Abb. 549.1
Ringspule mit Feldwicklung und Induktionsspule

Offensichtlich erfüllt die angegebene Größe H die Bedingungen der Definition:

$$\sum_{\text{geschl. Linie}} \vec{H}_i \cdot \Delta\vec{s}_i = n_F I$$

Wir kommen jetzt zum dritten Schritt, zur Bestimmung des Zusammenhanges zwischen den Feldgrößen H und B. Gedanklich legen wir dazu die Verhältnisse der Ringspule zugrunde. Experimentell arbeiten wir später jedoch mit einer äquivalenten Anordnung, dem geschlossenen Eisenkern mit einer daraufgeschobenen Experimentierspule (Abb. 531.3). Solche Eisenkerne spielen in der Technik der Transformatoren eine große Rolle.

[1] d. i.: mit überall gleichen Eigenschaften
[2] d. i.: ohne Vorzugsrichtung

Für den magnetischen Fluß im Innern der Ringspule folgt wegen der Rotationssymmetrie der Anordnung für jeden Querschnitt der Spule, daß der magnetische Fluß Φ durch das Produkt aus Querschnitt A und Flußdichte B gegeben ist; wir nehmen wieder an, daß der Spulenradius r klein gegenüber dem Ringradius R sei.

$$\Phi = B \cdot \pi r^2 = BA.$$

r = Spulenradius,
A = Spulenquerschnitt.

Den magnetischen Fluß denken wir uns mit Hilfe des Induktionsspannungsstoßes gemessen, der an den Enden einer Induktionsspule beim Einschalten des Feldspulenstromes auftritt; wir nehmen an, daß vor dem Einschalten des Feldspulenstromes kein magnetischer Fluß in dem Ring vorhanden gewesen sei. Für den Zusammenhang von magnetischer Flußdichte und Spannungsstoß gilt dann die Gleichung

$$\sum U_i \Delta t_i = B n_I \pi r^2 = B n_I A.$$

Die magnetische Feldstärke wird nach der Gleichung

$$H = \frac{n_F I}{l}$$

aus den Größen n_F, I und l berechnet.

n_F = Windungszahl der Feldspule,
n_I = Windungszahl der Induktionsspule,
I = Stromstärke in den Windungen der Feldspule,
l = mittlere Spulenlänge,
A = Spulenquerschnitt.

In isotropen Medien haben $\vec{B}$ und $\vec{H}$ die gleiche Richtung, falls die Feldstärke $\vec{H}$ hinreichend groß ist. Darum kann man die Vektoren $\vec{B}$ und $\vec{H}$ durch eine Vektorgleichung miteinander verknüpfen, indem man die Größe $\vec{H}$ mit dem skalaren Faktor $\mu_0 \mu_r$ multipliziert:

$$\vec{B} = \mu_0 \mu_r \cdot \vec{H}.$$

Die Größe μ_r heißt *Permeabilitätszahl.* Sie hat die Einheit 1. Die Permeabilitätszahl charakterisiert die magnetischen Eigenschaften des Materials. Für das Vakuum ist die Permeabilitätszahl gleich eins; das folgt aus der Definition auf S. 546. Für Luft ist die Permeabilitätszahl gleich 1,0000004. Wir haben also bei allen Näherungen, in denen wir Luft wie Vakuum behandelten, einen relativen Fehler von $4 \cdot 10^{-7}$ gemacht. Für ferromagnetisches Material steht die Permeabilitätszahl in einem recht komplizierten Zusammenhang mit der Feldstärke $\vec{H}$ und der vorangegangenen Magnetisierung des Materials. Sie darf nicht etwa als eine Konstante betrachtet werden.

Wir wollen die Permeabilitätszahl experimentell bestimmen. Dazu ersetzen wir die Ringspule, wie schon erwähnt, durch einen geschlossenen, U-förmigen Eisenkern mit Joch und Experimentierspule. Um im Vorwege zu zeigen, daß eine solche Ersetzung zulässig ist, führen wir einen Vorversuch durch.

Versuch 550.1 Durch eine Spule von 500 Windungen, die auf einem geschlossenen Eisenkern sitzt, leiten wir einen Wechselstrom, indem wir die Enden der Spule an das 220-V-Wechselstromnetz anschließen. Eine ebenfalls über den Eisenkern gelegte Induktionsspule von nur einer Windung schließen wir an ein Voltmeter an, das eine Wechselspannung von 1 V zu messen gestattet. Wir verschieben die Induktionsschleife längs des Eisenkernes und messen die Induktionsspannung an verschiedenen Stellen.

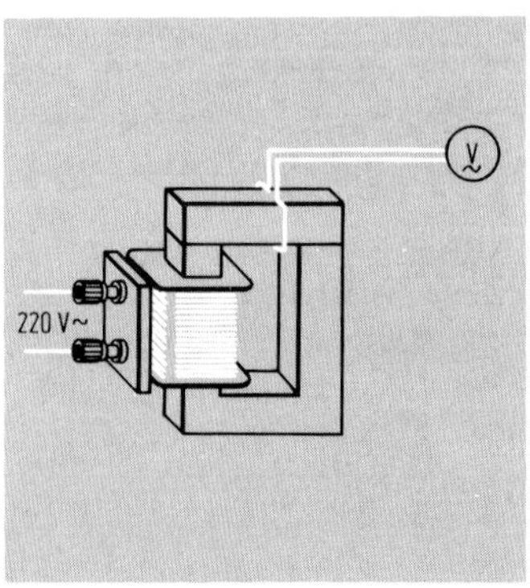

Abb. 550.1
Geschlossener Eisenkern mit Feldspule von 500 Windungen und Induktionsspule von einer Windung

Das Voltmeter zeigt eine stets gleichbleibende Wechselspannung von 0,44 V an, gleichgültig, an welcher Stelle des Kerns sich die Induktionsschleife befindet. Wir schließen daraus, daß die in einer hundertstel Sekunde stattfindende Flußänderung $\Delta\Phi$ für jeden Querschnitt des Eisenkerns dieselbe ist; wir schließen weiter daraus, daß bei zeitlich konstantem Feldstrom der magnetische Fluß im Eisenkern für jeden Querschnitt gleich ist.

Diesen Versuch könnte man auch in der aufwendigeren Form des Ein- und Ausschaltens eines Gleichstromes und der Messung von zugehörigen Spannungsstößen durchführen, wenn man grundsätzlich mit Magnetfeldern arbeiten will, die von Gleichströmen hervorgerufen werden.

Das außerhalb des Eisenkernes nachweisbare Magnetfeld ist sehr schwach. Man nennt es das *Streufeld*. Aufgrund dieses Vorversuches dürfen wir jetzt annehmen, daß die Feldvektoren $\vec{H}$ und $\vec{B}$ in dem Eisenkern wegen der Isotropie des Eisens überall gleichgerichtet sind und daß ihre Beträge im gesamten Eisenkern konstant sind. Definitionsgemäß gilt:

$$H=\frac{n_F I}{l}.$$

n_F = Windungszahl der Feldspule, l = mittlere Länge einer Feldlinie im Eisenkern.

In einer Versuchsreihe bestimmen wir den Zusammenhang, der sich zwischen der magnetischen Feldstärke H und der magnetischen Flußdichte B einstellt, wenn man ein Stück Eisen nach vorangehender Entmagnetisierung erstmalig wieder magnetisiert. Die *Neukurve* stellt diesen Zusammenhang grafisch dar.

Versuch 551.1 Wir entmagnetisieren den Eisenkern eines Experimentiertransformators, indem wir einen Strom von zeitlich abnehmender Stärke in wechselnden Richtungen durch eine Feldspule leiten, die auf dem geschlossenen Kern sitzt. Auf den entmagnetisierten Eisenkern setzen wir eine zweite Experimentierspule, die als Induktionsspule dient. Der Kern wird mit dem Joch geschlossen, die Induktionsspule wird mit dem Integrator verbunden. Der Kondensator des Integrators wird entladen. Die Stromstärke I in der Feldspule stellen wir von Null gleichmäßig hoch; laufend messen wir die Stromstärke I und die Ausgangsspannung U_a des Integrators.

Zu jeder Stromstärke I in der Feldspule erhält man die magnetische Flußdichte B im Eisenkern. Es gilt

$$B=-\frac{RCU_a}{An_I}$$

nach S. 515 und 522.

R ist der Widerstand, C die Kapazität der Integratorelemente, U_a ist die Ausgangsspannung des Integrators, A ist der Querschnitt des Transformatorkerns, n_I ist die Windungszahl der Induktionsspule.

Für die magnetische Feldstärke setzen wir wie oben

$$H=\frac{n_F I}{l}.$$

Die beiden Feldgrößen H und B werden in ein Diagramm eingetragen (Abb. 552.1).

Die experimentell gefundene Kurve zeigt, daß H und B nicht annähernd proportional sind, die Permeabilitätszahl ist nicht einmal dann eine Konstante, wenn das Eisen vor der Magnetisierung in den unmagnetischen Zustand versetzt wurde. Mit wachsender Feldstärke H strebt die Flußdichte B einem Höchstwert zu, man nennt ihn die *Flußdichte der magnetischen Sättigung*. Die Kurve selbst nennt man die *Neukurve*, weil vor der Magnetisierung eine vollständige Entmagnetisierung stattgefunden hat.

Für die Permeabilitätszahl erhält man eine Kurve, die in Abb. 552.2 wiedergegeben ist.

Setzt man

$$B=\mu_0\,\mu_r\,H=\mu_0(1+\kappa)\,H$$
$$=\mu_0\,H+\mu_0\,\kappa\,H,$$

so gibt der Summand $\mu_0\,\kappa\,H$ offensichtlich denjenigen Anteil wieder, den das magnetisierbare Material am Beobachtungsort zur magnetischen Flußdichte beiträgt. Die Größe κ nennt man *magnetische Suszeptibilität*.

$$\kappa=\mu_r-1.$$

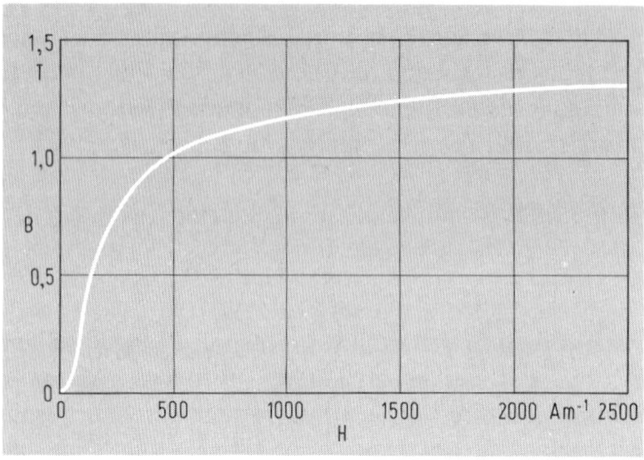

Abb. 552.1 Die Neukurve stellt den Zusammenhang von magnetischer Feldstärke H und magnetischer Flußdichte B im Eisen nach vorangegangener Entmagnetisierung dar.

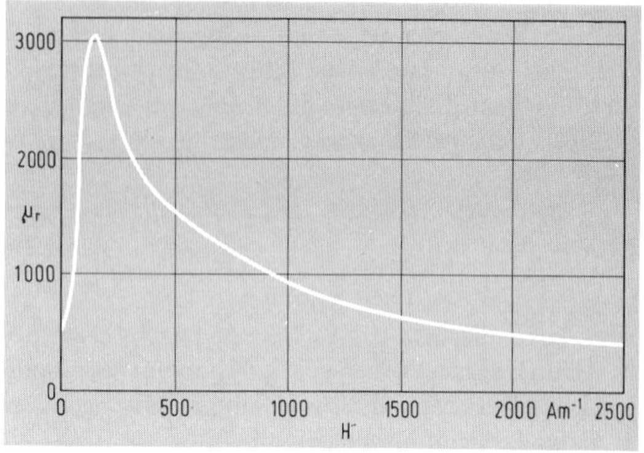

Abb. 552.2 Permeabilitätszahl μ_r in Abhängigkeit von der Feldstärke H

Auch bei Anwesenheit von Materie im Magnetfeld gilt der Satz vom magnetischen Fluß (vgl. S. 497). Man wendet ihn z.B. bei der Berechnung von Magneten und Elektromagneten an (vgl. Beispiele 1, 2 und 3 auf S. 553 und S. 554).

Um experimentell untersuchen zu können, wie sich der magnetische Fluß an der Trennfläche von Eisen und Luft verhält, greifen wir auf eine uns schon bekannte Anordnung zurück: mit ihrer Hilfe zeigten wir in Versuch 550.1, daß der magnetische Fluß zu jedem Querschnitt eines geschlossenen Eisenkerns den gleichen Betrag hat. Wir verwenden zur Untersuchung jetzt ein Joch mit einem zu den Feldlinien senkrechten Spalt.

Versuch 552.1 Auf einen U-förmigen Eisenkern setzen wir zwei Experimentierspulen von 250 Windungen als Feldspulen. Der Eisenkern wird mit zwei eisernen Jochstücken so geschlossen, daß zwischen ihnen ein etwa 3 mm breiter Spalt frei bleibt. Die Spulen werden von einem Wechselstrom aus einem Niederspannungsnetzgerät durchflossen. Auf dem geteilten Joch ist eine Induktionsspule von einer Windung verschiebbar angebracht, sie kann auch über den Spalt gleiten. Mit Hilfe eines Meßverstärkers und eines Voltmeters messen wir die in der Induktionsschleife induzierte Wechselspannung in Abhängigkeit vom Ort der Induktionsschleife (vgl. Abb. 552.3).

Der Versuch zeigt, daß der magnetische Fluß im Luftspalt kaum geringer ist als im Eisen. Das Diagramm in Abb. 552.4 zeigt, daß der Fluß beim Übergang vom Eisen zur Luft *stetig* abnimmt. In der Nähe des Spaltes treten auch seitlich aus dem Eisenkern Feldlinien aus, das Streufeld macht sich an dieser Stelle bemerkbar.

Die stetige Abnahme des Flusses beim Übergang vom Permanentmagneten zur Luft zeigt die Abb. 548.2.

Abb. 552.3 Anordnung zum Vergleich der magnetischen Flußdichte in Eisen und im Luftspalt

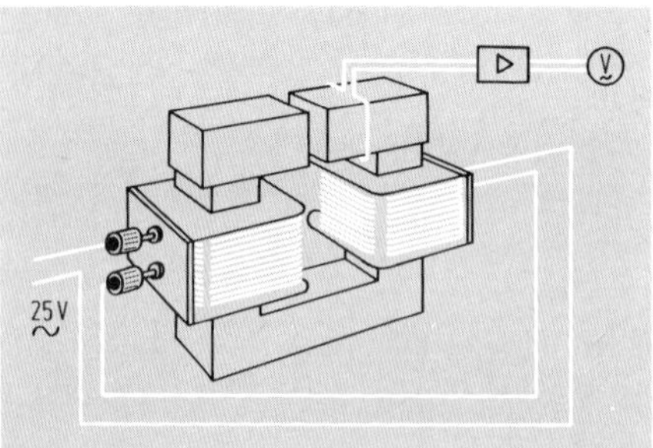

Abb. 552.4 Induktionsspannung in der Induktionsschleife. Sie ist das Maß für den magnetischen Fluß am Ort der Schleife.

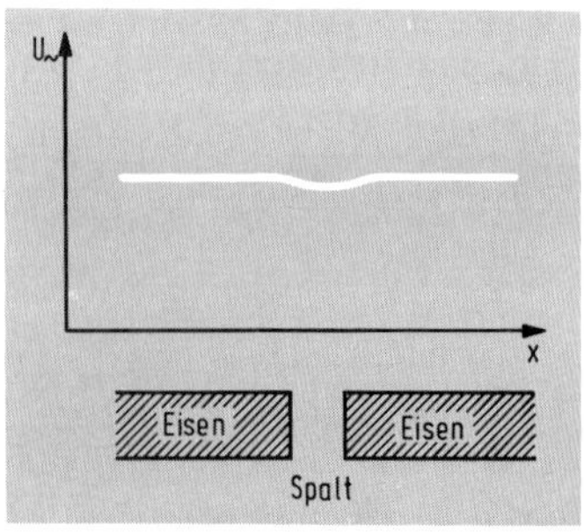

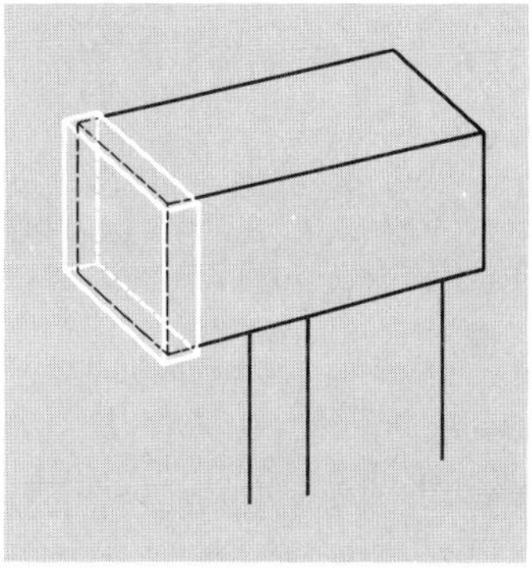

Abb. 553.1
Kastenförmige Hüllfläche an der Trennfläche von Eisen und Luft

Zum Übergang auf den Satz vom magnetischen Fluß denken wir uns eine kastenförmige, geschlossene Hüllfläche, die gerade die Trennfläche von Eisen und Luft umschließt (vgl. Abb. 553.1).

Versuch 552.1 zeigt, daß der auf der Eisenseite eintretende magnetische Fluß dem Betrage nach kaum größer als der auf der Luftseite austretende magnetische Fluß ist. Die Differenz ist gerade derjenige Fluß, der als magnetisches Streufeld aus den Seitenflächen der Hüllfläche austritt.

Wir fassen zusammen und verallgemeinern:

Der magnetische Fluß durch eine geschlossene Hüllfläche ist auch im materieerfüllten Raum gleich Null.

$$\sum_{\text{geschl. Fläche}} \vec{B}_i \cdot \Delta \vec{A}_i = 0.$$

In einer anderen Formulierung kann man den gleichen Sachverhalt auch so aussprechen:

Im leeren und im materieerfüllten Raum ist die magnetische Flußdichte ein quellenfreies Vektorfeld.

Beispiele

1. In dem Spalt eines Eisenkerns nach Abb. 553.2 soll eine magnetische Flußdichte von 1 T erzeugt werden. Die durchschnittliche Länge einer Feldlinie beträgt 47 cm, der überall gleiche Querschnitt des Eisenkerns 16 cm², die Spaltbreite beträgt 3 mm. Der Flußverlust durch den Spalt betrage 15%. Zu einer Flußdichte von ungefähr 1 T gehört bei dem Blech, aus dem der Kern gefertigt wurde, eine Permeabilitätszahl μ_r von rund 4500.

Es soll angegeben werden, mit welcher Feldspule und welcher Stromstärke die verlangte Flußdichte im Spalt erzeugt werden kann.

Nach dem Durchflutungsgesetz beträgt der Gesamtstrom

$$n I = H_{\text{Eisen}} \cdot 46{,}7\ \text{cm} + H_{\text{Luft}} \cdot 3\ \text{mm}.$$

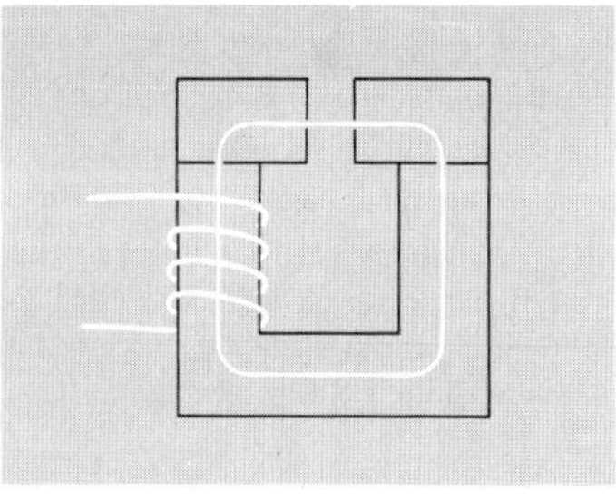

Abb. 553.2
Eisenkern mit Spalt zum ersten Beispiel. Die weiß eingezeichnete Linie ist die Feldlinie von durchschnittlicher Länge.

Der Satz vom magnetischen Fluß sagt aus, daß die Flußdichte B_{Luft} im Spalt gleich der Flußdichte B_{Eisen} ist, vermindert um 15%; dieser Flußverlust ist bedingt durch das Streufeld, ein Teil des Flusses verläßt den Spalt zur Seite hin. Die Flußdichte B_{Eisen} beträgt also

$$B_{\text{Eisen}} = 1\ \text{T} : 0{,}85$$

$$B_{\text{Eisen}} = 1{,}18\ \text{T}$$

$$H_{\text{Eisen}} = \frac{1}{\mu_0\,\mu_r} \cdot 1{,}18\ \text{T}$$

$$H_{\text{Eisen}} = \frac{1{,}18\ \text{Vs} \cdot \text{m}^{-2}}{4\pi \cdot 10^{-7}\ \text{Vs} \cdot \text{A}^{-1}\,\text{m}^{-1} \cdot 4{,}5 \cdot 10^3} = 209\ \frac{\text{A}}{\text{m}}$$

$$H_{\text{Luft}} = \frac{B_{\text{Luft}}}{\mu_0}$$

$$H_{\text{Luft}} = \frac{1\,\text{Vs} \cdot \text{m}^{-2}}{4\pi \cdot 10^{-7}\,\text{Vs} \cdot \text{A}^{-1}\,\text{m}^{-1}} = 796 \cdot 10^3\,\frac{\text{A}}{\text{m}}.$$

Wir setzen ein:

$$n\,I = 209\,\text{A}\,\text{m}^{-1} \cdot 0{,}467\,\text{m} + 796 \cdot 10^3\,\text{A}\,\text{m}^{-1} \cdot 3 \cdot 10^{-3}\,\text{m}$$

$$n\,I = 97{,}6\,\text{A} + 2388\,\text{A}$$

$$n\,I \approx 2500\,\text{A}.$$

Dieser Gesamtstrom kann mit zwei Spulen zu je 500 Windungen und einer Stromstärke von 2,5 A erzeugt werden.

2. Mit welcher Kraft F ziehen sich die beiden Jochhälften gegenseitig an, wenn man die Verhältnisse aus dem ersten Beispiel zugrunde legt?

Die Anziehungskraft zwischen den beiden Jochhälften beträgt

$$F = \frac{W_\text{m}}{3\,\text{mm}} \quad \text{(vgl. 2. Beispiel, S. 541)},$$

W_m = Energie des Magnetfeldes im Spaltraum,

$$F = \frac{B^2 \cdot 16\,\text{cm}^2 \cdot 3\,\text{mm}}{2\mu_0 \cdot 3\,\text{mm}},$$

$$F = \frac{1\,\text{V}^2\text{s}^2 \cdot \text{m}^{-4} \cdot 16 \cdot 10^{-4}\,\text{m}^2}{2 \cdot 4\pi \cdot 10^{-7}\,\text{Vs} \cdot \text{A}^{-1}\,\text{m}^{-1}},$$

$$F \approx 640\,\text{N}.$$

3. Mit welcher Kraft F wird ein Joch vom geschlossenen U-förmigen Eisenkern festgehalten, wenn auf dem Kern 2 Spulen von je 500 Windungen sitzen, die beide von einer Stromstärke von 2,5 A durchflossen werden? Die Permeabilitätszahl soll jetzt zu 230 angenommen werden, Streuverluste sollen nicht auftreten. Der Kernquerschnitt beträgt wieder 16 cm², die durchschnittliche Feldlinienlänge 47 cm.

Das Durchflutungsgesetz sagt aus:

$$2 \cdot 500 \cdot 2{,}5\,\text{A} = H_{\text{Eisen}} \cdot 47\,\text{cm},$$

$$H_{\text{Eisen}} = 5320\,\frac{\text{A}}{\text{m}},$$

$$B_{\text{Eisen}} = \mu_0\,\mu_\text{r}\,\text{H}_{\text{Eisen}}$$

$$B_{\text{Eisen}} = 4\pi \cdot 10^{-7}\,\text{Vs} \cdot \text{A}^{-1}\,\text{m}^{-1} \cdot 230 \cdot 5320\,\text{A}\,\text{m}^{-1}$$

$$B_{\text{Eisen}} = 1{,}54\,\text{T}.$$

Wollte man das Joch um Δs vom Kern entfernen, so wäre die Arbeit $F \cdot \Delta s$ notwendig; diese Arbeit würde gespeichert in dem Feldraum, der zwischen Kern und Joch entstünde. In einem solchen gedachten, sehr schmalen Raum betrüge die magnetische Flußdichte nach dem Satz vom magnetischen Fluß 1,54 T.

Die in dem Raum gespeicherte magnetische Feldenergie beträgt folglich

$$F \cdot \Delta s = 2 \cdot 16\,\text{cm}^2 \cdot \Delta s\,\frac{1}{2\mu_0}\,B^2,$$

$$F = \frac{16 \cdot 10^{-4} \cdot 1{,}54^2\,\text{m}^2\,\text{V}^2\text{s}^2 \cdot \text{m}^{-4}}{4\pi \cdot 10^{-7}\,\text{Vs} \cdot \text{A}^{-1}\,\text{m}^{-1}},$$

$$F \approx 3000\,\text{N}.$$

Das ist etwa die Gewichtskraft eines Körpers von 300 kg Masse.

Weitere Aufgaben: Siehe O. Höfling, Physikaufgaben II/2.

5.4.2 Die Magnetisierung von Materie

Es wurde bereits erwähnt, daß man bei grober Einteilung drei Arten von Materie unterscheiden kann:
1. paramagnetische Stoffe, Suszeptibilität $\kappa > 0$,
2. diamagnetische Stoffe, Suszeptibilität $\kappa < 0$,
3. ferromagnetische Stoffe, Suszeptibilität $\kappa > 0$, aber nicht konstant!

Zur Orientierung geben wir eine Tabelle mit den Werten der Suszeptibilität für einige ausgewählte Stoffe wieder.

Suszeptibilität κ verschiedener Stoffe

Paramagnetische Stoffe		*Diamagnetische Stoffe*		*Ferromagnetische Stoffe*		
Aluminium	0,000020	Kupfer	−0,000010	κ hier keine Konstante!		
Platin	0,000270	Gold	−0,000029	Eisen	bis	8000
Mangan	0,001000	Wasser	−0,000009	Nickel	bis	1120
Sauerstoff	0,0000019	Quecksilber	−0,000033	Nickel-Eisen-		
Luft	0,0000004	Silizium	−0,000025	Legierungen	bis	300000

Es zeigt sich, daß die Suszeptibilität der diamagnetischen Stoffe weitgehend temperaturunabhängig ist, während die Suszeptibilität der paramagnetischen Stoffe im allgemeinen mit wachsender Temperatur geringer wird. Das läßt darauf schließen, daß den beiden Erscheinungen unterschiedliche Ursachen zugrunde liegen. Wir wollen die zugehörigen atomaren Vorgänge skizzieren. Dazu denken wir uns die Elektronen im Atomverband nach der Vorstellung BOHRs um einen Atomkern kreisend. Sie bilden somit geschlossene Kreisströme, die wie jeder andere Strom von einem Magnetfeld begleitet sind. AMPÈRE entwickelte diese Vorstellung als erster, er sprach von Elementarströmen und führte die magnetischen Eigenschaften der Materie darauf zurück. In Wirklichkeit ist der Vorgang viel komplizierter.

Wir wenden uns zuerst dem *Diamagnetismus* zu. In der Darstellung von BOHRs Atommodell hätte man sich die Erscheinung etwa folgendermaßen vorzustellen:

Unter dem Einfluß eines äußeren Magnetfeldes erfährt die zunächst kreisförmig zu denkende Bahn eines Elektrons recht komplizierte Veränderungen; diese Veränderungen bewirken eine Magnetisierung der Materie. Es entsteht ein Eigenfeld des magnetisierten Stoffes, das dem verursachenden Feld entgegengesetzt gerichtet ist. Man kann diesen Vorgang an Abb. 522.1 modellmäßig veranschaulichen: die obere Leiterschleife ruft ein Magnetfeld hervor. Der in der unteren Schleife induzierte Strom erzeugt ein Magnetfeld von entgegengesetzter Richtung. Dieser induzierte Strom steht im Modell für das kreisende Elektron des Atoms. Man weiß heute, daß alle Stoffe diese Veränderung erfahren, wenn sie in ein Magnetfeld eingebracht werden, d.h. *alle Stoffe haben diamagnetische Eigenschaften.*

Dem Diamagnetismus überlagert sich nun in einigen Materialien ein *Paramagnetismus.* Der Paramagnetismus ist zurückzuführen auf das magnetische Moment, das jedes Elektron selbst auch ohne äußeren Einfluß besitzt. Während sich aber bei diamagnetischen Stoffen die einzelnen magnetischen Momente der Elektronen insgesamt gegenseitig aufheben, bleibt bei paramagnetischen Partikeln ein magnetisches Moment von mindestens einem Elektron übrig. Der Paramagnetismus beruht auf einem Ausrichten der Atome unter dem Einfluß des äußeren Magnetfeldes. Je größer die Zahl der Atome ist, deren magnetisches Moment annähernd mit der Richtung des äußeren Magnetfeldes übereinstimmt, desto stärker ist das Material in dieser Richtung magnetisiert. *Die paramagnetischen Erscheinungen sind für viele Stoffe stärker als die diamagnetischen, so daß der Diamagnetismus verdeckt wird.* Es ist gut vorstellbar, daß die Wärmebewegung der Atome, die ja in einer regellosen Schwingung der Atome um ihre Gitterpunkte besteht, einer magnetischen Ausrichtung der Atome entgegenwirkt; der Paramagnetismus zeigt deswegen die erwähnte Temperaturabhängigkeit.

Der *Ferromagnetismus* entsteht durch diejenigen magnetischen Momente von Elektronen, die sich nicht innerhalb eines Atoms gegenseitig aufheben. Diese nicht kompensierten Momente ordnen sich bei passender Kristallbildung für viele benachbarte Atome des Kristalls in gleicher Richtung an. Dazu bedarf es einer Wechselwirkung zwischen diesen nicht kompensierten magnetischen Momenten benachbarter Atome, die *nur bei wenigen Kristallgitterformen möglich* ist. So wird es verständlich, daß der Ferromagnetismus verhältnismäßig selten auftritt. Die künstliche Herstellung von ferromagnetischen Stoffen ist nur möglich, weil es gelang, passende Kristallgitterformen zu schaffen. Keramikmagnete und Kupfermanganlegierungen mögen als Beispiele dienen. Die WEISS-*Bezirke* (nach dem frz. Physiker P. WEISS, 1865–1940), in denen eine solche einheitliche Magnetisierung des ferromagnetischen Materials auftritt, haben eine Größe von 0,01 bis 0,1 mm. Diese Bezirke sind es, die wir früher als *Elementarmagnete* kennengelernt haben. Sie sind nicht identisch mit den vielen kleinen, unregelmäßig angeordneten Kristallen, aus denen sich polykristalline Festkörper aufbauen. *Magnetisierung eines ferromagnetischen Stoffes bedeutet, daß die Magnetisierungsrichtungen der* WEISS-*Bezirke in wachsendem Maße in Übereinstimmung gebracht werden.* Auch dieser Vorgang ist kompliziert, es klappen nicht nur die magnetischen Momente der Bezirke um, sondern es treten auch Wandverschiebungen zwischen den Bezirken auf. Veranschaulichen kann man das mit einem Magnetmodell aus vielen kleinen, regelmäßig angeordneten Magnetnadeln (Abb. 556.1).

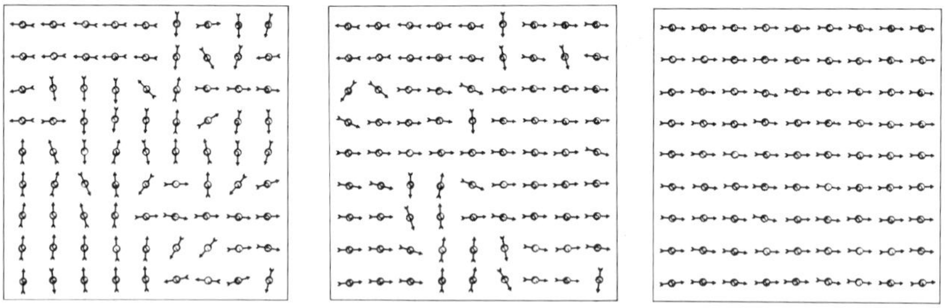

Abb. 556.1 Magnetmodell ohne äußeres Magnetfeld, im schwachen äußeren Magnetfeld und im starken äußeren Magnetfeld

Zum Nachweis der Existenz dieser WEISS-Bezirke gibt es einen sehr eindrucksvollen Versuch. Man kann das Umklappen der magnetischen Momente der Bezirke hörbar machen, indem man den Umklappvorgang eines magnetischen Moments nutzt, um in einer Induktionsspule einen Spannungsstoß zu induzieren. Den Spannungsstoß kann man über einen Verstärker und einen Lautsprecher wahrnehmen. Dieses Verfahren wandte der deutsche Physiker H. BARKHAUSEN (1881–1956) erstmalig an; nach ihm heißt der Vorgang BARKHAUSEN-Effekt, das Umklappen der Magnetisierung in den WEISS-Bezirken auch BARKHAUSEN-Sprung.

Versuch 556.1 Zwischen zwei Isolierstützen spannen wir einen sehr dünnen Eisendraht, so daß der Draht etwa in der Achse einer Experimentierspule mit 12000 oder mehr Windungen verläuft. Die Spulenenden werden über einen Verstärker mit einem Lautsprecher verbunden. Mit einem starken Magneten wird der Draht in der Spule mehrfach ummagnetisiert (Abb. 556.2).

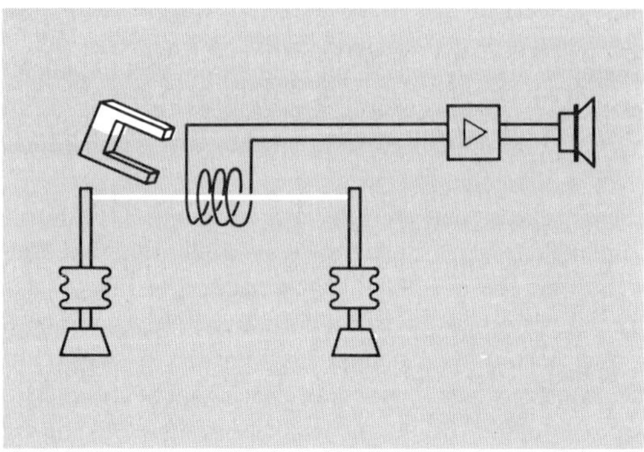

Abb. 556.2 Anordnung zum BARKHAUSEN-Effekt

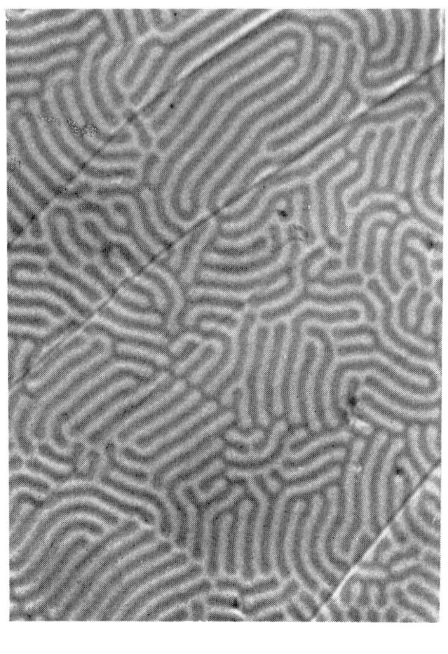

Abb. 556.3 WEISS-Bezirke eines Einkristallplättchens aus $BaFe_{12}O_{19}$

Die vielen regellos erfolgenden Induktionsspannungsstöße, die von den umklappenden magnetischen Momenten der WEISS-Bezirke hervorgerufen werden, erzeugen in dem Lautsprecher ein deutliches Rauschen. Daß dieses Rauschen wirklich seine Ursache in der Ummagnetisierung des Eisendrahtes hat, läßt sich mit einem Gegenexperiment zeigen: mit einem Kupferdraht anstelle des Eisendrahtes kann man den Effekt nicht hervorrufen.

Man kann die WEISS-Bezirke sichtbar machen, indem man eine sehr dünne Schicht des ferromagnetischen Materials mit polarisiertem Licht durchleuchtet und durch ein Polarisationsfilter beobachtet (Abb. 556.3).

Ferromagnetisches Material verliert seinen Ferromagnetismus oberhalb einer für das Material charakteristischen Temperatur, wie P. CURIE (frz. Physiker, 1859–1906) 1894 entdeckte. Diese Temperatur heißt nach ihrem Entdecker CURIE-Temperatur. Sie beträgt für

Kobalt 1075 °C, Eisen 769 °C, Nickel 356 °C.

Oberhalb der Curie-Temperatur wird ein ferromagnetisches Material von einem Magneten nicht mehr angezogen.

Versuch 557.1 In der Anordnung des Versuches 556.1 wird durch den gespannten Eisendraht ein gut geglätteter Gleichstrom geleitet, der den Eisendraht bis zur hellen Rotglut erhitzen kann. Gleichzeitig versuchen wir, den Eisendraht wie in Versuch 556.1 zu magnetisieren.

Der Versuch zeigt, daß eine Magnetisierung von einer gewissen Temperatur an nicht mehr möglich ist, das Rauschen läßt sich nicht mehr hervorrufen. Kühlt der Draht wieder ab, so stellt sich das Rauschen wieder ein.

Oberhalb der CURIE-Temperatur wird das Kristallgitter so verändert, daß sich die WEISS-Bezirke nicht mehr ausbilden können. Freie Eisenatome verhalten sich paramagnetisch.

Die Magnetisierung eines ferromagnetischen Materials bleibt auch dann z. T. noch erhalten, wenn das äußere Magnetfeld, das die Magnetisierung hervorrief, nicht mehr wirksam ist. Wir zeigen diese Erscheinung zunächst in der Anordnung des Versuches 532.1.

Versuch 557.2 In der Anordnung nach Versuch 532.1 kehren wir mit Hilfe eines Stromwendeschalters zwischen zwei Einschaltvorgängen die Stromrichtung um.

Die zeitliche Verzögerung im Aufleuchten der über die Spule versorgten Glühlampe wird durch die Umkehr der Stromrichtung zwischen zwei Einschaltvorgängen sichtbar vergrößert gegenüber der Verzögerung ohne eine solche Stromrichtungsumkehr. Wir schließen daraus, daß in dem Eisen auch nach dem Abschalten des felderzeugenden Stromes noch nachweisbare Veränderungen vorliegen.

Das magnetische Verhalten eines ferromagnetischen Materials hängt von dessen Vorgeschichte ab.

Die Magnetisierung der WEISS-Bezirke zeigt eine Art von Beharrungsvermögen, die magnetischen Momente bleiben stets in einer gewissen Anzahl in derjenigen Lage, die dem vorangegangenen Magnetisierungszustand entspricht. Der magnetische Fluß bleibt hinter der verändernden Feldstärke zurück. Die in Abb. 552.1 gezeigte Neukurve der Magnetisierung gibt deswegen nur einen ganz besonders einfachen Fall eines solchen Ablaufs wieder.

Zur Untersuchung dieser Erscheinung verwenden wir einen langen Stahlstab, z. B. eine Stativstange, den wir in eine lange Spule legen. Diese Anordnung erlaubt im Gegensatz zu dem Verfahren mit dem geschlossenen Eisenkern die Untersuchung unterschiedlicher Materialien. Wenn die Länge des Stabes wenigstens das Hundertfache seines Durchmessers beträgt, und wenn die Feldspule ihn ganz umschließt, gilt für die Feldstärke H im Inneren der Spule auch bei Anwesenheit des ferromagnetischen Materials in guter Näherung die bekannte Gleichung

$$H = \frac{nI}{l}.$$

n ist die Windungszahl, l die Länge der Feldspule, I ist die Stärke des felderzeugenden Stromes.

Versuch 558.1 Ein langer Stahlstab wird sorgfältig entmagnetisiert; zu diesem Zweck zieht man ihn langsam mehrere Male durch eine Experimentierspule, die von einem Wechselstrom durchflossen wird. Dann legt man den Stab in eine lange Feldspule. Feldspule und Eisenstab werden gemeinsam von einer Induktionsspule (z.B. einer Experimentierspule von 1000 Windungen) umschlossen. Die Induktionsspule wird mit dem Integrator verbunden, der an ein Voltmeter angeschlossen ist. Die Feldspule wird mit einem Gleichstromnetzgerät verbunden; die Stromstärke mit einem Amperemeter gemessen. Die Stromstärke in der Feldspule wird von 0 auf I_0 hochgestellt, wieder auf 0 verringert, mit einem Wendeschalter in ihrer Richtung gekehrt und auf $-I_0$ gestellt. Sie wird wieder auf 0 verringert, wieder in ihrer Richtung gekehrt und wieder auf I_0 hochgestellt. Zu jeder Stromstärke I wird die Ausgangsspannung U_a des Integrators abgelesen und protokolliert. Der Versuch wird mit einem zweiten Stahlstab aus anderem Material wiederholt (Abb. 558.1).

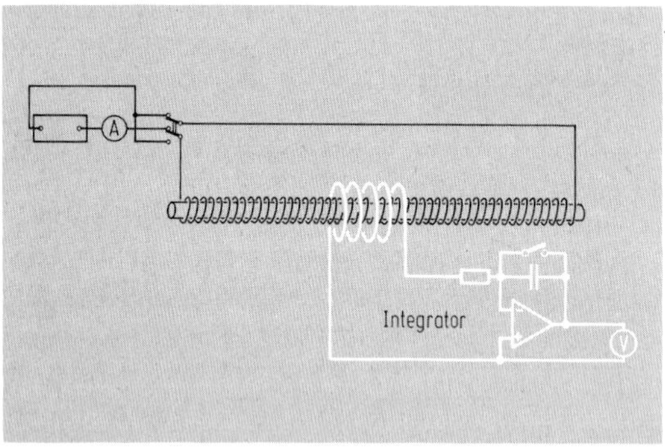

Zu jeder Stromstärke I in der Feldspule erhält man wie in Versuch 551.1 die magnetische Flußdichte B im Stahlstab. Die Größe A bezeichnet in diesem Falle den Querschnitt des Stahlstabes.

Abb. 558.1
Experimentelle Anordnung zu Versuch 558.1

Schaltet man die Anordnung mit dem Spannung-Schreiber zusammen, so daß er in der x-Richtung die Stromstärke I wiedergibt, in der y-Richtung die Ausgangsspannung U_a des Integrators, so erhält man die Diagramme in der Abb. 559.1. Die Koordinatensysteme sind nachträglich eingetragen worden. Die Diagramme geben den Zusammenhang von Feldstärke H in der langen Spule und der magnetischen Flußdichte B im Stahl für zwei verschiedene Stahlsorten wieder. Beide Kurven zeigen ein für ferromagnetische Stoffe typisches Verhalten:

War der Stahlstab zu Beginn der Meßreihe unmagnetisch, so schreibt der Schreiber zunächst die Neukurve. Verringert man jedoch die Stromstärke von I_0 ausgehend wieder, so geht auch die Flußdichte B zurück, aber die Neukurve wird nicht in entgegengesetzter Richtung durchlaufen, sondern die magnetische Flußdichte nimmt nach der in Abb. 559.1 durch das Kurvenstück AB dargestellten Weise ab. Wenn die Feldstärke Null geworden ist, bleibt noch eine gewisse magnetische Flußdichte B zurück, die man als die *Remanenzflußdichte* bezeichnet. Um auch diese zum Verschwinden zu bringen, muß ein dem ursprünglichen Magnetfeld entgegengesetztes Feld mit einer bestimmten Feldstärke C wirksam werden; diese Feldstärke bezeichnet man als die *Koerzitivfeldstärke*. Bei noch stärker werdendem Gegenfeld tritt dann eine magnetische Flußdichte in entgegengesetzter Richtung auf, die mit wachsender Feldstärke bis D ansteigt. Nimmt die Feldstärke jetzt wieder auf Null ab, so bleibt erneut eine Restflußdichte E zurück, die der ersten entgegengerichtet ist und die wiederum erst durch eine gewisse Feldstärke F beseitigt werden kann. Ein weiterer Anstieg der Feldstärke führt dann von F nach A und schließt die Kurve. Die in Abb. 559.1 dargestellte, für die ferromagnetischen Stoffe charakteristische Schleife bezeichnet man als *Hystereseschleife*. Ihre Form weist je nach der Art des Stoffes und seiner Vorbehandlung gewisse Charakteristika auf. Die Fläche der Schleife stellt ein Maß für die Energie dar, die zur völligen Umorientierung des magnetischen Flusses von einer Richtung in die entgegengesetzte und zurück zur Ausgangsrichtung aufgewendet werden muß. Diese Energie tritt innerhalb des behandelten Stoffes als Wärme in Erscheinung.

Für industrielle Zwecke werden heute ferromagnetische Stoffe mit vorgegebenen magnetischen Eigenschaften hergestellt. Permanentmagnete müssen eine hohe Remanenzflußdichte aufweisen, um ihre Funktion erfüllen zu können, sie dürfen nur mit hoher Koerzitivfeldstärke entmagnetisierbar sein, um nicht durch fremde Magnetfelder geschädigt zu werden. Für Meßgeräte-Magneten ist diese Forderung evident. Man nennt solche Materialien *magnetisch hart*, ihre Hystereseschleife umschließt eine große Fläche. Remanenzflußdichten von 1 T werden kaum überschritten, die Koerzitivfeldstärken haben bei Oxid-Keramikmagneten die höchsten vorkommenden Werte von etwa 150000 $\mathrm{A\,m^{-1}}$; für die früher ausschließlich verwendeten Kohlenstoffstähle beträgt die Koerzitivfeldstärke nur 5000 $\mathrm{A\,m^{-1}}$.

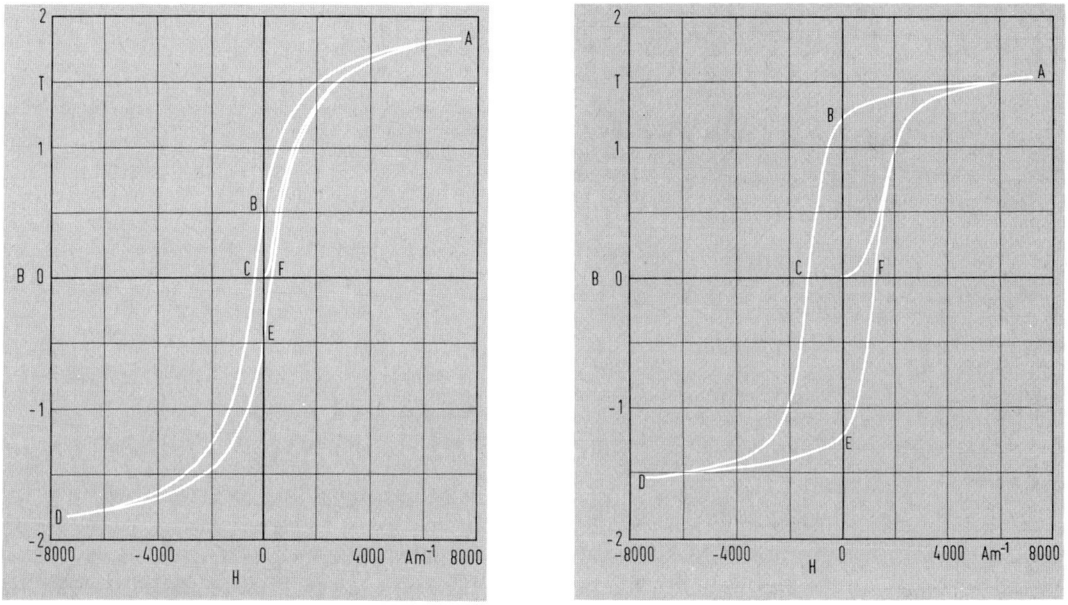

Abb. 559.1 Zwei Hystereseschleifen. Die linke Schleife wurde mit einer Stativstange, die rechte mit einem Stab aus Werkzeugstahl aufgenommen, der in seinen Abmessungen mit der Stativstange übereinstimmt. Vom Koordinatenanfangspunkt zur rechten oberen Spitze läuft die Neukurve.

Aus ferromagnetischem Material mit besonderem Hystereseverhalten lassen sich heute Dauermagnete herstellen, deren Haftkraft elektrisch ein- bzw. ausgeschaltet werden kann. Elektrische Energie wird nur beim Übergang von einem stabilen Zustand in den anderen benötigt.

Als Haftelemente, in der Datenspeicherung und -verarbeitung und in Meßgeräten finden Dauermagnete vielfältige Verwendung.

Im Gegensatz zu den Permanentmagneten müssen Transformatoren und Wechselstrommotoren aus sog. *weichem ferromagnetischen* Material gefertigt werden. Das sind Stoffe, zu deren Ummagnetisierung eine möglichst geringe Energie erforderlich ist; Energieverluste und unzulässige Erwärmung werden auf diesem Wege vermieden. Man erkennt solche Stoffe an einer sehr schmalen Hystereseschleife.

Die geophysikalische Forschung hat ergeben, daß die Ursachen des *erdmagnetischen Feldes* im wesentlichen unterhalb der festen Erdkruste zu suchen sind, nur lokal begrenzte Störungen sind auf magnetisierte, ferromagnetische Bestandteile in Gesteinen zurückzuführen. Unterhalb der festen Erdkruste aber kann Gestein nicht mehr ferromagnetisch sein, da die CURIE-Temperatur dieses Gesteins dort schon überschritten wird; man setzt dafür etwa 500 °C an.

In noch größeren Tiefen, 2900 km unter der Erdoberfläche, hat man sich die Oberfläche des metallisch flüssigen Erdkerns zu denken. Dessen Temperatur liegt so hoch, daß eine ferromagnetische Magnetisierung auch dieses Materials ausgeschlossen ist. Man vermutet heute als Hauptursache des Erdfeldes elektrische Ströme im elektrisch gut leitenden flüssigen Metallkern. Die Bahnen dieser elektrischen Ströme werden durch Materieströmungen beeinflußt, auch die Rotation der Erde spielt dabei eine Rolle. Die Tatsache, daß das erdmagnetische Feld innerhalb der letzten vier Millionen Jahre drei Richtungsumkehrungen erfuhr, kann mit dieser Hypothese in Einklang gebracht werden. Forschungen zur Geschichte des erdmagnetischen Feldes stützen sich z. B. auf Untersuchungen einer heute noch nachweisbaren Magnetisierung, die den ferromagnetischen Bestandteilen abkühlender Lava von dem jeweils herrschenden Magnetfeld aufgeprägt wurde, als die CURIE-Temperatur im Laufe des Abkühlprozesses unterschritten wurde. (Vgl. auch S. 540.)

5.5 Eigenschaften des Wechselstroms

5.5.1 Die effektive Spannung und Stromstärke des Wechselstroms

Die bedeutendste technische Anwendung der LORENTZ-Kraft ist der Generator (S. 477), mit dem mechanische Arbeit in elektrische Energie umgewandelt wird. Mit dem sinusförmigen Verlauf der erzeugten Spannung und der Stromstärke des an den Stromkreis abgegebenen Stroms haben wir uns bereits beschäftigt.

Die im Zeitpunkt t vorliegende Spannung

$$U = U_0 \cdot \sin \omega t$$

und Stromstärke

$$I = I_0 \cdot \sin \omega t$$

des Wechselstroms nennt man *Momentanwerte* von Spannung und Stromstärke. Diese Momentanwerte interessieren bei der Benutzung elektrischer Geräte, die an das Wechselstromnetz angeschlossen sind, überhaupt nicht. Wenn das Elektrizitätswerk an der Haushaltssteckdose die Spannung 220 V zur Verfügung stellt, so ist mit dieser Angabe sicher nicht ein Momentanwert der Wechselspannung gemeint. Auch Drehspulgeräte können keine Momentanwerte anzeigen, weil das Meßwerk den schnellen Wechseln wegen der Massenträgheit von Drehspule und Zeiger gar nicht folgen kann. Diese Überlegungen erzwingen die Definition einer sog. *effektiven Spannung* und *effektiven Stromstärke*, wobei das Wort *effektiv* auf den andauernden Effekt in einem Stromkreis hinweisen soll. Dieser Effekt besteht z. B. bei einem eingeschalteten Tauchsieder in der zeitlich gleichmäßigen Umsetzung von elektrischer Energie in Wärmeenergie. Man könnte den Tauchsieder auch mit Gleichstrom betreiben und die Gleichspannung so einrichten, daß die Wärmeleistung die gleiche ist wie bei dem Betrieb mit Wechselstrom. Von dieser Überlegung geht man aus und vereinbart:

Unter der effektiven Stromstärke I_{eff} eines Wechselstroms soll diejenige Stromstärke verstanden werden, die ein Gleichstrom haben muß, um in demselben Widerstand die gleiche Leistung hervorzubringen.

Es ergibt sich nun die Frage, wie groß die effektive Stromstärke I_{eff} ist, die einem Wechselstrom mit der zeitabhängigen Stromstärke

$$I = I_0 \cdot \sin \omega t$$

zugeordnet werden muß. Diese Frage läßt sich leicht beantworten, weil wir die Leistung des elektrischen Stromes kennen. Sie ist gleich dem Produkt aus Spannung und Stromstärke:

$$P = UI.$$

Mit der Definitionsgleichung für den elektrischen Widerstand $R = \frac{U}{I}$ erhalten wir

$$P = RI^2 = RI_0^2 \cdot \sin^2 \omega t.$$

Bei Verwendung der trigonometrischen Beziehung

$$\sin^2 \alpha = \tfrac{1}{2} \cdot (1 - \cos 2\alpha)$$

erhalten wir die Leistung

$$P = \tfrac{1}{2} \cdot RI_0^2 \cdot (1 - \cos 2\omega t) = \tfrac{1}{2} \cdot RI_0^2 - \tfrac{1}{2} RI_0^2 \cdot \cos 2\omega t.$$

Der Anteil $\frac{1}{2} \cdot RI_0^2$ ist zeitunabhängig; der Anteil $-\frac{1}{2} \cdot RI_0^2 \cdot \cos 2\omega t$ ist ein zeitabhängiger Ausdruck, der mit der doppelten Frequenz des Wechselstroms um den Mittelwert Null schwankt. In Abb. 561.1 ist der zeitliche Verlauf der Leistung P sowie der Verlauf ihrer beiden Anteile grafisch dargestellt. Man sieht hier nochmals anschaulich, was bereits die Rechnung zeigt:

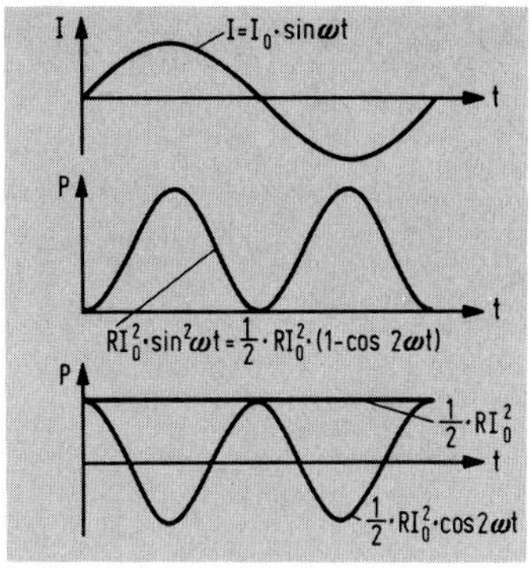

Abb. 561.1
Zeitlicher Verlauf der Leistung eines Wechselstroms

Über eine volle Periode T beträgt die mittlere Leistung

$$P=\tfrac{1}{2}\cdot RI_0^2$$

bzw. die Stromarbeit

$$W=\tfrac{1}{2}\cdot RI_0^2\cdot T.$$

Nach den oben getroffenen Feststellungen müssen wir also setzen:

$$P=RI_{\text{eff}}^2=\tfrac{1}{2}\cdot RI_0^2,$$

$$I_{\text{eff}}^2=\frac{I_0^2}{2},$$

$$I_{\text{eff}}=\frac{I_0}{\sqrt{2}}\approx 0{,}707\cdot I_0.$$

Eine entsprechende Überlegung kann man für die Spannung durchführen. Aus $P=UI$ und $R=\dfrac{U}{I}$ erhält man

$$P=\frac{U^2}{R}=\frac{U_0^2\cdot\sin^2\omega t}{R}=\frac{1}{2}\cdot\frac{U_0^2}{R}-\frac{1}{2}\cdot\frac{U_0^2}{R}\cdot\cos 2\omega t,$$

d.h., über eine volle Periode T erhält man die mittlere Leistung

$$P=\frac{1}{2}\cdot\frac{U_0^2}{R}.$$

Der Vergleich mit

$$P=\frac{U_{\text{eff}}^2}{R}$$

ergibt

$$U_{\text{eff}}^2=\frac{U_0^2}{2},$$

$$U_{\text{eff}}=\frac{U_0}{\sqrt{2}}\approx 0{,}707\cdot U_0.$$

Die effektive Stromstärke und die effektive Spannung eines sinusförmigen Wechselstroms ergeben sich, indem man die Scheitelwerte von Stromstärke und Spannung durch $\sqrt{2}$ dividiert.

Zum Verständnis der Effektivwerte muß nochmals daran erinnert werden, daß die vorangehenden Betrachtungen sinnlos werden, wenn man Strom und Spannung eines Wechselstroms nur für ganz kleine Zeiten verfolgt, d.h. für Zeiten, die in der Größenordnung einer Periode liegen. Fließt dagegen ein Dauerstrom von einigen Sekunden oder länger, so spielt es keine Rolle mehr, ob innerhalb dieser Zeit noch eine angebrochene Periode vorhanden ist. Der zeitabhängige, periodische Anteil der Leistung kann dann in jedem Fall bei der Mittelwertbildung gleich Null gesetzt werden.

Drehspulgeräte baut man heute in der Regel für vielseitige Verwendungen, d.h., dasselbe Gerät kann mit verschiedenen Gleich- und Wechselstrommeßbereichen eingesetzt werden. Bei Benutzung der Wechselstrommeßbereiche wird automatisch eine Gleichrichterschaltung im Drehspulgerät eingeschaltet. Die Instrumente werden so kalibriert, daß sie bei Wechselstrom Effektivwerte anzeigen. Wenn wir in Zukunft bei Wechselstrom von der Spannung und der Stromstärke ohne weitere Erläuterungen sprechen, so meinen wir immer die Effektivwerte, die durch Drehspulgeräte angezeigt werden.

5.5.2 Der Wechselstromkreis

Wenn ein Stromkreis Spulen mit der Induktivität L oder Kondensatoren mit der Kapazität C enthält, so zeigen sich wesentliche Unterschiede zwischen Gleich- und Wechselstrom, die im folgenden untersucht werden sollen.

Wir wissen, daß eine Gleichspannung U in einem Stromkreis mit dem Widerstand R einen Strom mit der Stromstärke

$$I = \frac{U}{R}$$

hervorruft und daß für einen Wechselstromkreis ohne Spulen und Kondensatoren diese Beziehung mit unverändertem R gilt, wenn man die effektive Spannung und die effektive Stromstärke oder irgendwelche Momentanwerte des gleichen Zeitpunktes, z. B. die Scheitelwerte, einsetzt:

$$I_{\text{eff}} = \frac{U_{\text{eff}}}{R} \quad \text{bzw.} \quad I_0 = \frac{U_0}{R}.$$

Dabei sind Spannung und Stromstärke zu jeder Zeit in Phase (Abb. 562.1).

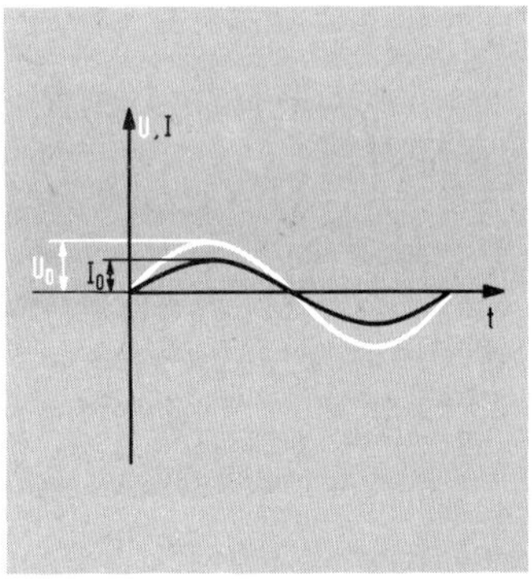

Abb. 562.1
Spannung und Stromstärke des Wechselstroms befinden sich in gleicher Phase.

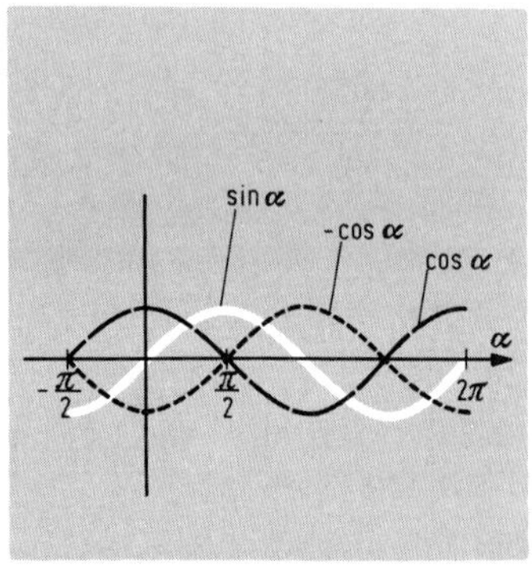

Abb. 562.2
Grafische Darstellung der Werte von $\sin\alpha$, $\cos\alpha$ und $-\cos\alpha$ für $-\frac{\pi}{2} \leqq \alpha \leqq +2\pi$

Ganz andere Verhältnisse treten auf, wenn der Stromkreis eine Spule oder einen Kondensator oder beides zusammen enthält. Wir wollen die Zusammenhänge zwischen der Spannung U, der Stromstärke I, dem Widerstand R, der Induktivität L und der Kapazität C experimentell und theoretisch untersuchen und stellen für die folgenden theoretischen Untersuchungen diejenigen mathematischen Hilfsmittel, die wir dazu benötigen, schon an dieser Stelle zusammen:

1. Hilfsmittel der Trigonometrie

Wir entnehmen der Formelsammlung

$$\cos\alpha = \sin\left(\alpha + \frac{\pi}{2}\right), \quad -\cos\alpha = \sin\left(\alpha - \frac{\pi}{2}\right), \quad \frac{\sin\alpha}{\cos\alpha} = \tan\alpha, \quad \sin^2\alpha + \cos^2\alpha = 1,$$

$$\sin(\alpha - \beta) = \sin\alpha \cdot \cos\beta - \cos\alpha \cdot \sin\beta, \quad \cos(\alpha - \beta) = \cos\alpha \cdot \cos\beta + \sin\alpha \cdot \sin\beta.$$

2. Hilfsmittel der Differentialrechnung

Die zeitliche Ableitung der Funktion $y = f(t)$ ist der Grenzwert des Differenzenquotienten $\frac{\Delta y}{\Delta t}$ für $\Delta t \to 0$. Wir schreiben diese Ableitung mit einem Punkt über dem Funktionssymbol, also

$$\dot{y} = \lim_{\Delta t \to 0} \frac{\Delta y}{\Delta t}.$$

Bilden wir die zweite zeitliche Ableitung der Funktion $y = f(t)$, so schreiben wir

$$\ddot{y} = \lim_{\Delta t \to 0} \frac{\Delta \dot{y}}{\Delta t}.$$

Für die im folgenden benutzten trigonometrischen Funktionen gilt dann bei konstanten Größen A, ω und φ:

$y = A \cdot \sin \omega t$	$y = A \cdot \sin(\omega t - \varphi)$	$y = A \cdot \cos \omega t$	$y = A \cdot \cos(\omega t - \varphi)$
$\dot{y} = \omega A \cdot \cos \omega t$	$\dot{y} = \omega A \cdot \cos(\omega t - \varphi)$	$\dot{y} = -\omega A \cdot \sin \omega t$	$\dot{y} = -\omega A \cdot \sin(\omega t - \varphi)$
$\ddot{y} = -\omega^2 A \cdot \sin \omega t$	$\ddot{y} = -\omega^2 A \cdot \sin(\omega t - \varphi)$	$\ddot{y} = -\omega^2 A \cdot \cos \omega t$	$\ddot{y} = -\omega^2 A \cdot \cos(\omega t - \varphi)$

Wir untersuchen jetzt einen Stromkreis, der eine *Spule* enthält. Die *Induktivität* dieser Spule können wir durch Einschieben eines Eisenkerns und dessen Vervollständigung zu einem U-Kern mit Joch in zunehmendem Maße ändern.

Versuch 563.1 In einem Stromkreis befindet sich nach Abb. 563.1 eine Spule und ein für Gleich- und Wechselstrom geeignetes Amperemeter. Wir schalten nacheinander eine Gleichspannung und eine Wechselspannung von derselben Effektivspannung, die am Voltmeter gemessen wird, ein und beobachten die Stromstärke, indem die Spule zunächst ohne Eisenkern, dann mit Eisenkern und schließlich mit U-Kern und Joch benutzt wird.

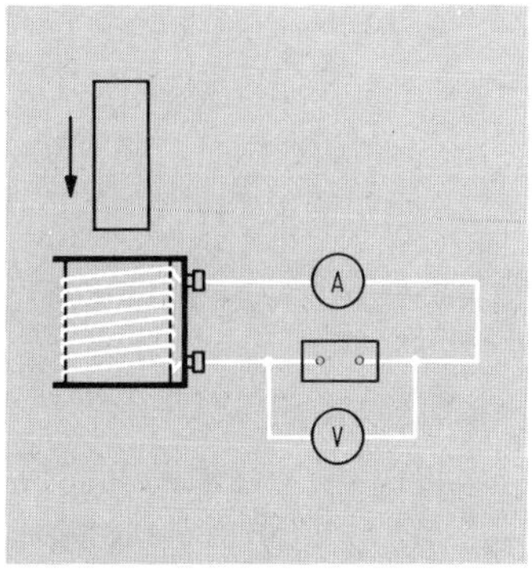

Abb. 563.1
Spule mit veränderbarer Induktivität in einem Gleich- bzw. Wechselstromkreis

Der Versuch zeigt:

Beim Gleichstrom messen wir eine bestimmte Stromstärke, die ohne und mit Eisenkern den gleichen Wert hat. Beim Wechselstrom ergibt sich ohne Eisenkern eine Stromstärke, die niedriger als die des Gleichstroms ist. Durch Einschieben des Eisenkernes sinkt die Stromstärke des Wechselstroms weiter, und bei Verwendung eines Eisenkernes mit Joch ist sie noch wesentlich geringer. Da durch das Einführen des Eisenkernes nur die Induktivität der Spule vergrößert wird, während ihr Widerstand gegenüber Gleichstrom unverändert bleibt, müssen wir annehmen, daß eine Induktivität gegenüber Wechselstrom wie ein zusätzlicher Widerstand wirkt. Diese Feststellung ist auch leicht verständlich. Wir haben früher (S. 533) gesehen, daß beim Ein- und Ausschalten eines Gleichstroms in einer Spule eine Gegenspannung induziert wird, die beim Einschalten das Anwachsen der Stromstärke verzögert und beim Ausschalten das Fließen des Stromes über den Ausschaltzeitpunkt hinaus aufrecht erhält. Während sich diese Erscheinung beim Gleichstrom nur beim Ein- und Ausschalten bemerkbar macht, ist die Gegenspannung beim Wechselstrom wegen des ständigen Wechselns der Stromrichtung und Stromstärke dauernd vorhanden. Sie wirkt sich wie ein zusätzlicher Widerstand aus und verhindert, daß der Wechselstrom bei gleicher Spannung die gleiche Stromstärke wie ein Gleichstrom annimmt. Wir bezeichnen den zusätzlichen Widerstand als *induktiven Widerstand* R_L.

Es geht jetzt darum, diesen Widerstand zu berechnen. Wir wissen, daß in der Spule die Spannung

$$U_{\text{ind}} = -L \cdot \frac{\Delta I}{\Delta t}$$

induziert wird, wenn sich die Stromstärke in der Spule in der Zeit Δt um ΔI ändert. In der Schreibweise der Differentialrechnung ist der Momentanwert der induzierten Spannung

$$U_{\text{ind}} = -L\dot{I}.$$

Wenn wir die Stromstärke in einem Stromkreis berechnen wollen, müssen wir also berücksichtigen, daß zwei Spannungen in dem Stromkreis wirksam sind, die Wechselspannung

$$U = U_0 \cdot \sin \omega t$$

des Stromversorgungsgerätes und die induzierte Spannung

$$U_{\text{ind}} = -L\dot{I}.$$

Die wirksame Gesamtspannung ergibt sich bei Hintereinanderschaltung aus der Summe der Einzelspannungen. Wir erhalten für die Gesamtspannung in diesem Fall

$$U_{ges} = U_0 \cdot \sin \omega t - L\dot{I}.$$

Die Stromstärke ergibt sich dann aus der Gesamtspannung und dem Widerstand R, den wir in Zukunft *ohmschen Widerstand* nennen wollen, durch die Gleichung

$$U_0 \cdot \sin \omega t - L\dot{I} = RI.$$

Wir vereinfachen jetzt die Betrachtung, indem wir uns die Kupferdrähte der Spule und der Leitungen so dick vorstellen, daß der ohmsche Widerstand R praktisch gleich Null gesetzt werden kann. Mit $R=0$ folgt

$$U_0 \cdot \sin \omega t = L\dot{I},$$

$$\dot{I} = \frac{U_0}{L} \cdot \sin \omega t.$$

Die Funktion $y = A \cdot \cos \omega t$ hat die zeitliche Ableitung $\dot{y} = -\omega A \cdot \sin \omega t$. Setzen wir $y = I$ und $A = -\frac{U_0}{\omega L}$, so geht die vorangehende Aussage über in:

Die Funktion $I = -\frac{U_0}{\omega L} \cdot \cos \omega t$ hat die zeitliche Ableitung $\dot{I} = \frac{U_0}{L} \cdot \sin \omega t$. Wir können also weiter schreiben:

$$I = -\frac{U_0}{\omega L} \cdot \cos \omega t,$$

$$I = \frac{U_0}{\omega L} \cdot \sin\left(\omega t - \frac{\pi}{2}\right),$$

$$I = I_0 \cdot \sin\left(\omega t - \frac{\pi}{2}\right); \qquad I_0 = \frac{U_0}{\omega L}.$$

Als induktiven Wechselstromwiderstand R_L einer Spule mit der Induktivität L erhalten wir

$$R_L = \frac{U_{eff}}{I_{eff}} = \frac{U_0}{I_0} = \omega L.$$

In einem Wechselstromkreis, der nur einen induktiven Widerstand besitzt, gilt das Gesetz

$$I_{eff} = \frac{U_{eff}}{\omega L}.$$

Der induktive Widerstand hat in einem Wechselstromkreis eine *Phasenverschiebung* zwischen der Spannung und der Stromstärke zur Folge, wie man an den momentanen Werten

$$U = U_0 \cdot \sin \omega t \quad \text{und} \quad I = I_0 \cdot \sin\left(\omega t - \frac{\pi}{2}\right)$$

erkennt. Für $t = \frac{T}{4}$ ist

$$\omega t = 2\pi \nu \cdot \frac{T}{4} = \frac{\pi}{2},$$

also

$$U = U_0 \quad \text{und} \quad I = 0.$$

Wenn die Spannung ihren Scheitelwert U_0 erreicht hat, ist die Stromstärke Null. Die Stromstärke beginnt zu wachsen, wenn die Spannung bereits wieder abnimmt. Man kann diesen Sachverhalt aus Abb. 565.1 entnehmen.

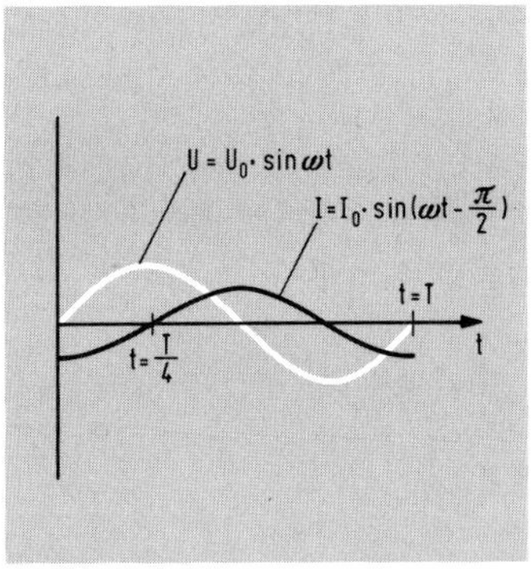

Abb. 565.1
Phasenverschiebung zwischen Spannung und Stromstärke bei induktivem Widerstand

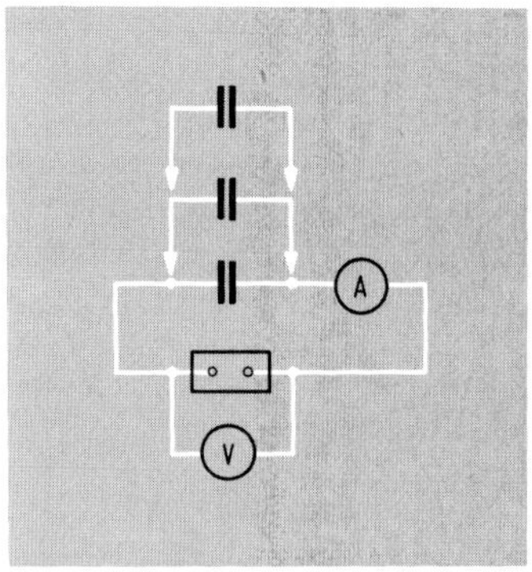

Abb. 565.2
Parallel geschaltete Kondensatoren mit veränderbarer Gesamtkapazität in einem Gleich- bzw. Wechselstromkreis

In einem Wechselstromkreis bewirkt ein induktiver Widerstand, daß die Stromstärke der Spannung nacheilt. Die Phasenverschiebung ist $\varphi = \frac{\pi}{2}$, wenn kein ohmscher Widerstand vorhanden ist.

Wir untersuchen jetzt einen Stromkreis, der zunächst einen Kondensator und dann mehrere parallel geschaltete *Kondensatoren* enthält, so daß wir die *Kapazität* in zunehmendem Maße ändern können.

Versuch 565.1 In einem Stromkreis befindet sich nach Abb. 565.2 ein Kondensator und ein für Gleich- und Wechselstrom geeignetes Amperemeter. Wir schalten nacheinander eine Gleichspannung und eine Wechselspannung, die am Voltmeter gemessen wird, ein und beobachten die Stromstärke, indem zu dem Kondensator weitere parallel hinzugeschaltet werden.

Der Versuch zeigt:

Bei Gleichspannung zeigt das Amperemeter keinen Ausschlag. Für Gleichstrom ist der Kondensator eine Unterbrechungsstelle; es fließt in der Leitung nur für kurze Zeit ein Strom, bis der Kondensator geladen ist. Anders ist es bei Wechselspannung. Dies wird verständlich, wenn man beachtet, daß die Leiterteile des Kondensators (z.B. Platten eines Plattenkondensators) bei einer anliegenden Wechselspannung abwechselnd entgegengesetzt geladen werden, so daß durch die Leitungen ein Wechselstrom fließen muß. Zugleich ist verständlich, daß eine Vergrößerung der Gesamtkapazität, die bei gegebener Spannung eine größere Ladung im Kondensator zur Folge hat, die Stromstärke des Wechselstroms erhöht. Der Kondensator bildet also im Wechselstromkreis einen Widerstand, der um so kleiner ist, je größer die Kapazität ist. Wir bezeichnen diesen Widerstand als *kapazitiven Widerstand* R_C.

Es geht jetzt wieder darum, diesen Widerstand zu berechnen. Wir wissen, daß am Kondensator die Spannung

$$U_C = -\frac{Q}{C}$$

liegt, wenn die Ladung Q auf den Kondensator geflossen ist. Das Minuszeichen setzen wir, weil die Kondensatorspannung der Spannung des Stromversorgungsgerätes entgegenwirkt. Wenn wir die Stromstärke im Stromkreis berechnen wollen, müssen wir also berücksichtigen, daß zwei Spannungen im Stromkreis wirksam sind, die Wechselspannung

$$U = U_0 \cdot \sin \omega t$$

des Stromversorgungsgerätes und die Kondensatorspannung

$$U_C = -\frac{Q}{C}.$$

Die wirksame Gesamtspannung ergibt sich bei Hintereinanderschaltung aus der Summe der Einzelspannungen. Wir erhalten für die Gesamtspannung in diesem Fall

$$U_{\text{ges}} = U_0 \cdot \sin \omega t - \frac{Q}{C}.$$

Die Stromstärke ergibt sich dann aus der Gesamtspannung und dem ohmschen Widerstand R durch die Gleichung

$$U_0 \cdot \sin \omega t - \frac{Q}{C} = RI.$$

Wir vereinfachen jetzt wieder die Betrachtung, indem wir uns idealisiert eine Schaltung mit dem ohmschen Widerstand $R=0$ vorstellen. Damit folgt

$$U_0 \cdot \sin \omega t = \frac{Q}{C}.$$

Wenn in der Zeit Δt die Ladung ΔQ zum Kondensator fließt oder vom Kondensator abfließt, beträgt die Stromstärke

$$I = \frac{\Delta Q}{\Delta t}.$$

In der Schreibweise der Differentialrechnung erhalten wir für den Momentanwert der Stromstärke $I = \dot{Q}$. Wir leiten daher in der Gleichung

$$U_0 \cdot \sin \omega t = \frac{Q}{C},$$

deren linke und rechte Seite Funktionen der Zeit sind, diese Funktionen nach der Zeit ab und erhalten

$$\omega U_0 \cdot \cos \omega t = \frac{\dot{Q}}{C},$$

$$\omega U_0 \cdot \cos \omega t = \frac{I}{C},$$

$$I = \omega C \cdot U_0 \cdot \cos \omega t,$$

$$I = \omega C U_0 \cdot \sin\left(\omega t + \frac{\pi}{2}\right),$$

$$I = I_0 \cdot \sin\left(\omega t + \frac{\pi}{2}\right); \qquad I_0 = \omega C U_0.$$

Als kapazitiven Wechselstromwiderstand R_C eines Kondensators mit der Kapazität C erhalten wir

$$R_C = \frac{U_{\text{eff}}}{I_{\text{eff}}} = \frac{U_0}{I_0} = \frac{1}{\omega C}.$$

In einem Wechselstromkreis, der nur einen kapazitiven Widerstand besitzt, gilt das Gesetz

$$I_{\text{eff}} = \omega C \cdot U_{\text{eff}}.$$

Der kapazitive Widerstand hat in einem Wechselstromkreis eine *Phasenverschiebung* zwischen der Spannung und der Stromstärke zur Folge, wie man an den momentanen Werten

$$U = U_0 \cdot \sin \omega t \quad \text{und} \quad I = I_0 \cdot \sin\left(\omega t + \frac{\pi}{2}\right)$$

erkennt. Für $t=0$ ist $U=0$ und $I=I_0$. Wenn die Stromstärke ihren Scheitelwert I_0 bereits erreicht hat, ist die Spannung Null. Die Spannung beginnt zu wachsen, wenn die Stromstärke bereits wieder abnimmt. Man kann diesen Sachverhalt aus Abb. 567.1 entnehmen.

In einem Wechselstromkreis bewirkt ein kapazitiver Widerstand, daß die Stromstärke der Spannung vorauseilt. Die Phasenverschiebung ist $\varphi = -\frac{\pi}{2}$, wenn kein ohmscher Widerstand vorhanden ist.

Die bisher behandelten Wechselstromkreise mit reinem induktiven bzw. reinem kapazitiven Widerstand, d.h. die idealisiert gedachten Stromkreise mit dem ohmschen Widerstand Null, sind Sonderfälle. Wir wollen unsere Überlegungen jetzt auf den allgemeinen Fall erweitern, der darin besteht, daß ein ohmscher,

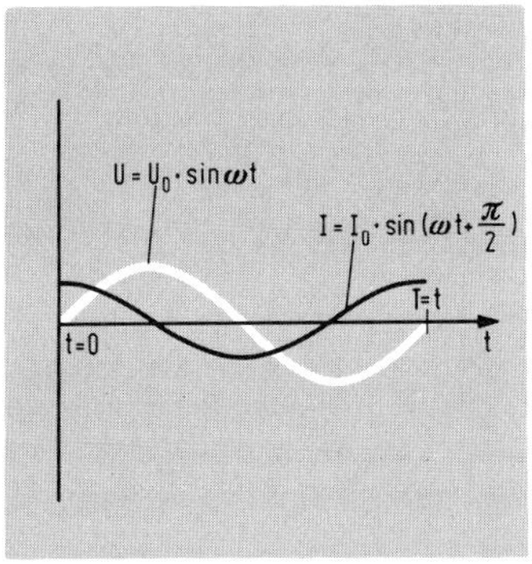

Abb. 567.1
Phasenverschiebung zwischen Spannung und Stromstärke bei kapazitivem Widerstand

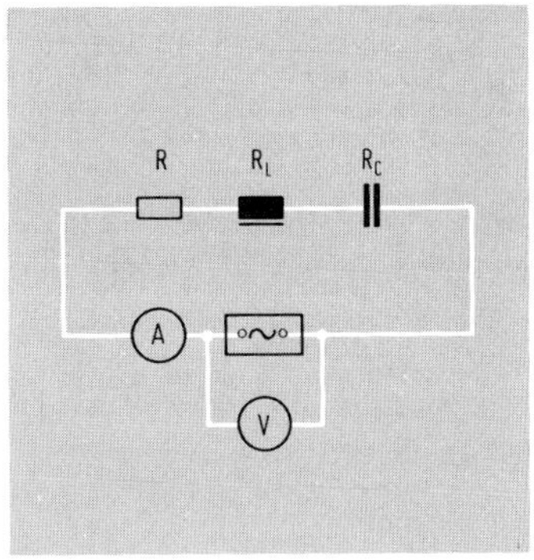

Abb. 567.2
Hintereinanderschaltung von ohmschem, induktivem und kapazitivem Widerstand

ein induktiver und ein kapazitiver Widerstand hintereinander geschaltet sind. Dabei soll der in Abb. 567.2 gezeichnete ohmsche Widerstand R den gesamten ohmschen Widerstand des Stromkreises bedeuten; man denkt sich in ihm also alle ohmschen Widerstände, einschließlich der ohmschen Widerstände der Spule und der Leitungen, vereinigt.

Im Stromkreis sind drei Spannungen wirksam: Die Wechselspannung

$$U = U_0 \cdot \sin \omega t$$

des Stromversorgungsgerätes, die Induktionsspannung

$$U_{\text{ind}} = -L\dot{I}$$

der Spule und die Kondensatorspannung

$$U_C = -\frac{Q}{C}.$$

Da der Stromkreis den ohmschen Widerstand R enthält, der jetzt nicht vernachlässigt werden soll, ergibt sich die Stromstärke I aus der Gleichung

$$U - L\dot{I} - \frac{Q}{C} = RI.$$

Wir differenzieren die linke und die rechte Seite nach der Zeit:

$$\dot{U} - L\ddot{I} - \frac{\dot{Q}}{C} = R\dot{I},$$

$$\dot{U} - L\ddot{I} - \frac{I}{C} = R\dot{I}.$$

Da nach unserer Kenntnis der oben behandelten Sonderfälle eine Phasenverschiebung φ zwischen der Spannung und der Stromstärke zu erwarten ist, setzen wir die Stromstärke mit

$$I = I_0 \cdot \sin(\omega t - \varphi)$$

in die Gleichung ein. Im einzelnen gilt dann:

$$U = U_0 \cdot \sin \omega t \qquad I = I_0 \cdot \sin(\omega t - \varphi)$$

$$\dot{U} = \omega U_0 \cdot \cos \omega t \qquad \dot{I} = \omega I_0 \cdot \cos(\omega t - \varphi)$$

$$\ddot{I} = -\omega^2 I_0 \cdot \sin(\omega t - \varphi).$$

Damit erhält man:

$$\omega U_0 \cdot \cos \omega t + \omega^2 L I_0 \cdot \sin(\omega t - \varphi) - \frac{1}{C} \cdot I_0 \cdot \sin(\omega t - \varphi) = \omega R I_0 \cdot \cos(\omega t - \varphi).$$

Nach Division durch ω und Zusammenfassen gleichartiger Ausdrücke ergibt sich:

$$U_0 \cdot \cos\omega t + \left(\omega L I_0 - \frac{I_0}{\omega C}\right) \cdot \sin(\omega t - \varphi) = R I_0 \cdot \cos(\omega t - \varphi),$$

$$U_0 \cdot \cos\omega t + I_0 \cdot \left(\omega L - \frac{1}{\omega C}\right) \cdot (\sin\omega t \cdot \cos\varphi - \cos\omega t \cdot \sin\varphi) = R I_0 \cdot (\cos\omega t \cdot \cos\varphi + \sin\omega t \cdot \sin\varphi)$$

$$\cos\omega t \cdot \left[U_0 - I_0 \cdot \left(\omega L - \frac{1}{\omega C}\right) \cdot \sin\varphi - R I_0 \cdot \cos\varphi\right] = \sin\omega t \cdot \left[-I_0 \cdot \left(\omega L - \frac{1}{\omega C}\right) \cdot \cos\varphi + R I_0 \cdot \sin\varphi\right].$$

Diese Gleichung gilt für jeden Zeitpunkt t; das ist nur möglich, wenn der Inhalt der eckigen Klammern einzeln Null ist:

$$U_0 = I_0 \cdot \left(\omega L - \frac{1}{\omega C}\right) \cdot \sin\varphi + R I_0 \cdot \cos\varphi,$$

$$0 = -I_0 \cdot \left(\omega L - \frac{1}{\omega C}\right) \cdot \cos\varphi + R I_0 \cdot \sin\varphi.$$

Quadriert man die beiden Gleichungen, so erhält man

$$U_0^2 = I_0^2 \cdot \left[\left(\omega L - \frac{1}{\omega C}\right)^2 \cdot \sin^2\varphi + 2 \cdot \left(\omega L - \frac{1}{\omega C}\right) R \cdot \sin\varphi \cdot \cos\varphi + R^2 \cdot \cos^2\varphi\right],$$

$$0 = I_0^2 \cdot \left[\left(\omega L - \frac{1}{\omega C}\right)^2 \cdot \cos^2\varphi - 2 \cdot \left(\omega L - \frac{1}{\omega C}\right) R \cdot \sin\varphi \cdot \cos\varphi + R^2 \cdot \sin^2\varphi\right].$$

Addition der rechten und linken Seiten ergibt

$$U_0^2 = I_0^2 \cdot \left[\left(\omega L - \frac{1}{\omega C}\right)^2 \cdot (\sin^2\varphi + \cos^2\varphi) + R^2 \cdot (\sin^2\varphi + \cos^2\varphi)\right].$$

Da $\sin^2\varphi + \cos^2\varphi = 1$ ist, erhält man:

$$U_0^2 = I_0^2 \cdot \left[R^2 + \left(\omega L - \frac{1}{\omega C}\right)^2\right],$$

$$U_0 = I_0 \cdot \sqrt{R^2 + \left(\omega L - \frac{1}{\omega C}\right)^2}.$$

Wenn man den Wechselstromwiderstand mit Z bezeichnet, erhält man:

$$Z = \frac{U_{\text{eff}}}{I_{\text{eff}}} = \frac{U_0}{I_0} = \sqrt{R^2 + \left(\omega L - \frac{1}{\omega C}\right)^2}.$$

In einem Wechselstromkreis, der einen ohmschen Widerstand, einen induktiven Widerstand und einen kapazitiven Widerstand in Hintereinanderschaltung enthält, gilt das Gesetz

$$I_{\text{eff}} = \frac{U_{\text{eff}}}{\sqrt{R^2 + \left(\omega L - \frac{1}{\omega C}\right)^2}}.$$

Der Wechselstromwiderstand Z eines Wechselstromkreises wird auch als die *Impedanz* des Wechselstromkreises bezeichnet.

Abb. 569.1
Geometrische Darstellung des Wechselstromwiderstandes

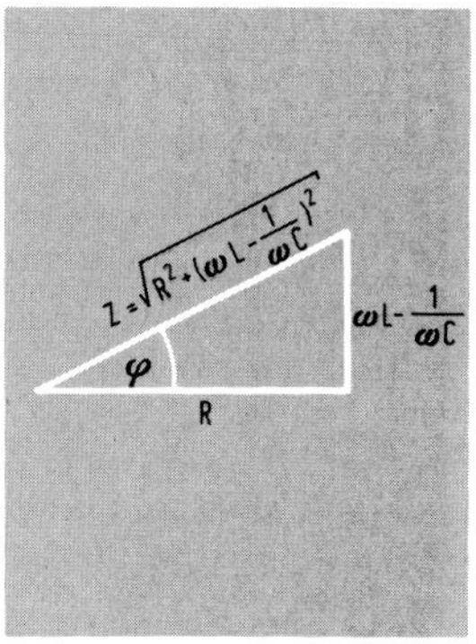

Geometrisch kann man Z als Hypotenuse eines rechtwinkligen Dreiecks mit den Katheten R und $\omega L - \frac{1}{\omega C}$ auffassen (Abb. 569.1).

Die Phasenverschiebung φ erhalten wir aus der Gleichung

$$0 = I_0 \cdot \left[-\left(\omega L - \frac{1}{\omega C}\right) \cdot \cos\varphi + R \cdot \sin\varphi \right].$$

Da der Klammerinhalt den Wert Null hat, ergibt sich

$$R \cdot \sin\varphi = \left(\omega L - \frac{1}{\omega C}\right) \cdot \cos\varphi,$$

$$\tan\varphi = \frac{\sin\varphi}{\cos\varphi} = \frac{\omega L - \frac{1}{\omega C}}{R}.$$

In einem Wechselstromkreis, der einen ohmschen Widerstand, einen induktiven Widerstand und einen kapazitiven Widerstand in Hintereinanderschaltung enthält, liegt eine Phasenverschiebung φ zwischen der Spannung und der Stromstärke vor, für die gilt

$$\tan\varphi = \frac{\omega L - \frac{1}{\omega C}}{R}.$$

Aus der geometrischen Darstellung des Wechselstromwiderstandes in Abb. 569.1 ist dieser Zusammenhang sofort abzulesen.

Die zuvor behandelten Sonderfälle des reinen induktiven und des reinen kapazitiven Wechselstromwiderstandes sind natürlich in dem zuletzt behandelten allgemeineren Fall enthalten. Der erste Sonderfall ergibt sich mit $R = 0$ und $C = \infty$ (*kein* Kondensator bedeutet nicht etwa die Kapazität Null, sondern die Kapazität Unendlich, weil beliebig große Ladungen durch eine Leitung fließen können, die nicht durch einen Kondensator unterbrochen ist; auch die Kapazitätsformel

$$C = \varepsilon_0 \cdot \frac{A}{d}$$

für den Plattenkondensator zeigt, daß die Kapazität gegen Unendlich geht, wenn man die Platten bis zur Berührung zusammenschiebt). Der zweite Sonderfall ergibt sich mit $R = 0$ und $L = 0$.

Die durch induktive und kapazitive Widerstände verursachte Phasenverschiebung zwischen der Spannung und der Stromstärke läßt sich mit einfachen Hilfmitteln nachweisen. Wir führen dazu folgenden Versuch durch:

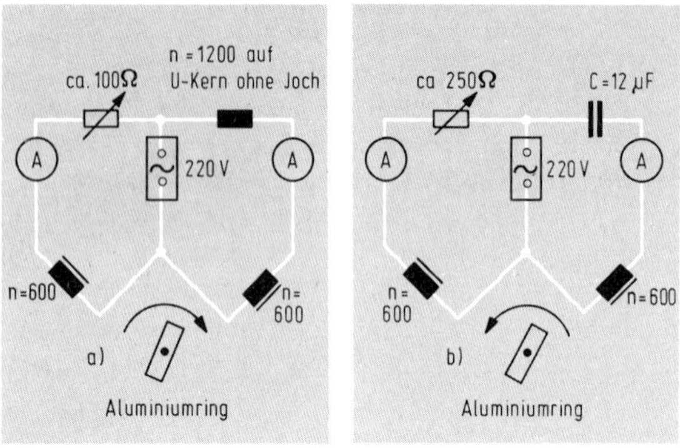

Abb. 570.1
Nachweis der Phasenverschiebung zwischen der Spannung und der Stromstärke bei induktiver (a) und kapazitiver (b) Belastung des Wechselstromkreises

Versuch 570.1 In Abb. 570.1 werden zwei Spulen mit $n = 600$ Windungen mit Wechselstrom gespeist. Die Spulen stehen rechtwinklig zueinander; vor den Stirnflächen ihrer kurzen Eisenkerne befindet sich ein um eine vertikale Achse drehbarer Aluminiumring (in der Abbildung von oben gesehen). Im linken Stromkreis befindet sich ein Schiebewiderstand (ohmscher Widerstand), im rechten eine Spule auf U-Kern ohne Joch (induktiver Widerstand, Abb. 570.1 a) oder ein Kondensator (kapazitiver Widerstand, Abb. 570.1 b). Beide Stromkreise enthalten Amperemeter. Der Schiebewiderstand wird so eingestellt, daß die Amperemeter die gleiche effektive Stromstärke anzeigen.

Der Versuch zeigt, daß der Aluminiumring sich im Fall a) im Uhrzeigersinn, im Fall b) im entgegengesetzten Drehsinn dreht. Diese Drehung ergibt sich nach dem LENZ-Gesetz der Induktion. Wenn nämlich das Magnetfeld der rechten Spule etwas später seine volle Stärke erreicht als das Magnetfeld der linken Spule, so ergibt die Überlagerung der beiden Magnetfelder am Ort des Aluminiumringes ein magnetisches Drehfeld, das sich im Uhrzeigersinn dreht. Das Drehfeld durchsetzt die Kreisfläche des Aluminiumringes. Im Ring tritt daher ein Induktionsstrom auf, der nach dem LENZ-Gesetz eine Mitnahme des Ringes im gleichen Drehsinn bewirkt. Wir können daher aus dem Drehsinn des Aluminiumringes auf den Drehsinn des Magnetfeldes und letztlich auf die Phasenverschiebung zwischen den Strömen in den beiden Spulenkreisen zurückschließen. Die Stromstärke im rechten, überwiegend induktiv belasteten Stromkreis eilt also der Stromstärke im linken Stromkreis nach. Nun liegt aber in beiden Stromkreisen eine Phasenverschiebung zwischen der Spannung und der Stromstärke vor. Wenn die beiden Stromkreise den gleichen ohmschen und den gleichen induktiven Widerstand besäßen, wäre die Anordnung völlig symmetrisch; die Phasenverschiebung könnten wir nicht bemerken, weil der Aluminiumring sich nicht drehen würde. Erst durch die Unsymmetrie der Anordnung wird die Gleichheit der Phasenverschiebungen aufgehoben, so daß die Phasenverschiebung durch zusätzliche induktive Belastung zur Wirkung kommt.

Die gleichen Überlegungen gelten für die Anordnung nach Abb. 570.1 b, nur daß hier bei kapazitiver Belastung im rechten Stromkreis das Magnetfeld der rechten Spule etwas früher seine volle Stärke erreicht als das Magnetfeld der linken Spule. Der Aluminiumring muß also entgegen dem Uhrzeigersinn rotieren.

Abschließend behandeln wir noch einige Anwendungen.

Versuch 570.2 Nach Abb. 570.2 stellen wir einen Stromkreis her, in dem eine Spule auf Eisenkern, ein Kondensator und eine Glühlampe hintereinander geschaltet sind. Der Eisenkern besitzt ein verschiebbares Joch. Die Spannung aus dem Stromversorgungsgerät wird so eingestellt, daß die Lampe gerade nicht brennt. Dann schieben wir das Joch zurück, um den induktiven Widerstand zu verkleinern, und beobachten die Glühlampe *G*.

Beispiel: Papierfolienkondensator, $C = 32\,\mu F$; Spule mit 600 Windungen auf U-Kern; Wechselspannung 0 bis 25 V.

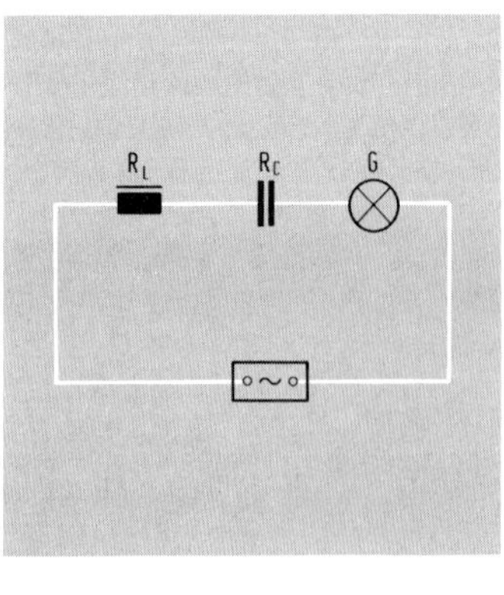

Abb. 570.2
Schaltung einer Siebkette

Mit dem Zurückschieben des Joches nimmt die Stromstärke zu, was sich zunächst in einem Vibrieren des Joches und dann in einem Aufleuchten der Lampe bemerkbar macht. Wenn man das Joch immer weiter zurückschiebt, so tritt eine zunächst überraschende Erscheinung auf. Die Lampe erlischt von einer bestimmten Stellung ab und leuchtet bei weiterem Zurückschieben des Joches auch nicht wieder auf. Obwohl der induktive Widerstand der Spule weiter verringert worden ist, hat die Stromstärke im Leiterkreis jetzt nachgelassen. Wir können diese erstaunliche Feststellung durch eine Abwandlung des obigen Versuches noch deutlicher machen.

Versuch 571.1 Nachdem das Joch bei Versuch 570.2 so eingestellt worden ist, daß die Lampe hell leuchtet, wird zunächst die Spule kurzgeschlossen, so daß im Leiterkreis nur noch der Kondensator bleibt. Dann wird der Kondensator kurzgeschlossen, so daß nur noch der induktive Widerstand vorhanden ist.

Es zeigt sich, daß die Lampe in beiden Fällen erlischt. Der Widerstand des Kondensators allein oder der Spule allein ist also größer als der Gesamtwiderstand von Kondensator und Spule, die in Reihe geschaltet sind. Diese Tatsache wird verständlich, wenn wir die Formel für den Gesamtwiderstand eines solchen Leiterkreises betrachten. Die Zuleitungen mögen aus so dickem Draht sein, daß der ohmsche Widerstand vernachlässigt werden kann. Dann ist der Gesamtwiderstand von Kondensator und Spule in Versuch 570.2 und 571.1

$$Z=\left|\omega L-\frac{1}{\omega C}\right|.$$

Aus dieser Gleichung ersieht man, daß der Gesamtwiderstand kleiner sein kann als der induktive und der kapazitive Widerstand für sich allein. Wenn man die Induktivität der Spule durch Verschieben des Eisenkernes verändert, kann man den induktiven Widerstand ebensogroß wie den kapazitiven machen, so daß die Differenz dann Null wird. Hierzu muß

$$\omega L=\frac{1}{\omega C} \quad \text{oder} \quad L=\frac{1}{\omega^2 C}$$

sein. In diesem Falle setzt der Leiterkreis einem Wechselstrom von der Kreisfrequenz ω oder der Frequenz $\nu=\frac{\omega}{2\pi}$ keinen Widerstand entgegen. Für die praktisch widerstandslos durchgelassene Frequenz ν ergibt sich aus der obigen Gleichung:

$$\nu=\frac{1}{2\pi\sqrt{LC}}.$$

Schaltet man eine Induktivität L und eine Kapazität C hintereinander, so wird ein Wechselstrom mit der Frequenz

$$\nu=\frac{1}{2\pi\sqrt{LC}}$$

bevorzugt durchgelassen, da der Leiterkreis für diese Frequenz praktisch keinen Widerstand besitzt.

Aus einem Gemisch von Wechselströmen verschiedener Frequenzen kann man auf diese Weise bestimmte Frequenzen aussondern. Man bezeichnet diese Schaltung deshalb als *Siebkette.*

Wir untersuchen nun die Wirkung eines induktiven und eines kapazitiven Widerstandes in *Parallelschaltung.*

Versuch 571.2 Wir stellen nach Abb. 571.1 einen Leiterkreis her. Die Lampe G_L zeigt den durch die Spule und die Lampe G_C den durch den Kondensator fließenden Strom an; die Lampe G dient schließlich zur Anzeige des Gesamtstroms. Bei voll aufgelegtem Joch wird die Spannung so eingestellt, daß das Lämpchen G_C mäßig leuchtet. Das Lämpchen G_L leuchtet dann noch nicht, weil die Spule einen höheren Wechselstromwiderstand als der Kondensator haben soll. Wir schieben nun das Joch zurück und beobachten die Lämpchen.

Beispiel: siehe Versuch 570.2

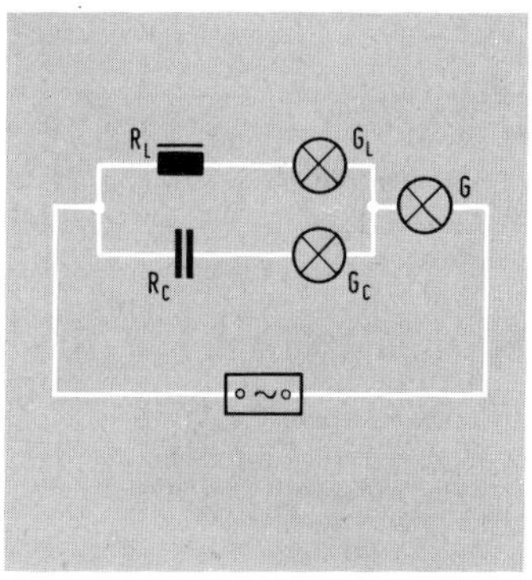

Abb. 571.1
Schaltung eines Sperrkreises

Es zeigt sich, daß beim Zurückschieben des Joches nicht nur das Lämpchen G_L zu leuchten beginnt, sondern daß auch G_C heller brennt. Bei einer bestimmten Jochstellung brennen beide Lampen gleich hell. Nimmt man schließlich das Joch ganz ab, so brennt G_L hell und G_C nicht. Eine besondere Überraschung zeigt sich bei dem Lämpchen G. Wenn nämlich die beiden Lämpchen G_L und G_C hell brennen, so leuchtet G überhaupt nicht. Es liegen hier also ganz andere Verhältnisse als beim Gleichstrom vor, bei dem der durch das Lämpchen G fließende Gesamtstrom gleich der Summe der Teilströme durch G_L und G_C sein müßte. Hier fließt dagegen in jedem der beiden Zweige mehr Strom als in der Zu- oder Ableitung. Diese Tatsache wird verständlich, wenn wir die Phasenverschiebung zwischen Strom und Spannung in den beiden Zweigen beachten. Während der Strom im Spulenzweig um 90°, also eine Viertelperiode, hinter der Spannung zurückbleibt, eilt er der Spannung im Kondensatorzweig um den gleichen Betrag voraus. Die Ströme haben daher in beiden Zweigen eine Phasenverschiebung von einer halben Periode und sind deshalb einander immer entgegengerichtet. Das bedeutet aber, daß die in den metallischen Leitern in genügender Anzahl vorhandenen frei beweglichen Elektronen hin und her pendeln, ohne daß ein nennenswerter Strom durch die Zu- oder Ableitung fließt. In diesen Leitungen wird der Wechselstrom gesperrt, obwohl eine Spannung vorhanden ist. Versuch 571.2 hat gezeigt, daß die Sperrung am besten ist, wenn die beiden Lampen G_L und G_C gleichzeitig besonders hell brennen, d.h., wenn der aus Spule und Kondensator gebildete Leiterkreis einen besonders kleinen Wechselstromwiderstand hat; das ist aber nach den vorhergehenden Überlegungen der Fall, wenn

$$R_L = R_C \quad \text{oder} \quad \omega L = \frac{1}{\omega C} \quad \text{ist}$$

oder wenn bei festliegendem L und C die Frequenz des Wechselstroms den Wert

$$\nu = \frac{1}{2\pi\sqrt{LC}}$$

hat.

Wir haben damit gefunden:

Schaltet man eine Induktivität L und eine Kapazität C parallel, so wird ein Wechselstrom mit der Frequenz

$$\nu = \frac{1}{2\pi\sqrt{LC}}$$

nicht durchgelassen.

Man kann also mit dieser Schaltung in einem Gemisch von Wechselströmen verschiedener Frequenzen einzelne Frequenzen sperren. Man spricht deshalb auch von einem *Sperrkreis*. Diese Schaltung wird auch als *Schwingkreis* bezeichnet; wir kommen hierauf später (S. 619) noch einmal zurück und werden dann die Erscheinung, daß in einem Schwingkreis ein starker Strom fließt, auch wenn ihm von außen kaum Strom zugeleitet wird, vom Standpunkt der Energieumsetzungen genauer untersuchen.

Siebketten und Sperrkreise sind für die Hochfrequenztechnik von großer Bedeutung.

5.5.3 Die Leistung des Wechselstroms

Die elektrische Leistung ist durch das Produkt $P = UI$ definiert. Bei Gleichstrom ist sowohl die Spannung U als auch die Stromstärke I zeitlich konstant. Bei Wechselstrom ändern sich die Werte für Spannung und Stromstärke ständig, so daß für U und I die Momentanwerte zur Produktbildung herangezogen werden müssen. Dieses Verfahren haben wir früher bereits durchgeführt (S. 560). Bei diesen Betrachtungen gingen wir davon aus, daß die Wechselspannung an einem rein ohmschen Widerstand R liegt und somit die Spannung und die Stromstärke keine Phasenverschiebung gegeneinander aufweisen. Die Verhältnisse ändern sich, wie wir erfahren haben, wenn der Stromkreis induktiv oder kapazitiv belastet wird. Die momentane Leistung ergibt sich dann zwar auch definitionsgemäß durch das Produkt aus der momentanen Spannung und der momentanen Stromstärke; dieses Produkt sieht jetzt aber komplizierter aus:

$$P = U_0 \cdot \sin \omega t \cdot I_0 \cdot \sin(\omega t - \varphi).$$

Um dieses Produkt mit Hilfe der trigonometrischen Formeln bearbeiten zu können, entnehmen wir der Formelsammlung die Beziehung

$$\sin\alpha\cdot\sin\beta=\tfrac{1}{2}\cdot[\cos(\alpha-\beta)-\cos(\alpha+\beta)]$$

und setzen $\alpha=\omega t$ und $\beta=\omega t-\varphi$, so daß $\alpha-\beta=\varphi$ und $\alpha+\beta=2\omega t-\varphi$ ist. Damit erhalten wir

$$\begin{aligned}P&=\tfrac{1}{2}\cdot U_0 I_0\cdot[\cos\varphi-\cos(2\omega t-\varphi)]\\&=U_{\text{eff}} I_{\text{eff}}\cdot[\cos\varphi-\cos(2\omega t-\varphi)]\\&=U_{\text{eff}}\cdot I_{\text{eff}}\cdot\cos\varphi-U_{\text{eff}} I_{\text{eff}}\cdot\cos(2\omega t-\varphi).\end{aligned}$$

Der Anteil

$$U_{\text{eff}} I_{\text{eff}}\cdot\cos\varphi$$

ist zeitunabhängig, der Anteil

$$-U_{\text{eff}} I_{\text{eff}}\cdot\cos(2\omega t-\varphi)$$

ist ein zeitabhängiger Ausdruck, der mit der doppelten Frequenz des Wechselstroms um den Mittelwert Null schwankt. Über eine volle Periode T ist daher die mittlere Leistung

$$P=U_{\text{eff}} I_{\text{eff}}\cdot\cos\varphi.$$

Bei rein ohmschem Widerstand ist $\varphi=0$, d.h. $\cos\varphi=1$. Dann entspricht die Leistung

$$P=U_{\text{eff}}\cdot I_{\text{eff}}$$

der Leistung $P=UI$ eines Gleichstroms. Bei Stromkreisen, die außer dem ohmschen Widerstand noch einen induktiven oder kapazitiven Widerstand enthalten, kommt wegen der nun auftretenden Phasenverschiebung zwischen der Spannung und der Stromstärke nur noch die kleinere Leistung

$$P=U_{\text{eff}} I_{\text{eff}}\cdot\cos\varphi$$

zur Wirkung; man spricht daher auch von der *Wirkleistung.*

Die Wirkleistung in einem Wechselstromkreis mit der Phasenverschiebung φ zwischen der Spannung und der Stromstärke ist

$$P=U_{\text{eff}} I_{\text{eff}}\cdot\cos\varphi.$$

Man muß also beim Wechselstrom – im Gegensatz zum Gleichstrom – beachten, daß das Produkt aus den Effektivwerten von Spannung und Stromstärke, die z.B. durch Drehspulgeräte mit Wechselstrommeßbereichen angezeigt werden, nicht die von der Stromquelle abgegebene Dauerleistung ergibt, sondern daß dieses Produkt, das man als *Scheinleistung* bezeichnet, noch mit $\cos\varphi$ zu multiplizieren ist.

Die Scheinleistung eines Wechselstroms ist gleich dem Produkt aus effektiver Stromstärke und effektiver Spannung.

Die Wirkleistung ist kleiner oder höchstens gleich der Scheinleistung. Bezeichnen wir die Wirkleistung mit P_w und die Scheinleistung mit P_s, so gilt

$$P_w=P_s\cos\varphi.$$

Den Faktor $\cos\varphi$ nennt man den *Leistungsfaktor.*

Es sind folgende Fälle zu unterscheiden:

a) Im Leiterkreis befindet sich nur ohmscher Widerstand. Dann ist keine Phasenverschiebung zwischen Spannung und Strom vorhanden und daher $\cos\varphi=1$.

In diesem Falle ist die Wirkleistung gleich der Scheinleistung.

b) Im Leiterkreis ist nur induktiver oder nur kapazitiver Widerstand. Die Phasenverschiebung zwischen Spannung und Strom ist dann $\frac{\pi}{2}$, also $\cos\varphi=0$.

In diesem Falle ist die Wirkleistung, d.h. die von dem Wechselstrom an den Leiter abgegebene Leistung, Null, obwohl in der Leitung ein kräftiger Wechselstrom fließen kann. Man spricht in diesem Falle von einem *wattlosen Strom.* Die Scheinleistung ist natürlich nicht Null, sie wird in diesem Fall auch *Blindleistung* genannt.

c) Im Leiterkreis sind Widerstände verschiedener Art vorhanden. Je näher dann die Phasenverschiebung bei $\frac{\pi}{2}$ liegt, um so höher muß die Stromstärke des Wechselstroms sein, damit er eine bestimmte Leistung an den Leiter abgibt. Der keine Leistung abgebende Anteil des Stroms pendelt zwischen Verbraucher und Stromquelle nutzlos hin und her und belastet die Leitung. Man muß deshalb bemüht sein, die Phasenverschiebung möglichst klein zu halten.

Parallel zu den Begriffen Scheinleistung und Wirkleistung werden die Begriffe *Scheinwiderstand* und *Wirkwiderstand* verwendet. Der Scheinwiderstand ist die Impedanz Z des Wechselstromkreises. Mit dem Wirkwiderstand R_w berechnet man die Wirkleistung P_w zu

$$P_w = I_{eff}^2 \cdot R_w .$$

Im Falle der Hintereinanderschaltung (S. 568) ist der Wirkwiderstand R_w gleich dem ohmschen Widerstand R. Für die Hintereinanderschaltung gilt daher

$$P_w = I_{eff}^2 \cdot R .$$

5.5.4 Der Transformator

Der Wechselstrom hat den Gleichstrom in der Technik und im täglichen Leben weitgehend verdrängt. Der Grund hierfür liegt vor allem darin, daß sich die Spannung beim Wechselstrom leicht und mit sehr geringen Energieverlusten in nahezu beliebiger Weise verändern läßt. Die hierzu dienenden Geräte werden als *Transformatoren* oder *Umspanner* bezeichnet.

Im einfachsten Falle befinden sich auf einem geschlossenen Eisenkern zwei Spulen mit den Windungszahlen n_P und n_S, die keine leitende Verbindung haben (Abb. 574.1). Ein durch die Primärspule fließender Wechselstrom erzeugt ein periodisches Magnetfeld, dessen magnetischer Fluß durch die Sekundärspule sich im gleichen Rhythmus verändert. In dieser Spule wird dadurch eine Wechselspannung induziert, deren Größe von der zeitlichen Änderung des magnetischen Flusses und von der Windungszahl der Sekundärspule abhängt. Durch den Eisenkern vermeidet man eine Streuung der magnetischen Feldlinien in der Luft und erzielt einen kräftigeren magnetischen Fluß durch die Sekundärspule. Der Eisenkern besteht aus dünnen, voneinander isolierten Eisenblechen, um zu vermeiden, daß in dem Eisen stärkere Wirbelströme induziert werden.

Wird an die Primärspule die Wechselspannung

$$U_P = U_0 \cdot \sin \omega t$$

angelegt, so erzeugt der Primärstrom I_P in der Primärspule die Selbstinduktionsspannung

$$U_{ind} = -n_P \dot{\Phi} .$$

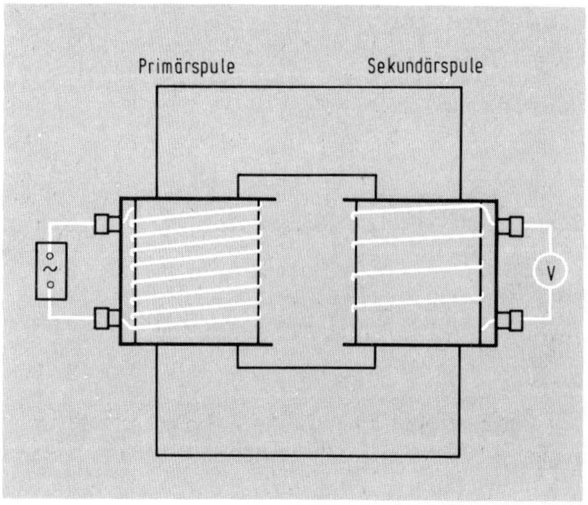

Abb. 574.1
Transformator

Im Primärkreis sind also zwei Spannungen wirksam, die Spannung U_P aus dem Netz oder dem Stromversorgungsgerät und die Induktionsspannung U_{ind}; die Gesamtspannung ist

$$U_P + U_{ind} = U_0 \cdot \sin \omega t - n_P \dot{\Phi}.$$

Der Zusammenhang zwischen Stromstärke und Spannung ist dann

$$U_0 \cdot \sin \omega t - n_P \cdot \dot{\Phi} = R I_P.$$

Wir betrachten jetzt den Idealfall des verlustfreien Transformators, dessen ohmscher Widerstand Null ist. Mit $R=0$ folgt

$$\dot{\Phi} = \frac{U_0}{n_P} \cdot \sin \omega t.$$

In der Sekundärspule induziert der zeitlich veränderliche Fluß Φ die Spannung

$$U_S = -n_S \dot{\Phi} = -n_S \cdot \frac{U_0}{n_P} \cdot \sin \omega t.$$

Für das Verhältnis der Momentanwerte von Primär- zu Sekundärspannung erhalten wir dann

$$\frac{U_P}{U_S} = -\frac{n_P}{n_S}.$$

Das Minuszeichen zeigt, daß die Sekundärspannung stets zur Primärspannung entgegengesetzt ist.

Bezeichnen wir den Scheitelwert der Primärspannung mit $U_{0,P}$ und den Scheitelwert der Sekundärspannung mit $U_{0,S}$, so ist

$$\frac{U_{0,P}}{U_{0,S}} = \frac{n_P}{n_S}.$$

Da ferner $U_{eff} = \frac{U_0}{\sqrt{2}}$ ist, gilt für das Verhältnis der Effektivwerte der Spannungen

$$\frac{U_{eff,P}}{U_{eff,S}} = \frac{n_P}{n_S}.$$

Nur die Effektivwerte interessieren in der Technik, da ein Transformator im Dauerbetrieb, d.h. zumindest über viele Perioden hinweg, eingesetzt wird. Die technischen Anwendungen des Transformators sind bekannt. In diesem Abschnitt ging es darum zu zeigen, wie man auf deduktivem Wege mit Kenntnis des Induktionsgesetzes und der mathematischen Beschreibung des Wechselstroms das Verhältnis der effektiven Spannungen ermitteln kann.

Interessant ist noch die Leistungsbilanz. Bei offenen Klemmen auf der Sekundärseite wird keine Energie abgenommen. Auf der Primärseite müssen wir zwei Fälle unterscheiden. Bei dem idealen Transformator, d.h. einem Transformator ohne ohmschen Widerstand, ohne Streuverluste des Magnetfeldes und ohne Berücksichtigung der durch ständiges Ummagnetisieren des Eisenkerns hervorgerufenen Umwandlung von elektrischer Energie in Wärmeenergie, pendelt die Energie zwischen dem E-Werk und dem Transformator hin und her; die Leistung ist Null. Dann ist in dem Produkt

$$P = U_{eff} I_{eff} \cdot \cos \varphi$$

der Leistungsfaktor $\cos \varphi = 0$, d.h.

$$\varphi = \frac{\pi}{2}.$$

Da der Primärstrom keine Wirkleistung erbringt, nennt man ihn *Blindstrom*. Wird dagegen im technisch realen Transformator auch im Leerlauf elektrische Energie in Wärmeenergie umgesetzt, so muß sich die Phasenverschiebung ändern, es ist dann $\cos \varphi \neq 0$.

Bei Belastung der Sekundärseite, z. B. im einfachsten Fall durch das Anschließen einer Glühlampe, wird die Sekundärspule von einem Wechselstrom durchflossen. Dieser Wechselstrom erzeugt einen wechselnden magnetischen Fluß, der nach dem LENZ-Gesetz dem Fluß des unbelasteten Transformators entgegengerichtet ist. Der ursprüngliche Gleichgewichtszustand auf der Primärseite zwischen der Primärspannung und der induzierten Spannung wird gestört. Die Folge davon ist ein stärkerer Primärstrom, der den ursprünglichen Fluß im Eisenkern wiederherstellt. Der Transformator paßt sich also mittels des magnetischen Flusses der jeweiligen Belastung an.

Je nach der Art der Belastung kann auch im Sekundärkreis eine Phasenverschiebung zwischen der Sekundärspannung und der Sekundärstromstärke auftreten. In jedem Fall gilt aber der Energieerhaltungssatz, den wir für den Transformator mit der *Transformatorgleichung* formulieren können:

$$U_{\mathrm{eff,\,P}} \cdot I_{\mathrm{eff,\,P}} \cdot \cos \varphi_{\mathrm{P}} = U_{\mathrm{eff,\,S}} \cdot I_{\mathrm{eff,\,S}} \cdot \cos \varphi_{\mathrm{S}}.$$

Die im Sekundärkreis abgenommene Wirkleistung ist stets gleich der im Primärkreis aufgenommenen Wirkleistung.

Wenn die Phasenverschiebung zwischen der Spannung und der Stromstärke auf beiden Seiten gleich groß ist, dann geht die Transformatorgleichung in die einfache Form

$$U_{\mathrm{eff,\,P}} \cdot I_{\mathrm{eff,\,P}} = U_{\mathrm{eff,\,S}} \cdot I_{\mathrm{eff,\,S}}$$

über. Eine genaue Untersuchung zeigt, daß die Phasenverschiebungen φ_{P} und φ_{S} um so besser übereinstimmen, je größer die Belastung des Transformators ist. In dem speziellen Fall der Gleichheit von φ_{P} und φ_{S} ergibt sich also

$$\frac{I_{\mathrm{eff,\,P}}}{I_{\mathrm{eff,\,S}}} = \frac{n_{\mathrm{S}}}{n_{\mathrm{P}}}.$$

Die effektiven Stromstärken des Primär- und Sekundärkreises eines Transformators verhalten sich umgekehrt wie die Windungszahlen der Spulen, wenn im Primär- und Sekundärkreis die gleiche Phasenverschiebung zwischen der Spannung und der Stromstärke besteht.

Beispiele

1. Um die Induktivität einer eisenlosen Spule zu bestimmen, wird zunächst 6 V Spannung aus dem Akku, danach die Wechselspannung 20 V, 50 Hz, aus einem Stromversorgungsgerät an die Spule gelegt. Im ersten Fall mißt man die Stromstärke 0,5 A, im zweiten Fall die effektive Stromstärke 1 A.

1. Gleichstrom: $$R = \frac{U}{I} = \frac{6\ \mathrm{V}}{0{,}5\ \mathrm{A}} = 12\ \Omega.$$

2. Wechselstrom: $$Z = \frac{U_{\mathrm{eff}}}{I_{\mathrm{eff}}} = \sqrt{R^2 + \omega^2 L^2}, \qquad \omega = 2\pi\nu = 314\ \mathrm{s}^{-1},$$

$$\frac{20\ \mathrm{V}}{1\ \mathrm{A}} = \sqrt{144\ \Omega^2 + \omega^2 L^2},$$

$$400\ \Omega^2 = 144\ \Omega^2 + \omega^2 L^2,$$

$$\omega^2 L^2 = 256\ \Omega^2,$$

$$\omega L = 16\ \Omega,$$

$$L = \frac{16}{314}\ \mathrm{H},$$

$$L \approx 0{,}05\ \mathrm{H}.$$

2. Ein Kondensator mit $C = 12\,\mu F$ und ein ohmscher Widerstand $R = 250\,\Omega$ sind hintereinander geschaltet und an das Wechselstromnetz (220 V, 50 Hz) angeschlossen. Wie groß ist die effektive Stromstärke, und wie groß ist die Wirkleistung?

Es ist

$$I_{eff} = \frac{U_{eff}}{\sqrt{R^2 + \frac{1}{(\omega C)^2}}}, \quad \omega = 2\pi\nu = 314\,s^{-1},$$

$$I_{eff} = \frac{220\,V}{\sqrt{62\,500\,\Omega^2 + \frac{1}{(314\,s^{-1} \cdot 12 \cdot 10^{-6}\,F)^2}}},$$

$$= \frac{220\,V}{364{,}6\,\Omega}$$

$$\approx 0{,}6\,A.$$

Die Wirkleistung ist

$$P_w = U_{eff} \cdot I_{eff} \cdot \cos\varphi$$

und

$$\tan\varphi = -\frac{1}{\omega CR}.$$

$$\tan\varphi = -\frac{1}{314\,s^{-1} \cdot 12 \cdot 10^{-6}\,F \cdot 250\,\Omega} \approx -1{,}06,$$

$$\varphi \approx -46{,}7°,$$

$$\cos\varphi \approx 0{,}69.$$

Damit ergibt sich

$$P_w \approx 220\,V \cdot 0{,}6\,A \cdot 0{,}69$$

$$\approx 91\,W.$$

Weitere Aufgaben: Siehe O. Höfling, Physik-Aufgaben II/2.

5.6 Elektrizitätsleitung in Elektrolyten

5.6.1 Grundtatsachen

1. Reines (destilliertes) Wasser leitet den elektrischen Strom nicht. Lösungen von *Salzen, Säuren oder Hydroxiden* in Wasser leiten den elektrischen Strom.

2. Lösungen von Salzen, Säuren oder Hydroxiden in Wasser werden beim Durchgang des elektrischen Stroms chemisch verändert, wobei sich an der Katode Wasserstoff oder ein Metall abscheidet.

3. Bei der Elektrizitätsleitung in Elektrolyten handelt es sich um eine *Ionenleitung*. Bei der Lösung in Wasser werden die Salze, Säuren oder Hydroxide aufgespalten, wobei elektrisch geladene Atome oder Atomgruppen entstehen, die man als *freie Ionen* bezeichnet. Die positiven Ionen wandern beim Anlegen einer Spannung an die Elektroden des Elektrolytgefäßes zur Katode (negative Elektrode) und die negativen Ionen zur Anode (positive Elektrode). Auf diese Weise kommt der Elektrizitätstransport durch den Elektrolyten zustande.

5.6.2 Die Faraday-Gesetze der Elektrolyse

Eine physikalische Untersuchung der bei der Elektrolyse sich abspielenden Vorgänge muß über die qualitative Feststellung der chemischen Reaktionen hinaus die Abhängigkeit der abgeschiedenen Massen von den vorliegenden Versuchsbedingungen prüfen. FARADAY hat 1833 zuerst solche Untersuchungen angestellt. Die damit verbundenen Experimente erfordern im allgemeinen einen großen Zeitaufwand und außerordentlich sorgfältige Messungen, so daß sie kaum im Unterricht durchgeführt werden können. Nur im einfachsten Fall der Abscheidung von Wasserstoff können wir mit Hilfe des HOFMANN-Apparates einen quantitativen Zusammenhang zwischen der abgeschiedenen Masse und den elektrischen Größen finden.

Versuch 578.1 Der HOFMANN-Apparat wird mit verdünnter Salzsäure gefüllt. In den Stromkreis wird ein Amperemeter geschaltet. Bei der Elektrolyse sammelt sich das abgeschiedene Wasserstoffgas über der Katode, das abgeschiedene Chlorgas über der Anode. Die Volumina der Gase können unmittelbar abgelesen werden. Wir führen nun folgende Meßreihen durch:

a) Bei gleichbleibender Stromstärke lassen wir den Strom in mehreren Versuchen jeweils verschieden lange Zeiten t fließen und messen die abgeschiedenen Gasvolumina.

b) In einer zweiten Versuchsreihe lassen wir Ströme verschiedener Stärke während gleich langer Zeiten fließen und messen wieder die abgeschiedenen Gasvolumina.

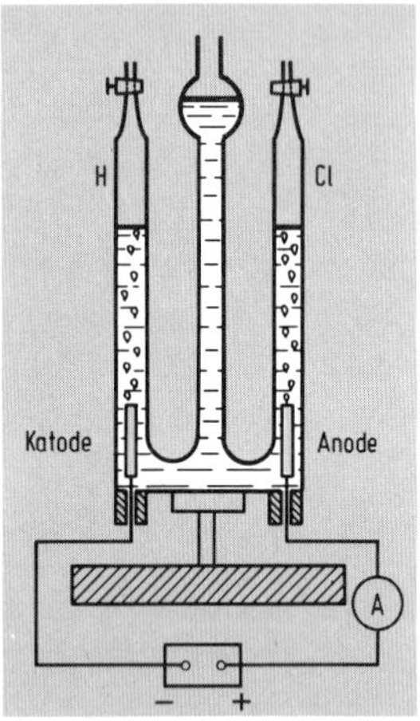

Abb. 578.1
Elektrolyse von Salzsäure mit Hilfe des HOFMANN-Apparates

Da die abgeschiedenen Gase praktisch immer unter gleichem Druck stehen und die Gasvolumina bei gleicher Temperatur gemessen werden, sind die ermittelten Gasvolumina den abgeschiedenen Massen m proportional.

Aus den beiden Meßreihen ergibt sich dann

$$m \sim I\,t\,.$$

Da das Produkt aus der Stromstärke I und der Zeit t die während der Abscheidung der Stoffe durch den Elektrolyten hindurchgegangene Ladung Q ergibt, erhalten wir

$$m \sim Q \quad \text{bzw.} \quad m = \ddot{A}\,Q\,.$$

Die gleichen Ergebnisse zeigen sich bei der Elektrolyse anderer Stoffe, wobei sich außerdem noch zeigt, daß Konzentration und Temperatur der Lösung, Größe und Abstand der Elektroden sowie Größe und Form des Zersetzungsgefäßes auf die abgeschiedenen Massen keinen Einfluß haben.

Die Masse einer aus einem Elektrolyten abgeschiedenen Stoffmenge ist zur Ladung, die während der Abscheidung durch den Elektrolyten geht, proportional:

$$m = \ddot{A}\,Q\,.$$

Der Proportionalitätsfaktor $\ddot{A}$ heißt das elektrochemische Äquivalent des abgeschiedenen Stoffes.

Dieses Gesetz bezeichnet man als das *erste* FARADAY-*Gesetz der Elektrolyse.*

Die elektrochemischen Äquivalente können für die verschiedenen Stoffe durch Messungen bestimmt werden. In der folgenden Tabelle sind die elektrochemischen Äquivalente einiger Stoffe angegeben.

Elektrochemische Äquivalente (in $kg\,C^{-1}$)

Wasserstoff (1)	$0{,}01045 \cdot 10^{-6}$	Kupfer (2)	$0{,}3293 \cdot 10^{-6}$
Chlor (1)	$0{,}3675 \cdot 10^{-6}$	Silber (1)	$1{,}118 \cdot 10^{-6}$
Sauerstoff (2)	$0{,}08292 \cdot 10^{-6}$	Aluminium (3)	$0{,}0932 \cdot 10^{-6}$
Platin (4)	$0{,}5059 \cdot 10^{-6}$	Natrium (1)	$0{,}2383 \cdot 10^{-6}$

In Klammern ist jeweils die chemische Wertigkeit z der Stoffe angegeben.

FARADAY hat weiterhin untersucht, welcher Zusammenhang zwischen der im Elektrolyten transportierten Ladung Q und der chemischen Wertigkeit z eines abgeschiedenen Stoffes besteht. Das Ergebnis solcher Untersuchungen ist:

Wird mit der Ladung Q die Stoffmenge ν eines z-wertigen Stoffes abgeschieden, so gilt

$$Q = z\,\nu\,F\,.$$

Dabei ist F eine Konstante, die unabhängig von der chemischen Natur des Stoffes ist. F heißt Faraday-Konstante. Es gilt

$$F = 96\,485\,\frac{\mathrm{C}}{\mathrm{mol}}\,.$$

Dieses Gesetz bezeichnet man als das *zweite* FARADAY-*Gesetz der Elektrolyse.*

Mit der Kenntnis des elektrochemischen Äquivalents $\ddot{A}$ eines Stoffes kann man mit Hilfe des ersten FARADAY-Gesetzes die Masse m berechnen, die abgeschieden wird, wenn die Ladung $Q = I\,t$ durch den Elektrolyten geht.

Mit Hilfe des zweiten FARADAY-Gesetzes kann man die Stoffmenge ν berechnen, die abgeschieden wird, wenn die Ladung $Q = I\,t$ durch den Elektrolyten geht.

Um die abgeschiedene Masse m ohne Kenntnis des elektrochemischen Äquivalents $\ddot{A}$ berechnen zu können, benötigt man den Zusammenhang zwischen der Masse m und der Stoffmenge ν des abgeschiedenen Stoffes. Dieser Zusammenhang ergibt sich bei Kenntnis der relativen Molekülmasse M_r bzw. der relativen Atommasse A_r eines Stoffes. Es gilt

$$m = 1\,\frac{\mathrm{g}}{\mathrm{mol}} \cdot M_r \cdot \nu \quad \text{bzw.} \quad m = 1\,\frac{\mathrm{g}}{\mathrm{mol}} \cdot A_r \cdot \nu\,.$$

Das bedeutet:

Betrachtet man die Stoffmenge $\nu = 1$ mol eines Stoffes, so ist die relative Molekülmasse (Atommasse) der Zahlenwert der in der Einheit Gramm (g) gemessenen Masse m dieser Stoffmenge.

Sind die Teilchen des Stoffes einatomig, so spricht man von der relativen Atommasse A_r; sind die Teilchen des Stoffes mehratomig, so spricht man von der relativen Molekülmasse M_r. Die relative Molekülmasse ist die Summe der relativen Atommassen der Atome, aus denen die Moleküle des Stoffes zusammengesetzt sind.

Mit Hilfe der FARADAY-Gesetze der Elektrolyse und der Beziehung zwischen der Masse m und der Stoffmenge ν eines abgeschiedenen Stoffes läßt sich bei bekannter relativer Molekülmasse (Atommasse) und bei bekannter Wertigkeit z des Stoffes das elektrochemische Äquivalent $\ddot{A}$ dieses Stoffes *berechnen.*

Es gilt

$$m = \ddot{A}\,Q\,; \qquad Q = z\,\nu\,F\,; \qquad m = 1\,\frac{\mathrm{g}}{\mathrm{mol}} \cdot M_r \cdot \nu\,.$$

Daraus folgt

$$\ddot{A} = \frac{m}{Q}\,,$$

$$\ddot{A} = \frac{m}{z\,\nu\,F}\,,$$

$$\ddot{A} = 1\,\frac{\mathrm{g}}{\mathrm{mol}} \cdot \frac{M_r}{z\,F}\,.$$

5.6.3 Die atomistische Deutung der Faraday-Gesetze

Aus den FARADAY-Gesetzen hat HELMHOLTZ 1881 wichtige Folgerungen gezogen, mit denen wir uns jetzt beschäftigen. Nach dem Satz von AVOGADRO enthält die Stoffmenge $\nu = 1$ mol unabhängig von ihrer chemischen Beschaffenheit $6{,}022 \cdot 10^{23}$ Teilchen. Denken wir uns nun einen einwertigen Stoff ($z=1$), so ist nach dem zweiten FARADAY-Gesetz

$$Q = z\,\nu\,F$$

die zur Abscheidung der Stoffmenge $\nu = 1$ mol benötigte Ladung

$$Q = 1 \cdot 1\,\text{mol} \cdot 96485\,\frac{\text{C}}{\text{mol}} = 96485\,\text{C}.$$

In der atomistischen Vorstellung folgt hieraus, daß durch die Ladung 96485 C gerade $6{,}022 \cdot 10^{23}$ Teilchen transportiert werden. Macht man nun die zusätzliche Annahme, daß alle transportierten Teilchen die gleiche Ladung tragen, so ergibt sich für die Ladung eines Ions eines einwertigen Stoffes

$$e = \frac{96485\,\text{C}}{6{,}022 \cdot 10^{23}} = 1{,}602 \cdot 10^{-19}\,\text{C}.$$

Das ist gerade die Ladung, die man nach dem experimentellen Befund von MILLIKAN als *Elementarladung* bezeichnet (S. 427). MILLIKAN führte seine Versuche aber erst 1909–1916 aus. Wissenschaftsgeschichtlich ist es daher interessant, daß HELMHOLTZ mit dem richtigen Spürsinn den *Atomismus der Elektrizität* aus den FARADAY-Gesetzen herausgelesen hat. Beweisen konnte er die Existenz einer Elementarladung natürlich nicht, da in jedem Fall einer wirklich durchgeführten Elektrolyse die Anzahl der beteiligten Ladungsträger so riesig ist, daß die Ladung $1{,}602 \cdot 10^{-19}$ C auch als Mittelwert der Ionenladung der einwertigen Ionen angesehen werden kann. Heute wissen wir genau, daß es sich nicht um einen Mittelwert handelt, sondern um die Ladung jedes einzelnen Ions. Mit dieser Erkenntnis sind die FARADAY-Gesetze praktisch eine Selbstverständlichkeit. Jedes Ion eines *zweiwertigen* Stoffes trägt *zwei* Elementarladungen. Dann werden durch die Gesamtladung 96485 C aber nur $\frac{1}{2} \cdot 6{,}022 \cdot 10^{23}$ Ionen transportiert, insgesamt also nur ein halbes Mol, bei einem z-wertigen Ion entsprechend nur der z-te Teil eines Mols. Das entspricht genau der Formulierung, daß unabhängig von der chemischen Beschaffenheit der Stoffe die durch die gleiche Ladung abgeschiedenen Massen sich wie ihre valaren Massen verhalten. Selbstverständlich ist ferner das erste FARADAY-Gesetz, das die Proportionalität zwischen der Masse eines abgeschiedenen Stoffes und der während der Abscheidung hindurchgegangenen Ladung ausspricht. Vereinfachend kann man daher vom atomistischen Standpunkt aus auch sagen, daß die FARADAY-Gesetze sich im Zusammenhang mit dem Satz von AVOGADRO zusammenfassend folgendermaßen formulieren lassen:

Jedes Ion transportiert bei der elektrolytischen Leitung so viele Elementarladungen, wie seine Wertigkeit z angibt.

Da die negative Ladung einen Überschuß und die positive Ladung einen Mangel an Elektronen darstellt und da ein einfach negativ geladenes Ion gegenüber dem neutralen Zustand ein Elektron zu viel und ein einfach positives Ion ein Elektron zu wenig hat, muß die oben ermittelte Elementarladung mit dem Betrag der Ladung des Elektrons identisch sein. Wir können also sagen:

Die Ladung eines Elektrons ist negativ, sie hat den Betrag $1{,}602 \cdot 10^{-19}$ C.

Der zur Zeit beste Wert ist $1{,}60218 \cdot 10^{-19}$ C.

Diese Größe stellt eine außerordentlich wichtige Naturkonstante dar.

Zwischen der AVOGADRO-Konstante N_A, der FARADAY-Konstante F und der elektrischen Elementarladung e besteht der aus den vorhergehenden Gleichungen sich ergebende Zusammenhang

$$\frac{F}{N_A} = e \quad \text{oder} \quad F = e\,N_A.$$

Diese Gleichung stellt eine der grundlegenden Gleichungen der Atomistik dar. Sie verknüpft die atomistische Grundgröße der Elektrizität e mit einer der wichtigsten atomistischen Größen der Materie, der AVOGADRO-Konstante N_A. Jede experimentelle Bestimmung der Elementarladung ermöglicht nach dieser Gleichung die Berechnung der AVOGADRO-Konstante und umgekehrt.

Beispiele

1. Im Normzustand nimmt Chlorgas der Masse $m_0 = 70{,}9$ g das Volumen $V_0 = 22414\ \text{cm}^3$ ein. Chlor hat das elektrochemische Äquivalent $\ddot{A} = 0{,}3675 \cdot 10^{-6}\ \text{kg C}^{-1}$. Durch den HOFMANN-Apparat (Versuch 578.1) fließt in der Zeitspanne $t = 30$ min ein Strom der Stromstärke $I = 50$ mA. Wie groß ist das Volumen V des Chlorgases, das bei diesem Vorgang abgeschieden wird?

Es ist $\frac{m}{m_0} = \frac{V}{V_0}$, also $V = \frac{m V_0}{m_0}$.

Nach dem ersten FARADAY-Gesetz gilt

$$m = \ddot{A} Q = \ddot{A} I t .$$

Damit folgt

$$V = \frac{\ddot{A} I t V_0}{m_0},$$

$$V = \frac{0{,}3675 \cdot 10^{-6}\ \text{kg C}^{-1} \cdot 50 \cdot 10^{-3}\ \text{A} \cdot 1800\ \text{s} \cdot 22414\ \text{cm}^3}{70{,}9 \cdot 10^{-3}\ \text{kg}} = 10{,}5\ \text{cm}^3.$$

2. Zum Verchromen von Metallen wird das elektrolytische Verfahren benutzt. Chrom ist chemisch sechswertig und hat die relative Atommasse $A_r = 52$. Wie groß ist die Stromstärke I, wenn in jeder Minute 1 g Chrom abgeschieden wird? (FARADAY-Konstante: $F = 96485\ \text{C mol}^{-1}$.)

Es ist $I = \frac{Q}{t}$; $Q = z \nu F$ und $m = 1 \frac{\text{g}}{\text{mol}} \cdot A_r \cdot \nu$.

Daraus folgt

$$I = \frac{z \nu F}{t},$$

$$I = 1 \frac{\text{mol}}{\text{g}} \cdot \frac{z m F}{A_r \cdot t},$$

$$I = 1 \frac{\text{mol}}{\text{g}} \cdot \frac{6 \cdot 1\ \text{g} \cdot 96485\ \text{C mol}^{-1}}{52 \cdot 60\ \text{s}} = 186\ \text{A}.$$

Wie viele positive Chromionen wandern in jeder Minute zur Katode? (Elementarladung: $e = 1{,}602 \cdot 10^{-19}$ C.)

Die transportierte Gesamtladung ist $Q = I t$. Ein positives Chromion trägt $z = 6$ Elementarladungen. Die Zahl N der Ionen ist daher

$$N = \frac{I t}{z e},$$

$$N = \frac{186\ \text{A} \cdot 60\ \text{s}}{6 \cdot 1{,}602 \cdot 10^{-19}\ \text{C}} = 1{,}16 \cdot 10^{22}.$$

3. Die relative Atommasse von Kupfer ist $A_r = 63{,}54$. Die Kupferteilchen sind einatomig und zweiwertig. Welches elektrochemische Äquivalent $\ddot{A}$ ergibt sich aus diesen Angaben für Kupfer? (FARADAY-Konstante: $F = 96485\ \text{C mol}^{-1}$.)

Es ist $z = 2$. Da die Kupferteilchen einatomig sind, gilt

$$\ddot{A} = 1 \frac{\text{g}}{\text{mol}} \cdot \frac{A_r}{z F},$$

$$\ddot{A} = 1 \frac{\text{g}}{\text{mol}} \cdot \frac{63{,}54}{2 \cdot 96485\ \text{C mol}^{-1}} = 3{,}293 \cdot 10^{-4} \frac{\text{g}}{\text{C}} = 0{,}3293 \cdot 10^{-6} \frac{\text{kg}}{\text{C}}.$$

Weitere Aufgaben: Siehe O. HÖFLING, Physik-Aufgaben II/2.

5.7 Bewegte Ladungsträger im Hochvakuum

5.7.1 Das Elektron

Die Gesetze für in elektrischen und magnetischen Feldern bewegte elektrische Ladungsträger sind für das Elektron von besonderem Interesse, weil für die Physik als Wissenschaft und die Elektrotechnik als angewandte Physik das Elektron der bedeutendste Ladungsträger ist.

Wir wissen bereits, daß das Elektron Träger einer *negativen Elementarladung ist.* Die Ladung des Elektrons ist also

$$Q = -e = -1{,}602 \cdot 10^{-19}\,\mathrm{C}.$$

In einem *elektrischen Feld* wirkt auf das Elektron am Ort der Feldstärke $\vec{E}$ die Kraft

$$\vec{F} = -e\vec{E}.$$

In einem *Magnetfeld* wirkt auf das mit der Geschwindigkeit $\vec{v}$ bewegte Elektron am Ort der magnetischen Flußdichte $\vec{B}$ die LORENTZ-Kraft

$$\vec{F} = -e \cdot \vec{v} \times \vec{B}.$$

Der Betrag der LORENTZ-Kraft auf das Elektron ist

$$F = e\,v\,B \cdot \sin\alpha,$$

wenn mit α der Winkel zwischen dem Geschwindigkeitsvektor $\vec{v}$ und dem Vektor $\vec{B}$ der magnetischen Flußdichte bezeichnet wird.

Freie Elektronen, wie z.B. die durch Glühemission aus einer Metalloberfläche abgelösten Elektronen, lassen sich durch ein elektrisches Feld leicht beschleunigen. Durchläuft das Elektron ein elektrisches Feld mit dem Spannungsgefälle U, so ist im Hochvakuum, d.h. bei reibungsfreier Bewegung, die erreichte kinetische Energie nach dem Energieerhaltungssatz

$$\tfrac{1}{2} \cdot m\,v^2 = e\,U;$$

die Geschwindigkeit des Elektrons beträgt also

$$v = \sqrt{2 \cdot \frac{e}{m} \cdot U}.$$

Dabei ist m die Masse des Elektrons, für die wir im folgenden eine Meßmethode angeben.

Im früher besprochenen *Fadenstrahlrohr* (S. 468) treten Elektronen nach einer Beschleunigung im Spannungsgefälle U mit der Geschwindigkeit v senkrecht zu den Feldlinien in ein Magnetfeld ein. Auch im weiteren Verlauf ihrer Bewegung bleibt der Geschwindigkeitsvektor stets senkrecht zur Magnetfeldrichtung, so daß ständig die LORENTZ-Kraft mit dem Betrag

$$F = e\,v\,B \cdot \sin 90° = e\,v\,B$$

auf das Elektron wirkt. Das Elektron wird daher auf eine Kreisbahn gezwungen. Die LORENTZ-Kraft wirkt als Radialkraft

$$F = m \cdot \frac{v^2}{r},$$

so daß zwischen den Größen e, m, v, r, B die Beziehung

$$e\,v\,B = m \cdot \frac{v^2}{r}$$

besteht. Eine zweite Gleichung liefert der bereits oben genannte Zusammenhang

$$\tfrac{1}{2} \cdot m\,v^2 = e\,U.$$

Aus

$$e\,v\,B = m \cdot \frac{v^2}{r}$$

folgt

$$e\,B = m \cdot \frac{v}{r} \quad \text{bzw.} \quad v^2 = \left(\frac{e}{m}\right)^2 \cdot B^2 r^2;$$

aus

$$\tfrac{1}{2} \cdot m v^2 = e U$$

ergibt sich

$$v^2 = \left(\frac{e}{m}\right) \cdot 2U.$$

Gleichsetzen der Ausdrücke für v^2 liefert

$$\left(\frac{e}{m}\right)^2 \cdot B^2 r^2 = \left(\frac{e}{m}\right) \cdot 2U,$$

$$\frac{e}{m} = \frac{2U}{B^2 r^2},$$

$$m = \frac{B^2 r^2 e}{2U}.$$

In dieser Gleichung ist die Elementarladung e bekannt, die Größen B, r und U sind der Messung zugänglich, so daß die Masse des Elektrons aus diesen Meßdaten errechnet werden kann. Dabei ergibt sich:

Die Masse des Elektrons beträgt 9,1 · 10⁻³¹ kg.

Der zur Zeit beste Wert ist

$$m_e = 9{,}1095 \cdot 10^{-31}\ \text{kg}.$$

Diese Angaben beziehen sich genaugenommen auf die Masse *ruhender* Elektronen. Man bezeichnet die Masse deshalb auch als *Ruhmasse*. Ganz allgemein gilt nämlich die durch die *Relativitätstheorie* von EINSTEIN erfolgte Feststellung:

Die Masse eines Körpers ist geschwindigkeitsabhängig. Hat ein Körper im Ruhezustand die Masse m_0, so ist ihm bei der Geschwindigkeit v die Masse

$$m_v = \frac{m_0}{\sqrt{1 - \frac{v^2}{c^2}}}$$

zuzuschreiben, wobei $c \approx 3 \cdot 10^8 \frac{\text{m}}{\text{s}}$ die Lichtgeschwindigkeit bedeutet.

Die theoretisch gewonnene Formel konnte experimentell auf verschiedenen Wegen bestätigt werden. Wenn man dagegen bei den Bewegungen großer Körper (Eisenbahnzüge, Flugzeuge usw.) von dieser Veränderung der Massen nichts bemerkt, so liegt dies daran, daß die Geschwindigkeiten niemals so hoch werden, daß sie wahrnehmbare Massenveränderungen hervorbringen. Aber auch bei Elektronen braucht man die Abweichung von der Ruhmasse in den Rechnungen nicht zu berücksichtigen, wenn die Beschleunigungsspannung U unterhalb 1000 V bleibt. Genaue Messungen hierzu hat W. KAUFMANN (1871 – 1947) in den Jahren 1901 – 1906 durchgeführt. In der folgenden Tabelle sind einige Ergebnisse zusammengestellt:

Durchlaufene Spannung U (Einheit V)	*Geschwindigkeit v* (Einheit km s⁻¹)	*Spezifische Ladung $\frac{e}{m}$* (Einheit C kg⁻¹)	*Elektronenmasse m* (Einheit kg)
10^{-1}	187	$1{,}76 \cdot 10^{11}$	$9{,}11 \cdot 10^{-31}$
1	593	$1{,}76 \cdot 10^{11}$	$9{,}11 \cdot 10^{-31}$
10	1875	$1{,}76 \cdot 10^{11}$	$9{,}11 \cdot 10^{-31}$
10^2	5929	$1{,}76 \cdot 10^{11}$	$9{,}11 \cdot 10^{-31}$
10^3	18710	$1{,}76 \cdot 10^{11}$	$9{,}13 \cdot 10^{-31}$
10^4	58430	$1{,}72 \cdot 10^{11}$	$9{,}29 \cdot 10^{-31}$
10^5	164200	$1{,}47 \cdot 10^{11}$	$10{,}88 \cdot 10^{-31}$
10^6	283500	$0{,}58 \cdot 10^{11}$	$27{,}59 \cdot 10^{-31}$

Beim Umgang mit Elektronen hat es sich in vielen Fällen als praktisch erwiesen, für die Energie eines Elektrons eine besondere Einheit festzulegen. Diese wird als *Elektronvolt* bezeichnet.

Das *Gesetz über Einheiten im Meßwesen* bestimmt hierzu:

Atomphysikalische Einheit der Energie ist das Elektronvolt (Einheitenzeichen: eV). 1 Elektronvolt ist die Energie, die ein Elektron bei Durchlaufen einer Potentialdifferenz von 1 Volt im Vakuum gewinnt.

Als größere Einheiten verwendet man auch $1\,\mathrm{MeV} = 10^6\,\mathrm{eV}$; $1\,\mathrm{GeV} = 10^9\,\mathrm{eV}$.
Der Zusammenhang dieser Energieeinheit mit der SI-Einheit 1 Wattsekunde = 1 Joule ist

$$1\,\mathrm{eV} = 1{,}602 \cdot 10^{-19}\,\mathrm{C} \cdot 1\,\mathrm{V} = 1{,}602 \cdot 10^{-19}\,\mathrm{Ws} = 1{,}602 \cdot 10^{-19}\,\mathrm{J}\,.$$

5.7.2 Die Triode

Die Dreielektrodenröhre oder *Triode* ist eine technische Weiterentwicklung der Zweielektrodenröhre oder *Diode*, die darin besteht, daß durch eine zwischen Katode und Anode gesetzte dritte Elektrode, die man als *Gitter* bezeichnet, der Elektronenstrom *gesteuert* werden kann. In Abb. 584.1 ist der Aufbau einer Triode schematisch wiedergegeben. Die Katode wird indirekt geheizt. Über einen Heizfaden aus Wolframdraht ist ein isoliertes Nickelröhrchen gesetzt, das auf der Außenseite mit einer dünnen Schicht aus Barium- oder Calciumoxid zur Erleichterung des Elektronenaustritts bedeckt ist. Dieses Röhrchen bildet die Katode. Die Katode wird in einigen Millimetern Abstand von einer zylindrischen Drahtspirale, dem Gitter, umgeben. In der Abbildung sieht man die Punkte, in denen diese Drahtspirale die Zeichenebene durchstößt. Das Gitter wird ebenfalls in wenigen Millimetern Abstand von der zylinderförmigen Anode umschlossen.

Wir untersuchen jetzt die Abhängigkeit der Anodenstromstärke von der Anodenspannung und von der Gitterspannung.

Versuch 584.1 Die Triode wird nach Abb. 584.2 geschaltet; die Spannungen zwischen Katode und Anode (Anodenspannung U_a) und zwischen Katode und Gitter (Gitterspannung U_g) sind veränderbar. Die Anodenstromstärke I_a wird am Amperemeter abgelesen. Das Ergebnis einiger Meßreihen ist in Abb. 584.3 grafisch dargestellt.

Die Kurven, die wir aus den Messungen im Versuch 584.1 gewonnen haben, nennt man die I_a-U_g-*Kennlinien* der Triode. Sie zeigen, daß bei stark negativer Gitterspannung der Anodenstrom sehr klein bleibt. Die Elektronen auf dem Gitter bewirken in diesem Fall eine so stark negative Aufladung des Gitters, daß die von der Katode abgelösten Elektronen in den Katodenbereich zurückgedrückt werden. Mit einer Abnahme der negativen Gitterspannung wird das Gitter für die von der Katode kommenden Elektronen

Abb. 584.1 Schematischer Aufbau und Schaltsymbol einer Triode

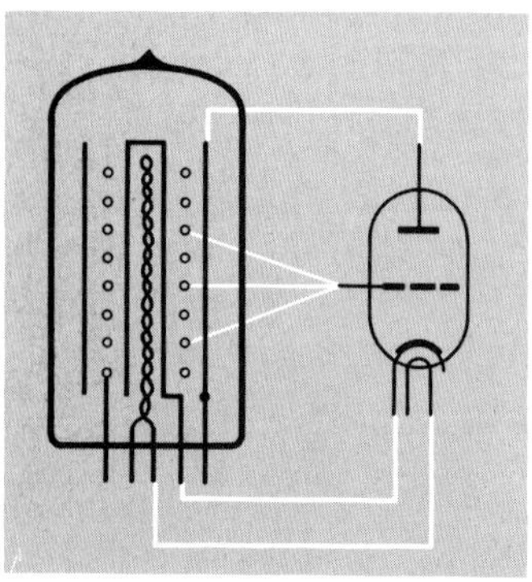

Abb. 584.2 Schaltung einer Triode zur Aufnahme von Kennlinien

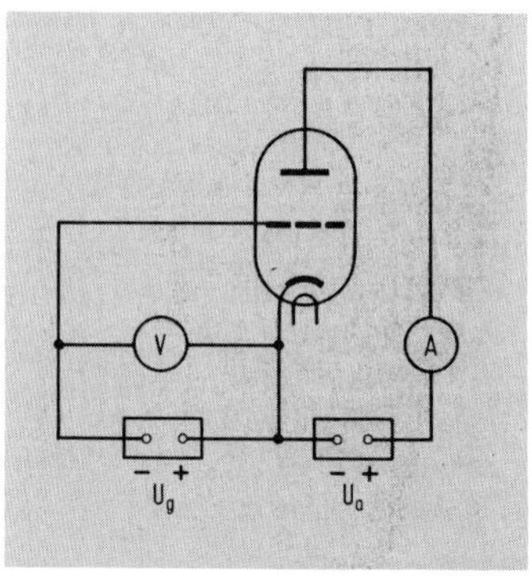

Abb. 584.3 I_a-U_g-Kennlinien einer Triode

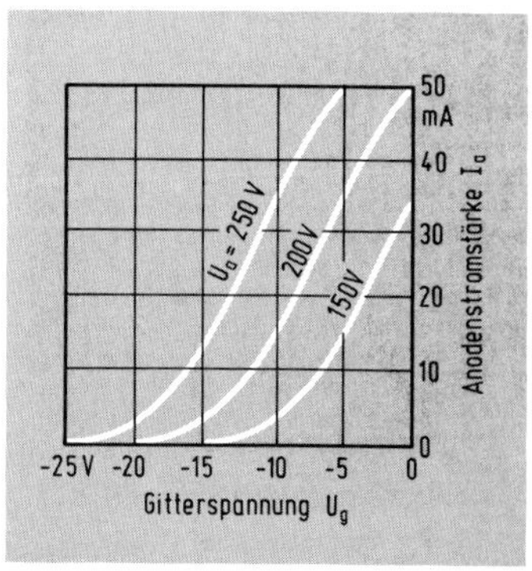

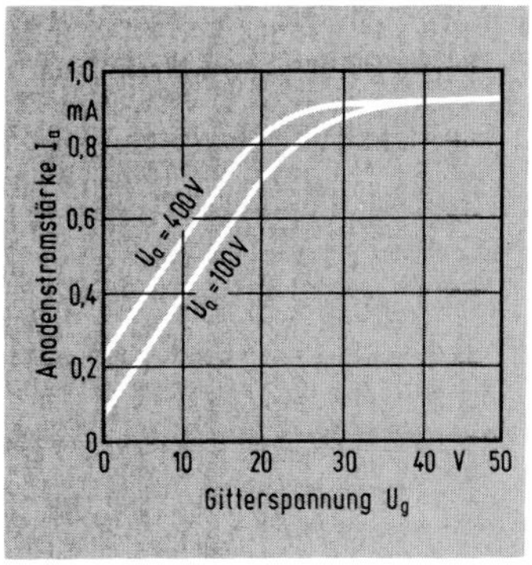

Abb. 585.1 Kennlinien mit Sättigungsstromstärke

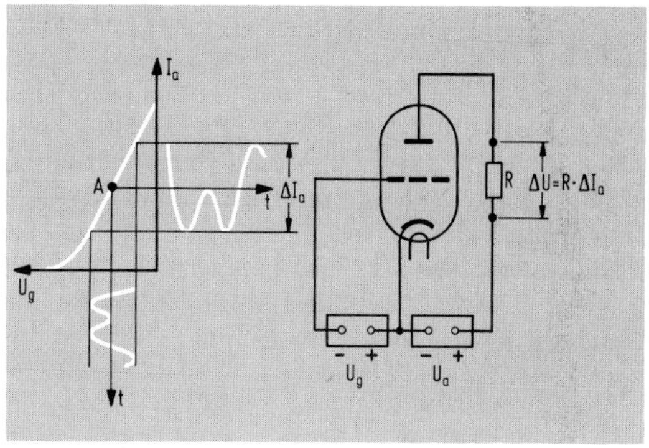

Abb. 585.2 Verstärkerwirkung einer Triode

stärker durchlässig; der Anodenstrom steigt an. In einem bestimmten Änderungsbereich ist die Anodenstromstärke proportional zur Gitterspannung, was durch den geraden Teil der Kennlinie zum Ausdruck kommt. Die Parallelen zur I_a-Achse des Koordinatensystems schneiden die Kennlinien in Punkten, die bei gleicher Gitterspannung die I_a-U_a-Wertepaare markieren. Man kann daraus entnehmen, wie bei konstanter Gitterspannung die Anodenstromstärke I_a von der Anodenspannung U_a abhängt.

Verwendet man eine Triode mit einer direkten Heizung, deren Katode aus einem einfachen glühenden Metallfaden besteht (Demonstrationstriode), so lassen sich die Kennlinien experimentell bis zum *Sättigungsstrom* fortsetzen (Abb. 585.1). Dazu muß die Gitterspannungsquelle in Abb. 584.2 umgepolt werden.

Die Kennlinien gehen in einen horizontalen Teil über. In diesem Sättigungsbereich werden alle aus der Katode austretenden Elektronen zur Anode geführt, d.h., wenn N Elektronen in der Zeit t die Katode verlassen, werden N Elektronen in derselben Zeit t auf die Anode gelangen. Die Anodenstromstärke beträgt dann

$$I_a = \frac{Q}{t} = \frac{N e}{t}.$$

Diese Stromstärke kann nicht mehr gesteigert werden, weil die Ablöserate $\frac{N}{t}$ an der Katode konstant bleibt; sie hängt nämlich nur von der Temperatur der Katode ab. Eine weitere Steigerung der Anodenspannung bewirkt nur eine größere Geschwindigkeit der Elektronen in der Röhre; die Anzahl der Elektronen, die zwischen Katode und Anode unterwegs sind, nimmt dagegen ab. Wir haben hier einen typischen Fall vor uns, in dem das OHM-Gesetz nicht mehr gilt. Umgekehrt erkennt man, daß für die Erfüllung des OHM-Gesetzes die Ladungsträgerdichte konstant bleiben muß, wie es z.B. bei der metallischen Leitung der Fall ist. Der Sättigungsstrom wird mit den handelsüblichen Trioden kaum erreicht, weil deren Katoden ein riesiges Emissionsvermögen für Elektronen besitzen. Zur Herstellung des Sättigungsstromes müßten dann sehr hohe Anodenspannungen angelegt werden. Dadurch werden die Elektronen aber so stark beschleunigt, daß sie beim Aufprall die Anode thermisch zerstören, falls die Katode nicht bereits vorher verdampft.

Bei genügender Steilheit der Kennlinie kann man die Triode zur *Spannungsverstärkung* verwenden. Legt man an das Gitter eine Wechselspannung, so schwankt die Anodenspannung im gleichen Rhythmus wie die Gitterspannung (Abb. 585.2). Durchsetzt der Anodenstrom einen Widerstand R, so verursacht die Änderung ΔI_a der Anodenstromstärke auch eine Änderung des Spannungsabfalls

$$\Delta U = R \cdot \Delta I_a$$

an diesem Widerstand. Ein Beispiel möge dies verdeutlichen:

Beispiel Bei einer Änderung der Gitterspannung von -4 V auf -2 V möge die Anodenstromstärke von 6 mA auf 11 mA anwachsen. Die Gitterspannungsänderung $\Delta U_g = 2$ V bewirkt also die Anodenstromstärkeänderung $\Delta I_a = 5 \cdot 10^{-3}$ A. Befindet sich im Anodenkreis der Widerstand $R = 10000\ \Omega$, so ändert sich dort der Spannungsabfall um $\Delta U = 10000\ \Omega \cdot 5 \cdot 10^{-3}\ \text{A} = 50$ V. Das bedeutet, daß eine 25fache Spannungsverstärkung eingetreten ist.

Um eine verzerrungsfreie Verstärkung zu erhalten, nutzt man nur den geraden Teil der Kennlinie aus. Dann schwankt die Gitterspannung um den sog. Arbeitspunkt *A* (Abb. 585.2) im Bereich negativer Gitterspannungen. Damit ist noch ein weiterer Vorteil verbunden. Da das Gitter stets negativ aufgeladen ist, können keine Elektronen über das Gitter im Gitterkreis auf die Katode abfließen. Es wird zur Steuerung des Anodenstroms also kein Gitterstrom benötigt. Die Steuerung erfolgt leistungsfrei im Gegensatz zu den Transistoren, die zur Steuerung stets einen Strom benötigen. Andererseits haben die Trioden und die aus ihnen weiterentwickelten Elektronenröhren (z. B. Pentoden mit drei Gittern, die innerhalb der Röhre verschiedene Aufgaben erfüllen) den großen Nachteil, daß eine Heizleistung für die Bereitstellung von Ladungsträgern aufgebracht werden muß. Besonders dieser Nachteil ist es, der zu einer weitgehenden Verdrängung der Elektronenröhren durch Transistoren geführt hat. Für sehr hohe Leistungen sind Elektronenröhren allerdings unentbehrlich (z. B. Senderöhren der Rundfunksender).

Zum Abschluß führen wir noch einen Versuch zur Verstärkerwirkung der Triode durch.

Versuch 586.1 Der niederfrequente Strom eines Mikrofonkreises mit Akku und Kohlekörnermikrofon wird einem Kopplungstrafo zugeführt. Die Sekundärspannung des Trafos liegt zwischen Gitter und Katode der Triode. Ein Katodenwiderstand sorgt dafür, daß das Gitter gegenüber der Katode stets negativ ist. Der Anodenstrom durchfließt im Anodenkreis einen Lautsprecher (Abb. 586.1).

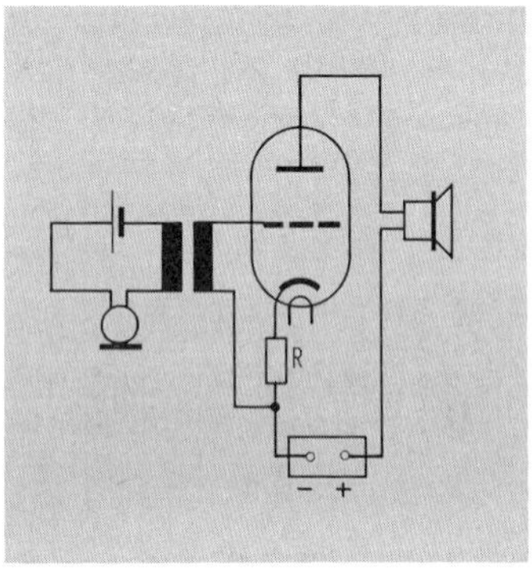

Abb. 586.1
Verstärkung eines Mikrofonstromes mit Hilfe einer Triode

5.7.3 Die Fotozelle

Versuch 586.2 Auf ein Elektroskop wird eine frisch abgeschmirgelte Zinkplatte gesteckt. Dann wird das Elektroskop negativ aufgeladen und anschließend mit dem Licht einer Quecksilberdampflampe bestrahlt (Abb. 586.2a). Der Versuch wird mit positiver Aufladung des Elektroskops wiederholt. Dann wird der Versuch mit negativer Aufladung nochmals durchgeführt, aber vor die Lampe ein Kondensor gesetzt, der das Licht bündelt (Abb. 586.2b).

Der Versuch zeigt, daß das Elektroskop seine Ladung verliert, wenn es negativ geladen ist und die Hg-Lampe ohne Kondensor benutzt wird. Bei positiver Ladung des Elektroskops oder bei Zwischenschalten eines Kondensors behält das Elektroskop seine Ladung.

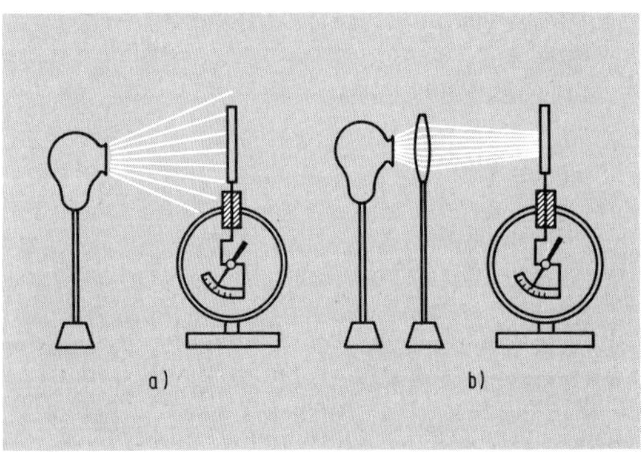

Abb. 586.2
Versuch zum Fotoeffekt

Der Effekt ist folgendermaßen zu erklären:

Durch Bestrahlung mit ultraviolettem Licht werden von der Zinkoberfläche Elektronen abgelöst. Bei negativer Aufladung befindet sich ein Elektronenüberschuß auf der Zn-Platte. Diese Elektronen können durch die Energie des ultravioletten Lichtes leicht abgelöst werden. Bei positiver Aufladung dagegen befindet sich ein Elektronenmangel auf der Zn-Platte. Positive Metallionen sind zurückgeblieben. Diese Metallionen sind ortsfest, d. h. unbeweglich, im metallischen Festkörper eingebaut; sie können durch die einfallende Lichtenergie nicht abgelöst werden. Eine Bündelung des Lichtes durch den Kondensor bringt eine größere Lichtintensität auf die Zn-Platte, so daß eine schnellere Entladung zu erwarten wäre. Es findet aber gar keine Entladung statt. Nun weiß man, daß gewöhnliches Glas, aus dem die Kondensorlinse besteht, ultraviolettes Licht nicht hindurchläßt; nur sichtbares Licht verläßt den Kondensor. Daraus kann man schließen: Nicht die Lichtintensität, sondern die Wellenlänge des verwendeten Lichtes ist für die Ablösung von Elektronen entscheidend. Nur kurzwelliges Licht vermag die negative Zn-Platte zu entladen. Man nennt diesen Effekt den *äußeren lichtelektrischen Effekt* oder *äußeren Fotoeffekt*.

Die Ablösung von Elektronen aus der Oberfläche eines Stoffes durch Einwirkung von Licht bezeichnet man als äußeren lichtelektrischen Effekt oder als äußeren Fotoeffekt. Die abgelösten Elektronen werden als Fotoelektronen bezeichnet.

Versuch 587.1 Der Versuch 586.2 wird mit dem Licht einer Glühfadenlampe wiederholt.

Das Licht einer Glühfadenlampe vermag keine Elektronen aus der Zn-Platte abzulösen. Das Elektroskop behält in jedem Fall seine Ladung. Man könnte diesen Versuch auch mit langwelligerem Licht (z. B. Infrarot) ausführen. Damit wird bestätigt, daß nur hinreichend kurzwelliges Licht Elektronen aus einer Zn-Platte ablösen kann.

Es könnte noch der Einwand gemacht werden, daß das ultraviolette Licht die Luft vor der Zinkplatte ionisiere und daher genügend Ladungsträger in der Nähe der Zinkplatte erzeuge, die dann die Ladung der Zn-Platte neutralisieren könnten. In diesem Fall hätte eine Entladung des Elektroskops gar nichts mit Elektronenablösung von der Zinkoberfläche zu tun. Um diesen Einwand zu widerlegen, führen wir ein Zusatzexperiment aus.

Versuch 587.2 Das Elektroskop mit Zn-Platte wird positiv oder negativ aufgeladen. Dann hält man ein brennendes Zündholz oder eine Kerzenflamme einige Zentimeter vor die Zn-Platte.

Wir beobachten, daß unabhängig von der Art der Ladung das Elektroskop entladen wird. Die Flamme des Zündholzes oder der Kerze ionisiert die Luft vor der Zn-Platte. Da durch die Ionisation viele positive und negative Ladungsträger in der Luft erzeugt werden, stehen für die Neutralisation der geladenen Zn-Platte auf jeden Fall die geeigneten Ladungsträger zur Verfügung. Wir schließen daraus:

Da bei Bestrahlung mit ultraviolettem Licht die positive Platte nicht entladen wird, kann es sich bei der Entladung der negativen Platte nicht um Neutralisation durch Ionen handeln. Der Fotoeffekt hat mit Ionisation gar nichts zu tun. Das heißt aber:

Der Fotoeffekt muß unter den angegebenen Versuchsbedingungen auch eintreten, wenn die Apparatur sich im Vakuum befindet.

Nach der Entdeckung des Fotoeffektes hat man auch andere Materialien mit Licht verschiedener Wellenlängen bestrahlt und festgestellt, daß bei einigen Materialien, wie z. B. Kalium oder Cäsium, der Fotoeffekt auch bei Bestrahlung mit sichtbarem Licht eintritt. Mit Hilfe dieser Metalle werden die für sichtbares Licht geeigneten *Vakuum-Fotozellen* hergestellt. Es gibt eine ganze Reihe verschiedener Bauarten. In Abb. 588.1 ist eine Bauart und das allgemeine Schaltsymbol für Vakuum-Fotozellen dargestellt.

In einem gut evakuierten Glas- oder Quarzgefäß ist eine Wand mit einem lichtelektrisch empfindlichen Alkalimetall belegt. In der Mitte des Kolbens steht dieser Belegung eine ring- oder netzförmige Elektrode gegenüber. Zwischen dieser Elektrode (Anode) und der Fotoschicht (Katode) wird von außen Gleichspannung angelegt. Beim Belichten gibt der Belag Elektronen ab, die sich zur Anode bewegen. Es fließt jetzt ein Strom, dessen Stärke am Amperemeter abgelesen werden kann. Die Spannung der Spannungsquelle nennt man auch *Saugspannung*, weil die abgelösten Elektronen mittels dieser Spannung von der Fotoschicht abgesaugt werden.

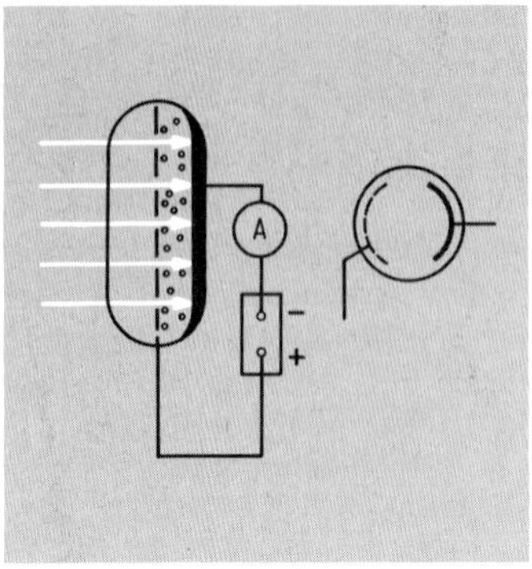

Abb. 588.1
Vakuum-Fotozelle und Schaltsymbol

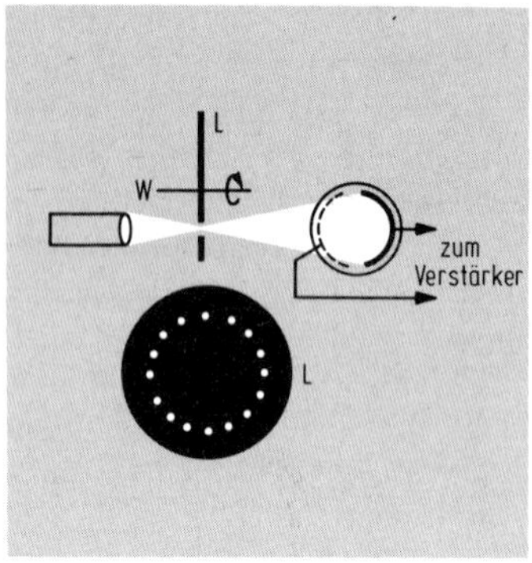

Abb. 588.2
Licht-Ton-Rad

Ist diese Spannung so groß, daß der Sättigungsstrom erreicht wird, besteht zwischen der Lichtintensität und der Fotostromstärke Proportionalität. Nachdem die Fotozelle mit einer bekannten Lichtquelle kalibriert ist, kann sie zur Messung von Lichtintensitäten verwendet werden.

Der Elektronenstrom in Vakuum-Fotozellen folgt den Schwankungen der Lichtintensität praktisch ohne Zeitverzögerung, so daß auch periodisch wechselnde Lichtintensitäten bis zu den höchsten Frequenzen des Lichtwechsels (ca. 10^8 Hz) in Stromstärkeschwankungen umgesetzt werden können. Ein Beispiel für solche Umsetzung zeigen wir in einem Versuch.

Versuch 588.1 Nach Abb. 588.2 sitzt auf der Welle *W* eines Experimentiermotors eine Lochscheibe *L*. Das Lichtbündel einer Experimentierlampe wird mit dem Kondensor so geformt, daß es vor der Lochscheibe stark konvergent ist, an seiner engsten Stelle ein Loch durchsetzt, hinter der Lochscheibe divergent verläuft und die Fotozelle ausleuchtet. Bei laufendem Motor wird der Lichtstrahl periodisch unterbrochen, so daß in gleichmäßigen Zeitabständen Lichtimpulse auf die Fotozelle fallen. Der weitere, in der Abbildung nicht wiedergegebene Anschluß besteht aus einem Netzgerät für Saugspannung, Verstärker und Lautsprecher. Die Lichtimpulse werden in akustische Signale umgesetzt. Die entstehende Tonhöhe wächst mit steigender Drehzahl der Lochscheibe, die in dieser Anordnung als Licht-Ton-Rad bezeichnet wird.

Die Fotozelle hat viele Anwendungen gefunden, z. B. beim Tonfilm, beim Fernsehen und bei Signaleinrichtungen, bei der Steuerung von Maschinen, wie z. B. Sortiermaschinen, und bei optischen Schranken. In allen diesen Fällen werden durch die Fotozelle Lichtschwankungen in elektrische Strom- oder Spannungsschwankungen umgewandelt.

Zur Ergänzung sei hier noch mitgeteilt, daß es außer den Vakuum-Fotozellen auch gasgefüllte Fotozellen (z. B. mit Argon von einigen Hundertsteln mbar Druck gefüllte) gibt. Die Fotoelektronen erzeugen dann durch Zusammenstoß mit den Gasatomen weitere Elektronen und bewirken dadurch einen verstärkten Fotostrom.

5.7.4 Das Elektronenmikroskop

Eine technisch und wissenschaftlich bedeutende Anwendung der Elektronenablenkung in elektrischen und magnetischen Feldern ist das Elektronenmikroskop. Während beim Feldelektronenmikroskop (S. 423) nur die Struktur der die Elektronen emittierenden Katode sichtbar gemacht werden kann, kann das *Durchstrahlungselektronenmikroskop*, das wir hier behandeln wollen, mit dem Lichtmikroskop verglichen werden. Die von einer Glühkatode ausgehenden Elektronenstrahlen durchsetzen das zu betrachtende Objekt und werden dabei je nach der Beschaffenheit der Objektsubstanz an den verschiedenen Stellen in wechselndem Maße geschwächt, so wie dies bei gewöhnlichen Mikroskopen mit den Lichtstrahlen ebenfalls geschieht. Die das Objekt durchdringenden Elektronenstrahlen werden durch magnetische oder elektrische Felder zu einem Bilde des durchstrahlten Gegenstandes vereinigt, das auf einer fotografischen Platte oder einem Leuchtschirm sichtbar gemacht werden kann.

Die Erzeugung reeller Bilder mit Hilfe von Elektronenstrahlen in magnetischen Feldern beruht auf folgendem Gesetz.

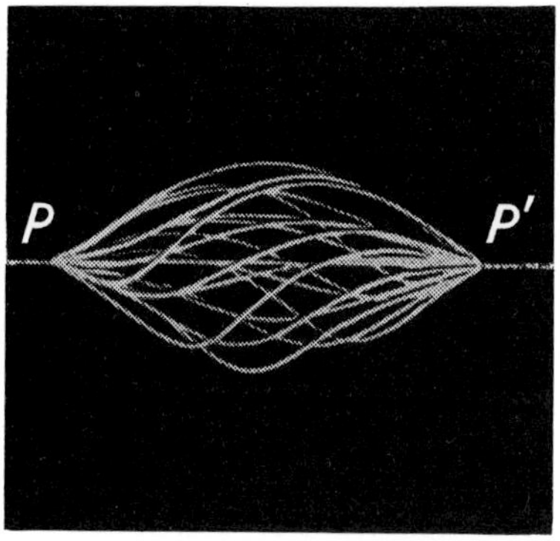

Abb. 589.1
Ein von P ausgehendes divergentes Elektronenstrahlbündel wird durch das homogene magnetische Feld einer Spule in P' vereinigt.

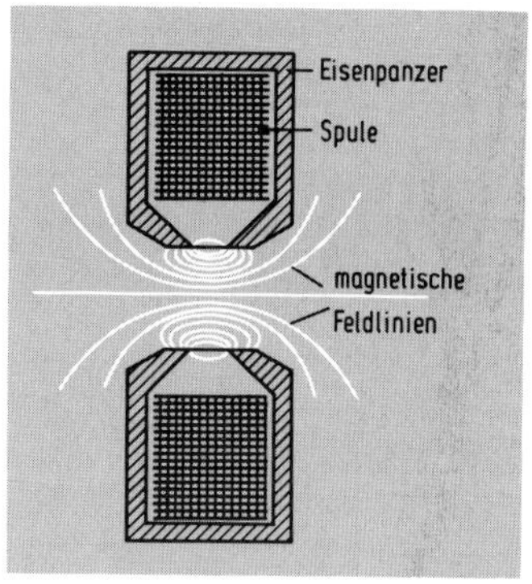

Abb. 589.2
Schematische Darstellung einer magnetischen Elektronenlinse

Die von einem Punkte P mit gleicher Geschwindigkeit und geringer Neigung gegen die Feldlinien eines rotationssymmetrischen magnetischen Feldes ausgehenden Elektronen werden durch das Feld in einem Punkt P' vereinigt, der das elektronenoptische Bild des Punktes P darstellt.

Der einfachste Fall liegt vor, wenn man ein homogenes Magnetfeld verwendet, wie es durch eine längere Spule erzeugt werden kann. Die Bahnen der einzelnen Elektronen sind Schraubenlinien (Abb. 589.1). Das Spulenfeld übt auf die Elektronenstrahlen eine fokussierende Wirkung aus, die mit derjenigen einer Konvexlinse auf Lichtstrahlen vergleichbar ist. Man spricht deshalb auch von *Elektronenlinsen*. Denkt man sich nun durch P und P' senkrecht zu den Feldlinien zwei Ebenen E und E' gelegt, so entspricht jedem Punkt von E ein Punkt von E', und von einem in E gelegenen Gegenstand entsteht in E' ein Bild.

Für elektronenmikroskopische Zwecke sind aber homogene Magnetfelder nicht geeignet, weil sie nur Abbildungen von der gleichen Größe wie der Gegenstand, aber keine vergrößerten Bilder liefern. Das Analogon zu den lichtoptischen Konvexlinsen sind rotationssymmetrische, inhomogene Magnetfelder, wie sie z. B. durch kurze stromdurchflossene Spulen erzeugt werden können. In Abb. 589.2 ist ein Schnitt durch eine solche magnetische Elektronenlinse schematisch dargestellt. Die die Mikroskopachse konzentrisch umgebende Erregungsspule des magnetischen Feldes ist mit einer Eisenpanzerung umhüllt, die den Zweck hat, das magnetische Feld in der Nähe der Achse auf kleinem Raum zu konzentrieren. Man erhält auf diese Weise magnetische Linsen hoher Brechkraft.

Für die magnetischen Linsen kann man wie bei optischen Linsen eine Brennweite definieren, und man kann mit ihnen unter Benutzung von Elektronenstrahlen vergrößerte reelle Bilder erzeugen. Die Brennweite dieser magnetischen Linsen hängt von der Flußdichte des magnetischen Feldes ab, und zwar ist zur Erzielung kurzer Brennweiten ein starkes Magnetfeld erforderlich. Außerdem ist die Brennweite einer solchen Linse proportional der kinetischen Energie der Elektronen.

Die magnetischen Linsen haben gegenüber den optischen den großen Vorteil einer *stetig veränderbaren Brennweite*. Durch Veränderung des Magnetisierungsstroms läßt sich die Brennweite einer solchen Linse im Betrieb kontinuierlich regeln, eine Tatsache, von der man sowohl bei der Scharfeinstellung des Bildes als auch bei einem Wechsel der Vergrößerung Gebrauch macht. Auf der anderen Seite kann eine Konstanz der Brennweite, wie sie für die Erzielung scharfer Bilder bei einer einmal eingestellten Abbildung erforderlich ist, nur durch sorgfältige Stabilisierung der Magnetisierungsstromstärke und der Elektronengeschwindigkeit (auf $\pm 0{,}01\,\%$) erzielt werden.

Ebenso wie die rotationssymmetrischen magnetischen Felder können auch rotationssymmetrische elektrische Felder als Elektronenlinsen dienen. Die Wirkung dieser elektrostatischen Linsen beruht auf der Ablenkung bewegter geladener Teilchen in einem elektrischen Feld. Wir gehen darauf nicht näher ein, weil das elektrostatische Elektronenmikroskop nur noch untergeordnete Bedeutung besitzt.

Mit solchen magnetischen und elektrischen Linsen kann man von einem Objekt, das Elektronen aussendet oder von Elektronen durchstrahlt wird, Bilder erzeugen. Mit zwei Linsen lassen sich wie beim Lichtmikroskop vergrößerte Bilder entwerfen. Abb. 590.1 gibt ein schematisiertes Bild des grundsätzlichen Aufbaues eines magnetischen Elektronenmikroskops im Vergleich zum Lichtmikroskop. Der Strahlengang beim Lichtmikroskop verläuft in dieser Abbildung nicht in der sonst üblichen Weise von unten nach oben, sondern umgekehrt, weil dieser Aufbau sich bei den Elektronenmikroskopen als zweckmäßig erwiesen hat.

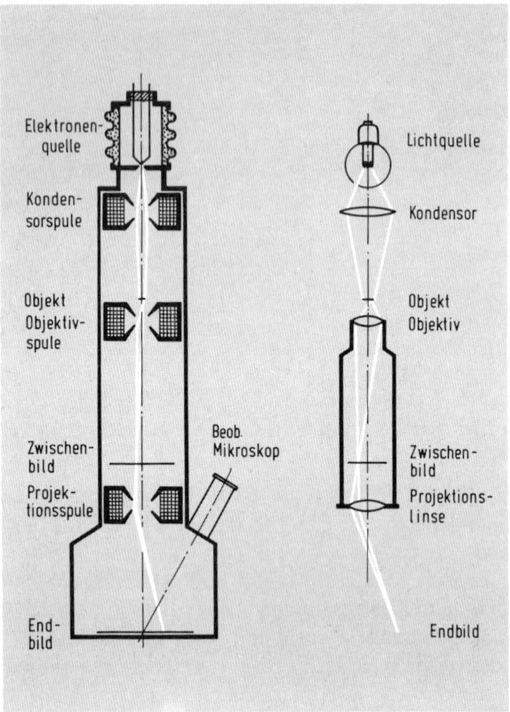

Abb. 590.1 Schematische Darstellung und Vergleich des Lichtmikroskops (für Projektion) mit dem magnetischen Elektronenmikroskop

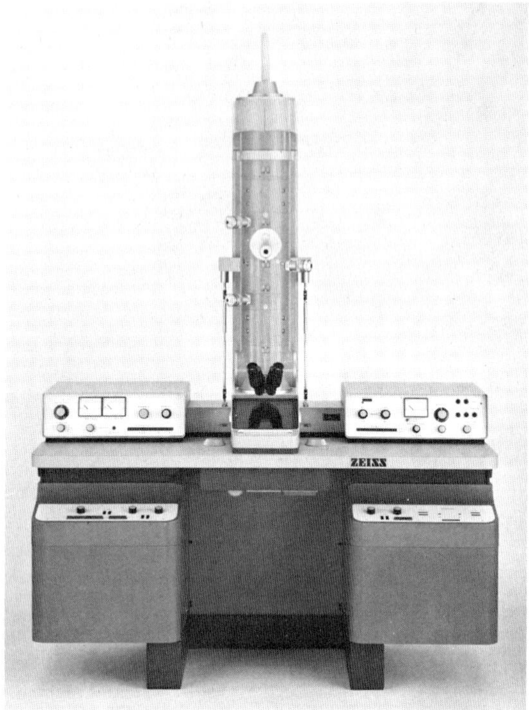

Abb. 590.2 Modernes Hochleistungselektronenmikroskop

Der *Lichtquelle* entspricht die *Elektronenquelle*, die aus einem geheizten Wolframdraht besteht, der am negativen Pol einer Hochspannungsquelle liegt, während der positive Pol mit dem geerdeten Mikroskopgehäuse verbunden ist. Die Elektronenquelle ist von einem WEHNELT-Zylinder umgeben, durch dessen negative Vorspannung gegenüber der Katode die Elektronen zu einem dünnen Strahl gebündelt werden, dessen Intensität sich außerdem durch die Höhe der Vorspannung regulieren läßt. Es folgt dann die *Kondensorlinse*, die sowohl beim Licht- als auch beim Elektronenmikroskop die Aufgabe hat, das Objekt mehr oder weniger stark zu „beleuchten", um die Helligkeit des Endbildes den jeweiligen Erfordernissen anpassen zu können. Unmittelbar vor dem dann folgenden Objektiv befindet sich der zu vergrößernde *Gegenstand*. Das Objektiv erzeugt von dem Gegenstand ein vergrößertes *Zwischenbild*, das auf einem Leuchtschirm aufgefangen werden kann. Eine zentrale Bohrung in diesem Schirm gestattet es, einen kleinen Ausschnitt des Zwischenbildes durch das *Okular*, das beim Elektronenmikroskop als *Projektiv* bezeichnet wird, weiter zu vergrößern und auf eine fotografische Platte oder einen Leuchtschirm abzubilden.

Das Elektronenmikroskop hat sich zu einem wichtigen Hilfsmittel der Forschung entwickelt. Es ist dem Lichtmikroskop wegen seines größeren *Auflösungsvermögens* überlegen. Dieser Begriff wird später (S. 659ff.) behandelt; dort ist dann auch von den Vorteilen die Rede, die das Elektronenmikroskop in dieser Hinsicht hat.

Wir stellen hier nur fest, daß es mit Hilfe des Elektronenmikroskops möglich ist, Gegenstände zu untersuchen, deren Struktur im Lichtmikroskop nicht mehr erkennbar ist. Das Elektronenmikroskop hat deshalb sowohl in der Physik, Chemie und Technik als auch in der Biologie und Medizin eine Fülle neuer Erkenntnisse gebracht und ist heute ein unentbehrliches Hilfsmittel der Forschung geworden. Es ist sogar gelungen, sehr große Moleküle einzeln sichtbar zu machen. Besonderes Interesse haben auch die mit Lichtmikroskopen nicht sichtbaren *Viren* gefunden, die als einzelne, recht große Moleküle betrachtet werden können und Erreger vieler menschlicher, tierischer und pflanzlicher Krankheiten sind. Ihre Sichtbarmachung und Erforschung ist von erheblicher Bedeutung. Auch auf vielen anderen Gebieten hat das Elektronenmikroskop uns neue Welten erschlossen; es kann aber hier auf Einzelheiten nicht näher eingegangen werden. Die Elektronenmikroskope werden ständig weiterentwickelt und ihre Möglichkeiten werden mit zunehmender Verbesserung der Geräte von Jahr zu Jahr umfassender. Abb. 590.2 zeigt ein Elektronenmikroskop. In Abb. 591.1 und Abb. 591.2 sind elektronenmikroskopische Aufnahmen wiedergegeben.

Abb. 591.1 Elektronenmikroskopische Aufnahme von reinstem Aluminium. Vergrößerung etwa 6500fach

Abb. 591.2 Elektronenmikroskopische Aufnahme des Tabak-Mosaik-Virus. Vergrößerung etwa 200000fach

5.7.5 Das Ikonoskop

Die bekannteste technische Anwendung gesteuerter Elektronen im Hochvakuum ist das *Fernsehen*. Der Bildschirm aller Fernsehempfänger stellt die Vorderseite einer BRAUN-Röhre dar, die durch auftreffende Elektronen zum Leuchten gebracht wird. Wie Elektronen in der BRAUN-Röhre gesteuert werden, haben wir bereits ausführlich besprochen (S. 429). Hier wollen wir uns mit der Aufnahmeseite beschäftigen, d. h. genauer gesagt mit der *Fernsehbild-Aufnahmeröhre*.

Um die Vorgänge beim Fernsehen zu verstehen, muß man sich vor Augen halten, daß es bis heute keine Möglichkeit gibt, ein Bild als Ganzes auf elektrischem Wege zu übertragen. Dagegen ist es möglich, Helligkeitsschwankungen einzelner Punkte in elektrische Impulse umzuwandeln, diese an einen anderen Ort zu übertragen und dort wieder in die entsprechenden Helligkeitswerte zurückzuverwandeln. Der erste Schritt jeder elektrischen Bildübertragung besteht also in der Zerlegung des zu übertragenden Bildes in eine große Zahl von Bildelementen, wie dies in grober Form Abb. 591.3 zeigt.

Abb. 591.3
Zerlegung eines Bildes in Bildelemente

Das Bild ist um so besser, je größer die Zahl der Rasterpunkte ist. Auch bei der elektrischen Bildübertragung sind die Bildqualität und die Erkennbarkeit von Einzelheiten um so besser, je größer die Zahl der Bildelemente gemacht wird. Bei den heute in Deutschland üblichen Fernsehgeräten wird das Bild in 625 Zeilen mit je etwa 800 Bildelementen zerlegt; es entfallen auf jedes Bild also 500000 Bildelemente mit verschiedener Helligkeit. Diese Helligkeitswerte werden nacheinander in elektrische Impulse umgewandelt, die meist drahtlos zum Empfänger übertragen werden, wo in der gleichen Reihenfolge die Rückverwandlung der elektrischen Impulse in die Helligkeit von Bildelementen und deren Zusammenfügung zu einem Gesamtbild erfolgt.

Hierbei wird von der uns schon bekannten *Trägheit des Auges* Gebrauch gemacht. Ein auf eine bestimmte Stelle der Netzhaut ausgeübter Lichtreiz verschwindet mit dem Aufhören des Lichteindruckes nicht sofort wieder, sondern wirkt noch etwa $\frac{1}{10}$ s im Bewußtsein nach. Wenn man deshalb die einzelnen Elemente, aus denen ein Bild zusammengesetzt ist, nacheinander auf die Netzhaut fallen läßt und dafür sorgt, daß die Zeit zwischen der vom ersten und vom letzten Bildelement ausgehenden Wirkung weniger als $\frac{1}{10}$ s ist, so entsteht im Bewußtsein der Eindruck, als ob die Netzhaut von allen Bildelementen gleichzeitig erregt worden wäre, d. h., man sieht ein zusammenhängendes Bild.

Da es sich aber beim Fernsehen außerdem meist um die Übertragung bewegter Szenen handelt, müssen ähnlich wie beim bewegten Filmbild die Einzelbilder genügend schnell aufeinanderfolgen, um den Eindruck einer stetigen Bewegung hervorzubringen. Dazu ist es notwendig, in jeder Sekunde mindestens 16, besser jedoch mehr Einzelbilder zu übertragen; man überträgt heute in Europa 25 Bilder in der Sekunde. Wenn man beachtet, daß jedes Bild aus 500000 Elementen besteht, so ergibt sich also, daß in einer Sekunde mehr als 12 Millionen Bildelemente nach ihrer Helligkeit in elektrische Impulse umgewandelt werden müssen, die an einem anderen Orte wieder in Bildelemente verschiedener Helligkeit zurückzuverwandeln und zu einem Gesamtbild zu vereinigen sind.

Auf mechanischem Wege ist eine solche Leistung nicht zu erzielen; sie gelingt nur bei Verwendung des trägheitslos arbeitenden Elektronenstrahles.

Wie mit Hilfe des Elektronenstrahls das Bild abgetastet wird und die Bildpunkte in elektrische Impulse übersetzt werden, wollen wir am Beispiel des *Ikonoskops* zeigen. Bei dieser Fernsehbild-Aufnahmeröhre handelt es sich um eine geniale Verbindung der BRAUN-Röhre mit dem Fotoeffekt. In Abb. 592.1 a, b, c sind Aufbau und Wirkungsweise des Ikonoskops schematisch dargestellt.

Das zu übertragende Bild wird mit Hilfe eines Linsensystems auf die sog. *Speicherplatte* projiziert. Diese Speicherplatte besteht aus einer *Glimmerfolie*, die mit einer sehr dünnen, fotoelektrisch aktiven Schicht überzogen ist, wobei diese Schicht keine zusammenhängende Fläche, sondern ein Mosaik vieler voneinander isolierter Teilchen – im folgenden als Fotoelemente bezeichnet – bildet. Diese Schicht der Speicherplatte heißt *Mosaikplatte*. Die Rückseite der Glimmerfolie ist mit einer zusammenhängenden Metallschicht, der *Signalplatte* bedeckt. Auf diese Weise entsteht also eine große Anzahl kleiner Kondensatoren. Treffen nun Lichtstrahlen auf die Fotoschicht, so schlagen sie je nach ihrer Intensität eine mehr oder weniger große Zahl von Elektronen aus der Fotoschicht heraus, wie wir es von der Katode der Vakuum-Fotozelle her kennen.

Abb. 592.1 a) Schematische Darstellung eines Ikonoskops. b) Mosaikplatte, um 90° zu a) und c) gedreht. c) Teil der Speicherplatte in der Stellung wie in a), stark vergrößert.

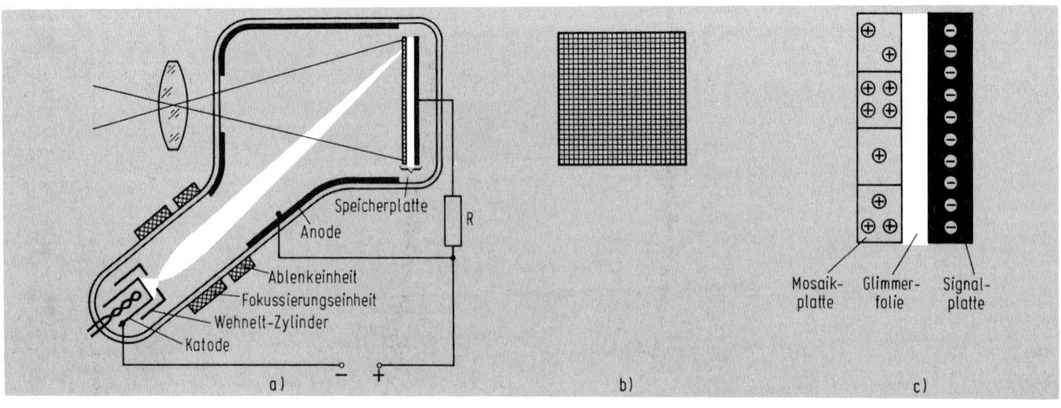

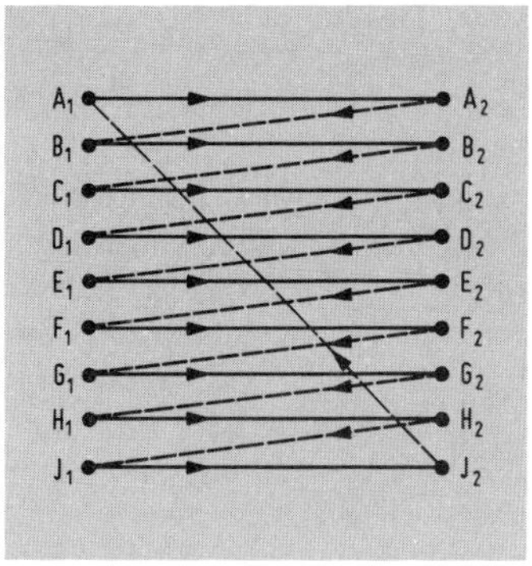

Abb. 593.1
Zeilenweise Abtastung des Ladungsbildes

Die abgelösten Elektronen werden von der Anode abgesaugt. Da die Fotoschicht mosaikartig gerastert ist, können sich die verschiedenen Ladungszustände der einzelnen Fotoelemente nicht ausgleichen, so daß auf diese Weise das optische Bild in ein *elektrisches Ladungsbild* positiver Ladungen umgewandelt wird. Da das Ladungsbild auch bestehen bleibt, wenn kein Licht mehr in das Ikonoskop fällt, ist es also in der Röhre gespeichert. Daher heißt das aus Mosaikplatte, Glimmerfolie und Signalplatte bestehende System Speicherplatte. Die Signalplatte, die ja die gemeinsame zweite Kondensatorplatte für alle Kondensatorelemente darstellt, hat bei diesem Vorgang eine negative Aufladung erhalten. Da die Signalplatte kein Raster bildet, entsteht auf ihr kein Ladungsbild. Die negative Ladung der Signalplatte ist so groß wie die Summe aller positiven Ladungen auf der Mosaikplatte bzw. so groß wie die Summe aller negativen Ladungen der durch den Fotoeffekt von der Mosaikplatte abgelösten Elektronen.

Nun kommt der zweite wesentliche Vorgang. Wie in der Braun-Röhre wird ein Elektronenstrahl erzeugt und durch eine magnetische Fokussierungseinheit so gebündelt, daß der Strahl jeweils nur auf ein Fotoelement fallen kann. Ähnlich wie bei dem Katodenstrahloszillografen (S. 429) wird der Elektronenstrahl so abgelenkt, daß der Leuchtfleck auf der Mosaikplatte zunächst gleichmäßig eine Zeile von A_1 nach A_2 schreibt (Abb. 593.1), dann rasch nach B_1 zurückspringt, nunmehr die Zeile $B_1\,B_2$ gleichmäßig durchläuft, um dann wieder rasch nach C_1 zurückzuspringen usw., bis schließlich die letzte Zeile durchlaufen ist, worauf der Punkt nach A_1 zurückspringt und der Vorgang von neuem beginnt. Auf diese Weise wird das Ladungsbild von dem Elektronenstrahl abgetastet, ähnlich wie das Auge die Seite eines Buches beim Lesen zeilenweise von Buchstabe zu Buchstabe abtastet. Beim Abtasten von Fotoelement zu Fotoelement wird jedes Fotoelement neutralisiert, d.h., es nimmt jeweils so viele Elektronen auf, wie es positive Ladungen hatte. Hat nun ein Fotoelement N positive Ladungen gehabt, so konnte es auch N Elektronen auf der Signalplatte binden. Bei der Neutralisation durch den Elektronenstrahl müssen daher auch N Elektronen von der Signalplatte abfließen, da nach der Neutralisation das Fotoelement entladen ist. Das heißt aber: Bei dem Abtasten des Ladungsbildes, das aus 500000 Bildelementen verschiedenen Ladungszustandes besteht, fließen nacheinander 500000 Elektronenmengen in der Reihenfolge der Bildpunkte geordnet von der Signalplatte über den Widerstand R, an dem sie Spannungsimpulse erzeugen, ab. Die elektrischen Impulse können nach entsprechender Verstärkung drahtlos oder über Draht an andere Stellen übertragen und dort einer *Fernsehbild-Empfängerröhre*, die wiederum im Prinzip eine Braun-Röhre ist, zugeleitet werden. Der Elektronenstrahl in dieser Röhre wird in der bekannten Weise über die Fläche des Leuchtschirmes hin- und hergeführt. Wenn nun der abtastende Strahl des Ikonoskops und der zeichnende Strahl der Fernsehbild-Empfängerröhre genau synchron laufen, so wird auf dem Leuchtschirm ein Bild des Gegenstandes entstehen, der auf die Speicherplatte projiziert worden ist.

Das Ikonoskop ist technisch weiterentwickelt worden. Es sind heute Fernsehbild-Aufnahmeröhren in Gebrauch, die die Namen Superikonoskop, Vidikon und Orthikon tragen. Das physikalische Grundprinzip dieser Röhren ist das Prinzip des hier geschilderten Ikonoskops. Mit den neu entwickelten Röhren konnte eine weitere Intensitätssteigerung des Ladungsbildes und der Stromimpulse erreicht werden. Auf die Fülle schwieriger technischer Einzelprobleme, wie z.B. der komplizierten Koordinierung der drei Fernsehbild-Aufnahmeröhren für die drei Grundfarben beim Farbfernsehen sowie der Wiedergabe des Farbbildes durch drei Elektronenstrahlbündel innerhalb einer einzigen Braun-Röhre, kann hier nicht näher eingegangen werden. Wichtiger für uns war der Einblick, wie sich *aus physikalischem Denken technisches Schaffen* entwickelt.

5.7.6 Das Ion

Jedes Atom, Molekül oder Molekülteil, das nicht mehr elektrisch neutral ist, weil Elektronen aus der Hülle entfernt oder an die Hülle angelagert wurden, nennt man ein Ion. Wir haben solche Ionen schon im Zusammenhang mit der Elektrolyse kennengelernt. Je nach der Anzahl der fehlenden oder überschüssigen Elektronen nennt man das Ion einfach, zweifach usw. geladen. In der Regel treten nur niedrige Ladungsstufen auf, wobei bei den ersten Elementen des Periodensystems oft nur der Kern nachbleibt. So ist das einfach positiv geladene Wasserstoffatom H^+ der Wasserstoffkern oder das Proton, das zweifach positiv geladene Heliumaton He^{++} der Heliumkern oder das α-Teilchen, das dreifach positiv geladene Lithiumatom Li^{+++} der Lithiumkern.

Im folgenden interessieren uns nur solche Ionen, die man als freie Ladungsträger in ein Vakuum schießen und dort nach denselben Gesetzen beschleunigen und steuern kann, die wir auf Elektronen angewendet haben. Solche Ionen waren und sind vor allem in der Kernphysik ein wesentliches Hilfsmittel der Forschung.

Zur Erzeugung von positiven Ionen ist stets Energie erforderlich, weil ja Elektronen aus der Hülle eines Atoms entfernt werden müssen. Diese Energiezufuhr kann z.B. durch hohe Temperatur (Kerzenflamme), durch Bestrahlung mit Röntgenlicht oder durch Stöße bei Gasentladungen erfolgen. Zur Ionenerzeugung bei Gasentladungen führen wir folgenden Versuch durch.

Versuch 594.1 Wir verwenden ein sog. Kanalstrahlrohr. Das ist ein Entladungsrohr, dessen Katode K eine oder mehrere Bohrungen (Kanäle) enthält. Außerdem enthält das Entladungsrohr eine geringe Gasmenge; der Druck beträgt ca. 0,01 mbar. Bei Anlegen einer Spannung (ca. 5 kV) zwischen Anode A und Katode K beobachtet man hinter der Katode eine strahlenartige Leuchterscheinung (Abb. 594.1).

Diese Strahlen wurden 1886 von E. Goldstein (1850–1930) entdeckt und als *Kanalstrahlen* bezeichnet. Die Farbe der Strahlen hängt von der in der Röhre befindlichen Gassorte ab; bei Luft ist sie gelblich, bei Wasserstoff rosa, bei Stickstoff rötlich-gelb usw.

Die Kanalstrahlen können in der gleichen Weise wie die Katodenstrahlen durch ihre Ablenkung in elektrischen und magnetischen Feldern untersucht werden. Dabei hat sich ergeben, daß sie in beiden Feldern entgegengesetzt wie die Elektronen abgelenkt werden. In bezug auf den Betrag der Ablenkung zeigt sich, daß diese im elektrischen Feld ebensogroß wie bei den Elektronen ist, vorausgesetzt, daß beide Teilchen die gleiche beschleunigende Spannung durchlaufen haben. Im magnetischen Feld ist die Ablenkung der Kanalstrahlen unter sonst gleichen Umständen wesentlich geringer als die der Katodenstrahlen. Aus den für die Ablenkung im magnetischen Feld ermittelten Gleichungen folgt, daß die spezifische Ladung dann erheblich kleiner als die der Elektronen ist. Da die Ladung nicht kleiner als die elektrische Elementarladung sein kann, muß die Masse der Kanalstrahlteilchen größer als die Elektronenmasse sein. Die Messungen haben ergeben, daß die spezifische Ladung der Kanalstrahlteilchen in der Größenordnung der spezifischen Ladung der Ionen liegt. Aus diesen und anderen Gründen kann geschlossen werden, daß die Kanalstrahlen aus positiv geladenen Ionen des in dem Entladungsrohr enthaltenen Gases bestehen, die im elektrischen Feld stark beschleunigt werden und dann mit hoher Geschwindigkeit durch die Katodenkanäle hindurchfliegen. Im Hochvakuum, in dem keine Stoßionisation und daher auch keine Ionenbildung erfolgt, können sich deshalb Kanalstrahlen nicht bilden.

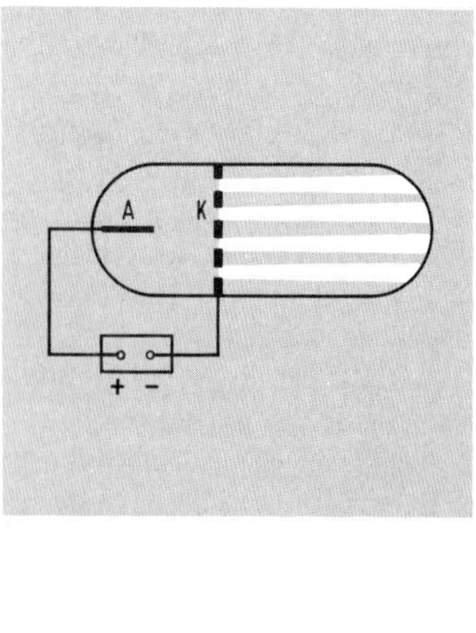

Abb. 594.1
Kanalstrahlen

5.7.7 Der Massenspektrograf

Die Gesetze über die Ablenkung der Kanalstrahlen im elektrischen und magnetischen Feld haben wichtige wissenschaftliche und technische Anwendungen gefunden, von denen wir hier zunächst den *Massenspektrografen* besprechen.

Bei den Massenspektrografen handelt es sich um Geräte, die es gestatten, die Masse von Atom- oder Molekülionen aufgrund ihrer Ablenkung im elektrischen und magnetischen Feld zu bestimmen. Diese Ionenmassen unterscheiden sich im Falle einfacher positiver Ladung von den Massen der Atome oder Moleküle nur durch den geringen und bekannten Betrag der fehlenden Elektronenmasse. Der Massenspektrograf ermöglicht damit die Bestimmung von Atom- und Molekülmassen, wobei man mit etwa dem hundertsten Teil der Stoffmengen (50 – 100 mg) auskommt, die der Chemiker zu derartigen Bestimmungen benötigt. Im Prinzip verfährt man dabei folgendermaßen:

Der zu untersuchende Stoff wird in Gasform in den Entladungsraum E (Abb. 595.1) gebracht, in dem zwischen den Elektroden A und K durch eine genügend hohe Spannung eine Glimmentladung erzeugt wird. Als Katode dient ein einige Zentimeter langer Metallzylinder mit einer engen Bohrung, die eine Verbindung zwischen dem Entladungsraum E und dem Beobachtungsraum B herstellt. Außerdem enthält die Katode noch eine weitere, seitliche Bohrung, die mit einer Pumpe von großer Sauggeschwindigkeit verbunden ist. Durch eine geeignet dimensionierte Kapillare führt man dem Entladungsrohr das zu untersuchende Gas zu, wobei man das Zuströmen und Abpumpen so reguliert, daß sich in E der für die Bildung von Kanalstrahlen erforderliche Druck einstellt. Von den sich bei der Entladung bildenden Ionen fliegt ein Teil als scharf begrenzter Kanalstrahl durch die Katodenöffnung in den Untersuchungsraum B, in dem Hochvakuum herrscht. Die gleichzeitig durch die Kanalöffnung nachströmenden Gase werden von der Pumpe beseitigt, so daß im Beobachtungsraum B ein gutes Vakuum erhalten bleibt und die Kanalstrahlen hier frei von allen Störungen untersucht werden können. Nunmehr erfolgt die Ablenkung durch ein elektrisches und ein magnetisches Feld. Die Anordnung der Felder kann in verschiedener Weise erfolgen; aus der großen Zahl der verwirklichten Konstruktionen erläutern wir den im Jahre 1919 von ASTON als erstem gebauten Massenspektrografen, dessen grundsätzlicher Aufbau aus Abb. 595.1 ersichtlich ist. Das schmale Kanalstrahlbündel kommt zunächst in das elektrische Feld zwischen den Kondensatorplatten P_1 und P_2. Da die Erzeugung der Kanalstrahlen Schwankungen in der Ionengeschwindigkeit unvermeidlich macht, tritt eine Aufspaltung des Strahles ein, auch dann, wenn die spezifische Ladung aller Teilchen gleich ist. Die schnellsten Teilchen werden am wenigsten abgelenkt und durchlaufen die Bahn 1, die langsamsten erfahren die stärkste Ablenkung und durchlaufen die Bahn 2; dazwischen liegen die übrigen Strahlen. Nach dem Verlassen des elektrischen Feldes kommen die Strahlen in ein magnetisches Feld von kreisförmigem Querschnitt, dessen Feldlinien zu denen des elektrischen Feldes senkrecht stehen; sie verlaufen hier also senkrecht zur Papierebene. In diesem Feld werden die schnellen Teilchen (1) wiederum weniger abgelenkt als die langsamen Teilchen (2). Bei richtiger Beschaffenheit und Anordnung der Felder läßt es sich erreichen, daß alle Ionen mit gleicher spezifischer Ladung trotz verschiedener Geschwindigkeit wieder in einem Punkt P vereinigt werden. Man bekommt also von allen Ionen mit gleicher spezifischer Ladung trotz der unvermeidlichen Verschiedenheit ihrer Geschwindigkeiten einen scharfen Bildpunkt. Sind in dem untersuchten Kanalstrahl Ionen mit verschiedenen

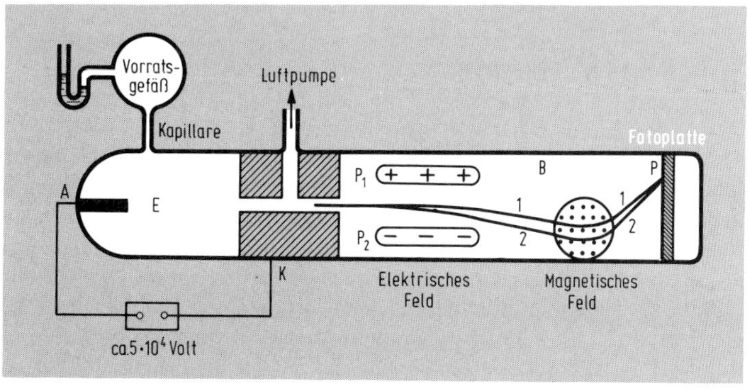

Abb. 595.1
Schematische Darstellung eines Massenspektrografen

spezifischen Ladungen enthalten, so entsprechen diesen natürlich verschiedene Bildpunkte; es zeigt sich, daß diese Bildpunkte auf einer Geraden liegen. Sie können auf einer Fotoplatte festgehalten werden und gestatten aus ihrer Lage den jeweiligen Wert der spezifischen Ladung zu bestimmen. Da die Ladung der Ionen bekannt ist, errechnet sich aus der spezifischen Ladung leicht die Masse der Teilchen.

Die Bestimmung der Atom- und Molekülmassen mit Hilfe des Massenspektrografen bietet nicht nur den Vorteil, daß sie mit geringsten Substanzmengen auskommt und in bezug auf ihre Genauigkeit alle übrigen Verfahren übertrifft, sondern sie leistet auch in anderer Hinsicht mehr als die chemischen Verfahren. Als man z. B. mit dem Massenspektrografen die relative Atommasse von Chlor, für die die Chemiker 35,457 gefunden hatten, zu bestimmen versuchte, zeigten sich an der Stelle der Fotoplatte, an der die Ionen mit der relativen Ionenmasse 35,457 auftreffen sollten, keine Teilchen, wohl aber an den Stellen, die den relativen Ionenmassen 35 und 37 entsprechen. Hieraus mußte man schließen, daß es Chlor-Atome mit der relativen Atommasse 35,457 überhaupt nicht gibt und daß das untersuchte Chlor aus zwei verschiedenen Atomarten mit den relativen Atommassen 35 und 37, die in einem bestimmten Verhältnis (75,53 : 24,47) gemischt sind, besteht. Bei den chemischen Methoden zur Bestimmung von relativen Atommassen sind immer beide Atomarten beteiligt, so daß sich der Zwischenwert von 35,457 ergibt; der Chemiker hat auch keine Möglichkeit zur Trennung der verschiedenen Chloratome, da sie in bezug auf ihr chemisches Verhalten völlig gleich sind. In ähnlicher Weise hat man feststellen können, daß auch sehr viele andere chemische Elemente keine Reinelemente sind, sondern aus einer Mischung verschiedener Atomarten mit den gleichen chemischen Eigenschaften, aber verschiedenen relativen Atommassen bestehen. Diese verschiedenen Atomarten eines Elementes werden als *Isotope* bezeichnet. Ihre Entdeckung mit Hilfe des Massenspektrografen war für das Verständnis des Aufbaues der Materie von großer Bedeutung. Ein Feinstruktur-Massenspektrogramm zeigt die Abb. 596.1. Aufgrund der Bauweise des hierbei verwendeten Massenspektrografen erhält man statt der Bildpunkte *Linien.*

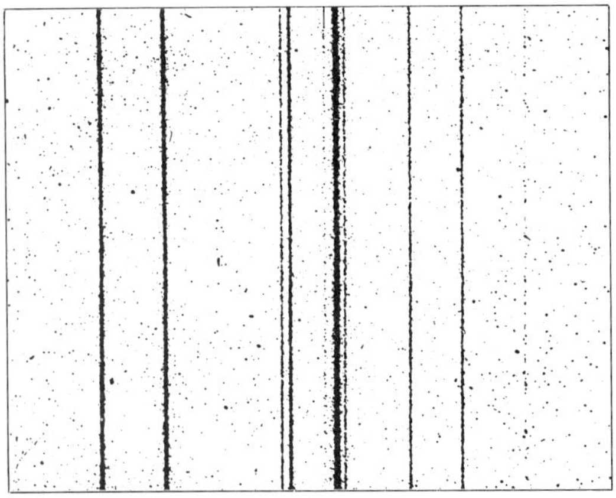

Abb. 596.1
Feinstruktur-Massenspektrogramm zum Nachweis der Auflösung kleinster Massendifferenzen (Trennung von Ionen, deren relative Atom- bzw. Molekülmassen zwischen 19,9878 und 20,0628 liegen).

5.7.8 Die Teilchenbeschleuniger

In der *Kern- und Elementarteilchenphysik* werden hochenergetische Teilchen mit Energien von einigen MeV (1 MeV $= 10^6$ eV) bis zu einigen 10 GeV (1 GeV $= 10^9$ eV) als Geschosse benötigt. Radioaktive Strahlung und Höhenstrahlung erbringen meist eine zu geringe Ausbeute. Zur Herstellung eines Strahls energiereicher Teilchen werden zunächst geladene Teilchen hergestellt (Elektronen durch Glühemission, Protonen und Ionen durch Gasentladung) und anschließend in Teilchenbeschleunigern auf hohe Energien gebracht. Der im Aufbau einfachste Teilchenbeschleuniger ist der *Linearbeschleuniger* (Abb. 597.1).

Im Hochvakuum durchlaufen die Teilchen eine Folge von Rohren, deren Länge wegen der wachsenden Geschwindigkeit der Teilchen zunimmt. An den Rohren liegt eine Hochfrequenzspannung mit abwechselnder Polung. Die Wechsel erfolgen so, daß die Teilchen jeweils in das folgende Rohr hinein beschleunigt werden.

Abb. 597.1
Schematische Darstellung eines Linearbeschleunigers

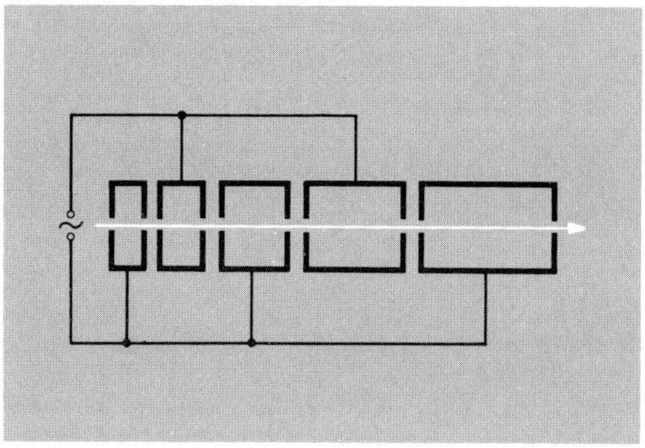

Da die Teilchen auf diese Weise das gleiche Spannungsgefälle wiederholt durchlaufen, erreichen sie große Geschwindigkeiten. Der Vorteil der Anordnung besteht in der einfachen technischen Konstruktion. Im Gegensatz zu den *Zirkularbeschleunigern* benötigt man keine Magnete, da die Teilchen nicht in Kreisbahnen gezwungen werden müssen. Der Nachteil eines Linearbeschleunigers, mit dem hohe Teilchenenergien erzeugt werden sollen, ist seine große Länge.

Der Linearbeschleuniger in Stanford (USA) von 3,2 km Länge erzeugt Elektronen mit Energien von 21,5 GeV. Dieser Beschleuniger ist der z. Z. größte Elektronen-Linearbeschleuniger der Welt.

Mit verhältnismäßig geringen Abmessungen kommt man beim *Betatron* aus. Das Betatron ist ein Elektronenbeschleuniger, bei dem die Elektronen durch ein elektrisches Wirbelfeld beschleunigt werden, das durch den wachsenden magnetischen Fluß (S. 496) eines Elektromagneten erzeugt wird. Der Aufbau des Betatrons ist dem eines Transformators vergleichbar, wobei an die Stelle der Sekundärspule eine hochevakuierte Ringröhre gesetzt ist, in der die Elektronen umlaufen können. Die Polschuhe des Magneten sind so geformt, daß das Magnetfeld am Ort der Ringröhre die halbe Stärke besitzt wie das Magnetfeld innerhalb des von der Ringröhre umschlossenen Raumes. Das erstgenannte Feld ist das Steuerfeld für die umlaufenden Elektronen, das zweitgenannte dasjenige Feld, welches das elektrische Wirbelfeld in der Ringröhre erzeugt. Unter diesen Voraussetzungen ist die Lorentz-Kraft auf die umlaufenden Elektronen auch bei wachsendem Feld so groß, daß die Elektronen auf dem Sollkreis bleiben (Abb. 597.2).

Die Elektronen werden in der ersten Viertelperiode des sinusförmigen Wechselstroms beschleunigt. In dieser Zeit machen sie 10^5 bis 10^6 Umläufe und erreichen dabei fast Lichtgeschwindigkeit. Am Ende der ersten Viertelperiode prallen die Elektronen auf einen Metallblock und erzeugen dabei harte Röntgenstrahlung, oder sie werden mittels eines plötzlich eingeschalteten magnetischen Zusatzfeldes durch ein Austrittsfenster aus der Röhre gezogen. Der Vorgang wiederholt sich periodisch, so daß ein Betatron Röntgenblitze liefert, deren Anzahl pro Zeiteinheit der Frequenz des Wechselstroms (50 bis 500 Hz) gleich ist.

Nach der Maxwell-Theorie muß von den umlaufenden Elektronen elektromagnetische Strahlung ausgehen. Dieser Energieverlust wird wie bei dem strahlenden Dipol (S. 624) *Strahlungsdämpfung* genannt. Die Strahlungsdämpfung begrenzt die maximal erreichbare Elektronenenergie; diese liegt in der Größenordnung 300 MeV. Ein ökonomischer Betrieb ist jedoch nur bis zu etwa 30 MeV sinnvoll.

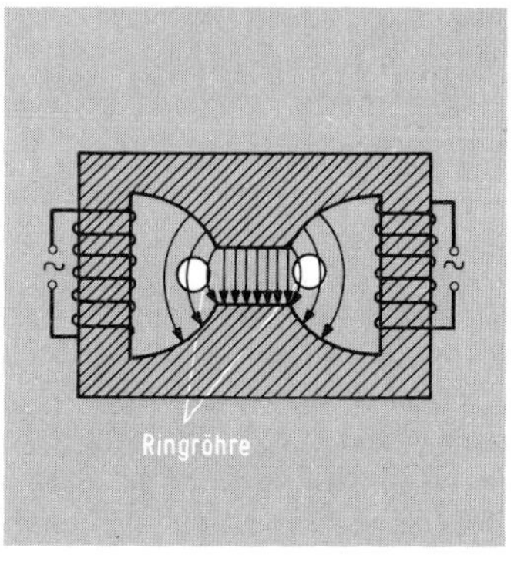

Abb. 597.2
Schematische Darstellung eines Betatrons

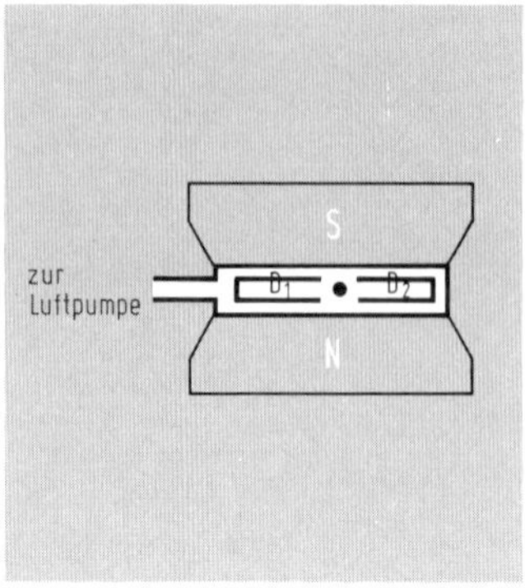

Abb. 598.1
Beschleunigungskammern und Polschuhe des Elektromagneten beim Zyklotron (von der Seite gesehen)

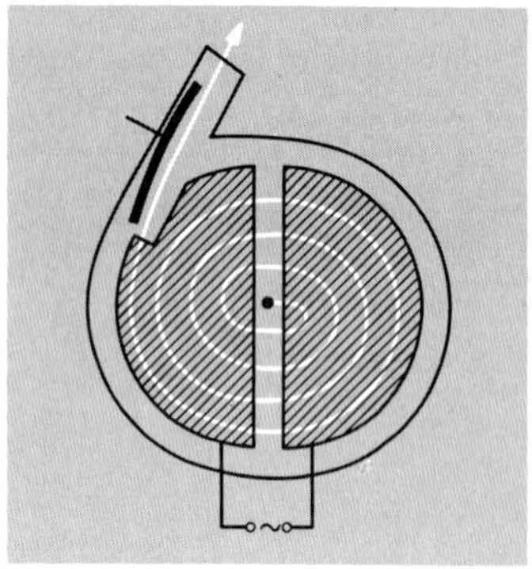

Abb. 598.2
Schematische Darstellung eines Zyklotrons (von oben gesehen)

Ein Kreisbeschleuniger ganz anderer Art ist das 1930 von E.O. LAWRENCE (1901–1958) erfundene *Zyklotron.*

Zwischen den Polschuhen eines starken Elektromagneten (Abb. 598.1) befindet sich die hochevakuierte (10^{-4} bis 10^{-5} mbar) Beschleunigungskammer. Sie enthält zwei halbkreisförmige, durch einen Schlitz voneinander getrennte und gegeneinander isolierte Metalldosen D_1 und D_2, die an den einander zugewandten Seiten offen sind (Abb. 598.2). Sie werden von den Feldlinien des Magneten senkrecht durchsetzt. Zwischen diesen beiden Metalldosen werden im Zentrum des Gerätes positive Teilchen (Protonen, Deuteronen, Alphateilchen oder schwerere Ionen) erzeugt. Wenn man an die beiden Dosen eine hochfrequente Wechselspannung legt, so werden die in einem bestimmten Augenblick erzeugten positiven Teilchen von der gerade negativ geladenen Dose angezogen. Unter dem Einfluß des Magnetfeldes beschreiben die Teilchen im Innern dieser Dose Kreisbahnen, deren Radius wegen der zunächst geringen Geschwindigkeit klein ist. Wenn die Teilchen wieder an den Trennungsschlitz kommen, werden die beiden Dosen durch die Wechselspannung umgepolt, so daß die gegenüberliegende Dose jetzt negativ geladen ist und die Teilchen erneut beschleunigt werden. Der gleiche Vorgang wiederholt sich jedesmal, wenn die Teilchen eine Dose durchlaufen haben, so daß sie bei jedem Passieren des Dosenzwischenraumes eine Beschleunigung erfahren. Die Teilchenbeschleunigung findet also nur an dem Trennungsschlitz statt, weil nur hier ein elektrisches Feld durchlaufen wird; innerhalb der Dose ändert sich die Größe der Teilchengeschwindigkeit nicht. Da mit zunehmender Geschwindigkeit auch der Bahnradius wächst, beschreiben die Teilchen angenähert Spiralen, in Wirklichkeit natürlich Halbkreise, deren Radius nach jedem halben Umlauf etwas zunimmt. Wichtig ist nun, daß die Teilchen unabhängig von dem jeweiligen Bahnradius den Trennungsschlitz immer in den gleichen Zeitabständen passieren, so daß der Spannungswechsel für alle Ionen immer gleichzeitig wirksam werden kann. Das ist nur möglich, weil die Winkelgeschwindigkeit ω der Teilchen konstant ist. Auf die Teilchen wirkt nämlich stets die LORENTZ-Kraft mit dem Betrag

$$F = Q v B$$

(S. 467), die hier die Rolle der Radialkraft

$$F = m \cdot \frac{v^2}{r}$$

übernimmt. Dann gilt aber

$$m \cdot \frac{v^2}{r} = Q v B$$

und wegen

$$v = \omega r$$

also

$$m \omega v = Q v B$$

$$\omega = \frac{Q}{m} \cdot B.$$

Bevor die Teilchen bei großen Bahnradien an die Zylinderwand stoßen, werden sie durch ein elektrisches Hilfsfeld aus ihrer Bahn herausgezogen.

Die erreichte kinetische Energie beträgt:

$$\begin{aligned} W_k &= \tfrac{1}{2} \cdot m \cdot v^2 \\ &= \tfrac{1}{2} \cdot m \cdot \omega^2 \cdot r^2 \\ &= \tfrac{1}{2} \cdot m \cdot \frac{Q^2}{m^2} \cdot B^2 \cdot r^2 \\ &= \tfrac{1}{2} \cdot \frac{Q^2}{m} \cdot B^2 \cdot r^2 . \end{aligned}$$

Die kinetische Energie ist also unabhängig von der Beschleunigungsspannung zwischen den Halbzylindern. Durch die Höhe der Spannung wird nur die Zahl der Umläufe bis zum Erreichen des Endradius r bestimmt.

Zur Erzielung großer kinetischer Energien braucht man neben großen Dosenradien erhebliche Flußdichten. Dies verlangt Elektromagnete von beträchtlicher Größe. Bei einem mittleren Zyklotron enthält der Magnet etwa 65 t Eisen und 9 t Kupfer für die Magnetspulen. Für den Bau des Riesenzyklotrons von Berkeley (USA) sind sogar 3700 t Eisen und 300 t Kupfer verwendet worden; die Polschuhe haben einen Durchmesser von 4,7 m. Abb. 599.1 zeigt den Magnet des Zyklotrons der Universität Bonn.

Abb. 599.1
Magnet für das Zyklotron der Universität Bonn. Magnetgewicht 270 t, Polschuhdurchmesser 1,9 m

Die relativistische Massenzunahme (S. 583) wurde bei diesen Betrachtungen nicht berücksichtigt. Mit der Massenzunahme sinkt die Winkelgeschwindigkeit ω der Teilchen, so daß sie das elektrische Feld in der richtigen Polung nicht mehr rechtzeitig erreichen. Elektronen fallen auf diese Weise bald aus dem Takt, so daß ein Zyklotron nur für die Beschleunigung von Protonen, Deuteronen, α-Teilchen und schwereren Kernen geeignet ist. Die maximal erreichbare Endenergie beträgt z. B. für Protonen etwa 15 MeV. Bei noch höheren Energien wirkt sich auch für Protonen, Deuteronen und α-Teilchen die relativistische Massenzunahme in sinkender Winkelgeschwindigkeit aus. Eine weitere Beschleunigung ist mit entsprechend angepaßter Frequenzverringerung der elektrischen Felder möglich. Ein derart verbessertes Zyklotron heißt *Synchrozyklotron.* Es ist allerdings nur für Impulsbetrieb brauchbar, liefert dafür aber z. Z. Protonenenergien von 700 MeV.

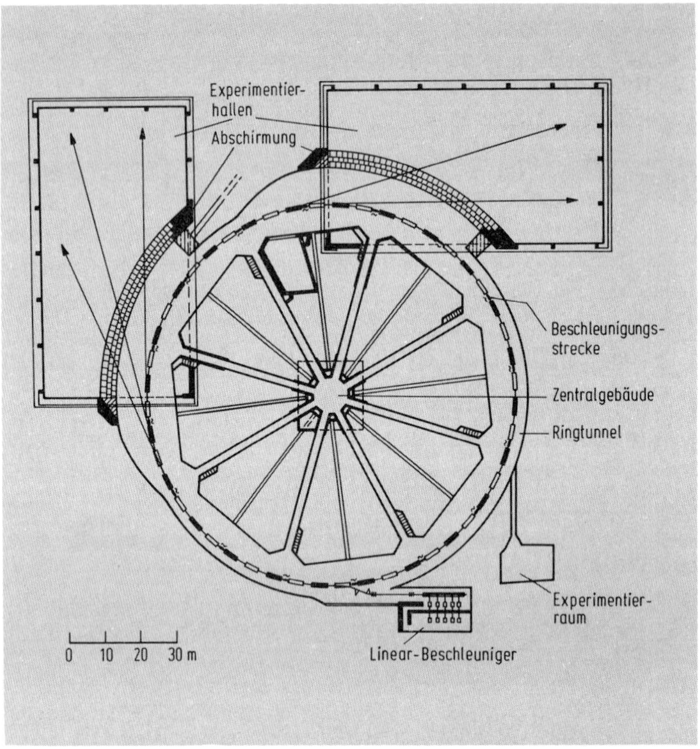

Abb. 600.1
Grundriß der Beschleunigeranlage mit Experimentierhallen von DESY

Die größten Teilchenbeschleuniger, die heute gebaut werden, sind Kreisbeschleuniger, bei denen die geladenen Teilchen auf Kreisen mit festem Radius laufen. Dieser Typ des Kreisbeschleunigers heißt *Synchrotron*. Die Beschleunigung erfolgt durch hochfrequente elektrische Wechselfelder. Während aber beim Zyklotron die magnetische Flußdichte des magnetischen Steuerfeldes konstant bleibt, muß beim Synchrotron die magnetische Flußdichte während jeder Beschleunigung der Teilchen gesteigert werden, damit diese auf ihrer Kreisbahn bleiben. Die feste Kreisbahn bietet andererseits den Vorteil, daß die Steuermagnete die Kreisfläche nicht zu überdecken brauchen. So sind Kreisbahnradien von 200 m und mehr technisch realisierbar.

Je größer der Radius des Synchrotrons ist, desto größere Teilchenenergien können nach der auf S. 599 angegebenen Gleichung erreicht werden, z.B. Protonenenergien von z.Z. 400 GeV (Batavia-Beschleuniger in Illinois, USA, und CERN-Beschleuniger in Genf).

Die Teilchen werden in einem Linearbeschleuniger auf hohe Geschwindigkeiten gebracht und dann in das Synchrotron eingeschossen. Der Ringmagnet des Synchrotrons ist mehrfach unterbrochen. In diesen Unterbrechungsstellen findet die weitere Beschleunigung der Teilchen durch die elektrischen Felder statt, deren Frequenz man der Geschwindigkeit der Teilchen anpassen muß. Die letzte Forderung braucht bei dem *Deutschen Elektronen-Synchrotron* (DESY) in Hamburg nicht berücksichtigt zu werden. Nach einer Vorbeschleunigung im Linearbeschleuniger auf die kinetische Energie 40 MeV besitzen die Elektronen wegen ihrer geringen Masse (im Gegensatz etwa zur Protonenmasse) fast schon Lichtgeschwindigkeit, wenn sie in das Synchrotron eintreten. Der durch Nachbeschleunigung im Synchrotron erzielte Energiegewinn besteht dann im wesentlichen nur noch aus einem Massenzuwachs bei zu vernachlässigendem Geschwindigkeitszuwachs. Der Kreisbahndurchmesser beträgt bei DESY 100 m. Nach 10000 Umläufen in etwa 10 ms haben die Elektronen ihre Endenergie von 7,5 GeV erreicht. Abb. 600.1 zeigt den Grundriß der Beschleunigeranlage mit Experimentierhallen, sie zeigt nicht die zu der Gesamtanlage gehörenden Speicherringe. Unter Mitwirkung dieser Speicherringe können Elektronen und ihre Antiteilchen auf wesentlich höhere Gesamtenergien beschleunigt werden.

Beispiel

In einem Zyklotron beträgt die magnetische Flußdichte $B = 1{,}5$ T; die Spannung zwischen den Dosen ist $U = 25\,000$ V. Nach wieviel Umläufen und in welcher Zeit haben Protonen im Zyklotron die kinetische Energie $W = 10$ MeV erreicht? (Proton: $m = 1{,}67 \cdot 10^{-27}$ kg, $Q = 1{,}6 \cdot 10^{-19}$ C.)

Mit jedem Umlauf gewinnen die Protonen die Energie $2 \cdot 25\,000$ eV; die Zahl n der Umläufe ist daher

$$n = \frac{10 \cdot 10^6 \text{ eV}}{2 \cdot 25\,000 \text{ eV}} = 200.$$

Für *jeden* Umlauf wird die Zeit

$$t = \frac{2\pi r}{v}$$

benötigt (r wächst proportional zu v!).

Aus

$$m \cdot \frac{v^2}{r} = Q\,v\,B$$

erhält man

$$\frac{v}{r} = \frac{QB}{m},$$

also

$$t = \frac{2\pi m}{QB}.$$

$$t_n = \frac{200 \cdot 2 \cdot 3{,}14 \cdot 1{,}67 \cdot 10^{-27} \text{ kg}}{1{,}6 \cdot 10^{-19} \text{ C} \cdot 1{,}5 \text{ T}}$$

$$t_n = 8{,}74 \cdot 10^{-6} \text{ s}$$

$$= 8{,}74\ \mu\text{s}.$$

Weitere Aufgaben: Siehe O. Höfling, Physik-Aufgaben II/2.

5.8 Halbleiterelektronik

5.8.1 Die Elektronen- und Löcherleitung

Festkörper bestehen zum großen Teil aus kleinen Kristallen, bei denen die Bausteine (Atome oder Ionen) in regelmäßigen Gittern angeordnet sind. Die Bindung der Bausteine untereinander erfolgt unter Mitwirkung der Valenzelektronen. Mit Valenzelektronen bezeichnet man die äußersten Elektronen in der Atomhülle, die beim Bilden einer chemischen Verbindung beteiligt sind. Dabei sind drei Fälle möglich:

1. Bei den *metallischen Leitern* hat sich im Mittel pro Atom ein Valenzelektron vom Atomverband abgelöst. Daher gibt es in einem solchen metallischen Leiter eine *große Zahl freier, leicht beweglicher Elektronen*, die wir als Leitungselektronen bereits kennengelernt haben. Sie dienen als Ladungsträger der metallischen Leiter und bewirken deren gute elektrische Leitfähigkeit.

2. Bei den *Isolatoren* werden alle oder fast alle Valenzelektronen zur Bindung der Atome benötigt. Es gibt deshalb keine oder nur sehr wenige freie elektrische Ladungsträger, so daß in diesen Stoffen auch keine oder fast keine Elektrizitätsleitung erfolgen kann.

3. Bei den *Halbleitern* sind grundsätzlich auch alle Valenzelektronen für die Bindung der Atome erforderlich. Sie unterscheiden sich von den Isolatoren aber dadurch, daß es verhältnismäßig leicht möglich ist, einen Teil der gebundenen Elektronen aus ihrer Bindung zu befreien und für den Ladungstransport zur

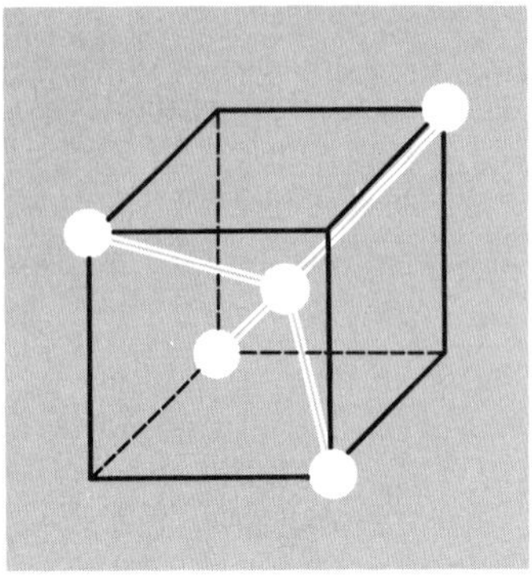

Abb. 602.1
Bindung der Germaniumatome in einem Kristallgitter

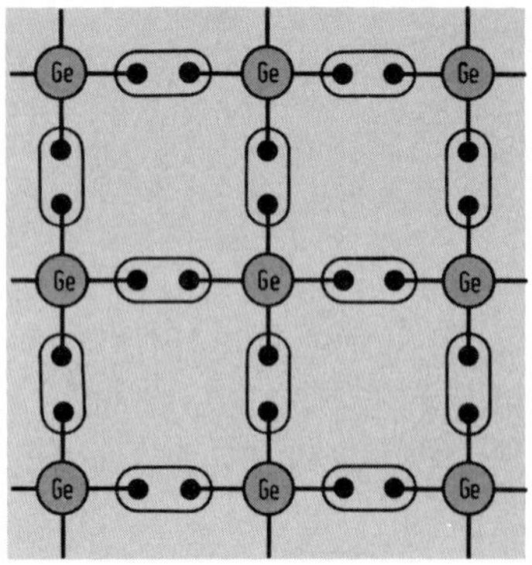

Abb. 602.2
Zweidimensionale Darstellung eines ungestörten Kristalles aus reinem Germanium. Dabei bedeuten: Ge = Germaniumatome, ohne die auf der äußeren Schale befindlichen Valenzelektronen; (•—•) = gemeinsame Elektronenpaare

Verfügung zu stellen. Diese Feststellung genügt aber noch nicht, um das Verhalten der Halbleiter wirklich zu verstehen. Um die in einem Halbleiter sich abspielenden Vorgänge näher zu beschreiben, gehen wir von einem Stoff aus, der gegenwärtig für die Halbleitertechnik besonders wichtig ist, von dem Element *Germanium*. Die hierbei gemachten Feststellungen gelten aber in analoger Weise auch für alle übrigen Halbleiter.

Das *neutrale Germaniumatom* hat auf seiner äußersten Bahn *vier Valenzelektronen*. In einem Germaniumkristall ist jedes Atom von vier Nachbaratomen umgeben, die sich in den Ecken eines Tetraeders befinden (Abb. 602.1). Der Zusammenhalt der Atome kommt dadurch zustande, daß jeweils ein Valenzelektron des einen Atoms mit einem Valenzelektron des benachbarten Atoms ein *Elektronenpaar* bildet. Diese gemeinsamen Elektronenpaare bewirken, daß die beiden zugehörigen Atome zusammengehalten werden. Bei einem auf diese Weise entstehenden Kristall handelt es sich um ein räumliches Gebilde, das zeichnerisch nicht gut dargestellt werden kann. Deshalb ist in Abb. 602.2 eine übersichtlichere, flächenhafte Darstellung eines Germaniumkristalles wiedergegeben. Man erkennt daran, daß die vier Valenzelektronen jedes Atoms zu der Paarbildung mit den vier Nachbaratomen vollständig benötigt werden. Es gibt deshalb bei einem solchen Germaniumkristall keine Leitungselektronen, die sich in dem Kristall frei bewegen können, wie dies bei metallischen Leitern der Fall ist. Ein streng nach dieser Art gebauter Germaniumkristall ist deshalb ein Isolator. Dieser Fall tritt aber nur bei tiefen Temperaturen auf. In allen anderen Fällen befinden sich die Atome des Kristalls in Bewegung. Sie führen Schwingungen um eine Gleichgewichtslage aus, die um so stärker werden, je höher die Temperatur steigt. Bei genügend großen Schwingungsweiten können die Bindungen zwischen einzelnen Atomen aufgebrochen werden, wobei die für die Bindung verantwortlichen Elektronen frei werden. Auf diese Weise entstehen Leitungselektronen, die sich frei und regellos in dem Kristall bewegen, bis sie an einer anderen Stelle in eine Lücke geraten, die von einem anderen Elektron zurückgelassen worden ist. Dieser Vorgang wiederholt sich an vielen Stellen, so daß stets eine gewisse Zahl von Leitungselektronen vorhanden ist.

Da die Schwingungsweite der Atome mit zunehmender Temperatur größer wird, steigt auch die Zahl der durch die Wärmebewegung aufgebrochenen Bindungen und damit die Zahl der Leitungselektronen. Hieraus folgt:

Die elektrische Leitfähigkeit der Halbleiter nimmt mit steigender Temperatur zu.

Noch eine weitere Erscheinung spielt bei der elektrischen Leitung in Halbleitern eine wichtige Rolle. An jeder Stelle, an der ein Elektron fehlt, ist eine Lücke oder ein *Loch* entstanden, das so lange bestehen bleibt, bis es von einem anderen Elektron ausgefüllt wird. Da der Kristall vor der Herauslösung des Elektrons an der betreffenden Stelle elektrisch neutral war, überwiegt hier nach der Herauslösung die positive Ladung des zugehörigen Atomkernes. Das Loch verhält sich also so, als ob dort eine positive Ladung von der gleichen Größe wie die Elektronenladung vorhanden wäre. Man spricht deshalb auch von einem an dieser Stelle befindlichen *Defektelektron* (Abb. 603.1).

Die Löcher oder Defektelektronen sind für die Elektrizitätsleitung in Halbleitern deshalb von großer Bedeutung, weil sie in ähnlicher Weise wie die Elektronen durch Halbleiter wandern können. Bei angelegter Spannung wandern die Elektronen zum positiven Pol. Die Löcher dagegen wandern zum negativen Pol, da

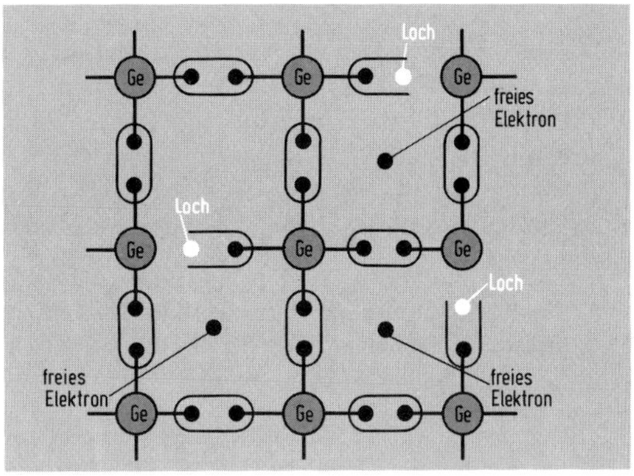

Abb. 603.1
Zweidimensionale Darstellung eines Germaniumkristalles, bei dem infolge der Wärmebewegung drei Elektronenpaare aufgebrochen sind, wobei drei Löcher und drei freie Elektronen entstanden sind.

unter der Wirkung des elektrischen Feldes ein Valenzelektron eines dem Loch benachbarten Atoms die Tendenz hat, seine Bindung zu verlassen und in das Loch zu springen. Dadurch wird aber ein neues Loch geschaffen, was so aussieht, als ob das Loch als positive Ladung entgegen der Feldrichtung gewandert ist. In diesem nicht materiellen, sondern gedanklichen Sinn, spricht man von *Löcherleitung*.

Wir stellen zusammenfassend fest:

Die Elektrizitätsleitung in einem Halbleiter besteht in einem zum positiven Pol gerichteten Elektronenstrom und einem zum negativen Pol gerichteten Löcherstrom.

Da jeweils immer nur Elektronen-Löcher-*Paare* entstehen und vergehen, ist die Zahl der Leitungselektronen stets ebenso groß wie die Zahl der Löcher. Die durch die Elektronen-Löcher-Paare entstehende Elektrizitätsleitung in einem Halbleiter wird als seine *Eigenleitung* bezeichnet. Dadurch soll zum Ausdruck gebracht werden, daß die Ladungsträger aus dem Halbleiter selbst stammen. Die Eigenleitfähigkeit des reinen Germaniums ist aber sehr klein. Die Halbleiter gewannen erst ihre große praktische Bedeutung, als es gelang, ihre Leitfähigkeit durch einen Kunstgriff erheblich zu steigern. Es ist dazu notwendig, in das Kristallgitter des Germaniums eine kleine Menge geeigneter Fremdatome einzubauen. Man bezeichnet diesen Einbau als *Dotierung des Halbleiters* und die Leitung als *Störstellenleitung*. Dazu gibt es zwei Möglichkeiten:

1. Man kann *Atome mit fünf Valenzelektronen* in den Germaniumkristall einbauen. Solche Atome sind Arsen (As), Antimon (Sb) und Phosphor (P). Wenn etwa ein Arsenatom an die Stelle eines Germaniumatoms tritt, so werden nur vier seiner Valenzelektronen für die Bindung an die benachbarten Germaniumatome benötigt; das fünfte Valenzelektron findet keinen Elektronenpartner und ist infolgedessen nur sehr lose gebunden, so daß es bereits bei Zimmertemperatur zu einem Leitungselektron wird (Abb. 603.2). Dadurch wird das ursprünglich neutrale Arsenatom zu einem positiven Arsenion.

Da jedes eingebaute Arsenatom ein Elektron abgibt, ist die Zahl der freien Ladungsträger in einem mit Arsen dotierten Germaniumkristall größer als in einem reinen Kristall. Die für die Elektrizitätsleitung *verfügbaren Ladungsträger* sind jetzt also:

a) eine *große Zahl freier Elektronen*, die größtenteils von den Arsenatomen abgegeben wurden und zum anderen Teil bei der Elektronen-Löcher-Paarbildung infolge der Wärmebewegung entstanden sind. In diesem Fall bezeichnet man die Elektronen auch als *Majoritätsträger*.

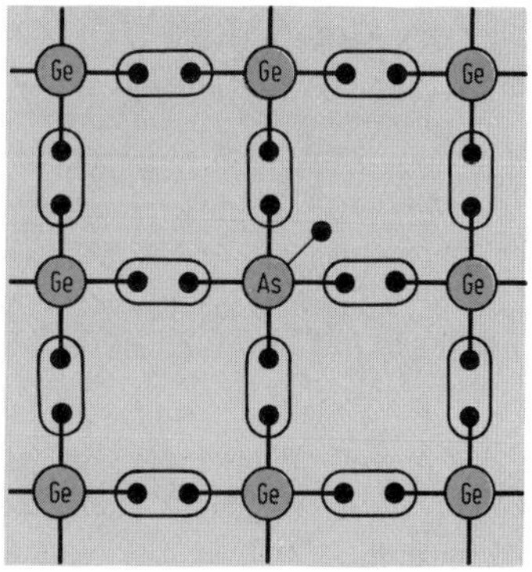

Abb. 603.2
Arsenatom (As) als Donator im Germaniumkristall

b) eine gegenüber der Elektronenzahl *kleine Zahl von Löchern*, die bei der Elektronen-Löcher-Paarbildung infolge der Wärmebewegung entstanden sind. In diesem Fall bezeichnet man die Löcher auch als *Minoritätsträger*.

Sowohl die Elektronen als auch die Löcher wirken bei der Elektrizitätsleitung mit. Da aber die Elektronen und damit die negativen Ladungsträger überwiegen, spricht man bei einem in dieser Weise dotierten Germanium von *n-Germanium* oder allgemein von einem *n-Halbleiter*. Die hier vorliegende Art der Elektrizitätsleitung wird als *n-Leitung* oder als *Überschußleitung* bezeichnet. Die eingebauten Fremdatome, die die zusätzlichen Elektronen liefern, werden *Donatoren* genannt. Wir merken uns also:

Durch die Dotierung eines Halbleiters mit Arsen- oder anderen Donatoratomen werden zusätzliche Elektronen zur Verfügung gestellt, die die elektrische Leitfähigkeit des Halbleiters erhöhen. Auf diese Weise entstehen *n*-Halbleiter.

2. Eine andere Möglichkeit zur Steigerung der Leitfähigkeit des Germaniums oder eines anderen Halbleiters besteht in dem Einbau von fremden *Atomen mit drei Valenzelektronen*. Solche Atome sind Indium (In), Gallium (Ga), Bor (B) und Aluminium (Al). Wenn etwa ein Indiumatom an die Stelle eines Germaniumatoms in das Kristallgitter eintritt, so bilden die drei Valenzelektronen des Indiums mit jeweils einem Elektron von benachbarten Germaniumatomen Elektronenpaare. Für das vierte benachbarte Germaniumatom ist kein Elektron zur Paarbildung mehr verfügbar (Abb. 604.1). Diese *Fehlstelle* kann relativ leicht ein Elektron aus einer Nachbarbindung zu sich herüberreißen und auf diese Weise seine Bindung mit den angrenzenden Germaniumatomen vervollständigen. Dadurch wird das ursprünglich neutrale Indiumatom zu einem negativen Indiumion. Zugleich ist aber durch den Platzwechsel eines Elektrons aus einer Nachbarbindung dort ein positives Loch entstanden, das wiederum aus einer Nachbarbindung ein Elektron zu sich herüberreißen kann. Es spielt sich hier also mit den Löchern der gleiche Vorgang ab, der bei der Eigenleitung bereits beschrieben worden ist: die Löcher wandern durch den Kristall. Der Unterschied gegenüber der Eigenleitung besteht jetzt nur darin, daß die Löcher unter der Mitwirkung der Fremdatome entstanden sind und daß sie deshalb in größerer Zahl auftreten als bei einem reinen Halbleiter. Die für die Elektrizitätsleitung *verfügbaren Ladungsträger* sind jetzt also:

a) eine *große Zahl beweglicher Löcher*, die größtenteils von den eingebauten Indiumatomen hervorgebracht wurden und zum anderen Teil bei der Elektronen-Löcher-Paarbildung infolge der Wärmebewegung entstanden sind. In diesem Fall sind die Löcher die Majoritätsträger.

b) eine gegenüber der Löcherzahl *kleine Zahl von Elektronen*, die bei der Elektronen-Löcher-Paarbildung infolge der Wärmebewegung entstanden sind. Sie bilden hier die Minoritätsträger.

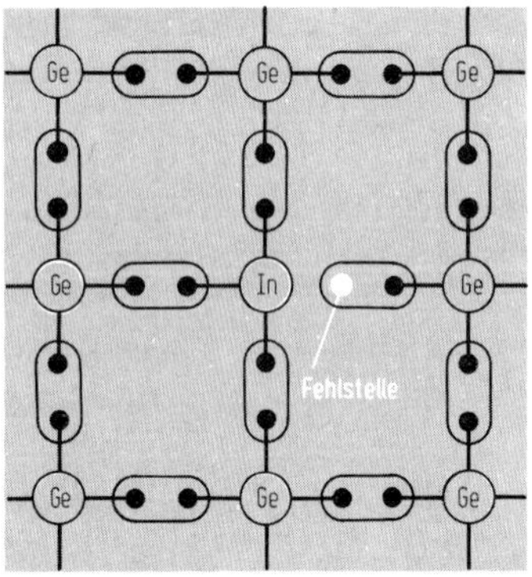

Abb. 604.1
Indiumatom (In) als Akzeptor im Germaniumkristall. Die Fehlstelle ist im Gegensatz zum positiven Loch der Abb. 603.1 elektrisch neutral.

Sowohl die Löcher als auch die Elektronen wirken bei der Elektrizitätsleitung mit. Da aber die Löcher und damit die positiven Ladungsträger überwiegen, spricht man bei einem in dieser Weise dotierten Germanium von *p-Germanium* oder allgemein von einem *p-Halbleiter*. Die hier vorliegende Art der Elektrizitätsleitung wird als *p-Leitung* oder *Löcherleitung* oder als *Defektleitung* bezeichnet. Die eingebauten Fremdatome, die hier durch die Aufnahme von Elektronen zusätzliche Löcher erzeugen, werden *Akzeptoren* genannt. Wir stellen also fest:

Durch die Dotierung eines Halbleiters mit Indium- oder anderen Akzeptoratomen werden zusätzliche Löcher zur Verfügung gestellt, die die elektrische Leitfähigkeit des Halbleiters erhöhen. Auf diese Weise entstehen *p*-Halbleiter.

Bei dem in der üblichen Weise dotierten Germanium befinden sich in 1 cm^3 Germanium rund 10^{15} Fremdatome. Während die Atome nur Schwingungen um ihre Ruhelagen ausführen, wandern die Elektronen und Löcher von einem Atom zum anderen. Diese Bewegung ist ohne äußere Einflüsse ungeordnet, so daß sich die Elektronen und Löcher gleichmäßig über den Kristall verteilen. Wenn man aber eine Spannung anlegt, so entsteht eine geordnete Bewegung, also eine Erscheinung, die man als elektrischen Strom bezeichnet.

5.8.2 Die Grenzschicht

Wenn man ein Stück p-Germanium und ein Stück n-Germanium zusammenfügt, so entsteht ein sog. *pn-Übergang*. Das p-Germanium enthält eine große Konzentration beweglicher Löcher, das n-Germanium dagegen eine große Konzentration beweglicher Elektronen. Wegen der natürlichen Wärmebewegung befinden sich Löcher und Elektronen nicht in Ruhe, so daß Löcher aus dem p-Germanium durch die Grenzfläche in das n-Germanium und Elektronen aus dem n-Germanium durch die Grenzfläche in das p-Germanium diffundieren. Es treffen also entgegengesetzt geladene Partner aufeinander. Wenn man bedenkt, daß Löcher keine wirklichen Ladungsträger, sondern nur sog. Defektelektronen (S. 602) sind, sieht man ein, daß das Aufeinandertreffen entgegengesetzt geladener Partner nichts anderes ist als das Besetzen eines Loches durch ein Elektron. Dabei verschwindet das Loch, und das Elektron scheidet als *beweglicher* Ladungsträger aus. Sprachlich bequem sagt man dazu: Löcher und Elektronen rekombinieren miteinander. Auf diese Weise verändert sich die Umgebung des pn-Überganges; es entsteht eine *Grenzschicht*. Wir untersuchen nun die Ladungsverteilung in dieser Grenzschicht.

Weil aus dem p-Germanium in Grenznähe Löcher abgewandert sind, fehlt hier positive Ladung. Zurückgeblieben sind ortsfeste negative Ionen, so daß hier eine negative Raumladung entstanden ist. Im grenznahen Bereich des n-Germaniums hat sich ein ähnlicher Vorgang mit entgegengesetztem Vorzeichen abgespielt. Elektronen sind abgewandert. Ortsfeste positive Ionen sind zurückgeblieben, so daß hier eine positive Raumladung entstanden ist (Abb. 605.1).

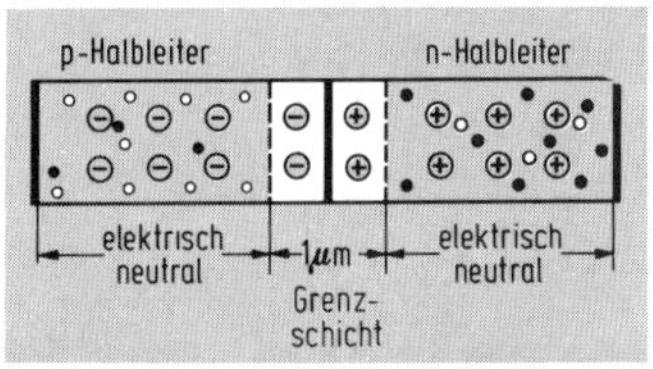

Abb. 605.1
Schematische Darstellung der Verteilung von Raumladungen und beweglichen Ladungsträgern bei einem pn-Übergang

Die auf beiden Seiten der Grenze sich bildenden Raumladungen können jedoch nicht unbegrenzt weiter wachsen. Die negative Raumladung des p-Germaniums erschwert nämlich mit zunehmender Größe ein weiteres Eindringen von Elektronen, und die positive Raumladung des n-Germaniums verhindert bei genügender Größe eine weitere Annäherung von positiven Löchern, weil gleichartige elektrische Ladungen einander abstoßen. Es bildet sich auf diese Weise ein Gleichgewichtszustand aus, der durch bestimmte Raumladungen zu beiden Seiten der Grenze gekennzeichnet ist.

Innerhalb der Grenzschicht ist eine Verarmung an Majoritätsträgern entstanden. Man nennt die Grenzschicht deshalb auch *Verarmungszone*. Die relativ wenigen Minoritätsträger, die ja unabhängig von den hier betrachteten Vorgängen stets durch das thermisch verursachte Aufbrechen von Bindungen entstehen, spielen kaum eine Rolle. In Abb. 605.1, Abb. 606.1, Abb. 606.2 und Abb. 608.1 sind jedoch in jedem Halbleiter außerhalb der Grenzschicht noch drei eingezeichnet. Wir kommen später bei der Besprechung der Halbleiterdioden-Kennlinie auf diesen Punkt noch einmal zurück.

Da also innerhalb der Grenzschicht nur noch wenige bewegliche Ladungsträger zur Verfügung stehen, bildet die Grenzschicht eine Zone großen elektrischen Widerstandes. Ihre Dicke beträgt etwa $1\ \mu m = 10^{-6}$ m. Wir stellen zusammenfassend fest:

Ein *pn*-Übergang bildet wegen der zu beiden Seiten der Grenze vorhandenen Verarmung an Majoritätsträgern eine Zone großen elektrischen Widerstandes.

5.8.3 Die Halbleiterdiode

Die Grenzschicht zwischen einem *p*-Halbleiter und einem *n*-Halbleiter ist *steuerbar*. Dieser Effekt wird bei der *Halbleiterdiode* ausgenutzt. Die Steuerung erfolgt durch Anlegen einer äußeren Spannung an die Halbleiterdiode. Dabei sind zwei Fälle möglich:

1. Der positive Pol liegt an der n-Seite und der negative Pol an der p-Seite (Abb. 606.1).

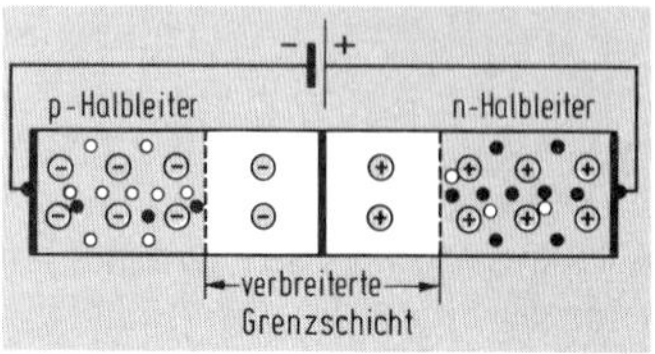

Abb. 606.1
Verbreiterung der Grenzschicht bei einem in Sperrichtung vorgespannten *pn*-Übergang

Da die beweglichen Elektronen des *n*-Germaniums (allgemein: des *n*-Halbleiters) vom positiven Pol und die beweglichen Löcher des *p*-Germaniums (allgemein: des *p*-Halbleiters) vom negativen Pol der Spannungsquelle angezogen werden, tritt eine *Verbreiterung der Grenzschicht* und somit eine weitere Verarmung an beweglichen Ladungsträgern in der Umgebung des *pn*-Überganges auf. Die Zahl der Elektronen und Löcher nimmt so stark ab, daß kaum noch elektrischer Strom geleitet wird. Das Ergebnis ist ein um einige Zehnerpotenzen größerer Widerstand des *pn*-Überganges; die Diode wirkt praktisch als Isolator. Man sagt, daß der *pn*-Übergang jetzt *in Sperrichtung vorgespannt* ist und bezeichnet die Grenzschicht als *Sperrschicht*. Innerhalb der Sperrschicht befinden sich aber noch Minoritätsträger: im *n*-Halbleiter wenige bewegliche Löcher und im *p*-Halbleiter wenige bewegliche Elektronen. Für diese Minoritätsträger wirkt die angelegte Spannung nicht sperrend, vielmehr bewirkt sie einen kleinen Stromfluß der Minoritätsträger. Dieser Strom geringer Stärke heißt *Sperrstrom*. Es gilt also:

Bei einem in Sperrichtung vorgespannten *pn*-Übergang fließt durch die Sperrschicht – abgesehen von einem sehr kleinen Sperrstrom – kein Strom.

2. Der positive Pol liegt an der p-Seite und der negative Pol an der n-Seite (Abb. 606.2).

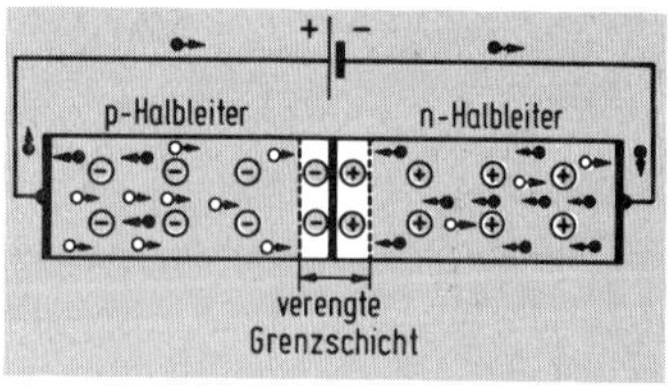

Abb. 606.2
Verengung der Grenzschicht bei einem in Durchlaßrichtung vorgespannten *pn*-Übergang

Bei dieser Schaltung tritt die entgegengesetzte Wirkung wie im vorhergehenden Falle ein: Elektronen und Löcher bewegen sich auf die Grenzschicht zu. Dies führt zu einer *Verengung der Grenzschicht*. Bei entsprechend hoher Spannung kann die Grenzschicht praktisch ganz abgebaut werden; sie wird niederohmig. Der *pn*-Übergang ist jetzt stromdurchlässig. Die Elektronen und Löcher treffen am *pn*-Übergang zusammen und rekombinieren in großer Zahl. Die dadurch laufend verschwindenden Elektronen und Löcher werden durch die Spannungsquelle nachgeliefert, indem in den *n*-Halbleiter neue Elektronen hineingedrückt und aus dem *p*-Halbleiter Elektronen unter Zurücklassung neuer Löcher abgesaugt werden. Im äußeren Leiterkreis fließt ein Elektronenstrom, dessen Stärke von der angelegten Spannung abhängt. Grafisch wird diese Abhängigkeit in der *Kennlinie* der Halbleiterdiode aufgezeichnet. Man sagt, daß der *pn*-Übergang jetzt *in Durchlaßrichtung vorgespannt* ist. Es ergibt sich also:

Bei einem in Durchlaßrichtung vorgespannten *pn*-Übergang fließt durch die Grenzschicht ein elektrischer Strom, dessen Stärke von der angelegten Spannung abhängt. Die Stromstärke entnimmt man der Strom-Spannungs-Kennlinie der Halbleiterdiode.

Für die Halbleiterdiode verwendet man folgendes Schaltsymbol:

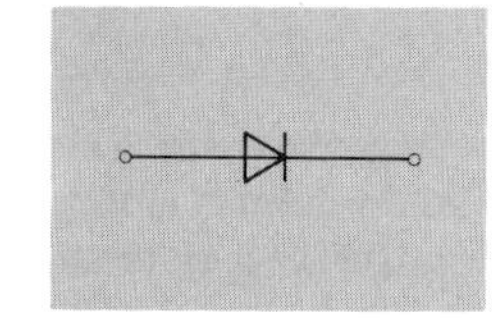

Abb. 607.1
Schaltsymbol einer Halbleiterdiode

Die Pfeilrichtung bezieht sich auf die international festgelegte Stromrichtung von Plus nach Minus. Die Pfeilrichtung stimmt also mit der Bewegungsrichtung der Löcher überein, sie ist entgegengesetzt zur Bewegungsrichtung der Elektronen.

Die Abb. 607.2 zeigt die Kennlinie einer Halbleiterdiode. Wird die Diode in Durchlaßrichtung betrieben, so steigt die Stromstärke zunächst nach einer Exponentialfunktion, dann linear mit der Spannung an. Wird dagegen die Halbleiterdiode in Sperrichtung geschaltet, so entsteht nur ein sehr geringer Minoritätsträgerstrom. Da der Minoritätsträgerstrom in Sperrichtung sehr viel kleiner als der Majoritätsträgerstrom in Durchlaßrichtung ist, wurde im Kennlinienbild der Maßstab im Sperrbereich anders gewählt als im Durchlaßbereich; dadurch ergibt sich im Nullpunkt ein Kurvenknick.

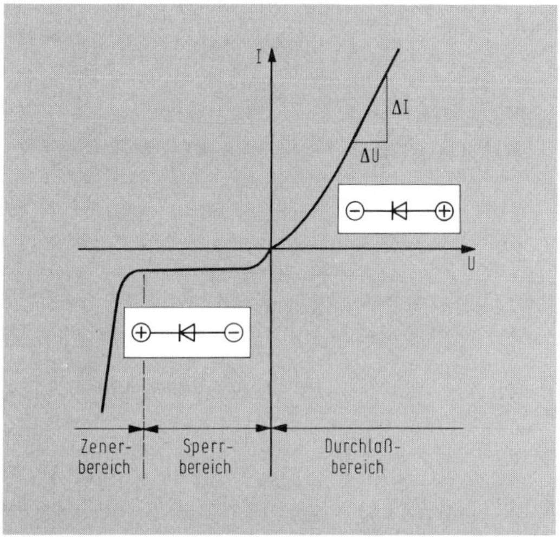

Abb. 607.2
Kennlinie einer Halbleiterdiode

Bezeichnet man auf den geraden Teilen der Kennlinie den Quotienten $\frac{\Delta U}{\Delta I}$ als Widerstand, so ergibt sich z.B. bei einer Germanium-Flächendiode im Durchlaßbereich für den Durchlaßwiderstand R_D etwa 3 bis 30 Ω, im Sperrbereich für den Sperrwiderstand R_S etwa 0,05 bis 0,5 MΩ. Bei sehr hohen Sperrspannungen steigt die Sperrstromstärke von einer bestimmten Spannung ab stark an. Diesen Bereich nennt man nach seinem Entdecker Zener den Zener-Bereich. Im Zener-Bereich erreicht die elektrische Feldstärke E in der Grenzschicht so hohe Werte ($E > 2 \cdot 10^7 \text{ V} \cdot \text{m}^{-1}$), daß die Kraft $\vec{F} = -e \cdot \vec{E}$ ausreicht, um Valenzelektronen aus ihren Bindungen zu reißen. Dadurch entstehen in der Grenzschicht plötzlich zahlreiche stark beschleunigte Ladungsträger, die ihrerseits durch Stoßionisation weitere Ladungsträger freisetzen können. Man kann diesen Effekt zur Spannungsstabilisierung ausnutzen. Wir geben an späterer Stelle eine Schaltung dazu an (S. 613).

5.8.4 Der Transistor

Unter einem Transistor versteht man einen Halbleiterkristall aus Germanium oder Silizium mit drei scharf gegeneinander abgegrenzten Bereichen aus *p*- bzw. *n*-Germanium. Es sind also in jedem Fall zwei *pn*-Übergänge vorhanden. In Abb. 608.1 sind die beiden hier bestehenden Möglichkeiten schematisch und vereinfacht dargestellt:

1. Der *pnp-Transistor* besteht aus zwei *p*-Halbleitern, die durch eine dünne Schicht eines *n*-Halbleiters voneinander getrennt sind.

2. Der *npn-Transistor* besteht aus zwei *n*-Halbleitern, die durch eine dünne Schicht eines *p*-Halbleiters voneinander getrennt sind.

Die beiden äußeren Schichten bezeichnet man als *Emitter E* und als *Kollektor C*; die mittlere Trennschicht heißt die *Basis B* des Transistors. Sie hat eine Dicke von 0,02 bis 0,03 mm.

Für beide Arten von Transistoren gelten grundsätzlich die gleichen physikalischen Zusammenhänge. Es besteht lediglich der Unterschied, daß die Wirkung des *pnp-Transistors* durch einen *Strom von Löchern* und die des *npn-Transistors* durch einen *Strom von Elektronen* zustande kommt.

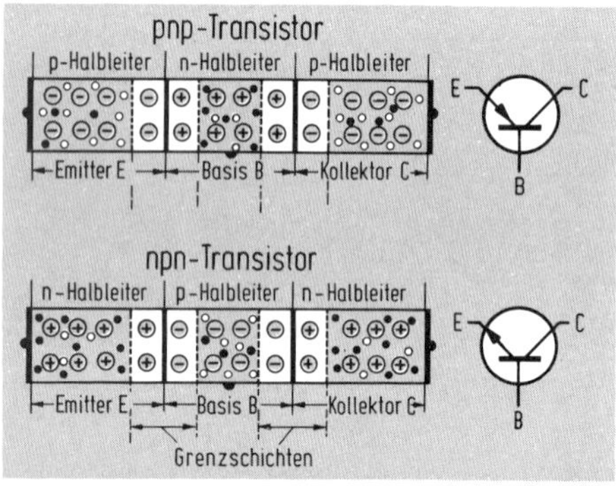

Abb. 608.1 *pnp*-Transistor und *npn*-Transistor mit zugehörigen Schaltsymbolen

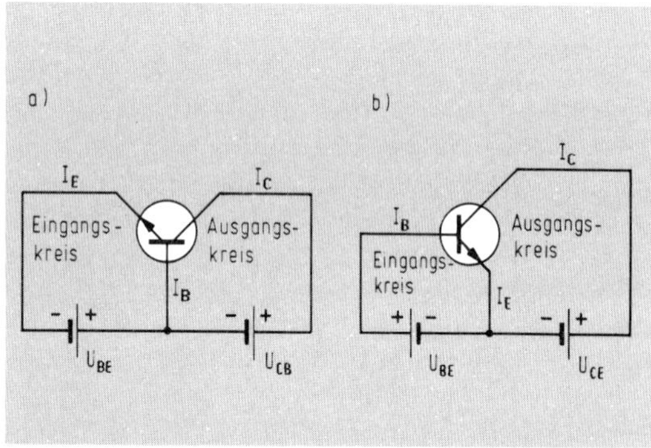

Abb. 608.2 *npn*-Transistor in Basisschaltung (a) und in Emitterschaltung (b)

Um die Wirkungsweise von Transistoren verstehen zu können, betrachten wir einen *npn*-Transistor in einem Schaltkreis. Die Abb. 608.2 gibt links die *Basisschaltung* und rechts die *Emitterschaltung* wieder. In der Basisschaltung ist die Basis der gemeinsame Kontakt von Eingangs- und Ausgangskreis, in der Emitterschaltung ist der Emitter der gemeinsame Kontakt dieser beiden Kreise.

Der Transistor ist im Eingangskreis in Durchlaßrichtung geschaltet, weil die Spannungsquelle zwischen Basis und Emitter mit ihrem negativen Pol am Emitter liegt und dadurch Elektronen in die Emitter-Basis-Grenzschicht drücken kann. Im Ausgangskreis ist der Transistor dagegen in Sperrichtung geschaltet, weil die Spannungsquelle zwischen Kollektor und Basis bzw. zwischen Kollektor und Emitter mit ihrem positiven Pol am Kollektor liegt und dadurch Elektronen aus der Basis-Kollektor-Grenzschicht absaugt. Der *wesentliche Vorgang*, ohne den ein Transistor überhaupt nicht arbeiten könnte, besteht nun im folgenden:

Elektronen, die durch die Spannung zwischen Basis und Emitter aus dem Emitter in die Basis getrieben werden, rekombinieren dort nur zu einem geringen Anteil mit den Löchern der Basis; dieser Anteil beträgt nur etwa 0,5 bis 5%. Die Basis ist nämlich – wie oben schon angegeben wurde – so schmal, daß *fast alle Elektronen durch Diffusion mit hoher Diffusionsgeschwindigkeit durch sie hindurchkommen* und in die zweite Grenzschicht zwischen Basis und Kollektor gelangen. Hier werden sie aber wie Minoritätsträger durch das elektrische Feld in die Kollektorzone getrieben und dort am positiven Pol abgesaugt. Betrachtet man den Transistor als einen Stromknoten, so muß das KIRCHHOFF-Gesetz gelten: Stets muß die Summe der zufließenden Ströme gleich der Summe der abfließenden Ströme sein. Unter Berücksichtigung der internationalen Festlegung der Stromrichtung (von Plus nach Minus) sind die zufließenden Ströme der Basisstrom I_B und der Kollektorstrom I_C, der abfließende Strom ist der Emitterstrom I_E. Wir erhalten also

$$I_B + I_C = I_E.$$

Anschaulicher ist es, die Bewegung der Elektronen zu verfolgen. Beim *npn*-Transistor fließen die Elektronen über den Emitter in den Transistor ein, fast alle fließen über den Kollektor wieder ab, ein geringer Teil fließt über die Basis ab. An der Gleichung

$$I_B + I_C = I_E$$

ändert sich durch diese Betrachtung natürlich nichts.

In der *Basisschaltung* kann der Kollektorstrom I_C durch den Emitterstrom I_E *gesteuert* werden. Stromstärkeänderungen im Eingangskreis haben Stromstärkeänderungen im Ausgangskreis zur Folge. Im Gegensatz zur Triode, bei der im Gitterkreis praktisch kein Strom fließt, läßt sich der Transistor aber nicht leistungslos steuern. In der Basisschaltung sind die Stromstärken I_E und I_C fast gleich groß, nur ein geringer Teil des Emitterstromes fließt ja als Basisstrom I_B über die Basis ab. In dieser Schaltung liegt also keine Stromverstärkung vor. Dagegen ergibt sich eine *Leistungsverstärkung*. Die Sperrspannung U_{CB} kann nämlich viel größer gewählt werden als die Spannung U_{BE} zwischen Emitter und Basis, so daß die Ausgangsleistung

$$U_{CB} \cdot I_C \approx U_{CB} \cdot I_E$$

viel größer ist als die Eingangsleistung $U_{BE} \cdot I_E$. Befindet sich ein Lastwiderstand R_{Last} im Ausgangskreis, ist der Transistor in dieser Schaltung auch als *Spannungsverstärker* wirksam. Geringe Spannungsänderungen im Eingangskreis (z.B. durch eine überlagerte Wechselspannung) bewirken große Änderungen der Stromstärke $I_C \approx I_E$. Dadurch entsteht am Lastwiderstand R_{Last} eine große Änderung des Spannungsabfalls

$$U = R_{Last} \cdot I_C.$$

In der *Emitterschaltung* wird der Kollektorstrom I_C durch den kleinen Basisstrom

$$I_B = I_E - I_C$$

gesteuert. Hier wirkt der Transistor als *Stromverstärker*. Selbstverständlich erfolgt auch in dieser Schaltung eine *Spannungsverstärkung* am Lastwiderstand und insgesamt eine *Leistungsverstärkung*.

Wegen der günstigen Verstärkereigenschaften wird die Emitterschaltung gegenüber der Basisschaltung bevorzugt.

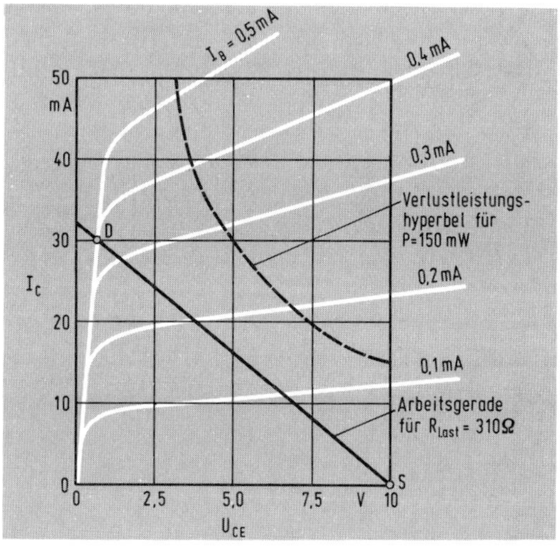

Abb. 609.1
Kennlinienfeld eines Transistors in Emitterschaltung

Über die Betriebsdaten eines Transistors erhält man am übersichtlichsten Auskunft durch das *Kennlinienfeld* dieses Transistors. Jeder Transistortyp hat sein spezielles Kennlinienfeld. Ein Beispiel ist in Abb. 609.1 für einen Transistor in Emitterschaltung dargestellt.

Befindet sich zunächst kein Lastwiderstand in der Emitterschaltung (Abb. 608.2b), dann liegt unter allen Betriebsbedingungen stets die volle Kollektorspannung U_{CE} zwischen Emitter und Kollektor. Dann läßt sich experimentell ermitteln, wie die Kollektorstromstärke I_C bei jeweils konstanter Basisstromstärke I_B von der

Kollektorspannung abhängt. Für jede Basisstromstärke erhält man eine I_C-U_{CE}-*Kennlinie* (in Abb. 609.1 weiß eingezeichnet). Die Kennlinien steigen bei geringen Kollektorspannungen zunächst steil an und gehen dann in sehr flach verlaufende Geraden über. Betrachtet man die flach verlaufenden Anteile der Kennlinien, so gewinnt man die Aussage, daß der Kollektorstrom wenig von der Kollektorspannung, aber sehr stark vom Basisstrom abhängt. Bei unserem Transistor sehen wir z.B., daß bei der festen Kollektorspannung $U_{CE}=2{,}5$ V der Kollektorstrom von knapp 10 mA auf knapp 20 mA ansteigt, wenn der Basisstrom von 0,1 mA auf 0,2 mA geändert wird. Man nennt den Differenzenquotienten

$$\beta=\frac{\Delta I_C}{\Delta I_B}$$

den *Stromverstärkungsfaktor*. In unserem Beispiel erhalten wir

$$\beta=\frac{\Delta I_C}{\Delta I_B}=\frac{10\,\text{mA}}{0{,}1\,\text{mA}}=100\,.$$

Am Kennlinienfeld überzeugt man sich leicht, daß sich für eine andere feste Kollektorspannung derselbe Stromverstärkungsfaktor ergibt, wenn man zwischen den Basisstromstärken 0,1 mA und 0,2 mA bleibt. Die Kennlinien für diese Basisstromstärken verlaufen in ihrem flachen Teil nämlich praktisch parallel. Andererseits erkennt man am ganzen Kennlinienfeld, daß der Stromverstärkungsfaktor nicht für alle Betriebsbedingungen der gleiche ist.

Wir betrachten jetzt die *Emitterschaltung mit einem Lastwiderstand* R_{Last} im Ausgangskreis (Abb. 610.1) und untersuchen, welchen Einfluß dieser Lastwiderstand oder Arbeitswiderstand ausübt.

Wenn der Kollektorstrom I_C fließt, fällt am Lastwiderstand die Spannung

$$U=R_{Last}\cdot I_C$$

ab; am Transistor liegt daher nicht die volle Batteriespannung U_{Batt}, sondern nur noch die Spannung

$$U_{CE}=U_{Batt}-R_{Last}\cdot I_C\,.$$

Als Batteriespannung wählen wir 10 V. Diese Spannung liegt voll zwischen Emitter und Kollektor, wenn kein Kollektorstrom fließt und wegen der Hintereinanderschaltung von Transistor und Lastwiderstand auch kein Strom durch den Lastwiderstand fließt. Als einen Punkt der Strom-Spannung-Kennlinie für den Lastwiderstand erhalten wir im Koordinatensystem des Kennlinienfeldes den Punkt *S* (Sperrzustand des Transistors) bei 10 V und 0 mA. Wir fordern jetzt, daß der maximale Strom im Transistor unabhängig von der Basisstromstärke 30 mA betragen soll. Das Kennlinienfeld zeigt, daß dieser Zustand bei der Kollektorspannung $U_{CE}=0{,}7$ V erreicht wird. Wir bezeichnen ihn mit dem Punkt *D* (Durchlaßzustand des Transistors). Im Zustand *D* liegt am Lastwiderstand dann die Spannung 10 V − 0,7 V = 9,3 V. Da auch durch den Lastwiderstand im Zustand *D* der Strom 30 mA fließt, muß als Lastwiderstand der Widerstand

$$R_{Last}=\frac{9{,}3\,\text{V}}{30\,\text{mA}}=310\,\Omega$$

gewählt werden.

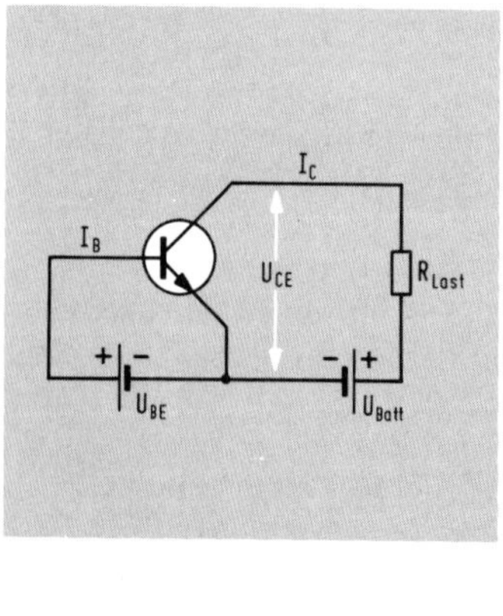

Abb. 610.1
Emitterschaltung mit Lastwiderstand im Ausgangskreis

Die am Lastwiderstand abfallende Spannung ist allgemein

$$U = U_{\text{Batt}} - U_{\text{CE}},$$

in unserem Beispiel

$$U = 10\,\text{V} - U_{\text{CE}}.$$

Gehen wir im Koordinatensystem vom Punkt S aus auf der Spannungsachse nach links, so wächst die Spannung von Null beginnend. Da der Lastwiderstand ein ohmscher Widerstand ist, wächst die Stromstärke im Lastwiderstand proportional zu dieser Spannung, bis sie bei der Spannung 9,3 V die Größe 30 mA erreicht hat. Die Strom-Spannung-Kennlinie des Lastwiderstandes ist also eine Gerade durch S und D; man nennt sie die *Arbeitsgerade des Transistors* für die vorgegebenen Betriebsverhältnisse. Die Arbeitsgerade schränkt die möglichen Betriebszustände des Transistors, die durch Punkte im I_{C}-U_{CE}-Koordinatensystem gegeben sind, ein.

Als Beispiel wählen wir wieder die Änderung des Basisstromes von 0,1 mA auf 0,2 mA. Die I_{C}-U_{CE}-Kennlinie für $I_{\text{B}} = 0{,}1$ mA schneidet die Arbeitsgerade in einem Punkt mit den Betriebsdaten $U_{\text{CE}} = 6{,}6$ V und $I_{\text{C}} = 11$ mA. Die I_{C}-U_{CE}-Kennlinie für $I_{\text{B}} = 0{,}2$ mA schneidet die Arbeitsgerade in einem Punkt mit den Betriebsdaten $U_{\text{CE}} = 3{,}75$ V und $I_{\text{C}} = 20$ mA. Wir sehen zunächst, daß wegen der größeren Kollektorstromstärke der Spannungsabfall am Lastwiderstand größer und daher die Kollektorspannung kleiner geworden ist. Es ist nicht mehr möglich, den Basisstrom bei fester Kollektorspannung zu verändern. Daher erhalten wir einen kleineren Stromverstärkungsfaktor; er ist jetzt

$$\beta = \frac{\Delta I_{\text{C}}}{\Delta I_{\text{B}}} = \frac{9\,\text{mA}}{0{,}1\,\text{mA}} = 90.$$

Nun ist aber die *Leistungsverstärkung* nicht nur proportional zum Stromverstärkungsfaktor, sondern auch noch proportional zur Spannungsschwankung am Lastwiderstand. In unserem Beispiel ändert sich die Spannung am Lastwiderstand von $10\,\text{V} - 6{,}6\,\text{V} = 3{,}4\,\text{V}$ auf $10\,\text{V} - 3{,}75\,\text{V} = 6{,}25\,\text{V}$, d. h. um 2,85 V. Würden wir durch einen anderen Lastwiderstand eine andere, z.B. eine flachere Arbeitsgerade festlegen, so hätte das eine weitere Verkleinerung des Stromverstärkungsfaktors, aber eine Vergrößerung der Spannungsschwankung am Lastwiderstand zur Folge. Für eine maximale Leistungsverstärkung muß man die Arbeitsgerade also möglichst günstig legen und danach den Lastwiderstand berechnen.

Abgesehen von dem Ziel, die Arbeitsgerade möglichst günstig zu legen, ist man in der Wahl der Arbeitsgeraden auch sonst nicht ganz frei. Wenn nämlich der Transistor bei der Kollektorspannung U_{CE} vom Kollektorstrom I_{C} durchflossen wird, so setzt sich die Stromleistung

$$P = U_{\text{CE}} \cdot I_{\text{C}}$$

in Wärmeleistung um. Bei zu großer Erwärmung wird aber das Kristallgitter der Halbleitersubstanzen und somit der Transistor zerstört. Man nennt die maximale Stromleistung

$$P = U_{\text{CE}} \cdot I_{\text{C}},$$

die nicht überschritten werden darf, auch die *totale Verlustleistung* des Transistors. In unserem Beispiel beträgt sie $P = 150$ mW. Die totale Verlustleistung kann durch verschiedene I_{C}-U_{CE}-Größenpaare verwirklicht werden. In der nachfolgenden Tabelle sind einige dieser Größenpaare angeführt.

I_{C} =	15 mA	20 mA	30 mA	40 mA	50 mA
U_{CE} =	10 V	7,5 V	5 V	3,75 V	3 V

Trägt man die Größenpaare als Punkte in das Kennlinienfeld ein und verbindet sie durch eine Kurve, so erhält man die *Verlustleistungs-Hyperbel* für die totale Verlustleistung des betreffenden Transistors. Die Arbeitsgerade muß immer unterhalb dieser Hyperbel liegen, sie darf die Hyperbel nicht schneiden.

Zu den Angaben, die den Transistortyp charakterisieren, gehört neben den speziellen Betriebsdaten noch eine Aussage über das Material und die Einsatzmöglichkeiten des Transistors. Transistoren werden mit Buchstaben und Kennziffern bezeichnet, z. B. AF 121 oder BCY 59.

Der *erste Buchstabe* kennzeichnet das *Halbleitermaterial*:

A = Germanium B = Silizium.

Der *zweite Buchstabe* kennzeichnet die *Einsatzmöglichkeit*:

C = Tonfrequenz, kleine Leistung D = Tonfrequenz, große Leistung
F = Hochfrequenz, kleine Leistung L = Hochfrequenz, große Leistung
S = Schalttransistor, kleine Leistung U = Schalttransistor, große Leistung.

Weitere Buchstaben und Ziffern dienen der Katalogisierung, sie enthalten keine technischen Angaben.

Die Transistoren haben die Elektronenröhren an vielen Stellen verdrängt. Sie haben diesen gegenüber die *folgenden Vorteile*:

1. Es ist keine Heizung und damit auch keine Anheizzeit erforderlich.
2. Die durchschnittliche Lebensdauer ist bei Transistoren erheblich größer als bei Röhren. Transistoren sind insbesondere unempfindlicher gegen Stöße und mechanische Beanspruchungen.
3. Die Transistoren sind bedeutend kleiner als die Elektronenröhren und ermöglichen dadurch den Bau miniaturisierter Geräte.
4. Der Wirkungsgrad eines Transistors ist höher als der einer entsprechenden Röhre. Es entsteht im Transistor weniger Wärme als in der Röhre.
5. Transistoren benötigen erheblich kleinere Spannungen als Elektronenröhren. Dann können aber auch die übrigen Schaltelemente, wie Widerstände, Transformatoren und Kondensatoren, entsprechend kleiner sein.

5.8.5 Halbleiterschaltkreise

Halbleiterbauelemente wie Dioden und Transistoren finden seit den vierziger Jahren des 20. Jahrhunderts in zunehmendem Umfang Verwendung in der Nachrichtentechnik, der Unterhaltungselektronik, der Meßtechnik und der Regelungstechnik. Ohne sie wären Computer und Elektronenrechner zur Datenverarbeitung mit den heute üblichen Speicherkapazitäten und den vergleichsweise geringen Abmessungen der Geräte gar nicht möglich. Die Fülle der Verwendungsmöglichkeiten ist bereits so groß, daß eine eigene, umfangreiche Spezialliteratur darüber entstanden ist. Wenn wir hier einige *Beispiele* für Standardschaltungen anführen, so kann es sich nur um eine sehr kleine Auswahl im Rahmen der Möglichkeiten dieses Buches handeln.

1. Die GRAETZ-*Schaltung*

Versuch 612.1 Wir schalten nach Abb. 612.1 vier Halbleiterdioden D_1, D_2, D_3, D_4 zu einer Brückengleichrichtung oder GRAETZ-Schaltung zusammen. In die Schaltung wird ein Widerstand und ein Amperemeter gelegt. Zusätzlich kann man an die Endpunkte des Widerstandes die *y*-Ablenkplatten eines Oszilloskops legen. Das Stromversorgungsgerät liefert sinusförmigen Wechselstrom (Abb. 612.2a). Wir beobachten das Amperemeter bzw. die Aufzeichnung des Oszilloskops.

Abb. 612.1 GRAETZ-Schaltung für Gleichrichtung

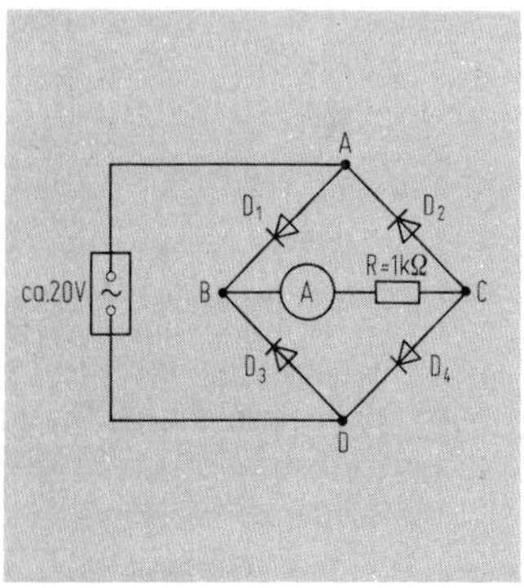

Abb. 612.2 Die GRAETZ-Schaltung liefert bei Wechselspannung pulsierenden Gleichstrom; dieser kann mit Hilfe eines Kondensators geglättet werden.

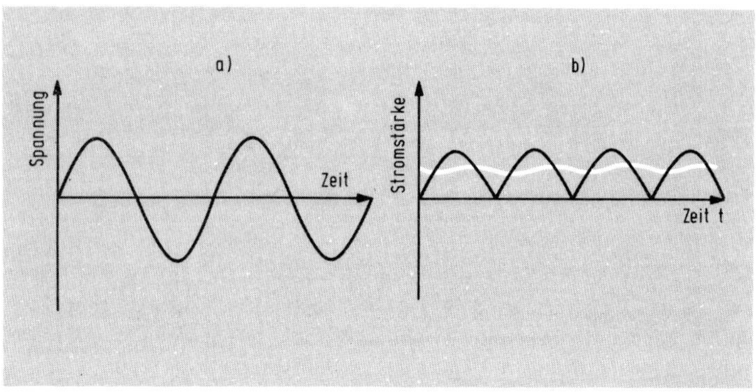

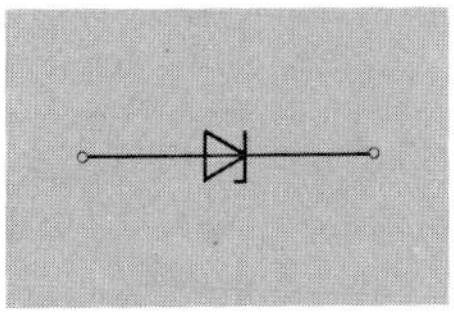

Abb. 613.1
Schaltsymbol einer ZENER-Diode

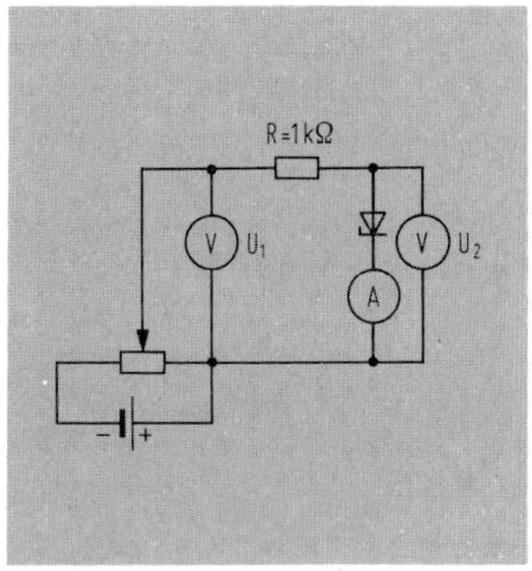

Abb. 613.2
Spannungsstabilisierung mit einer ZENER-Diode

Das Amperemeter zeigt eine konstante Stromstärke an. Das Oszilloskop gibt den Verlauf der Stromstärke genauer wieder. Es handelt sich um einen pulsierenden Gleichstrom. Die Stromkurve geht aus einer Wechselstromkurve durch Spiegelung der negativen Anteile an der Zeitachse hervor (Abb. 612.2b).

Die Wirkungsweise der GRAETZ-Schaltung ist leicht zu durchschauen. Ist während einer Halbperiode der obere Pol der Wechselspannungsquelle positiv, so nimmt der Strom den Weg über *ABCD*, da für diesen Fall die Dioden D_1 und D_4 in Durchlaßrichtung, die Dioden D_2 und D_3 dagegen in Sperrichtung geschaltet sind. In der folgenden Halbperiode ist der obere Pol der Wechselspannungsquelle negativ; dann nimmt der Strom den Weg über *DBCA*, denn für diesen Fall haben die Dioden D_3 und D_2 Durchlaßrichtung, die Dioden D_4 und D_1 dagegen Sperrichtung. In jeder Halbperiode fließt also der Strom von *B* nach *C* durch das Amperemeter.

Schaltet man parallel zum Widerstand *R* einen Kondensator (etwa 10 µF), so wird die Stromkurve geglättet (Abb. 612.2b, weiße Kurve). Der Kondensator speichert nämlich so viel Ladung und hat eine so große Entladezeit, daß er noch Strom liefern kann, wenn die Wechselspannungskurve durch ihre Nullpunkte geht.

2. Spannungsstabilisierung durch die ZENER-Diode

In der Elektronik werden häufig konstante Gleichspannungen benötigt. Spannungsschwankungen können aber schon durch Belastung von Spannungsquellen auftreten, weil deren Innenwiderstand bei Stromentnahme einen Spannungsabfall hervorruft. Das Ziel einer Spannungsstabilisierung ist es nun, automatisch Spannungsschwankungen auszugleichen. Man macht sich dabei den früher besprochenen ZENER-Effekt zunutze, der darin besteht, daß eine in Sperrichtung geschaltete Halbleiterdiode im ZENER-Bereich eine hohe Sperrstromstärke liefert (Abb. 607.2). Dieser Effekt ist besonders bei Silizium-Flächendioden scharf ausgeprägt. Man nennt solche Dioden auch ZENER-*Dioden* oder kurz *Z-Dioden* und verwendet für sie das in Abb. 613.1 dargestellte Schaltsymbol.

Mit einer solchen ZENER-Diode führen wir folgenden Versuch durch:

Versuch 613.1 Wir stellen die Schaltung nach Abb. 613.2 her. Die Spannung von ca. 0 bis 10 V entnehmen wir einem Akku oder einem geregelten Netzgerät. Bei Verwendung des Akkus schalten wir einen Spannungsteiler parallel zur Spannungsquelle. In Reihe zur ZENER-Diode schalten wir ein Amperemeter mit dem Meßbereich 10 mA. Parallel zum Abgriff des Spannungsteilers und zur ZENER-Diode wird je ein Spannungsmesser mit dem Meßbereich 10 V geschaltet. Wir ändern nun die Eingangsspannung U_1 kontinuierlich von 0 bis 10 V und beobachten dabei die Meßinstrumente.

Der Versuch zeigt, daß bei wachsender Spannung U_1 zunächst kein Strom durch die ZENER-Diode fließt. Die Spannung U_2 wächst mit U_1 bis etwa 6,3 V. Bei weiterer Erhöhung der Spannung U_1 zeigt das Amperemeter Strom an, der mit wachsender Spannung U_1 ansteigt. Die Spannung U_2 bleibt konstant, sie ist ab 6,3 V also stabilisiert.

Zur Erklärung des Versuchsergebnisses beachten wir, daß der Widerstand *R* und die ZENER-Diode hintereinander geschaltet sind. An der Kennlinie der Diode (Abb. 607.2), die in der angegebenen Schaltung in Sperrichtung liegt, sehen wir, daß bei geringen Sperrspannungen praktisch kein Strom fließt. Die Diode wirkt also wie ein offener Schalter, so daß die Eingangsspannung U_1 auch noch hinter dem Widerstand *R* liegt und mit

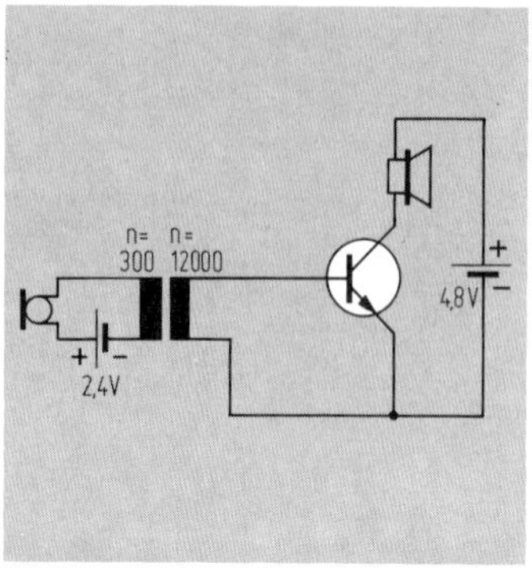

Abb. 614.1 Emitterschaltung für Niederfrequenzverstärkung

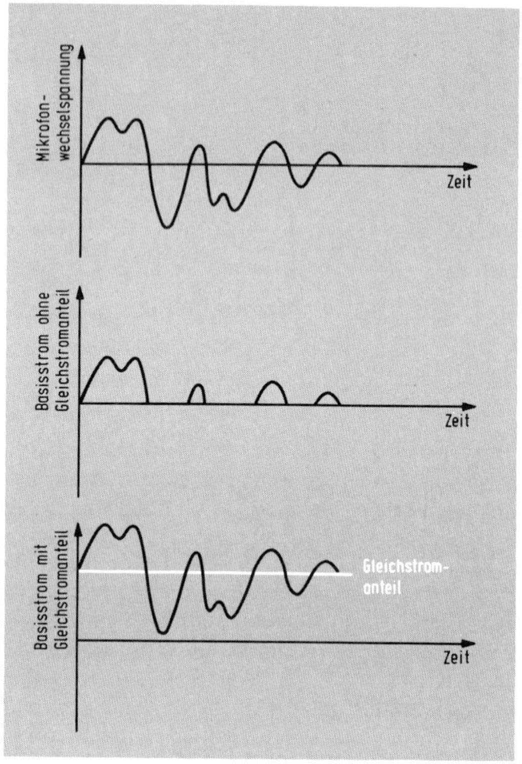

Abb. 614.2
Nur mit Gleichstromüberlagerung im Eingangskreis werden die Mikrofonschwingungen vollständig in Basisstromschwankungen umgesetzt.

dem zweiten Spannungsmesser voll als Ausgangsspannung U_2 gemessen wird. Von einer bestimmten Spannung ab, die für die hier verwendete Diode 6,3 V beträgt, tritt man in den ZENER-Bereich der Dioden-Kennlinie ein. Die Diode wird stromdurchlässig. Da dieser Strom auch durch den Widerstand R fließt, tritt am Widerstand R ein Spannungsabfall auf. Die Differenzspannung zwischen Eingangsspannung und Spannungsabfall liegt an der ZENER-Diode. Diese Spannung ändert sich aber praktisch nicht mehr, wie man an der Dioden-Kennlinie sieht. Vergrößerung der Spannung U_1 hat eine größere Stromstärke im Stromkreis, d.h. auch in der ZENER-Diode, zur Folge. Da deren Kennlinie in diesem Gebiet aber steil abfällt, entsprechen vergrößerten Stromstärken praktisch keine vergrößerten Spannungen mehr.

Da die Ausgangsspannung die ZENER-Spannung der betreffenden ZENER-Diode ist, hängt diese Spannung von der betreffenden Diode ab. Es läßt sich auf diese Weise also nur eine bestimmte Spannung stabilisieren.

3. Der Verstärker

Die Verstärkereigenschaften des Transistors haben wir schon ausführlich besprochen. Wir wollen an dieser Stelle die Emitterschaltung in einfachster Weise zur *Niederfrequenzverstärkung* abwandeln.

Versuch 614.1 Nach Abb. 614.1 bauen wir eine Emitterschaltung für Niederfrequenzverstärkung auf. In den Eingangskreis kommt die Sekundärspule eines Trafos, an den primärseitig ein Kohlekörnermikrofon-Stromkreis angeschlossen ist. Wir erhalten so eine Wechselspannungsquelle, wenn Schallschwingungen auf die Membran treffen. In den Ausgangskreis setzen wir an die Stelle des Lastwiderstandes einen hochohmigen Lautsprecher. Die Schaltung wird durch den Widerstand $R = 1\,\mathrm{M}\Omega$ ergänzt. Dann schlagen wir vor dem Kohlekörnermikrofon eine Stimmgabel an.

Der Versuch zeigt eine deutliche Verstärkung des Stimmgabeltones.

Wir wollen noch die Bedeutung des Widerstandes R erörtern. Die Batterie hat hier zwei Aufgaben. Einmal wirkt sie als Spannungsquelle für den Ausgangskreis, zum anderen bildet sie mit dem Widerstand R und dem Transistor einen Stromkreis, in dem zunächst ein konstanter Basisstrom fließt. Der Widerstand ist in diesem Stromkreis ein Vorwiderstand, der den Basisstrom begrenzen soll. Andererseits ist ein Gleichstrom ausreichen-

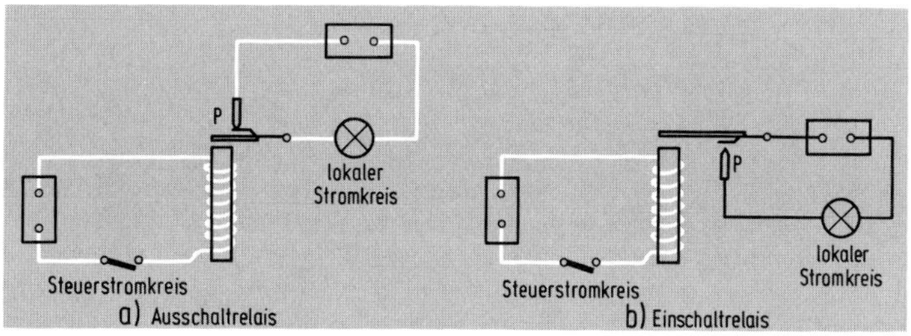

Abb. 615.1 Schaltskizzen für Relais. a) Ausschaltrelais; b) Einschaltrelais.

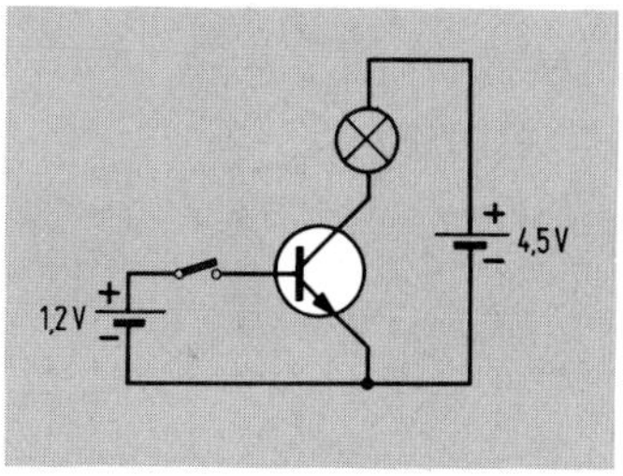

Abb. 615.2 Der Transistor als elektronischer Schalter

der Stärke erforderlich, weil nur dann eine vollständige Umsetzung der Mikrofonschwingungen in Basisstromschwankungen erfolgen kann, ohne daß die Basis auf negatives Potential fällt und damit der Transistor sperrt (Abb. 614.2).

4. Der elektronische Schalter

Ein Schalter mit Verstärkereigenschaften wird als Relais bezeichnet. Zur Wirkungsweise eines Relais führen wir zunächst einen Versuch mit einem Elektromagneten durch.

Versuch 615.1 Die in Abb. 615.1 dargestellte Schaltung enthält zwei getrennte Stromkreise. Der erste Kreis, der als der Fernsteuerkreis bezeichnet wird, besteht aus einem Stromversorgungsgerät, einer Spule mit Weicheisenkern und einem Schalter. Der zweite Stromkreis, den man den lokalen Stromkreis nennt, enthält ebenfalls ein Stromversorgungsgerät; außerdem ist eine Glühlampe vorhanden, die anzeigen soll, ob ein elektrischer Strom fließt. Dieser lokale Kreis kann durch einen Kontaktstift und eine Kontaktfeder bei *P* geschlossen bzw. geöffnet werden. Die beiden Stromkreise stehen insofern miteinander in Verbindung, als die Kontaktfeder des lokalen Kreises durch den Elektromagnet des Steuerkreises so bewegt werden kann, daß ein Schließen oder Öffnen des lokalen Kreises erfolgt. Dabei sind zwei Anordnungen möglich:

a) Solange im Steuerkreis kein Strom fließt, ist der lokale Stromkreis geschlossen (Abb. 615.1a).
b) Solange im Steuerkreis kein Strom fließt, ist der lokale Stromkreis geöffnet (Abb. 615.1b).

Wenn man den Steuerstromkreis schließt, so wird der Elektromagnet betätigt. Dieser zieht die Kontaktfeder des lokalen Stromkreises an und bewirkt auf diese Weise bei der ersten Anordnung eine Unterbrechung und bei der zweiten Anordnung eine Schließung des lokalen Stromkreises. Man spricht im ersten Falle von einem *Ausschaltrelais* oder einem *Relais mit Ruhekontakt* und im zweiten Falle von einem *Einschaltrelais* oder einem *Relais mit Arbeitskontakt*.

Die Verstärkereigenschaft der Schaltung besteht darin, daß die Stromstärke im Steuerstromkreis sehr gering sein kann. Diese Stromstärke reicht aus, um den Elektromagneten in Tätigkeit zu setzen, sie würde nicht ausreichen, um eine Glühlampe zum Leuchten zu bringen oder einen Elektromotor anlaufen zu lassen. Der lokale Stromkreis hat dagegen seine eigene Stromversorgung. Diese kann auf jeden Fall so dimensioniert werden, daß der Betrieb beliebiger Elektrogeräte möglich ist. Mit einem geringen Eingangsstrom kann also mit Hilfe der Relaisschaltung ein Stromkreis mit großer Stromstärke gesteuert werden.

Mit Hilfe eines Transistors kann man die Relaisschaltung elektronisch aufbauen. Als Beispiel führen wir den Versuch für den Einschaltvorgang durch.

Versuch 615.2 Wir stellen einen elektronischen Schalter nach Abb. 615.2 her. Als Spannungsquelle für den Steuerstromkreis wählen wir eine Zelle eines Ni-Cd-Akkus mit 1,2 V Spannung. Die kleine Eingangsspannung reicht nicht aus, um eine Glühlampe mit den Betriebsdaten 3,8 V; 0,07 A zum Leuchten zu bringen. Diese Glühlampe setzen wir in den Ausgangskreis des Transistors. Als Spannungsquelle verwenden wir im Ausgangskreis eine 4,5-V-Batterie.

Der Versuch zeigt, daß beim Schließen des Schalters die Glühlampe im Ausgangskreis leuchtet. Der Transistor ist also ein elektronischer Schalter mit Verstärkereigenschaft. Die Wirkungsweise ist nach der früher besprochenen Emitterschaltung unmittelbar verständlich. Beim Einschalten erhält die Basis positives Potential. Die Grenzschicht zwischen Basis und Emitter wird abgebaut, so daß jetzt bei dem hier verwendeten *npn*-Transistor Elektronen von der 4,5-V-Batterie über den Emitter in die Basis einfließen und weiterhin in den Kollektor-

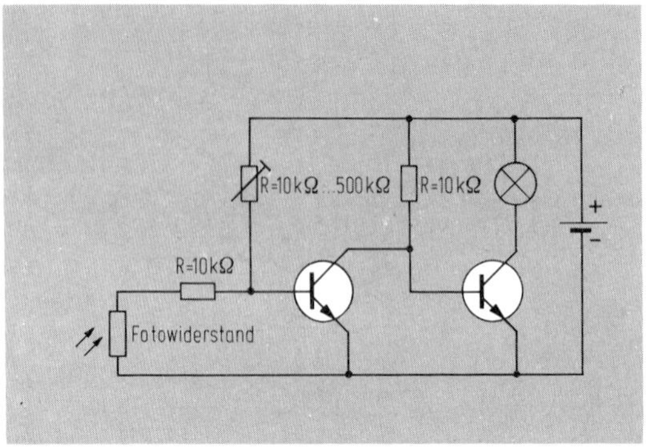

Abb. 616.1 Schaltung einer Lichtschranke

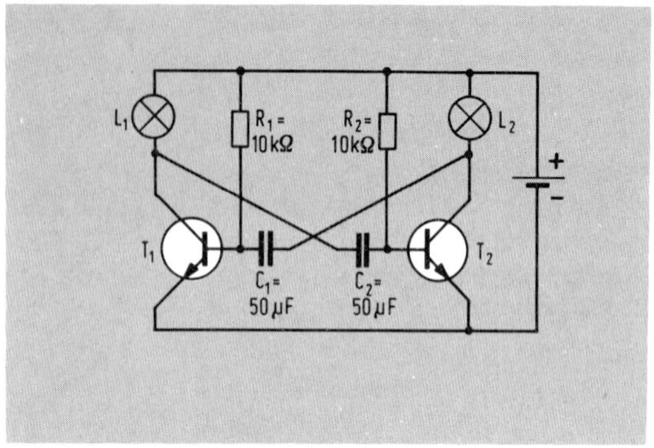

Abb. 616.2 Astabile Kippschaltung

kreis eindringen können. Von ihnen sind – wie früher ausgeführt wurde – fast alle Elektronen am Kollektorstrom, der die Glühlampe durchsetzt, beteiligt. Nur ein geringer Anteil bildet den Basisstrom. Im elektronischen Schalter steuert also ein geringer Basisstrom einen starken Kollektorstrom.

5. Die Lichtschranke

Lichtschranken enthalten einen Fotowiderstand, dessen elektrischer Widerstand bei Bestrahlung mit Licht wesentlich geringer ist als im Dunkelzustand. Sie schalten bei Unterbrechung eines Lichtstrahls einen Stromkreis ein oder aus (Abb. 616.1), z. B. bei Rolltreppen und Autoaufzügen.

Versuch 616.1 Der Fotowiderstand wird mit einer Experimentierlampe angestrahlt. Der veränderbare Widerstand wird so eingestellt, daß die Glühlampe gerade aufleuchtet. Unterbrechen wir den Lichtstrahl, so erlischt die Lampe.

Der veränderbare Widerstand liegt mit dem linken 10-kΩ-Widerstand und dem Fotowiderstand in Spannungsteilerschaltung. Bei Lichteinfall ist der Fotowiderstand und damit auch das positive Potential an der Basis des linken Transistors gering. Der Widerstand des linken Transistors ist daher groß. Da der linke Transistor mit dem rechten 10-kΩ-Widerstand in Spannungsteilerschaltung liegt, ist das positive Potential an der Basis des rechten Transistors groß; der rechte Transistor ist durchgeschaltet. Bei Lichtunterbrechung kehren sich die Verhältnisse um. Setzt man zwei Drehspulvoltmeter in die Schaltung ein, kann man die wechselnden Potentiale beobachten.

6. Die astabile Kippschaltung

In der Elektronik spielen *Kippschaltungen* oder sog. *Multivibratoren* eine große Rolle. Sie finden vielfältige technische Anwendungen wie z.B. in Blinklichtanlagen. Unter einer Kippschaltung verstehen wir zwei gekoppelte Schaltkreise, die abwechselnd stromführend sind. Wir führen zunächst einen Versuch durch.

Versuch 616.2 Nach Abb. 616.2 schalten wir zwei Transistoren T_1 und T_2 mit zwei Kondensatoren C_1 und C_2 und zwei Widerständen R_1 und R_2 zusammen. Die Glühlampen in der Schaltung zeigen an, welcher Teil der Schaltung stromführend ist.

Der Versuch zeigt, daß die Glühlampen im gleichmäßigen Wechsel aufleuchten. Zur Erklärung dieser Beobachtung betrachten wir zunächst die Kondensatoren C_1 und C_2, die wir uns anschaulich als Plattenkondensatoren vorstellen. Die Kondensatoren wechseln nämlich ihren Ladungszustand, je nachdem, ob die Transistoren stromführend oder gesperrt sind. Um das für den Kondensator C_2 einzusehen, stellen wir zunächst fest, daß die Glühlampe L_1 und der Transistor T_1 sich in Hintereinanderschaltung an der Spannungsquelle befinden.

Ist der Transistor T_1 stromführend, so fällt ein großer Teil der Betriebsspannung an der Glühlampe L_1 ab, die für den Transistor T_1 ein Lastwiderstand in der Kollektorleitung ist. Wir können diesen Sachverhalt auch am Kennlinienfeld (Abb. 609.1) erkennen. Die Spannung U_{CE} wird um so geringer, je größer der Kollektorstrom wird; im Kennlinienfeld bewegt man sich dabei auf der Arbeitsgeraden von rechts unten nach links oben.

Im Zustand starker Stromführung unterscheiden sich die Potentiale von Emitter und Kollektor nur wenig. Das heißt aber für die linke Platte des Kondensators C_2, die ja am Kollektor des Transistors T_1 liegt, daß sie nahezu auf dem Emitterpotential des Transistors T_1 liegt. Wenn der Transistor völlig durchgeschaltet ist, liegt die linke Platte des Kondensators C_2 praktisch am Minuspol der Betriebsspannungsquelle.

Zur Kontrolle können wir einen Spannungsmesser zwischen die linke Platte des Kondensators C_2 und den Minuspol der Betriebsspannungsquelle legen. Wir messen dann zwischen diesen Punkten eine so geringfügige Spannung, daß die Ausdrucksweise *praktisch am Minuspol* berechtigt ist. Wir wollen diese Ausdrucksweise hier und bei der im folgenden beschriebenen bistabilen Kippschaltung der Kürze halber verwenden und weisen noch einmal darauf hin, daß alle Spannungen, von denen in der Beschreibung der Kippschaltungen die Rede ist, während des Betriebes dieser Schaltungen mit Demonstrations-Drehspulgeräten in ihrem zeitlichen Verlauf verfolgt werden können.

Ist der Transistor T_1 dagegen gesperrt, so ist der Kollektorstrom Null (Punkt S auf der Arbeitsgeraden). Jetzt liegt die volle Betriebsspannung als Spannung U_{CE} am Transistor, und über die Glühlampe L_1, durch die ja kein Strom fließt, ist kein Spannungsabfall möglich. Das bedeutet für die linke Platte des Kondensators C_2, daß sie mit dem Pluspol der Betriebsspannungsquelle verbunden ist. Genau die gleichen Überlegungen gelten natürlich für den Kondensator C_1 und den Transistor T_2, weil die Schaltung symmetrisch aufgebaut ist.

Nach diesen Vorbetrachtungen können wir uns jetzt die wechselseitig periodische Stromführung der Glühlampen L_1 und L_2 deutlich machen. Nehmen wir an, daß zu irgendeinem Zeitpunkt der Transistor T_1 gerade durchlässig wird. Der Kondensator C_2 kommt mit seiner linken Platte dabei nahezu auf das Emitterpotential des Transistors T_1. Die Platte wird negativ geladen und zieht dadurch positive Ladungen auf die rechte Platte, was einem Wegdrücken von Elektronen gleichkommt. Diese Elektronen könnten nun über den Widerstand R_2 zum Pluspol der Spannungsquelle gelangen. Wenn aber der Widerstand R_2 sehr groß ist, nehmen sie augenblicklich den bequemeren Weg zur Basis des Transistors T_2. Seine Basis wird dadurch negativ, d.h., der Transistor T_2 sperrt, und die Glühlampe L_2 erhält keinen Kollektorstrom vom Transistor T_2. Welche Rückwirkung hat dieser Vorgang nun auf den Transistor T_1? Infolge der Sperrung des Transistors T_2 fällt die Betriebsspannung über diesem Transistor ab, und beide Kontakte der Glühlampe L_2 erhalten dasselbe positive Potential. Dadurch gelangt der Kondensator C_1 mit seiner rechten Platte an den Pluspol. Die positive rechte Platte zieht Elektronen auf die linke Platte. Da die linke Platte des Kondensators C_1 mit der Basis des Transistors T_1 verbunden ist, werden diese Elektronen aus der Basis des Transistors T_1 abgezogen, d.h., die Basis von Transistor T_1 wird stark positiv. Der Transistor T_1 wird jetzt voll durchgeschaltet (Punkt D auf der Arbeitsgeraden). Das heißt zusammengefaßt: Wenn die Glühlampe L_1 leuchtet, ist die Glühlampe L_2 dunkel.

Dieser Zustand bleibt aber nicht erhalten, er ist vielmehr *astabil*. Die Elektronen, die durch das Hineinfließen in die Basis des Transistors T_2 zur Sperrung dieses Transistors führten, fließen im Laufe der Zeit über den Widerstand R_2 auf den Pluspol der Betriebsspannungsquelle ab. Wenn dieser Vorgang weit genug fortgeschritten ist, wird dieser Transistor stromführend. Dadurch tritt ein Spannungsabfall an der Glühlampe L_2 auf, so daß der untere Kontakt der Glühlampe L_2 und somit auch die rechte Platte des Kondensators C_1 nahezu auf das Emitterpotential gelangen. Das ergibt einen Stromstoß durch den Kondensator C_1, durch den die Basis des Transistors T_1 negativ wird. Der Kondensator C_1 ist nach diesem Kippvorgang umgeladen und der Transistor T_1 gesperrt. Wegen der Sperrung des Transistors T_1 kommt der untere Kontakt der Glühlampe L_1 und damit auch die linke Platte des Kondensators C_2 auf positives Potential. Der Kondensator C_2 wird dadurch umgeladen, der Transistor T_2 voll durchgeschaltet. Jetzt leuchtet die Glühlampe L_2, und die Glühlampe L_1 ist dunkel. Nun wiederholt sich der ganze Vorgang in anderer Richtung.

Die Kippfrequenz hängt natürlich von der Kapazität der Kondensatoren ab. Große Kapazität verlängert die Zeit für die Umladevorgänge bei den Kondensatoren. Wir können das experimentell überprüfen, indem wir die Kondensatoren mit den Kapazitäten 50 μF durch Kondensatoren mit den Kapazitäten 100 μF austauschen.

Ersetzt man die eine Glühlampe durch einen entsprechend großen einfachen Widerstand, so erhält man eine Blinkschaltung, wie sie bei Fahrtrichtungsblinkern oder Warnblinkanlagen verwendet wird.

7. *Die bistabile Kippschaltung*

Für die Speicherung von Informationen in der Rechenelektronik und Computertechnik werden Schaltungen gebraucht, die so lange einen stabilen Zustand annehmen, bis ein neuer Spannungsimpuls diesen Zustand ändert. Die Grundschaltung dazu ist die *bistabile Kippschaltung*, die auch *Flip-Flop* genannt wird. Abb. 618.1 gibt eine einfache Schaltung dieser Art wieder, die wir in einem Versuch auf ihre Schaltzustände untersuchen.

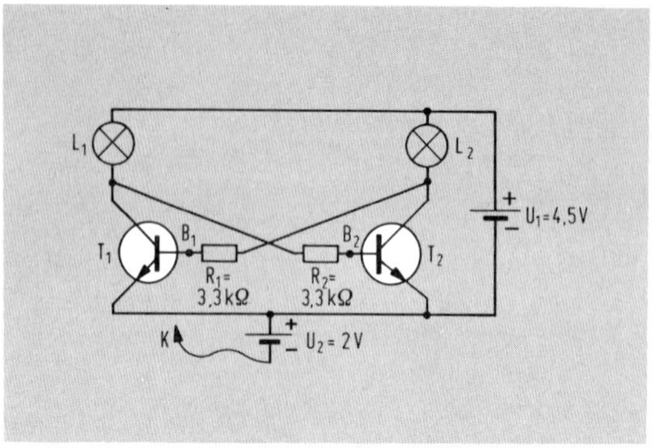

Abb. 618.1
Bistabile Kippschaltung

Versuch 618.1 Wir stellen die Schaltung nach Abb. 618.1 her und stellen zunächst fest, daß eine der beiden Glühlampen leuchtet. Es sei die Glühlampe L_1. Wir tippen jetzt kurzzeitig mit dem Kontakt K die Basis B_1 an, danach die Basis B_2.

Der Versuch zeigt, daß kurzzeitiges Antippen des mit dem negativen Pol der Spannungsquelle U_2 verbundenen Kontaktes K an die Basis des stromführenden Transistors die leuchtende Glühlampe erlöschen und die bis dahin dunkle Glühlampe aufleuchten läßt. Die beiden Zustände (Leuchten – Nichtleuchten) sind jeweils so lange stabil, bis wieder die entsprechende Basis kurzzeitig angetippt wird. Deshalb heißt diese Schaltung im Gegensatz zur astabilen Kippschaltung bistabile, d. h. zweifach stabile Kippschaltung.

Zur Erläuterung der Schaltvorgänge gehen wir von dem Zustand der leuchtenden Glühlampe L_1 aus. Da die Glühlampe L_1 leuchtet und die Glühlampe L_2 dunkel ist, muß in diesem Zustand der Transistor T_1 durchgeschaltet, der Transistor T_2 dagegen gesperrt sein. Deshalb liegt, wie wir schon bei der astabilen Kippschaltung überlegt haben, der untere Kontakt der Glühlampe L_1 praktisch am Minuspol und der untere Kontakt der Glühlampe L_2 praktisch am Pluspol der Betriebsspannungsquelle U_1. Zugleich liegt wegen der Verbindung über den Widerstand R_1 die Basis B_1 auf positivem Potential und wegen der Verbindung über den Widerstand R_2 die Basis B_2 auf negativem Potential. Tippen wir nun die Basis B_1 mit dem Kontakt K an, so gelangt der Minuspol der Spannungsquelle U_2 an die Basis B_1. Sofortige Sperrung des Transistors T_1 und Erlöschen der Glühlampe L_1 ist die Folge. Ist der Transistor aber erst einmal gesperrt, so liegt der untere Kontakt der Glühlampe L_1 praktisch am Pluspol der Spannungsquelle und dadurch ein positives Potential an der Basis B_2. Der Transistor T_2 wird augenblicklich durchgeschaltet, und die Glühlampe L_2 leuchtet. Von diesem Zustand ausgehend, bewirkt kurzes Antippen des Kontaktes K an die Basis B_2 den spiegelbildlichen Vorgang, so daß dann der ursprüngliche Zustand der leuchtenden Glühlampe L_1 und der dunklen Glühlampe L_2 wiederhergestellt ist.

Polen wir die Spannungsquelle U_2 um und tippen den nun mit dem positiven Pol verbundenen Kontakt K an die Basis des gesperrten Transistors (dunkle Glühlampe), so wird der Transistor durchgeschaltet; die vorher dunkle Glühlampe leuchtet, und die vorher leuchtende Glühlampe erlischt.

Ergänzend sei noch bemerkt, daß trotz der symmetrischen Anordnung der elektronischen Bauelemente in der Schaltung nach Abb. 618.1 die Schaltung niemals ideal symmetrisch sein kann, weil sich innerhalb geringer Toleranzen doch kleine Abweichungen zwischen Bauelementen gleicher Bauart und Größe ergeben. Diese geringfügige Abweichung von der idealen Symmetrie führt dazu, daß nach dem Einschalten der bistabilen Kippschaltung nur eine der beiden Glühlampen leuchtet.

5.9 Elektromagnetische Schwingungen und Wellen

5.9.1 Der elektrische Schwingkreis

Einen elektrischen Schwingkreis erhält man, wenn man einen Kondensator und eine Spule in der in Abb. 619.1 dargestellten Schaltung verbindet. Da der Kondensator durch seine *Kapazität* und die Spule durch ihre *Induktivität* gekennzeichnet wird, sagt man auch, daß der Schwingkreis aus Kapazität und Induktivität besteht.

Um mit Hilfe des Schwingkreises eine elektrische Schwingung erzeugen zu können, müssen wir den Kondensator kurzzeitig aufladen. Nachdem die Spannungsquelle wieder vom Kondensator entfernt ist, setzen die Schwingungen ein. Prinzipiell könnte man die Spannung am Kondensator mit einem elektrostatischen Spannungsmesser und den Strom im Schwingkreis mit einem Drehspulgerät messen. Da diese Meßwerke aber mechanisch zu träge sind, ergänzen wir die Schwingkreisschaltung so, daß wir den zeitlichen Verlauf der Kondensatorspannung mit dem Oszilloskop sichtbar machen können.

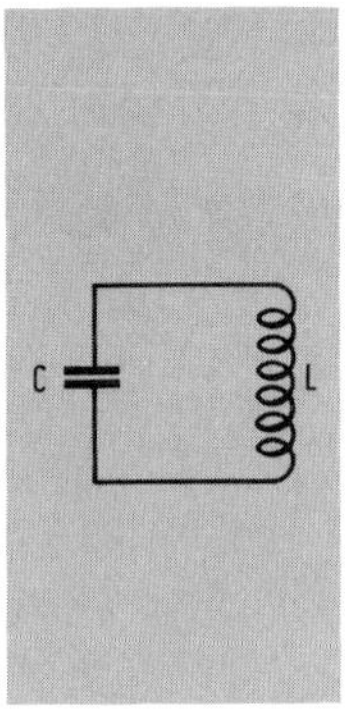

Abb. 619.1

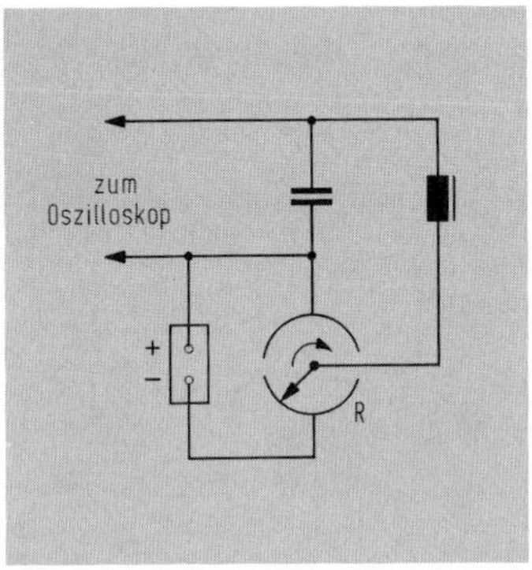

Abb. 619.2

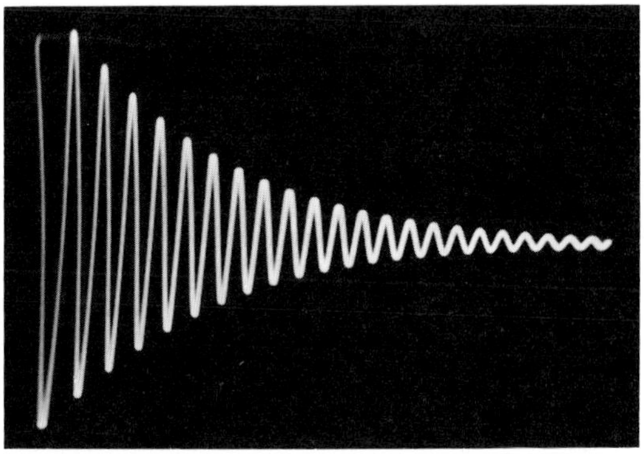

Abb. 619.3

Abb. 619.1 Ein elektrischer Schwingkreis besteht aus Kapazität C und Induktivität L.
Abb. 619.2 Schaltung zur Herstellung gedämpfter elektrischer Schwingungen
Abb. 619.3 Zeitlicher Verlauf der Spannung am Kondensator in einem gedämpften elektrischen Schwingkreis

Versuch 619.1 Wir stellen die Schaltung nach Abb. 619.2 her. R ist ein rotierender Schalter, der während einer Halbdrehung den Kondensator mit einer Gleichspannungsquelle verbindet. Während der darauffolgenden Halbdrehung ist die Spannungsquelle vom Kondensator getrennt. An den Schwingkreiskondensator sind die y-Ablenkplatten des Oszilloskops angeschlossen.

Der Schwingkreis kann auch elektronisch angeregt werden. Dann tritt an die Stelle der Gleichspannungsquelle mit rotierendem Schalter ein elektronischer Generator für Rechteckspannungen, der eine periodische Gleichspannung erzeugt (Abb. 533.2 oben).

Der Versuch führt zu dem in Abb. 619.3 dargestellten Bild auf dem Oszilloskop. Wir erkennen, daß die Spannung am Schwingkreiskondensator ihre Polung periodisch wechselt und in ihrer Amplitude abnimmt.

Um das Zustandekommen der Wechselspannung zu verstehen, verfolgen wir den Vorgang in seinen einzelnen Phasen. Wird der Kondensator geladen und mit der Spule verbunden, so fließt durch diese ein Entladestrom und erzeugt in ihr ein Magnetfeld. Dabei wird die zu Beginn des Vorganges im Kondensator gespeicherte elektrische Feldenergie in magnetische Feldenergie umgewandelt. Wenn sich der Kondensator entladen hat, wenn also die gesamte elektrische Feldenergie in magnetische Feldenergie umgewandelt ist, fließt der Strom in der ursprünglichen Richtung weiter. Das Magnetfeld der Spule befindet sich ja nicht in einem statischen Zustand, weil die Spule nicht mit Dauerstrom konstanter Stärke gespeist wird. Das Magnetfeld muß also wieder zusammenbrechen. Dabei tritt der Effekt der Selbstinduktion ein, der nach der Lenz-Regel bei abnehmendem magnetischem Fluß des Spulenfeldes zu einem Stromfluß in der ursprünglichen Richtung führt.

Der Selbstinduktionsvorgang bewirkt also eine *Trägheit* des Systems, die verhindert, daß sich die Energieumwandlungen unendlich schnell vollziehen. Der Kondensator wird durch diesen Stromfluß im zum ursprünglichen Zustand entgegengesetzten Sinne so lange aufgeladen, bis die gesamte Feldenergie des Magnetfeldes wieder auf das elektrische Feld des Kondensators übergegangen ist. Dann vollzieht sich der Vorgang in umgekehrter Richtung; mit der Entladung des Kondensators entsteht wieder ein Magnetfeld, durch dessen Zerfall der Kondensator erneut geladen wird usw. Dieser Vorgang würde unbegrenzt weiterlaufen, wenn nicht immer ein Teil der Energie durch Wärmeentwicklung in der Spule und deren Eisenkern und in den Leitungen verlorenginge (JOULE-Wärme). Wegen dieser Energieumwandlung in Wärmeenergie nehmen die Amplituden der Stromstärke im Schwingkreis und der Spannung am Kondensator laufend ab.

Dieser ganze Vorgang erinnert an die früher behandelten mechanischen Schwingungen. So wie dort die Energie laufend zwischen potentieller und kinetischer Energie hin- und herpendelt, so haben wir es hier mit einer dauernden Umwandlung von elektrischer in magnetische Energie und umgekehrt zu tun. Man spricht deshalb auch von *elektrischen Schwingungen*, und zwar in diesem Fall von *gedämpften* elektrischen Schwingungen.

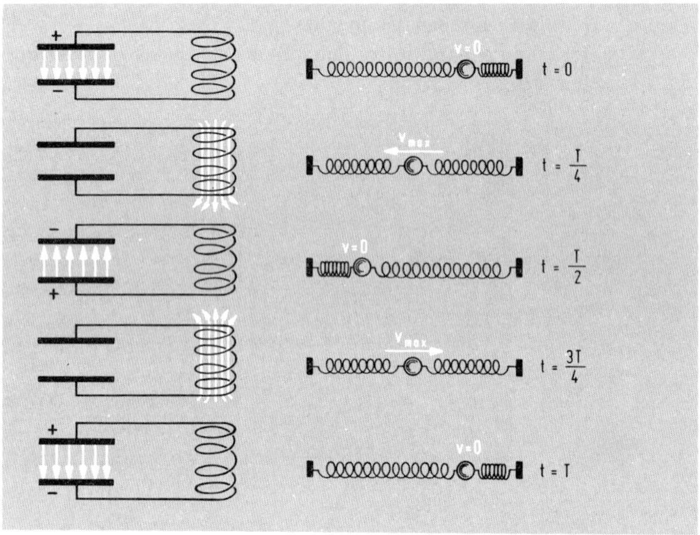

Abb. 620.1
Vergleich zwischen elektrischer und mechanischer Schwingung

In Abb. 620.1 sind die einzelnen Phasen einer elektrischen Schwingung dargestellt und mit einer mechanischen Schwingung verglichen, die dadurch zustande kommt, daß eine zwischen zwei Schraubenfedern aufgehängte Kugel hin- und herpendelt. Dem geladenen Kondensator entspricht die gespannte Feder und der elektrischen Energie des Kondensators die potentielle Energie der Feder. Den durch die Spule sich bewegenden Elektronen entspricht die sich bewegende Kugel und der magnetischen Energie des Spulenfeldes die kinetische Energie der bewegten Kugel. So wie die Kugel infolge ihrer kinetischen Energie über die Gleichgewichtslage schwingt und die Feder in entgegengesetzter Richtung spannt, so bewegen sich die Elektronen über den Zustand des Spannungsausgleichs hinaus und laden den Kondensator wieder auf. Auch die schwingende Kugel kommt wegen der durch die Reibung bedingten Umwandlung eines Teiles der Energie in Wärme allmählich zur Ruhe; sie führt also ebenfalls eine gedämpfte Schwingung aus.

Wir stellen zusammenfassend fest:

In einem aus Kondensator und Spule bestehenden elektrischen Schwingkreis werden elektrische und magnetische Energie in der gleichen Weise ineinander umgewandelt wie bei einer mechanischen Schwingung potentielle und kinetische Energie.

Wir interessieren uns nun für die Frequenz und die Schwingungsdauer einer solchen Schwingung. Der genaue Zusammenhang ergibt sich aus früheren Betrachtungen (S. 571). Wenn man den ohmschen Widerstand so klein macht, daß er vernachlässigt werden kann, dann kann in dem aus induktivem und kapazitivem Widerstand bestehenden Stromkreis ein Wechselstrom fließen, ohne daß eine Spannungsquelle vorhanden ist. Das ist aber nur möglich, wenn in dem Leiterkreis kein Wechselstromwiderstand vorhanden ist. Die

Induktivität der Spule sei L und die Kapazität des Kondensators C; dann hat dieser Leiterkreis für einen Wechselstrom der Frequenz

$$\nu = \frac{1}{2\pi\sqrt{LC}}$$

keinen Widerstand. Es ergibt sich daher:

Die Eigenfrequenz eines widerstandsfreien elektrischen Schwingkreises ist der Wurzel aus dem Produkt von Induktivität L und Kapazität C umgekehrt proportional.

Für die Schwingungsdauer T ergibt sich

$$T = 2\pi\sqrt{LC}.$$

Diese Formel wird nach ihrem Entdecker W. Thomson (1824–1907) als Thomson-Formel bezeichnet. Durch geeignete Wahl von L und C kann man elektrische Schwingungen verschiedenster Frequenzen erzeugen.

5.9.2 Die Erzeugung ungedämpfter elektrischer Schwingungen

Die im Versuch 619.1 erzeugten elektrischen Schwingungen hatten den großen Nachteil, daß sie stark gedämpft waren, weil die elektrische Energie schnell in Wärme umgesetzt wurde. Um *ungedämpfte* elektrische Schwingungen herzustellen, muß man den Energieanteil, der in Wärme umgesetzt wird, in geeigneter Form immer wieder ersetzen. Es stellt sich also das gleiche Problem wie bei der Pendeluhr. Mechanisch arbeitende Vorrichtungen sind hier aber nicht brauchbar, weil sie bei höheren Frequenzen viel zu langsam arbeiten. Dagegen bieten Elektronenröhre und Transistor die Möglichkeit einer mit dem Schwingkreis gekoppelten Steuerung der Energiezufuhr. Eine oft benutzte Schaltung ist in Abb. 621.1 dargestellt; man bezeichnet sie nach A. Meissner (1883–1958), der sie 1913 entwickelt hat, als Meissner-Rückkopplungsschaltung.

Wir besprechen diese Schaltung für den Fall der Triode. Sinngemäß gelten die Ausführungen auch für den Transistor, wenn man die Steuerfunktion des Gitterkreises der Triode mit der Steuerfunktion des Basis-Emitter-Kreises des Transistors vergleicht. In den folgenden Demonstrationsversuchen, insbesondere in denen zur Dipolstrahlung, kann der Schwingkreis eine höhere Leistung abgeben, wenn er mit einer Triode und nicht mit einem Transistor bestückt wird. Der Schwingkreis besteht aus Induktivität L und Kapazität C. In einer Trafo-Schaltung ist die Induktivität des Schwingkreises mit dem Gitter gekoppelt.

Wir bezeichnen allgemein zwei Systeme als gekoppelt, wenn sie so miteinander verbunden sind, daß sie eine Rückwirkung aufeinander ausüben. In diesem Fall sprechen wir von einer *induktiven Kopplung*. Bei richtiger Polung der Gitterspule zeigt das im Anodenkreis liegende Amperemeter einen pulsierenden Gleichstrom und das im Schwingkreis liegende Amperemeter einen Wechselstrom an. Der Scheitelwert der Wechselstromstärke nimmt nicht ab; es handelt sich also um eine ungedämpfte Schwingung des elektrischen Schwingkreises. Im einzelnen spielen sich folgende Vorgänge ab:

Beim Einschalten der Anodenspannung und der Röhrenheizung fließt im Anodenkreis ein Strom. Gleichzeitig entstehen in dem Schwingkreis elektrische Schwingungen. Dabei induziert die Schwingkreisspule in der Gitterspule eine Wechselspannung von der Frequenz des Schwingkreises, die auf das Gitter übertragen wird und bewirkt, daß nun auch der Anodenstrom im Rhythmus der Schwingung pulsiert. Ein Teil der Energie des Anodenstromkreises wird dadurch immer im richtigen Moment dem Schwingkreis zugeführt, der auf diese Weise in jeder Periode die als Wärmeverlust eingebüßte elektromagnetische Energie zurückerhält.

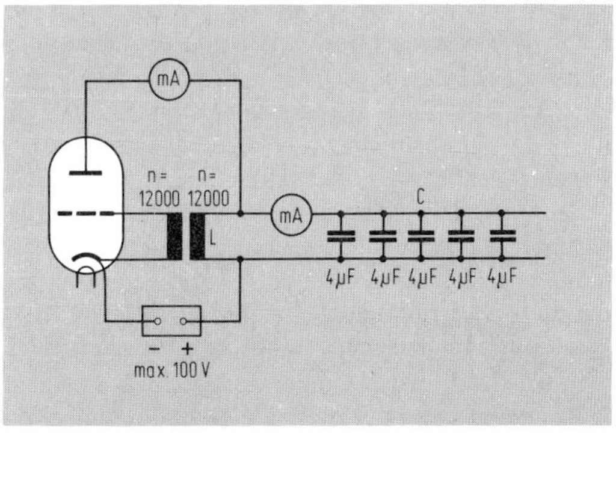

Abb. 621.1
Meissner-Rückkopplungsschaltung
für ungedämpfte Schwingungen

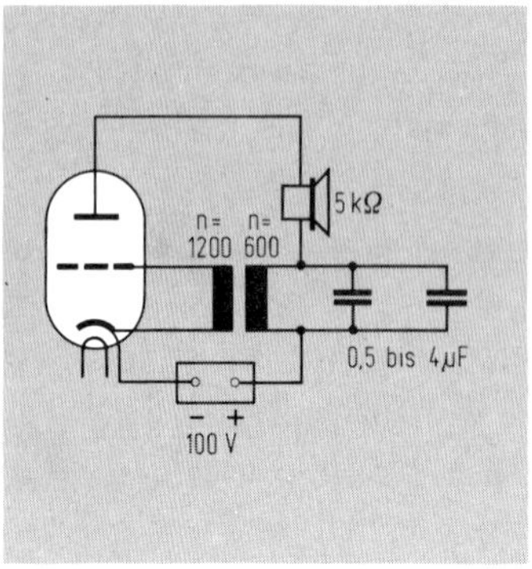

Abb. 622.1
Ungedämpfter Schwingkreis für Tonfrequenz

Um die Abhängigkeit der Schwingungsdauer von der Induktivität L und der Kapazität C des Schwingkreises im Experiment zu überprüfen, führen wir folgenden Versuch aus:

Versuch 622.1 Wir bauen eine Schaltung nach Abb. 621.1 auf. Für die Schwingkreisspule und die Gitterspule wählen wir etwa jeweils 12000 Windungen. Die Spulen werden auf einen geschlossenen Eisenkern gesetzt. Auf einem Schaltbrett lassen sich Kondensatoren in veränderlicher Anzahl parallel schalten. Die Kapazität läßt sich verringern, indem nach und nach die Kondensatoren bis auf einen vom Schaltbrett abgezogen werden. Die Induktivität läßt sich verringern, indem das Joch vorsichtig etwas vom U-Kern abgeschoben wird.

Der Versuch zeigt eine Verringerung der Schwingungsdauer bzw. ein Ansteigen der Frequenz des Schwingkreises, wenn Kapazität oder Induktivität oder beide verringert werden. Bei zu großer Frequenz kann der Zeiger des Meßinstrumentes nicht mehr folgen; das mechanische System des Meßwerkes ist zu träge. Für Schwingungen im Tonfrequenzbereich, die auf diese Weise nicht angezeigt werden können, ändern wir daher die Schaltung in der in Abb. 622.1 angegebenen Art ab und führen mit der abgeänderten Schaltung wieder einen Versuch aus.

Versuch 622.2 In diesem Versuch wählen wir für die Schwingkreisspule 600 Windungen und für die Gitterspule 1200 Windungen. Außerdem benutzen wir den U-Kern ohne Joch. Durch die kleinere Windungszahl und den fehlenden Eisenschluß haben wir die Induktivität der Schwingkreisspule schon erheblich verringert. Wir können sie während des Versuches noch weiter verringern, indem wir die Schwingkreisspule langsam vom U-Kern abziehen. Außerdem läßt sich wieder die Kapazität durch Abziehen von Kondensatoren vom Schaltbrett verringern.

Bei der Durchführung des Versuchs hören wir einen Dauerton im Lautsprecher. Der Lautsprecher wird durch den pulsierenden Anodenstrom versorgt. Der Ton hat daher die gleiche Frequenz wie der Schwingkreis. Bei Verringerung der Schwingungsdauer bzw. Erhöhung der Frequenz steigt der Ton bis zur Hörgrenze an, was besonders gut durch kontinuierliche Verringerung der Induktivität zu erreichen ist.

5.9.3 Die erzwungenen elektrischen Schwingungen

Wir wissen aus der Mechanik und Akustik, daß sich Schwingungen von einem System auf ein anderes übertragen lassen. Dabei wird die übertragene Energie am größten, wenn zwischen beiden Systemen *Resonanz* besteht. Der Resonanzfall tritt nur ein, wenn die Eigenfrequenz des angeregten Systems mit der Frequenz des anregenden Systems übereinstimmt. Er ist also bequem herzustellen, wenn die Eigenfrequenz des angeregten Systems kontinuierlich verändert werden kann. In den vorangehenden Versuchen haben wir aber bereits festgestellt, daß die Schwingungsdauer eines elektrischen Schwingkreises und damit auch seine Eigenfrequenz durch Veränderung von Kapazität und Induktivität in weiten Bereichen geändert werden kann. Ein Schwingkreis mit veränderbarer Frequenz heißt *abstimmbar*. Einen abstimmbaren elektrischen Schwingkreis wollen wir jetzt durch einen anderen elektrischen Schwingkreis anregen. Wir wählen dazu Anordnungen, die kleine Kapazitäten und Induktivitäten enthalten und somit *hochfrequente* Schwingungen liefern.

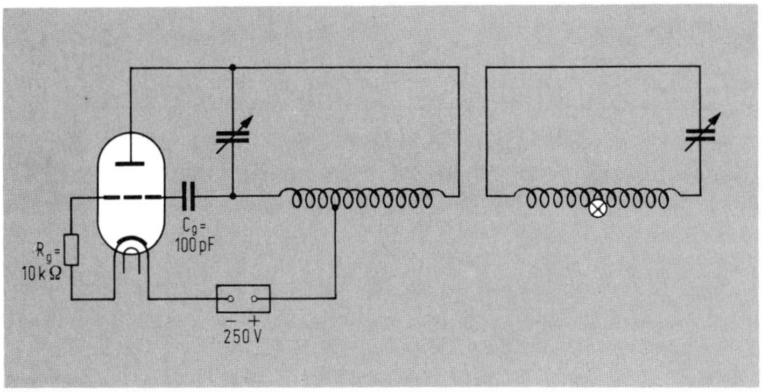

Abb. 623.1 Anregung eines elektrischen Schwingkreises zu erzwungenen Schwingungen

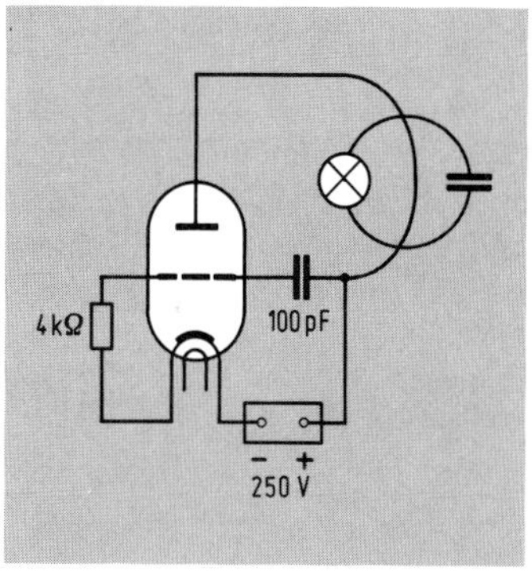

Abb. 623.2 Erzeugung höchstfrequenter Schwingungen durch Resonanz

Versuch 623.1 Nach Abb. 623.1 stellen wir einen ungedämpften Schwingkreis mit Hilfe der MEISSNER-Schaltung her. Als Spule verwenden wir eine Spule mit 11 Windungen ohne Eisenkern. Als Kondensator dient ein Drehkondensator. Die Spule hat in dieser Schaltung eine Doppelaufgabe. Im Schwingkreis ist sie die Schwingkreisspule. Für die Gitterspule wählen wir aber hier keine von der Schwingkreisspule getrennte Spule, sondern greifen einen Teil der Windungen (etwa 4 Windungen) ab, die als Gitterspule an das Gitter gelegt sind. In diesem Fall muß vor das Gitter noch der Kondensator C_g gesetzt werden, der die Anodengleichspannung vom Gitter fernhält. Die hochfrequenten Wechselspannungen übertragen sich dagegen ungestört auf das Gitter. Damit der Kondensator nicht zu einer Daueraufladung des Gitters führt, ist zwischen Gitter und Katode der Gitterableitwiderstand R_g gelegt. Die Schaltung heißt *Dreipunktschaltung*, weil drei Kontakte an der Spule liegen.

Einen zweiten Schwingkreis bauen wir getrennt auf. Auch dieser Schwingkreis hat eine Spule mit 11 Windungen und einen Drehkondensator. In der mittleren Spulenwindung befindet sich eine Glühlampe, die anzeigt, ob Strom durch die Spule fließt. Wir stellen die beiden Spulen so auf, daß der Abstand ihrer zugekehrten Stirnflächen etwa 10 cm beträgt. Dann setzen wir den linken Schwingkreis in Betrieb und stimmen durch den Drehkondensator den rechten Schwingkreis auf Resonanz ab. Im Resonanzfall leuchtet die Glühlampe.

Wir haben jetzt nicht nur nachgewiesen, daß sich ein elektrischer Schwingkreis zu erzwungenen Schwingungen anregen läßt; wir haben zugleich auch gezeigt, daß sich elektrische Energie *drahtlos* von einem Ort (linker Schwingkreis) zu einem anderen Ort (rechter Schwingkreis) transportieren läßt. Die drahtlose Übertragung elektrischer Energie werden wir anschließend noch genauer verfolgen. Zunächst ändern wir den zuletzt durchgeführten Versuch noch so ab, daß Schwingungen von sehr hohen Frequenzen (etwa 10^8 Hz) erzeugt werden. Wir lassen dazu in der Dreipunktschaltung des Versuches 623.1 die Spule zu einer einzigen Windung verkümmern und verwenden als Kondensator das System Gitter–Anode, das ein nicht mehr zu verkleinernder Bestandteil der von uns verwendeten Triode ist.

Dabei ist es ohne Bedeutung, daß sich noch der Kondensator mit der Kapazität 100 pF als Gleichstromsperre in der Schaltung befindet. Dieser Kondensator und der aus dem System Gitter–Anode bestehende Kondensator sind nämlich hintereinander geschaltet. Der Kehrwert der Gesamtkapazität ist gleich der Summe der Kehrwerte der Einzelkapazitäten (S. 448). Der Kehrwert der Kapazität 100 pF kann aber gegenüber dem sehr großen Kehrwert der sehr geringen Kapazität des Systems Gitter–Anode vernachlässigt werden.

Die eine Windung bekommt den Namen *Kurzwellenbügel*. Auch im Resonanzkreis verwenden wir nur noch eine Windung und einen sehr kleinen Plattenkondensator mit veränderlichem Plattenabstand. Wir erhalten dann eine Schaltung nach Abb. 623.2 und führen mit dieser Schaltung folgenden Versuch durch:

Versuch 623.2 Wir nähern den abstimmbaren Schwingkreis dem Kurzwellenbügel so weit, daß das Hochfrequenzfeld des Kurzwellenbügels den Schwingkreis durchsetzt. Durch Verändern des Plattenabstandes des Plattenkondensators können wir den Schwingkreis auf Resonanz abstimmen oder ihn auch ganz verstimmen. Im Resonanzfall leuchtet die Glühlampe im Schwingkreis hell auf.

5.9.4 Die elektromagnetischen Wellen eines strahlenden Dipols

Wir denken uns in dem zuletzt durchgeführten Versuch 623.2 den Kondensator ganz aus dem Schwingkreis herausgenommen. Da der Schwingkreis abgestimmt war, ist er jetzt verstimmt. Wir können die Kapazität aber auf andere Weise ersetzen. Wir denken uns die eine Windung des Schwingkreises aufgebogen, im Extremfall bis zu einem geraden Leiterstück. Dabei hat sich das Produkt LC, das nach der THOMSON-Formel die Eigenfrequenz des Schwingkreises bestimmt, sicher noch weiter geändert. Machen wir jetzt den aufgebogenen Draht aber genügend lang (etwas über 1 m), so vergrößern wir das Produkt LC wieder und können es sogar auf seinen alten Wert bringen. Diese Aussage läßt sich experimentell nachweisen. Dazu führen wir folgenden Versuch durch:

Versuch 624.1 Wir bauen den Schwingkreis für höchste Frequenzen, den wir schon in Versuch 623.2 benutzt haben, auf und stellen in seine unmittelbare Nähe einen Metallstab veränderlicher Länge, der in seiner Mitte die Glühlampe für Stromnachweis enthält.

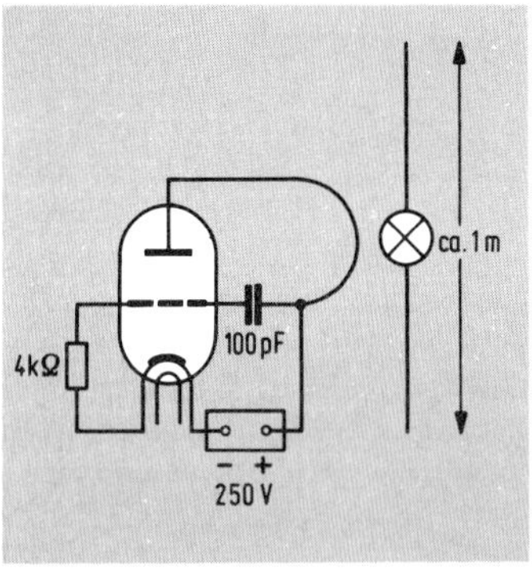

Abb. 624.1
Anregung eines Dipols zu elektrischen Schwingungen

Der Versuch zeigt, daß bei bestimmter Länge des Metalldrahtes die Glühlampe leuchtet. Bei zu kurzem oder zu langem Draht erlischt die Glühlampe. Bei abgestimmter Länge können wir also Strom in dem Draht wie vorher in dem abgestimmten Schwingkreis nachweisen. Da wir hier keinen Schwingkreis mehr haben, verwendet man für dieses System einen anderen Namen und spricht von einem *schwingenden elektrischen Dipol.*

Elektrische Dipole haben wir schon in der Elektrostatik kennengelernt. Dort wurde auch schon auf die Möglichkeit hingewiesen, innerhalb des Dipols Elektronen zum Schwingen zu bringen. Diese Möglichkeit haben wir jetzt realisiert. Man darf sich natürlich nicht vorstellen, daß die Leitungselektronen des Metalls durch den ganzen Dipol hindurchschwingen. Die Elektronen führen vielmehr eine hochfrequente Schwingung mit geringer Amplitude aus. Das ändert aber nichts daran, daß nach jeder Halbschwingung an dem einen Ende des Dipols ein Elektronenüberschuß und an dem anderen Ende des Dipols ein Elektronenmangel entstanden ist. Von Halbperiode zu Halbperiode ändert sich die Polung des Dipols. Ganz grob mechanisch kann man das Schwingen der Elektronen im Dipol mit dem Schwingen der Wasserteilchen in einer Badewanne vergleichen, wenn man das Wasser rhythmisch so in Bewegung setzt, daß es im Resonanzfall mit großer Amplitude hin und her schwappt.

Der schwingende Dipol wird auch HERTZ-*Oszillator* genannt. H. HERTZ (1857–1894) hat als erster elektrische Schwingungen in einem Dipol experimentell verwirklicht und das elektromagnetische Feld um einen schwingenden Dipol nachgewiesen. Die Hauptschwierigkeit bestand für HERTZ darin, ohne Elektronenröhren und Rückkopplungsschaltung, die es zu seiner Zeit noch nicht gab, einen schwingenden Dipol genügend hoher Frequenz technisch herzustellen. 1886 führte er mit schwingenden Dipolen eine Reihe von Versuchen aus, die wir im Anschluß an einige theoretische Informationen mit modernstem Gerät heute sehr leicht nachvollziehen können.

Die Schwingungen des Dipols sind wesentlich stärker gedämpft als die des ursprünglichen Schwingkreises. Da der ohmsche Widerstand durch das Aufbiegen des Schwingkreises nicht verändert wird, gehen die Energieverluste nicht in erhöhte Stromwärme über. *Der schwingende Dipol strahlt* vielmehr elektromagnetische Energie in den umgebenden Raum ab (Strahlungsdämpfung).

Wegen der kleinen Kapazität und Induktivität des Dipols ist die Frequenz der Schwingungen sehr groß; das elektrische Feld am Dipol wechselt außerordentlich schnell seine Richtung. Die Feldänderungen breiten sich mit endlicher Geschwindigkeit aus, so daß das gesamte elektrische Feld um den Dipol bis zu großen

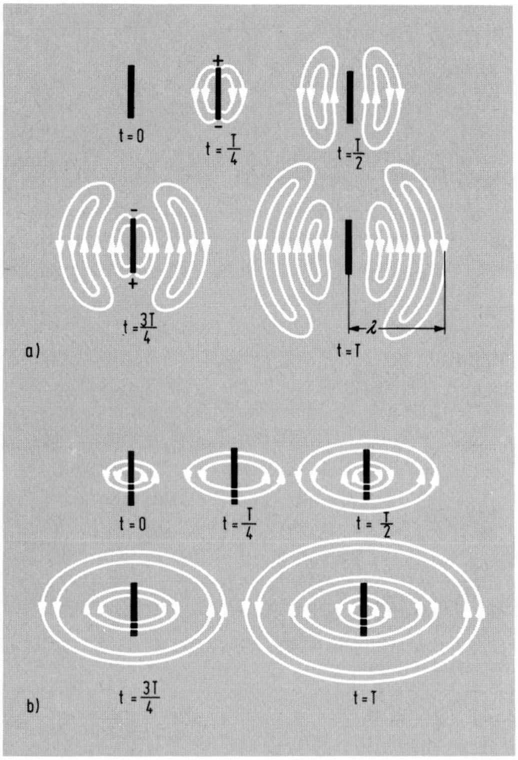

Abb. 625.1
Abstrahlung elektrischer und magnetischer Felder durch einen schwingenden Dipol

Abb. 625.2 Abhängigkeit der Strahlungsintensität von der Richtung

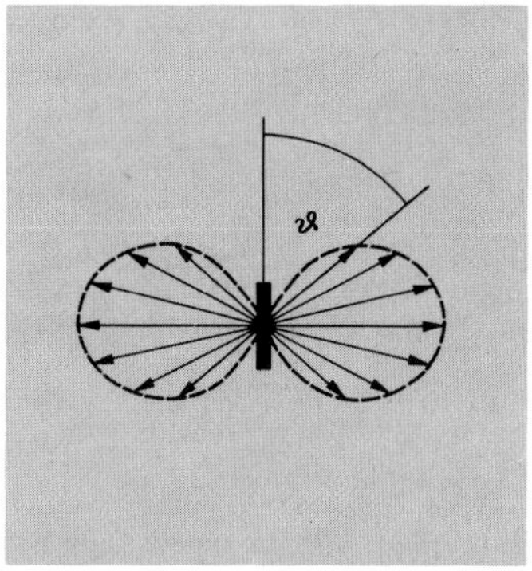

Entfernungen hin nicht momentan seine Richtung ändern kann, wenn die Polung des Dipols wechselt. Nur direkt am Dipol wechselt das Feld seine Richtung; die weiter entfernten Feldlinien schnüren sich zu geschlossenen Feldlinien ab, die sich im Vakuum mit Lichtgeschwindigkeit vom Dipol entfernen. Gleichzeitig bilden sich um den Dipol durch den wechselnden Elektronenstrom wechselnde magnetische Wirbelfelder aus, die sich in Ebenen ausbreiten, die zum Dipol senkrecht stehen (Abb. 625.1).

Die wesentlichen Aussagen zur Dipolstrahlung sind folgende:

a) Das elektrische und magnetische Wechselfeld eines strahlenden Dipols hat die Eigenschaft einer *transversalen Welle.* Die Strahlung ist *polarisiert.* Die *Wellenlänge* ist gleich der *doppelten Dipollänge.*

b) Die Felder sind rotationssymmetrisch um den Dipol angeordnet.

c) In jedem Punkt des Feldes stehen *elektrischer und magnetischer Feldvektor senkrecht aufeinander.*

d) Die Strahlungsintensität $S = \frac{P}{A}$ (Quotient aus der Strahlungsleistung P einer senkrecht durchstrahlten Fläche A und der Fläche A) um den Dipol ist am größten in der Mittelebene senkrecht zum Dipol. In seiner eigenen Richtung strahlt der Dipol keine Energie ab. Die Winkelabhängigkeit der Strahlungsintensität wird durch Abb. 625.2 wiedergegeben. Es ist:

$$S = \text{const} \cdot \frac{\sin^2 \vartheta}{r^2}.$$

r = Entfernung der durchstrahlten Fläche von der Dipolmitte.

e) Die *Energiedichte* setzt sich in jedem Ort des elektromagnetischen Feldes aus den Energiedichten des elektrischen und magnetischen Feldes zusammen:

$$w = \tfrac{1}{2} \cdot \varepsilon_0 \cdot \varepsilon_r \cdot E^2 + \tfrac{1}{2} \cdot \frac{1}{\mu_0 \cdot \mu_r} \cdot B^2.$$

Elektrischer und magnetischer Anteil sind gleich groß:

$$\varepsilon_0 \cdot \varepsilon_r \cdot E^2 = \frac{1}{\mu_0 \cdot \mu_r} \cdot B^2 .$$

f) In der *Nahzone* des Dipols (Entfernung r klein gegenüber der Wellenlänge der Strahlung) schwingen elektrischer und magnetischer Feldvektor mit einer gegenseitigen Phasendifferenz von $\frac{\pi}{2}$.

In der *Fernzone* des Dipols (Entfernung r groß gegenüber der Wellenlänge der Strahlung) schwingen elektrischer und magnetischer Feldvektor gleichphasig.

g) Die *Ausbreitungsgeschwindigkeit* v der von einem HERTZ-Oszillator abgestrahlten elektromagnetischen Wellen hängt mit den Feldkonstanten zusammen:

$$v = \frac{1}{\sqrt{\varepsilon_0 \cdot \varepsilon_r \cdot \mu_0 \cdot \mu_r}} .$$

Im *Vakuum* breiten sich die elektromagnetischen Wellen mit der *Lichtgeschwindigkeit* $c \approx 3 \cdot 10^8 \,\frac{\text{m}}{\text{s}}$ aus:

$$c = \frac{1}{\sqrt{\varepsilon_0 \cdot \mu_0}} .$$

Daraus schloß MAXWELL, daß *Licht eine elektromagnetische Welle* sei. Diese Vermutung wird gestützt durch den Vergleich der Geschwindigkeit $c_n = \frac{c}{n}$ des Lichtes in Medien mit der Brechzahl n und der Geschwindigkeit

$$v = \frac{c}{\sqrt{\varepsilon_r \cdot \mu_r}}$$

elektromagnetischer Wellen in einem Medium mit der Dielektrizitätszahl ε_r und der Permeabilitätszahl μ_r. Wenn es sich um die gleiche physikalische Erscheinung handelt, muß $c_n = v$ und damit $n = \sqrt{\varepsilon_r \cdot \mu_r}$ gelten.

Für die meisten Dielektrika ist $\mu_r = 1$. Damit ergibt sich die MAXWELL-*Relation:*

$$n = \sqrt{\varepsilon_r} .$$

Wenn diese Beziehung Gültigkeit haben soll, kann ε_r keine frequenzunabhängige Konstante sein; sonst wäre nämlich eine Dispersion des Lichtes nicht möglich. Man darf also nicht ε_r statisch messen und damit die optische Brechzahl n des hochfrequenten Lichtes vergleichen, wie das Beispiel für Wasser zeigt: $\varepsilon_r = 81$, $n = 1{,}33$.

Die MAXWELL-Relation wird dagegen für Hochfrequenz experimentell gut bestätigt, wenn man ε_r und n bei der gleichen Frequenz mißt.

Von den vorangehend mitgeteilten Ergebnissen langjähriger physikalischer Forschung wollen wir die unter a) gemachten Aussagen experimentell überprüfen.

Versuch 626.1 In der Versuchsanordnung 624.1 schrauben wir die Glühlampe aus dem Dipol heraus und ersetzen sie durch einen Kurzschlußbolzen. Jetzt strahlt der Dipol die Energie elektromagnetisch in den Raum ab. Zum Nachweis stellen wir in die Nähe des strahlenden Dipols einen zweiten Dipol gleicher Länge parallel zum ersten auf. Dieser Empfangsdipol ist in seiner Mitte unterbrochen und dort durch eine Halbleiterdiode überbrückt, die als Gleichrichter wirkt. Wir verbinden die Kontakte der Halbleiterdiode mit einem Gleichstrom-Milliamperemeter oder einem Meßverstärker. Wenn der Empfangsdipol durch den elektrischen Anteil des elektromagnetischen Feldes, das an ihm vorbeiflutet, angeregt wird, fließt während jeder zweiten Halbperiode der Strom durch das Meßinstrument. Wir beobachten das Meßinstrument, während wir uns mit dem Empfangsdipol im Raum um den Sendedipol bewegen und uns mehr oder weniger von ihm entfernen. Außerdem drehen wir in verschiedenen Raumpunkten unter Beobachtung des Meßinstrumentes den Empfangsdipol in eine zum Sendedipol senkrechte Richtung und wieder in die Parallelstellung zurück (Abb. 627.1).

Der Versuch zeigt bei parallel gestellten Dipolen die Aufnahme von Energie durch den Empfangsdipol. Die Stromstärke, die am Meßinstrument des Empfangsdipols abgelesen wird, geht mit wachsender Entfernung des Empfangsdipols vom Sendedipol zurück. Sie wird Null, wenn die Dipole senkrecht zueinander gestellt werden. Wir stellen also fest:

Durch elektromagnetische Strahlung ist ein drahtloser Transport von elektrischer Energie möglich. Die Strahlungsintensität nimmt mit wachsender Entfernung vom strahlenden Dipol ab. Ein senkrecht zum Sendedipol ausgerichteter Empfangsdipol nimmt keine Strahlungsenergie auf. Die Strahlung ist polarisiert.

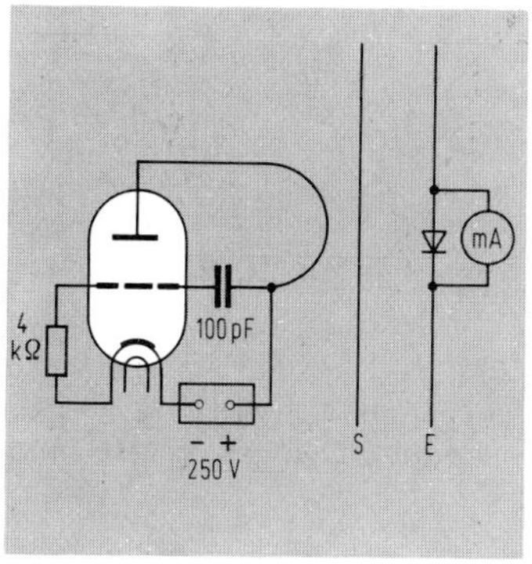

Abb. 627.1
Sendedipol (*S*) und Empfangsdipol (*E*) zum Nachweis der Ausbreitung elektromagnetischer Energie

Um den Wellencharakter der elektromagnetischen Strahlung nachweisen zu können, erinnern wir uns an die bereits bei der Behandlung mechanischer Wellen getroffene Feststellung:

Der Nachweis von Interferenzerscheinungen bei einem neuen physikalischen Phänomen zwingt den Physiker dazu, dieses als Wellenerscheinung aufzufassen und zu beschreiben.

Mit Hilfe von Interferenzerscheinungen haben wir in der Mechanik auch die Wellennatur des *Schalls* nachweisen sowie die Wellenlänge der Schallwellen messen können. Der eindruckvollste Nachweis und zugleich ein unkompliziertes Verfahren zur Messung der Wellenlänge wird mit der Herstellung einer *stehenden Welle* erreicht. Im Falle der Schallwellen gelang das mit Hilfe der KUNDT-*Röhre*. Schallwellen, die in diese Röhre eintreten und sich innerhalb der Röhre ausbreiten, werden am Ende der Röhre an einem festen Stempel reflektiert. Die reflektierte Welle überlagert sich mit der ursprünglichen Welle zu einer stehenden Welle, die Knoten und Bäuche aufweist. Der *Abstand zweier Knoten* bzw. zweier Bäuche ist eine *halbe Wellenlänge*. Den Grundgedanken dieses Verfahrens hat HERTZ benutzt, um den Wellencharakter der elektromagnetischen Strahlung nachzuweisen. Der Sendedipol, den HERTZ benutzte, strahlte eine elektromagnetische Welle von 5 m Wellenlänge ab; erst später konnte HERTZ elektromagnetische Wellen von 30 cm Wellenlänge herstellen. Für den ersten Nachweis stehender Wellen benötigte er daher den ganzen Flur seines Institutes. In der Zeit nach HERTZ ist es mit Hilfe der Elektronik gelungen, strahlende Dipole mit immer kleineren Wellenlängen herzustellen. Insbesondere brachte die Entwicklung der *Radarsender* während des zweiten Weltkrieges große Fortschritte. Für den folgenden Versuch steht uns ein solcher Sender mit der Wellenlänge 3 cm und ein entsprechender Empfangsdipol zur Verfügung. Die Dipollänge von Sender und Empfänger beträgt also 1,5 cm. Die Strahlung des Senders wird in einem abgestimmten Hohlraum, der sich nach einer Seite trichterförmig öffnet, *gebündelt*. Wir führen mit diesem Sender folgenden Versuch durch:

Versuch 627.1 Nach Abb. 628.1 wird vor den Sender in etwa 1 m Entfernung ein Metallschirm als Reflektor aufgebaut. Er entspricht dem festen Stempel in der KUNDT-Röhre. Eine der KUNDT-Röhre entsprechende Röhre wird bei diesem Versuch nicht benötigt, da der Sender die elektromagnetische Energie ohnehin schon gebündelt abstrahlt. Außerdem wird durch das Netzanschlußgerät des Senders die Hochfrequenz des Senders mit der Netzfrequenz 50 Hz moduliert. Auf das Verfahren der Modulation gehen wir später genauer ein (S. 631). Der Empfangsdipol wird an einen Verstärker mit Lautsprecher angeschlossen. Dann wird der Dipol zwischen Sender und Metallschirm entlanggeführt.

Während der Versuchsdurchführung ist in periodischer Folge ein Anschwellen der Lautstärke und ein Absinken bis auf die Lautstärke Null ausgeprägt hörbar. Es existieren also *Bäuche und Knoten für die elektrische Feldstärke*, auf die der Empfangsdipol anspricht. Schieben wir den Empfangsdipol an einem Maßstab entlang, läßt sich leicht der Abstand von etwa 10 Knoten ausmessen. Wir erhalten für die Länge dieser Strecke 15 cm. Der einfache Knotenabstand beträgt also 1,5 cm, die Wellenlänge folglich 3 cm.

Mit Hilfe des 3-cm-Wellen-Senders wollen wir noch weitere Versuche durchführen, die größtenteils auch schon von HERTZ durchgeführt werden konnten und in ihrem Zusammenhang mit dem vorangehend durchgeführten Versuch einen glänzenden Nachweis des Wellencharakters der elektromagnetischen Strahlung darstellen. Für diese Versuche setzen wir auch auf den Empfangsdipol einen Hohlraumtrichter. In den folgenden Abbildungen sind die Versuche schematisch dargestellt.

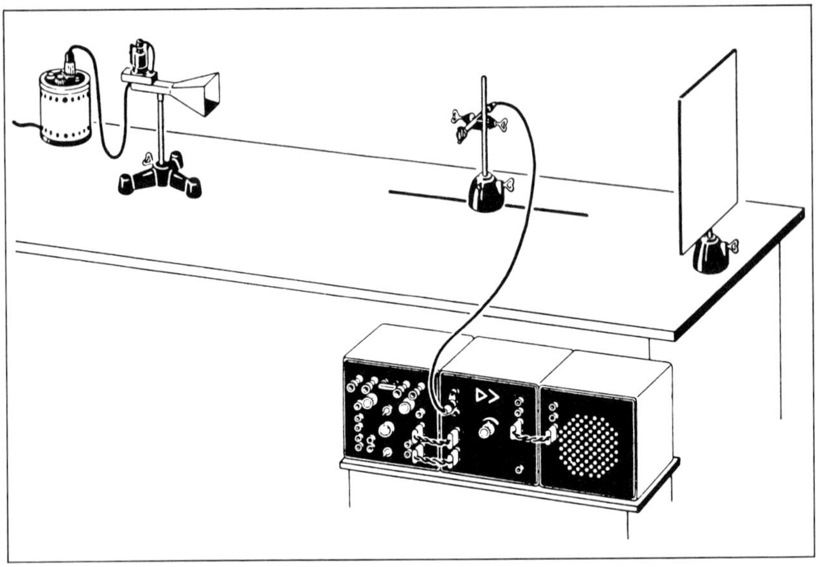

Abb. 628.1 Versuchsaufbau zur Erzeugung und zum Nachweis stehender elektromagnetischer Wellen (Phywe-AG)

Versuch 628.1 Wir lassen die elektromagnetischen Wellen schief auf einen Metallschirm auftreffen und suchen mit dem Empfänger die Richtung der reflektierten Wellen (Abb. 628.2).

Der Versuch zeigt:

An einem Metallschirm werden die elektromagnetischen Wellen so *reflektiert* wie die Wasserwellen in einer Wellenwanne. Es gilt das aus der Strahlenoptik bekannte Reflexionsgesetz. Der Reflexionswinkel ist gleich dem Einfallswinkel.

Versuch 628.2 Wir lassen die elektromagnetischen Wellen schief auf einen großen Quader aus Kunstharz auftreffen und suchen mit dem Empfänger hinter dem Quader die Richtung der hindurchtretenden Wellen (Abb. 628.3).

Der Versuch zeigt:

Es tritt eine Parallelverschiebung der Ausbreitungsrichtung ein, wie wir sie als Folge der *Brechung* auch von den Versuchen mit der Wasserwellenwanne und von der Strahlenoptik her kennen.

Versuch 628.3 Wir stellen Sender und Empfänger parallel nebeneinander und lassen die elektromagnetischen Strahlen praktisch senkrecht auf einen Metallschirm treffen. Wir verschieben den Schirm parallel zu sich aus dem Bereich der Strahlung heraus und wieder hinein (Abb. 629.1).

Der Versuch ist eine Abwandlung des Versuches zur Reflexion, hier mit dem Einfallswinkel Null. Er ist ein Modellfall für die *Radarortung* von Schiffen und Flugzeugen.

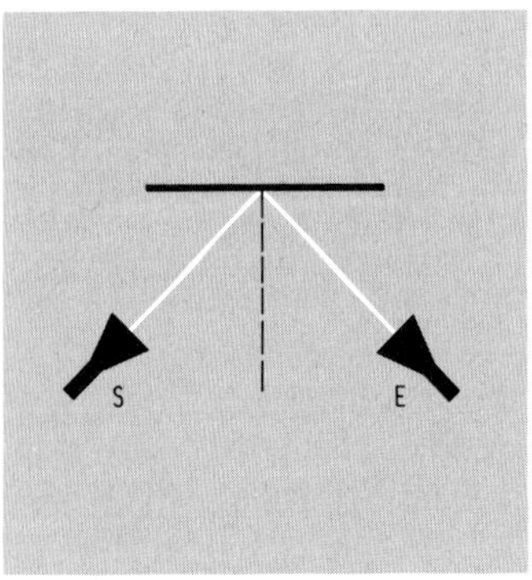

Abb. 628.2 Versuch zur Reflexion elektromagnetischer Wellen

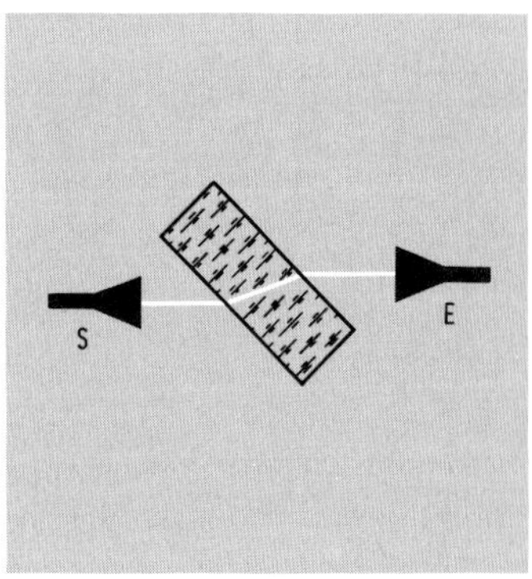

Abb. 628.3 Versuch zur Brechung elektromagnetischer Wellen

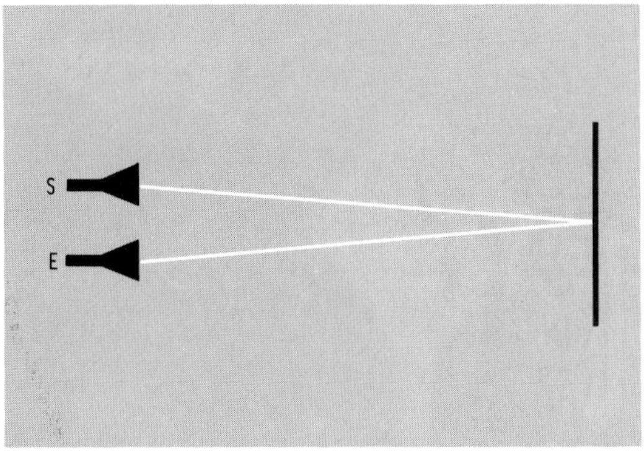

Abb. 629.1 Versuch zur Radarortung

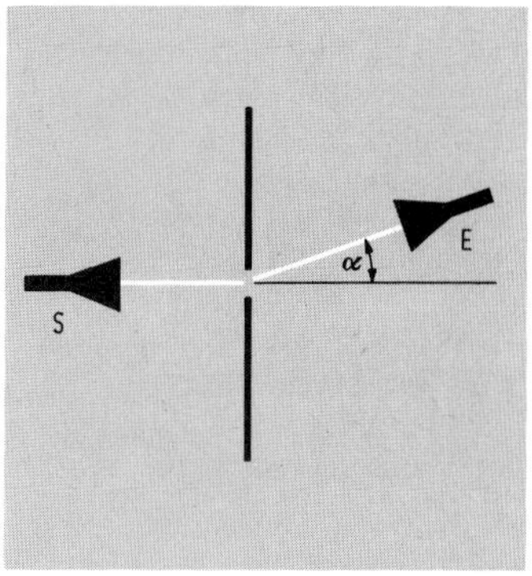

Abb. 629.2 Versuch zur Beugung elektromagnetischer Wellen

Wenn ein ganzes Gebiet ortend abgetastet werden soll, muß sich das System aus Sender und Empfänger um 360° drehen. Zur besseren Bündelung der Wellen wird für diesen Fall hinter das System und fest mit diesem verbunden ein Parabolspiegel aus Metall angebracht. Man sieht solche Radaranlagen auf größeren Schiffen und auf den Radartürmen der Flugplätze.

Versuch 629.1 Wir stellen zwei Metallschirme so nebeneinander, daß zwischen ihnen ein Spalt von etwa 6 cm Breite frei bleibt. Vor dem Spalt strahlt der Sender elektromagnetische Wellen auf den Spalt. Hinter dem Spalt tasten wir das Wellenfeld mit dem Empfänger ab (Abb. 629.2).

Stehen sich Sender und Empfänger gegenüber, ist die Empfangsstärke maximal. Wenn der Empfänger hinter dem Spalt geschwenkt wird, so nimmt die Empfangsstärke nicht abrupt auf Null ab, wie es bei einem geometrischen Schattenwurf zu erwarten wäre. Wir empfangen vielmehr auch hinter dem Schirm noch elektromagnetische Energie. Bei wachsendem Winkel α zwischen der Symmetrieachse der Anordnung und der Empfängerrichtung nimmt die Empfangsstärke zunächst weiter ab, dann wieder zu. Die ganze Erscheinung ist schon von den Wasserwellen und Schallwellen her unter dem Namen *Beugung* bekannt. Es ist eine typische Erscheinung, die nur bei wellenförmiger Ausbreitung von Energie vorkommt.

Versuch 629.2 Zwischen die beiden Metallschirme des Versuchs 629.1 setzen wir einen schmalen Metallschirm von wenigen Zentimetern Breite. Zwischen den einzelnen Metallschirmen lassen wir wieder jeweils einen Spalt frei und erhalten so insgesamt einen sog. Doppelspalt. Dann wiederholen wir den Versuch 629.1 mit dieser Anordnung (Abb. 629.3).

Im Gegensatz zum Beugungsversuch nach Abb. 629.2 stellen wir bei diesem Versuch mehrere scharf ausgeprägte Maxima und Minima der Empfangsstärke fest. Hinter dem Doppelspalt befindet sich also ein *Interferenzfeld.* In gewissen Richtungen finden wir Energiestrahlung vor, in anderen Richtungen dagegen nicht. Die beiden Spalte wirken wie zwei Strahler elektromagnetischer Wellen, die phasengleich und mit

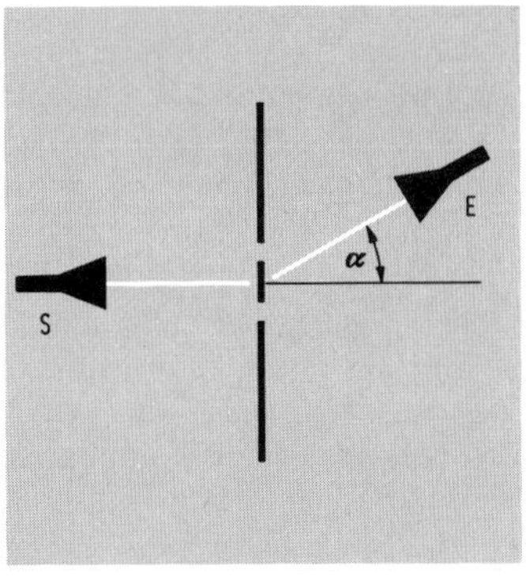

Abb. 629.3 Doppelspaltversuch zur Interferenz elektromagnetischer Wellen

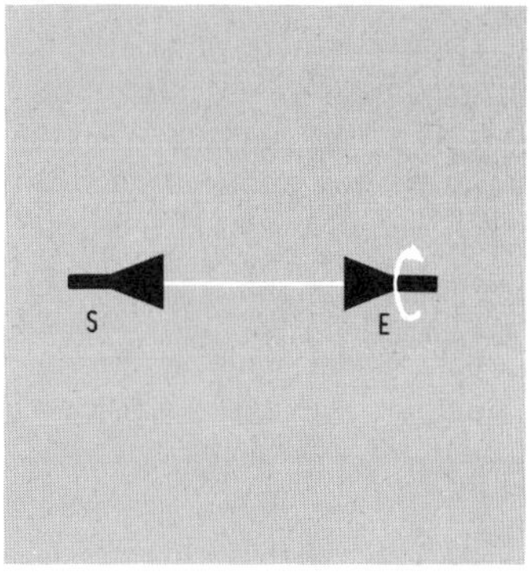

Abb. 629.4 Versuch zur Polarisation elektromagnetischer Wellen

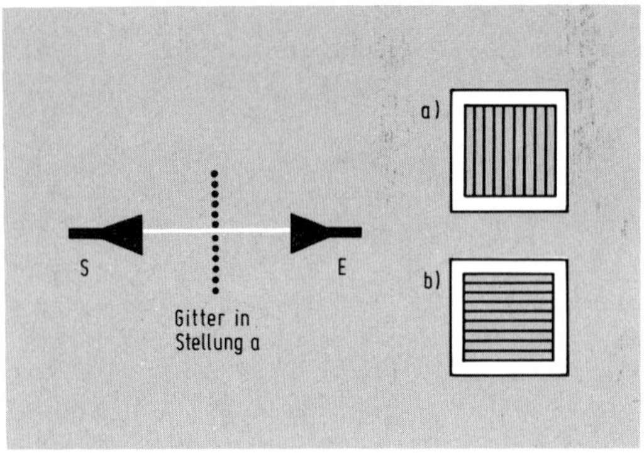

Abb. 630.1 Ein Paralleldrahtgitter kann elektromagnetische Wellen sperren (a) oder hindurchlassen (b).

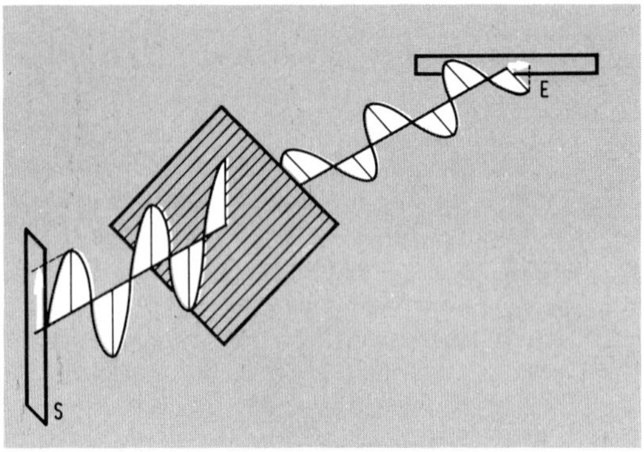

Abb. 630.2 Wirkung eines diagonal zwischen gekreuzte Dipole gestellten Paralleldrahtgitters auf elektromagnetische Wellen. In der Abbildung ist der elektrische Feldvektor eingezeichnet.

gleicher Wellenlänge Energie abstrahlen. Hinter dem Doppelspalt überlagern sich die Wellen in der hier nachgewiesenen typischen Weise. Auch dieser Versuch läßt sich mit Wasser- und Schallwellen ausführen.

Versuch 630.1 Wir stellen Sender und Empfänger einander so gegenüber, daß ihre Richtungen in einer Achse liegen. Im Lautsprecher hören wir die Energieaufnahme als lauten Ton. Dann drehen wir den Empfänger um seine Achse um 90° (Abb. 629.4).

Der Versuch zeigt, daß bei senkrecht zueinander stehenden Dipolen kein Empfang möglich ist; die Lautstärke des Lautsprechertons geht auf Null. Der Versuch zeigt, daß die elektromagnetische Welle *linear polarisiert* ist. Dieses Ergebnis war nach den Erfahrungen, die wir im Versuch 626.1 gemacht haben, zu erwarten.

Versuch 630.2 Wir stellen Sender und Empfänger einander so gegenüber, daß ihre Richtungen in einer Achse liegen. Beide Dipole stehen vertikal. Dann bringen wir ein Gitter aus parallelen Drähten zwischen Sender und Empfänger: a) Gitterdrähte vertikal, b) Gitterdrähte horizontal (Abb. 630.1). Nun drehen wir den Empfänger um seine Achse um 90° und setzen das Gitter so zwischen Sender und Empfänger, daß die Gitterdrähte sowohl mit dem Sendedipol als auch mit dem Empfangsdipol einen Winkel von 45° bilden.

Im Fall a) erhalten wir keinen Empfang. Die zum Sendedipol parallel ausgerichteten Gitterdrähte wirken wie eine Sperre für elektromagnetische Wellen. Im Fall b) erhalten wir einen guten Empfang. Die zum Sendedipol senkrecht ausgerichteten Drähte lassen die elektromagnetischen Wellen hindurch. Bei gekreuzten Dipolen und diagonal gestelltem Gitter erhalten wir einen geschwächten Empfang. Eine Komponente der polarisierten Dipolstrahlung kann durch das Gitter hindurchtreten, und von dieser Komponente wird wiederum nur eine entsprechende Komponente vom Empfänger aufgenommen (Abb. 630.2).

Die Wirkungsweise des Paralleldrahtgitters wird verständlich, wenn wir die Wirkung des elektromagnetischen Wechselfeldes auf die Drähte beachten. In den Metalldrähten werden durch das Wechselfeld Wechselströme induziert, die die gleiche Frequenz wie die einfallende Welle besitzen. Die Drähte werden dadurch selbst zu strahlenden Dipolen, die elektromagnetische Wellen nach vorn und nach hinten abstrahlen. Nach der MAXWELL-Theorie für elektromagnetische Wellen tritt, wie hier nicht näher begründet werden kann, zwischen der anregenden Welle und der von den Drähten abgestrahlten Welle ein Sprung von einer halben Wellenlänge auf. So ergibt sich der in Abb. 631.1 dargestellte Zustand, der zeigt, daß sich vor dem Gitter die anlaufende und die vom Gitter abgestrahlte Welle zu einer stehenden Welle mit einem Knoten auf dem Gitter überlagern und daß sich hinter dem Gitter die beiden Wellen durch Interferenz auslöschen. Sind dagegen die Drähte senkrecht zum elektrischen Vektor der einfallenden Welle ausgerichtet, so werden die Drähte nicht zur Dipolschwingung angeregt, weil sie in diesem Fall in der Richtung des elektrischen Vektors praktisch keine Ausdehnung besitzen.

Abb. 631.1
Interferenz einer elektrischen Welle (schwarz) mit der vom Drahtgitter abgestrahlten elektrischen Welle (weiß)

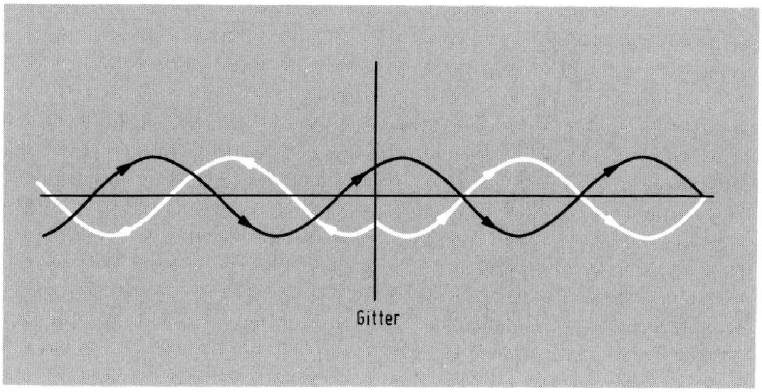

5.9.5 Die drahtlose Nachrichtenübermittlung durch elektromagnetische Wellen

Die einfachste drahtlose Nachrichtenübermittlung erfolgt durch stoßweises Aussenden hochfrequenter elektromagnetischer Wellen durch einen Dipol, den man in diesem Fall Sendeantenne nennt. Die Impulse werden durch eine entsprechende Empfangsantenne aufgenommen und einer Verstärkerschaltung zugeführt.

Bei der drahtlosen Übermittlung von Sprache und Musik, also der Übermittlung von niederfrequenten Schwingungen, wird der technische Aufwand größer. Die niederfrequenten Schwingungen (bis etwa 20000 Hz für sehr gute Klangqualität bei Musiksendungen) lassen sich nicht unmittelbar über eine Antenne abstrahlen. Man muß deshalb zur drahtlosen Übertragung hochfrequente elektromagnetische Wellen benutzen. Diese Wellen bilden den Energieträger; ihnen wird die Niederfrequenz als Schwankung der Amplitude oder der Frequenz aufgeprägt. Man bezeichnet diesen Vorgang als *Modulation* der Trägerwelle und unterscheidet *Amplituden-* und *Frequenzmodulation* (Abb. 631.2).

Wir wollen hier nur die Amplitudenmodulation, wie sie von Kurz-, Mittel- und Langwellensendern benutzt wird, betrachten. Die Frequenzmodulation, die von den UKW-Sendern und dem Fernsehen verwendet wird, ist davon nur eine technische Variante; man erreicht mit ihr eine besonders gegenüber atmosphärischen Störungen unempfindliche Übertragung.

Das Prinzip einer *Senderschaltung* ist in Abb. 632.1 dargestellt. Praktisch handelt es sich um den Hochfrequenzschwingkreis der Abb. 627.1, bei dem an den Gitterkreis induktiv ein Mikrofonkreis angekoppelt ist.

Bei primärseitigen Mikrofonströmen liefert der Trafo sekundärseitig Induktionsspannungen an das Gitter. Die Spannungsschwankungen des Gitters lösen entsprechende Amplitudenschwankungen der Hochfrequenzschwingungen aus. Wird nämlich das Gitter stärker negativ, so sinkt dadurch der Energienachschub für den Schwingkreis. Das Gegenteil tritt ein, wenn das Gitter schwächer negativ wird.

Versuch 631.1 Wir bauen den Sender nach Abb. 632.1 auf. Als Empfänger nehmen wir einen gleich langen Dipol mit Gleichrichter (Abb. 627.1) und schließen anstelle des Milliamperemeters einen Verstärker mit Lautsprecher an den Empfangsdipol an. Dann sprechen wir in das Mikrofon des Senders.

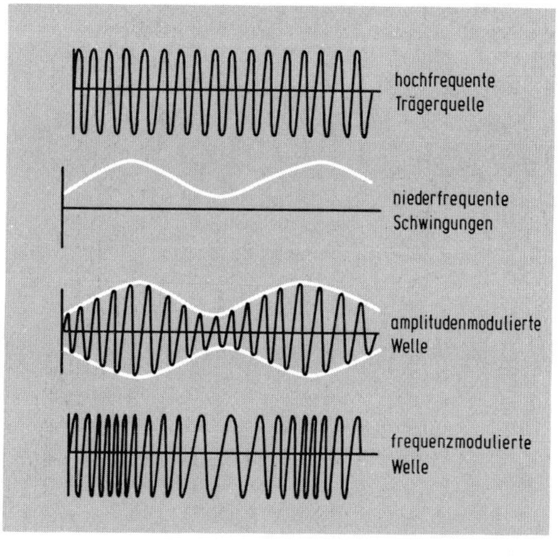

Abb. 631.2
Modulation einer hochfrequenten Trägerwelle

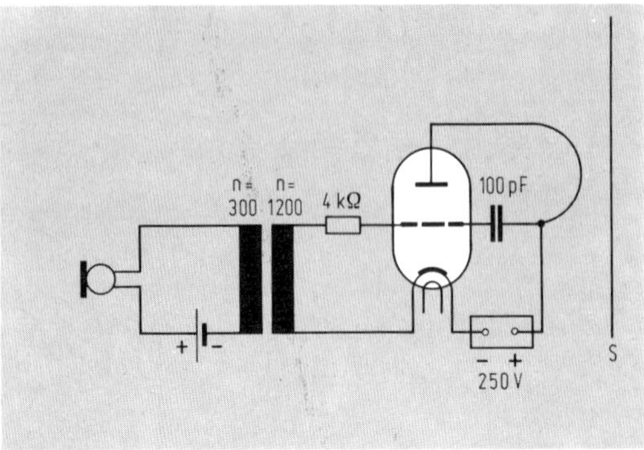

Abb. 632.1 Prinzipschaltung eines amplitudenmodulierten Senders

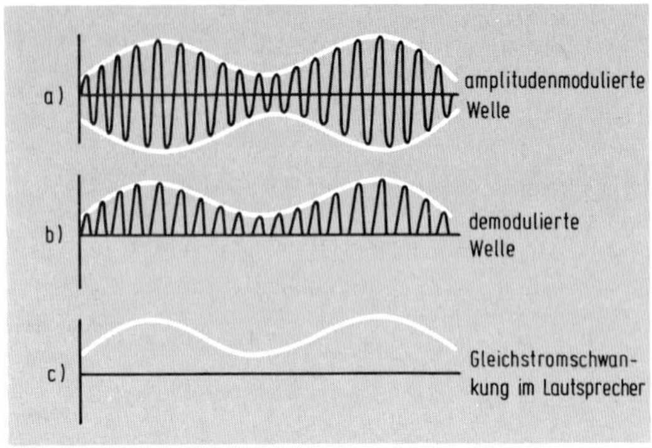

Abb. 632.2 Umwandlung einer amplitudenmodulierten Welle in Gleichstromschwankungen

Der Versuch zeigt, daß es schon mit verhältnismäßig einfachen Mitteln möglich ist, über mehrere Meter hinweg Sprache auf elektromagnetischem Wege zu übertragen. Leistungsstärkere Sender dürfen ohne Genehmigung der Bundespost nicht betrieben werden.

Beim *Empfänger* nimmt die Antenne einen Teil der ankommenden Energie auf, und es entsteht in ihr eine Schwingung mit der Frequenz der Trägerwelle, deren Amplitude die der Welle vorher aufgeprägten Schwankungen aufweist. Die modulierte Hochfrequenzschwingung kann aber nicht unmittelbar dem Lautsprecher zugeleitet werden. Der Lautsprecher soll Schallschwingungen im Takte der ursprünglichen Mikrofonströme abstrahlen. Dazu muß dem elektrodynamischen System des Lautsprechers ein pulsierender Gleichstrom zugeführt werden, dessen Gleichstromschwankungen den Mikrofonstromschwankungen entsprechen. Deshalb haben wir in Versuch 631.1 einen Gleichrichter in den Empfangsdipol eingesetzt. Durch die Gleichrichtung schneidet man den unteren Teil der hochfrequenten Schwingungen ab (Abb. 632.2).

Dadurch bleibt eine sog. *demodulierte Welle* (Abb. 632.2b) nach. Die Lautsprechermembran kann den hochfrequenten Impulsen nicht folgen, sie spricht nur auf den zeitlichen Mittelwert der Einzelschwingungen an. Dieser Mittelwert war für die vollständigen Einzelschwingungen vor der Gleichrichtung Null; da die Schwingungen jetzt einseitig gerichtet sind, ist er von Null verschieden und schwankt entsprechend der Modulation. Das Lautsprechersystem verhält sich genau so, als ob es durch einen Gleichstrom angeregt wird, der dem ursprünglichen Mikrofonstrom entspricht (Abb. 632.2c). Der Ausdruck Demodulation ist übrigens insofern etwas unpassend und irreführend, weil ja bei dem Demodulationsvorgang die Modulation erhalten bleibt. Es soll vielmehr zum Ausdruck gebracht werden, daß die ursprüngliche modulierte Welle durch die Gleichrichtung zerstört wird.

Die *Rundfunksender* müssen mit verschiedenen Trägerfrequenzen senden, damit eine Trennung für den Empfänger möglich wird. Je nach Wellenlänge bzw. Frequenz unterscheidet man folgende Bereiche:

Wellenlängen- und Frequenzbereiche der Sender

	Wellenlänge	*Frequenz*
Langwellen (LW)	2 km bis 860 m	150 kHz bis 350 kHz
Mittelwellen (MW)	580 m bis 184 m	515 kHz bis 1630 kHz
Kurzwellen (KW)	51 m bis 18,7 m	5,9 MHz bis 16 MHz
Ultrakurzwellen (UKW)	3,42 m bis 2,88 m	87,7 MHz bis 104 MHz
Fernsehen (VHF = very high frequency)	6,4 m bis 4,4 m	47 MHz bis 68 MHz
	1,72 m bis 1,3 m	174 MHz bis 230 MHz
Fernsehen (UHF = ultra high frequency)	0,64 m bis 0,35 m	470 MHz bis 860 MHz

Zwischen den angegebenen Bereichen liegen noch nicht ausgefüllte Bereiche. Sie bleiben z. B. dem Polizeifunk, dem Sprechfunk in Nautik und im Flugdienst, dem Fernschreibfunk usw. vorbehalten.

Es taucht hierbei die Frage auf, ob überhaupt *alle* Frequenzen eines Bereiches als Trägerfrequenzen ausgenutzt werden können. Das ist wegen der Modulierung nicht der Fall. Wenn die Hochfrequenz ν_{HF} eines Senders mit der Niederfrequenz ν_{NF} von Sprache und Musik überlagert wird, ergibt sich eine elektromagnetische Schwingung, deren mathematischer Ausdruck folgende Form erhält:

$$y = y_{HF} \cdot \sin 2\pi\, \nu_{HF}\, t + \tfrac{1}{2} \cdot y_{NF} \cdot \cos 2\pi(\nu_{HF} - \nu_{NF})\, t - \tfrac{1}{2} \cdot y_{NF} \cdot \cos 2\pi(\nu_{HF} + \nu_{NF})\, t.$$

Dabei ist y_{HF} die Amplitude der unmodulierten Hochfrequenzschwingung und y_{NF} die Amplitude der Niederfrequenzschwingung. Treten nun in der Modulierung durch Niederfrequenz alle möglichen Frequenzen bis zur höchsten Frequenz ν_{NF} auf, so braucht der Sender ein ganzes Frequenzband von

$$\nu_{HF} - \nu_{NF} \quad \text{bis} \quad \nu_{HF} + \nu_{NF}.$$

Wenn z. B. ein Mittelwellensender die Trägerfrequenz 1000 kHz hat und seine Trägerfrequenz mit dem Tonfrequenzbereich 0 bis 20000 Hz moduliert wird, dann strahlt er Frequenzen im Bereich 1000 kHz ± 20 kHz, d. h. von 980 kHz bis 1020 kHz, aus. Die Bandbreite von 40 kHz würde auch für einen anderen Sender gelten, dessen Trägerfrequenz entsprechend moduliert wird. Sollen die Sender sich gegenseitig nicht stören, so dürfen sich ihre Frequenzbänder nicht überdecken. Würde man den Mittelwellenbereich mit seiner Gesamtbreite von 1115 kHz in 40-kHz-Bandbreiten unterteilen, so hätten nur rund 28 Sender auf ihm Platz. Deshalb sind hier die Bandbreiten beschnitten worden, was praktisch wegen der Beschneidung der Tonfrequenzen auf eine schlechtere Übertragungsqualität hinausläuft. Diese Qualitätsminderung ist auch durch technisch optimale Empfänger nicht mehr zu beseitigen. Wesentlich günstiger liegen die Verhältnisse im UKW-Bereich. Hier steht die Gesamtbreite von 16,3 MHz = 16300 kHz zur Verfügung. Bei Unterteilung in 40-kHz-Bandbreiten erhält man Platz für 408 Sender. In Wirklichkeit sieht es noch günstiger aus, weil man wegen der kleinen Reichweite der UKW-Sender die Trägerfrequenzen mehrfach besetzen kann. Deshalb konnte man den UKW-Sendern so große Bandbreiten geben, daß keinerlei Beschneidung von Tonfrequenzen erforderlich ist. Das ist einer der Gründe für die ausgezeichnete Qualität von Musikübertragungen über UKW.

Aufgrund der vielen ständig im Betrieb befindlichen Sender ist der ganze Raum um uns mit elektromagnetischen Wellen der verschiedensten Trägerfrequenzen erfüllt. Der Empfänger soll jedoch auf einen gewünschten Sender abgestimmt werden können, d.h., aus dem ganzen *Wellenorchester* nur eine einzige Trägerwelle heraussuchen. Das geschieht mit einem abstimmbaren Schwingkreis. Bei der Abstimmung ergibt sich Resonanz nur, wenn die THOMSON-Formel

$$T = \frac{1}{\nu} = 2\pi \cdot \sqrt{LC}$$

erfüllt ist. Man hat bei der Abstimmung auf eine bestimmte Trägerfrequenz also die Wahl, entweder L oder C zu verändern. Die einfachste Art ist die Abstimmung durch Kapazitätsveränderung mittels eines Drehkondensators. Eine geeignete einfache Schaltung dazu ist in Abb. 633.1 dargestellt.

Die Schwingkreisspule wird zwischen Empfangsantenne und Erde gesetzt. Die Trägerwellen der Sender erzeugen in der Spule hochfrequente Ströme. Zu einer Resonanzschwingung kommt es im Schwingkreis

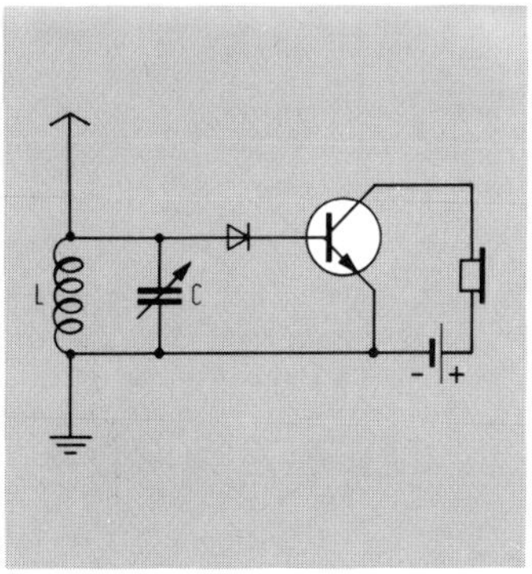

Abb. 633.1
Einfache Transistor-Empfängerschaltung für Mittelwellenempfang

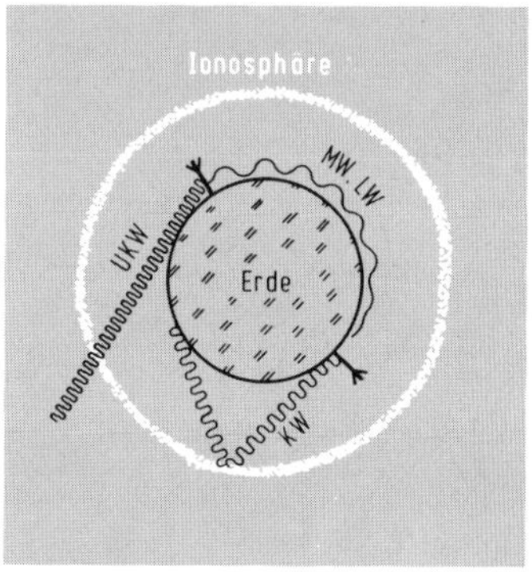

Abb. 633.2
Ausbreitung elektromagnetischer Wellen in der Umgebung der Erde

aber nur für eine bestimmte Trägerfrequenz, wenn der Drehkondensator entsprechend eingestellt wird. Ein Teil der Energie des Kondensators gelangt über den Gleichrichter in den Basis-Emitterkreis des Transistors und steuert damit den Kollektorstrom, der durch den Kopfhörer fließt.

Es wurde schon darauf hingewiesen, daß die Reichweite der UKW-Sender verhältnismäßig gering ist. Mittel- und Langwellensender können wir dagegen aus großer Entfernung empfangen. Der Kurzwellenempfang, der in weiten Kreisen besonders durch die Rundfunksendungen auf dem 49-m-Band bekannt geworden ist, unterliegt häufig stark wechselnder Empfangsintensität, was sich als sog. *Schwund* (Fading) bemerkbar macht. Diese Unterschiede in den verschiedenen Wellenbereichen erklären sich aus den spezifischen Ausbreitungsarten elektromagnetischer Wellen auf der Erde in Abhängigkeit von ihrer Wellenlänge. In Abb. 633.2 sind diese Ausbreitungsarten dargestellt.

Elektromagnetische Wellen aus dem LW- und MW-Bereich breiten sich nicht geradlinig aus, sie laufen vielmehr *halbfrei* als sog. *Bodenwellen* an der Erdoberfläche entlang. Auf die Einzelheiten für diesen Ausbreitungsmechanismus gehen wir nicht näher ein. Wellen des KW-Bereiches laufen auch von der Erdoberfläche weg in den Raum hinaus. Hier werden sie in der Ionosphäre an gut leitenden Schichten reflektiert. Entdeckt wurden diese Schichten 1902 von dem englischen Physiker O. HEAVISIDE (1850–1925), weshalb man auch kurz von der HEAVISIDE-*Schicht* spricht. Man unterscheidet heute im wesentlichen zwei Schichten, die *E-Schicht* und die *F-Schicht*. In der E-Schicht werden Ionen durch die Ultraviolettstrahlung der Sonne erzeugt, in der F-Schicht entstehen die Ionen durch eine Korpuskelstrahlung, die ebenfalls von der Sonne ausgeht. Da diese Schichten ihre Höhe (100 bis 400 km über der Erdoberfläche) während eines Tages wechseln, ändert sich die Laufzeit der *Raumwelle* vom Sender zum Empfänger. Wenn die Raumwelle mit der zugehörigen Bodenwelle interferiert, können Verstärkungen und Abschwächungen der Empfangsintensität eintreten. Dieser Effekt wurde oben als Fading bezeichnet. Die gleiche Erscheinung kommt auch zustande, wenn die an den verschiedenen Ionosphäreschichten reflektierten Raumwellen miteinander interferieren. Das ist bei sehr großen Entfernungen zwischen Sender und Empfänger der Fall, wenn die Bodenwelle praktisch keine Rolle mehr spielt.

In der Elektronik und Hochfrequenztechnik werden die Größen der einzelnen Bauelemente gemäß ihrem Verwendungszweck berechnet. Ein einfaches Beispiel soll dies zeigen.

Beispiel

Für die Schaltung des Schwingkreises eines Mittelwellenempfängers wählt man eine Spule mit der Induktivität $4 \cdot 10^{-4}$ H. Welchen Kapazitätsbereich muß ein Drehkondensator überdecken, wenn der Empfänger für den gesamten Mittelwellenbereich geeignet sein soll?

Wir lösen die THOMSON-Formel $\frac{1}{\nu} = 2\pi \cdot \sqrt{LC}$ nach C auf:

$$C = \frac{1}{4\pi^2 L \nu^2}.$$

Der Frequenzbereich der Mittelwelle liegt zwischen $\nu_1 = 5{,}15 \cdot 10^5\ \text{s}^{-1}$ und $\nu_2 = 1{,}63 \cdot 10^6\ \text{s}^{-1}$.

Für ν_1 erhält man

$$C_1 = \frac{1}{4\pi^2 \cdot 4 \cdot 10^{-4}\ \text{H} \cdot 26{,}5 \cdot 10^{10}\ \text{s}^{-2}} = 0{,}24 \cdot 10^{-9}\ \text{F} = 240\ \text{pF}.$$

Für ν_2 erhält man

$$C_2 = \frac{1}{4\pi^2 \cdot 4 \cdot 10^{-4}\ \text{H} \cdot 2{,}65 \cdot 10^{12}\ \text{s}^{-2}} = 0{,}024 \cdot 10^{-9}\ \text{F} = 24\ \text{pF}.$$

Weitere Aufgaben: Siehe O. HÖFLING, Physik-Aufgaben II/2.

6. Optik

6.1 Modellvorstellungen über die Ausbreitung des Lichtes

6.1.1 Grundsätzliche Betrachtungen

Die Geschichte der Optik, soweit sie uns im Rahmen der Physik interessiert, beginnt am Anfang des 17. Jahrhunderts. Von dieser Zeit an ist eine laufend wachsende Zahl von Lichterscheinungen experimentell untersucht und in bezug auf die zugrundeliegenden Gesetze erforscht worden. Ähnlich wie in anderen Gebieten der Physik hat man auch hier versucht, sich eine anschauliche Vorstellung von dem zu machen, was das Licht *ist*. In der heutigen Sprache der Physik ausgedrückt, versuchte man auch vom Licht eine anschauliche *Modellvorstellung* zu gewinnen, die die beobachteten Erscheinungen und Gesetzmäßigkeiten in möglichst einfacher Weise zu beschreiben und zu verstehen gestattet. Dieses Ringen um ein befriedigendes Modell des Lichtes stellt eine der interessantesten und typischen Entwicklungen in der Geschichte der Physik dar und soll im folgenden näher beleuchtet werden.

Die Vorbedingung für jede physikalische Untersuchung der Lichterscheinungen und für die Entwicklung geeigneter Modellvorstellungen ist die klare Scheidung des mit einer Lichtwahrnehmung verbundenen Komplexes von Vorgängen in einen *objektiven* und einen *subjektiven* Teil. Als objektiven Teil bezeichnen wir diejenigen Vorgänge, die sich außerhalb des wahrnehmenden Organs, d.h. des sehenden Auges, abspielen, während der subjektive Teil die vom Auge zum Gehirn sich vollziehenden Vorgänge umfaßt. Der objektive Teil ist Gegenstand der physikalischen Forschung, der subjektive Teil wird von der Physiologie und Psychologie untersucht. Es ist keineswegs von vornherein selbstverständlich, daß eine scharfe Trennung der objektiven Vorgänge von der sinnlichen Lichtempfindung überhaupt möglich ist. Man könnte der Meinung sein, daß Licht ohne ein empfindendes Auge überhaupt undenkbar ist. Auf die grundsätzliche Frage, ob und wieweit es möglich ist, von objektiven Vorgängen in der Natur zu sprechen und diese scharf von den Beobachtungshilfsmitteln des Physikers zu trennen, kann man erst mit Hilfe der Quantentheorie eine Antwort geben. Vorerst stellen wir nur fest, daß die eigentlichen Sinnesempfindungen bei der Beschreibung der Lichterscheinungen ausgeschlossen bleiben sollen.

Eine erste wichtige Erkenntnis auf dem Wege der Erforschung des Lichtes war die Feststellung, daß sowohl das Licht, das von den Gestirnen zu uns kommt, als auch das aus irdischen Lichtquellen stammende Licht eine bestimmte, meßbare Zeit braucht, um von dem Ort seiner Entstehung zum Ort seiner Wahrnehmung zu gelangen. Daß diese Feststellung nicht von vornherein selbstverständlich ist, geht aus der Tatsache hervor, daß die Griechen der Antike anderer Meinung waren und daß es einer langwierigen gedanklichen Arbeit und komplizierter Apparate bedurfte, um die Geschwindigkeit des Lichtes zu messen.

Dann ergab sich aber die weitere Frage, was dieses Etwas, das sich sowohl im leeren Weltraum als auch in der atmosphärischen Luft und in vielen anderen Stoffen mit sehr großer Geschwindigkeit ausbreitet, seiner physikalischen Struktur nach ist.

Die physikalischen Modelle wurden nach Möglichkeit der Mechanik entnommen, weil mechanische Vorgänge dem menschlichen Geist besonders anschaulich erschienen. Das Licht bringt uns Kunde von entfernten Vorgängen. Es gibt zwei Möglichkeiten, durch die wir von solchen entfernten Vorgängen Kenntnis erhalten können. Wir machen uns dies an einem Bilde klar:

Im Jahre 1883 ereignete sich in der Sundastraße eine gewaltige Katastrophe, der Ausbruch des Vulkans Krakatau, von der entfernte Teile der Welt auf zwei Weisen Kenntnis erhielten. Dies geschah einmal durch die Wasserwellen, die über den Ozean liefen und bis an die südamerikanische Küste gelangten, und zum anderen durch Staubteilchen, die bei der Katastrophe in höhere Luftschichten gelangt waren und in ferne Teile der Erde transportiert wurden.

Der wesentliche Unterschied zwischen diesen beiden Vorgängen besteht darin, daß im ersten Falle keineswegs Wasserteilchen von der Sundastraße nach Südamerika gelangten, sondern daß ein Zustand, eine Welle, weiterwanderte, während die einzelnen Wasserteilchen im wesentlichen Auf- und Abwärtsbewegungen an ihrem Ort ausführten. Im zweiten Falle aber ging Materie, nämlich die kleinen Staubteilchen, vom Ursprungsort aus und brachte die Kunde von dem Ereignis an ferne Stellen.

Es sind danach also zwei Möglichkeiten vorhanden, durch die von einem entfernten Ereignis Kunde zu uns gelangen kann: durch *Wellen* oder durch *Teilchen*, die vom Ort des Ereignisses ausgehen. Danach können also *für das Licht grundsätzlich zwei verschiedene Modellvorstellungen* entwickelt werden. Beide Modellvorstellungen sind in der Geschichte der Optik auch benutzt worden; zeitweise schien die eine den vorliegenden Erfahrungstatsachen besser zu entsprechen, zeitweise wurde die andere bevorzugt. Heute wissen wir, daß keine der beiden Modellvorstellungen *sämtliche* Eigenschaften des Lichtes vollständig zu beschreiben gestattet, sondern daß wir zu deren vollständiger Erfassung beide Modellvorstellungen nebeneinander benutzen müssen, und zwar in dem Sinne, daß ein Teil der Erscheinungen durch das Wellenbild und ein anderer Teil durch das Korpuskelbild richtig wiedergegeben wird. Es hat aber einer langen und mühevollen Forscherarbeit bedurft, bis diese abschließende Erkenntnis gewonnen werden konnte. Wenn wir uns im folgenden mit den wichtigsten Eigenschaften des Lichtes genauer beschäftigen, so werden wir dabei auch immer wieder ihren Zusammenhang mit den genannten Modellvorstellungen betonen und prüfen, welchen Beitrag sie zur Klärung der die Physiker lange beschäftigenden Frage, ob das Licht durch das Wellen- oder das Korpuskelmodell besser dargestellt wird, geliefert haben.

Das *Korpuskelmodell des Lichtes* wurde von NEWTON, dem schon mehrfach genannten Begründer der klassischen Mechanik, entwickelt. Danach werden die Lichterscheinungen durch ein Bild beschrieben, bei dem von der Lichtquelle kleine, substantielle Partikeln ausgehen, die sich mit der ermittelten Lichtgeschwindigkeit nach allen Richtungen geradlinig ausbreiten.

Das *Wellenmodell des Lichtes* stammt von HUYGENS. Dieser stellte sich die Lichterscheinungen ähnlich wie die Schallvorgänge vor. Was sich von einer tönenden Glocke aus in der Luft ausbreitet, sind nicht die einzelnen Luftteilchen, sondern Wellen, die hier aus Verdichtungen und Verdünnungen bestehen; es ist also nicht die Materie, die sich im Raume ausbreitet, sondern ein bestimmter Zustand der Materie. Jede mechanische Wellenbewegung erfordert aber einen Träger, d.h., es müssen Teilchen vorhanden sein, die die sich ausbreitenden Schwingungen ausführen. Da das Licht sich aber auch durch den leeren Weltraum oder durch eine luftleer gemachte Glasglocke ausbreitet, mußte HUYGENS mit seinem Wellenmodell gleich eine weitere Modellvorstellung über den Träger der Wellen einführen. Man hat diesen als Träger der Lichtwellen gedachten Stoff als *Lichtäther* bezeichnet. Es wird sich später zeigen, daß die Eigenschaften des Lichtes von dem Lichtäthermodell eine ganz bestimmte Beschaffenheit fordern würden, die es im einzelnen festzustellen gilt.

Bevor wir uns nun den Eigenschaften des Lichtes und ihrer Beschreibung durch die genannten Modellvorstellungen zuwenden, muß noch eine Bemerkung angefügt werden. NEWTON und HUYGENS haben nicht von Modellen des Lichtes gesprochen, sondern sie haben sich die Frage vorgelegt, was das Licht *in Wahrheit* ist, und sie in dem Sinne behandelt, daß das Licht eine Bewegung von Teilchen bzw. eine Wellenbewegung ist. Dann aber mußten beide Auffassungen sich gegenseitig ausschließen und der Kampf um die Richtigkeit der einen oder anderen Vorstellung war berechtigt. Die Physik ist heute in ihrer Fragestellung bescheidener. Es geht im folgenden nicht darum, zu entscheiden, ob das Licht eine Wellenbewegung oder eine korpuskulare Erscheinung ist, sondern wir lassen die Frage nach dem Wesen des Lichtes völlig offen und prüfen nur, welche der genannten Modellvorstellungen die bessere Beschreibung und Erfassung der beim Licht beobachteten Erscheinungen und Gesetze ermöglicht. Diese Bescheidung in der Fragestellung, die sich in der heutigen Physik durchgesetzt hat, ist von den Physikern nicht freiwillig vorgenommen worden, sondern sie wurde durch die Ergebnisse der Forschung erzwungen und stellt eine der wesentlichen Einsichten in die Möglichkeiten dar, die der Physik bei der Erforschung der Wirklichkeit überhaupt gegeben sind.

6.1.2 Lichtstrahlen und Strahlenoptik

Zur Beschreibung der Ausbreitung des Lichtes wurde der Begriff des *Lichtstrahls* geschaffen. Wir wissen bereits, daß es mit Hilfe dieses Begriffes gelingt, die Gesetze der *Spiegelung* und *Brechung* mathematisch zu erfassen und *in Anwendung dieser Gesetze optische Instrumente zu konstruieren.* Darin liegt die große Bedeutung dieses Begriffes und der mit seiner Hilfe geschaffenen Strahlenoptik.

Experimentell verfolgt man den Verlauf des Lichtes mit Hilfe sehr schmaler Lichtbündel, die sichtbar werden, wenn sie z.B. an einer weißen Fläche entlangstreifen oder in einer Fluoreszeinlösung aufleuchten. Es ist sprachlich bequem, diese schmalen Lichtbündel als Lichtstrahlen zu bezeichnen. Wir müssen uns aber darüber im klaren sein, daß es Lichtstrahlen in Wirklichkeit nicht gibt. Es handelt sich bei dem Begriff des Lichtstrahls um eine *Idealisierung* der wirklichen Verhältnisse, welche die zeichnerische und rechnerische Behandlung zahlreicher optischer Erscheinungen vereinfacht. Die Idealisierung besteht darin, daß das schmale Lichtbündel, das in Wirklichkeit immer noch eine bestimmte räumliche Ausdehnung besitzt, als mathematischer Strahl behandelt und gezeichnet wird.

Über den Verlauf von Lichtstrahlen sind uns folgende Gesetze bekannt:

1. Lichtstrahlen breiten sich *geradlinig* im Raum aus.

2. Wegen der geradlinigen Ausbreitung der Lichtstrahlen erzeugen undurchsichtige Körper *scharfe Schatten*, wenn das Licht von einer punktförmigen Lichtquelle ausgeht.

3. Fällt ein Lichtstrahl auf eine *ebene Grenzfläche* zwischen zwei optisch verschiedenen Medien, so wird er zum Teil oder auch vollständig reflektiert. Der reflektierte Strahl liegt in der Ebene, die durch den einfallenden Strahl und das Einfallslot im Auftreffpunkt gebildet wird. Einfallswinkel α_1 und Reflexionswinkel α_2 sind gleich:

$$\alpha_1 = \alpha_2 .$$

Wird das Licht nicht vollständig reflektiert, so tritt der nicht reflektierte Anteil des Lichtes bei schrägem Auftreffen unter Richtungsänderung in das andere Medium ein, falls dieses durchsichtig ist. Der gebrochene Strahl liegt ebenfalls in der Ebene, die durch den einfallenden Strahl und das Einfallslot im Auftreffpunkt gebildet wird. Für den Brechungswinkel β gilt bei Verwendung monochromatischen Lichtes und isotroper Medien das SNELLIUS-*Brechungsgesetz:*

$$\frac{\sin\alpha}{\sin\beta} = \text{const.}$$

α = Einfallswinkel (erstes Medium),
β = Brechungswinkel (zweites Medium).

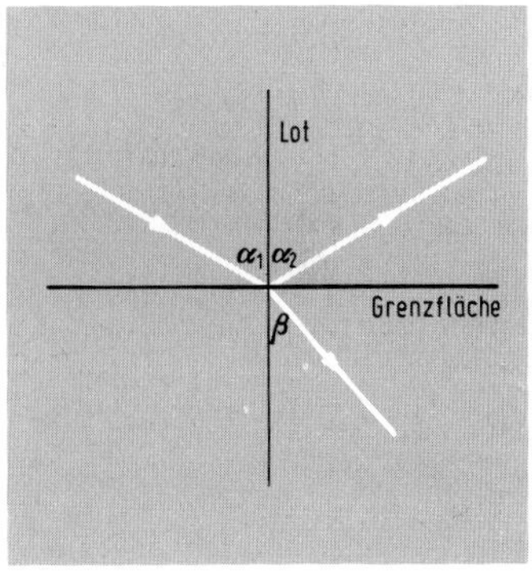

Abb. 637.1
Reflexion und Brechung an einer ebenen Grenzfläche

Ist das Medium des einfallenden Strahles das Vakuum, so definiert man für das Medium des gebrochenen Strahles als Brechzahl n den konstanten Quotienten:

$$n = \frac{\sin\alpha}{\sin\beta} .$$

α = Einfallswinkel (Vakuum),
β = Brechungswinkel (Medium mit der Brechzahl n).

Von zwei Stoffen mit verschiedenen Brechzahlen n_1 und n_2 heißt der Stoff mit der größeren Brechzahl optisch dichter, der andere optisch dünner.

Tritt das Licht aus einem Medium mit der Brechzahl n_1 in ein Medium mit der Brechzahl n_2 über, so nimmt das Brechungsgesetz die Form

$$\frac{\sin\alpha}{\sin\beta}=\frac{n_2}{n_1}$$

an.

4. Weißes Licht wird beim Durchgang durch ein Prisma in seine *Spektralfarben* zerlegt, weil die verschiedenen Spektralfarben des weißen Lichtes durch das Prisma verschieden stark gebrochen werden. Die Brechung ist für violettes Licht am stärksten, für rotes am schwächsten.

5. *Totalreflexion* an einer Grenzfläche zwischen zwei Medien mit den Brechzahlen n_1 und n_2 tritt unter folgenden Bedingungen ein:

a) Das Licht muß vom optisch dichteren Medium ($n_1 > n_2$) aus auf die Grenzfläche treffen.

b) Der Einfallswinkel α muß den Grenzwinkel α_T der Totalreflexion überschreiten.

Nach dem Brechungsgesetz wird der Brechungswinkel 90° im optisch dünneren Medium für den Einfallswinkel α_T mit

$$\frac{\sin\alpha_T}{\sin 90^\circ}=\frac{n_2}{n_1}$$

erreicht. Bei Einfallswinkeln, die größer als α_T sind, kann also keine Brechung mehr erfolgen. Es tritt Totalreflexion ein. Mit $\sin 90^\circ = 1$ ergibt sich

$$\sin\alpha_T=\frac{n_2}{n_1}.$$

6.1.3 Abweichendes Verhalten von der Strahlenoptik

Versuch 638.1 In den Weg eines durch einen sehr schmalen Spalt begrenzten fast parallelen Lichtbündels bringen wir einen Draht (Durchmesser in der Größenordnung 1 mm), der parallel zum Spalt ausgerichtet ist (Abb. 638.1). Der Spalt steht vertikal im Raum, er stellt somit für jede Horizontalebene im Raum eine annähernd punktförmige Lichtquelle dar, so daß er nach der Strahlenoptik von dem Draht ein scharfes Schattenbild erzeugen müßte.

Auf einem Schirm beobachten wir innerhalb des geometrischen Schattenraumes in der Längsachse des Schattens einen hellen Streifen. Abwechselnd schließen sich je nach Drahtdicke mehr oder weniger eng nebeneinanderliegende, parallele, *dunkle und helle Streifen* im Wechsel an. Ebensolche Streifen, allerdings schwächer, treten außerhalb des Schattens auf (Abb. 639.1). Bei Verwendung von weißem Licht entstehen farbige Streifen.

Ähnliche Erfahrungen hatte bereits F.M. Grimaldi (1618–1663) gemacht. Er wußte schon, daß das weiße Licht alle Spektralfarben enthält, und beobachtete, daß die durch enge Öffnungen hindurchfallenden parallelen Sonnenstrahlen keine scharfen Bilder dieser Öffnungen erzeugen. Vielmehr treten innerhalb der geometrischen Schatten um so deutlicher farbige Ränder auf, je kleiner die benutzten Öffnungen sind. Im Gegensatz zur Reflexion und Brechung bezeichnete Grimaldi diese Erscheinung als eine *neue Art der Ausbreitung* des Lichtes. Wir sprechen heute von *Lichtbeugung* und erklären sie mit Hilfe des *Wellenmodells für das Licht.*

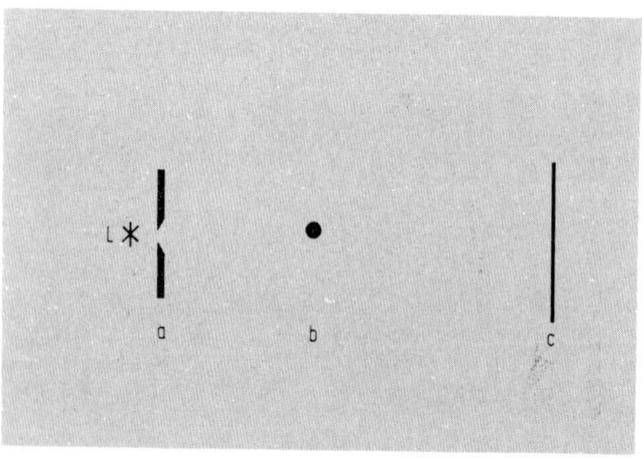

Abb. 638.1
Experimentelle Anordnung zur Beugung am Draht. Betrachtung der Anordnung in Drahtrichtung.
a = Beleuchtungsspalt
b = Draht
c = Schirm

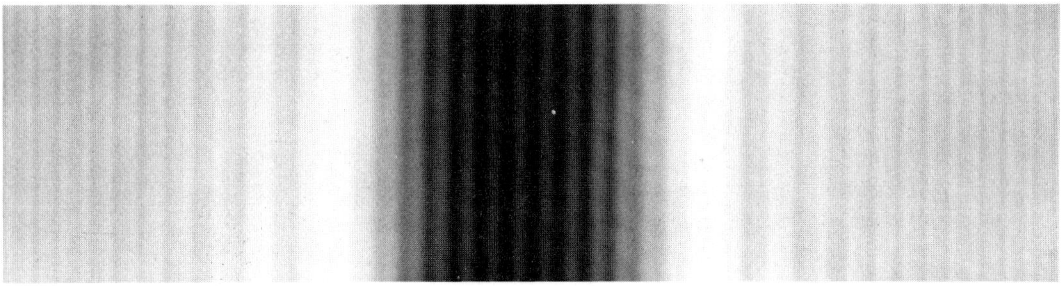

Abb. 639.1 Die Beugung am Draht erzeugt helle und dunkle Beugungsstreifen. Vergrößerte fotografische Aufnahme.

Ein Modell ist nicht brauchbar, wenn es nur für einen einzigen beobachteten Effekt zutreffende Vorstellungen entwickelt. Wenn die Lichtbeugung mit dem Wellenmodell beschrieben werden soll, wird man als erstes prüfen, ob auch Reflexion und Brechung mit dem gleichen Modell beschrieben werden können und ob sie *nur* mit diesem Modell beschrieben werden können. Wir wenden uns dieser Frage im nächsten Abschnitt zu.

6.1.4 Reflexion und Brechung aus der Sicht der Korpuskel- und Wellentheorie

Die beiden für das Licht möglichen Modellvorstellungen sollen nun auf ihre Brauchbarkeit für die Beschreibung und theoretische Erfassung der Reflexion und Brechung des Lichtes untersucht werden.

Eine Deutung des *Reflexionsgesetzes* im *korpuskularen* Sinne erfolgt oft in der Weise, daß man die Lichtkorpuskeln als elastische Kugeln betrachtet, die an einem Hindernis nach den Gesetzen des elastischen Stoßes zurückgeworfen werden. Diese Erklärung erweist sich aber bei genauerem Zusehen als ungenügend, denn bei der Kleinheit der Lichtkorpuskeln kann auch eine besonders gut polierte Oberfläche nicht als genügend glatt betrachtet werden, um die beobachtete regelmäßige Reflexion der Korpuskeln eines Strahles zu ermöglichen. Man müßte vielmehr *abstoßende Kräfte des reflektierenden Mediums* heranziehen, die zu der in Abb. 639.2 dargestellten Bahn eines Lichtteilchens führen.

Die Erklärung der Reflexion aufgrund der *Wellenvorstellung* ergibt sich aus den Darlegungen in der Mechanik auf S. 236 in einfacher und überzeugender Weise.

Wir können also feststellen:

Das Reflexionsgesetz kann von dem Korpuskel- und von dem Wellenmodell in gleicher Weise vollständig erklärt werden.

Zur Deutung des *Brechungsgesetzes* durch die Korpuskelvorstellung muß man annehmen, daß die Lichtkorpuskeln von den Teilchen der umgebenden Materie angezogen werden. Solange sich die Korpuskeln

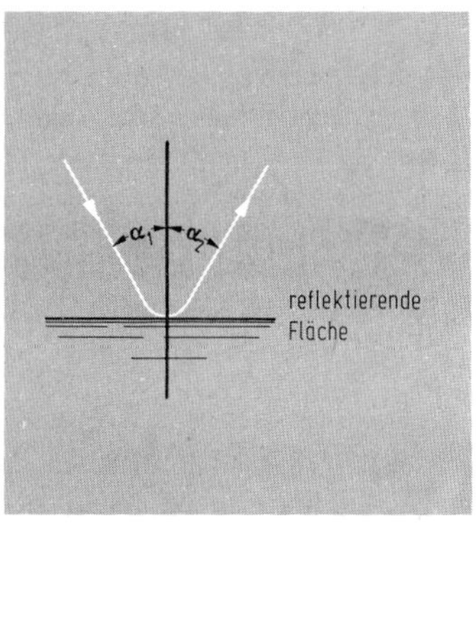

Abb. 639.2
Erklärung der Reflexion des Lichtes nach NEWTON

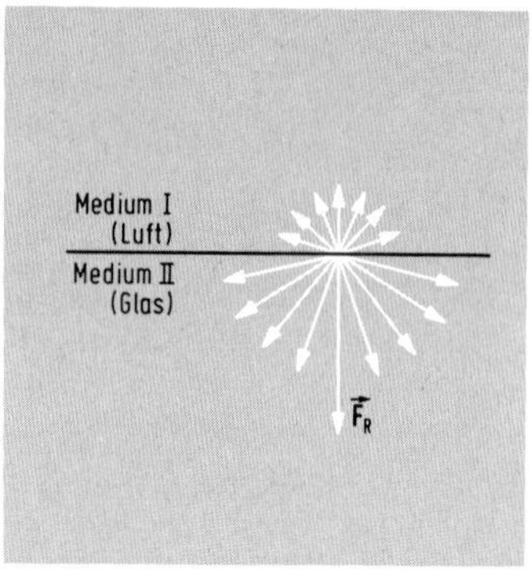

Abb. 640.1
Die nach NEWTON an der Grenze zweier Medien auf eine Lichtkorpuskel wirkenden Kräfte ergeben die Resultierende $\vec{F}_R$.

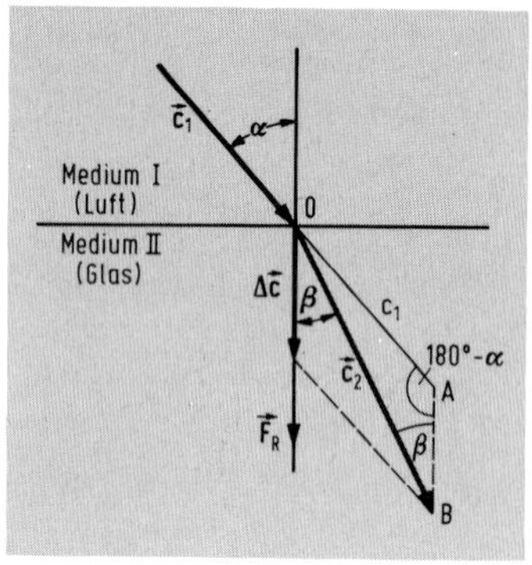

Abb. 640.2
Erklärung der Brechung des Lichtes nach NEWTON

im Innern eines homogenen Mediums befinden, heben sich die nach allen Richtungen gleichmäßig wirkenden Anziehungskräfte auf; sie werden aber wirksam, wenn ein Teilchen an die Grenze zweier Medien kommt. Die dann auf eine Korpuskel wirkenden Kräfte ergeben nach Abb. 640.1 eine senkrecht nach unten wirkende Resultierende $\vec{F}_R$. Diese Kraft wirkt so lange, wie das Teilchen sich an der Grenze der Medien befindet, und verursacht eine Beschleunigung senkrecht zur Grenzfläche. Wenn die Korpuskel während der Zeit Δt beschleunigt wird, so erhält sie also eine zusätzliche Geschwindigkeit $\Delta\vec{c}=\vec{a}\cdot\Delta t$ in der Richtung von $\vec{F}_R$, die sich mit der ursprünglichen Geschwindigkeit $\vec{c}_1$ des Lichtteilchens nach dem Parallelogrammgesetz zu der neuen Geschwindigkeit $\vec{c}_2$ zusammensetzt (Abb. 640.2).

Aus dem Dreieck OAB folgt nach dem Sinussatz

$$\frac{\sin(180°-\alpha)}{\sin\beta}=\frac{c_2}{c_1}$$

oder

$$\frac{\sin\alpha}{\sin\beta}=\frac{c_2}{c_1}.$$

Für die Brechzahl n_{12} beim Übergang aus dem ersten Medium (Luft) in das zweite Medium (Glas) ergibt sich also

$$n_{12}=\frac{c_2}{c_1}.$$

Das heißt:

Aus dem Korpuskelmodell folgt, daß die Brechzahl gleich dem umgekehrten Verhältnis der Lichtgeschwindigkeiten in den beiden Medien sein muß. Die Lichtgeschwindigkeit ist hiernach im optisch dichteren Medium größer als im optisch dünneren.

Das Wellenmodell liefert nach den Darlegungen in der Mechanik auf S. 238 ebenfalls eine Erklärung für die Brechung. Hierbei ergibt sich aber:

$$\frac{\sin\alpha}{\sin\beta}=n_{12}=\frac{c_1}{c_2}.$$

Das heißt:

Aus dem Wellenmodell folgt, daß die Brechzahl gleich dem direkten Verhältnis der Lichtgeschwindigkeiten in den beiden Medien sein muß. Die Lichtgeschwindigkeit ist hiernach im optisch dichteren Medium kleiner als im optisch dünneren.

Wir können also in bezug auf die Brechung zusammenfassend feststellen:

Das Brechungsgesetz kann sowohl von dem Korpuskel- als auch von dem Wellenmodell erklärt werden. Es ergibt sich aber ein Unterschied zwischen beiden Vorstellungen in bezug auf die Lichtgeschwindigkeit in den einzelnen Medien.

Die Erfahrung zeigt nun weiter, daß *Reflexion und Brechung im allgemeinen gleichzeitig auftreten*, d.h., wenn z.B. ein Lichtstrahl von Luft in Glas übergeht, so wird ein Teil des Lichtes reflektiert und ein Teil gebrochen. Diese Erscheinung erklärte NEWTON durch seine *Theorie der Anwandlungen*, über die er sagt: „Die periodisch wiederkehrende Disposition eines Strahles, reflektiert zu werden, will ich Anwandlung leichter Reflexion nennen, die wiederholt eintretende Disposition, durchgelassen zu werden, Anwandlung leichten Durchganges." Die Wellenvorstellung erklärt die gleichzeitig auftretende Reflexion und Brechung in einfacher Weise dadurch, daß die von jedem Punkt der Grenzfläche ausgehenden Elementarwellen sich in beide Medien ausbreiten.

Korpuskel- und Wellenmodell standen also im Hinblick auf die Reflexion und Brechung fast gleichwertig nebeneinander, da es zur Zeit von NEWTON und HUYGENS noch nicht möglich war, die Ausbreitungsgeschwindigkeiten des Lichtes in verschiedenen Stoffen zu bestimmen und so eine Entscheidung darüber herbeizuführen, welche der beiden Auffassungen zu der richtigen Aussage über die Lichtgeschwindigkeit führt. Die im Rahmen der NEWTONschen Erklärungen notwendige *Theorie der Anwandlungen*, nach der die Lichtteilchen bisweilen den in Abb. 640.1 dargestellten anziehenden Kräften des zweiten Mediums folgen, während in anderen Fällen das gleiche Medium abstoßende Kräfte auf sie ausübt, war zwar unbefriedigend, wurde aber nicht so schwerwiegend empfunden, daß man deshalb die NEWTONsche Theorie fallen ließ. Heute wissen wir, daß die Wellenvorstellung von HUYGENS die richtige und die Korpuskelvorstellung von NEWTON die falsche Aussage über die Lichtgeschwindigkeit liefert. Diese Einsicht wurde aber erst um die Mitte des 19. Jahrhunderts gewonnen. Zur Zeit von HUYGENS und NEWTON setzte sich die Autorität NEWTONS durch, insbesondere nachdem es ihm und seinen Nachfolgern durch weitere Zusatzannahmen gelungen war, auch noch andere optische Erscheinungen verständlich zu machen. *Die Zeit von 1700–1800 stand deshalb ganz im Zeichen der Korpuskelauffassung des Lichtes.* Seit dem Beginn des 19. Jahrhunderts wandte man sich mit großem Interesse wieder den Beugungserscheinungen zu und stellte zielgerichtet Versuchsanordnungen für Lichtinterferenzen her. In dieser Zeit wurde die Korpuskeltheorie von der Wellentheorie abgelöst.

6.1.5 Die Lichtgeschwindigkeit

Nachdem G. GALILEI (1564–1642) bereits die richtige Vermutung geäußert hatte, daß das Licht Zeit zu seiner Ausbreitung benötigt, ohne hierfür allerdings einen Beweis erbringen zu können, gelang dem Dänen O. RÖMER (1644–1710) durch Beobachtungen der Nachweis, daß das Licht zum Durchlaufen einer bestimmten Strecke eine endliche Zeit braucht. RÖMER benutzte zwar den Begriff der Geschwindigkeit noch nicht, gab aber aufgrund seiner Messungen die Zeit an, in welcher das Licht eine bestimmte Strecke durcheilt.

Die Methode RÖMERS zur Messung der Lichtgeschwindigkeit ging von der Beobachtung des *Jupitermondes Jo* aus. Es handelt sich dabei um den innersten der 13 Jupitermonde, der bereits im Jahre 1610 von G. GALILEI und CHR. SCHEINER (1575–1650) entdeckt worden war. Man kann von der Erde aus beobachten, daß dieser Mond bei seinem Umlauf um den Jupiter in den Jupiterschatten ein- und nach einiger Zeit wieder austritt (Abb. 641.1). Die Zeitspanne zwischen zwei aufeinanderfolgenden Mondverfinsterungen kann man messen. Wenn die Erde die Stellungen E_1 oder E_2 durchläuft, ändert sich ihre Entfernung vom Jupiter während der Zeitspanne zwischen zwei Mondverfinsterungen praktisch nicht. Die Stellung E_1 und die anderen

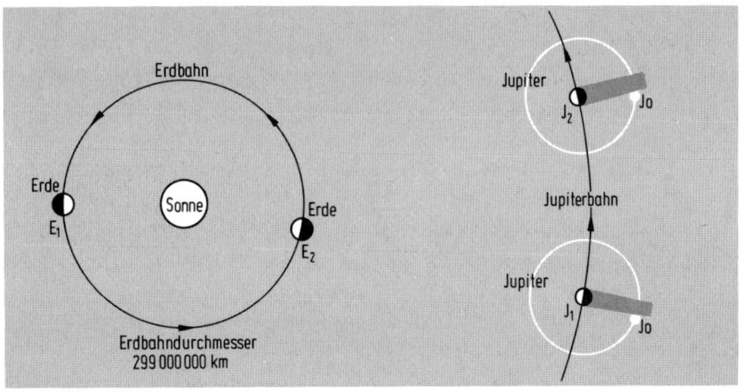

Abb. 641.1
Zur Bestimmung
der Lichtgeschwindigkeit
nach O. RÖMER

Positionen der Erde auf dem in der Abbildung linken Halbkreis der Erdbahn scheiden jedoch als Meßstellungen aus, weil der Beobachter sich auf der von der Sonne beleuchteten Tagseite befindet. In der Stellung E_2 mißt der Beobachter für die Zeitspanne zwischen zwei Mondverfinsterungen rund 42,5 h. Während der Erdbewegung von E_2 nach E_1 ergeben sich bei weiteren Beobachtungen größere Zeitspannen zwischen zwei Mondverfinsterungen. Die Erklärung dieser Beobachtung fand RÖMER in der Feststellung, daß das vom Jupiter kommende Licht der Erde hinterherlaufen muß, wenn diese sich vom Jupiter entfernt. Entsprechend verringert sich die beobachtete Zeitspanne zwischen zwei Mondverfinsterungen, wenn die Erde auf die Stellung E_2 zuläuft. Eine „Hochrechnung" seiner 1671/72 erhaltenen Meßwerte auf die Zeitspanne, die das Licht zum Durchlaufen des Erdbahndurchmessers benötigt, ergab bei RÖMER 22 min. Hätte RÖMER die Lichtgeschwindigkeit berechnen wollen, so hätte er den 1672 von CASSINI ermittelten Wert für den Durchmesser der Erdbahn (276800000 km) zugrundelegen müssen. Damit hätte er erhalten:

$$c = \frac{2{,}768 \cdot 10^{11}\,\text{m}}{22 \cdot 60\,\text{s}} \approx 2{,}1 \cdot 10^{8}\,\frac{\text{m}}{\text{s}}.$$

Genauer als die astronomischen Methoden sind die auf der Erde ausführbaren Messungen der Lichtgeschwindigkeit. Wir beschreiben hier nur die Grundgedanken eines von L. FOUCAULT (1819–1868) angegebenen Verfahrens.

Ein Lichtstrahl wird über einen ebenen Drehspiegel S_1 auf einen festen Kugelspiegel S_f gelenkt und dort wieder auf den Drehspiegel reflektiert. Die Drehachse von S_1 ist Mittelpunkt von S_f.

Während der Laufzeit t des Lichtstrahles zwischen den Spiegeln hat sich der Drehspiegel S_1 in die Lage S_2 weitergedreht, so daß der Lichtstrahl vom Drehspiegel nicht zur Lichtquelle reflektiert wird, sondern mit der seitlichen Verschiebung s auf einen Schirm gelangt.

Es ist

$$c = \frac{2r}{t}.$$

Rotiert der Drehspiegel mit der Winkelgeschwindigkeit ω, so wird er in der Zeit t um den Winkel

$$\delta = \omega \cdot t = \omega \cdot \frac{2r}{c}$$

gedreht. Da der Lichtstrahl nach dem Reflexionsgesetz dann um den Winkel 2δ aus der ursprünglichen Richtung abgelenkt wird, ergibt sich unabhängig von der Stellung des Spiegels S_1 die Verschiebung

$$s = l \cdot 2\delta = \frac{4\omega l r}{c}$$

und damit

$$c = \frac{4\omega l r}{s}.$$

FOUCAULT hat nach dieser Methode die Lichtgeschwindigkeit zu $2{,}98 \cdot 10^{8}\,\text{m}\,\text{s}^{-1}$ bestimmt.

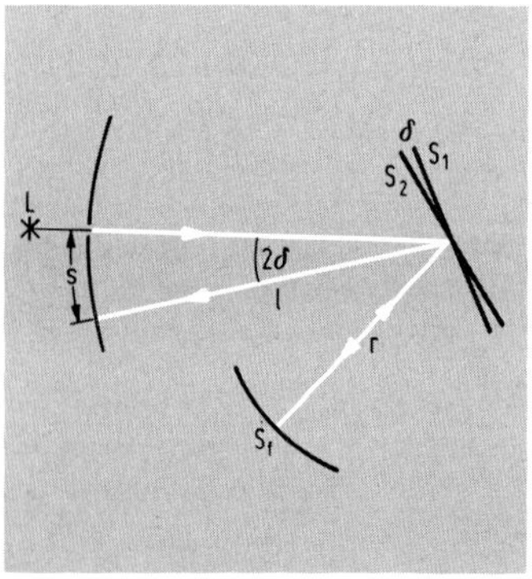

Abb. 642.1
Bestimmung der Lichtgeschwindigkeit nach FOUCAULT

Der große Vorteil des Verfahrens von FOUCAULT gegenüber den astronomischen Verfahren und gegenüber anderen vor ihm beschrittenen Wegen besteht darin, daß die Messung nur einen kleinen Lichtweg benötigt und daher in jedem Laboratorium ausgeführt werden kann. Ferner war durch dieses Verfahren auch zum ersten Male die Möglichkeit gegeben, die *Lichtgeschwindigkeit in anderen Medien* als im Vakuum zu messen, z.B. in Wasser oder Glas. Man braucht dazu nur den Raum zwischen S_1 und S_f (Abb.642.1) mit dem betreffenden Stoff auszufüllen. FOUCAULT stellte fest, daß die Lichtgeschwindigkeiten in den Medien Luft und Wasser im Verhältnis 4:3 stehen. Die Lichtgeschwindigkeit ist im Wasser also kleiner als in Luft, wie HUYGENS es in seiner Wellentheorie behauptet hatte. Die Bestimmung der Vakuum-Lichtgeschwindigkeit durch RÖMER nützte dagegen für die Entscheidung zwischen den Lichttheorien nichts.

Das SNELLIUS-Brechungsgesetz (S. 638) nimmt im Zusammenhang mit der theoretischen Aussage von HUYGENS (S. 640) und dem experimentellen Befund von FOUCAULT also die folgende Form an:

$$\frac{\sin\alpha}{\sin\beta}=\frac{n_2}{n_1}=\frac{c_1}{c_2}.$$

Der Grundgedanke der FOUCAULTschen Versuchsanordnung ist von dem Physiker A. MICHELSON (1852–1931) weiterentwickelt und zu einem Meßverfahren höchster Präzision ausgestaltet worden. Das Ergebnis zahlreicher sorfältigster Messungen lautet:

Die Lichtgeschwindigkeit hat im Vakuum den größten Wert und beträgt dort

$$\mathbf{2{,}997925\cdot 10^8\,\frac{m}{s}}.$$

In Luft ist die Lichtgeschwindigkeit nur unbedeutend kleiner (etwa 0,03%) als im leeren Raum.

Wir werden in Zukunft für die Lichtgeschwindigkeit im leeren Raum und in Luft im allgemeinen den gerundeten Wert

$$c\approx 3\cdot 10^8\,\frac{\text{m}}{\text{s}}$$

benutzen.

Legt man diesen Wert der Lichtgeschwindigkeit zugrunde, so findet man, daß das Licht in einer Sekunde fast 8mal um den Erdäquator laufen könnte. Vom Mond zur Erde benötigt es etwa 1,3 s und von der Sonne zur Erde rund $8\frac{1}{3}$ min. Um von dem in Opposition stehenden Jupiter zur Erde zu gelangen, ist das Licht $34\frac{1}{2}$ min unterwegs. Von dem der Erde nächsten Fixstern α im Centaurus braucht es bereits 4,3 Jahre, vom Sirius 8,8 Jahre, vom Andromedanebel etwa 2500000 Jahre und von den durch die heutigen Fernrohre feststellbaren entferntesten Spiralnebeln 5 Milliarden Jahre. Wir sehen diese entfernten Spiralnebel heute also in dem Zustand, in dem sie sich vor diesen langen Zeiten befanden.

Wir haben in der Mechanik festgestellt, daß die Geschwindigkeit ein Vektor ist und daß sich Geschwindigkeiten vektoriell zu einer Gesamtgeschwindigkeit addieren, wenn z.B. ein Körper an mehreren Bewegungen gleichzeitig teilnimmt. Wir könnten uns nun im Gedankenexperiment vorstellen, daß ein Weltraumfahrer, dessen Raumfahrzeug mit dreiviertel Lichtgeschwindigkeit durch den Weltraum fliegt, Elektronen in einer Hochvakuumröhre ebenfalls auf dreiviertel Lichtgeschwindigkeit beschleunigt. Wenn die Bewegungsrichtung der Elektronen mit der Bewegungsrichtung des Raumschiffes übereinstimmt, hätten die Elektronen gegenüber dem Weltraum (d.h. gegenüber festen Sternbildern) die 1,5fache Lichtgeschwindigkeit. Wir haben dagegen schon an früherer Stelle festgestellt, daß sich Elektronen niemals schneller als mit Vakuum-Lichtgeschwindigkeit bewegen, weil mit Hilfe von Elektronen Signale übermittelt werden können. Denn es ist eine grundsätzliche Aussage der *Relativitätstheorie*, daß kein Signal schneller als mit Vakuum-Lichtgeschwindigkeit laufen kann. Auf diese zunächst widersprüchlich erscheinenden Feststellungen werden wir bei der Besprechung der Relativitätstheorie näher eingehen.

6.2 Die Wellennatur des Lichtes

6.2.1 Grundsätzliche Betrachtungen zur Interferenz

Bei der Behandlung der allgemeinen Wellenlehre wurde bereits in der Mechanik darauf hingewiesen, daß eine Beobachtung von Interferenzerscheinungen bei unbekannten physikalischen Vorgängen nur eine Beschreibung dieser Vorgänge durch das Wellenbild ermöglicht. Wenn es also gelingen sollte, beim Licht Interferenzerscheinungen festzustellen, so würde dies ein Nachweis dafür sein, daß die Ausbreitung des Lichtes durch das Wellenmodell von HUYGENS und nicht durch das Korpuskelmodell von NEWTON richtig beschrieben werden kann.

Um 1820 gelang es in der Tat A.J. FRESNEL (1788 – 1827) in überzeugender Weise darzulegen, daß das Licht Interferenzerscheinungen zeigt; vorher hatte der englische Augenarzt TH. YOUNG (1773 – 1829) bereits in einem besonderen Falle auf die Möglichkeit ihrer Existenz hingewiesen.

Nachdem wir das Wesen der Interferenzerscheinungen bereits bei der allgemeinen Wellenlehre kennengelernt haben, handelt es sich nun darum, diese Erkenntnisse auf das Licht zu übertragen. Wenn das Licht interferieren kann, dann muß eine Überlagerung von Lichtstrahlen nicht immer zu größerer Helligkeit führen, sondern es muß unter geeigneten Umständen auch möglich sein, *Licht durch Licht auszulöschen.* Um an einer Stelle des Raumes eine solche vollständige Auslöschung zu erzielen, müssen dort nach unseren früheren Feststellungen zwei Wellen von gleicher Schwingungszahl, gleicher Amplitude und einem Gangunterschied von $(2n-1)\cdot\frac{\lambda}{2}$ zusammentreffen. Wir haben beim Schall gesehen, daß man dort nur die von zwei gleichen Schallquellen, etwa den beiden Zinken einer Stimmgabel, kommenden Schallwellen zur Überlagerung zu bringen braucht, um Interferenzen festzustellen. Man könnte deshalb versuchen, Lichtinterferenzen in ähnlicher Weise zu erzeugen, indem man das von zwei genau gleichen Lichtquellen kommende Licht zur Überlagerung bringt. Die tägliche Erfahrung zeigt aber, daß dann keine Interferenz auftritt, denn sonst müßte auch bei der künstlichen Raumbeleuchtung durch mehrere Lichtquellen an manchen Stellen eine Auslöschung und damit Dunkelheit eintreten. Der Grund für das Nichteintreten von Interferenz liegt an dem Vorgang der Lichtaussendung durch leuchtende Körper, der anders verläuft als die Aussendung von Schallwellen durch die Zinken einer Stimmgabel. Während hier von den beiden Zinken Wellenzüge ausgehen, die eine *konstante Phasenbeziehung* haben, die also an irgendeinem Raumpunkt mit einem gleichbleibenden Phasenunterschied eintreffen, ist dies bei den von verschiedenen Lichtquellen ausgehenden Wellen nicht der Fall. Die Lichtaussendung durch einen Körper beruht auf bestimmten Vorgängen in den Atomen, und diese verlaufen so, daß die verschiedenen Schwingungsphasen gleichzeitig vorkommen. Die Folge davon ist, daß sich die Phasendifferenz zwischen zwei Wellenzügen schnell und unregelmäßig ändert, so daß sich auch die Interferenzen zu schnell ändern, um noch beobachtbar zu sein. Es kann deshalb beim Licht nur mit beobachtbaren Interferenzerscheinungen gerechnet werden, wenn man zwei Wellenzüge, die *gleichzeitig vom gleichen Punkt der Lichtquelle* ausgegangen sind, nach dem Durchlaufen verschieden langer Wege an einem Punkt des Raumes zur Überlagerung bringt; wir bezeichnen solches Licht als *kohärent.* Die Kohärenz allein genügt aber zum Entstehen der Interferenz noch nicht. Die Lichtaussendung durch die Atome erfolgt nicht stetig, sondern es werden in sehr kurzen Zeiten Wellenzüge von begrenzter Länge ausgesendet, zwischen denen bei jedem einzelnen Atom lange Pausen liegen. Wenn also die Wege, die die beiden Strahlen bis zum Interferenzort zurückzulegen haben, sich um mehr als die Länge eines Wellenzuges unterscheiden, dann kommen die Wellenzüge nicht gleichzeitig an und können nicht miteinander interferieren.

Wir fassen die Ergebnisse der bisherigen Überlegungen zusammen:

Damit beim Licht überhaupt Interferenzerscheinungen auftreten können, müssen die beiden zur Interferenz kommenden Wellen gleicher Frequenz von dem gleichen Punkt der Lichtquelle gleichzeitig ausgegangen sein, und sie müssen Wege zurückgelegt haben, deren Längen sich höchstens um die Länge eines Wellenzuges, die sog. Kohärenzlänge, unterscheiden.

Wenn man sich diese grundsätzlichen Probleme vor Augen hält und dazu bedenkt, daß es zu Anfang des 19. Jahrhunderts keine Lichtquellen gab, sie sich in Handhabung und Leistung mit unseren elektrischen Lichtquellen hoher Leuchtdichte auch nur annähernd messen könnten, ist man über die experimentellen Erfolge von YOUNG und FRESNEL in besonderem Maße erstaunt. Völlig unproblematisch werden heute die Interferenzversuche, wenn man sich des *Lasers* als Lichtquelle bedient. Da die Lichtinterferenzen für die fotografischen Aufnahmen in diesem Buch mit Hilfe eines Lasers hergestellt wurden, müssen wir an dieser Stelle kurz auf den Laser eingehen. Eine genauere Behandlung der Laser erfolgt im Rahmen der Quantenphysik (S. 807 ff.).

Das Wort Laser ist ein Kunstwort, entstanden aus der Abkürzung für *Light amplification by stimulated emission of radiation*, d.h. in deutscher Übersetzung: Lichtverstärkung durch erzwungene Aussendung von Strahlen. Der Laser wurde 1960 von T. MAIMAN konstruiert. Seitdem hat die Forschung den Laser bezüglich der verwendeten Materialien, seiner Leistungsfähigkeit und Einsatzmöglichkeiten weiterentwickelt. Das physikalische Grundprinzip, nach dem die Laser arbeiten, besteht aber für alle Laser in den gleichen durch die Quantenphysik beschriebenen Vorgängen.

Ein Atom kann durch Anregung Energie aufnehmen. Die Anregung erfolgt z.B. durch ein stoßendes Elektron, falls dieses eine hinreichend große Geschwindigkeit besitzt, oder durch die Einstrahlung von Licht, falls dieses eine hinreichend kleine Wellenlänge hat. Eine wesentliche Erkenntnis der Quantentheorie ist die Aussage, daß ein Atom aber nicht jeden beliebigen Energiezustand annehmen kann. Es existieren, wie später in der Quanten- und Atomphysik noch ausführlich dargestellt wird, *bestimmte Energieniveaus*, zwischen denen das Atom durch Absorption oder Emission von Energie wechseln kann. Geht ein angeregtes Atom durch spontane Emission in ein niedrigeres Energieniveau über, so wird die hierbei frei werdende Energiedifferenz ΔW als elektromagnetische Strahlung (z.B. sichtbares Licht) abgegeben. Die Frequenz ν dieser Strahlung ergibt sich aus

$$\nu = \frac{\Delta W}{h},$$

wobei $h = 6{,}63 \cdot 10^{-34}\,\mathrm{W\,s^2}$ die PLANCK-*Konstante* ist.

Ist ein System aus vielen Atomen im thermischen Gleichgewicht, so befinden sich die meisten Atome im niedrigsten Energieniveau, im sog. Grundzustand. Nur eine geringe Anzahl von Atomen ist auf höherem Energieniveau. Diese Verteilung läßt sich in geeigneten Anordnungen durch Einstrahlung von Licht umkehren. Das Anheben vieler Atome auf ein bestimmtes höheres Energieniveau nennt man *optisches Pumpen*. Man bezeichnet den auf diese Weise neu geschaffenen Zustand, der durch die große Anzahl von Atomen im angeregten Zustand und durch eine geringe Anzahl von Atomen im Grundzustand gekennzeichnet ist, als *Besetzungsumkehr*. Jetzt kommt der wichtigste Schritt: Man kann die angeregten Atome veranlassen (stimulieren), in ihrer Gesamtheit in den Grundzustand zurückzufallen. Diese Erscheinung heißt *erzwungene oder stimulierte Emission*. Die Besonderheit der stimulierten Emission liegt nun darin, daß die vielen Atome nicht unabhängig voneinander in den Grundzustand übergehen. Es besteht vielmehr eine Kopplung, die eine *phasengleiche Abstrahlung* der Lichtwellen bewirkt. Im Endeffekt entsteht dadurch eine Lichtwelle, die sich nach Phasenlage und Schwingungsebene nicht ändert, vergleichbar mit einer praktisch endlosen Seilwelle von konstanter Schwingungsebene und Wellenlänge. Die Kohärenzlänge beträgt bis 10^6 m, bei anderen monochromatischen Lichtquellen jedoch nur ca. 1 m. Damit ist bei Verwendung von Laserlicht zur Erzeugung von Interferenzen die eine der oben genannten Schwierigkeiten ausgeschaltet, daß sich nämlich die am Interferenzort ankommenden Wellenzüge nicht mehr überlappen könnten.

Wegen der strengen Monochromasie des Laserlichtes (die in den Schulen benutzten *He-Ne-Gaslaser* arbeiten mit der Wellenlänge $\lambda = 6{,}328 \cdot 10^{-7}$ m) erhält man besonders scharf ausgeprägte Interferenzen.

6.2.2 Die Experimente von Young und Fresnel

1. Der Doppelspaltversuch von YOUNG

Versuch 646.1 Nach Abb. 646.1 stellen wir die Versuchsanordnung von YOUNG her (von oben gesehen).

Das aus einem Beleuchtungsspalt S_0 divergent austretende Licht einer Lichtquelle L fällt auf einen Doppelspalt S_1, S_2. An den Spalten S_1 und S_2 des Doppelspaltes tritt Beugung ein. Dadurch werden S_1 und S_2 zu Zentren, die phasengleich Wellengruppen aussenden. S_1 und S_2 sind also kohärente Lichtquellen. Hinter dem Doppelspalt interferieren die sich überschneidenden Lichtbündel.

Der Beleuchtungsspalt S_0 begrenzt die Lichtquelle in ihrer Breite. Er wird sehr eng eingestellt. Dann werden auf einem Schirm an beliebiger Stelle im Interferenzfeld helle und dunkle Interferenzstreifen sichtbar (Abb. 646.2). Bei Verwendung von Laser-Licht entfällt der Beleuchtungsspalt.

Der Abstand von zwei entsprechenden Punkten der Spalte S_1 und S_2 sei a, ihre eigene Spaltbreite sei gegenüber a vernachlässigbar klein. Der Gangunterschied Δs der Lichtwege s_1 und s_2 von den Spalten S_1 und S_2 bis zu einem Interferenzpunkt P_z beträgt $\Delta s = s_2 - s_1$. Allgemein ist der Gangunterschied die Differenz der optischen Wege (Abb. 646.3).

Wendet man den Satz des PYTHAGORAS auf die rechtwinkligen Dreiecke S_1AP_z und S_2BP_z an, so erhält man:

$$s_1^2 = b^2 + \left(d_z - \frac{a}{2}\right)^2$$

$$s_2^2 = b^2 + \left(d_z + \frac{a}{2}\right)^2$$

$$s_2^2 - s_1^2 = 2\,a\,d_z$$

$$(s_2 - s_1)\cdot(s_2 + s_1) = 2\,a\,d_z.$$

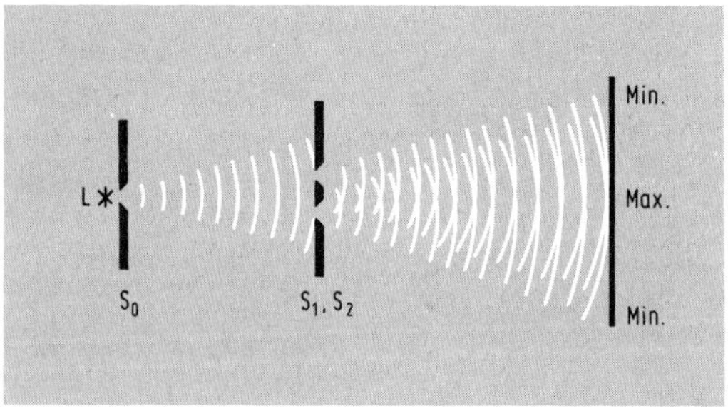

Abb. 646.1 Interferenzen hinter einem Doppelspalt

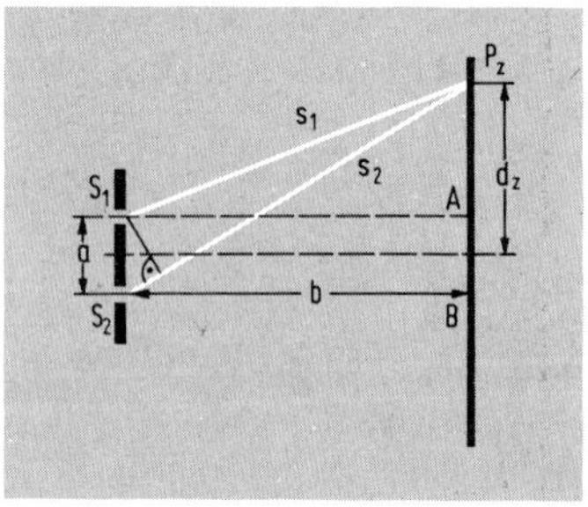

Abb. 646.3 Geometrische Figur zur Berechnung der Lage von hellen und dunklen Streifen

Abb. 646.2 Interferenzstreifen bei dem Doppelspaltversuch. Vergrößerte fotografische Aufnahme

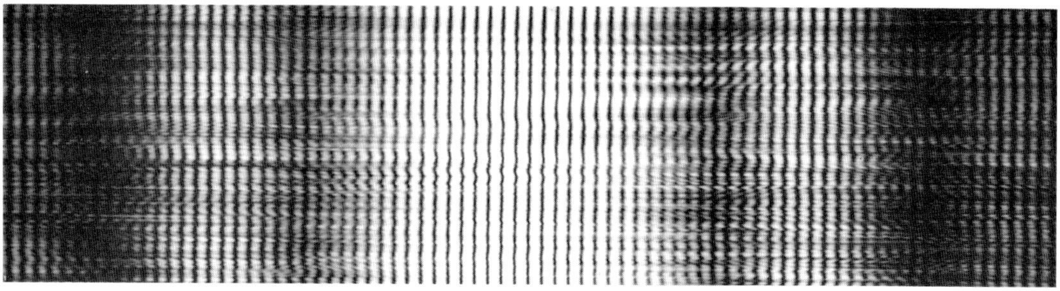

Da Δs sehr klein gegenüber s_1, s_2, b ist, kann man mit ausreichender Genauigkeit $s_2+s_1=2b$ setzen:

$$\Delta s=\frac{a \cdot d_z}{b}.$$

Es interessieren nur solche Interferenzpunkte, in denen die Interferenz zu Intensitätsmaxima oder Intensitätsminima führt. Helle Streifen (Intensitätsmaxima) ergeben sich für die Gangunterschiede $\Delta s=z \cdot \lambda$ ($z=0, 1, 2, 3, \ldots$), also für

$$z \cdot \lambda=\frac{a \cdot d_z}{b}.$$

Dunkle Streifen (Intensitätsminima) ergeben sich für die Gangunterschiede

$$\Delta s=\frac{2z+1}{2} \cdot \lambda$$

($z=0, 1, 2, 3, \ldots$), also für

$$\frac{2z+1}{2} \cdot \lambda=\frac{a \cdot d_z}{b}.$$

Die Größen z, a, b, d_z sind der Messung zugänglich, so daß die Wellenlänge mit Hilfe des YOUNGschen Interferenzversuches bestimmt werden konnte.

2. Der Doppelspiegel- und Biprismaversuch von FRESNEL

Versuch 647.1 Nach Abb. 647.1 stellen wir die Versuchsanordnung von FRESNEL her. Der Beleuchtungsspalt, der die Breite der Lichtquelle L begrenzt, ist hier nicht mitgezeichnet. Die virtuellen Lichtquellen L_1 und L_2 entsprechen den beiden Spalten des Doppelspaltes im vorhergehenden Versuch von YOUNG. Auf einem Schirm, den man wie bei dem Versuch von YOUNG an eine beliebige Stelle des Interferenzfeldes setzt, beobachtet man wieder die typischen Interferenzstreifen (Abb. 647.2).

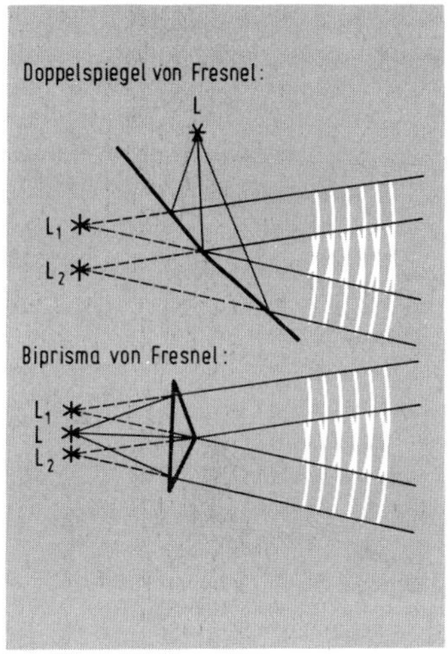

Abb. 647.1
Interferenzen hinter einem Doppelspiegel oder einem Biprisma

Abb. 647.2 Interferenzstreifen bei dem Doppelspiegel- oder Biprismaversuch. Vergrößerte fotografische Aufnahme

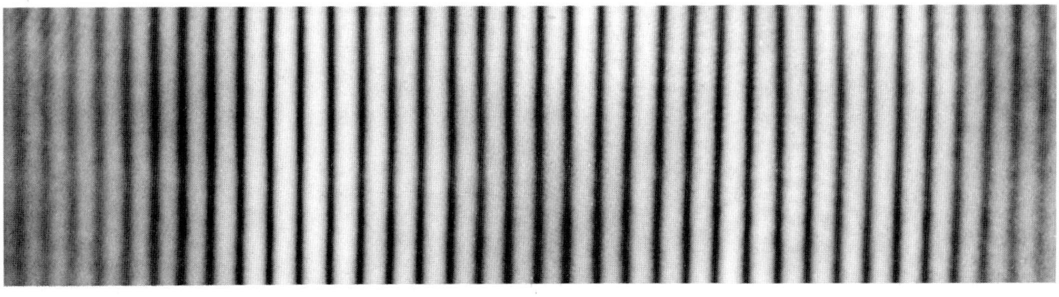

Physikalisch besteht zwischen den Versuchen von YOUNG und FRESNEL kein Unterschied, seitdem man weiß, daß auch die Beugung des Lichtes eine Interferenzerscheinung ist. Die Experimente von FRESNEL sind *historisch* zu verstehen. FRESNEL wollte seinen Gegnern beweisen, daß Lichtwellen auch dann interferieren können, wenn kein Beugungsphänomen am Vorgang beteiligt ist.

6.2.3 Die stehenden Lichtwellen

Man wird sich angesichts des Umweges über zwei kohärente virtuelle Lichtquellen, den FRESNEL zur Herstellung von Lichtinterferenzen gegangen ist, fragen, ob nicht die Herstellung einer *stehenden Lichtwelle* einfacher gewesen wäre. Wir wissen, daß für Schallinterferenzen KUNDT und für Interferenzen mit elektromagnetischen Wellen HERTZ diesen Weg gegangen ist. Dazu ist zunächst zu sagen, daß sowohl KUNDT als auch HERTZ später als FRESNEL gelebt haben. Aber davon abgesehen wußte FRESNEL von der außerordentlich kleinen Wellenlänge des sichtbaren Lichtes. Wenn wir einmal annehmen, daß man zu seiner Zeit überhaupt an die Möglichkeit stehender Wellen gedacht hat, so wird daher sofort deutlich, daß jeder Versuch zur Realisierung und zum Nachweis stehender Lichtwellen zunächst aussichtslos erscheinen mußte. Erst in sehr viel späterer Zeit ist es geglückt, stehende Lichtwellen zu erzeugen. Es handelt sich um den Versuch von O. WIENER (1862 – 1927).

Bei dem Versuch von WIENER wird auf einen Spiegel unter einem sehr kleinen Neigungswinkel α eine ca. $\frac{1}{30} \cdot \lambda$ dicke Fotoschicht gelegt. Bei Bestrahlung des Spiegels mit parallelem monochromatischem Licht entsteht vor dem Spiegel eine stehende Lichtwelle, die den Film durchdringt und in Abständen von $\frac{\lambda}{2 \cdot \sin \alpha}$ auf dem Film bzw. in Abständen von $\frac{\lambda}{2}$ in der Senkrechten zum Spiegel den Film schwärzt.

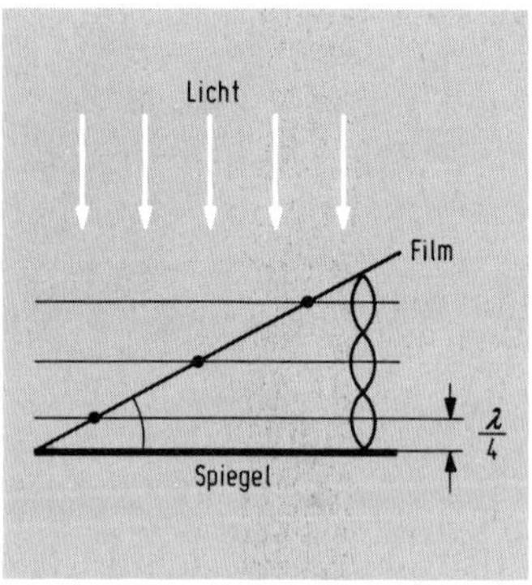

Abb. 648.1
Schematische Darstellung der Versuchsanordnung zur Erzeugung und zum Nachweis stehender Lichtwellen

Der Versuch hat über den Nachweis stehender Lichtwellen hinaus noch eine weitere große Bedeutung im Zusammenhang mit der *elektromagnetischen Lichttheorie*, die Lichtwellen als elektromagnetische Wellen auffaßt. In Anwendung dieser heute im Gesamtkomplex physikalischer Erkenntnisse gesicherten Theorie ergibt sich in der Spiegelebene ein Knoten des elektrischen Feldvektors und ein Bauch des magnetischen Feldvektors der Lichtwelle. Der Bauch des elektrischen Feldvektors liegt im Abstand $\frac{\lambda}{4}$ vom Spiegel genau am Ort der ersten Schwärzung. Das Experiment zeigt also, daß der elektrische Vektor der elektromagnetischen Lichtwelle die Fotowirkung ausübt. Auch für die Lichtwahrnehmung durch das Auge ist der elektrische Vektor verantwortlich. Es ist darüber hinaus auch sonst kein Versuch bekannt, bei dem der magnetische Vektor der Lichtwelle Wirkungen ausübt.

6.2.4 Die Wellenlängen des sichtbaren Lichtes

Wir werden später noch ein anderes Verfahren kennenlernen, nach dem sich die *Wellenlänge des Lichtes* genauer als mit dem Doppelspalt, Doppelspiegel oder Biprisma bestimmen läßt. Es zeigt sich dabei, daß jeder der Lichtarten, die man als Spektralfarben bezeichnet, eine ganz bestimmte Wellenlänge zukommt. Nach der Formel $\nu = \frac{c}{\lambda}$ läßt sich dann die zugehörige Frequenz berechnen. So haben sich für die wichtigsten Farben des Spektrums folgende Werte ergeben:

Wellenlängen und Frequenzen des sichtbaren Lichtes

Das menschliche Auge empfindet als	*Wellenlängen* in 10^{-9} m	*Frequenzen* in 10^{12} Hz
Violett	400 – 420	≈750 – 715
Blau	420 – 490	≈715 – 610
Grün	490 – 575	≈610 – 520
Gelb	575 – 585	≈520 – 510
Orange	585 – 650	≈510 – 460
Rot	650 – 750	≈460 – 400

Hierbei ist zu beachten, daß sich die Angaben der Wellenlänge auf den leeren Raum beziehen. Beim Übergang in einen anderen Stoff ändern sich die Wellenlängen des Lichtes, weil die Ausbreitungsgeschwindigkeit des Lichtes in den verschiedenen Stoffen von der im Vakuum verschieden ist; die Frequenzen sind dagegen durch die lichtaussendenden Atome bestimmt und ändern sich beim Übergang von einem Medium in ein anderes nicht. Die Frequenz ist also von dem Stoff, in dem der Lichtstrahl verläuft, unabhängig und daher besser zur Charakterisierung der verschiedenen Lichtarten (Farben) geeignet als die Wellenlänge. Trotzdem wird hierzu häufig die Wellenlänge verwendet, wobei dann aber nicht übersehen werden darf, daß diese sich auf den leeren Raum oder auf die sich in dieser Hinsicht sehr ähnlich verhaltende Luft bezieht. Es sei ferner hinzugefügt, daß die Ausbreitungsgeschwindigkeit der Lichtwellen in den verschiedenen Stoffen von der Frequenz des Lichtes abhängt, daß sich z.B. rotes Licht mit einer anderen Geschwindigkeit als grünes Licht ausbreitet. Hierauf ist es zurückzuführen, daß beim Durchgang von weißem Licht durch ein Glasprisma die bekannte *Dispersion* eintritt, die darin besteht, daß Licht mit verschiedener Ausbreitungsgeschwindigkeit verschieden stark gebrochen wird. Auf diese Weise erfolgt eine Aufspaltung des weißen Lichtes in seine Bestandteile. Nur im Vakuum und mit großer Annäherung in der Luft sind die Lichtgeschwindigkeiten für alle Frequenzen gleich groß.

Diese Zusammenhänge sollen auch noch formelmäßig erfaßt werden. Wir betrachten Licht, das im Vakuum die Frequenz ν und die Wellenlänge λ hat. In einem Medium mit der Ausbreitungsgeschwindigkeit c_1 und der Brechzahl n_1 möge das gleiche Licht die Wellenlänge λ_1 haben; in einem anderen Medium mit der Ausbreitungsgeschwindigkeit c_2 und der Brechzahl n_2 habe es die Wellenlänge λ_2. Da die Frequenz in allen Medien dieselbe bleibt, gilt also

$$\lambda_1 \nu = c_1 \quad \text{und} \quad \lambda_2 \nu = c_2 \quad \text{oder} \quad \lambda_1 : \lambda_2 = c_1 : c_2 .$$

Ferner ist nach S. 643

$$c_1 : c_2 = n_2 : n_1 \quad \text{oder} \quad n_1 c_1 = n_2 c_2 .$$

Daher gilt auch

$$\lambda_1 : \lambda_2 = n_2 : n_1 \quad \text{oder} \quad n_1 \lambda_1 = n_2 \lambda_2 .$$

Bezeichnen wir die Ausbreitungsgeschwindigkeit des Lichtes im Vakuum mit c, so ist

$$c = n_1 c_1 .$$

Der von einem Lichtstrahl in der Zeit t im Vakuum zurückgelegte Weg s ist

$$s = c t = n_1 c_1 t = n_1 s_1 ,$$

wobei s_1 der in der gleichen Zeit t in einem Medium mit der Brechzahl n_1 zurückgelegte Weg ist.

Für jeden beliebigen Stoff mit der Brechzahl n gilt also für den in der Zeit t zurückgelegten Weg s:

$$n s = c t .$$

Man bezeichnet das Produkt ns aus der Brechzahl n und der geometrischen Weglänge s als die *optische Weglänge*. Wir können also sagen:

Die vom Licht in gleichen Zeiten zurückgelegten geometrischen Weglängen sind in den verschiedenen Medien verschieden, während die optischen Weglängen in gleichen Zeiten für alle Medien gleich groß sind.

6.2.5 Die Interferenzen an dünnen Schichten

Es ist eine häufig zu beobachtende Erscheinung, daß dünne, durchsichtige Schichten, wie Seifenblasen, Ölhäute auf Wasser usw., je nach ihrer Dicke und dem Einfallswinkel des weißen Lichtes verschiedene Farben zeigen; bei einer Beleuchtung mit einfarbigem Licht treten helle und dunkle Linien auf. Zur Klärung dieser Erscheinungen betrachten wir eine dünne, planparallele Schicht mit der Brechzahl n. Von dem auffallenden Licht betrachten wir jeweils zwei eng benachbarte parallele Lichtstrahlen 1 und 2. Von jedem auffallenden Strahl wird ein gewisser Bruchteil an der Oberfläche reflektiert, während der Rest unter Brechung in die Schicht eintritt. An der anderen Grenzfläche wird wieder ein Teil reflektiert, der Rest tritt aus der Schicht aus (Abb. 650.1). Betrachten wir nun den vom Punkt A ausgehenden Lichtstrahl, so setzt dieser sich aus zwei Teilen zusammen: dem an der Oberfläche reflektierten Teil des Strahles 1 und dem Teil des Strahles 2, der durch Reflexion im Innern der Schicht den Punkt A erreicht. Da die einfallenden Strahlen 1 und 2 in der Ebene BF in gleicher Phase sind und sie bis zu ihrem Zusammentreffen in A verschiedene Wege durchlaufen, haben sie dann einen optischen Wegunterschied

$$s_{op} = n \cdot BB_1 + n \cdot B_1A - FA.$$

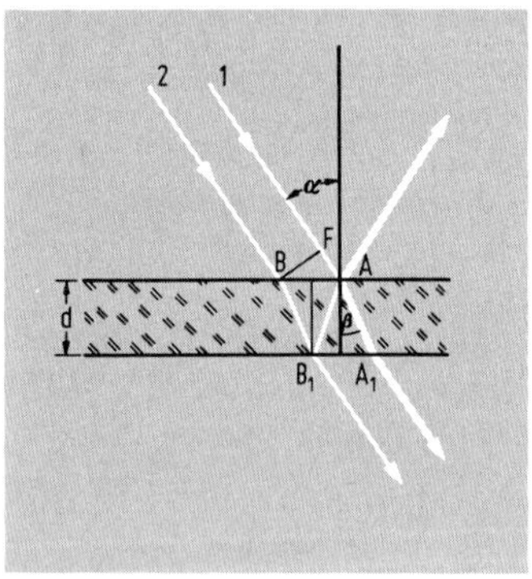

Man erkennt aus der Figur, daß

$$BB_1 = B_1A = \frac{d}{\cos\beta} \quad \text{und} \quad FA = 2d\tan\beta\sin\alpha$$

ist. Für den optischen Wegunterschied ergibt sich dann

$$s_{op} = \frac{2dn}{\cos\beta} - 2d\tan\beta\sin\alpha.$$

Abb. 650.1
Entstehung der Interferenzen an dünnen Schichten

Da ferner $\sin\alpha : \sin\beta = n$ ist, kann $\sin\alpha = n\sin\beta$ gesetzt werden:

$$s_{op} = \frac{2dn}{\cos\beta} - \frac{2dn\sin^2\beta}{\cos\beta}$$

$$= \frac{2dn}{\cos\beta}(1-\sin^2\beta) = 2dn\cos\beta$$

$$= 2dn\sqrt{1-\sin^2\beta} = 2d\sqrt{n^2 - n^2\sin^2\beta}$$

$$s_{op} = 2d\sqrt{n^2 - \sin^2\alpha}.$$

Im Anschluß an diese Herleitung müssen wir der rechten Seite der Gleichung noch den Summanden $\frac{\lambda}{2}$ hinzufügen.

$$s_{op} = 2d\sqrt{n^2 - \sin^2\alpha} + \frac{\lambda}{2}.$$

Das Glied $\frac{\lambda}{2}$ kommt daher, daß bei der Reflexion des Lichtstrahles am dichteren Medium seine Phase so verändert wird, wie dies beim Durchlaufen der Strecke $\frac{\lambda}{2}$ der Fall sein würde. Wir müssen zu dem optischen Wegunterschied also $\frac{\lambda}{2}$ addieren (oder subtrahieren). In Aufsicht ergibt sich für eine bestimmte Wellenlänge λ Dunkelheit, wenn

$$2d \cdot \sqrt{n^2 - \sin^2 \alpha} + \frac{\lambda}{2} = \frac{2z+1}{2} \cdot \lambda \qquad (z = 1, 2, 3, \ldots)$$

ist.

Bei Beleuchtung mit weißem Licht erscheint unter den Winkeln α jeweils die Komplementärfarbe zur ausgelöschten Farbe.

In Teilbereichen mit kleiner Blättchendicke liegen die verschiedenen Komplementärfarben weit auseinander, in Teilbereichen mit größerer Blättchendicke rücken die Farben zusammen. Schließlich ist Interferenz nicht mehr möglich, wenn die doppelte optische Dicke der Platte die Interferenzlänge überschreitet.

Versuch 651.1 In einem großen Demonstrationsversuch nach R. W. POHL (1884–1976) kann man die Interferenzen an dünnen Schichten mit Hilfe eines dünnen Glimmerblättchens zeigen. Das Glimmerblättchen wird mit dem Licht einer Quecksilberdampflampe bestrahlt. Das an Vorder- und Rückseite des Glimmerblättchens reflektierte Licht interferiert in der oben beschriebenen Weise. Hält man das Glimmerblättchen parallel zur Wand, so sieht man auf der Wand dunkle und helle, im Wechsel aufeinanderfolgende konzentrische Interferenzkreise, da die ganze Anordnung zu einer auf dem Blättchen senkrecht stehenden Achse rotationssymmetrisch ist (Abb. 651.1).

Fällt das Licht statt auf eine planparallele Platte auf einen *Keil mit sehr kleinem Keilwinkel* ε, so sind die zur Interferenz führenden kohärenten Strahlen nicht mehr parallel. Das Auge muß akkommodieren und sieht die Interferenzlinien im Endlichen, und zwar praktisch auf der Keiloberfläche.

Dunkelheit ergibt sich für Aufsicht wie bei der planparallelen Platte für

$$2d \cdot \sqrt{n^2 - \sin^2 \alpha} + \frac{\lambda}{2} = \frac{2z+1}{2} \cdot \lambda .$$

Sieht man senkrecht auf den Keil ($\alpha = 0$), so erhält man dunkle Streifen für

$$2dn + \frac{\lambda}{2} = \frac{2z+1}{2} \cdot \lambda ,$$

$$2dn = z \cdot \lambda ,$$

$$d = \frac{z \cdot \lambda}{2n} .$$

Die Keildicke wächst von $d = 0$ bis $d = D$.

Abb. 651.1 Interferenzversuch nach POHL

Abb. 651.2 Entstehung der Interferenzen an einem Keil

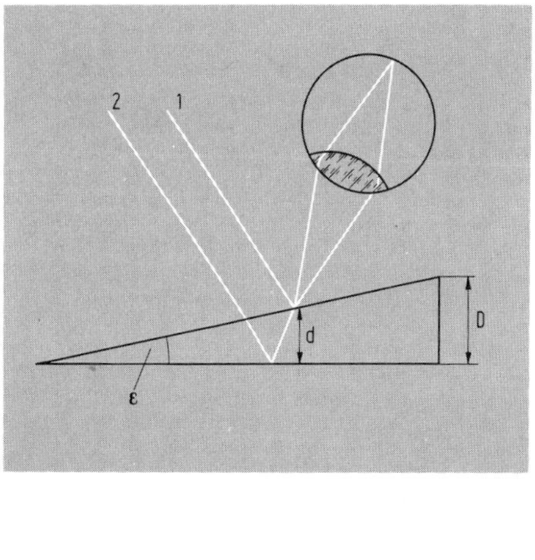

Für $d=0$ ist $z=0$; für $d=D$ sei $z=Z$. Dann liegen auf der Keillänge

$$Z=\frac{2nD}{\lambda}$$

dunkle Streifen.

Praktisch arbeitet man mit einem Luftkeil zwischen planparallelen Glasplatten; dann ist $n=1$. Mit gemessener Keildicke D und ausgezählter Streifenzahl Z dunkler Streifen ergibt sich die Wellenlänge λ des verwendeten monochromatischen Lichtes:

$$\lambda=\frac{2D}{Z}.$$

Versuch 652.1 Wir setzen zwei dicke und gut plan geschliffene Glasplatten von etwa 3 cm Breite und 6 cm Länge aufeinander. An der einen Schmalseite legen wir einen einige Millimeter breiten Streifen aus Alu-Folie zwischen die beiden Platten, so daß zwischen ihnen ein Luftkeil entsteht. Dann beleuchten wir die ganze Anordnung mit diffusem monochromatischem Licht, indem wir zwischen eine Natriumdampflampe und den Keil eine Mattglasscheibe setzen. Wir zählen die Zahl dunkler Interferenzstreifen und messen anschließend die Keildicke, indem wir die Dicke der Alu-Folie mit Hilfe eines Schraubenmikrometers ausmessen.

Die Durchführung des Versuches liefert 35 Streifen bei $\frac{1}{100}$ mm Dicke des Luftkeils. Mit diesen Werten erhält man für die Wellenlänge des *Na-Lichtes*

$$\lambda=\frac{2\cdot 10^{-5}\,\text{m}}{35}=5{,}7\cdot 10^{-7}\,\text{m}.$$

Genaueste Messungen nach anderen Methoden liefern $\lambda=5{,}896\cdot 10^{-7}$ m.

6.2.6 Die Newton-Ringe

Versuch 652.2 Wird eine schwach gekrümmte Plankonvexlinse (Brennweite bis ca. 25 m) mit ihrer konvexen Seite auf eine plane Spiegelglasplatte gedrückt, so sieht man bei Beleuchtung mit Tageslicht farbige konzentrische Ringe, bei Beleuchtung mit monochromatischem Licht einer Natrium-Spektrallampe eine große Zahl gelber und schwarzer konzentrischer Ringe, die nach außen dichter zusammenrücken (Abb. 652.1). Man kann diese Erscheinung, die man NEWTON-Ringe nennt, auch objektiv im Demonstrationsexperiment vorführen, indem man das aus Plankonvexlinse und Spiegelglasplatte bestehende System anstrahlt und die Ebene der Spiegelglasplatte, die von der Plankonvexlinse berührt wird, unter Verwendung des reflektierten Lichtes mit einer Linse auf einem Schirm scharf abbildet.

Zur Erklärung dieser Erscheinung ist zu sagen, daß der Luftkeil hier durch die Luftschicht zwischen Linse und Spiegelglasplatte gebildet wird und eine wachsende Dicke aufweist. Wir betrachten eine Stelle C und nennen die Dicke der Luftschicht hier $CF=d$ (Abb. 652.2). Unter Benutzung der in Abb. 652.2 angegebenen Bezeichnungen ergibt sich nach dem Höhensatz im rechtwinkligen Dreieck

$$a^2=d(2r-d).$$

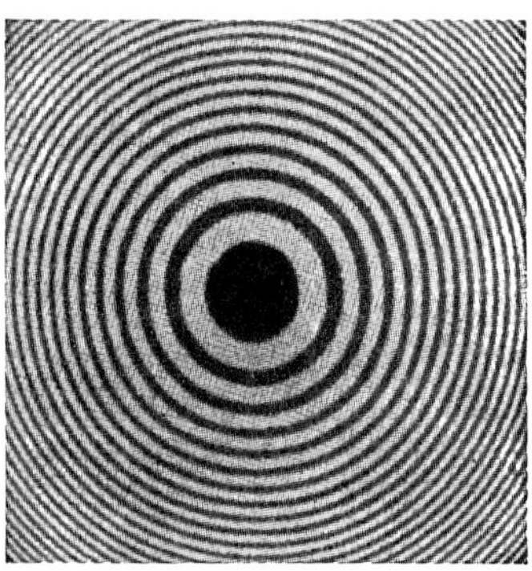

Abb. 652.1
NEWTON-Ringe. Vergrößerte fotografische Aufnahme.

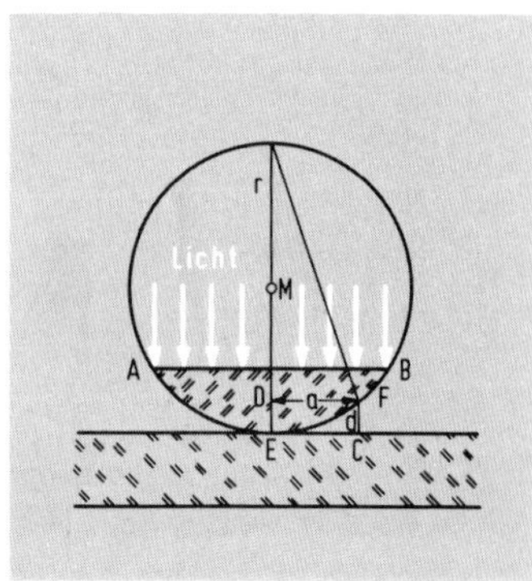

Abb. 652.2
Erklärung für die Entstehung der NEWTON-Ringe

Da d klein gegenüber r ist, folgt weiter

$$a^2 \approx 2 d r.$$

Betrachten wir nun senkrecht einfallende Lichtstrahlen und berücksichtigen, daß der Luftkeil sehr flach ist, so können wir näherungsweise annehmen, daß die Strahlen in sich reflektiert werden. Ein Teil des Lichtes wird bereits bei F reflektiert, wobei wegen der Reflexion am dünneren Medium keine Phasenverschiebung erfolgt. Ein weiterer Teil wird bei C reflektiert, und hier erfolgt eine Phasenverschiebung um $\frac{\lambda}{2}$; dieser Teil des Lichtes hat die Strecke d hin und zurück durchlaufen, so daß der optische Wegunterschied bei F

$$s_{\text{op}} = 2 d n + \frac{\lambda}{2}$$

ist. Damit bei F eine Auslöschung eintritt, muß

$$2 d n + \frac{\lambda}{2} = \frac{2z+1}{2} \cdot \lambda \qquad (z = 1, 2, 3, \ldots)$$

gelten. Da für Luft $n \approx 1$ ist und nach der obigen Gleichung $d \approx \frac{a^2}{2r}$ gilt, folgt

$$\lambda \approx \frac{a^2}{z r}.$$

Für $z = 1$ ergibt sich der erste, für $z = 2$ der zweite dunkle Ring usw.

An der Berührungsstelle von Linse und Glasplatte tritt Dunkelheit auf, weil hier die Dicke der Luftschicht Null ist, so daß zwischen den zur Interferenz kommenden Strahlen nur der durch die Reflexion bedingte Gangunterschied von $\frac{\lambda}{2}$ vorhanden ist.

Die Erscheinung der Newton-Ringe ist schon lange vor Newton bekannt gewesen. Sie ist bereits von Leonardo da Vinci (1452–1519) erwähnt worden und Grimaldi hat hieraus geschlossen, daß Licht durch Licht ausgelöscht werden kann. Auch Newton hat sich eingehend mit dieser Erscheinung beschäftigt und sie zu deuten versucht, indem er besondere Zusatzhypothesen machte. Um mit den beobachteten Erscheinungen in Einklang zu bleiben, mußte Newton nämlich den Lichtpartikeln äußerst merkwürdige Eigenschaften zuschreiben. Hiernach sollen die Lichtpartikeln auf ihrem Wege den periodischen Wechsel einer Disposition zur Reflexion und einer Disposition zur Brechung besitzen, die im Fall der Wechselwirkung mit einer Grenzfläche (z. B. Luft–Glas) je nach der gerade vorliegenden Disposition zur Reflexion oder zum Übergang der Lichtpartikel in das andere Medium führen muß. Diese Theorie hieß *Theorie der Anwandlungen* (fits); wir haben sie bereits bei der Deutung der Reflexion und Brechung erwähnt (S. 641). Es ist leicht einzusehen, daß diese Theorie zur Deutung der Newton-Ringe brauchbar ist. Betrachten wir das durch die konvexe Fläche der Plankonvexlinse hindurchtretende Licht, so haben wir es nach Newton mit allen Lichtpartikeln zu tun, die bei der Wechselwirkung mit dieser Grenzfläche (Glas–Luft) die Disposition zur Brechung besitzen. Wegen des periodischen Wechsels der Disposition auf ihrem weiteren Wege zur Spiegelglasplatte hin und wegen der verschiedenen Entfernungen von der konvexen Fläche der Plankonvexlinse zur planen Fläche der Spiegelglasplatte müssen die Lichtpartikeln bei ihrem Auftreffen auf diese Fläche verschiedene Dispositionen besitzen, und zwar abwechselnd die Disposition zur Reflexion und die Disposition zur Brechung, wenn man vom Berührpunkt der Plankonvexlinse mit der Spiegelglasplatte auf dieser radial nach außen geht. Es müssen um den Berührpunkt dann helle Ringe als geometrische Örter der Disposition für Reflexion und dunkle Ringe als geometrische Örter der Disposition für Brechung (d.h. Lichtdurchgang) im Wechsel entstehen. Die Theorie war auf ihre Weise genial, weil sie den Teilchencharakter des Lichtes mit einer periodischen Eigenschaft verband und mit der Periodizität ein wesentliches Merkmal jeder Wellentheorie in sich aufnahm. Die Theorie versagt allerdings bei der Deutung der Fresnelschen Versuche (Doppelspiegel, Biprisma). Trotzdem ist sie ein schönes Beispiel für Wege der physikalischen Forschung, die in ihrer Geschichte oft auf dem schmalen Pfad zwischen Scharfsinn und Irrtum wandeln mußte. 1801 erkannte Young, daß die Newton-Ringe durch die Wellenvorstellung des Lichtes ohne weitere Zusatzannahmen verständlich gemacht werden können.

6.2.7 Die Beugung am Spalt

Versuch 654.1 An die Stelle des Drahtes in dem Versuch 638.1 zur Beugung am Draht stellen wir einen engen Spalt und beobachten die Lichtverteilung auf dem Schirm.

Auch in diesem Falle erscheinen auf dem Schirm bei einfarbigem Licht helle und dunkle Streifen (Abb. 654.1) und bei weißem Licht farbige Streifen. Zur Erklärung der Erscheinungen nehmen wir an, daß auf den Spalt AB mit der Breite l ein paralleles Lichtbündel senkrecht auffalle (Abb. 654.2). An jedem Punkt des Spaltes ist das einfallende Licht in gleicher Phase und löst Elementarwellen aus. Im Raume hinter dem Spalt existieren dann nur diese Elementarwellen und die von ihnen bewirkten Interferenzerscheinungen.

Es soll nun ermittelt werden, wie die Lichtverteilung auf einem weit entfernten Schirm hinter dem Spalt ist. Zu einem beliebigen Punkt P des Schirmes kommt ein Bündel nahezu paralleler Strahlen, das mit der ursprünglichen Strahlenrichtung den Winkel α bilden soll (Abb. 654.2). In der Ebene BC dieses Bündels befinden sich die einzelnen Strahlen nicht mehr in gleicher Phase, da sie von der Spaltebene aus inzwischen verschieden lange Wege zurückgelegt haben. Die Randstrahlen haben einen Gangunterschied

$$AC = l \sin \alpha .$$

Liegt der Punkt P_0 in der Richtung der einfallenden Strahlen (Abb. 655.1 a), so ist $\alpha = 0$; alle Strahlen kommen ohne Gangunterschied auf dem Schirm an, so daß ihre Amplituden sich addieren und maximale Helligkeit entsteht. Je weiter der Punkt P zur Seite rückt, um so größer wird der Gangunterschied zwischen den von den verschiedenen Spaltpunkten kommenden Strahlen. Wenn insbesondere die Randstrahlen einen Gangunterschied von λ haben, wenn also (Abb. 655.1 b)

$$l \sin \alpha_1 = \lambda$$

gilt, dann besteht zwischen einem Randstrahl und dem Mittelstrahl ein Gangunterschied von $\frac{\lambda}{2}$; diese beiden Strahlen löschen sich also aus. Ebenso besteht zwischen jedem Strahl der linken Spalthälfte und einem entsprechenden Strahl der rechten Spalthälfte ein Gangunterschied von $\frac{\lambda}{2}$, so daß sich alle Strahlen auslöschen.

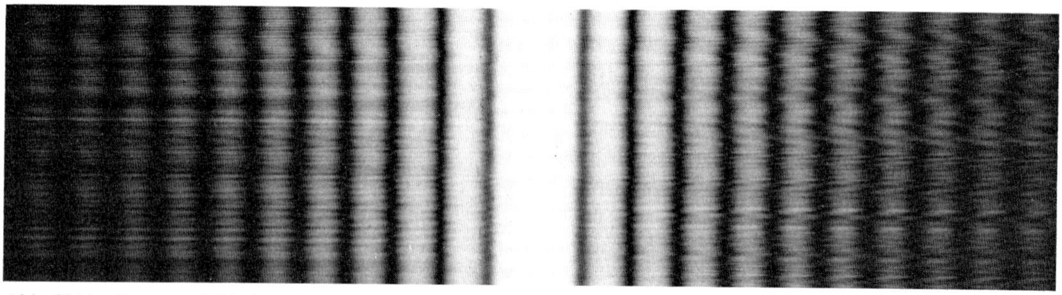

Abb. 654.1 Beugungsbild eines Spaltes. Vergrößerte fotografische Aufnahme

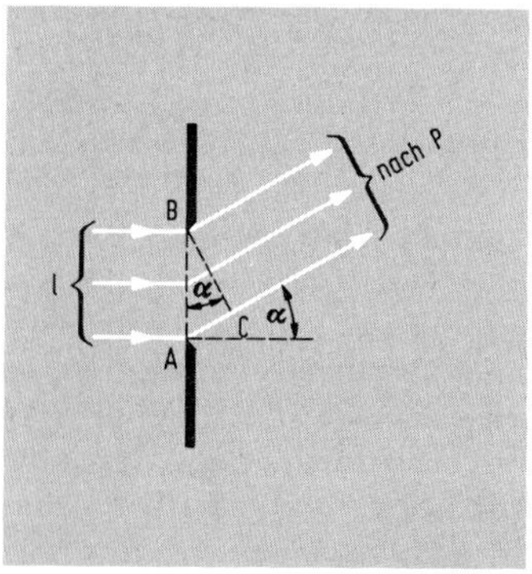

Abb. 654.2
Erklärung der Beugungserscheinungen am Spalt

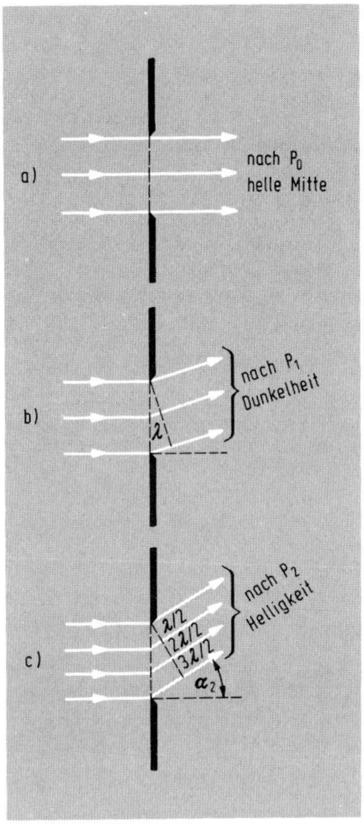

Abb. 655.1
Beugung am Spalt: a) Entstehung der hellen Mitte; b) Entstehung des ersten dunklen Streifens; c) Entstehung des ersten hellen Streifens.

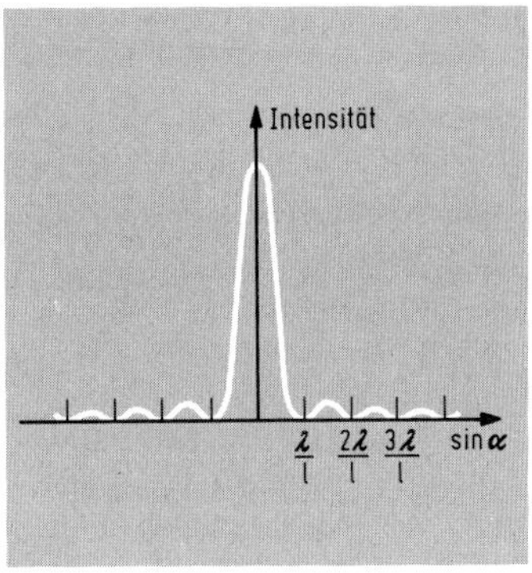

Abb. 655.2
Helligkeitsverteilung bei der Beugung einfarbigen Lichtes an einem Spalt

In der durch die Bedingung

$$\sin \alpha_1 = \frac{\lambda}{l}$$

festgelegten Richtung α_1 erhält der Schirm also kein Licht; an dieser Stelle entsteht auf dem Schirm ein dunkler Streifen. Geht man von der hellen Mitte aus auf dem Schirm nach beiden Seiten noch weiter nach außen, so trifft wieder Licht ein, und die Intensität erreicht ein neues Maximum, wenn der Gangunterschied der Randstrahlen $\frac{3\lambda}{2}$ ist (Abb. 655.1 c). Dann werden nämlich die von dem mittleren Drittel des Spaltes kommenden Strahlen durch das linke (oder das rechte) Drittel ausgelöscht und das rechte (oder das linke) Drittel sendet Licht auf den Schirm. Geht man schließlich noch weiter nach außen, so daß der Gangunterschied der Randstrahlen 2λ wird, so löschen sich die von benachbarten Vierteln des Spaltes kommenden Strahlen gegenseitig aus, und es entsteht wieder völlige Dunkelheit.

Setzt man die gleichen Überlegungen fort, so ergibt sich als *Bedingung für völlige Auslöschung*

$$\sin \alpha = \frac{z\lambda}{l} \quad \text{für} \quad z = 1, 2, 3, \ldots$$

Entsprechend ist die *Bedingung für maximale Helligkeit*

$$\sin \alpha = \frac{z\lambda}{l} \quad \text{für} \quad z = 0, \tfrac{3}{2}, \tfrac{5}{2}, \tfrac{7}{2}, \ldots$$

Auf dem Schirm entsteht eine Aufeinanderfolge von hellen und dunklen Streifen. Wir bezeichnen den mittleren, hellsten Streifen als Beugungsstreifen nullter Ordnung. Nach beiden Seiten schließen sich die Helligkeitsmaxima erster Ordnung an. Es folgen, jeweils durch dunkle Streifen getrennt, die Helligkeitsmaxima höherer Ordnung, so daß die Intensitätsverteilung auf dem Schirm das in Abb. 655.2 dargestellte Bild zeigt.

Aus der Gleichung $\sin\alpha = \frac{z\lambda}{l}$ folgt, daß der Ablenkungswinkel α um so größer wird, je größer die Wellenlänge des benutzten Lichtes ist. Daher werden die Beugungsstreifen bei rotem Licht weiter voneinander entfernt sein als bei violettem. Verwendet man schließlich weißes Licht, so überlagern sich die Beugungsstreifen der einzelnen Spektralfarben, und wir erhalten farbige Bänder; nur das Beugungsbild nullter Ordnung bleibt weiß.

Zusammenfassend stellen wir fest, daß sich aus den Versuchen und der Theorie für die *Beugung am Spalt* ergeben hat:

1. Durch die Beugung an einem Spalt entstehen bei monochromatischem Licht zu beiden Seiten des hellen Mittelbildes symmetrisch liegende helle Beugungsstreifen mit nach außen abnehmender Intensität, die nicht scharf begrenzt sind, sondern allmählich in die dunklen Zwischenräume übergehen. Der Abstand der Beugungsstreifen nimmt mit wachsender Wellenlänge zu.

2. Bei weißem Licht entstehen symmetrisch zur weißen Mitte auf beiden Seiten farbige Beugungsbilder.

6.2.8 Das optische Strichgitter

Unter einem *optischen Strichgitter* oder *Beugungsgitter* verstehen wir eine große Anzahl in gleichen Abständen parallel verlaufender Spalte. Im allgemeinen besteht es aus einer Glasplatte, in die auf der einen Seite mit einem Diamanten sehr viele parallele Linien geritzt sind; das Licht kann dann nur durch die nichtgeritzten Teile des Glases zwischen den Strichen hindurchgehen. Man kann auf diese Weise Gitter herstellen, die bis zu 2000 Striche auf 1 mm enthalten; die einzelnen Spalte sind also sehr schmal. Im praktischen Gebrauch werden keine original hergestellten Gitter verwendet. Man benutzt vielmehr preiswerte Kopien eines Gitteroriginals, die ähnlich wie Schallplatten gepreßt werden. Während bei der Beugung an einem Spalt die zur Interferenz gelangenden Lichtstrahlen ein zusammenhängendes Bündel bilden, werden bei der Beugung an einem Gitter eine große Zahl sehr schmaler, untereinander kohärenter Strahlenbündel zur Interferenz gebracht.

Wir beschränken uns hier auf die theoretische Behandlung eines speziellen Falles, bei dem *paralleles, monochromatisches Licht* senkrecht auf ein Beugungsgitter fällt (Abb. 656.1). Das erreichen wir dadurch, daß wir das von einem Beleuchtungsspalt S_0 ausgehende divergente Lichtbündel durch eine Konvexlinse L_1 parallel machen. Hinter dem Gitter steht eine zweite Konvexlinse L_2, die die abgebeugten Lichtbündel jeweils wieder konvergent macht, so daß auf einem Schirm helle Streifen dort entstehen, wo das abgebeugte und dann durch die Linse L_2 zusammengefaßte Licht zu einem Helligkeitsmaximum interferiert (Abb. 656.2). Die Linse L_2 kann man fortlassen, wenn man mit der Linse L_1 den Beleuchtungsspalt S_0 auf einen sehr weit entfernten Schirm abbildet. Dann ist nämlich das Lichtbündel, das die Linse L_1 verläßt, am Ort des Gitters fast parallel.

Wir wollen nun diejenigen Richtungen ermitteln, in denen die Interferenz zu maximaler Helligkeit führt. Wir betrachten dazu die vier in Abb. 656.1 eingezeichneten Strahlen und bestimmen den Ablenkungswinkel α, für den der Gangunterschied der von zwei benachbarten Spalten in dieser Richtung ausgehenden Strahlen

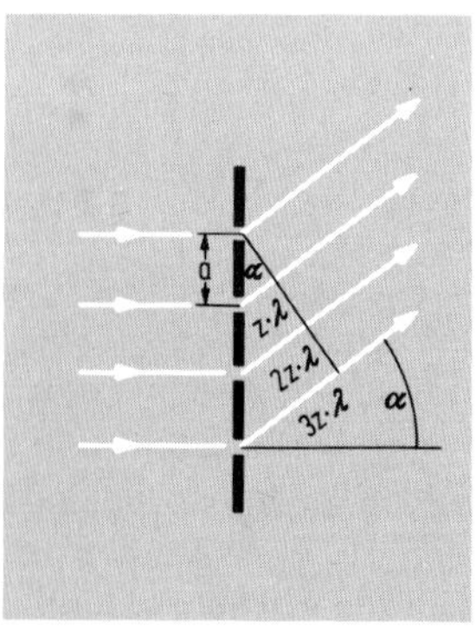

Abb. 656.1
Beugung am Gitter

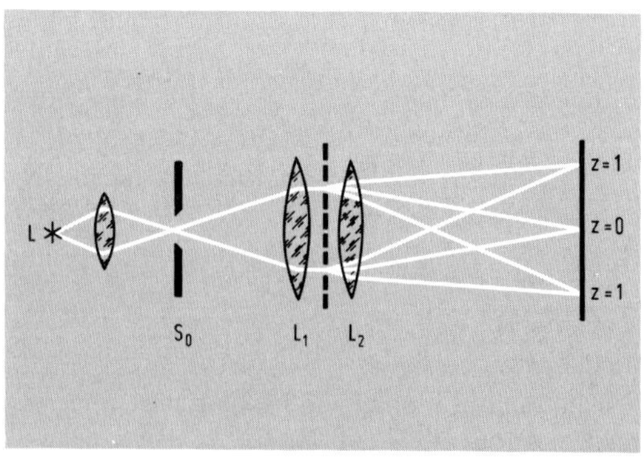

Abb. 656.2
Versuchsanordnung zur Beugung am Gitter (paralleles Licht)

ein ganzzahliges Vielfaches von λ ist. Wenn dies für die genannten vier Strahlen erfüllt ist, dann gilt es auch für alle übrigen entsprechenden Strahlen, die von weiteren Spalten in der gleichen Richtung ausgehen, vorausgesetzt, daß die Spalte gleich breit sind und den gleichen Abstand voneinander haben. Für den Winkel α gilt dann die Gleichung

$$\sin\alpha = \frac{z\,\lambda}{a} \qquad (z = 0, 1, 2, 3, \ldots),$$

wobei a den Abstand zweier entsprechender benachbarter Gitterpunkte, die sog. *Gitterkonstante*, bedeutet.

In den aus dieser Gleichung für $z = 0, 1, 2, 3, \ldots$ sich ergebenden Richtungen tritt maximale Helligkeit auf. Für $z = 0$ ergibt sich $\alpha = 0$, d.h., in der Richtung des einfallenden Lichtes liegt das Maximum 0. Ordnung. Daneben befindet sich auf beiden Seiten die Maxima 1. Ordnung, deren Richtung α_1 durch die Gleichung

$$\sin\alpha_1 = \frac{\lambda}{a}$$

bestimmt ist. Es folgen die Maxima 2. Ordnung, für die der Ablenkungswinkel sich aus der Gleichung

$$\sin\alpha_2 = \frac{2\lambda}{a}$$

ergibt usw.

Das Beugungsgitter liefert also nur in ganz bestimmten Richtungen Licht. In den dazwischenliegenden Bereichen herrscht Dunkelheit, denn wenn der Gangunterschied nicht einen der durch die obige Gleichung bestimmten Werte hat, so kommt eine große Zahl beliebig gegeneinander verschobener Lichtwellen zur Interferenz, von denen sich nachweisen läßt, daß sie immer zu fast vollständiger Auslöschung führen.

Versuche mit Beugungsgittern ergeben:

1. Die Beugungsstreifen liegen bei rotem Licht weiter auseinander als bei grünem und blauem Licht. Dies ergibt sich aus der Formel

$$\sin\alpha = \frac{z\,\lambda}{a},$$

die zeigt, daß das Licht um so stärker abgelenkt wird, je größer die Wellenlänge λ ist; *rotes Licht wird also stärker abgelenkt als violettes Licht.*

2. *Die Ablenkung ist um so größer, je kleiner die Gitterkonstante ist;* auch dies ergibt sich unmittelbar aus der obigen Formel. Je feiner also das Gitter ist, um so stärker sind die Beugungsstreifen auseinandergezogen.

3. Da das Gitter die einzelnen Farben entsprechend ihrer Wellenlänge verschieden stark ablenkt, treten bei Verwendung von weißem Licht auf dem Schirm farbige Bänder auf. *Das Gitter erzeugt durch Lichtbeugung ein Spektrum.* Die hier auftretenden Farben sind echte Spektralfarben; die Reihenfolge ist aber umgekehrt wie beim Prisma, bei dem das Spektrum *durch Lichtbrechung* erzeugt wird. Es ergeben sich Beugungsspektren 1., 2., 3., ... Ordnung, die sich vor allem in den höheren Ordnungen teilweise überdecken, so daß Mischfarben entstehen.

Die Eigenschaften der Beugungsspektren ergeben sich aus der Gleichung

$$\sin\alpha = \frac{z\,\lambda}{a}.$$

Wenn man noch beobachtet, daß bei nicht allzu feinen Gittern nur kleine Werte für α auftreten, für die $\sin\alpha \approx \alpha$ (α im Bogenmaß) gesetzt werden kann, gilt

$$\alpha \approx \frac{z\,\lambda}{a}.$$

Für kleine Ablenkungswinkel ($\sin\alpha \approx \alpha$) **ist bei der Beugung am Gitter der Ablenkungswinkel zur Wellenlänge des Lichtes proportional.**

Dies ist bei den Prismenspektren nicht der Fall. Während beim Gitter rotes Licht stärker als violettes abgelenkt wird, ist dies beim Prisma umgekehrt. Außerdem erhält man bei Glas-, Schwefelkohlenstoff- oder anderen Prismen ein verzerrtes Spektrum, weil das blau-violette Ende stärker auseinandergezogen wird als

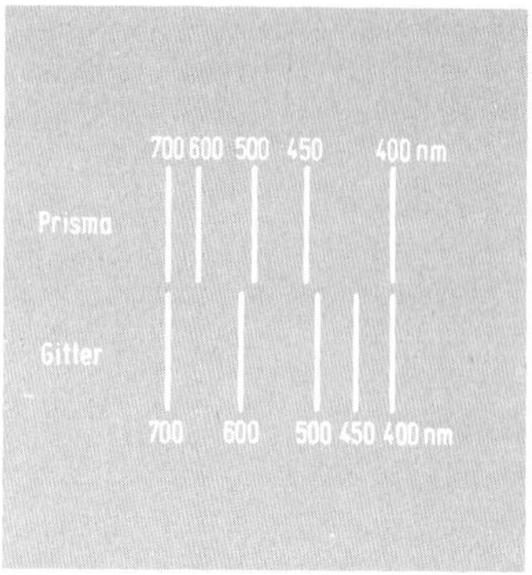

Abb. 658.1
Unterschied in der Linienverteilung bei einem Prismenspektrum und einem Beugungsspektrum

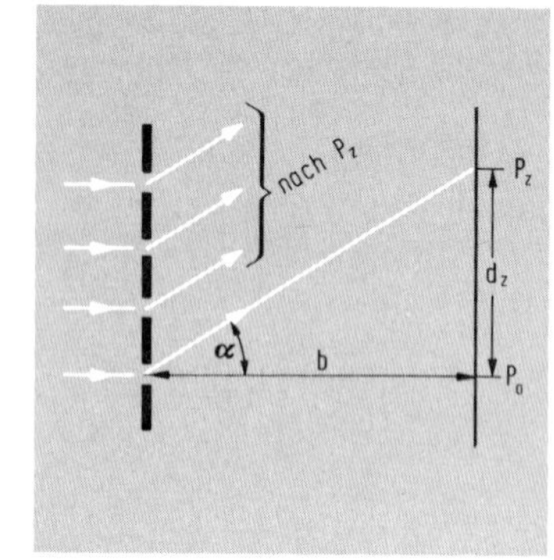

Abb. 658.2
Messung der Lichtwellenlänge mit Hilfe des Gitters

das rote; Abb. 658.1 zeigt diesen Unterschied zwischen einem Prismen- und einem Beugungsspektrum, wobei beide am Anfang und am Ende (bei 400 und bei 700 nm) zusammenfallend gezeichnet sind.

Ohne Herleitung sei noch folgender Sachverhalt mitgeteilt:

Das Auflösungsvermögen eines Gitters, d.h. die noch beobachtbare Trennung zweier Spektrallinien von nahezu gleicher Wellenlänge, wird um so größer, je größer die Anzahl der durchleuchteten Gitterspalte und je höher die Ordnung des Spektrums ist.

Um eine möglichst große spektrale Auflösung zu erhalten, muß man daher feine Gitter benutzen und ein Spektrum möglichst hoher Ordnung verwenden. Es ist aber nicht möglich, Spektren beliebig hoher Ordnung herzustellen, weil die Intensität der Gitterspektren mit steigender Ordnung rasch abnimmt, so daß man mit den üblichen Gittern über die 3. Ordnung nicht hinauskommt; außerdem überdecken sich die Spektren in einem mit wachsender Ordnung zunehmenden Maße.

Die aus den Experimenten und der Theorie folgenden Ergebnisse über die *Beugung am Gitter* fassen wir zusammen:

1. Durch die Beugung an einem Gitter entstehen bei monochromatischem Licht zu beiden Seiten des hellen Mittelbildes symmetrisch liegende helle Linien, wenn man das Lichtbündel zunächst durch einen Beleuchtungsspalt begrenzt. Der Abstand der Beugungslinien nimmt mit wachsender Wellenlänge zu.

2. Bei weißem Licht entstehen symmetrisch zur weißen Mitte auf beiden Seiten Beugungsspektren, bei denen im Gegensatz zu den Prismenspektren Rot am stärksten und Violett am schwächsten abgelenkt werden. Die Beugungsspektren höherer Ordnung werden breiter und lichtschwächer und überdecken sich teilweise.

3. Beugungsgitter für hohes Auflösungsvermögen müssen eine sehr kleine Gitterkonstante haben, damit möglichst viele Lichtstrahlen (bzw. Lichtbündel) zur Interferenz gelangen.

Die Beugungsgitter haben in der Physik und Astronomie verbreitete Anwendung gefunden. Als besonders wichtig haben sie sich für die genaue Messung der Lichtwellenlängen erwiesen. Die Genauigkeit der Messungen konnte dabei so gesteigert werden, daß die Wellenlängenbestimmungen beim Licht heute zu den exaktesten wissenschaftlichen Messungen überhaupt gehören.

Um die *Wellenlänge des Lichtes* mit Hilfe eines Gitters zu messen, gehen wir von der Formel

$$\sin\alpha = \frac{z\lambda}{a}$$

aus. Da der Winkel α direkt schlecht meßbar ist, bestimmen wir $\tan\alpha$ (für kleine Winkel gilt $\sin\alpha \approx \tan\alpha$). In Abb. 658.2 sei die durch das Gitter gebeugte Schar von Strahlen gezeichnet, die zum Beugungsstreifen z-ter Ordnung führt. Bezeichnen wir den Abstand dieses Beugungsstreifens von der hellen Mitte mit d_z und den Abstand zwischen Gitter und Schirm mit b, so gilt

$$\frac{d_z}{b} = \tan\alpha \approx \sin\alpha .$$

Zusammen mit der vorhergehenden Formel erhalten wir also

$$\lambda \approx \frac{a\,d_z}{z\,b} .$$

Die Größen d_z und b können leicht gemessen werden; wenn dann die Gitterkonstante bekannt ist, läßt sich die Wellenlänge des benutzten Lichtes berechnen. Benutzen wir ein Gitter mit sehr kleiner Gitterkonstante a, z. B. ein zuerst von H. Rowland (1848 – 1901) mit größter Präzision hergestelltes Gitter mit 5700 Strichen je cm (also $a = \frac{1}{5700}$ cm), so wird der Ablenkungswinkel α auch in der ersten Ordnung ($z = 1$) so groß, daß wir nicht mehr die Näherung $\tan\alpha \approx \sin\alpha$ verwenden dürfen. Wir müssen dann zu dem gemessenen Wert von $\tan\alpha$ den Winkel α und zu diesem Winkel den Wert von $\sin\alpha$ ermitteln (Tabelle oder Elektronenrechner). Dann ist $\sin\alpha$, z und a bekannt und damit auch λ.

6.2.9 Das Auflösungsvermögen der optischen Instrumente

Die Beugungserscheinungen sind ein Grund dafür, daß die Leistungsfähigkeit optischer Instrumente begrenzt ist. Von einer punktförmigen Lichtquelle entsteht bei der Abbildung durch eine Linse wegen der Beugung kein punktförmiges Bild, sondern ein *Beugungsscheibchen.* Diese Beugungsscheibchen machen die Zeichnung des Bildes etwas unscharf und bewirken, daß eng benachbarte Punkte nicht mehr getrennt wahrgenommen werden können. Zwei dicht beieinanderliegende Punkte kann man im Bild getrennt erkennen, wenn ihre Beugungsscheibchen getrennt voneinander liegen oder sich gerade berühren; bei einiger Übung vermag man auch bei teilweiser Überdeckung der Beugungsscheibchen noch zu entscheiden, ob es sich um zwei Punkte handelt oder nicht. Wenn aber die Überdeckung der Beugungsscheibchen ein später noch genauer anzugebendes Maß überschreitet, werden die Punkte im Bild nicht mehr voneinander getrennt. Dann hat es auch keinen Wert, die Vergrößerung weiter zu treiben, weil die durch das Beugungsscheibchen hervorgerufene Unschärfe sich mit vergrößert und die Zeichnung nicht deutlicher wird.

Wir untersuchen nun, wie groß die Entfernung δ_{min} zweier Punkte eines Gegenstandes mindestens sein muß, damit sie noch getrennt wahrgenommen werden können. Der für alle optischen Instrumente wichtige Begriff des Auflösungsvermögens A hängt mit der Größe δ_{min} eng zusammen.

Unter dem Auflösungsvermögen A eines optischen Gerätes versteht man den reziproken Wert des kleinsten Abstandes δ_{min} zweier Objektpunkte, die mit Hilfe des optischen Gerätes gerade noch getrennt wahrgenommen werden können.

Es ist also

$$A = \frac{1}{\delta_{\text{min}}} .$$

Auch beim *menschlichen Auge* spielt das Auflösungsvermögen eine wichtige Rolle. Die Erfahrung zeigt, daß ein normales menschliches Auge zwei Striche, die 0,01 cm voneinander entfernt sind und sich in 25 cm Abstand vom Auge (deutliche Sehweite) befinden, unter günstigen Bedingungen gerade noch getrennt erkennen kann. Dieser kleinste noch auflösbare Strichabstand entspricht einem Sehwinkel von etwa 1′. Feinere Strukturen werden vom Auge nur undeutlich oder gar nicht mehr wahrgenommen. Neben der schon genannten Beugung der Lichtstrahlen an der Pupille des Auges ist ein weiterer Grund für das begrenzte

Auflösungsvermögen der Abstand der Zapfen auf der Netzhaut voneinander, der bewirkt, daß dicht benachbarte Gegenstandspunkte nicht mehr auf verschiedene Zapfen abgebildet werden und deshalb keine verschiedenen Bildeindrücke hervorrufen; das menschliche Auge ist so gebaut, daß sich die durch Beugung hervorgerufene Begrenzung des Auflösungsvermögens mit der durch den endlichen Zapfenabstand bedingten Begrenzung deckt. – Man kann natürlich auch noch Objekte, die enger als 0,0001 m beieinanderliegen, getrennt erkennen, wenn man das Auge näher als 25 cm an den Gegenstand heranbringt. Man muß dann aber stark akkommodieren und damit das Auge anstrengen. Ohne eine solche anstrengende Akkommodation kann man kleine Objekte und feine Strukturen mit Hilfe einer Lupe oder eines Mikroskops deutlich sehen. Aber auch das Auflösungsvermögen dieser Geräte ist begrenzt.

Um zu einer quantitativen Aussage über das *Auflösungsvermögen einer Linse* zu kommen, betrachten wir zwei benachbarte punktförmige Lichtquellen L_1 und L_2, die sich im Abstand g von einer Konvexlinse mit dem Öffnungsdurchmesser d befinden und die auf einen Schirm, der von der Linse den Abstand b haben soll, abgebildet werden (Abb. 660.1 a). Die aufgrund der geometrischen Optik sich ergebenden Bildpunkte seien L'_1 und L'_2. In diesen Punkten herrscht größte Helligkeit. Wegen der an der Linsenöffnung auftretenden Beugung gelangt aber auch in die Umgebung von L'_1 und L'_2 Lichtenergie, so daß um den geometrischen Bildpunkt herum eine Zone mit nach außen abnehmender Helligkeit entsteht. In einem bestimmten Abstand vom geometrischen Bildpunkt wird die Lichtintensität schließlich Null. Weiter nach außen nimmt sie wieder zu, erreicht ein neues, schwächeres Maximum, um dann wieder auf den Wert Null zu sinken usw. Das Beugungsbild besteht also aus einem Hauptmaximum im geometrischen Bildpunkt und einer Anzahl konzentrischer Beugungsringe, deren Helligkeit nach außen rasch abnimmt und die durch Kreise mit der Lichtintensität Null voneinander getrennt sind (Abb. 660.2). Die Verteilung der Lichtintensität in der Umgebung der geometrischen Bildpunkte ist in Abb. 660.1 b grafisch dargestellt. Unter dem Beugungsscheibchen verstehen wir die besonders helle, bis zum ersten dunklen Kreis reichende, innere Kreisfläche mit dem Durchmesser D.

Es ist nun für das Auflösungsvermögen einer Linse wichtig, wie groß die Beugungsscheibchen sind. Eine exakte Ableitung der Formel für den Durchmesser D der Beugungsscheibchen leuchtender Punkte ist nur mit größerem Aufwand möglich. Wir können die Formel aber verständlich machen, indem wir an die früher

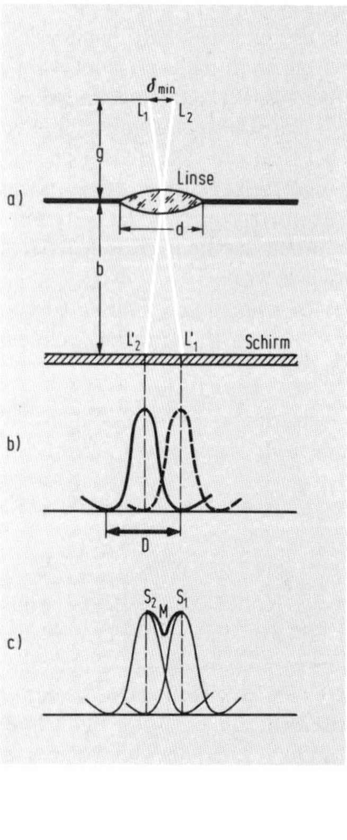

Abb. 660.1
Das Auflösungsvermögen einer Linse

Abb. 660.2 Beugungsbild einer kreisförmigen Öffnung (z. B. Lochblende). Vergrößerte fotografische Aufnahme

(S. 655) für einen Spalt abgeleiteten Gleichungen anknüpfen. Daraus ergibt sich, daß das Beugungsbild, das ein Spalt der Breite l von einem leuchtenden Punkt erzeugt, in der Entfernung b die Breite

$$D \approx 2b \sin\alpha \approx \frac{2b\lambda}{l}$$

hat. Bei einer kreisförmigen Öffnung gilt für den Durchmesser D des Beugungsscheibchens eine ähnliche Formel. Die exakte Beugungstheorie zeigt, daß wegen des Unterschiedes zwischen kreisförmigen Öffnungen und Spalten zu der letzten Formel noch der Faktor 1,22 hinzuzufügen ist. Es ergibt sich dann, daß eine Linse mit dem Durchmesser d das von einem Punkt ausgehende Licht der Wellenlänge λ in der Bildweite b wegen der Beugung über ein kreisförmiges Beugungsscheibchen vom Durchmesser

$$D = \frac{2{,}44\,b\,\lambda}{d}$$

verteilt. Um zwei Beugungsscheibchen getrennt erkennen zu können, muß die aus der Überlagerung beider Helligkeiten sich ergebende Helligkeitsverteilung (Abb. 660.1c), die bei M einen Sattel aufweist, so beschaffen sein, daß das Auge einen Helligkeitsunterschied zwischen M und den Punkten S_1 bzw. S_2 feststellen kann. Da nicht alle Augen gleich empfindlich sind, treten auch in der Fähigkeit zur Trennung benachbarter Beugungsscheibchen individuelle Unterschiede auf. Ein brauchbarer Mittelwert ergibt sich, wenn die Mittelpunkte der Beugungsscheibchen so weit voneinander entfernt sind, daß der eine in das erste Minimum der Beugungsfigur des anderen fällt, wie dies in Abb. 660.1b gezeichnet ist. Wenn die geometrischen Bildpunkte noch dichter beieinanderliegen, ist eine Trennung nicht mehr möglich. Damit ergibt sich also, daß die Mittelpunkte L_1' und L_2' der Beugungsscheibchen mindestens einen Abstand von

$$s = \frac{D}{2} = \frac{1{,}22\,b\,\lambda}{d}$$

haben müssen, um noch getrennt gesehen zu werden. Dann ergibt sich für den Mindestabstand $\delta_{\min}$ der Gegenstandspunkte L_1 und L_2

$$\frac{\delta_{\min}}{s} = \frac{g}{b} \quad \text{oder} \quad \delta_{\min} = \frac{g\,s}{b} = \frac{1{,}22\,g\,\lambda}{d}.$$

Da man zur Erzielung einer starken Vergrößerung den Gegenstand ungefähr in den Brennpunkt der Linse bringt, kann die Gegenstandsweite g etwa gleich der Brennweite f gesetzt werden, so daß sich

$$\delta_{\min} = \frac{1{,}22\,f\,\lambda}{d}$$

ergibt. Die Größe $\frac{d}{f}$ ist allein durch die Linse bestimmt und wird als ihr *Öffnungsverhältnis* ω bezeichnet. Es ist dann also

$$\delta_{\min} = \frac{1{,}22\,\lambda}{\omega}.$$

Für das Auflösungsvermögen ergibt sich

$$A = \frac{1}{\delta_{\min}} = \frac{\omega}{1{,}22\,\lambda} = \frac{0{,}82\,\omega}{\lambda}.$$

Wenn sich zwischen der Linse und dem Gegenstand nicht Luft, sondern ein Stoff mit der Brechzahl n befindet, so gelten die Gleichungen

$$\delta_{\min} = \frac{1{,}22\,\lambda}{n\,\omega} \quad \text{und} \quad A = \frac{0{,}82\,n\,\omega}{\lambda}.$$

Es hat sich also ergeben:

Das Auflösungsvermögen einer Linse ist ihrem Öffnungsverhältnis und der Brechzahl n der zwischen Linse und Gegenstand befindlichen Substanz direkt und der Wellenlänge des verwendeten Lichtes umgekehrt proportional.

Das Auflösungsvermögen eines zusammengesetzten optischen Gerätes, etwa eines Mikroskops, ist nur durch das Auflösungsvermögen des Objektivs bestimmt. Struktureinzelheiten, die durch das Objektiv nicht aufgelöst werden, können auch durch eine noch so starke Vergrößerung des Zwischenbildes mit dem Okular nicht sichtbar gemacht werden. Beim Mikroskop wählt man deshalb das Okular so, daß der vom Objektiv gerade noch aufgelöste Abstand auf einen auch bei ungünstiger Beleuchtung für das Auge noch gut erkennbaren Wert von etwa 0,0003 m vergrößert wird. Man bezeichnet diese Vergrößerung, bei der das Bild vom Betrachter noch scharf gesehen wird, nach E. ABBE (1840–1905) als *förderliche Vergrößerung*. Es ist zwar durch Verwendung geeigneter Linsen möglich, stärkere Vergrößerungen zu erzielen; diese *leeren Vergrößerungen* sind aber wertlos, weil die Bilder aus den soeben dargelegten Gründen keine neuen Einzelheiten des Untersuchungsobjektes erkennen lassen.

Es kommt also für die Wirksamkeit eines optischen Gerätes entscheidend darauf an, sein *Auflösungsvermögen möglichst groß* zu machen. Hierzu gibt es nach der oben erläuterten Formel verschiedene Wege.

1. Das Auflösungsvermögen einer Linse wächst mit ihrem Öffnungsverhältnis. Um große Öffnungsverhältnisse zu erzielen, muß man die Brennweite möglichst klein und den Linsendurchmesser möglichst groß machen. Hierbei kann man aber nicht beliebig weit gehen, weil die dann auftretenden Linsenfehler die Abbildung stören würden. Praktisch kommt man über ein Öffnungsverhältnis von $\omega = 1{,}9$ kaum hinaus. Das bedeutet, daß bei Luft als Medium zwei Punkte mindestens einen Abstand von

$$\delta_{\min} = \frac{1{,}22\,\lambda}{1{,}9} \approx 0{,}64\,\lambda$$

haben müssen, um getrennt gesehen zu werden. Verwendet man gewöhnliches Licht mit einer mittleren Wellenlänge von $\lambda = 5 \cdot 10^{-7}$ m, so ergibt sich ein eben noch auflösbarer Mindestabstand von

$$\delta_{\min} = 3{,}2 \cdot 10^{-7}\,\text{m}.$$

Um diesen gerade noch auflösbaren Abstand auf den oben angegebenen Wert von etwa 0,0003 m zu vergrößern, ist eine Vergrößerung V erforderlich, für die sich

$$V = \frac{3 \cdot 10^{-4}\,\text{m}}{3{,}2 \cdot 10^{-7}\,\text{m}} = 0{,}94 \cdot 10^{3}$$

ergibt. Bei rund 1000facher Vergrößerung haben also die von einem Mikroskop, das Luft zwischen Gegenstand und Objektiv hat, eben noch aufgelösten Strukturelemente einen für das Auge gut erkennbaren Abstand von rund 0,0003 m. Die förderliche Vergrößerung ist in diesem Falle also etwa auf das 1000fache begrenzt; jede darüber hinausgehende Vergrößerung ist wertlos.

2. Ein weiterer Weg zur Steigerung des Auflösungsvermögens einer Linse besteht darin, daß man zwischen Gegenstand und Objektiv statt der Luft einen anderen Stoff mit größerer Brechzahl n bringt. Man benutzt hierzu Flüssigkeiten und spricht dann von einer *Immersion*. Als *Immersionsflüssigkeiten* haben sich besonders Zedernholzöl mit einer Brechzahl von 1,505 und Monobromnaphthalin mit einer Brechzahl von 1,658 als geeignet erwiesen. Durch Verwendung solcher Immersionen kann das Auflösungsvermögen um bis zu 65% gesteigert werden. Für den bei gewöhnlichem Licht dann gerade noch auflösbaren Mindestabstand ergibt sich

$$\delta_{\min} = \frac{1{,}22 \cdot 5 \cdot 10^{-7}\,\text{m}}{1{,}65 \cdot 1{,}9} \approx 1{,}9 \cdot 10^{-7}\,\text{m}.$$

Damit dieser Abstand auf den für das Auge gut wahrnehmbaren Wert von 0,0003 m gebracht wird, ist eine Vergrößerung von

$$V = \frac{3 \cdot 10^{-4}\,\text{m}}{1{,}9 \cdot 10^{-7}\,\text{m}} \approx 1{,}6 \cdot 10^{3}$$

erforderlich. Auch hier wäre es wieder sinnlos, stärkere Vergrößerungen anzuwenden.

Man kommt also bei einem Lichtmikroskop über eine Vergrößerung auf etwa das 1600fache nicht hinaus. Dabei können Struktureinzelheiten, die in der Größenordnung der verwendeten Lichtwellenlänge liegen, noch aufgelöst werden.

3. Die dritte Möglichkeit zur Steigerung des Auflösungsvermögens und damit zur Erzielung stärkerer förderlicher Vergrößerungen besteht in einer Verkleinerung der Wellenlänge des Lichtes. Dieser Weg ist von der *Ultraviolett-Mikroskopie* beschritten worden. Hier wird mit Wellenlängen von etwa $2{,}8 \cdot 10^{-7}$ m gearbeitet, so daß sich für den auflösbaren Mindestabstand der runde Wert von

$$\delta_{\min} = 10^{-7}\,\mathrm{m}$$

ergibt und dann eine förderliche Vergrößerung von $V \approx 3000$ sinnvoll ist. Man kann aber bei ultraviolettem Licht keine Beobachtungen mit dem Auge durchführen, sondern ist auf die Fotografie oder den Leuchtschirm angewiesen. Ferner müssen die Linsen aus Quarz oder anderen für ultraviolettes Licht durchlässigen Stoffen hergestellt werden.

Eine bedeutende Steigerung des Auflösungsvermögens durch Verwendung kleinerer Wellenlängen ergab sich durch die Konstruktion des *Elektronenmikroskops* (S. 588).

Um dies zu verstehen, nehmen wir die später noch genauer zu besprechende Tatsache vorweg, daß man nach L. DE BROGLIE (geb. 1892) einer bewegten Korpuskel stets eine Welle zuordnen kann, deren Wellenlänge durch die Gleichung

$$\lambda = \frac{h}{p}$$

gegeben ist, wobei h die PLANCK-Konstante und p der Impuls des bewegten Teilchens ist. Für Elektronen, die eine Beschleunigungsspannung U durchlaufen haben, ergibt sich für die zugeordnete Wellenlänge

$$\lambda = \sqrt{\frac{150\,\mathrm{V}}{U}} \cdot 10^{-10}\,\mathrm{m}.$$

Verwenden wir etwa Elektronen, die durch 50 kV beschleunigt worden sind, so entspricht dies einer Wellenlänge von $5{,}5 \cdot 10^{-12}$ m, d.h. also einer rund 100000mal kürzeren Wellenlänge als der des grünen Lichtes. Wenn man also ein Mikroskop baut, das anstelle von Lichtstrahlen Elektronen der angegebenen Art und anstelle von Glaslinsen die besprochenen magnetischen oder elektrostatischen Elektronenlinsen verwendet, so müßte man mit einem solchen Gerät ein 100000mal besseres Auflösungsvermögen erzielen als mit einem Lichtmikroskop. Man könnte dann theoretisch noch Teilchen oder Struktureinzelheiten von der Größenordnung 10^{-12} m erkennen, d.h., man wäre in der Lage, tief in die Welt der Atome einzudringen. Eine solche Leistung wird bei den Elektronenmikroskopen aber bei weitem nicht erreicht; der Grund hierfür liegt in den bei Elektronenlinsen stärker als bei Glaslinsen auftretenden Linsenfehlern. Der bisher erreichte Mindestabstand liegt bei etwa 10^{-9} m, im günstigsten Fall bei $1{,}5 \cdot 10^{-10}$ m. Es lohnt sich dann, erheblich stärkere, beim Lichtmikroskop zwecklose Vergrößerungen anzuwenden. Für die förderliche Vergrößerung würde sich bei einem Mindestabstand von 10^{-9} m ergeben:

$$V = \frac{3 \cdot 10^{-4}\,\mathrm{m}}{10^{-9}\,\mathrm{m}} = 3 \cdot 10^{5}.$$

Wenn man das elektronenoptisch gewonnene Bild nun noch zusätzlich lichtoptisch vergrößert, so erzielt man eine noch stärkere Gesamtvergrößerung. Die Elektronenmikroskope übertreffen also die Lichtmikroskope in bezug auf ihr Auflösungsvermögen und ihre förderliche Vergrößerung um mehr als das 100fache.

Das Auflösungsvermögen eines *Fernrohres* ist ebenfalls begrenzt, und zwar aufgrund der Beugung des Lichtes an der Objektivöffnung des Fernrohres. Das gilt sowohl für *Linsenfernrohre* als auch für *Spiegelteleskope;* bei letzteren ist der Parabolspiegel das Objektiv. Aus diesem Grund erscheinen Fixsterne auf Himmelsfotografien nicht als geometrische Punkte, sondern als Scheibchen, deren Durchmesser nur bei großen Objektivöffnungen in erträglichen Grenzen liegen. Die theoretischen Betrachtungen hierzu sind den von uns für das Mikroskop durchgeführten ähnlich, wenn man unter $\delta_{\min}$ die gerade noch auflösbare *Winkeldistanz* versteht; sie führen zu folgendem Ergebnis:

Das Auflösungsvermögen eines Fernrohres ist dem Objektivdurchmesser direkt und der Wellenlänge des aufgefangenen Lichtes umgekehrt proportional.

Abb. 664.1 Bilder eines Doppelsternes, der mit verschiedenen Objektivöffnungen beobachtet wurde. Die größte Öffnung ergab die beste Auflösung (rechts).

Geringes und gutes Auflösungsvermögen eines Fernrohres zeigen deutlich die Aufnahmen eines Doppelsternes, die bei verschiedenen Objektivöffnungen gemacht wurden (Abb. 664.1).

Bei geringer Öffnung ergeben die Bilder der beiden Sterne des Doppelsternsystems nur ein einziges Beugungsscheibchen auf der Fotoplatte. Der Astronom kann gar nicht entscheiden, ob ein Einzelstern oder ein Doppelstern vorliegt. Erst bei zunehmender Objektivöffnung und dadurch gesteigertem Auflösungsvermögen tritt die Doppelsternstruktur hervor.

1931 entdeckte der amerikanische Ingenieur K. JANSKY die *kosmische Radiostrahlung*. Seitdem hat die *Radioastronomie* in der Erforschung des Kosmos wachsende Bedeutung erlangt. Wir können hier nicht näher darauf eingehen, sondern teilen nur mit, daß die Radiostrahlung aus dem Kosmos Wellenlängen in der Größenordnung 15 m hat. Die Langwelligkeit der Radiostrahlung verursacht nun nach den oben getroffenen Feststellungen ein sehr geringes Auflösungsvermögen. Eine Verbesserung ist zunächst durch Radioteleskope mit riesigen Öffnungen möglich. Inzwischen hat man ca. 100 Radioteleskope gebaut. Das größte ist unbeweglich; es befindet sich in einem Felsental auf Puerto Rico und besitzt einen Durchmesser von 300 m. Das größte *bewegliche* Radioteleskop der Welt mit einem Durchmesser von 100 m ist das deutsche Teleskop in der Eifel (Abb. 664.2).

In der modernen Radioastronomie wird ein Himmelsobjekt (z.B. ein Quasar) mit mehreren, weit voneinander entfernten Radioteleskopen gleichzeitig beobachtet. Die mit diesen Instrumenten aufgenommenen Radioimpulse werden gespeichert und anschließend mit Hilfe eines Computers zu einem Bild des Objektes verarbeitet. Dabei wird eine Auflösung von fast 0,0001 Bogensekunden erreicht. Dieses Auflösungsvermögen ist etwa um vier Zehnerpotenzen besser als das eines einzelnen, im Bereich des sichtbaren Lichtes eingesetzten Fernrohres.

Abb. 664.2
Das 100-m-Radioteleskop des MAX-PLANCK-Instituts für Radioastronomie

6.2.10 Die Polarisation

Versuch 665.1 Ein schmales Bündel parallelen Lichtes fällt nach Abb. 665.1a unter einem Einfallswinkel von etwa 57° auf einen rückseitig geschwärzten Spiegel und wird von hier auf einen weißen Schirm reflektiert. Der Spiegel wird um eine in der Richtung des einfallenden Lichtstrahls liegende Achse gedreht. Dabei bewegt sich der Lichtfleck auf dem Schirm im Kreise herum, ohne daß eine Besonderheit festzustellen ist.

Nunmehr wird der Versuch nach Abb. 665.1b abgeändert. Der Lichtstrahl fällt zunächst unter dem Einfallswinkel von etwa 57° auf einen rückseitig geschwärzten Spiegel 1 und wird von hier aus auf den Spiegel 2 reflektiert, der so aufgestellt ist, daß der Einfallswinkel auch hier rund 57° beträgt. Wenn man nun den Spiegel 2 wieder um eine in der Richtung des einfallenden Lichtstrahls liegende Achse dreht, so bewegt sich der durch den reflektierten Strahl auf dem Schirm erzeugte Lichtfleck erneut auf einem Kreise und zeigt dabei die nicht vorhersehbare Besonderheit, daß seine Helligkeit sich periodisch ändert.

Größte Helligkeit liegt vor, wenn die durch die einfallenden und die reflektierten Strahlen gebildeten Ebenen bei beiden Spiegeln zusammenfallen. *Geringste Helligkeit* (fast völlige Dunkelheit) zeigt sich, wenn diese Ebenen aufeinander senkrecht stehen. In allen übrigen Lagen treten Zwischenwerte der Helligkeit auf. Diese Erscheinung wurde zufällig 1808 von E.L. MALUS (1775–1812) entdeckt; ähnliche Beobachtungen waren zwar früher schon von HUYGENS gemacht worden, aber erst die Entdeckung von MALUS gab den Anlaß zu einer genaueren Untersuchung der Vorgänge.

Aus den experimentellen Befunden von Versuch 665.1 muß geschlossen werden, daß das Licht bei der ersten Reflexion eine Veränderung erfahren hat. Es sind nicht mehr alle Richtungen quer zur Ausbreitungsrichtung gleichberechtigt, sondern es gibt unter ihnen ausgezeichnete Richtungen. Diese Veränderung des Lichtes bezeichnet man als *Polarisation*; das veränderte Licht wird als *polarisiert* bezeichnet. Die Industrie stellt sog. *Polarisationsfilter* her, die das hindurchtretende Licht aufgrund der kristallinen Struktur der Materie polarisieren. Jede Vorrichtung zur Erzeugung von polarisiertem Licht heißt *Polarisator* (bei Versuch 665.1 Spiegel 1). Da das menschliche Auge polarisiertes Licht nicht von natürlichem Licht zu unterscheiden vermag, benötigt man zur Untersuchung der Polarisationserscheinungen immer noch ein Gerät, das die Polarisation anzeigt; es wird als *Analysator* (bei Versuch 665.1 Spiegel 2) bezeichnet.

Aus der Tatsache, daß das Licht Polarisationserscheinungen zeigt, ziehen wir zunächst einen wichtigen Schluß. Wir haben früher gesehen, daß longitudinale Wellen sich in allen durch die Ausbreitungsrichtung gehenden Ebenen gleich verhalten und daß deshalb die Polarisierbarkeit als ein charakteristisches Kennzeichen für transversale Wellen betrachtet werden muß. Daraus ergibt sich:

Das Licht kann nur als transversale Wellenbewegung beschrieben werden.

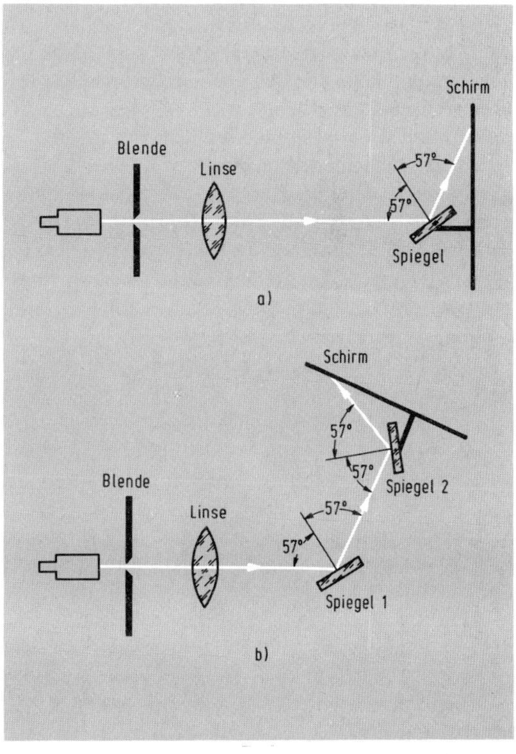

Abb. 665.1
Versuch zum Nachweis der Polarisation beim Licht

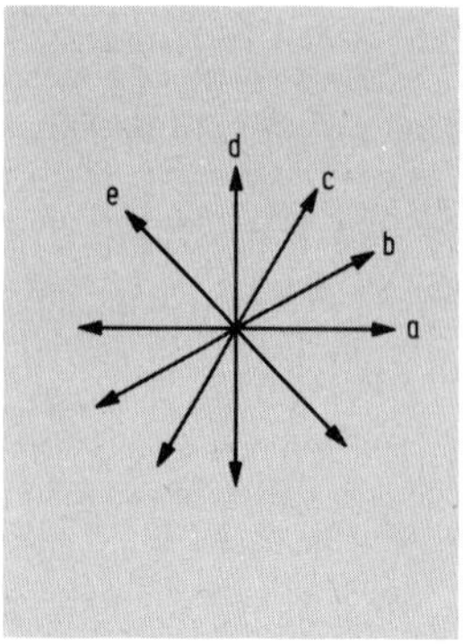

Abb. 666.1
Schwingungsebenen des natürlichen Lichtes

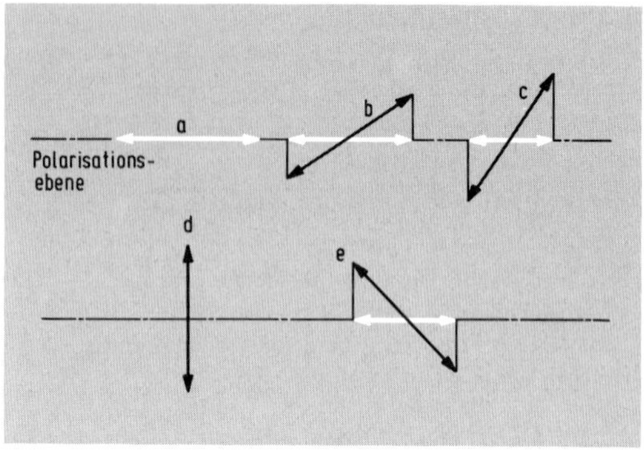

Abb. 666.2
Wirkung eines Polarisators

Da die Lichtwellen des natürlichen Lichtes von ungeordneten Atomen glühender Körper unabhängig voneinander und regellos ausgesandt werden, wird keine Schwingungsebene in dem von der Lichtquelle ausgesandten Lichtbündel bevorzugt. Dieser Sachverhalt ist in Abb. 666.1 für 5 Schwingungsebenen *a, b, c, d, e* skizziert; die Lichtausbreitung ist dabei senkrecht zur Abbildungsebene zu denken. Wird nun ein Polarisator so in den Strahlengang gebracht, daß er für Lichtwellen der Schwingungsebene *a* durchlässig ist, dann sperrt er den Lichtdurchgang für die dazu senkrechte Schwingungsebene *d*. Von Lichtwellen, deren Schwingungsebenen einen Winkel mit den Ebenen *a* und *d* einschließen, läßt der Polarisator nur diejenigen Komponenten durch, die man durch Projektion auf die Durchlaßebene *a* erhält. Insgesamt wird durchgelassen, was in Abb. 666.2 weiß gezeichnet ist.

Hinter dem Polarisator kann das Licht also nur in einer festen Ebene, der *Polarisationsebene*, schwingen. Man bezeichnet das Licht hinter dem Polarisator daher auch als *linear polarisiertes Licht*.

Ein Analysator unterscheidet sich vom Polarisator nicht technisch, sondern nur in seiner Funktion innerhalb einer Versuchsanordnung. Mit Hilfe des Analysators will man feststellen, ob das zu untersuchende Licht linear polarisiert ist. Dieses ist der Fall, wenn der Analysator das Licht nur unter der Voraussetzung voll hindurchläßt, daß seine Polarisationsebene mit der Schwingungsebene des linear polarisierten Lichtes übereinstimmt; der Lichtdurchgang wird dagegen völlig gesperrt, wenn die Ebenen senkrecht aufeinander stehen. Bilden die Schwingungsebene des linear polarisierten Lichtes und die Polarisationsebene des Analysators dagegen einen Winkel, der von 0° und 90° verschieden ist, so läßt der Analysator die entsprechende Komponente des linear polarisierten Lichtes hindurch. Deshalb nimmt beim Drehen des Analysators die Lichtintensität stetig ab, bis der Lichtdurchgang völlig gesperrt wird. Wenn man die Lichtintensität hinter dem Analysator mit einer Fotozelle mißt, stellt man fest, daß sie zu $\cos^2 \alpha$ proportional ist, wenn mit α der Winkel zwischen der Schwingungsebene des linear polarisierten Lichtes und der Polarisationsebene des Analysators bezeichnet wird. Daraus folgt, daß die *Lichtintensität dem Quadrat der Amplitude der transversalen Lichtwelle proportional* ist.

Wir beschäftigen uns im folgenden mit der Frage, wie man Polarisatoren für linear polarisiertes Licht herstellen kann.

Die Herstellung von linear polarisiertem Licht durch *Reflexion* zeigte Versuch 665.1. Ein Teil dieses Lichtes dringt dabei auch in das Glas des Spiegels ein; dieses Licht erweist sich ebenfalls als polarisiert. Es läßt sich also auch durch *Brechung* polarisiertes Licht herstellen. Wenn natürliches Licht auf Glas fällt, so wird stets ein bestimmter Bruchteil reflektiert und der Rest geht unter Brechung durch das Glas hindurch. Untersucht man den reflektierten und den gebrochenen Strahl, so erweisen sich beide als mindestens teilweise linear polarisiert; vollständige Polarisation des reflektierten Strahles tritt nur auf, wenn das Licht unter dem oben bereits verwendeten *Polarisationswinkel* von rund 57° (je nach Glassorte etwas verschieden) auffällt.

Die Erfahrung zeigt, daß der Polarisationswinkel eines Stoffes von seiner Brechzahl abhängt. Es gilt das von D. Brewster (1781 – 1868) gefundene Gesetz:

Der Polarisationswinkel ist derjenige Winkel, bei dem der reflektierte und der gebrochene Strahl aufeinander senkrecht stehen.

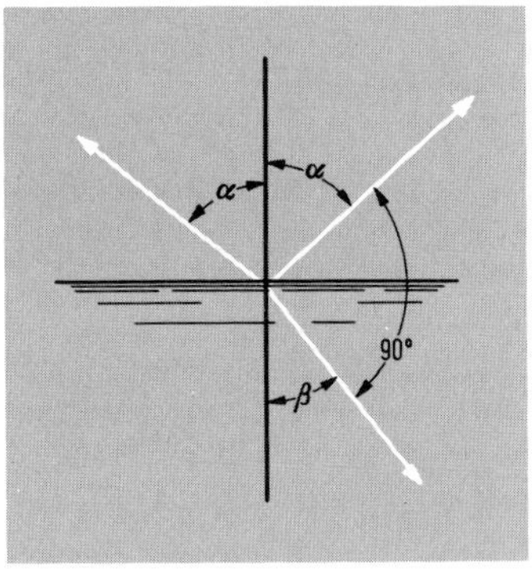

Abb. 667.1 Zum Gesetz von BREWSTER über den Polarisationswinkel

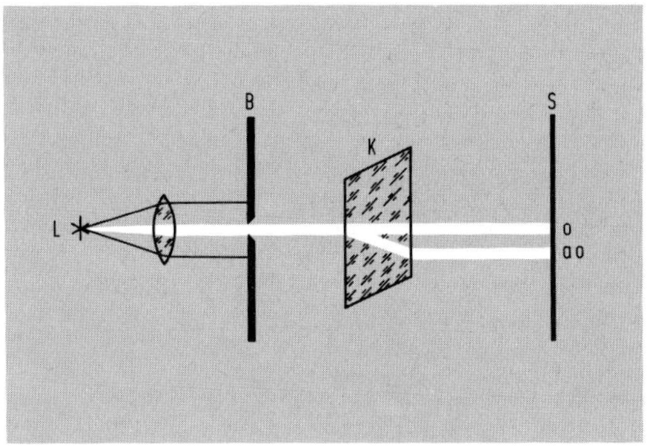

Abb. 667.2 Bei der Doppelbrechung im Kalkspat entsteht ein ordentlicher (*o*) und ein außerordentlicher (*ao*) Strahl

Nach Abb. 667.1 ergibt sich für diesen Fall:

$$\beta = 180° - 90° - \alpha = 90° - \alpha \quad \text{oder} \quad \sin\beta = \cos\alpha.$$

Aus dem Brechungsgesetz $\sin\alpha : \sin\beta = n$ (S. 637) folgt dann

$$\frac{\sin\alpha}{\cos\alpha} = \tan\alpha = n.$$

Da für das übliche Kronglas $n = 1{,}53$ ist, ergibt sich $\alpha \approx 57°$. Anordnungen, die das BREWSTER-Gesetz ausnutzen, sind also Polarisatoren von technisch einfacher Bauart. Trotzdem sind sie wegen der Ablenkung des Lichtstrahls in der Handhabung ungünstig.

Eine andere Methode zur Herstellung polarisierten Lichtes nutzt den Effekt der *Doppelbrechung* in Kristallen aus. Bei der Formulierung des Brechungsgesetzes wurde darauf hingewiesen, daß dieses Brechungsgesetz für *isotrope* Medien gilt. Isotrop nennt man solche Stoffe, die in bezug auf ihre physikalischen Eigenschaften *richtungsunabhängig* sind. Kristalle haben dagegen in ihrem Aufbau aus Atomen, Ionen oder Molekülen eine Struktur, die richtungsabhängig ist. Dabei können verschiedene Symmetrieachsen und Symmetrieebenen auftreten. Im allgemeinen sind die Kristallstrukturen so kompliziert, daß hier nicht näher darauf eingegangen werden kann. Kristallstrukturen wurden auch erst verhältnismäßig spät erforscht, nachdem die optischen Eigenschaften längst bekannt waren. Die optischen Eigenschaften der Kristalle zeichnen sich dadurch aus, daß wegen der Richtungsabhängigkeit vieler Kristallstrukturen das SNELLIUS-Brechungsgesetz nicht mehr ohne Einschränkung gilt. Typisch für diese Erscheinung ist der *Kalkspatkristall.*

Versuch 667.1 Fällt ein Lichtbündel nach Abb. 667.2 senkrecht auf die vordere Kristallfläche eines Kalkspatkristalls, so wird es an dieser Grenzfläche in zwei Teilbündel zerlegt. Das eine Teilbündel geht ungebrochen durch den Kristall hindurch; das andere wird abweichend vom SNELLIUS-Brechungsgesetz trotz des senkrechten Einfalls gebrochen.

Der dem SNELLIUS-Brechungsgesetz folgende Lichtstrahl wird als der *ordentliche* und der andere als der *außerordentliche* Strahl bezeichnet. Die Lichtgeschwindigkeit und die Brechzahl sind für den ordentlichen Strahl von der Ausbreitungsrichtung im Kristall unabhängig. Der außerordentliche Strahl breitet sich dagegen in verschiedenen Richtungen mit verschiedenen Geschwindigkeiten aus. Außerdem zeigt sich, daß sowohl der ordentliche als auch der außerordentliche Strahl *linear polarisiert* sind und daß ihre *Polarisationsebenen aufeinander senkrecht stehen.* Diese Tatsache ist hier von besonderem Interesse, weil sie eine weitere Möglichkeit zur Herstellung von polarisiertem Licht eröffnet. Dazu muß man lediglich die beiden Lichtstrahlen völlig voneinander trennen. Dies wird in einfacher Weise durch ein von W. NICOL (1768–1851) gebautes Gerät erreicht, das man heute als NICOL-Prisma oder kurz als *Nicol* bezeichnet.

Ein Kalkspatkristall *ABCD* (Abb. 668.1) wird in ganz bestimmter Weise geschliffen und längs der Ebene *BD* in zwei gleiche Teile zerschnitten, die mit Kanadabalsam wieder zusammengekittet werden. Fällt

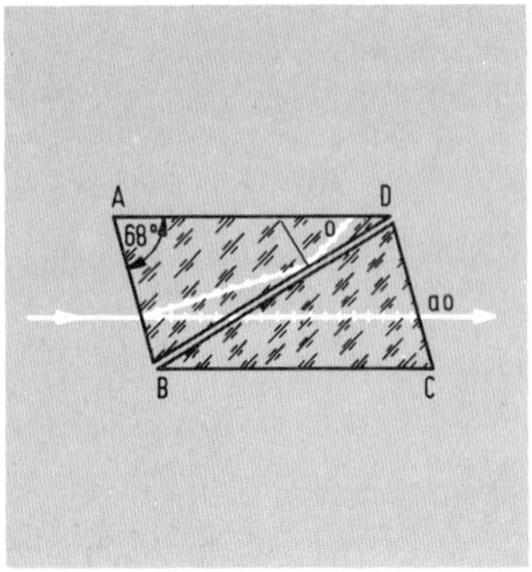

Abb. 668.1
NICOL-Prisma zur Erzeugung von polarisiertem Licht

nun ein natürlicher Lichtstrahl auf den Kalkspat, so wird er in einen ordentlichen und einen außerordentlichen Strahl zerlegt. Der Kalkspat ist so geschnitten, daß der ordentliche Strahl auf die Schicht des optisch dünneren Kanadabalsams unter einem Einfallswinkel auftrifft, der größer als der Grenzwinkel der Totalreflexion ist; er wird daher total reflektiert und fällt auf die geschwärzte Wand *AD*, wo er absorbiert wird. Der außerordentliche Strahl geht fast ohne Brechung durch die Kanadabalsamschicht hindurch und verläßt den Kristall parallel zur ursprünglichen Richtung. Er ist vollständig linear polarisiert. Das NICOL-Prisma kann als Polarisator zur Herstellung von polarisiertem Licht dienen; da es aber auch nur Licht einer bestimmten Polarisationsrichtung durchläßt, kann es ebenso als Analysator zur Untersuchung von polarisiertem Licht verwendet werden.

Ein anderes Verfahren zur Herstellung von polarisiertem Licht beruht auf der Eigentümlichkeit gewisser doppelbrechender Kristalle, einen der beiden bei der Doppelbrechung entstehenden Strahlen zu absorbieren und den anderen fast ungeschwächt hindurchzulassen *(Dichroismus)*. Wenn man auf einen solchen Stoff natürliches Licht fallen läßt, so ist der durchgelassene Teil polarisiert. Man bezeichnet auf dieser Eigenschaft beruhende Geräte als *Polarisationsfilter*. Sie können natürlich auch als Analysatoren dienen.

Polarisationsfilter stellt man heute aus Folien von Zellulosehydrat oder Polyvinylalkohol her. Diese Folien werden zunächst durch starkes Dehnen doppelbrechend gemacht. Anschließend werden die Folien durch Einfärben, z. B. mit Jod, dichroitisch gemacht. Die durch solche Filter erzielte Polarisation ist praktisch vollständig. Die Polarisationsfilter haben die NICOL-Prismen weitgehend verdrängt, da sie billiger sind, weniger Raum beanspruchen und ein unbeschränktes Gesichtsfeld ermöglichen.

Polarisationserscheinungen spielen in der Wissenschaft und Technik eine große Rolle. Wir nennen hier nur einige Beispiele.

Versuch 668.1 Zwischen zwei Polarisationsfilter, deren Polarisationsebenen senkrecht zueinander stehen und daher in dieser Stellung eine Durchlaßsperre für das Licht bilden, halten wir eine geeignet geschnittene Quarzplatte oder ein Gefäß mit Rohrzuckerlösung.

Wir beobachten eine Aufhellung auf dem Schirm hinter dem Analysator. Um wieder völlige Dunkelheit zu erreichen, muß man den Analysator um einen bestimmten Winkel drehen.

Durch den zwischen die Filter gebrachten Stoff ist die Polarisationsebene des Lichtes gedreht worden. Stoffe, die eine solche Wirkung hervorbringen, nennt man *optisch aktiv*. Der Winkel, um den die Polarisationsebene um die Strahlenrichtung gedreht wird, ist der Konzentration der Zuckerlösung und der Länge der durchlaufenen Schicht proportional. Geräte, mit denen man den Drehwinkel der Polarisationsebene messen kann, heißen *Polarimeter*. Sie werden in Zuckerfabriken zur Bestimmung der Konzentration von Zuckerlösungen sowie in der Medizin (z. B. zur Bestimmung der Zuckergehaltes im Harn) verwendet (Saccharimeter).

Bringt man eine *doppelbrechende Substanz* zwischen die gekreuzten Filter eines Polarisationsapparates, so bewirkt diese ebenfalls eine Aufhellung des Gesichtsfeldes, so als ob die Polarisationsebene gedreht worden wäre. In Wirklichkeit sind die Vorgänge, auf die im einzelnen nicht eingegangen wird, aber viel komplizierter. Wir wollen hier nur einige Anwendungen erwähnen, die sich aus dieser Feststellung ergeben. So werden manche Stoffe durch innere Spannungen, wie sie infolge starker Belastung oder infolge ungleichmäßiger

Abkühlung (z.B. bei Glas) auftreten, doppelbrechend und bewirken in diesem Zustand eine Aufhellung bei gekreuzten Polarisationsfiltern. Bringt man solche Stoffe zwischen die gekreuzten Filter eines Polarisationsapparates, so zeigen sich je nach der Größe der inneren Spannungen verschieden starke Aufhellungen, die zur Untersuchung von Spannungszuständen in starker Beanspruchung unterworfenen Werkstücken, von denen man natürlich Modelle aus durchsichtigem Material herstellen muß, dienen können (Abb. 669.1); auf diese Weise lassen sich auch unerwünschte Spannungen in optischen Gläsern feststellen.

Ferner zeigt sich, daß viele von Natur nicht doppelbrechende Substanzen diese Eigenschaft im elektrischen Feld annehmen. Man bezeichnet diese Erscheinung nach dem Entdecker J. KERR (1824–1907) als KERR-Effekt. Einen besonders großen KERR-Effekt zeigt z.B. Nitrobenzol. Füllt man den Zwischenraum zwischen zwei Kondensatorplatten mit Nitrobenzol und bringt eine solche KERR-*Zelle* zwischen zwei gekreuzte Polarisationsfilter, so bleibt das Gesichtsfeld dunkel, solange an den Kondensatorplatten keine Spannung liegt. Sobald aber eine Spannung angelegt wird, zeigt sich im Nitrobenzol Doppelbrechung und damit eine Aufhellung des Gesichtsfeldes, die um so stärker ist, je höhere Spannungen man anlegt. Man kann also auf diese Weise Spannungsschwankungen fast trägheitslos in Lichtschwankungen umwandeln. Von dieser Möglichkeit macht man bei dem Aufnahmegerät von Tonfilmen Gebrauch. Die Schallwelle erzeugt im Mikrofon einen elektrischen Strom; an einem eingeschalteten Widerstand wird die wechselnde Spannung abgegriffen und an eine KERR-Zelle gelegt, die sie in Lichtschwankungen umsetzt und damit die Aufnahme auf einen Film gestattet.

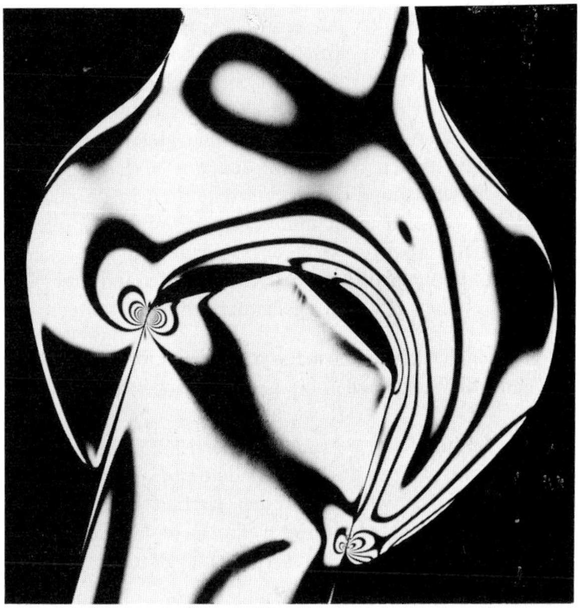

Abb. 669.1
Untersuchung innerer Spannungen mit Hilfe der Spannungsdoppelbrechung

6.2.11 Die elektromagnetische Modellvorstellung des Lichtes

Die Lichttheorie von NEWTON, nach der sich das Licht in Form von geradlinig fliegenden Lichtpartikeln ausbreitet, beherrschte die Optik des 18. Jahrhunderts. Zu Beginn des 19. Jahrhunderts wurde die Frage nach der Natur des Lichtes wegen der Entdeckung neuer Erfahrungstatsachen wieder aufgeworfen. 1801 hatte YOUNG die Interferenzerscheinungen als erster erkannt. FRESNEL griff daraufhin die Wellenvorstellung von HUYGENS wieder auf und erklärte mit ihrer Hilfe die Interferenz und Beugung in der Weise, wie es in den vorangegangenen Abschnitten gezeigt worden ist. Mit den Experimenten von FOUCAULT im Jahre 1850, die durch direkte Messungen bewiesen, daß die Lichtgeschwindigkeit in Wasser kleiner als in Luft ist, schien für die damalige Zeit die Frage nach der Natur des Lichtes entschieden zu sein. Das Ergebnis lautete: Das Licht ist eine Wellenbewegung. *Das 19. Jahrhundert stand deshalb ganz im Zeichen der Wellentheorie des Lichtes.*

FRESNEL und seine Nachfolger stellten sich das Licht als eine Wellenbewegung nach dem Muster der *elastischen* Wellen vor. Man mußte sich nun Gedanken darüber machen, wie die Ausbreitung solcher Wellen durch den leeren Raum vor sich gehen kann, und suchte einen Träger dieser Wellen, der die Schwingungen ausführt, so wie etwa die Schwingungen der Luft die Schallwellen ergeben. Dieser Träger der Lichtwellen konnte nur ein ganz feines, dünnes Medium sein, das auch den scheinbar leeren Raum erfüllt. Man nannte es den *Lichtäther*. Es ergab sich nun das Problem, welche Eigenschaften man diesem Lichtäther zuschreiben mußte, um hieraus die Gesetze der Lichterscheinungen erklären zu können. In der heutigen Ausdrucksweise heißt dies, daß man ein *mechanisches Modell des Lichtäthers* zu ersinnen hatte, aus dem die Eigenschaften des Lichtes verstanden werden konnten.

Man mußte sich nun von der Beschaffenheit des Äthers ganz bestimmte Vorstellungen machen, damit die beim Licht beobachteten Eigenschaften verständlich wurden. Aus der allgemeinen Wellenlehre ist bekannt, daß *elastische Transversalwellen* nur in festen Körpern auftreten können. Da das Licht sich als transversale Wellenbewegung erwiesen hat, mußte der Äther die elastischen Eigenschaften eines Festkörpers und, wie die weitere Untersuchung ergab, eine größere Härte als Stahl haben. Andererseits können sich aber die Planeten mit großer Geschwindigkeit ohne merkbaren Widerstand durch den Äther bewegen. Wegen dieser und zahlreicher anderer Schwierigkeiten gelang es nicht, eine mechanische Modellvorstellung über das Licht, die allen Anforderungen genügt, zu entwickeln. MAXWELL ließ wegen dieser negativen Ergebnisse seiner Vorgänger die Beschreibung der Lichterscheinungen nach mechanischem Muster ganz fallen und stellte die Hypothese auf, daß es sich beim Licht um *elektromagnetische Wellen* handelt. Man muß dabei beachten, daß diese MAXWELLschen Anschauungen zunächst nur das Ergebnis theoretischer Überlegungen waren; die Existenz solcher elektromagnetischer Wellen war zu jener Zeit experimentell überhaupt noch nicht nachgewiesen. Durch die MAXWELLschen Vorstellungen von der elektromagnetischen Natur des Lichtes wurden die Untersuchungen von H. HERTZ erst angeregt. Sie führten dann zu den geschilderten Entdeckungen der elektromagnetischen Wellen mit den von MAXWELL bereits vorausgesagten Eigenschaften.

Die Beschreibung der Lichterscheinungen durch einen elektromagnetischen Wellenvorgang der behandelten Art hat sich nicht nur bei den schon bekannten rein optischen Eigenschaften des Lichtes bewährt, sondern sie ermöglicht auch das Verständnis zahlreicher anderer Eigenschaften des Lichtes, wie etwa des bereits erwähnten KERR-Effektes, die vom Standpunkt der mechanischen Modelle unverständlich waren.

Wir können die vorhergehenden Untersuchungen also mit dem Ergebnis abschließen:

Alle in den vorhergehenden Abschnitten besprochenen Eigenschaften des Lichtes können durch das elektromagnetische Wellenmodell des Lichtes beschrieben und verstanden werden.

Die unmittelbare Betrachtung der Lichtwellen und der elektromagnetischen Wellen mit unseren Sinnesorganen scheint aber doch auf bedeutende Verschiedenheiten hinzuweisen, denn während die Lichtwellen durch die Augen wahrgenommen werden können, haben wir für die elektromagnetischen Wellen kein unmittelbares Wahrnehmungsorgan. Es entsteht deshalb die Frage nach der für diese Verschiedenheiten maßgebenden physikalischen Größe. Die Ergebnisse aller diesbezüglichen Untersuchungen lassen sich dahingehend zusammenfassen:

Elektromagnetische Wellen und Lichtwellen unterscheiden sich nur durch ihre Frequenz bzw. Wellenlänge.

Diese Wellenlänge kann alle möglichen Werte zwischen mehr als 10000 km und 10^{-14} m annehmen. In diesem umfangreichen Gebiet befinden sich Wellen mit äußerlich sehr unterschiedlichen physikalischen Eigenschaften, die aber trotzdem grundsätzlich gleicher Art sind; einen kleinen Bereich bilden die Lichtwellen.

Rechnerisch durchzuführende Aufgaben zur Wellenoptik erfordern keine umfangreichen mathematischen Kenntnisse. Wir erläutern solche Aufgaben an zwei Beispielen:

Beispiele

1. Ein Beugungsspalt hat die Spaltbreite $l = 0{,}03$ mm. Kann man mit sichtbarem Licht erreichen, daß das Helligkeitsmaximum erster Ordnung unter dem Winkel $\alpha = 2°$ erscheint?

Für das Helligkeitsmaximum erster Ordnung gilt

$$\sin\alpha = \frac{3\lambda}{2l} \quad \text{bzw.} \quad \lambda = \frac{2l \cdot \sin\alpha}{3}.$$

Für den kleinen Winkel $\alpha = 2°$ kann man den Sinus mit dem Bogenmaß des Winkels gleichsetzen:

$$\sin 2° = \frac{2 \cdot 2\pi}{360} = 0{,}035\,.$$

Damit erhält man

$$\lambda = \frac{2 \cdot 3 \cdot 10^{-5}\,\text{m} \cdot 0{,}035}{3} = 0{,}07 \cdot 10^{-5}\,\text{m} = 7 \cdot 10^{-7}\,\text{m}.$$

Die Wellenlängen des sichtbaren Lichtes liegen zwischen $4{,}0 \cdot 10^{-7}$ m und $7{,}5 \cdot 10^{-7}$ m. Eine Beugung der geforderten Art ist daher mit sichtbarem Licht (rot) möglich.

2. Wie groß muß die Gitterkonstante eines optischen Strichgitters gewählt werden, damit man die Na-Linien ($\lambda \approx 6 \cdot 10^{-7}$ m) der zweiten Ordnung unter dem Winkel $\alpha = 30°$ beobachten kann?

Aus $$\sin\alpha = \frac{z\lambda}{a} \quad \text{folgt} \quad a = \frac{z\lambda}{\sin\alpha}.$$

Mit den gegebenen Werten $z = 2$, $\lambda = 6 \cdot 10^{-7}$ m, $\sin 30° = 0{,}5$ erhält man

$$a = \frac{2 \cdot 6 \cdot 10^{-7}\,\text{m}}{0{,}5} = 2{,}4 \cdot 10^{-6}\,\text{m}.$$

3. Betrachtet man eine Anordnung für NEWTON-Ringe im weißen Tageslicht, so sieht man die NEWTON-Ringe farbig. Es handelt sich jeweils um die Komplementärfarbe zu einer ausgelöschten Farbe. Grüne Ringe sieht man, wo Auslöschung für Rot der Wellenlänge $\lambda = 6{,}9 \cdot 10^{-7}$ m stattfindet. Der dritte grüne Ring hat den Durchmesser $d = 1{,}0$ cm. Welcher Krümmungsradius r der Plankonvexlinse ergibt sich aus dieser Beobachtung?

Auslöschung erhält man für den Ringradius

$$a = \sqrt{z r \lambda},$$

wenn sich zwischen der Glasplatte und der Linse Luft befindet.

Mit $a = \frac{d}{2}$ und $z = 3$ erhält man

$$r = \frac{d^2}{12\lambda},$$

$$r = \frac{10^{-4}\,\text{m}^2}{12 \cdot 6{,}9 \cdot 10^{-7}\,\text{m}},$$

$$r \approx 12\,\text{m}.$$

Weitere Aufgaben: Siehe O. HÖFLING, Physik-Aufgaben II/2.

6.3 Das elektromagnetische Spektrum

6.3.1 Überblick über das elektromagnetische Spektrum

Wir wissen bereits, daß die Frequenzen bzw. Wellenlängen der elektromagnetischen Wellen sehr unterschiedlich sein können. Man bezeichnet die Gesamtheit aller dieser Wellen als das *elektromagnetische Spektrum*. Wir wollen uns hier zunächst einen zusammenfassenden Überblick über dieses Spektrum verschaffen und dann einzelne Gebiete noch besonders behandeln.

Die größten Wellenlängen besitzen die *technischen Wechselströme*, deren Frequenzen zwischen 17 und 200 Hz liegen; sie haben Wellenlängen zwischen $18 \cdot 10^6$ m und $1{,}5 \cdot 10^6$ m. In diesen Bereich gehört auch der im Alltag benutzte Wechselstrom, der eine Frequenz von 50 Hz und eine Wellenlänge von $6 \cdot 10^6$ m hat. Die Abstrahlung solcher Wellen von Fernleitungen, in denen ein Wechselstrom mit der Frequenz 50 Hz fließt, ist eine unerwünschte Begleiterscheinung der Energieübertragung. Diese Strahlungsverluste sind jedoch gering gegenüber den durch Stromwärme in den Leitungen entstehenden Verlusten.

Hieran schließen sich die *Nieder- und Mittelfrequenzen der Nachrichtentechnik*, die bis etwa 10000 Hz gehen und die daher Wellenlängen bis herab zu $3 \cdot 10^4$ m haben.

Weiter folgen die *Hochfrequenzen der Hoch- und Höchstfrequenztechnik*, die bis zu Frequenzen von mehr als 10^{12} Hz reichen. Sie umfassen also einen Wellenlängenbereich von $3 \cdot 10^4$ bis $3 \cdot 10^{-4}$ m. Hierzu gehören die Langwellen, Mittelwellen, Kurzwellen und Ultrakurzwellen des Hörfunks, Fernsehens und Radars.

Die Wellen der Nachrichtentechnik, der Hoch- und Höchstfrequenztechnik lassen sich auf rein elektrischem Wege durch Schwingkreise und Oszillatoren herstellen.

Das sich weiter anschließende Gebiet umfaßt die *infrarote Strahlung*. Es erstreckt sich von 10^{12} Hz bis $4 \cdot 10^{14}$ Hz und umfaßt damit einen Wellenlängenbereich von $3 \cdot 10^{-4}$ m bis $7{,}5 \cdot 10^{-7}$ m.

Diese Wellen werden auf thermischem Wege erzeugt. Die kürzesten rein elektrisch hergestellten Wellen überschneiden sich mit den längsten thermisch entstandenen Wellen.

Infrarotbestrahlung wird in der Medizin zur Förderung der Durchblutung des Körpergewebes verwendet. Neue technische Entwicklungen führten zur Infrarotfotografie für Aufnahmen bei Nacht.

An die Infrarotstrahlung schließt sich der Bereich des *sichtbaren Lichtes* an. Er erstreckt sich von $4 \cdot 10^{14}$ Hz bis $7{,}5 \cdot 10^{14}$ Hz bzw. von $7{,}5 \cdot 10^{-7}$ m bis $4 \cdot 10^{-7}$ m.

Mit noch höheren Frequenzen und kürzeren Wellenlängen schließt sich die *ultraviolette Strahlung* an. Sie reicht von $7{,}5 \cdot 10^{14}$ Hz bis fast 10^{17} Hz und umfaßt daher die Wellenlängen von $4 \cdot 10^{-7}$ m bis nahezu $3 \cdot 10^{-9}$ m. Ultraviolette Strahlung bräunt die Haut (im Hochgebirge, an der See, im Solarium).

Die ultraviolette Strahlung reicht mit ihren kürzesten Wellen bereits in das dann folgende Gebiet der RÖNTGEN-*Strahlen* hinein. Dieses erstreckt sich von etwa 10^{16} Hz bis $3 \cdot 10^{23}$ Hz, was einem Wellenlängenbereich von $3 \cdot 10^{-8}$ m bis 10^{-15} m entspricht. RÖNTGEN-Strahlen werden heute in der Medizin und Werkstoffprüfung verwendet.

In das Gebiet der RÖNTGEN-Strahlen fallen auch die beim radioaktiven Zerfall auftretenden *Gammastrahlen* (*γ-Strahlen*), die von etwa 10^{18} Hz bis $3 \cdot 10^{22}$ Hz reichen. Sie haben Wellenlängen zwischen $3 \cdot 10^{-10}$ m und 10^{-14} m.

Die elektromagnetischen Wellen mit der höchsten bisher bekannten Frequenz sind die aus der *kosmischen Strahlung* entstehenden Wellen, deren Frequenzen noch über die der Gammastrahlung hinausreichen.

Allen diesen elektromagnetischen Wellen ist gemeinsam, daß sie im materiefreien Raum die gleiche Ausbreitungsgeschwindigkeit haben, nämlich die Vakuum-Lichtgeschwindigkeit.

6.3.2 Das sichtbare Spektrum

Zerlegt man das von selbstleuchtenden Körpern ausgesandte Licht mit Hilfe eines Prismas oder eines optischen Strichgitters, so zeigt sich, daß die entstehenden Spektren sehr verschieden beschaffen sein können. Allgemein bezeichnet man die Spektren von selbstleuchtenden Stoffen als *Emissionsspektren*.

Versuch 672.1 Wir stellen einige Emissionsspektren her, indem wir in der Versuchsanordnung zur Beugung am Gitter (Abb. 656.2) als Lichtquelle L eine Glühlampe, eine Na-Dampflampe und eine Quecksilberdampflampe verwenden.

Wie bei diesem Versuch zeigt sich auch bei einer Fülle weiterer Versuche solcher Art, daß einige Spektren nur aus einzelnen Linien bestehen. Daß wir Linien und keine Punkte erhalten, liegt nur an unserer Versuchsanordnung, in der die Ausdehnung der Lichtquelle durch einen Spalt begrenzt wird. Die Linien sind farbige

Bilder dieses Spaltes. Hätten wir an seiner Stelle eine Lochblende verwendet, so würden wir anstelle des Linienspektrums eine Folge farbiger Punkte erhalten. Das Wesentliche ist also hier nicht die geometrische Form, sondern die Feststellung, daß die Lichtquelle nur Licht ganz bestimmter und voneinander getrennter Wellenlängen aussendet. Man spricht deshalb auch von *diskreten* Wellenlängen im Gegensatz zu einer *kontinuierlichen* Folge von Wellenlängen bei dem kontinuierlichen Spektrum, das sich für unsere Augen als lückenloses Farbband darstellt. Wir stellen also fest:

Die Linienspektren bestehen aus einzelnen feinen Linien, die deutlich voneinander getrennt sind. Die Zahl der Linien kann sehr groß sein, und die Linien können sich an einzelnen Stellen häufen.

Die kontinuierlichen Spektren enthalten in ununterbrochener Folge alle Wellenlängen; sie erstrecken sich also von Rot bis Violett.

Die Erfahrung zeigt nun:

1. Glühende feste und flüssige Körper sowie sehr stark verdichtete Gase senden kontinuierliche Spektren aus.

Dabei kann die Helligkeitsverteilung der einzelnen Farben bei verschiedenen Spektren verschieden sein; sie hängt z.B. von der Temperatur der Lichtquelle ab. Aufgrund eines kontinuierlichen Spektrums läßt sich nicht sagen, welche chemische Beschaffenheit der lichtaussendende Stoff hat.

2. Leuchtende einatomige Gase senden Linienspektren aus. Die Linienspektren heißen deshalb auch Atomspektren.

Bei den Linienspektren zeigt sich nun die sehr wichtige Tatsache, daß die entstehenden Linien für die das Licht aussendenden Atome charakteristisch sind. Jedem chemischen Element in gasförmigem Zustand entsprechen ganz bestimmte Linien. Über das Zustandekommen dieser Spektren wird in der Atomphysik noch zu sprechen sein. Wir stellen also fest:

Jedes chemische Element in gasförmigem Zustand erzeugt unter den gleichen Bedingungen immer das gleiche, für dieses Element charakteristische Linienspektrum.

Wenn die Linienspektren für die einzelnen Elemente charakteristisch sind, dann können sie zu deren Identifizierung oder Nachweis benutzt werden. Hierauf gründet sich die von G. R. Kirchhoff (1824–1887) und R. W. Bunsen (1811–1899) im Jahre 1859 gemeinsam entwickelte *Spektralanalyse.* Diese Untersuchungsmethode ist ein wichtiges Hilfsmittel der Forschung und hat den großen Vorteil einer außerordentlichen Empfindlichkeit. So kann man schon 10^{-12} kg Natrium aufgrund seines Spektrums aus anderen Stoffen herausfinden. Es ist dazu natürlich notwendig, die charakteristischen Spektren der einzelnen Elemente genau zu kennen. Es existieren Tafeln, in denen die Spektren zusammengestellt und genau beschrieben sind.

Eine *Spektraltafel* befindet sich am Schluß des Buches.

Kurz nach der Entdeckung der Spektralanalyse fanden Kirchhoff und Bunsen bei der Untersuchung von Dürkheimer Sole Linien, die sie keinem der bis dahin bekannten Elemente zuordnen konnten. Sie hatten so zwei neue Elemente, das *Rubidium* und das *Caesium*, entdeckt. Später sind noch eine ganze Reihe anderer Elemente auf diesem Wege entweder entdeckt oder doch zuerst mit Sicherheit als Elemente erkannt worden.

Die meisten Linienspektren enthalten sehr viele Linien, die sich im allgemeinen zu *Linienserien* zusammenfassen lassen. Unter einer Linienserie versteht man eine Anordnung von Linien, deren Abstände in der Richtung von Rot nach Violett immer kleiner werden, so daß sich an einer bestimmten Stelle, der *Seriengrenze*, sehr viele Linien eng zusammendrängen. Über die Gesetzmäßigkeiten, denen die Linien eines solchen Spektrums unterliegen, wird später anhand eines speziellen Beispieles noch genauer gesprochen (S. 675ff.).

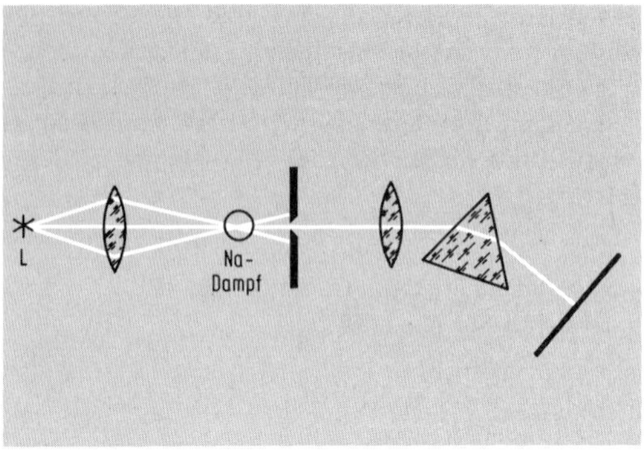

Abb. 674.1
Versuch zur Erzeugung des Absorptionsspektrums von Natriumdampf

Neben den bisher behandelten Emissionsspektren gibt es noch eine andere Art, die man als *Absorptionsspektren* bezeichnet und die wir zunächst an einem Versuch kennenlernen wollen.

Versuch 674.1 Nach Abb. 674.1 wird zunächst ein kontinuierliches Spektrum erzeugt. Dann wird zwischen Lichtquelle und Spalt eine stark leuchtende Natriumflamme gebracht, indem man auf einem Magnesiastäbchen etwas Natriumkarbonat so in die Bunsenflamme bringt, daß alle Lichtstrahlen, die durch die Spaltblende gelangen, vorher den leuchtenden Natriumdampf durchdringen mußten.

Dieser Versuch zeigt ein überraschendes Ergebnis. Man hätte zunächst erwarten können, daß die gelbe Natriumlinie in dem betreffenden Teil des Spektrums stärker hervortreten würde. Das Gegenteil ist aber der Fall. Wir sehen an der Stelle, an der sich die Natriumlinie befinden müßte, eine schwarze Linie. Das von der Lichtquelle ausgehende Licht ist also beim Durchgang durch leuchtenden Natriumdampf in der Weise verändert worden, daß aus dem kontinuierlichen Spektrum eine bestimmte Wellenlänge ausgesondert und absorbiert worden ist, und zwar gerade diejenige, die der Natriumdampf selbst aussendet. KIRCHHOFF fand ähnliche Erscheinungen bei anderen gasförmigen Stoffen.

Die Gesamtheit der von einem Stoff aus einem kontinuierlichen Spektrum absorbierten Wellenlängen bezeichnet man als sein Absorptionsspektrum.

Die Emissions- und die Absorptionsspektren der verschiedenen Stoffe zeigen einen engen Zusammenhang, der bei Versuch 674.1 deutlich erkennbar war und auch für alle übrigen Stoffe gilt:

Jeder gasförmige Stoff absorbiert nur diejenigen Wellenlängen, die er im leuchtenden Zustand aussendet.

Die Absorptions- und die Emissionsspektren stehen also in einer gegensätzlichen Beziehung zueinander, d.h. an denjenigen Stellen, an denen ein Stoff im Emissionsspektrum helle Linien erzeugt, verursacht er im Absorptionsspektrum dunkle Linien.

Die Absorptionsspektren sind ebenso wie die Emissionsspektren für die verschiedenen Stoffe charakteristisch und können deshalb zu ihrer Identifizierung oder ihrem Nachweis dienen.

Blickt man durch ein Taschenspektroskop hoher Dispersion in das Sonnenlicht, so erkennt man, daß das bei grober Betrachtung kontinuierlich erscheinende Sonnenspektrum von einer Reihe feiner schwarzer Linien durchzogen ist (s. Spektraltafel). Diese zuerst 1802 von W.H. WOLLASTON (1766–1828) entdeckten und später von J. v. FRAUNHOFER (1787–1826) erneut beobachteten und untersuchten Linien werden heute als FRAUNHOFER-Linien bezeichnet. KIRCHHOFF erkannte, daß diese Linien als Absorptionsspektren im oben erläuterten Sinne zu deuten sind. Der Sonnenkern (Photosphäre), der ein kontinuierliches Spektrum aussendet, ist von einer Schicht glühender Gase (Chromosphäre) umgeben, die nach dem KIRCHHOFF-Gesetz einen Teil der Strahlung absorbiert; einzelne dunkle Linien entstehen durch Absorption in der Erdatmosphäre. Die verschiedenen Gruppen der FRAUNHOFER-Linien stimmen mit den Linienspektren der irdischen Elemente überein. Hieraus kann der Schluß gezogen werden, daß in der Sonnenhülle die gleichen Elemente in gasförmigem Zustand vorkommen, die uns auf der Erde begegnen; auf der Erde nicht vorkommende Elemente konnten weder auf der Sonne noch auf anderen Sternen nachgewiesen werden. Bemerkenswert ist, daß das

Edelgas Helium 1868 durch seine FRAUNHOFER-Linien im Sonnenspektrum entdeckt und erst 1895 in Erdgasquellen aufgefunden worden ist, weshalb es auch nach der Sonne benannt wurde (hēlios [griech.] = Sonne).

Mit Hilfe der Spektralanalyse kann selbst das Licht entferntester Sterne untersucht werden. Dabei zeigt sich, daß sich auf diesen die gleichen Elemente wie auf der Erde finden. Die Spektren der Fixsterne vermögen aber außerdem noch wichtige Hinweise auf deren Zustand zu geben.

6.3.3 Die Gesetzmäßigkeiten bei den Linienspektren

Schon bald nach der Entdeckung der Linienspektren tauchte die Frage auf, ob für die Wellenlängen der einzelnen Linien gesetzmäßige Zusammenhänge bestehen. Dem Baseler Lehrer J. J. BALMER (1825–1898) gelang es 1884 zuerst, eine Gesetzmäßigkeit zwischen den Wellenlängen bzw. den Schwingungszahlen der Linien des Wasserstoffspektrums aufzufinden. BALMER ging von vier Linien des Wasserstoffspektrums aus, die man mit H_α, H_β, H_γ und H_δ bezeichnet (Abb. 675.1). Diese Linien liegen im sichtbaren Bereich des Spektrums, die folgenden Linien dieser Serie befinden sich im ultravioletten Teil des Spektrums. Auf rein empirischem Wege fand nun BALMER nach vielen vergeblichen Ansätzen, daß die Wellenlängen der oben genannten Linien sich ergeben, wenn man in der Gleichung

$$\lambda = C \cdot \frac{m^2}{m^2 - 2^2}$$

für die Konstante C den Wert $3645{,}6 \cdot 10^{-10}$ m und für m der Reihe nach die Zahlen 3, 4, 5, 6, ... einsetzt. Man schreibt diese Formel heute im allgemeinen etwas anders, indem man statt der Wellenlänge λ die Wellenzahl $N = \frac{1}{\lambda}$ einführt. Nach kleinen Umformungen ergibt sich dann:

$$N = \frac{1}{C} \cdot \frac{m^2 - 2^2}{m^2} = \frac{1}{C}\left(1 - \frac{2^2}{m^2}\right) = \frac{4}{C}\left(\frac{1}{2^2} - \frac{1}{m^2}\right),$$

$$N = Ry\left(\frac{1}{2^2} - \frac{1}{m^2}\right),$$

wobei $Ry = \frac{4}{C} = \frac{4}{3645{,}6 \cdot 10^{-10}}\ \mathrm{m}^{-1} \approx 1{,}097 \cdot 10^7\ \mathrm{m}^{-1}$ ist.

Die Konstante Ry heißt RYDBERG-Konstante zu Ehren des schwedischen Physikers J. R. RYDBERG (1854–1919), der erkannte, daß die von BALMER gefundene Formel sich mit kleinen Änderungen auch auf die Spektren einiger anderer Elemente übertragen läßt.

Es ist überraschend, wie genau die BALMER-Formel die Wellenzahlen der Wasserstofflinien wiedergibt. Die folgende Tabelle (S. 676) bringt eine Gegenüberstellung der nach der BALMER-Formel (mit einem genaueren als dem oben angegebenen Wert von Ry) berechneten und der gemessenen Werte für die Wellenlängen der ersten 12 Linien dieser Serie. Man ersieht aus der Tabelle, daß die Linien mit wachsendem m immer mehr zusammenrücken.

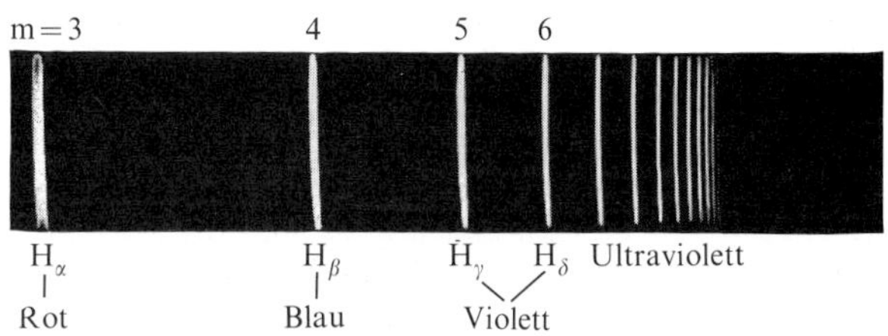

Abb. 675.1
BALMER-Serie des Wasserstoffes: Aufnahme der BALMER-Serie mit Bezeichnung der ersten vier Spektrallinien

Beobachtete und berechnete Wellenlängen von Linien des Wasserstoffspektrums

Linie	*m*	*Beobachtete Wellenlänge* (Einheit 10^{-7} m)	*Berechnete Wellenlänge* (Einheit 10^{-7} m)
H_α	3	6,56279	6,56278
H_β	4	4,86133	4,86157
H_γ	5	4,34047	4,34063
H_δ	6	4,10174	4,10190
H_ε	7	3,97007	3,97022
H_ζ	8	3,88905	3,88920
H_η	9	3,83539	3,83553
H_ϑ	10	3,79790	3,79804
H_ι	11	3,77063	3,77077
H_κ	12	3,75025	3,75036
H_λ	13	3,73454	3,73451
H_μ	14	3,72204	3,72208

Eine theoretische Begründung der Formel konnte von BALMER nicht gegeben werden und war auch in den folgenden Jahrzehnten zunächst nicht möglich. Ebenso konnte man damals keine Aussagen über die physikalische Bedeutung der auftretenden Konstante *Ry* machen. Es ist aber naheliegend, daß die BALMER-Formel und die RYDBERG-Konstante mit dem Bau der lichtaussendenden Atome in Zusammenhang stehen. Diese Vermutung erwies sich in der Tat als richtig. Nachdem N. BOHR (1885–1962) im Jahre 1913 seine später zu behandelnden Vorstellungen über den Bau der Atome entwickelt hatte, konnte die BALMER-Formel auf rein theoretischem Wege aus den allgemeinen BOHRschen Grundannahmen hergeleitet und die RYDBERG-Konstante zu anderen allgemeinen Naturkonstanten in Beziehung gesetzt werden. Umgekehrt gelang es dann auch, aus den Spektren Rückschlüsse auf den Bau und die Struktur der Atome zu ziehen. Es zeigte sich, daß man aus einer Untersuchung der Spektren Aufschlüsse von solcher Feinheit und Reichhaltigkeit über die das Licht aussendenden Atome erhalten kann wie auf keinem anderen Wege. Man mußte dazu nur erst die Sprache der Spektren verstehen lernen, und das war mit großen Schwierigkeiten verbunden. Wir werden in der Atomphysik ausführlich darauf zurückkommen.

Mit Hilfe des ROWLAND-Gitters (S. 659) können wir die sichtbaren Linien H_α, H_β und H_γ in subjektiver Beobachtung sehr genau ausmessen. Wir führen dazu folgenden Versuch durch:

Versuch 676.1 In Abb. 676.1 bedeutet *Sp* eine mit Wasserstoff gefüllte Spektralröhre (von oben gesehen). Bei Anschluß an ein 6-kV-Gerät tritt in der Röhre eine Gasentladung auf, bei der ein großer Teil des Wasserstoffs atomar aufspaltet. Aus etwa 40 cm Entfernung blicken wir durch das ROWLAND-Gitter, das wir ganz dicht so vor unser Auge halten, daß seine Gitterstriche parallel zur Spektralröhre liegen, auf die Spektralröhre. Wir sehen dann ein virtuelles Linienspektrum des Wasserstoffs. Stellen wir dicht hinter die Spektralröhre waagerecht einen Maßstab, so können wir die Lage der Linien ablesen. Zur Berechnung der Wellenlänge müssen wir beachten, daß die Beugungswinkel hier nicht mehr so klein sind, daß wir $\sin\alpha = \tan\alpha$ setzen können (vgl. die Bemerkung auf S. 659).

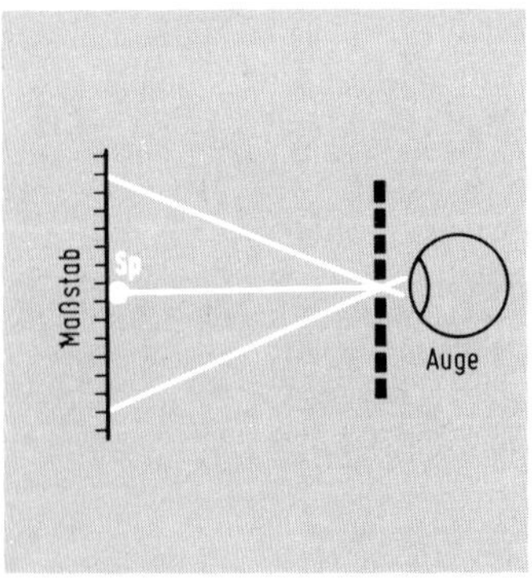

Abb. 676.1
Subjektive Beobachtung des Wasserstoff-Linienspektrums

6.3.4 Die ultraviolette Strahlung

Versuch 677.1 Wir halten in das dunkle Gebiet, das sich unmittelbar an das violette Gebiet eines mit der Bogenlampe erzeugten kontinuierlichen Spektrums anschließt, eine grün fluoreszierende Plexiglasplatte.

Die grüne Plexiglasplatte leuchtet in dem für das Auge vorher dunkel erscheinenden Bereich hell auf. Wir müssen daraus schließen, daß auch hier Strahlen vorhanden sind. Es sind die bekannten *ultravioletten Strahlen*. Sie wirken auch auf die fotografische Platte und können deshalb auf fotografischem Wege nachgewiesen werden. Zur Untersuchung dieser Strahlen sind Prismen und Linsen aus Glas nicht geeignet, da dieses nur einen Teil des langwelligen ultravioletten Lichtes durchläßt, während es alle kürzeren Wellenlängen absorbiert. Das ist auch der Grund dafür, daß auf der fluoreszierenden Plexiglasplatte nur ein kleines ultraviolettes Gebiet erkennbar war. Man benutzt bei der Arbeit mit ultravioletten Strahlen deshalb besser Prismen aus Quarz, Steinsalz oder Flußspat.

Die Sonne strahlt ein an ultravioletten Strahlen reiches Licht aus. Aber die Luft absorbiert ebenfalls ultraviolette Strahlen, so daß das Sonnenlicht hieran um so ärmer ist, je dicker die von ihm durchlaufene Luftschicht ist. Im Hochgebirge ist das Sonnenlicht sehr viel reicher an ultravioletten Strahlen als im Tiefland.

Die ultravioletten Strahlen sind vom sichtbaren Licht nur durch ihre Wellenlänge unterschieden. Es gibt Tiere (z.B. die Bienen), deren Sehorgane auf die langwelligen Teile des ultravioletten Bereiches noch ansprechen.

Geht man in Richtung der kürzeren Wellenlängen noch weiter, so erhält man Strahlen, die in dem von einer Bogenlampe erzeugten oder von der Sonne kommenden Licht nicht mehr enthalten sind, die man aber auf anderem Wege künstlich herstellen kann. Es schließen sich an die ultravioletten Strahlen zunächst die RÖNTGEN-Strahlen an.

6.3.5 Die Röntgen-Strahlung

RÖNTGEN-Strahlen entstehen, wenn schnell bewegte Elektronen auf ein Hindernis treffen. Sie wurden 1895 von W.C. RÖNTGEN (1845–1923) entdeckt. In der Praxis erzeugt man RÖNTGEN-Strahlen mit einer Glühkatodenröhre. In der Glühkatodenröhre werden die thermisch von der Katode abgelösten Elektronen durch eine hohe Spannung (bis 500000 V) zur Anode hin stark beschleunigt, so daß sie dort mit großer kinetischer Energie auftreffen. Dabei kann es zu drei verschiedenen Vorgängen kommen:

1. Die Elektronen verlieren ihre Energie beim Eindringen in die Anode und bewirken eine Erwärmung der Anode. Das gilt für etwa 99% aller Elektronen.

2. Die Elektronen werden beim Durchgang durch einzelne Atome des Anodenmaterials gebremst. Sie verlieren ihre Energie teilweise oder vollständig. Die Energie wird dabei in elektromagnetische Strahlung, die man in diesem Fall RÖNTGEN-*Bremsstrahlung* nennt, umgewandelt.

3. Die Elektronen bringen die Atome des Anodenmaterials in einen angeregten Zustand. Die angeregten Atome gehen unter Aussendung einer *charakteristischen Strahlung*, die Anlaß zu einem *Linienspektrum* gibt, wieder in den Grundzustand über.

Der Nachweis der RÖNTGEN-Strahlen ergibt sich aus ihren Eigenschaften:

1. RÖNTGEN-Strahlen besitzen ein erhebliches Durchdringungsvermögen für alle Materie.

Das große Durchdringungsvermögen der RÖNTGEN-Strahlen wird vor allem in der *Medizin* ausgenutzt. Da die Strahlen beim Durchgang durch verschiedenartige Stoffe (z.B. Knochen und weiches Körpergewebe, gesundes und krankes Gewebe, mit Kontrastmittel gefüllte Teile und ihre Umgebung usw.) unterschiedlich geschwächt werden, können sie bei der *Diagnose* (z.B. Knochenbrüche, Magengeschwüre, Nierensteine usw.) wertvolle Hilfe leisten. Ferner vermögen RÖNTGEN-Strahlen das absorbierende Gewebe zu zerstören, wovon in der RÖNTGEN-*Therapie* (z.B. Zerstrahlung von bösartigen Geschwulstzellen) Gebrauch gemacht wird. In der *Technik* spielen die RÖNTGEN-Strahlen bei Materialprüfungen (z.B. beim Aufspüren von Fehlern in Schweißverbindungen) eine Rolle.

2. RÖNTGEN-Strahlen vermögen viele Stoffe zur Fluoreszenz bzw. Phosphoreszenz anzuregen.
3. RÖNTGEN-Strahlen schwärzen fotografische Platten.
4. RÖNTGEN-Strahlen ionisieren Gase.
5. RÖNTGEN-Strahlen zeigen Interferenzen bei der Reflexion und beim Durchgang durch Kristalle.

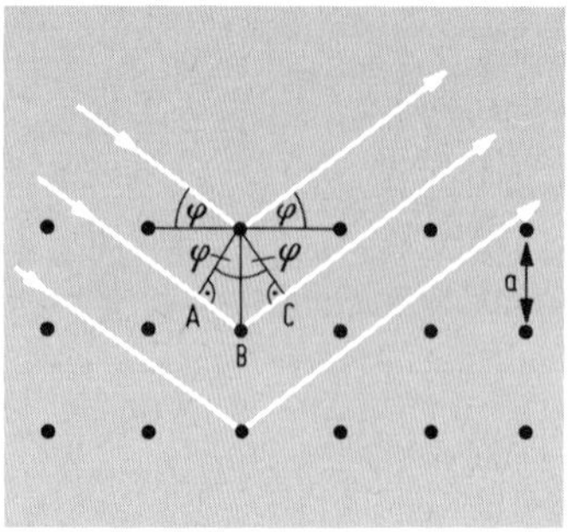

Abb. 678.1
Streustrahlung von RÖNTGEN-Strahlen an Kristallpartikeln

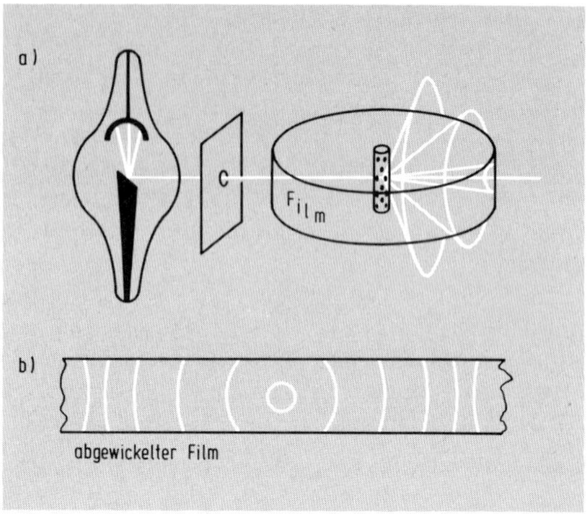

Abb. 678.2
Schematische Darstellung der Versuchsanordnung von DEBYE und SCHERRER zur Herstellung von RÖNTGEN-Spektren (a) und DEBYE-SCHERRER-Diagramm (b)

Die *Kristallinterferenzen* waren der entscheidende Nachweis für den Wellencharakter der RÖNTGEN-Strahlung. RÖNTGEN selbst hatte vergeblich nach Interferenzen gesucht, alle anderen Eigenschaften der Strahlung dagegen innerhalb weniger Tage entdeckt. Wir wissen heute, daß die Wellenlänge der RÖNTGEN-Strahlen so klein ist, daß optische Strichgitter zu grob sind und die Verwendung solcher Gitter zur Untersuchung der RÖNTGEN-Strahlung von vornherein aussichtslos sein mußte. Viel feinere Gitter hält die Natur in den Kristallen bereit.

Die einen Kristall aufbauenden Partikeln (Atome, Ionen oder Moleküle) bilden Raumgitter. Fällt RÖNTGEN-Strahlung auf ein solches Gitter, so treten Interferenzen auf, da die Wellenstrahlung an den räumlich regelmäßig angeordneten Partikeln des Kristalls eine kohärente Streustrahlung auslöst. Die Interferenzerscheinung unterscheidet sich von den Interferenzen am Strichgitter dadurch, daß von einem Raumgitter nur eine ganz bestimmte Wellenlänge zu einem Intensitätsmaximum gebeugt wird, wenn die Strahlung unter einem festen Winkel auf den Kristall trifft. M. v. LAUE (1879 – 1960) konnte dieses Ergebnis mit der Wellentheorie quantitativ deuten. Eine anschauliche Darstellung desselben Sachverhaltes gelang W.H. BRAGG (1862 – 1942) und W.L. BRAGG (geb. 1890).

Man denke sich im einfachsten Fall die Partikeln im Kristall in Netzebenen mit dem Abstand a zusammengefaßt. Nach BRAGG interpretiert man das Ergebnis der Streustrahleninterferenz als regelmäßige Reflexion der einfallenden RÖNTGEN-Strahlung an den Kristallpartikeln (Abb. 678.1). Die an benachbarten Netzebenen „reflektierten" Strahlen interferieren miteinander mit dem Gangunterschied

$$AB + BC = 2a \cdot \sin\varphi\,.$$

Für ein Intensitätsmaximum muß also die Bedingung

$$2a \cdot \sin\varphi = z \cdot \lambda \qquad (z = 1, 2, 3, \ldots)$$

erfüllt sein. Der Winkel φ heißt *Glanzwinkel*.

Bei einer gegebenen Gitterkonstante a und einer gegebenen Wellenlänge λ muß der Kristall gegen den einfallenden RÖNTGEN-Strahl so geneigt sein, daß die BRAGG-Reflexionsbedingung $2a \cdot \sin\varphi = z \cdot \lambda$ erfüllt ist. Aus nichtmonochromatischer einfallender Strahlung wird nur diejenige Wellenlänge reflektiert, die der BRAGG-Reflexionsbedingung genügt. Zur Aufnahme des RÖNTGEN-Spektrums muß der Kristall gedreht werden.

DEBYE und SCHERRER preßten ein aus vielen Kristalliten bestehendes Pulver zu einem zylindrischen Stäbchen. Wird dieses von parallelen RÖNTGEN-Strahlen durchstrahlt, so gibt es für alle Wellenlängen der Strahlung Kristallite, die in geeigneter Orientierung im Kristallpulver liegen und die Strahlen in die durch ihre Wellenlänge bedingten Richtungen „reflektieren". Das auf diese Weise entstehende Spektrum heißt DEBYE-SCHERRER-Diagramm (Abb. 678.2).

Die RÖNTGEN-Spektren waren ein wesentliches Hilfsmittel bei der Erforschung der *Struktur der Atomhüllen.* In der Quanten- und Atomphysik werden darüber speziellere Aussagen gemacht.

6.3.6 Die infrarote Strahlung

Bei der früher gegebenen allgemeinen Übersicht über die elektromagnetischen Wellen haben wir gesehen, daß sich an das sichtbare Spektrum nach der Seite der längeren Wellen die infrarote Strahlung anschließt. Da die infraroten Strahlen für das Auge nicht sichtbar sind, bedarf es zu ihrer Untersuchung besonderer Geräte. Man verwendet dafür *Thermoelemente* oder *Thermosäulen.*

In der Abb. 679.1 ist ein Thermoelement dargestellt. Es besteht aus zwei verschiedenen Metallen, die durch zwei Lötstellen miteinander verbunden sind; in dem dargestellten Beispiel in der Folge Kupfer–Eisen–Kupfer.

Solange die beiden Lötstellen die gleiche Temperatur haben, besteht zwischen den freien Kupferdrahtenden keine Spannung. Hat dagegen *eine* Lötstelle eine höhere Temperatur, so zeigt das Voltmeter einen Ausschlag; es besteht also ein Spannungsunterschied zwischen den beiden Kupferdrähten. Man bezeichnet diese Erscheinung als *thermoelektrischen Effekt* und die auftretende Spannung als *Thermospannung*. Für die Thermospannung gilt

$$U=\kappa(T_2-T_1),$$

wobei κ eine nur von den verwendeten Metallen abhängige Größe ist und T_1 und T_2 die absoluten Temperaturen der beiden Lötstellen darstellen.

Eine durch zwei Lötstellen verbundene Anordnung von drei Drähten aus zwei verschiedenen Metallen nennt man ein Thermoelement.

Die durch ein Thermoelement erzeugten Spannungen sind sehr klein und liegen etwa in der Größenordnung von 10^{-5} bis $10^{-4}\,\mathrm{V\,K^{-1}}$. Häufig wird Konstantan-Kupfer ($0{,}41 \cdot 10^{-4}\,\mathrm{V\,K^{-1}}$) verwendet.

Diese kleinen Spannungen können wir mit Hilfe eines *Mikrovoltverstärkers* messen. Bei sehr kleinen Widerständen im Thermostromkreis wird die Stromstärke trotz der kleinen Thermospannung sehr groß. Der Energielieferant für den Thermostrom ist die Wärmequelle. In einem Versuch lassen sich diese Aussagen deutlich nachweisen.

Versuch 679.1 Ein Thermoelement von der in Abb. 679.2 wiedergegebenen Form besteht aus einem dicken Kupferbügel und einem dazwischengelöteten Konstantanstab. Das eine Ende *A* des Kupferbügels wird mit einem Teclubrenner erhitzt und das andere Ende *B* in Eiswasser getaucht.

Der entstehende Thermostrom hat wegen des geringen Widerstandes im Leiterkreis eine so große Stromstärke, daß ein starker Elektromagnet entsteht, der ein größeres Gewichtsstück zu tragen vermag.

Man kann höhere Thermospannungen erzielen, wenn man mehrere Elemente hintereinanderschaltet und die Lötstellen abwechselnd warm und kalt hält (Abb. 680.1). Eine solche Anordnung heißt *Thermosäule.*

Thermoelemente und Thermosäulen sind als *Spannungsquellen* für den praktischen Gebrauch *nicht geeignet*, da die gelieferten Spannungen zu klein sind. Dagegen spielen sie in der *Temperaturmeßtechnik* eine große Rolle. Man macht dabei von der Tatsache Gebrauch, daß die Größe der Thermospannung der Temperaturdifferenz der beiden Berührungsstellen weitgehend proportional ist. Wenn also die eine Lötstelle

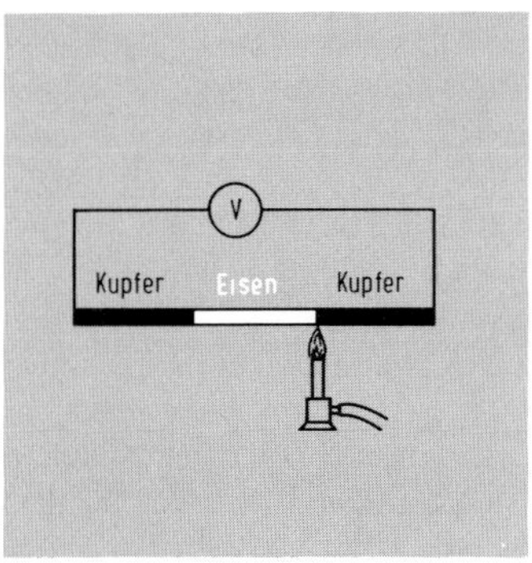

Abb. 679.1
Erwärmung der einen Lötstelle eines Thermoelementes mit Hilfe eines Teclubrenners

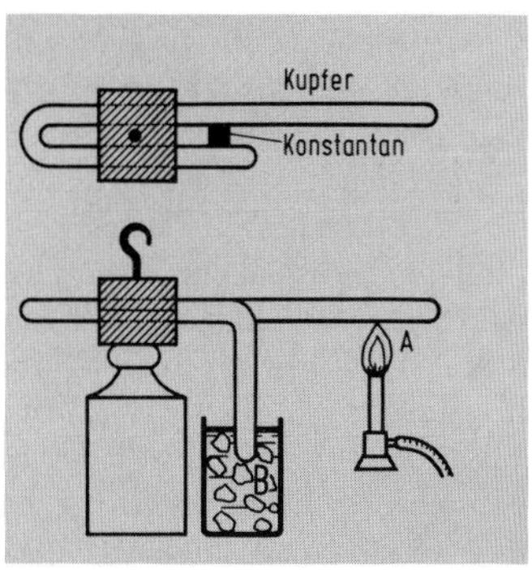

Abb. 679.2
Nachweis des Thermostroms durch seine magnetischen Wirkungen

auf einer bestimmten Temperatur (z.B. der des schmelzenden Eises) gehalten wird, so kann man aus der gemessenen Thermospannung die Temperatur der anderen Lötstelle ermitteln.

Die Thermoelemente zeichnen sich durch hohe Empfindlichkeit, große Meßgenauigkeit und sehr kleine Wärmekapazität aus. Sie finden bei Temperaturmessungen in der Physik, Biologie und Physiologie sowie für Strahlungsmessungen Verwendung.

Um eine Vorstellung von der *Empfindlichkeit der Thermosäule* zu geben, führen wir folgenden Versuch durch:

Versuch 680.1 Wir schließen die Thermosäule an einen Mikrovoltverstärker an. Dann nähern wir die Handfläche der Thermosäule auf etwa einen halben Meter. Danach entflammen wir ein Zündholz in etwa ein Meter Entfernung von der Thermosäule.

Der Versuch zeigt, daß die Thermosäule sehr geringe Wärmestrahlungen anzuzeigen vermag.

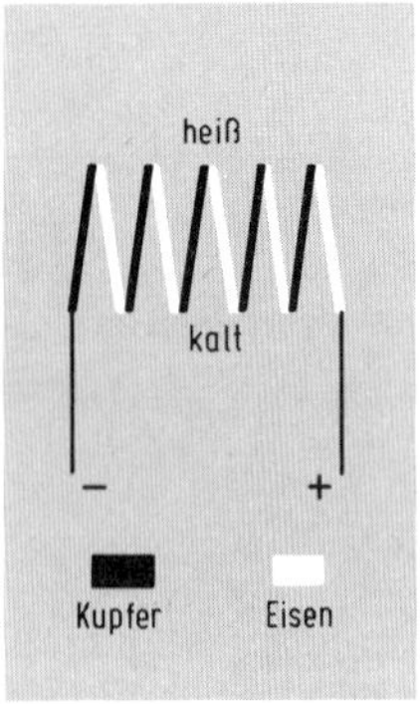

Abb. 680.1
Steigerung der Thermospannung durch mehrere zu einer Thermosäule hintereinandergeschaltete Thermoelemente

Mit Hilfe einer Thermosäule können wir nun auch die *infrarote Strahlung* im Spektrum nachweisen.

Versuch 680.2 Wir zerlegen das Licht einer Bogenlampe oder einer Glühlampe spektral und führen eine mit einem Mikrovoltverstärker verbundene Thermosäule aus dem sichtbaren Teil des Spektrums über den roten Bereich hinaus in das dunkle Gebiet.

Der im violetten Teil des Spektrums sehr kleine Ausschlag des an den Mikrovoltverstärker angeschlossenen Drehspulgerätes wird bei Annäherung an das rote Ende größer und steigt in dem anschließenden dunklen Bereich zunächst noch weiter, um erst in einer gewissen Entfernung vom roten Ende wieder abzusinken und schließlich zu verschwinden. Damit ist gezeigt, daß das Spektrum sich auch über das rote Licht hinaus erstreckt; da die Thermosäule auf Temperaturunterschiede anspricht, muß es sich um Strahlen handeln, die durch ihre Wärmewirkung feststellbar sind.

Für die Untersuchung der infraroten Strahlen kann man Prismen und Linsen aus Glas nicht gut verwenden, weil Glas diese Strahlen stark absorbiert. Man benutzt besser Quarz, Flußspat, Steinsalz oder Sylvin, die wenigstens große Teile der infraroten Strahlen durchlassen. Auf die starke Absorption ist es auch zurückzuführen, daß der Ausschlag des Drehspulgerätes im infraroten Bereich bald zurückgeht, obwohl von der Lichtquelle auch noch Strahlung größerer Wellenlänge ausgesandt wird; die langwelligeren infraroten Strahlen werden vom Glas noch stärker absorbiert als die kurzwelligen.

Es braucht nach den vorhergehenden Betrachtungen nicht betont zu werden, daß auch für die infraroten Strahlen die gleichen Gesetze gelten wie für die Lichtstrahlen, denn es handelt sich ja immer wieder um wesensgleiche elektromagnetische Strahlen, die sich nur durch ihre Wellenlänge unterscheiden. Die sichtbaren Strahlen nehmen wir durch das Auge und die infraroten Strahlen durch den Temperatursinn der Haut wahr; für die übrigen elektromagnetischen Strahlen hat der Mensch kein Sinnesorgan. Die Verschiedenheit der Wirkung auf den menschlichen Körper war auch der Grund dafür, daß es so lange gedauert hat, bis man Licht- und Wärmestrahlen als gleichartige physikalische Vorgänge, die sich nur durch die Wellenlänge unterscheiden, erkannt hat.

6.3.7 Die Temperaturstrahlung

Der Begriff Temperaturstrahlung soll nicht einen bestimmten Bereich des elektromagnetischen Spektrums charakterisieren, sondern vielmehr eine bestimmte *Entstehungsart elektromagnetischer Strahlung.*

Es ist eine aus dem täglichen Leben bekannte Tatsache, daß ein Stück Eisen, das man erwärmt, von einer gewissen Temperatur ab Wärmestrahlen aussendet, die wir mit dem Temperatursinn der Haut oder besser mit einem der früher behandelten Meßinstrumente nachweisen können. Wenn man die Temperatur erhöht, so macht sich bei etwa 400 °C das erste, schwache Leuchten bemerkbar; von den Stäbchen des ausgeruhten Auges wird ein grauweißes Licht wahrgenommen. Bei weiterer Temperaturerhöhung geht der Körper in Rotglut, Gelbglut und Weißglut über.

Die von einem Körper ausgehende elektromagnetische Wellenstrahlung, die ihre Entstehung der Temperatur des strahlenden Körpers verdankt, wird als Temperatur- oder Wärmestrahlung bezeichnet.

Von der Temperaturstrahlung unterscheiden sich zum Beispiel die Leuchterscheinungen bei Gasentladungen (Neonröhren, Leuchtstofflampen) und lebenden Substanzen (Johanniswürmchen).

Jeder Körper sendet eine Temperatur- oder Wärmestrahlung aus. Sie entsteht durch die Wärmebewegung, die die Moleküle des strahlenden Körpers ausführen. Beim Auftreffen auf einen anderen Körper wird die Wärmestrahlung zum Teil reflektiert und zum anderen Teil absorbiert; der absorbierte Teil bewirkt eine Temperaturerhöhung des absorbierenden Körpers.

Von besonderem Interesse ist der Zustand des *Strahlungsgleichgewichtes* zwischen zwei oder mehreren Körpern.

Zwei oder mehrere Körper befinden sich im Strahlungsgleichgewicht, wenn die Körper, zwischen denen ein Energieaustausch nur durch Temperaturstrahlung möglich ist, die gleiche Temperatur angenommen haben.

Im Zustand des Strahlungsgleichgewichtes hört die Strahlung keineswegs auf, sondern jeder Körper sendet genausoviel Strahlung aus, wie er in der gleichen Zeit aufnimmt.

Der Quotient $\Phi_e = \frac{W}{t}$ aus der ausgestrahlten Energie W und der dazu benötigten Zeit t wird als *Strahlungsleistung* bezeichnet.

Es ergeben sich eine Reihe wichtiger Fragen, mit denen wir uns im folgenden zu beschäftigen haben. Zunächst ist zu prüfen, von welchen Größen die Strahlungsleistung einer Fläche und die Verteilung der abgegebenen Strahlung auf die verschiedenen Frequenzen abhängt. Die Beantwortung dieser Frage stößt auf gewisse Schwierigkeiten, weil sich nicht nur die verschiedenen Stoffe dabei verschieden verhalten, sondern weil auch die Beschaffenheit der Oberfläche, die z.B. glatt oder rauh sein kann, eine Rolle spielt. Man erhält deshalb bei einer bestimmten Temperatur eine von Stoff zu Stoff wechselnde Strahlungsleistung und eine ebenso unterschiedliche spektrale Verteilung der Strahlung. Aus dieser großen Menge von Einzelergebnissen lassen sich aber einige allgemeine Gesetze gewinnen.

Wir beginnen mit einem Gesetz über die *Emission und Absorption von Temperaturstrahlung.*

Versuch 681.1 Ein Würfel aus Kupferblech, bei dem je eine Seitenfläche poliert, mattweiß, glänzendschwarz und mattschwarz gestrichen ist, wird mit heißem Wasser gefüllt und an das eine Ende einer etwa 50 cm langen Pappröhre gestellt (Abb. 681.1), an deren anderem Ende sich eine Thermosäule befindet. Man bringt der Reihe nach die verschiedenen Seiten des Würfels vor das Papprohr und mißt den Ausschlag des mit der Thermosäule verbundenen Mikrovoltmeters.

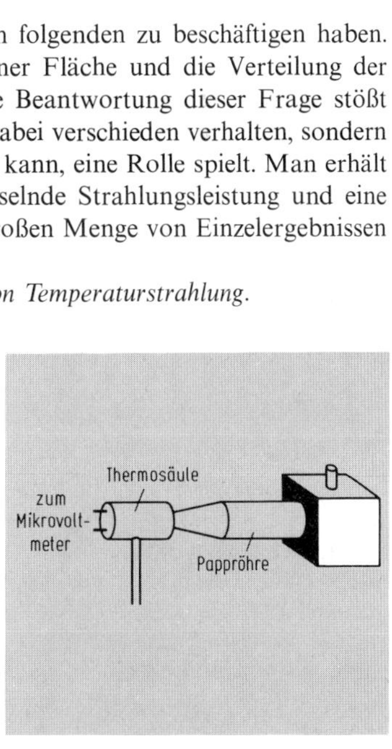

Abb. 681.1
Versuch zum Nachweis der Strahlungsleistung der Temperaturstrahlung in Abhängigkeit von der Oberflächenbeschaffenheit des strahlenden Körpers

Da sämtliche Flächen die gleiche Temperatur haben, erkennen wir an diesem Versuch die oben bereits erwähnte Tatsache, daß die Strahlungsleistung eines Körpers nicht nur von seiner Temperatur, sondern auch von seiner Oberflächenbeschaffenheit abhängt. Es zeigt sich:

Dunkle und rauhe Flächen haben bei gleicher Temperatur eine größere Strahlungsleistung als helle und glatte Flächen.

Wir untersuchen nun das Verhalten der Würfelflächen bei auftreffender Temperaturstrahlung.

Versuch 682.1 Der im vorigen Versuch benutzte Würfel wird oben durch einen Kork und ein Glasrohr, in dessen waagerechtem Teil sich ein Quecksilberfaden befindet, luftdicht verschlossen (Abb. 682.1). Dann wird zuerst die polierte Fläche einer Temperaturstrahlungsquelle zugekehrt.

Wenn das Strahlungsgleichgewicht erreicht ist, d.h., wenn sich der Quecksilberfaden nicht mehr bewegt, wird der Würfel gedreht, so daß nacheinander die mattweiße, die glänzendschwarze und schließlich die mattschwarze Seite der Strahlung ausgesetzt werden.

Der Versuch liefert folgendes Ergebnis:

Dunkle und rauhe Flächen nehmen eine größere Strahlungsleistung auf als helle und glatte Flächen.

Die beiden bisher gewonnenen Erkenntnisse lassen sich dahingehend zusammenfassen, daß eine Fläche, die eine besonders große Strahlungsleistung abgibt, auch eine besonders große Strahlungsleistung absorbieren kann. Diese Feststellung läßt sich noch erweitern, wenn wir nicht die gesamte Strahlungsleistung, sondern ihre Verteilung auf die einzelnen Frequenzen betrachten. Es zeigt sich dann, daß eine Fläche, die vorzugsweise Strahlungsleistung einer bestimmten Frequenz abgibt, bei der gleichen Temperatur aus einem Gemisch auch vorzugsweise Strahlungsleistung dieser Frequenz absorbiert.

Diese Feststellungen bilden den Inhalt eines Gesetzes, das KIRCHHOFF 1859 entdeckt hat und das als das KIRCHHOFF-*Strahlungsgesetz* bezeichnet wird. Wie jedes physikalische Gesetz müßte auch dieses Gesetz quantitativ formuliert werden. Dies setzt aber eine exakte Definition der Begriffe *Absorptionsvermögen* und *Emissionsvermögen* eines Körpers voraus. Eine solche Definition kann jedoch für das Emissionsvermögen exakt nur mit Mitteln gegeben werden, die über den Rahmen dieses Buches hinausgehen. Wir verzichten deshalb auf eine formelmäßige Wiedergabe des KIRCHHOFF-Strahlungsgesetzes, dessen Herleitung hier ohnedies nicht möglich wäre, und beschränken uns auf eine allgemeinere und nur qualitative Angabe:

Jeder Körper vermag nur Temperaturstrahlung solcher Frequenzen abzugeben, die er bei der gleichen Temperatur auch absorbieren würde. Dabei stehen Emission und Absorption bei einer fest gewählten Temperatur insofern in einem festen Verhältnis zueinander, als Frequenzen, die besonders stark emittiert werden, auch eine besonders starke Absorption erfahren.

Grundsätzlich gibt es praktisch unendlich viele verschiedene Körper, die eine Temperaturstrahlung aussenden. Wenn man die Temperaturstrahlung messend erfassen und die für sie geltenden Gesetze ermitteln will, muß man sich von den Zufälligkeiten der strahlenden Körper frei machen. Das geschieht durch die Konstruktion eines *absolut schwarzen Körpers,* mit dem wir uns im folgenden beschäftigen.

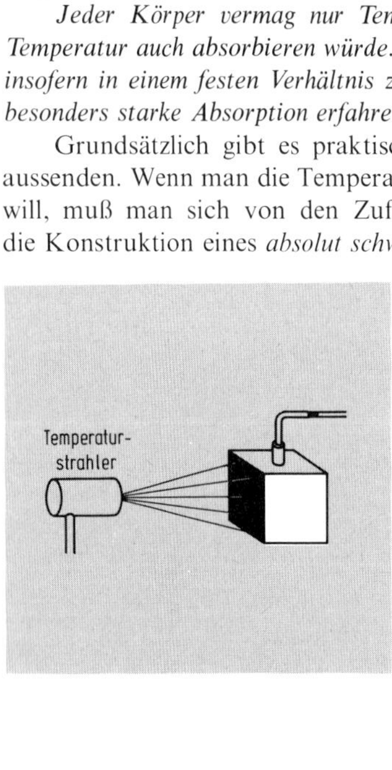

Abb. 682.1
Versuch zur Absorption der Temperaturstrahlung in Abhängigkeit von der Oberflächenbeschaffenheit des bestrahlten Körpers

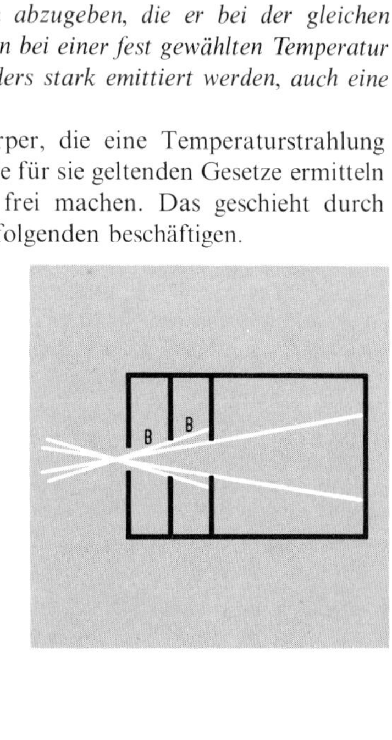

Abb. 682.2
Modell eines absolut schwarzen Körpers

Unter einem absolut schwarzen Körper verstehen wir einen Körper, der die auf ihn fallende elektromagnetische Strahlungsleistung aller Wellenlängen vollkommen absorbiert.

Praktisch kann man einen absolut schwarzen Körper nicht herstellen. Es handelt sich bei diesem Begriff um eine *Idealisierung*, die sich physikalisch aber mit beliebiger Annäherung verwirklichen läßt. Wenn man eine Fläche mit Ruß oder Platinmohr schwärzt, so ist sie noch keineswegs absolut schwarz; sie absorbiert bestenfalls 97% der auffallenden Strahlung. Es gibt aber eine andere Möglichkeit, um dem absolut schwarzen Körper sehr viel näher zu kommen. Wir verwenden dazu einen allseitig geschlossenen Kasten nach Abb. 682.2, der nur an einer Seite eine kleine Öffnung hat; die Fläche dieser Öffnung kann mit großer Annäherung als absolut schwarz betrachtet werden. Jeder Strahl, der von außen auf die Öffnung fällt, muß im Innern des Kastens sehr oft reflektiert werden, bis er zufällig wieder aus der Öffnung austritt; dies wird durch die eingebauten Blenden *B* noch erschwert. Wenn man nun durch Berußung der inneren Wände dafür sorgt, daß bei jeder Reflexion nur etwa 5% der auftreffenden Strahlung reflektiert wird, dann ist z. B. nach der dritten Reflexion nur noch 0,0125% der durch die Öffnung eingefallenen Energie in der Strahlung vorhanden; alles übrige ist von den Wänden verschluckt worden. Eine solche Öffnung strahlt also von allen auffallenden Wellen praktisch nichts zurück und kommt dem Ideal des schwarzen Körpers beliebig nahe.

Wenn der absolut schwarze Körper die größtmögliche Absorption besitzt, so muß er nach dem KIRCHHOFF-Strahlungsgesetz unter allen Körpern bei gleichen Bedingungen auch die größte Emission besitzen.

Wir stellen also fest:

Ein absolut schwarzer Körper gibt in jedem Spektralbereich eine größere Strahlungsleistung ab als irgendein anderer Körper der gleichen Temperatur.

Selbstverständlich lassen sich auch andere Konstruktionen eines absolut schwarzen Körpers denken. Die wesentliche physikalische Aussage für alle diese Körper, die hier nicht näher begründet werden kann, lautet:

Erhitzt man einen als Hohlraum ausgeführten, absolut schwarzen Körper auf eine hohe Temperatur, so tritt aus der Öffnung des Hohlraumes eine Strahlung aus, die mit der Strahlung jedes anderen absolut schwarzen Körpers gleicher Temperatur identisch ist.

Zur Untersuchung der Temperaturstrahlung benötigt man also nur *irgendeinen* absolut schwarzen Körper. Eine solche Untersuchung erweist sich als sehr bedeutungsvoll und aufschlußreich. Es handelt sich dabei vor allem um die Frage, wie die spektrale Verteilung dieser Strahlung von der Temperatur abhängt.

Man bringt die Hohlraumwandungen auf eine bestimmte Temperatur, indem man sie z.B. elektrisch heizt. Die Öffnung strahlt dann die zu dieser Temperatur gehörige Strahlung eines absolut schwarzen Körpers aus; wegen ihrer Entstehung bezeichnen wir sie auch als *Hohlraumstrahlung*. Nachdem die Strahlung in ihre Bestandteile verschiedener Wellenlängen zerlegt worden ist, kann man die Strahlungsleistung der

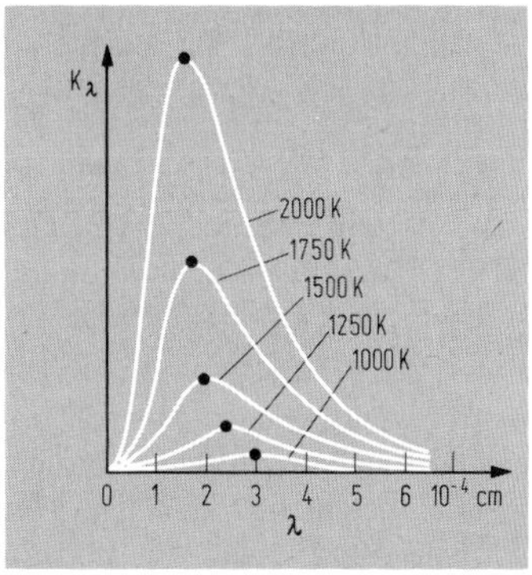

Abb. 683.1
Spektrale Verteilung der Strahlung eines absolut schwarzen Körpers

einzelnen Teile messen. Es ergeben sich auf diese Weise die in Abb. 683.1 dargestellten Kurven, deren Verlauf von der Temperatur des strahlenden Körpers abhängt. Für jede Temperatur tritt eine bestimmte Wellenlänge mit maximaler Strahlungsleistung auf; daneben strahlt der Körper auch andere Wellenlängen aus, die aber schwächer vertreten sind. Die in Abb. 683.1 mit K_λ bezeichnete Größe bedeutet: $K_\lambda \cdot \Delta\lambda$ ist die Strahlungsleistung Φ_e, die im Wellenlängenbereich λ bis $\lambda + \Delta\lambda$ von der Flächeneinheit in einen Kegel vom Öffnungswinkel 1 abgegeben wird.

Die Wellenlänge des Strahlungsmaximums (λ_{max}) rückt nach einem 1893 von W. WIEN (1864–1928) gefundenen Gesetz mit steigender Temperatur in das Gebiet kleinerer Wellenlängen. Es gilt dabei der folgende Zusammenhang, den man als WIEN-*Verschiebungsgesetz* bezeichnet:

Bei einem absolut schwarzen Körper ist das Produkt aus der Wellenlänge des Strahlungsmaximums und der absoluten Temperatur des strahlenden Körpers konstant.

$$\lambda_{max} T = b.$$

Den Wert der Konstante b hat O. LUMMER (1860–1925) bestimmt. Es ist

$$b = 2{,}89782 \cdot 10^{-3}\ \mathrm{m\,K}.$$

Mit Hilfe des WIEN-Verschiebungsgesetzes läßt sich die Oberflächentemperatur der Sonne und der Fixsterne angenähert berechnen. Man stellt dazu die Wellenlänge des Strahlungsmaximums fest und kann dann nach der obigen Formel die Oberflächentemperatur T bestimmen. Für die Sonne ist $\lambda_{max} \approx 5 \cdot 10^{-7}$ m; damit ergibt sich

$$T \approx \frac{2{,}89782 \cdot 10^{-3}\ \mathrm{m\,K}}{5 \cdot 10^{-7}\ \mathrm{m}} \approx 5800\ \mathrm{K}.$$

Dabei ist natürlich vorausgesetzt, daß die Sonne sich in bezug auf die Strahlung wie ein absolut schwarzer Körper verhält. Diese Voraussetzung kann mit großer Annäherung als erfüllt betrachtet werden.

Die Sonne hat gerade die Temperatur, bei der die Wellenlänge des Strahlungsmaximums im sichtbaren Bereich liegt. Das menschliche Auge spricht also gerade auf die Wellenlänge an, für die die Sonne ihr Strahlungsmaximum hat.

Die Kurven in Abb. 683.1 zeigen, daß mit zunehmender Temperatur die Strahlungsleistung der Strahlung für alle Wellenlängen ansteigt. Ein sehr einfaches Gesetz ergibt sich dabei, wenn wir die *gesamte abgegebene Strahlungsleistung eines absolut schwarzen Körpers* ermitteln. Dieses Gesetz wurde 1879 von J. STEFAN (1835–1893) experimentell gefunden und 1884 von L. BOLTZMANN (1844–1906) aus der kinetischen Wärmetheorie hergeleitet. Es wird als das STEFAN-BOLTZMANN-*Gesetz* bezeichnet und lautet:

Die von einem absolut schwarzen Körper abgegebene Strahlungsleistung Φ_e ist seiner Oberfläche A und der 4. Potenz seiner absoluten Temperatur T proportional.

$$\Phi_e = \sigma A T^4.$$

Für die Konstante σ ergibt sich aus Messungen

$$\sigma = 5{,}6697 \cdot 10^{-8}\ \mathrm{J\,m^{-2}\,K^{-4}\,s^{-1}}.$$

Das Gesetz über die spektrale Verteilung der Strahlungsleistung eines absolut schwarzen Körpers ist bisher nur durch die in Abb. 683.1 dargestellten Kurven wiedergegeben worden. Es war nun das weitere Bestreben der Physiker, hierfür auch eine mathematische Formel anzugeben und diese aus den Grundvorstellungen der übrigen Physik herzuleiten. Bei dem Versuch, ein solches Gesetz zu finden, kam M. PLANCK (1858–1947) im Jahre 1900 zu der Erkenntnis, daß jede theoretische Ableitung, die von den damals als unumstößlich richtig geltenden Prinzipien und Gesetzen der klassischen Physik ausging, mit den Meßergebnissen nicht in Einklang gebracht werden konnte. Einen Ausweg fand PLANCK durch die Aufstellung seiner Quantentheorie, die zu einer richtigen Formel über die Energieverteilung der schwarzen Strahlung, zu dem PLANCK-*Strahlungsgesetz*, geführt und gleichzeitig eine der größten Umwälzungen der Physik ausgelöst hat.

7. Die spezielle Relativitätstheorie

7.1 Problemstellung und Experimente

7.1.1 Das Ätherproblem

Die Energieausbreitung durch Wellen wurde für mechanische und elektromagnetische Wellen ausführlich behandelt. Dabei konnten wir die mechanischen Wellen auf die Schwingungen von Materieteilchen, wie z.B. bei den Experimenten mit Wasser- und Schallwellen, zurückführen. Die Welle selbst breitete sich jeweils mit einer bestimmten Geschwindigkeit auf oder in ihrem Energieträger aus. Diese mechanischen Vorstellungen wurden von HUYGENS auch auf das Licht übertragen, das bei seiner Ausbreitung Schwingungen in einem Medium verursachen sollte, dem er den Namen *Äther* gab. Wir haben aber bereits festgestellt (S. 670), daß eine mechanische Ausbreitung des Lichtes im Äther wegen der daraus erwachsenden Widersprüche in den Eigenschaften des Äthers nicht in Frage kommen konnte. Diese Schwierigkeiten wurden durch die elektromagnetische Lichttheorie von MAXWELL überwunden. MAXWELLS Theorie verzichtete ja auf eine mechanische Interpretation und hatte, wie wir gesehen haben, dadurch großen Erfolg, daß es ihr gelang, die Lichtausbreitung auf die Ausbreitung von elektrischen und magnetischen Feldern zurückzuführen. Damit war allerdings über die Eigenschaften des Äthers nichts weiter gesagt, als daß er das Medium sei, in dem sich elektromagnetische Strahlung ausbreite. Sicher war nur, daß die Ätherfrage gar nichts mit materiellen Teilchen, die etwa durch das Licht zum Schwingen angeregt würden, zu tun haben konnte. Nimmt man nun noch die schon bei der Betrachtung von geladenen Plattenkondensatoren und stromdurchflossenen Spulen sich anbahnende Erkenntnis hinzu, daß sich die elektrische und magnetische Feldenergie im Vakuum speichern läßt, und extrapoliert diesen Gedanken auf die Energieausbreitung durch elektrische und magnetische Felder, so drängt sich die Frage auf, *ob der Äther überhaupt zur Energieausbreitung nötig ist.* Daß diese Frage zunächst nicht gestellt wurde, lag natürlich auch an dem Beharrungsvermögen menschlichen Denkens, das alte und bewährte Vorstellungen nur unter dem Zwang neuer und harter Erfahrungen preisgibt. A. EINSTEIN (1879 – 1955), der schließlich das Ätherproblem löste, sah in dem Beharrungsvermögen einen Ausdruck des gesunden Menschenverstandes und kritisierte pointiert: „Der gesunde Menschenverstand – das sind all die Vorurteile, die sich bis zum achtzehnten Lebensjahr im Bewußtsein ausgebildet haben.“

Im Bewußtsein der Physiker hatte sich aufgrund der großen Erfolge der im wesentlichen von GALILEI und NEWTON geschaffenen Mechanik die ihr zugrundeliegende Vorstellung eines *absoluten Raumes* und einer *absoluten Zeit* ausgebildet. Mit dem Begriff absolut wird die Meinung vertreten, daß es grundsätzlich möglich sein müßte, ein *festes Koordinatensystem* und eine *Normaluhr* in den Kosmos zu stellen, so daß alle irdischen und kosmischen Bewegungsvorgänge mit drei Raumkoordinaten x, y, z und der Uhrzeit t eindeutig beschrieben werden könnten. Daraus folgt z.B. auch die Konsequenz, daß die Feststellung des gleichzeitigen Auftretens zweier Ereignisse an verschiedenen Raumpunkten (z.B. das Aufleuchten von zwei Blitzlampen an den Orten $P_1(x_1, y_1, z_1)$ und $P_2(x_2, y_2, z_2)$ im Zeitpunkt t_0 *objektiv* erfolgen kann. Man könnte nämlich an die Raumpunkte P_1 und P_2 zwei mit der Normaluhr synchron laufende elektrische Uhren stellen, die mit dem Auftreten der beiden Ereignisse ausschalten. Unter den verschiedensten Beobachtern könnte niemals ein Streit darüber entstehen, ob die beiden Ereignisse gleichzeitig waren oder nicht. Gleichzeitigkeit ist unter den genannten Voraussetzungen also ein absoluter Begriff. An der Absolutheit der Zeit hat NEWTON nicht gezweifelt. In seinem Werk finden wir den Satz: „Die absolute, wahre und mathematische Zeit an sich verfließt aus ihrer Natur heraus gleichmäßig und ohne irgendeine Beziehung zur Umgebung.“ Dieser Satz liest sich wie ein Glaubenssatz, und er ist es auch. NEWTON glaubte an die absolute Zeit ebenso wie er an den absoluten Raum glaubte. Er erkannte aber auch, daß man die Bewegung eines Körpers durch diesen Raum als absolute Bewegung nicht feststellen konnte, und schrieb daher mit wissenschaftlicher Aufrichtigkeit: „Wir verwenden also statt absoluter Orts- und Bewegungsbegriffe relative.“ Vor ihm hatte sich schon GALILEI eingehend mit diesem Problem beschäftigt. Mit der Abkehr vom Weltbild des PTOLEMÄUS, in dem der Erdmittelpunkt zugleich Mittelpunkt des Kosmos war, wurde ja zugleich das mit der Erde fest verankerte kosmische Koordinatensystem, auf das alle Bewegungen bezogen wurden, aufgegeben. Wenn der Bruch im Denken auch noch nicht so weit erfolgte, daß die Möglichkeit eines absoluten Koordinatensystems grundsätzlich angezweifelt wurde, so lieferten GALILEIS Überlegungen immerhin einen Vorstoß in dieser Richtung. Er betrachtet als Beispiel einen Stein, der von der Mastspitze eines Schiffes fällt, und stellt fest: Unabhängig davon, ob das Schiff in Ruhe ist oder sich mit konstanter Geschwindigkeit gegenüber dem Ufer bewegt, fällt der Stein immer zum Fußpunkt des Mastes. Wenn der Beobachter, der sich auf dem Schiff befindet, keine Kontakte zur Außenwelt hat, kann er also aus der Fallbewegung des Steines nicht erschließen, ob das Schiff ruht oder in Bewegung ist. Dieser Sachverhalt gilt verallgemeinert und wird als das *Relativitätsprinzip der klassischen Mechanik* bezeichnet. Es lautet:

Alle gleichförmig gegeneinander bewegten Bezugssysteme sind zur Beschreibung mechanischer Vorgänge gleichberechtigt.

Man nennt solche Systeme *Inertialsysteme* und kann den durch das Relativitätsprinzip der klassischen Mechanik festgestellten Sachverhalt auch folgendermaßen ausdrücken: Ein Beobachter A eines Inertialsystems S kann wohl feststellen, ob er sich gegenüber einem anderen Beobachter B eines Inertialsystems S' gleichförmig bewegt, dagegen ist es sowohl für A als auch für B mit mechanischen Hilfsmitteln unmöglich, eine Entscheidung darüber zu treffen, ob sich ihr Inertialsystem in absoluter Ruhe, d.h. sich in Ruhe innerhalb eines absoluten kosmischen Koordinatensystems oder innerhalb eines den Kosmos durchdringenden Äthers, befindet. Es müßte nämlich sonst irgendein mechanisches Experiment möglich sein, das bei der Bewegung gegenüber dem Äther anders ausfallen würde als im Ruhezustand innerhalb des Äthers. Mit dieser Erkenntnis mußten alle Hoffnungen zunichte werden, auf dem Boden der Mechanik zu einer durch Experimente erhärteten Entscheidung über die Frage zu kommen, *ob eine Bewegung, wie z.B. die der Erde, relativ zum Äther stattfindet oder nicht.* Neue Hoffnungen ergaben sich für die Physiker nach der Vollendung der elektromagnetischen Lichttheorie. Es war ja eine wesentliche Aussage dieser Theorie, daß die elektromagnetischen Erscheinungen sich nicht auf die Mechanik zurückführen lassen und somit eine ganz andere physikalische Qualität besitzen. Wenn man sich geeignete Experimente ausdenken könnte, wäre mit ihnen vielleicht der Schlüssel zum Ätherproblem gegeben. Solche Experimente sind dann auch ausgeführt und zur Zeit der Entstehung der Relativitätstheorie lebhaft diskutiert worden. Fast alle diese wirklich ausgeführten wie auch die zusätzlich erfundenen Gedankenexperimente benutzen das Licht, z.B. in Interferenzanordnungen oder auch in der Form von Lichtblitzen zur Signalübermittlung, und schließen damit an die Optik an. Das ist der Grund dafür, daß auch in diesem Buch der Abschnitt über die Relativitätstheorie an die Optik und nicht an die Mechanik bewegter Körper angefügt ist.

7.1.2 Der Michelson-Versuch

Der berühmteste Versuch zum Ätherproblem, der schließlich die Relativitätstheorie auslöste, ist der MICHELSON-Versuch. Dabei ist es geradezu eine Ironie der Wissenschaft, daß MICHELSON mit Hilfe seines Experimentes im Sinne der Absoluttheorie die Geschwindigkeit der Erde gegenüber dem Äther messen wollte. MICHELSON konstruierte für dieses Unternehmen, das von anderen Physikern als aussichtslos betrachtet wurde, eine Apparatur mit damals beispielloser Empfindlichkeit und Meßgenauigkeit. Dieses MICHELSON-Interferometer ist in Abb. 687.1 schematisch dargestellt.

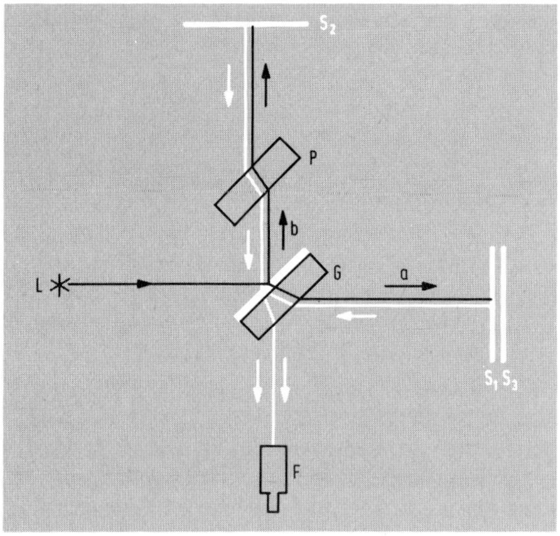

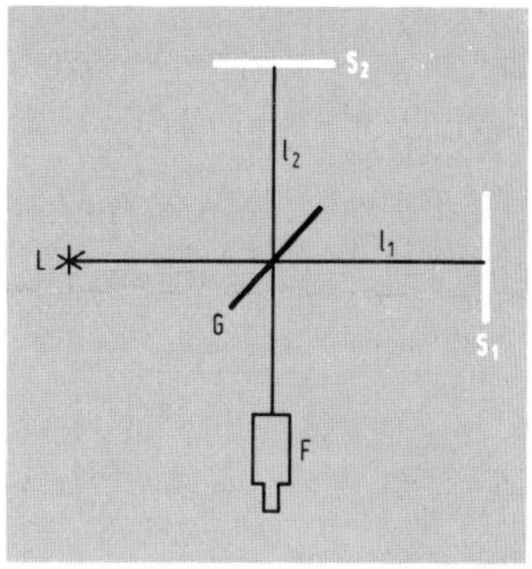

Abb. 687.2
Vereinfachte schematische Darstellung der MICHELSON-Apparatur

Abb. 687.1 Schematische Darstellung des MICHELSON-Interferometers

Von der Lichtquelle L fällt Licht auf eine geneigte planparallele Glasplatte G, die auf ihrer Vorderseite mit einer halbdurchlässigen spiegelnden Metallschicht überzogen ist. Ein Teil (a) des Lichtes tritt durch die Glasplatte G hindurch und gelangt zum Spiegel S_1. Nach Reflexion an S_1 läuft das Licht nach G zurück. Dort wird es wiederum in zwei Teilbündel aufgespalten, von denen eines zur Lichtquelle zurückläuft und ohne Bedeutung ist, und von denen das andere an der spiegelnden Schicht reflektiert wird und in ein Beobachtungsfernrohr F gelangt. Der andere Teil (b) des die Lichtquelle verlassenden Lichtes wird an der Glasplatte G reflektiert. Er durchsetzt zunächst eine nicht verspiegelte und zur ersten Glasplatte parallel ausgerichtete Glasplatte P und gelangt dann zum Spiegel S_2. Nach Reflexion an S_2 laufen die Lichtwellen durch die beiden Glasplatten und gelangen ebenfalls in das Beobachtungsfernrohr F. Ein Teil des an S_2 reflektierten Lichtes wird vorher auch an der spiegelnden Schicht von G reflektiert und scheidet somit für den Versuch aus. Die Glasplatte P ist für das Prinzip des Versuchs unwesentlich; sie ist nur als Kompensationsplatte in den Weg des Teilbündels b gesetzt, damit diese Lichtwellen insgesamt die gleiche Glasdicke zu durchlaufen haben wie die des Bündels a. Blickt man nun von L aus auf die spiegelnde Schicht von G, so sieht man das virtuelle Bild des Spiegels S_2 an der Stelle S_3. Man kann sich also die Reflexion an S_2 durch eine an S_3 ersetzt denken. Stehen nun S_1 und S_2 fast senkrecht zueinander, und ist die Platte G um 45° gegenüber dem Lichtstrahl von L geneigt, so stehen S_1 und S_3 fast parallel zueinander. Diesen Fall können wir mit der *Interferenz an einem Luftkeil* (S. 651) vergleichen. Im Beobachtungsfernrohr F entsteht bei Verwendung von monochromatischem Licht ein scharfes *Interferenzstreifensystem.*

Wir stellen uns jetzt auf den Standpunkt, daß sich die Erde mit der MICHELSON-Apparatur mit der Geschwindigkeit v gegenüber dem Äther bewegt. Dazu kann man auch sagen: Vom Standpunkt des mitbewegten Beobachters scheint ein *Ätherwind* am Apparat vorbeizustreichen. Zum Vergleich kann man sich in einen fahrenden Zug versetzt denken. Man wird einen Fahrtwind beobachten, wenn man die Hand aus dem Fenster hält, auch wenn draußen keine Luftbewegung stattfindet. Der Apparat sei jetzt so aufgestellt, daß er sich in Richtung GS_1 relativ zum Äther bewegt. Wir stellen diesen Sachverhalt in einer vereinfachten Zeichnung, bei der die Dicke der Glasplatte G vernachlässigt und somit auch die Kompensationsplatte P überflüssig wird, in Abb. 687.2 dar.

Der mitbewegte, d.h. relativ zur Apparatur ruhende Beobachter, muß jetzt folgendermaßen überlegen:

Sehen wir einmal von der Lufthülle der Erde ab, für die die Brechzahl ja praktisch $n=1$ ist, so ergibt sich aus der Vakuum-Lichtgeschwindigkeit c der Lichtausbreitung im Äther und der Geschwindigkeit v des Ätherwindes die Geschwindigkeit $c-v$ für das Licht auf dem Weg von G nach S_1 (Abb. 688.1 a) und die Geschwindigkeit $c+v$ auf dem Weg von S_1 nach G (Abb. 688.1 b).

Bei der Betrachtung der Lichtausbreitung von G nach S_2 und zurück muß nun beachtet werden, daß der Ätherwind senkrecht zum Arm GS_2 der Versuchsapparatur bläst. Wenn das Licht sich im Äther mit der Geschwindigkeit c ausbreitet und der Äther sich mit der Geschwindigkeit v gegen die Erde bewegt, so gelangt

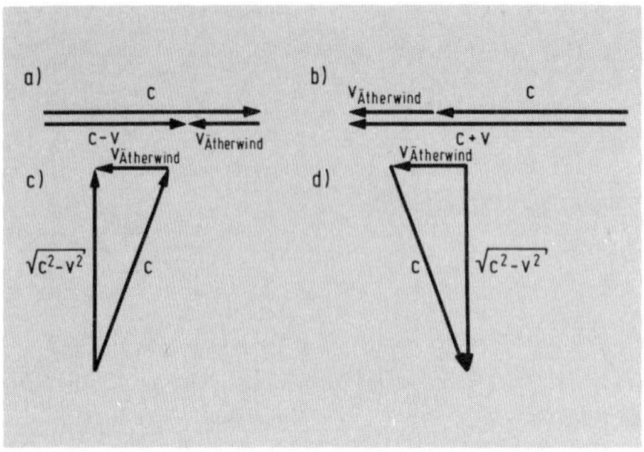

Abb. 688.1
Addition der Geschwindigkeiten beim MICHELSON-Versuch

das Licht auf dem Weg von G nach S_2 nur dann zum Spiegel S_2, wenn die Resultierende der Geschwindigkeitsvektoren in Richtung des Armes GS_2 liegt (Abb. 688.1c). Das gleiche gilt für den Lichtweg von S_2 nach G (Abb. 688.1d). Wir erhalten also für die relative Lichtgeschwindigkeit bezogen auf den Arm GS_2 in jedem Fall $\sqrt{c^2-v^2}$. Da die Geschwindigkeiten des Lichtes nun bekannt sind, lassen sich die Zeiten berechnen, die das Licht für die Wege GS_1G und GS_2G braucht. Bei gleichförmiger Bewegung, um die es sich hier handelt, ist die Geschwindigkeit der Quotient aus Weg und Zeit bzw. die Zeit der Quotient aus Weg und Geschwindigkeit. Im einzelnen erhalten wir:

a) für den Weg GS_1G:

$$t_1=\frac{l_1}{c-v}+\frac{l_1}{c+v}$$
$$=\frac{l_1\cdot(c+v)+l_1\cdot(c-v)}{c^2-v^2}$$
$$=\frac{2l_1c}{c^2-v^2}$$
$$=\frac{2l_1}{c}\cdot\frac{1}{1-\frac{v^2}{c^2}};$$

b) für den Weg GS_2G:

$$t_2=\frac{2l_2}{\sqrt{c^2-v^2}}$$
$$=\frac{2l_2}{c}\cdot\frac{1}{\sqrt{1-\frac{v^2}{c^2}}}.$$

Bei gleich langen Interferometerarmen der Länge $l=l_1=l_2$ ergibt sich danach

$$t_2=\sqrt{1-\frac{v^2}{c^2}}\cdot t_1.$$

Das bedeutet, daß das Licht auf dem Wege senkrecht zum Ätherwind weniger Zeit benötigt als auf dem Wege parallel zum Ätherwind. Die Zeitdifferenz wollen wir hier in Näherung berechnen.

Aus der mathematischen Formelsammlung entnehmen wir für Werte x, die klein gegenüber 1 sind, die Näherungsformeln

$$\frac{1}{1-x}\approx 1+x \quad \text{und} \quad \frac{1}{\sqrt{1-x}}\approx 1+\tfrac{1}{2}\cdot x.$$

Die Bahngeschwindigkeit der Erde um die Sonne beträgt $30\,\mathrm{km\,s^{-1}}$. Nehmen wir einmal an, daß die Geschwindigkeit der Erde gegenüber dem Äther in der Größenordnung $30\,\mathrm{km\,s^{-1}}$ liegt, so beträgt der Quotient $\frac{v}{c}$ etwa $\frac{1}{10000}$. Der Quotient $\frac{v^2}{c^2}$ ist also mit Sicherheit klein gegenüber 1. Wir erhalten dann für gleiche Längen $l=l_1=l_2$:

$$t_1=\frac{2l}{c}\cdot\frac{1}{1-\frac{v^2}{c^2}}\approx\frac{2l}{c}\cdot\left(1+\frac{v^2}{c^2}\right),$$

$$t_2=\frac{2l}{c}\cdot\frac{1}{\sqrt{1-\frac{v^2}{c^2}}}\approx\frac{2l}{c}\cdot\left(1+\frac{1}{2}\cdot\frac{v^2}{c^2}\right),$$

$$\Delta t=t_1-t_2\approx\frac{l}{c}\cdot\frac{v^2}{c^2}.$$

Zu diesem Zeitunterschied gehört der *Gangunterschied*

$$\Delta s=c\cdot\Delta t=l\cdot\frac{v^2}{c^2}$$

der beiden interferierenden Lichtwellenzüge. Das läßt sich an dem Interferenzstreifensystem allerdings nicht erkennen, da wir ja nicht wissen, wie das Interferenzstreifensystem bei einer im Äther ruhenden Versuchsapparatur ausgesehen hätte. An dieser Stelle der Überlegungen wird nun die geniale Idee von MICHELSON deutlich. Dreht man nämlich die ganze Versuchsapparatur um 90°, so fällt der Arm GS_2 in die Bewegungsrichtung des Ätherwindes und der Arm GS_1 in eine dazu senkrechte Richtung. Die Rollen werden also vertauscht, was einen entgegengesetzten Gangunterschied zur Folge hat. Die Änderung des Gangunterschiedes bei dem Wechsel der ersten Anordnung der Apparatur in die gedrehte Stellung beträgt demnach

$$2l\cdot\frac{v^2}{c^2}.$$

In diesen Gangunterschied passen

$$\frac{2l}{\lambda}\cdot\frac{v^2}{c^2}$$

Wellenlängen des benutzten Lichtes hinein. Bei der Drehung der Apparatur *müßte sich das Interferenzstreifensystem* dann auch um

$$\frac{2l}{\lambda}\cdot\frac{v^2}{c^2}$$

ganze Interferenzstreifenbreiten (hell + dunkel) *verschieben.*

Die Arme in der Apparatur hatten die Länge $l=1{,}2$ m, die Wellenlänge des Lichtes betrug $\lambda=6\cdot10^{-7}$ m. Setzen wir $v=30\,\mathrm{km\,s^{-1}}$, d.h. $\frac{v^2}{c^2}=10^{-8}$, so erhalten wir

$$\frac{2l}{\lambda}\cdot\frac{v^2}{c^2}=\frac{2{,}4\,\mathrm{m}}{6\cdot10^{-7}\,\mathrm{m}}\cdot10^{-8}=0{,}04.$$

Im Jahre 1887 verbesserte MICHELSON zusammen mit E. W. MORLEY die Apparatur, indem er aus Gründen größerer Genauigkeit zur zehnfachen Armlänge überging. Mit der verbesserten Apparatur mußte man also mindestens 0,4 Streifen Verschiebung erwarten.

Beobachtet wurde an verschiedenen Orten der Erde zu den verschiedensten Jahreszeiten, d.h. an verschiedenen Punkten der Erde auf ihrer Bahn um die Sonne. Zufälligerweise hätte ja eine mögliche Bewegung des ganzen Sonnensystems gegenüber dem Äther die Bewegung der Erde gerade kompensieren können. Die Beobachtungsgenauigkeit war so groß, daß man mit Sicherheit noch weniger als ein Zehntel des genannten Effektes hätte feststellen können, wenn er existierte. Man gelangte aber zu einem völlig unerwarteten Resultat. Wo die Erde sich auch immer befand, *beobachtete man keinen Effekt.*

Der MICHELSON-Versuch wurde in den folgenden Jahren mehrfach wiederholt. 1930 führte ihn der deutsche Physiker G. JOOS mit einer von ZEISS gebauten MICHELSON-Apparatur höchster Präzision aus. Mit dieser Apparatur hätte man noch $\frac{1}{1000}$ des berechneten Effektes wahrnehmen können. 1964 konnte die Meßgenauigkeit durch die Verwendung von Lasern statt gewöhnlicher Lichtquellen nochmals gesteigert werden. *Niemals beobachtete man eine Verschiebung des Interferenzstreifensystems.*

Der *Widerspruch* zwischen dem theoretischen Erwartungswert und den experimentellen Erfahrungen mußte nun analysiert werden. Wir nennen hier zunächst *Argumente*, mit denen man zu einer Übereinstimmung zwischen experimenteller Erfahrung und Naturbeschreibung zu kommen hoffte.

1. PTOLEMÄUS hat recht. Die Erde ist Mittelpunkt des Kosmos und des ihn durchdringenden ruhenden Äthers. Da sie in diesem Fall ja auch ruht, ist von vornherein kein Ätherwind und der daraus resultierende Unterschied in der Laufzeit der Lichtwellenzüge gegeben.

2. Die Erde nimmt mit ihrer Atmosphäre den sie umgebenden Äther mit. Da dieser Teil des Äthers, in dem sich ja auch die MICHELSON-Apparatur befindet, relativ zur Erde ruht, ist kein Effekt zu erwarten.

3. NEWTON hat recht. Das Licht breitet sich in Korpuskeln aus. Die Geschwindigkeit des Lichtes ist dann nämlich nicht durch ein Trägermedium, wie es der Äther für Lichtwellen sein sollte, bestimmt. Man hätte vielmehr das Relativitätsprinzip von GALILEI anzuwenden, der ja am Beispiel des gleichförmig bewegten Schiffes erkannte, daß ein Beobachter auf dem Schiff keinerlei Hinweise auf die Bewegung seines Systems erhalten könnte.

Das letzte Argument wurde aufgrund der Erfolge der elektromagnetischen Lichttheorie verworfen. Einen Rückfall in eine mechanische Korpuskeltheorie für das Licht wollte man nicht hinnehmen und suchte daher eine Erklärung des MICHELSON-Versuches im Rahmen der Wellentheorie.

4. G. F. FITZGERALD (1851 – 1901) machte die Annahme, daß der in Bewegungsrichtung zum Äther liegende Arm infolge der Bewegung vom Äther auf das $\sqrt{1-\frac{v^2}{c^2}}$-fache seiner ursprünglichen Länge zusammengedrückt wird. In der Rechnung auf S. 688 würde sich nach dieser Annahme für die Zeit t_1 ein anderer Wert ergeben:

$$t_1 = \frac{l_1 \cdot \sqrt{1-\frac{v^2}{c^2}}}{c-v} + \frac{l_1 \cdot \sqrt{1-\frac{v^2}{c^2}}}{c+v}$$

$$= \frac{2l_1 \cdot \sqrt{1-\frac{v^2}{c^2}}}{c} \cdot \frac{1}{1-\frac{v^2}{c^2}}$$

$$= \frac{2l_1}{c} \cdot \frac{1}{\sqrt{1-\frac{v^2}{c^2}}},$$

also $t_1 = t_2$, wenn in der Apparatur die Arme gleich lang ($l_1 = l_2$) gemacht werden. Damit ist also $\Delta t = 0$, vor und nach dem Schwenken der Apparatur. LORENTZ, der uns von der LORENTZ-Kraft auf relativ zu einem Magnetfeld bewegte Elektronen her schon bekannt ist, versuchte der rein formalen Aussage von FITZGERALD auch eine physikalische Erklärung durch seine Elektronentheorie zu geben. Es gelang ihm tatsächlich, unter der Annahme eines im Kosmos ruhenden Äthers die Formel für die Längenkontraktion herzuleiten. Trotzdem war der von FITZGERALD und LORENTZ gesuchte Ausweg keine Lösung des Problems. Zum Nachweis hätte man Längenmessungen vornehmen müssen. Da aber jeder Maßstab der gleichen Kontraktion unterliegt wie der zu messende Arm, war die Erklärung von ihrer Natur her grundsätzlich nicht auf ihren Wahrheitsgehalt zu testen. Grundsätzlich nicht überprüfbare Aussagen sind aber in der Physik sinnlos.

Ganz anders verhält es sich mit den beiden ersten Argumenten. Sie können experimentell überprüft werden. Wir beschäftigen uns damit in den nächsten Abschnitten.

7.1.3 Der Bradley-Versuch

Rein kinematisch gesehen lassen sich die Bewegungen der Himmelskörper auch auf eine im Mittelpunkt des Kosmos ruhende Erde beziehen. Darin hatte PTOLEMÄUS recht. Aber bereits KOPERNIKUS und GALILEI hatten eingesehen, daß es vom astronomischen Standpunkt aus nicht gerade plausibel war, der Erde diese Sonderstellung einzuräumen. Sie wiesen auch schon auf einen möglichen experimentellen Nachweis für die Erdbewegung relativ zum gesamten Kosmos hin, ohne ihn selbst erbringen zu können. Wenn nämlich die Erde im Laufe eines Jahres die Sonne umläuft, so muß auch die Neigung eines auf einen *nahen* Stern eingestellten Fernrohres während des Jahres je nach der *Position der Erde* geändert werden. Von der täglichen Eigenrotation der Erde wird bei diesen Betrachtungen abgesehen; man kann sich vorstellen, daß die Sternbeobachtung in jeder Nacht zur gleichen Zeit gemacht wird. Es ergibt sich für Fixsterne eine jährliche *Parallaxe*, d.h. scheinbare Verschiebung der Sternörter. Von der bewegten Erde aus gesehen durchlaufen diese Fixsterne vor dem Hintergrund sehr ferner Sterne kleine elliptische Bahnen, die ein Abbild der Erdbahn um die Sonne darstellen (Abb. 691.1).

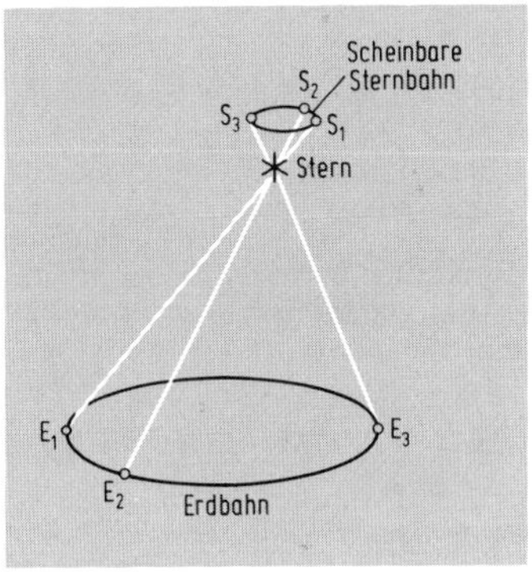

Abb. 691.1
Jährliche Parallaxe eines nahen Fixsternes als Abbildung der Erdbahn vor dem Hintergrund sehr ferner Sterne (Positionseffekt)

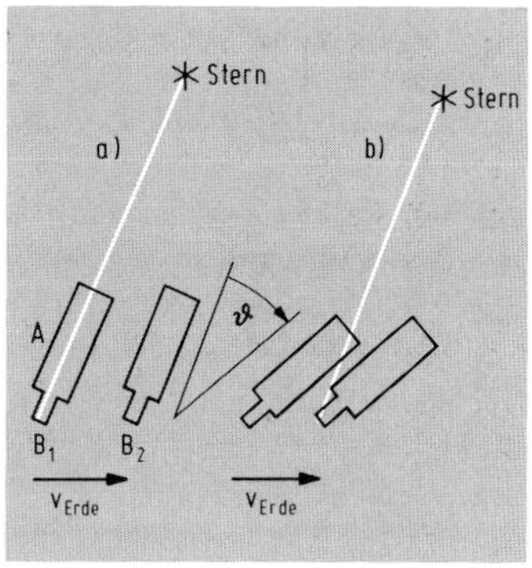

Abb. 691.2
Ein Fernrohr muß gegen den Lichtstrahl geneigt werden, damit das Licht das Fernrohr durchlaufen kann (Bewegungseffekt)

Wegen des im Vergleich zu kosmischen Dimensionen kleinen Erdbahndurchmessers mußte dieser Effekt naturgemäß außerordentlich gering sein, weshalb KOPERNIKUS ihn auch nicht hat nachweisen können. Um das astronomische Weltbild des KOPERNIKUS trotzdem auf diese Weise zu bestätigen, führte J. BRADLEY (1692 – 1762) zahlreiche sehr genaue Messungen durch. Er fand 1728 zwar nicht die gesuchte Fixsternparallaxe, sondern einen Verschiebungseffekt bei *allen* Sternen, den man *Aberration des Lichtes* nennt. BRADLEY erkannte auch die Ursache der Aberration, die sich aus der *Bewegung der Erde* um die Sonne und aus der endlichen Lichtgeschwindigkeit ergibt. Nach Abb. 691.2a erkennt man, daß das Licht eines Sternes, welches auf die Objektivlinse A fällt, die Okularlinse B nicht erreicht, wenn die Fernrohrachse in der Blickrichtung zum Stern liegt. Während das Licht nämlich von A nach B_1 läuft, ist das Fernrohr durch die Bewegung der Erde nach B_2 weitergerückt. Damit das Licht auf die Okularlinse fällt, muß das Fernrohr nach Abb. 691.2b in der Bewegungsrichtung der Erde um einen Winkel ϑ geneigt werden. BRADLEY fand für die Aberration den Winkel $\vartheta = 20{,}5$ Bogensekunden. Daraus ergibt sich übrigens die Bahngeschwindigkeit der Erde zu $v = 30\,\mathrm{km\,s^{-1}}$. Beobachtungen über ein ganzes Jahr hinweg täuschen aufgrund des Aberrationseffektes eine Kreisbewegung aller Sterne vor; man nennt sie *scheinbare Aberrationsbewegung*.

Die Parallaxe der Sterne wurde erst später von F. W. BESSEL (1784 – 1846) entdeckt. Er fand bei der Beobachtung eines Sternes im Sternbild Schwan eine Parallaxe von 0,34 Bogensekunden. Alle späteren Messungen zeigten, daß es keinen Fixstern gibt, dessen Parallaxe größer als eine Bogensekunde ist. Diese durch die Fixsternparallaxen verursachten scheinbaren Bewegungen der Fixsterne, die BRADLEY ja ursprünglich nachweisen wollte, überlagern sich der scheinbaren Aberrationsbewegung. Da aber die Aberration größenordnungsmäßig die Parallaxe weit übertrifft, erwies sich die Entdeckung der Aberration für den Nachweis einer im Kosmos bewegten Erde letztlich als geeigneter. PTOLEMÄUS hat mit dem Weltbild der im Mittelpunkt des Kosmos ruhenden Erde also doch nicht recht. Das erste Argument zur Deutung des MICHELSON-Versuchs ist damit hinfällig.

7.1.4 Der Fizeau-Versuch

Das wichtigste Argument zur Deutung des MICHELSON-Versuchs war das an zweiter Stelle genannte: Die Erde nimmt in einer Hülle um die Erdoberfläche den Äther mit, d.h., die MICHELSON-Apparatur befand sich relativ zum Äther in Ruhe. Nun hatte aber bereits 1851 A.H. FIZEAU (1819–1896) einen Versuch durchgeführt, der zur gegenteiligen Schlußfolgerung führte. Dieser Versuch galt lange Zeit als der überzeugende Beweis für die Existenz eines Äthers, der alle Körper durchdringen sollte, ohne an ihrer Bewegung teilzunehmen.

FIZEAU verwendete eine Apparatur, die in Abb. 692.1 schematisch wiedergegeben ist.

Das Licht einer Lichtquelle L trifft auf die Glasplatte G, deren Vorderseite halbdurchlässig verspiegelt ist. Der ursprüngliche Lichtstrahl wird in einen durchgelassenen Teilstrahl a und einen reflektierten Teilstrahl b aufgespalten. Der Teilstrahl b wird zunächst an einem Spiegel S_1 um 90° abgelenkt. Beide Strahlen treten nun durch plane Glasfenster in jeweils einen Schenkel eines von Wasser durchströmten U-Rohres ein, durchlaufen die Schenkel, treten am Ende durch plane Glasfenster wieder aus und wechseln nach zweifacher Spiegelung an den Spiegeln S_2 und S_3 die Schenkel, die sie nun in entgegengesetzter Richtung durchlaufen. An der Glasplatte G treffen die Teilstrahlen wieder zusammen und gelangen nach Durchlaß bzw. Reflexion an dieser Platte in ein Beobachtungsfernrohr F, in dem sie miteinander interferieren. Die Wellenzüge weisen nämlich einen Gangunterschied gegeneinander auf.

Die Brechzahl für Wasser ist $n = 1{,}33$, die Lichtgeschwindigkeit im ruhenden Wasser daher

$$c_W = \frac{c}{n} = \tfrac{3}{4}c,$$

wenn c die Vakuum-Lichtgeschwindigkeit bedeutet. Wenn der Äther nun durch das Wasser mitgenommen wird, ergibt sich für den Teilstrahl, der in der Strömungsrichtung des Wassers durch die Schenkel läuft, die Lichtgeschwindigkeit

$$c_W = \frac{c}{n} + v_W,$$

für den entgegenlaufenden Teilstrahl die Lichtgeschwindigkeit

$$c_W = \frac{c}{n} - v_W.$$

Wegen der verschiedenen Geschwindigkeiten innerhalb der Schenkel weisen die Lichtwellenzüge bei ihrem Eintreffen im Beobachtungsfernrohr F eine Laufzeitdifferenz auf. Kehrt man nun die Strömungsrichtung des Wassers um, so gelangen jetzt diejenigen Lichtwellenzüge später in das Beobachtungsfernrohr, die zuvor früher angekommen waren. Die Rollen der interferierenden Wellenzüge werden vertauscht, was eine genau berechenbare Verschiebung des Interferenzstreifensystems zur Folge haben muß.

Beobachtet wurde nicht die berechnete Verschiebung, sondern eine sehr viel geringere. Danach beträgt die Lichtgeschwindigkeit im strömenden Wasser nicht

$$c_W = \frac{c}{n} \pm v_W,$$

wie angenommen wurde, sondern nur

$$c_W = \frac{c}{n} \pm v_W \cdot \left(1 - \frac{1}{n^2}\right).$$

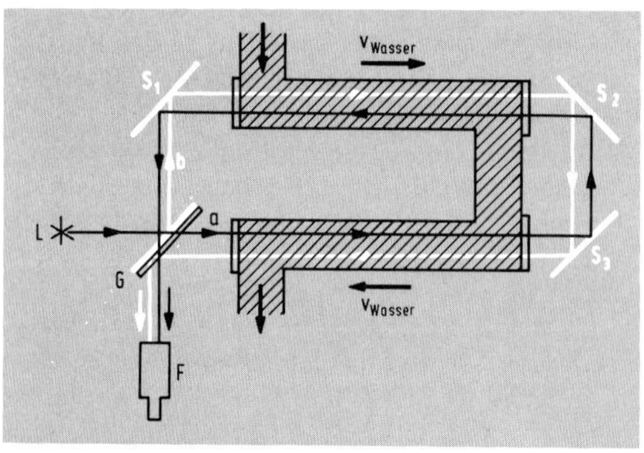

Abb. 692.1
Schematische Darstellung der Apparatur von FIZEAU zur Überprüfung der Lichtgeschwindigkeit im bewegten Wasser

Dieses Ergebnis widersprach der Annahme vom mitgeführten Äther jedenfalls insoweit, als der Äther vom Wasser nicht mit voller Strömungsgeschwindigkeit mitgenommen wird. Die gefundene Beziehung über die Geschwindigkeiten sagt aber noch mehr aus. Die Größe der Mitnahme des Äthers ist hiernach von der Brechzahl n des bewegten Mediums abhängig. Denkt man sich den Versuch mit strömender Luft, deren Brechzahl praktisch $n=1$ ist, ausgeführt, so erhält man für die Lichtgeschwindigkeit in der strömenden Luft

$$c_{\mathrm{L}}=\frac{c}{1}\pm v_{\mathrm{L}}\cdot\left(1-\frac{1}{1^2}\right), \quad \text{also} \quad c_{\mathrm{L}}=c.$$

Die Lichtgeschwindigkeit in strömender Luft erweist sich demnach als die Vakuum-Lichtgeschwindigkeit, d.h., der Äther wird von der strömenden Luft nicht mitgenommen. Wendet man dieses Ergebnis auf den MICHELSON-Versuch an, so kommt man zu folgender Schlußfolgerung:

Da sich die Erde relativ zum Kosmos und damit auch relativ zu einem den Kosmos erfüllenden und alles durchdringenden Äther bewegt, breitet sich das Licht in einer Lufthülle der Erde aus, die gegenüber dem Äther eine beträchtliche Strömungsgeschwindigkeit besitzt. Der FIZEAU-Versuch zeigt, daß der Äther von der Lufthülle nicht mitgenommen wird. Das Argument, die MICHELSON-Apparatur habe sich relativ zum Äther in Ruhe befunden, ist damit hinfällig.

7.1.5 Die Einstein-Postulate und die Lorentz-Transformationen

Wie wir gesehen haben, versagten alle Bemühungen, den Ausfall des MICHELSON-Versuchs mit Hilfe der Vorstellung eines Äthers, der als Träger von Lichtwellen zu fungieren hatte, zu erklären. Diese Situation war für EINSTEIN der Anlaß, an der Ätherhypothese überhaupt zu zweifeln und die Existenz des Äthers in Frage zu stellen. Er ließ sich nicht von vorgefaßten Meinungen zu falschen Schlüssen verleiten. Er deckte das Vorurteil auf, das in der Ansicht bestand, *nur mechanische* Abläufe in Inertialsystemen seien unabhängig vom Bewegungszustand des Systems, elektrodynamische dagegen nicht. Er schreibt in seiner ersten Veröffentlichung zu diesem Thema 1905: „Die erfolglosen Versuche, eine Bewegung der Erde relativ zum Lichtmedium nachzuweisen, lassen vermuten, daß es bei elektrodynamischen wie auch mechanischen Phänomenen keinerlei Eigenschaften gibt, die die Vorstellung der absoluten Ruhelage rechtfertigen könnten. Sie beweisen eher, daß … für alle Bezugssysteme, für die die Gesetze der Mechanik gelten, die gleichen elektrodynamischen und optischen Gesetze gelten müssen."

EINSTEIN bricht mit den überkommenen Vorstellungen, indem er zwei *Postulate* aufstellt:

1. Zwei Beobachter, die sich mit konstanter Geschwindigkeit relativ zueinander bewegen, stellen dieselben physikalischen Grundgesetze fest. Alle Inertialsysteme sind unter allen Bedingungen gleichberechtigt.

2. Die Vakuum-Lichtgeschwindigkeit ist für alle Beobachter eine absolute Konstante; sie ist von der Geschwindigkeit der Lichtquelle und derjenigen des Beobachters unabhängig.

Ein Postulat kann natürlich nicht die Aufforderung an die Natur bedeuten, sich so und nicht anders zu verhalten. Die EINSTEIN-Postulate sind vielmehr die Aufforderung an die Wissenschaftler, aufgrund eines Erfahrungsmaterials, das nicht mehr unter eine einheitliche Theorie gestellt werden konnte, mit einem neuen Denkansatz dieses und zukünftiges Erfahrungsmaterial zu prüfen. Letztlich bleibt die Erfahrung immer der Maßstab physikalischen Denkens. Ein neuer Denkansatz muß seine Brauchbarkeit aber auch gegenüber den vielfältigen gesicherten physikalischen Erkenntnissen erweisen. Er darf also nicht zu eng bezogen sein, etwa auf einen einzigen Versuch, dessen Ergebnis nicht verstanden werden kann. Sonst erhielte man nur eine *Theorie ad hoc*, die keinesfalls übergreifende Gültigkeit beanspruchen könnte. Es ist also im folgenden zu zeigen, daß die EINSTEIN-Postulate nicht nur die Deutung der genannten Versuche ermöglichen, sondern darüber hinaus gesicherte Erkenntnisse der klassischen Physik bestätigen und neuen Erkenntnissen den Weg öffnen.

Aus dem ersten EINSTEIN-Postulat folgt zunächst die Konsequenz, daß es im Kosmos kein festes Koordinatensystem und keinen Äther geben kann. Sonst wäre ja dasjenige System, das relativ zum Äther ruht, gegenüber den bewegten Systemen ausgezeichnet. Der Äther ist nach EINSTEIN endgültig tot, er war eine Fiktion der Physiker, ein Vorurteil menschlichen Denkens. Wenn aber alle Inertialsysteme gleichberechtigt sind, war der ganze Aufwand der MICHELSON-Versuche überflüssig. Die Überlegung muß vielmehr jetzt so lauten:

Für den Beobachter an der MICHELSON-Apparatur breitet sich das Licht nach allen Richtungen mit der gleichen Geschwindigkeit aus. Könnte der Beobachter die Lichtwellen einer punktförmigen Lichtquelle verfolgen, so sähe er Kugelwellen. Gleich lange Arme der Apparatur werden dann auch in jeder Lage in gleichen Zeiten durchlaufen; eine Interferenzstreifenverschiebung bei Drehung der Apparatur ist nicht zu erwarten.

Die Gleichberechtigung gegeneinander bewegter Inertialsysteme für die Ausbreitung des Lichtes scheint folgende Schwierigkeit aufzuwerfen.

Das System S' bewege sich gegenüber dem System S mit der Geschwindigkeit v (Abb. 695.1).

Im System S befindet sich der Beobachter A, im System S' der Beobachter B. Wenn der Koordinatenursprung von S' gerade am Koordinatenursprung von S vorbeikommt, gibt in dieser *Raum-Zeit-Koinzidenz* der Koordinatenanfangspunkte der Beobachter A aus einer Lampe am Ort des Koordinatenursprungs einen Lichtblitz ab. Kurze Zeit später hat sich das Licht ausgebreitet. A sieht, daß sich B mit der Geschwindigkeit v von ihm entfernt. A sieht außerdem die Ausbreitung des Lichtblitzes als Kugelwelle um den Ursprung seines S-Systems. B sieht, daß sich A mit der Geschwindigkeit $-v$ von ihm entfernt. B sieht die Ausbreitung des Lichtblitzes als Kugelwelle um den Ursprung seines S'-Systems. Das ist die notwendige Konsequenz aus der Gleichberechtigung der Beobachter. Andererseits gibt es nur eine einzige Lichtausbreitung, da sich ja die Lichtenergie nicht zugleich auf verschiedenen Kugelschalen befinden kann. EINSTEIN erkannte, daß aus dieser Sachlage zwingend folgt, daß A und B ihre Koordinaten und Uhrzeiten in bestimmter Weise umrechnen müssen, wenn sie sich widerspruchsfrei miteinander verständigen wollen. Wir bezeichnen die drei Raumkoordinaten des S-Systems mit x, y, z, die des S'-Systems mit x', y', z'. Außerdem wird die Vorstellung einer absoluten Normalzeit im Kosmos genauso aufgegeben wie die Fiktion eines absoluten Raumes. EINSTEIN machte also den Ansatz, daß die Zeit des S-Systems, beschrieben durch die Zeitkoordinate t, nicht mit der Zeit des S'-Systems, beschrieben durch die Zeitkoordinate t', identisch ist. Als Bewegungsrichtung wählen wir die Richtung der x-Achse. Die x'-Achse gleitet mit der Geschwindigkeit v auf der x-Achse entlang. Der rechnerische Zusammenhang zwischen den Koordinaten wird hier zunächst ohne Herleitung wiedergegeben. Anschließend soll aber die Leistungsfähigkeit dieser Zusammenhänge am vorliegenden Problem geprüft werden.

Nach EINSTEIN gelten folgende Zusammenhänge:

$$x' = \frac{x - v\,t}{\sqrt{1 - \frac{v^2}{c^2}}}, \qquad x = \frac{x' + v\,t'}{\sqrt{1 - \frac{v^2}{c^2}}},$$

$$y' = y \qquad\qquad y = y'$$

$$z' = z \qquad\qquad z = z'$$

$$t' = \frac{t - \frac{v}{c^2} \cdot x}{\sqrt{1 - \frac{v^2}{c^2}}}, \qquad t = \frac{t' + \frac{v}{c^2} \cdot x'}{\sqrt{1 - \frac{v^2}{c^2}}}.$$

Die oben angegebenen *Transformationsgleichungen* hatte schon LORENTZ erhalten, als er vom Standpunkt der Äthertheorie den Ausfall des MICHELSON-Versuchs durch die von FITZGERALD vorgeschlagene Annahme einer Längenkontraktion in der Bewegungsrichtung relativ zum Äther mit Hilfe seiner Elektronentheorie zu stützen versuchte. Im Zusammenhang mit der Äthertheorie konnte man aber mit den Transformationsgleichungen wenig anfangen, zumal die verschiedene Zeitmessung in den gegeneinander bewegten Bezugssystemen physikalisch unverständlich blieb. Weil LORENTZ in dem festen Glauben an die Existenz des Äthers auf halbem Wege stehenblieb, ahnte er nicht, daß er mit den Transformationsgleichungen den Schlüssel zur Entwirrung der sich widersprechenden Versuchsergebnisse in den Händen hielt. Trotzdem schlug EINSTEIN, der unabhängig von LORENTZ die Gleichungen aus einem völlig anderen Konzept entwickelte, vor, zu Ehren von LORENTZ dieses Gleichungssystem die LORENTZ-*Transformationen* zu nennen.

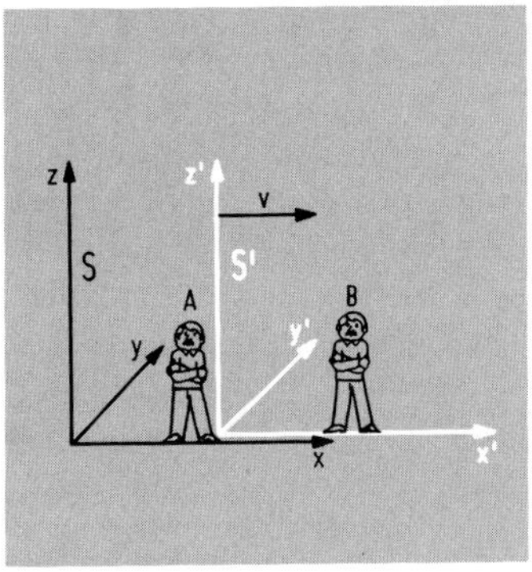

Abb. 695.1
Das System S' bewegt sich in Richtung der x-Achse relativ zum System S.

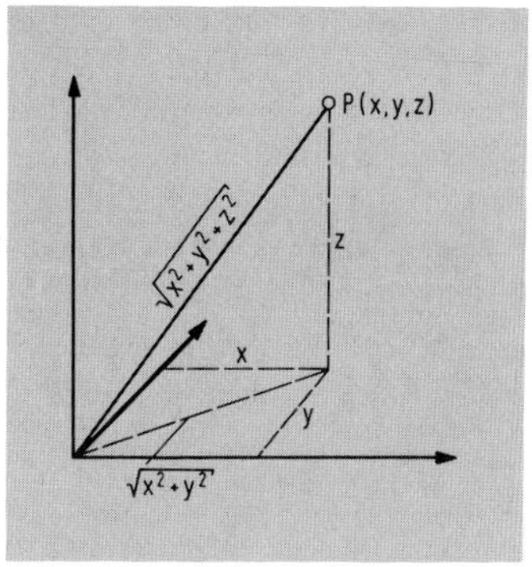

Abb. 695.2
$P(x, y, z)$ liegt zum Ursprung in der Entfernung r.

Wir wenden jetzt im Sinne EINSTEINS die LORENTZ-Transformationen auf das Lichtsignal an, das sich um den Beobachter A in einer Kugelwelle ausbreitet. Nach dem Satz des PYTHAGORAS ergibt sich der Radius r einer Kugelfläche um den Ursprung des S-Systems zu

$$r=\sqrt{x^2+y^2+z^2}$$

(Abb. 695.2). Die Strecke r wurde vom Licht in der Zeit t zurückgelegt. Mit der Lichtgeschwindigkeit c ist dann $r=c\,t$, so daß wir

$$x^2+y^2+z^2=c^2\,t^2$$

als Gleichung für die Kugelfläche erhalten.

A will jetzt ermitteln, wie B im System S' die Lichtausbreitung sieht. A kennt die LORENTZ-Transformationen und wendet sie auf die Gleichung einer Kugelfläche an:

$$\frac{(x'+v\,t')^2}{1-\frac{v^2}{c^2}}+(y')^2+(z')^2=c^2\cdot\frac{\left(t'+\frac{v}{c^2}\cdot x'\right)^2}{1-\frac{v^2}{c^2}}$$

$$\frac{(x')^2+2\cdot x'\cdot v\,t'+v^2(t')^2}{1-\frac{v^2}{c^2}}+(y')^2+(z')^2=\frac{c^2(t')^2+2\cdot t'\cdot v\,x'+\frac{v^2}{c^2}\cdot(x')^2}{1-\frac{v^2}{c^2}}$$

$$\frac{(x')^2+v^2\cdot(t')^2-c^2\cdot(t')^2-\frac{v^2}{c^2}\cdot(x')^2}{1-\frac{v^2}{c^2}}+(y')^2+(z')^2=0$$

$$\frac{(x')^2\cdot\left(1-\frac{v^2}{c^2}\right)-c^2\cdot(t')^2\cdot\left(1-\frac{v^2}{c^2}\right)}{1-\frac{v^2}{c^2}}+(y')^2+(z')^2=0$$

$$(x')^2-c^2\cdot(t')^2+(y')^2+(z')^2=0$$

$$(x')^2+(y')^2+(z')^2=c^2\cdot(t')^2$$

Die Gleichung, die A erhält, ist die Gleichung einer Kugelfläche um den Ursprung des S'-Systems mit dem Radius $r'=c\cdot t'$. Er weiß damit, daß sich auch für B der Lichtblitz in einer Kugelwelle ausbreitet. Die gleiche Betrachtung kann man auch von B ausgehend durchführen. Dann muß man den anderen Teil der LORENTZ-Transformationen auf die Gleichung der Kugelfläche von B anwenden. A und B können sich also widerspruchsfrei verständigen. Damit ist nachgewiesen, daß das Relativitätspostulat von EINSTEIN voll erfüllt wird, wenn man die LORENTZ-Transformationen zur Umrechnung der Raum-Zeit-Koordinaten verwendet. Ein in relativistischen Gedankengängen Ungeübter sträubt sich gegen solche Ergebnisse. Das liegt aber nur daran, daß er mit seiner Anschauung Vorgänge erfassen will, die nicht zu Vorstellungen vom absoluten Raum und von absoluter Zeit passen. Wenn man in den physikalischen Aussagen sicher gehen will, muß man konsequent mit den LORENTZ-Transformationen rechnen und die erhaltenen Ergebnisse durch meßtechnisch auswertbare Experimente prüfen.

7.2 Folgerungen aus den Lorentz-Transformationen

7.2.1 Die Relativierung der Gleichzeitigkeit

Im einleitenden Abschnitt über das Ätherproblem wurde schon darauf hingewiesen, daß mit der Aufgabe einer absoluten Weltzeit eine Kritik an naiven Gleichzeitigkeitsvorstellungen erfolgen muß. Wir wenden zunächst die LORENTZ-Transformationen auf dieses Problem an.

Der Beobachter A im S-System sieht das Aufblitzen von zwei Lampen L_1 und L_2, die sich am gleichen Ort $x_1 = x_2$ befinden, gleichzeitig. Es gilt also $t_1 = t_2$. Wie beurteilt ein relativ zu A mit der Geschwindigkeit v bewegter Beobachter B diese Sachlage? B mißt die Ereignisse in der Zeit t' seines Systems. Die LORENTZ-Transformationen ergeben

$$t_1' = \frac{t_1 - \frac{v}{c^2} \cdot x_1}{\sqrt{1 - \frac{v^2}{c^2}}}, \quad t_2' = \frac{t_2 - \frac{v}{c^2} \cdot x_2}{\sqrt{1 - \frac{v^2}{c^2}}},$$

$$t_2' - t_1' = \frac{t_2 - t_1 - \frac{v}{c^2} \cdot (x_2 - x_1)}{\sqrt{1 - \frac{v^2}{c^2}}}.$$

Da nun $t_2 - t_1 = 0$ und $x_2 - x_1 = 0$ ist, folgt $t_2' - t_1' = 0$, also $t_1' = t_2'$. Auch der Beobachter B sieht die Ereignisse gleichzeitig. Wir stellen fest:

Finden in einem Inertialsystem zwei Ereignisse am gleichen Ort gleichzeitig statt, so werden diese Ereignisse auch von allen anderen Inertialsystemen als gleichzeitig beurteilt.

Wir können den Sachverhalt auch so ausdrücken:

Raum-Zeit-Koinzidenzen von Ereignissen hängen nicht vom Inertialsystem ab.

Der Beobachter A stellt jetzt die Lampen L_1 und L_2 an zwei verschiedenen Orten $x_1 \neq x_2$ auf. Wir nehmen jetzt den Fall an, daß die Lampe L_1 zum Zeitpunkt t_1 und die Lampe L_2 zum gleichen Zeitpunkt $t_2 = t_1$ aufblitzt. A stellt Gleichzeitigkeit für diese beiden Ereignisse fest. B muß dagegen den Sachverhalt

Abb. 697.1
Beobachter in gegeneinander bewegten Inertialsystemen registrieren Blitzeinschläge zur Feststellung der Gleichzeitigkeit.

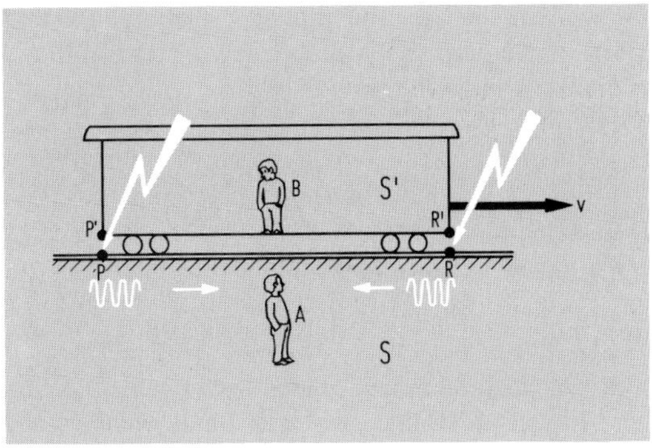

anders beurteilen. Er erhält zwischen dem Aufblitzen der beiden Lampen die Zeitdifferenz

$$t_2' - t_1' = \frac{-\frac{v}{c^2} \cdot (x_2 - x_1)}{\sqrt{1 - \frac{v^2}{c^2}}} \neq 0,$$

weil in diesem Fall $x_2 - x_1 \neq 0$ ist.

Wir fassen als Ergebnis zusammen:

Eine absolute Gleichzeitigkeit kann es nicht geben. Zwei Ereignisse an verschiedenen Orten, für die in einem Inertialsystem Gleichzeitigkeit festgestellt wird, sind für Beobachter anderer Inertialsysteme, die gegenüber dem ersten bewegt sind, nicht gleichzeitig.

EINSTEIN illustrierte die Relativität der Gleichzeitigkeit durch folgenden Gedankenversuch.

Ein Zug hat relativ zum Bahndamm die Geschwindigkeit v. Der Zug stellt in diesem Beispiel das Bezugssystem S' dar. In der Mitte eines Güterwagens befinde sich der Beobachter B. Am Bahndamm, der hier das Bezugssystem S darstellt, befindet sich der Beobachter A. Nun schlägt an jedem Ende des Güterwagens ein Blitz ein. Vernachlässigen wir die geringe Entfernung des Wagenbodens vom Bahnkörper, so hinterläßt jeder Blitz momentan eine Marke am Zug und am Bahnkörper. In der Abb. 697.1 sind die Marken mit P', R' und P, R bezeichnet. Jeder Beobachter sieht die Blitze durch das Licht, das von den Blitzen zum Beobachter gelangt. Wir nehmen jetzt an, daß A die Blitze gleichzeitig sieht. Nach dieser Feststellung mißt A auf dem Bahndamm die Entfernungen zwischen sich und den Blitzeinschlägen P und R. Er stellt fest, daß diese Entfernungen gleich sind. Außerdem weiß er aufgrund des zweiten Postulats von EINSTEIN, daß das Licht sich in seinem Bezugssystem von beiden Blitzeinschlägen aus mit der Geschwindigkeit c ausgebreitet hat. Daraus kann er schließen, daß die Blitzeinschläge in P und R gleichzeitig erfolgt sind. Zu diesem Schluß wäre A natürlich auch gekommen, wenn er nicht in der Mitte zwischen P und R gestanden hätte. Er hätte dann das Eintreffen der Blitze nacheinander festgestellt. Er hätte aber durch Messung verschiedene Wege für das Licht von den Einschlagmarken bis zu seinem Standort festgestellt und durch Rechnung bei Berücksichtigung der universellen Lichtgeschwindigkeit c die Einschlagzeiten erhalten. Die Feststellung der Gleichzeitigkeit der beiden Blitzeinschläge hat also *nichts mit dem Standort* des Beobachters zu tun. Wir fragen jetzt, ob auch B der Ansicht sein kann, daß die Blitzeinschläge gleichzeitig erfolgten. Zu dem Zeitpunkt, in dem die beiden Lichtsignale bei A gleichzeitig eintreffen, befindet sich B bereits rechts von A. B stellt also mit Sicherheit fest, daß das Licht aus R' ihn früher erreicht hat als das Licht aus P'. B kennt auch das EINSTEIN-Postulat der universellen Lichtgeschwindigkeit. Er muß daher folgendermaßen urteilen: Die gleich langen Strecken $P'B$ und $R'B$ werden vom Licht mit gleicher Geschwindigkeit durchlaufen. Da ich das Licht aus der Richtung R' aber früher gesehen habe als das Licht aus der Richtung P', muß der Blitz in R' früher eingeschlagen sein als der Blitz in P'. Die Blitzeinschläge erfolgten nicht gleichzeitig.

Mit *klassischer Physik* bezeichnet man diejenigen physikalischen Erkenntnisse, die man vor der Relativitätstheorie EINSTEINS und der Quantentheorie PLANCKS erworben hatte. Wir wollen noch überprüfen, ob sich mit der Relativierung der Gleichzeitigkeit kein Widerspruch zur klassischen Physik ergibt. Wir haben bereits festgestellt, daß für zwei räumlich auseinanderliegende Ereignisse, die im System S gleichzeitig sind, im System S' die Zeitdifferenz

$$t_2' - t_1' = \frac{-\frac{v}{c^2} \cdot (x_2 - x_1)}{\sqrt{1 - \frac{v^2}{c^2}}}$$

auftritt. Für kleine Geschwindigkeiten v ist aber wegen der großen Vakuum-Lichtgeschwindigkeit c der Quotient $\frac{v}{c^2}$ praktisch Null, so daß auch $t_2' - t_1'$ so gering ist, daß ein von Null abweichender Wert völlig in den nicht zu unterdrückenden Meßungenauigkeiten untergeht.

Als Beispiel wählen wir zwei Blitzeinschläge in freier Natur, für die ein Beobachter A auf der Erdoberfläche den Abstand 3 km und Gleichzeitigkeit feststellt. Relativ zu A fliegt ein Flugzeug mit der Geschwindigkeit $720\,\mathrm{km\,h^{-1}}$ bzw. $200\,\mathrm{m\,s^{-1}}$. Ein Beobachter B im Flugzeug muß zu der Ansicht kommen, daß die Blitzeinschläge mit der Zeitdifferenz

$$t_2' - t_1' = \frac{-\frac{200\,\mathrm{m\,s^{-1}}}{9 \cdot 10^{16}\,\mathrm{m^2\,s^{-2}}} \cdot 3000\,\mathrm{m}}{\sqrt{1 - \frac{4 \cdot 10^4}{9 \cdot 10^{16}}}} \approx -\tfrac{2}{3} \cdot 10^{-11}\,\mathrm{s}$$

erfolgen. Es ist also $t_1' \approx t_2' + \frac{2}{3} \cdot 10^{-11}$ s, d.h., der Blitzeinschlag in P_1 erfolgt für B um $\frac{2}{3} \cdot 10^{-11}$ s später als der Blitzeinschlag in P_2. Das kann B aber auch mit den besten Uhren nicht mehr feststellen. Er wird überzeugt sein, daß die Blitzeinschläge gleichzeitig erfolgten. Man kann *die vorrelativistische Physik als eine sehr gute Näherung der relativistischen Physik* betrachten; ein Widerspruch zur relativistischen Physik ergibt sich nicht, solange alle auftretenden Geschwindigkeiten klein gegenüber der Lichtgeschwindigkeit sind.

7.2.2 Die Zeitdilatation

Die Beobachter A und B zweier gegeneinander bewegter Inertialsysteme wollen den Gang ihrer Uhren vergleichen. A sieht, daß sich B ihm gegenüber mit der Geschwindigkeit v bewegt. Er beobachtet einen am Ort x_0' im S'-System stattfindenden Vorgang, für dessen Ablauf die Uhr von B (relativ zum Ort x_0' ruhend) das Zeitintervall $\Delta t' = t_2' - t_1'$ mißt. Dann vergleicht er dieses Zeitintervall mit dem Zeitintervall $\Delta t = t_2 - t_1$, das seine eigene im S-System ruhende Uhr für den Ablauf des Vorgangs gemessen hat. Er kommt zu einem merkwürdigen Ergebnis, das wir mit Hilfe der LORENTZ-Transformationen berechnen können.

$$\Delta t = t_2 - t_1 = \frac{t_2' + \frac{v}{c^2} \cdot x_0'}{\sqrt{1 - \frac{v^2}{c^2}}} - \frac{t_1' + \frac{v}{c^2} \cdot x_0'}{\sqrt{1 - \frac{v^2}{c^2}}}$$

$$= \frac{t_2' - t_1'}{\sqrt{1 - \frac{v^2}{c^2}}}$$

$$\Delta t = \Delta t' \cdot \frac{1}{\sqrt{1 - \frac{v^2}{c^2}}}$$ (für einen Vorgang an einem festen Ort des S'-Systems).

Der Quotient $\frac{1}{\sqrt{1 - \frac{v^2}{c^2}}}$ ist sicher größer als 1. Als Beispiel wählen wir $v = \frac{4}{5} \cdot c$. Dann ist $\frac{v^2}{c^2} = \frac{16}{25}$ und $\frac{1}{\sqrt{1 - \frac{16}{25}}} = \frac{5}{3}$. Für $\Delta t' = 3$ s ergibt sich $\Delta t = 5$ s. Der Vorgang, der in der Beurteilung von B in 3 s abläuft, dauert aus der Sicht von A 5 s. Für A ist die Zeit für Vorgänge, die an einem relativ zu ihm bewegten Ort (z. B. in einem Raumschiff) stattfinden, gedehnt. A kann den Sachverhalt auch so ausdrücken: Eine relativ zu mir bewegte Uhr geht langsamer. Diese relativistische Zeitdehnung wird auch als *Zeitdilatation* bezeichnet.

Auch B vergleicht die Uhren. Wenn ein Vorgang bei A in x_0 die Zeit Δt dauert, so mißt B mit seiner im S'-System ruhenden Uhr das Zeitintervall

$$\Delta t' = t'_2 - t'_1 = \frac{t_2 - \frac{v}{c^2} \cdot x_0}{\sqrt{1 - \frac{v^2}{c^2}}} - \frac{t_1 - \frac{v}{c^2} \cdot x_0}{\sqrt{1 - \frac{v^2}{c^2}}}$$

$$= \frac{t_2 - t_1}{\sqrt{1 - \frac{v^2}{c^2}}}$$

$$\Delta t' = \Delta t \cdot \frac{1}{\sqrt{1 - \frac{v^2}{c^2}}}$$ (für einen Vorgang an einem festen Ort des S-Systems).

B kommt zu der Erkenntnis, daß auf der Uhr von A erst $\Delta t = 3$ s verstrichen sind, wenn seine eigene Uhr bereits um $\Delta t' = 5$ s weitergerückt ist. Er sagt ebenfalls: Eine relativ zu mir bewegte Uhr geht langsamer.

Das ganze Problem erweist sich als *symmetrisch* zwischen A und B, wie es ja auch nach dem Relativitätspostulat (alle *Inertialsysteme* sind unter allen Bedingungen gleichberechtigt) und der Symmetrie der LORENTZ-Transformationen zu erwarten war.

Die Zeitdilatation ist nicht etwa nur ein Interpretationseffekt von gegeneinander bewegten Beobachtern für einen *an sich* doch während einer eindeutig bestimmten Zeitdauer ablaufenden Vorgang. Diese Denkweise wäre wieder ein Rückfall in die Anschauung von einer universellen Weltzeit. Die Zeitdilatation liegt vielmehr in der *Struktur der Natur* begründet, die nicht immer so freundlich ist, unserer Anschauung entgegenzukommen. Dann müssen aber experimentelle Nachweise grundsätzlich möglich sein. Wir kommen darauf zurück und fassen zunächst zusammen:

Mit relativistischer Zeitdilatation bezeichnet man die Aussage, daß ein Beobachter für einen Vorgang, der an einem relativ zu ihm bewegten Ort stattfindet, ein größeres Zeitintervall mißt als ein Beobachter, der relativ zum Ort des Vorganges ruht.

Von allen relativ zueinander bewegten Beobachtern mißt also derjenige für einen Vorgang das kleinste Zeitintervall, der relativ zum Ort des Vorganges ruht.

7.2.3 Die Längenkontraktion

Der Meßvorgang für die Länge eines Stabes besteht darin, daß man einen Maßstab neben den Stab legt und seine beiden Enden mit den Marken auf dem Maßstab vergleicht. Das ist sehr gut durchführbar, wenn das zu messende Objekt sich nicht bewegt. Wie soll aber die Stablänge von A im S-System gemessen werden, wenn der Stab sich im S'-System befindet, das sich relativ zu A mit der Geschwindigkeit v bewegt? Die gleiche Situation liegt für den Beobachter A in Abb. 697.1 vor, wenn er etwa die Länge des an ihm vorbeifahrenden Güterwagens messen will. In dem Beispiel des Güterwagens kommen A die Blitze zu Hilfe, die für ihn ja *gleichzeitig* auf dem Bahnkörper Markierungen hinterlassen haben, die den Endpunkten des Güterwagens entsprechen. Er kann also hinterher ohne Eile die Distanz zwischen den Markierungen messen, da diese sich relativ zu seinem Maßstab in Ruhe befinden. Es ist vernünftig, solche Forderung für alle Längenmessungen aufzustellen. Wenn sich der Stab also relativ zu A bewegt, so muß A zwei in *seinem* System ruhende Markierungspunkte festlegen, die im *gleichen Zeitpunkt* mit den Stabenden koinzidieren.

A will nun nach dieser Methode die Länge eines Stabes messen, der sich relativ zu ihm bewegt und in der Bewegungsrichtung liegt. Er stellt fest, daß die Endpunkte des Stabes sich mit den Marken x_1 und x_2 seines Maßstabes decken, und zwar im gleichen Zeitpunkt $t_1 = t_2$. Der mitbewegte Beobachter B des S'-Systems, in dem der Stab ruht, stellt als Stablänge $l' = x_2' - x_1'$ fest (im Beispiel der Abb. 697.1 die Güterwagenlänge aus der Sicht von B) und teilt das Ergebnis seiner Messungen dem Beobachter A mit. A vergleicht jetzt seine Längenmessung $l = x_2 - x_1$ mit dem Ergebnis von B. Er stellt fest, daß die Längenmessungen zu Resultaten geführt haben, die nicht übereinstimmen. Wir verfolgen den Vorgang mit Hilfe der LORENTZ-Transformationen:

Aus $$x_1' = \frac{x_1 - v\,t_1}{\sqrt{1 - \frac{v^2}{c^2}}} \quad \text{und} \quad x_2' = \frac{x_2 - v\,t_2}{\sqrt{1 - \frac{v^2}{c^2}}}$$

folgt

$$x_1 = x_1' \cdot \sqrt{1 - \frac{v^2}{c^2}} + v\,t_1 \quad \text{und} \quad x_2 = x_2' \cdot \sqrt{1 - \frac{v^2}{c^2}} + v\,t_2$$

$$x_2 - x_1 = (x_2' - x_1') \cdot \sqrt{1 - \frac{v^2}{c^2}} + v \cdot (t_2 - t_1).$$

Nun ist aber $t_1 = t_2$, so daß $v \cdot (t_2 - t_1) = 0$ ist.

Damit ergibt sich

$$l = l' \cdot \sqrt{1 - \frac{v^2}{c^2}}$$ (für einen parallel zur x'-Achse im S'-System ruhenden Stab).

Die Längenmessung von A liefert einen kleineren Wert als die Längenmessung von B. Für A ist der bewegte Stab *verkürzt*. Man nennt diesen Effekt auch *relativistische Längenkontraktion*. Übrigens stellt natürlich B auch eine Verkürzung für einen Stab fest, der relativ zu A ruht, und zwar eine Verkürzung in der Bewegungsrichtung des S-Systems. Man kann diese Aussage mit Hilfe der LORENTZ-Transformationen nachprüfen, wenn man in diesem Fall $t_1' = t_2'$ setzt. In der oben angegebenen Kontraktionsformel werden dann l und l' vertauscht.

Wenn der Stab *quer zur Bewegungsrichtung*, d.h. in Richtung der y- bzw. y'-Achse oder in Richtung der z- bzw. z'-Achse, liegt, tritt *keine Verkürzung* der Stablänge ein. Nach den LORENTZ-Transformationen gilt in diesen Fällen

$$l = y_2 - y_1 = y_2' - y_1' = l'$$

bzw.

$$l = z_2 - z_1 = z_2' - z_1' = l'.$$

Es muß auch an dieser Stelle davor gewarnt werden, Formulierungen zu gebrauchen, wie: Die Länge eines in Bewegungsrichtung liegenden Stabes *scheint* dem ruhenden Beobachter verkürzt zu sein. Hinter solcher Formulierung versteckt sich leicht die Auffassung: In *Wirklichkeit* ist es aber nicht so. Auch das wäre wieder ein Rückfall in vorrelativistisches Absolutdenken. Wir müssen uns vielmehr immer vor Augen halten, daß alle Aussagen der Relativitätstheorie *Aussagen über wirklich durchgeführte oder mögliche Messungen* sind. Aussagen, die grundsätzlich durch Messungen nicht geprüft werden können, verlieren sich dagegen im Nebel philosophischer Spekulation.

Wir haben also als wichtiges Ergebnis erhalten:

Mit relativistischer Längenkontraktion bezeichnet man die Aussage, daß für einen Beobachter die Länge eines relativ zu ihm bewegten Körpers in der Bewegungsrichtung kleiner ist als für einen Beobachter, in dessen System der Körper ruht.

Von allen relativ zueinander bewegten Beobachtern mißt also derjenige für einen in der Bewegungsrichtung liegenden Stab die größte Länge, der relativ zum Stab ruht.

Die relativistische Längenkontraktion darf bezüglich ihres Aussagewertes nicht verwechselt werden mit der FITZGERALD-LORENTZ-Kontraktion, die als mögliche Ursache für den Ausfall des MICHELSON-Versuchs angeführt wurde. Rein formal gesehen handelt es sich zwar um denselben Verkürzungsfaktor. Die grundlegenden physikalischen Vorstellungen, die zur Herleitung dieses Faktors führten, sind aber vollkommen gegensätzlich. Außerdem soll nach FITZGERALD und LORENTZ der Beobachter an seiner Apparatur, die relativ zu ihm in Ruhe ist, eine Verkürzung des im Ätherwind liegenden Armes in Rechnung stellen, während er aus der Sicht der Theorie EINSTEINS eine Verkürzung an Apparaturen des *eigenen* Systems nicht feststellen kann.

7.2.4 Die Myonen der kosmischen Strahlung

Es ist schwer, in der Natur Objekte zu finden, die sich mit so großer Geschwindigkeit relativ zu uns bewegen, daß sich die Zeitdilatation und die Längenkontraktion nachmessen lassen. Solche Objekte werden nun durch die Wirkung der kosmischen Strahlung in der Erdatmosphäre in Höhen oberhalb von etwa 20 km erzeugt. Die Einzelheiten der Höhenstrahlprozesse werden später in der Atomphysik behandelt; hier genügt die Mitteilung, daß es sich bei den Myonen um Elementarteilchen kurzer Lebensdauer handelt. Die Myonen zerfallen in ihrem Ruhesystem mit einer mittleren Lebensdauer von $2{,}2 \cdot 10^{-6}$ s in ein Elektron und zwei Neutrinos bzw. in ein Positron und zwei Neutrinos. Die Hauptkomponente ihrer Bewegungsrichtung innerhalb der Atmosphäre ist zum Erdmittelpunkt gerichtet. Die Geschwindigkeit v der Myonen erreicht fast die Lichtgeschwindigkeit; es ist $v = 0{,}9998 \cdot c$.

Innerhalb ihrer mittleren Lebensdauer können die Myonen nach Rechnung der klassischen Physik nur den Weg

$$s = 0{,}9998 \cdot 3 \cdot 10^8 \frac{\mathrm{m}}{\mathrm{s}} \cdot 2{,}2 \cdot 10^{-6}\,\mathrm{s} \approx 650\,\mathrm{m}$$

zurücklegen. Sie wären also auf der Erdoberfläche gar nicht nachweisbar, weil sie schon in den hohen Atmosphäreschichten zerfallen. Das Experiment spricht dagegen. Tatsächlich erreichen Myonen die Erdoberfläche. Der Widerspruch klärt sich aus relativistischer Sicht. Das Myon stellt aufgrund seiner Lebensdauer eine Uhr dar, die im Mittel nach $\Delta t' = 2{,}2 \cdot 10^{-6}$ s zerstört wird. Für den Beobachter A auf der Erdoberfläche ist das ein Zeitintervall eines bewegten S'-Systems. Er selbst mißt die gedehnte Zeitspanne

$$\Delta t = \Delta t' \cdot \frac{1}{\sqrt{1 - \frac{v^2}{c^2}}}.$$

Mit

$$\frac{v}{c} = 0{,}9998 = 1 - \frac{2}{10\,000}$$

ergibt sich

$$\frac{v^2}{c^2} = \left(1 - \frac{2}{10\,000}\right)^2 \approx 1 - \frac{4}{10\,000},$$

also

$$1 - \frac{v^2}{c^2} \approx \frac{4}{10\,000}.$$

Damit ist

$$\Delta t \approx 2{,}2 \cdot 10^{-6}\,\mathrm{s} \cdot \frac{100}{2} \approx 110 \cdot 10^{-6}\,\mathrm{s}$$

und

$$s \approx 0{,}9998 \cdot 3 \cdot 10^8 \frac{\mathrm{m}}{\mathrm{s}} \cdot 110 \cdot 10^{-6}\,\mathrm{s} \approx 33\,000\,\mathrm{m}.$$

Nach der Rechnung von A existiert das Myon im Mittel lange genug, um 33 km zurücklegen zu können. Es wird ihn daher auf der Erde erreichen.

Natürlich erreichen nicht alle Myonen die Erdoberfläche, da sie ja nicht alle die Lebensdauer von $2{,}2 \cdot 10^{-6}$ s ihrer Eigenzeit haben, und weil ein Teil von ihnen innerhalb der Atmosphäre absorbiert wird.

Im Sinne der Relativitätstheorie muß auch ein mitbewegter Beobachter des S'-Systems (ein auf dem Myon sitzend gedachter Beobachter) zu dem Ergebnis kommen, daß er die Erdoberfläche erreicht. Er mißt die Lebensdauer des Myons in der Eigenzeit seines Systems und erhält nur $2{,}2 \cdot 10^{-6}$ s. Der Beobachter stellt fest, daß die Erdoberfläche sich ihm mit fast Lichtgeschwindigkeit nähert. Man könnte sich theoretisch einen riesigen Maßstab fest mit der Erde verbunden denken, der radial nach außen durch die ganze Atmosphäre reicht. Beobachter B auf dem Myon sieht den Maßstab von der Marke 20 km bis zur Marke Null an sich vorbeifliegen. Er mißt aber wegen der für ihn auftretenden Längenkontraktion des Maßstabes nur die Länge

$$l' = l \cdot \sqrt{1 - \frac{v^2}{c^2}}$$

$$l' = 20\,\text{km} \cdot \frac{2}{100} = 400\,\text{m}.$$

Die Erdoberfläche, die ihm mit der Geschwindigkeit $v = 0{,}9998 \cdot c$ entgegenkommt, braucht nach der Rechnung von B demnach die Zeit

$$\frac{400\,\text{m}}{0{,}9998 \cdot 3 \cdot 10^8 \,\frac{\text{m}}{\text{s}}} \approx 1{,}33 \cdot 10^{-6}\,\text{s},$$

bis sie ihn erreicht hat. Diese Zeit liegt innerhalb der Lebensdauer des Myons, so daß auch B überzeugt sein darf, daß die Erdoberfläche ihn erreicht.

Die Messungen an den durch kosmische Strahlung erzeugten Myonen zeigen, daß die Zeitdilatation und die Längenkontraktion nicht nur in der Theorie existieren, sondern *experimentell nachgewiesen* werden können. Mit den Kenntnissen der klassischen Physik könnte man die Beobachtungen nicht deuten. In den Kernforschungslaboratorien werden heute mit Hilfe von Beschleunigern Elementarteilchen erzeugt, die riesige Geschwindigkeiten relativ zur Beschleunigungsanlage besitzen. Bei der theoretischen Bearbeitung der Beobachtungsdaten muß man in diesen Fällen stets die Zeitdilatation berücksichtigen, die man andererseits auch durch solche Versuche innerhalb einer Meßungenauigkeit von 5% bestätigen konnte.

7.2.5 Das Zwillingsparadoxon

Bei dem sog. Zwillingsparadoxon oder Uhrenparadoxon handelt es sich um eine Aussage, die von EINSTEIN schon in seiner ersten Arbeit über die Relativitätstheorie 1905 dargelegt wurde und die in den darauffolgenden Jahren heftig diskutiert worden ist. Die Aussage ist folgende:

A und B sind Zwillingsbrüder. Sie haben zwei völlig gleichkonstruierte Uhren, die sie auf der Erde in Raum-Zeit-Koinzidenz vergleichen und abstimmen. Dann begibt sich B mit einem Raumschiff auf Weltraumreise. Nach einer kurzen Beschleunigungsphase erreicht er die Geschwindigkeit $v = 0{,}8$ c, fliegt mit dieser Geschwindigkeit zum Sirius, der von der Erde 8,7 Lichtjahre entfernt ist, und kehrt dort zur Rückreise um. A rechnet folgendermaßen:

Das Licht braucht von der Erde zum Sirius 8,7 Jahre. Da B nur mit der Geschwindigkeit $v = 0{,}8$ c fliegt, benötigt er für die Hinreise rund 11 Jahre und ebenfalls für die Rückreise 11 Jahre. Von den kurzen Beschleunigungsperioden beim Start, bei der Umkehr und Ankunft wird abgesehen. B trifft nach 22 Jahren Erdenzeit wieder ein. Nun weiß aber A aufgrund der Zeitdilatation, daß für B nur 3 s vergehen, wenn die A-Uhr bereits um 5 s vorgerückt ist (vgl. den Abschnitt über die Zeitdilatation). Wenn auf der Erde bei der Ankunft von B 22 Jahre vergangen sind, können im S'-System von B nur $\frac{3}{5} \cdot 22$ Jahre, d.h. rund 13 Jahre, vergangen sein. B ist daher gegenüber A um 9 Jahre jünger geblieben. Soweit haben wir zwar eine merkwürdige Konsequenz der Zeitdilatation, aber noch kein Paradoxon. Dieses entsteht erst, wenn B sich auf den Standpunkt des Relativitätsprinzips stellt und sich als den Nichtreisenden, A dagegen als den Reisenden betrachtet. Dann müßte bei der Raum-Zeit-Koinzidenz des Wiedersehens A der jüngere Zwillingsbruder sein.

Die paradoxe Schlußfolgerung erweist sich als Trugschluß, wenn man beachtet, daß tatsächlich *keine Symmetrie* zwischen A und B besteht. A bleibt während der ganzen Reise des B in demselben Inertialsystem, B dagegen nicht. B muß beim Sirius umkehren. Er muß das Raumschiff abbremsen und anschließend für die Rückreise in entgegengesetzter Richtung wieder beschleunigen. Diese Beschleunigung kann B durch verschiedene Experimente feststellen, denn er befindet sich während der Umkehrphase nicht in einem Inertialsystem. Wir können den Vorgang vergleichen mit einem Zug, der in einen Sackbahnhof einfährt und anschließend wieder herausfährt. Reisende im Zug bemerken diesen Vorgang, auch wenn sie nicht aus dem Fenster sehen. So würde z.B. ein Ball, der auf dem Wagenboden liegt, während des Abbremsens und Anfahrens relativ zum Wagenboden in Bewegung geraten. B könnte während seiner Umkehr im Weltall aber auch mit einem Fernrohr die Sterne beobachten. Er würde in diesem Fall eine Verschiebung der Sterne feststellen, da sich die Richtung des von Bradley entdeckten Aberrationseffektes umkehrt. *A* bemerkt dagegen von allem nichts. Es kann also gar kein Zweifel darüber bestehen, wer sein Inertialsystem gewechselt hat und wer nicht. Eine Symmetrie wäre nur in zwei Fällen gegeben. Entweder wechseln weder *A* noch *B* ihr Inertialsystem, oder sie gehen beide in entgegengesetzter Richtung auf Reise und wechseln beide ihr Inertialsystem zur Umkehr. Im ersten Fall ist eine Rundreise und damit auch ein Wiedersehen nicht möglich; dann ergibt sich aber auch kein Widerspruch. Im zweiten Fall fliegen beide gleichzeitig ab und kehren beide in 8,7 Lichtjahren Entfernung von der Erde um. Beide treffen nach 13 Jahren Eigenzeit zu einer Raum-Zeit-Koinzidenz auf die Erde zurück und vergleichen ihre Uhren. Beide Uhren stimmen überein; keiner der Zwillinge ist gegenüber dem anderen jünger geblieben. Allerdings stellen beide fest, daß inzwischen 22 Jahre auf der Erde vergangen sind. Zwischen den Aussagen von *A* und *B* ergibt sich kein Widerspruch.

Man könnte zunächst zu diesem Problem wieder die Meinung vertreten, daß der Effekt der verschiedenen Zeitabläufe in den verschiedenen Bezugssystemen nur ein rein physikalischer Uhreneffekt sei, daß aber in Wirklichkeit die Zwillinge sich nicht durch Rundreisen ein längeres Leben erschleichen könnten. Das Argument enthält eine falsche und eine richtige Aussage. Vorrelativistisch ist die Meinung, die Lebensfunktionen unterlägen nicht den Relativitätseffekten und seien nicht mit Uhreneffekten zu vergleichen. Letztlich ist nämlich auch der Vorgang des Alterns durch physiologische Prozesse, die den physikalischen Gesetzen unterliegen, bedingt. Richtig ist dagegen die Aussage, daß *B* sein Leben durch die Weltraumreise nicht verlängert hat. Vom Standpunkt des *A* aus geht ja nicht nur die Uhr des *B* langsamer, sondern auch der Herzschlag. Wenn *A* die Herzschläge von *B* mit der Uhr von *B* vergleichen könnte, so würde er feststellen, daß die Anzahl der Herzschläge von *B* innerhalb eines *B*-Tages die gleiche ist wie die Anzahl der Herzschläge von *A* innerhalb eines *A*-Tages. Dasselbe stellt auch *B* fest. *B* kann innerhalb eines *B*-Tages deshalb auch nicht mehr körperliche und geistige Funktionen ausführen, als es ihm auf der Erde während eines Erdentages möglich gewesen wäre. Nach seiner Rückkehr zur Erde ist er zwar nur 13 Jahre älter geworden, während bei *A* schon 22 Jahre verstrichen sind; er hat aber innerhalb seiner 13 Lebensjahre auch nur den Erlebnisinhalt von 13 Jahren gehabt. Wenn nun die Dauer des menschlichen Lebens durch die Anzahl der Herzschläge und den Erlebnisinhalt (Gedanken, Sinneseindrücke usw.) bestimmt ist, konnte *B* durch seine Reise nichts gewinnen.

7.2.6 Die Addition der Geschwindigkeiten

Ein Schiff habe relativ zum Ufer die Geschwindigkeit v. Wenn ein Passagier auf dem Schiff in Fahrtrichtung mit der Geschwindigkeit u' über das Schiffsdeck geht, so mißt ein Beobachter am Ufer die Geschwindigkeit des Passagiers zu $u=u'+v$ relativ zum Ufer. Das ist jedenfalls die Aussage der sog. Galilei-Addition für Geschwindigkeiten. Es ist eine Aussage der klassischen Physik. Denkt man sich das Ufer durch die Erde, das Schiff durch ein Raumschiff mit der Geschwindigkeit $v=\frac{3}{4}\cdot c$ und den Passagier durch Elektronen mit der Geschwindigkeit $u'=\frac{3}{4}\cdot c$ ersetzt, so mißt nach Galilei der Erdbeobachter die Elektronengeschwindigkeit

$$u=\frac{3}{4}\cdot c+\frac{3}{4}\cdot c=\frac{3}{2}\cdot c,$$

d.h., es handelt sich um eine Überlichtgeschwindigkeit. Wir haben auf diese Konsequenz schon in dem Abschnitt über die Bestimmung der Lichtgeschwindigkeit (S. 643) hingewiesen.

Aufgrund der vorangegangenen Untersuchungen sind wir vorsichtig geworden, wenn es sich um große Geschwindigkeiten handelt. Wir betrachten deshalb den vorliegenden Fall als ein Problem gegeneinander bewegter Bezugssysteme S (Ufer) und S' (Schiff), auf die wir die Lorentz-Transformationen anwenden.

Die Geschwindigkeiten ergeben sich aus den Raum-Zeit-Koordinaten zu

$$u=\frac{x_2-x_1}{t_2-t_1} \quad \text{und} \quad u'=\frac{x_2'-x_1'}{t_2'-t_1'},$$

wenn wir, wie üblich, die x-Achse in die Bewegungsrichtung legen. S' ist mit der Geschwindigkeit v relativ zu S bewegt. Die Lorentz-Transformationen liefern dann:

$$x_2-x_1=\frac{x_2'-x_1'+v\cdot(t_2'-t_1')}{\sqrt{1-\frac{v^2}{c^2}}} \quad \text{und} \quad t_2-t_1=\frac{t_2'-t_1'+\frac{v}{c^2}\cdot(x_2'-x_1')}{\sqrt{1-\frac{v^2}{c^2}}},$$

also

$$u=\frac{x_2-x_1}{t_2-t_1}$$

$$=\frac{x_2'-x_1'+v\cdot(t_2'-t_1')}{t_2'-t_1'+\frac{v}{c^2}\cdot(x_2'-x_1')}$$

$$=\frac{\frac{x_2'-x_1'}{t_2'-t_1'}+v}{1+\frac{v}{c^2}\cdot\frac{x_2'-x_1'}{t_2'-t_1'}}$$

$$=\frac{u'+v}{1+\frac{u'\cdot v}{c^2}}.$$

Findet im Inertialsystem S', das sich gegenüber dem Inertialsystem S mit der Geschwindigkeit v bewegt, eine Bewegung eines Körpers mit der Geschwindigkeit u' in Richtung der Bewegung von S' statt, so ist die Geschwindigkeit des Körpers bezogen auf S

$$u=\frac{u'+v}{1+\frac{u'\cdot v}{c^2}}.$$

Für kleine Geschwindigkeiten u' und v kann $\frac{u'\cdot v}{c^2}$ gegenüber 1 vernachlässigt werden. Dann ergibt sich die GALILEI-Addition für Geschwindigkeiten:

$$u=u'+v.$$

Wieder erweist sich die klassische Physik als sehr gute Näherung der relativistischen Physik.

In unserem Beispiel $v=\frac{3}{4}\cdot c$ und $u'=\frac{3}{4}\cdot c$ müssen wir die Geschwindigkeiten relativistisch addieren und erhalten

$$u=\frac{\frac{3}{4}\cdot c+\frac{3}{4}\cdot c}{1+\frac{9}{16}}=\frac{24}{25}\cdot c,$$

also eine Geschwindigkeit, die noch 4% unterhalb der Lichtgeschwindigkeit liegt.

In einem weiteren Beispiel betrachten wir nochmals den Beobachter B im Güterwagen (Abb. 697.1). Wir denken uns jetzt, daß B mit einer Lampe einen Lichtblitz abgibt. Die Lichtwellen laufen für B mit der Geschwindigkeit $u'=c$. Der Güterwagen bewegt sich relativ zu A, der am Bahndamm steht, mit der Geschwindigkeit v. Wie sieht A die Lichtausbreitung? Die relativistische Addition ergibt für A:

$$u=\frac{c+v}{1+\frac{c\,v}{c^2}}$$

$$=\frac{c+v}{1+\frac{v}{c}}$$

$$=\frac{c\cdot(c+v)}{c+v}$$

$$=c.$$

Für A breitet sich das Licht mit der gleichen Geschwindigkeit aus wie für B. Das ist nicht etwa eine Erkenntnis, die wir soeben gewonnen haben, sondern eine Bestätigung der Widerspruchsfreiheit relativistischer Aussagen. EINSTEIN hatte die LORENTZ-Transformationen, die zur Additionsformel führten, ja gerade aufgrund des Postulats einer universellen Vakuum-Lichtgeschwindigkeit erhalten!

7.2.7 Die Versuche von Bradley und Fizeau in relativistischer Darstellung

Zur Geschlossenheit und Überzeugungskraft einer Theorie gehört es, daß die Theorie sämtliche Ausgangspositionen, die zu ihrer Aufstellung führten oder in diesem Zusammenhang diskutiert wurden, aus ihrer Sicht in Übereinstimmung mit den experimentellen Ergebnissen zu deuten vermag. Wir wollen daher die Versuche von BRADLEY und FIZEAU unter relativistischem Aspekt betrachten.

Für ein relativistisches Verständnis der von BRADLEY entdeckten *Aberration des Lichtes* ist es selbstverständlich wichtig, daß sich der Effekt in der beobachteten Größenordnung berechnen läßt, wenn man nur die *Relativbewegung* zwischen Lichtquelle und Beobachter in der theoretischen Überlegung berücksichtigt. Das Resultat muß sich daher auch für einen Beobachter ergeben, der die Relativbewegung des Sternes gegenüber der eigenen Person verfolgt. Wir werden uns im folgenden auf diesen Standpunkt stellen und argumentieren nach Abb. 705.1 a folgendermaßen:

Würden der Stern S' und der Beobachter A relativ zueinander in Ruhe sein, so müßte A sich mit seinem Fernrohr in die Stellung A_1 begeben. Der Vektor der Lichtgeschwindigkeit des in die Fernrohrachse einfallenden Lichtes sei $\vec{u}'$. Bewegt sich aber S' relativ zu A mit der Geschwindigkeit $\vec{v}$, so ergibt die Vektoraddition der Lichtgeschwindigkeit $\vec{u}'$ und der Sterngeschwindigkeit $\vec{v}$ den Lichtgeschwindigkeitsvektor $\vec{u}$, in dessen Richtung A jetzt sein Fernrohr einstellen muß. A muß sich in die Stellung A_2 begeben und sein Fernrohr dabei kippen. Da nach dem EINSTEIN-Postulat die Größe der Vakuum-Lichtgeschwindigkeit sich nicht ändern kann, sind die Beträge der Lichtgeschwindigkeitsvektoren $\vec{u}'$ und $\vec{u}$ gleich, nämlich c. Wir sehen daraus, daß die Vektoraddition der Geschwindigkeiten in diesem Fall nicht mehr zu einem geschlossenen Vektordreieck führen kann (Abb. 705.1 b).

Wir denken uns jetzt die Vektoren $\vec{u}$ und $\vec{u}'$ in ein x-y-Koordinatensystem bzw. x'-y'-Koordinatensystem gelegt (Abb. 705.2).

Die x-Achse liegt für A in der Horizontalen, die y-Achse in der Vertikalen. Die Neigungen des Fernrohrs gegen die Vertikale werden mit den Winkeln α_1 und α_2 angegeben. Der Vektor $\vec{u}'$ hat die Komponenten

$$u'_x = c \cdot \sin\alpha_1 \quad \text{und} \quad u'_y = c \cdot \cos\alpha_1,$$

der Vektor $\vec{u}$ die Komponenten

$$u_x = c \cdot \sin\alpha_2 \quad \text{und} \quad u_y = c \cdot \cos\alpha_2.$$

Die Komponenten u'_x und u_x liegen parallel zur Geschwindigkeit v. Wir können daher die uns bekannte relativistische Geschwindigkeitsaddition durchführen und erhalten:

$$u_x = \frac{u'_x + v}{1 + \frac{u'_x \cdot v}{c^2}}, \qquad c \cdot \sin\alpha_2 = \frac{c \cdot \sin\alpha_1 + v}{1 + \frac{v}{c} \cdot \sin\alpha_1}, \qquad \sin\alpha_2 = \frac{\sin\alpha_1 + \frac{v}{c}}{1 + \frac{v}{c} \cdot \sin\alpha_1}.$$

Um den Zusammenhang zwischen den Vertikalkomponenten

$$u'_y = \frac{\Delta y'}{\Delta t'} \quad \text{und} \quad u_y = \frac{\Delta y}{\Delta t}$$

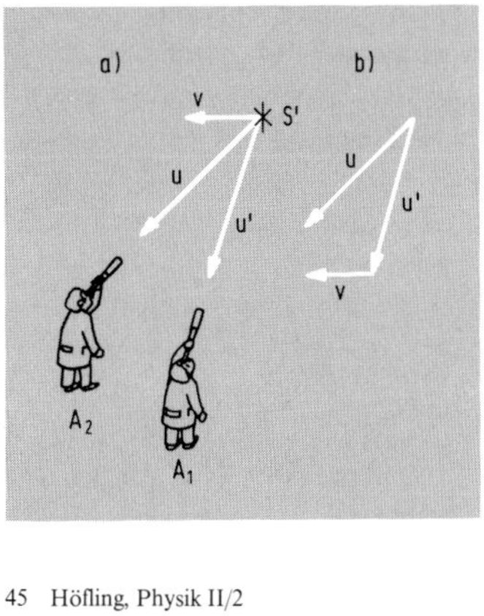

Abb. 705.1
Aberrationseffekt für einen Beobachter, der die Relativbewegung eines Sternes gegenüber der eigenen Person verfolgt.

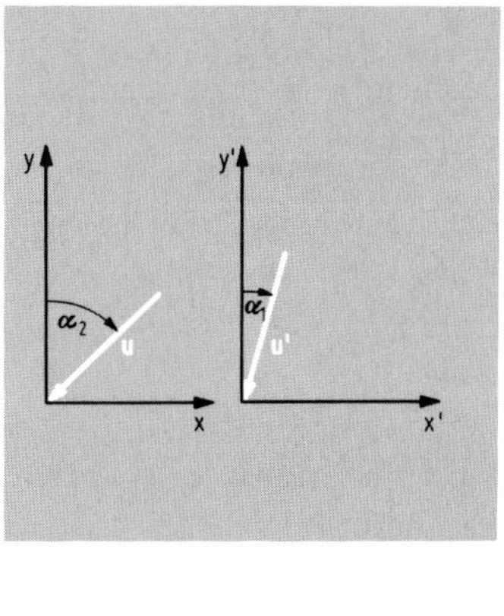

Abb. 705.2
Die Lage der Lichtgeschwindigkeitsvektoren im Koordinatensystem

zu finden, müssen wir die LORENTZ-Transformationen anwenden:

$$y = y', \quad \text{also auch} \quad \Delta y = \Delta y',$$

$$t = \frac{t' + \frac{v \cdot x'}{c^2}}{\sqrt{1 - \frac{v^2}{c^2}}},$$

also

$$\Delta t = \frac{\Delta t' + \frac{v \cdot \Delta x'}{c^2}}{\sqrt{1 - \frac{v^2}{c^2}}}$$

$$= \frac{1 + \frac{v}{c^2} \frac{\Delta x'}{\Delta t'}}{\sqrt{1 - \frac{v^2}{c^2}}} \cdot \Delta t'.$$

Mit $\frac{\Delta x'}{\Delta t'} = u'_x = c \cdot \sin \alpha_1$ erhalten wir

$$\Delta t = \frac{1 + \frac{v}{c} \cdot \sin \alpha_1}{\sqrt{1 - \frac{v^2}{c^2}}} \cdot \Delta t',$$

$$u_y = \frac{\Delta y}{\Delta t} = \frac{\Delta y' \cdot \sqrt{1 - \frac{v^2}{c^2}}}{\left(1 + \frac{v}{c} \cdot \sin \alpha_1\right) \cdot \Delta t'} = \frac{\sqrt{1 - \frac{v^2}{c^2}}}{1 + \frac{v}{c} \cdot \sin \alpha_1} \cdot u'_y,$$

$$c \cdot \cos \alpha_2 = \frac{\sqrt{1 - \frac{v^2}{c^2}}}{1 + \frac{v}{c} \cdot \sin \alpha_1} \cdot c \cdot \cos \alpha_1,$$

$$\cos \alpha_2 = \frac{\sqrt{1 - \frac{v^2}{c^2}}}{1 + \frac{v}{c} \cdot \sin \alpha_1} \cdot \cos \alpha_1.$$

Mit $\tan \alpha = \frac{\sin \alpha}{\cos \alpha}$ ergibt sich:

$$\tan \alpha_2 = \frac{\left(\sin \alpha_1 + \frac{v}{c}\right) \cdot \left(1 + \frac{v}{c} \cdot \sin \alpha_1\right)}{\left(1 + \frac{v}{c} \cdot \sin \alpha_1\right) \cdot \cos \alpha_1 \cdot \sqrt{1 - \frac{v^2}{c^2}}}$$

$$\tan \alpha_2 = \frac{\sin \alpha_1 + \frac{v}{c}}{\cos \alpha_1 \cdot \sqrt{1 - \frac{v^2}{c^2}}}.$$

BRADLEY fand für Sterne, die in einer zur Erdbahnebene senkrechten Richtung ($\alpha_1 = 0$) liegen, den Winkel $\alpha_2 \approx 20{,}5$ Bogensekunden. Mit $\alpha_1 = 0$, $\sin 0 = 0$, $\cos 0 = 1$, $v \ll c$, $\frac{v^2}{c^2} \approx 0$ geht die relativistische Aberrationsformel über in

$$\tan \alpha_2 \approx \frac{v}{c}.$$

Die Geschwindigkeit der Erde auf ihrer Bahn ist $v = 3 \cdot 10^4\ \mathrm{m\,s^{-1}}$. Mit $c = 3 \cdot 10^8\ \mathrm{m\,s^{-1}}$ erhält man dann $\tan \alpha_2 = 0{,}0001$. Daraus folgt $\alpha_2 = 20{,}5''$. Theorie und Beobachtung stimmen also überzeugend überein.

Wir wollen noch einem Mißverständnis vorbeugen. Bei der Diskussion der Äthertheorie wurde der BRADLEY-Versuch als Nachweis für die Bewegung der Erde im Kosmos angesehen. An dieser Stelle haben wir erkannt, daß sich die Aberration des Sternenlichtes auch dann ergibt, wenn der Beobachter die Relativbewegung des Sternes gegenüber sich selbst betrachtet. Ist damit nicht doch wieder der Standpunkt des PTOLEMÄUS möglich und der Nachweis der Erdbewegung hinfällig geworden? Zur Beantwortung dieser Frage müssen wir uns daran erinnern, daß der Standpunkt von PTOLEMÄUS ein *absoluter* ist. Wenn wir an diesem Standpunkt festhalten, müssen wir die EINSTEIN-Postulate aufgeben. Ohne die EINSTEIN-Postulate wäre aber eine sinnvolle physikalische Herleitung der LORENTZ-Transformationen nicht möglich. Die LORENTZ-Transformationen sind ihrerseits der Schlüssel zum Verständnis experimenteller Ergebnisse, wie wir bereits im Fall der durch kosmische Strahlung erzeugten Myonen gesehen haben und im Fall der Relativität der Masse und der Äquivalenz von Masse und Energie noch sehen werden. Es gibt daher kein Zurückschreiten zu PTOLEMÄUS oder zu einer absoluten Äthertheorie. Die Lage stellt sich vielmehr folgendermaßen dar: Hat man erst einmal die Relativitätstheorie, so benötigt man die Versuche von MICHELSON, BRADLEY und FIZEAU als *Aufhänger* nicht mehr. Die Diskussion dieser Versuche war ein historisch interessanter und wichtiger Schritt. Es gibt auch heute für den Lernenden kaum eine bessere Möglichkeit, sich mit dem Gedankenkomplex der Relativitätstheorie vertraut zu machen, als die des Nachvollzuges der historisch gewachsenen Erkenntnisse. Die Geschichte der Relativitätstheorie ist ein gut überschaubares Beispiel für die Stationen naturwissenschaftlichen Forschens überhaupt. Von einem mehr oder weniger verstandenen Erfahrungsgut ausgehend versucht man theoretische Deutungen. Diese gelingen zunächst nur bruchstückhaft; man läuft in Sackgassen und muß überkommene Ansichten in Frage stellen. Die Natur selbst zwingt zu neuer Betrachtungsweise. Schließlich verdichten sich alle Erfahrungen, Betrachtungen, Einzellösungen, Widersprüche und Forscherintuitionen zu einer neuen Theorie, die schlagartig zur systematischen und widerspruchsfreien Darstellung führt. An dieser Stelle vollzieht sich dann auch der Wandel im Blick, unter dem man die Ausgangspunkte der Entwicklung betrachtet. Welche Bedeutung sie für die Entstehung der Theorie gehabt haben, welche Erklärungsmomente auch immer zunächst im einzelnen herangezogen wurden, ist nun bedeutungslos. Die neue Theorie muß die Ausgangsbasis widerspruchslos in ihr System aufnehmen können. Wir haben diesen Vorgang exemplarisch am BRADLEY-Versuch dargestellt und wollen nun den FIZEAU-Versuch in die Relativitätstheorie einordnen.

Der FIZEAU-Versuch ergab innerhalb der Äthertheorie die Aussage, daß der Äther vom strömenden Wasser praktisch nicht mitgenommen wird. Der geringe Mitführungskoeffizient $\left(1 - \frac{1}{n^2}\right)$ in der Gleichung (S. 692)

$$c_W = \frac{c}{n} + v_W \cdot \left(1 - \frac{1}{n^2}\right)$$

blieb allerdings ungeklärt. Hier liefert wieder einmal die Relativitätstheorie nachträglich das physikalische Verständnis.

Die Lichtgeschwindigkeit im ruhenden Wasser ergibt sich aus der Brechzahl n zu $\frac{c}{n}$. Wenn das Wasser durch Röhren fließt, bilden die Röhren das S-System, das fließende Wasser das S'-System. Es gilt in diesem Fall $u' = \frac{c}{n}$ und $v = v_W$. Vom S-System aus gesehen muß sich das Licht nach der relativistischen Geschwindigkeitsaddition mit der Geschwindigkeit

$$c_W = \frac{\frac{c}{n} + v_W}{1 + \frac{v_W}{n \cdot c}}$$

ausbreiten. Da v_W klein gegen $n \cdot c$ ist, können wir die Näherung

$$\frac{1}{1+x} \approx 1-x \quad \text{für} \quad x \ll 1$$

benutzen und erhalten

$$c_W = \left(\frac{c}{n} + v_W\right)\left(1 - \frac{v_W}{n \cdot c}\right)$$

$$= \frac{c}{n} + v_W \cdot \left(1 - \frac{1}{n^2}\right) - \frac{v_W^2}{n \cdot c}.$$

Das letzte Glied ist sehr klein; es kann gegenüber den anderen vernachlässigt werden. Dann erhält man tatsächlich die Beziehung von FIZEAU.

7.2.8 Die Relativität der Masse

In dem Abschnitt über das Elektron (S. 583) wurde festgestellt:

Die Masse eines Körpers ist geschwindigkeitsabhängig. Hat ein Körper im Ruhezustand die Masse m_0, so ist ihm bei der Geschwindigkeit v die Masse

$$\frac{m_0}{\sqrt{1 - \frac{v^2}{c^2}}}$$

zuzuschreiben.

Wir wollen an dieser Stelle die früher mitgeteilte Beziehung herleiten.

Im System S' bewegen sich zwei Teilchen gleicher Masse längs der x'-Achse mit den Geschwindigkeiten $+u'$ und $-u'$ und stoßen vollkommen unelastisch zusammen. Da die Massen und auch die Beträge der Geschwindigkeiten gleich groß sind, befinden sich die Massen nach dem Stoß, zu einem Teilchen vereinigt, in S' in Ruhe.

Ein Beobachter A im S-System, gegenüber dem sich das S'-System mit der Geschwindigkeit v bewegt, verfolgt den Stoßvorgang. Wenn die Geschwindigkeit v des S'-Systems gerade $v = u'$ ist, so erhält A nach der relativistischen Geschwindigkeitsaddition für die Teilchen vor dem Stoß die Geschwindigkeiten

$$u_1 = \frac{u' + v}{1 + \frac{u' v}{c^2}} = \frac{2v}{1 + \frac{v^2}{c^2}} \quad \text{und} \quad u_2 = \frac{-u' + v}{1 - \frac{u' v}{c^2}} = 0.$$

Nach dem unelastischen Stoß beobachtet A das Vereinigungsteilchen mit der Geschwindigkeit v.

Der Impuls eines Teilchens ist das Produkt aus der Masse des Teilchens und seiner Geschwindigkeit. Würde A von der Geschwindigkeitsabhängigkeit der Masse nichts wissen, dann erhielte er in Anwendung des Impulserhaltungssatzes die Gleichung

$$m \cdot u_1 + m \cdot u_2 = 2m \cdot v,$$

$$m \cdot \frac{2v}{1 + \frac{v^2}{c^2}} + 0 = 2m \cdot v,$$

$$1 + \frac{v^2}{c^2} = 1,$$

$$v = 0.$$

Um den Widerspruch zur Voraussetzung $v \neq 0$ zu beseitigen, gibt es für A zwei Möglichkeiten. Entweder hält er den Impulserhaltungssatz nur für beschränkt anwendbar und in diesem Fall für ungültig, oder er zweifelt am Absolutcharakter der Masse. Im relativistischen Denken geübt geht A den zweiten Weg, indem er am

Impulserhaltungssatz festhält und die Masse als geschwindigkeitsabhängig betrachtet (A ist EINSTEIN!). Er führt folgende Bezeichnungen ein:

m_1 = Masse des Teilchens mit der Geschwindigkeit u_1 vor dem Stoß,
m_0 = Masse des ruhenden Teilchens vor dem Stoß,
M = Masse des Vereinigungsteilchens nach dem Stoß.

Der Impulserhaltungssatz liefert jetzt die Gleichung

$$m_1 \cdot u_1 = M \cdot v.$$

Außerdem fordert A, daß auch die Gesamtmasse erhalten bleibt:

$$m_1 + m_0 = M.$$

Aus $M = \frac{m_1 \cdot u_1}{v}$ und $M = m_1 + m_0$ erhalten wir durch Gleichsetzen:

$$\frac{m_1 u_1}{v} = m_1 + m_0,$$

$$m_1 \cdot \left(\frac{u_1}{v} - 1\right) = m_0,$$

$$m_1 = \frac{m_0}{\frac{u_1}{v} - 1},$$

$$m_1 = \frac{v}{u_1 - v} \cdot m_0.$$

Da uns die Abhängigkeit der Masse m_1 von ihrer Geschwindigkeit u_1 interessiert, müssen wir v eliminieren. Wir lösen deshalb

$$u_1 = \frac{2v}{1 + \frac{v^2}{c^2}}$$

nach v auf:

$$u_1 \cdot \left(1 + \frac{v^2}{c^2}\right) = 2v,$$

$$u_1 + \frac{u_1}{c^2} \cdot v^2 - 2v = 0,$$

$$v^2 - \frac{2c^2}{u_1} \cdot v + c^2 = 0.$$

Dieses ist eine quadratische Gleichung mit der Unbekannten v. Als Lösung erhalten wir

$$v = \frac{c^2}{u_1} \pm \sqrt{\left(\frac{c^2}{u_1}\right)^2 - c^2}$$

$$= \frac{c^2}{u_1} \pm \frac{c^2}{u_1} \cdot \sqrt{1 - \frac{u_1^2}{c^2}}.$$

Es ist nun zu untersuchen, ob beide Vorzeichen des Wurzelausdrucks möglich sind. Da u_1 klein gegenüber c ist, ist der Quotient $\frac{u_1^2}{c^2}$ klein gegenüber 1. Die Anwendung der Näherungsformel

$$\sqrt{1-x} \approx 1 - \tfrac{1}{2} \cdot x \quad \text{für} \quad x \ll 1$$

liefert:

$$v \approx \frac{c^2}{u_1} \pm \frac{c^2}{u_1} \cdot \left(1 - \frac{1}{2} \cdot \frac{u_1^2}{c^2}\right),$$

$$v_1 \approx \frac{2c^2}{u_1} - \frac{1}{2} \cdot u_1,$$

$$v_2 \approx \tfrac{1}{2} \cdot u_1 .$$

Die Lösung v_1 führt zu Überlichtgeschwindigkeiten, so daß nur die zweite Lösung in Frage kommt. Es gilt also

$$v = \frac{c^2}{u_1} - \frac{c^2}{u_1} \cdot \sqrt{1 - \frac{u_1^2}{c^2}}$$

$$= \frac{c^2}{u_1} \cdot \left(1 - \sqrt{1 - \frac{u_1^2}{c^2}}\right).$$

Wir setzen die Lösung in $m_1 = \frac{v}{u_1 - v} \cdot m_0$ ein und erhalten:

$$m_1 = \frac{\frac{c^2}{u_1} \cdot \left(1 - \sqrt{1 - \frac{u_1^2}{c^2}}\right)}{u_1 - \frac{c^2}{u_1} \cdot \left(1 - \sqrt{1 - \frac{u_1^2}{c^2}}\right)} \cdot m_0$$

$$= \frac{1 - \sqrt{1 - \frac{u_1^2}{c^2}}}{\frac{u_1^2}{c^2} - \left(1 - \sqrt{1 - \frac{u_1^2}{c^2}}\right)} \cdot m_0$$

$$= \frac{1 - \sqrt{1 - \frac{u_1^2}{c^2}}}{-\left(1 - \frac{u_1^2}{c^2}\right) + \sqrt{1 - \frac{u_1^2}{c^2}}} \cdot m_0$$

$$= \frac{1 - \sqrt{1 - \frac{u_1^2}{c^2}}}{-\sqrt{1 - \frac{u_1^2}{c^2}} \cdot \sqrt{1 - \frac{u_1^2}{c^2}} + \sqrt{1 - \frac{u_1^2}{c^2}}} \cdot m_0$$

$$= \frac{1 - \sqrt{1 - \frac{u_1^2}{c^2}}}{\sqrt{1 - \frac{u_1^2}{c^2}} \cdot \left(1 - \sqrt{1 - \frac{u_1^2}{c^2}}\right)} \cdot m_0$$

$$= \frac{1}{\sqrt{1 - \frac{u_1^2}{c^2}}} \cdot m_0 .$$

Wir haben nun folgendes Ergebnis erhalten:

Bewegt sich ein Teilchen mit der Ruhmasse m_0 mit der Geschwindigkeit u_1, so besitzt es die größere Masse

$$m_1 = \frac{m_0}{\sqrt{1 - \frac{u_1^2}{c^2}}} .$$

Das ist aber der eingangs festgestellte Zusammenhang für die *relativistische Massenveränderlichkeit*, wenn man jetzt für die Geschwindigkeit u_1 des bewegten Teilchens das Symbol v benutzt.

Wir haben an früherer Stelle schon davon gesprochen, daß sich kein Signal mit größerer Geschwindigkeit als der Vakuum-Lichtgeschwindigkeit ausbreiten kann. Den Grund für diese Behauptung kann man jetzt einsehen. Signale können entweder durch elektromagnetische Wellen oder durch bewegte Teilchen übermittelt werden. Für elektromagnetische Wellen kann es nach dem EINSTEIN-Postulat keine höhere Geschwindigkeit als die Vakuum-Lichtgeschwindigkeit c geben. Es bleibt also nur noch die Möglichkeit, Signale durch Teilchen (z.B. Elektronen) mit Überlichtgeschwindigkeit zu übermitteln. Die relativistische Massenveränderlichkeit zeigt aber, daß die Masse m eines bewegten Teilchens mit der Ruhmasse m_0 über alle Grenzen wächst, wenn die Geschwindigkeit v des Teilchens sich der Lichtgeschwindigkeit nähert. Für $v > c$ wird der Nenner der Formel und damit auch die Masse m imaginär. Die Vakuum-Lichtgeschwindigkeit zeigt sich auch für diese Art der Signalübermittlung als *Grenzgeschwindigkeit*.

7.2.9 Die Äquivalenz von Masse und Energie

Für kleine Geschwindigkeiten v läßt sich die relativistische Massenformel mit Hilfe der Näherung

$$\frac{1}{\sqrt{1-x}} \approx 1 + \tfrac{1}{2} \cdot x \quad \text{für} \quad x \ll 1$$

umformen:

$$m = m_0 + \tfrac{1}{2} \cdot m_0 \cdot \frac{v^2}{c^2}.$$

Multiplizieren wir diese Gleichung mit c^2, so ergibt sich

$$m c^2 = m_0 c^2 + \tfrac{1}{2} \cdot m_0 v^2.$$

Das letzte Glied ist uns als kinetische Energie

$$W_k = \tfrac{1}{2} \cdot m_0 v^2$$

eines bewegten Körpers bekannt. Da nur gleichartige physikalische Größen addiert werden können, liegt es nahe, auch das Produkt aus der Masse und dem Quadrat der Lichtgeschwindigkeit als Energie aufzufassen. Man spricht von der *Äquivalenz von Masse und Energie*. Dieses von EINSTEIN gefundene und auf verschiedenen Wegen hergeleitete Ergebnis sagt ganz allgemein aus:

Jeder Form von Energie W ist eine Masse m zugeordnet (und umgekehrt):

$$W = m c^2.$$

Der Ruhmasse m_0 eines Körpers muß die Ruhenergie $m_0 c^2$ zugeordnet werden.

Diese Aussage, die EINSTEIN selbst für die wichtigste der aus der Relativitätstheorie hervorgegangenen Erkenntnisse hielt, ist allgemeiner, als es hier zunächst den Anschein hat. Es gibt z.B. kernphysikalische Prozesse, bei denen Energie erzeugt wird, die in Form von elektromagnetischer Strahlung, in Form von kinetischer Energie oder in Form von Wärme frei wird. Eine genaue Betrachtung zeigt dann, daß als Äquivalent für die erzeugte Energie W die Masse $m = \frac{W}{c^2}$ aus dem System verschwunden ist. Es ist daher notwendig, die beiden früher getrennt nebeneinander stehenden Grundgesetze aller Naturwissenschaften, das Gesetz von der Erhaltung der Energie und das Gesetz von der Erhaltung der Masse, zu einem einzigen Gesetz zu verbinden. Wenn z.B. im vorhergehenden Abschnitt zur relativistischen Massenveränderlichkeit das Gesetz von der Erhaltung der Masse für den von A beobachteten Stoßprozeß in der Form $m_1 + m_0 = M$ und nicht in der Form $m_0 + m_0 = 2 m_0$ geschrieben wurde, so kommt darin ja bereits zum Ausdruck, daß die vorhandenen kinetischen Energien als Massenzuwachs in Rechnung gestellt werden. Man könnte aber auch umgekehrt alle Massen in Energien umrechnen und eine Energiebilanz aufstellen. Dieses Verfahren wird in der Elementarteilchenphysik hochenergetischer Teilchen häufig benutzt. Als EINSTEIN zuerst durch rein theoretische Betrachtungen den Zusammenhang zwischen Masse und Energie entdeckte, glaubte er nicht, daß diese Erkenntnisse noch zu seinen Lebzeiten physikalisch oder technisch realisiert werden könnten. Um so bewundernswerter ist seine geistige Leistung, welche die Voraussetzung für die *Energieversorgung durch Kernkraftwerke* bildet.

Durch die Erkenntnis der Äquivalenz von Masse und Energie wurde auch ein viele Jahrzehnte offenes Problem seiner Lösung zugeführt. Die Sonne strahlt soviel Energie in den kosmischen Raum ab, daß sie nach Berechnungen, die nur von dem Wärmevorrat der Sonne ausgingen, schon längst hätte erkaltet sein müssen. Heute weiß man, daß *Kernfusionsprozesse*, die mit Massenverlust verbunden sind, den Sonnenofen in Betrieb halten. Die ausgestrahlte elektromagnetische Energie entspricht nach der EINSTEIN-Formel $5{,}2 \cdot 10^{11}$ kg Massenverlust pro Minute. Da die Sonne aber mehr als 10^{30} kg Masse besitzt, wird es etwa 10^{11} Jahre dauern, bis sie etwa 1 % ihrer Masse verloren hat. Zum Vergleich beachte man, daß nach Schätzungen der Astrophysiker das Alter der Sternsysteme zwischen 10^9 und 10^{10} Jahren liegt. Auf diese Zusammenhänge wird bei der Behandlung der Kernphysik näher eingegangen.

Wenn elektromagnetische Strahlung auf eine Fläche auftrifft, so übt sie auf diese Fläche einen geringen Druck aus. Theoretisch ergibt sich der *Strahlungsdruck* sowohl nach der MAXWELL-Theorie der elektromagnetischen Wellen als auch nach der Relativitätstheorie. Wir leiten die Größe des Drucks aus der letzteren her.

Da die Strahlungsenergie W die Eigenschaften einer strömenden Masse $m=\frac{W}{c^2}$ besitzt, enthält sie auch einen Impuls. Der Impuls ist als Produkt aus Masse und Geschwindigkeit definiert, er ist daher in diesem Fall $mc=\frac{W}{c}$. Wird der Impuls von einer absolut schwarzen Fläche während der Bestrahlungszeit t vollkommen aufgenommen, so ist das Produkt aus der dabei auf die Fläche A ausgeübten Kraft F und der Zeit t dem Impuls gleich: $Ft=\frac{W}{c}$. Der Druck ergibt sich als Quotient aus der Kraft F und der Fläche A, auf welche die Kraft senkrecht wirkt:

$$p=\frac{F}{A}=\frac{W}{c \cdot A \cdot t}.$$

Die Sonne strahlt auf einen Quadratmeter der Erdoberfläche pro Sekunde die Energie $W=1{,}35 \cdot 10^3$ J ein. Daraus ergibt sich der Strahlungsdruck zu

$$p=\frac{1{,}35 \cdot 10^3\ \mathrm{J}}{3 \cdot 10^8\ \frac{\mathrm{m}}{\mathrm{s}} \cdot 1\ \mathrm{m}^2 \cdot 1\ \mathrm{s}}=0{,}45 \cdot 10^{-5}\ \mathrm{Pa}.$$

Mit der Umrechnung: 1 bar $=10^5$ Pa, 1 Mikrobar $=10^{-6}$ bar erhält man daher für den Strahlungsdruck: $p=0{,}45 \cdot 10^{-4}$ Mikrobar. Zum Vergleich: Der normale Luftdruck beträgt 10^6 Mikrobar.

Der Strahlungsdruck konnte als *Lichtdruck des Sonnenlichtes* in der theoretisch berechneten Größe von P. N. LEBEDEW (1866 – 1912) experimentell nachgewiesen werden.

7.2.10 Die Lorentz-Kraft

In der Elektrizitätslehre haben wir den engen Zusammenhang zwischen elektrischen und magnetischen Erscheinungen kennengelernt. Insbesondere ergab sich für die Kraft auf eine elektrische Ladung Q, die sich senkrecht zu den Feldlinien eines Magnetfeldes der magnetischen Flußdichte B mit der Geschwindigkeit v bewegt, die LORENTZ-Kraft

$$F=QvB,$$

deren Richtung senkrecht zur Feldrichtung und senkrecht zur Bewegungsrichtung der Ladung liegt. Die Tatsache, daß nur auf bewegte Ladungen die LORENTZ-Kraft wirkt, legt die Möglichkeit einer relativistischen Deutung der LORENTZ-Kraft nahe. Wir denken uns dazu nach Abb. 713.1a ein langes Rohr, in dem einfach geladene positive Ionen von unten nach oben und Elektronen von oben nach unten fliegen. Die Abb. 713.1b zeigt einen vergrößerten Ausschnitt aus dem Rohr.

Alle Ladungsträger haben gleich große Ladung, nämlich eine positive oder negative Elementarladung. Außerdem fordern wir in diesem Gedankenversuch, daß die Geschwindigkeitsbeträge und die Ladungsträgerdichten für die positiven und die negativen Ladungsträger gleich groß sind.

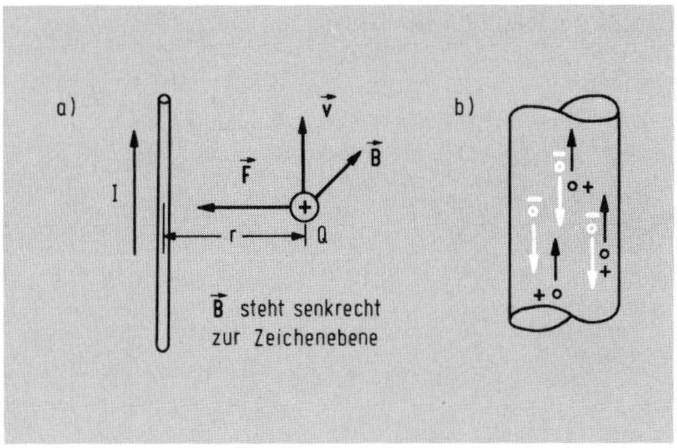

Abb. 713.1 Auf eine parallel zu einem Stromrohr bewegte elektrische Ladung wirkt die LORENTZ-Kraft.

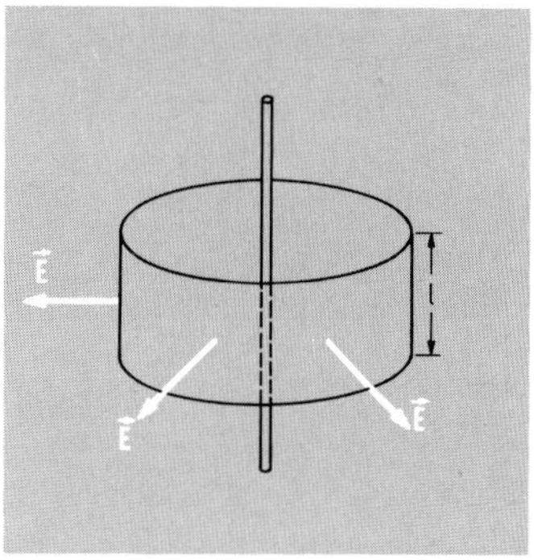

Abb. 713.2 Zylinder mit eingeschlossener Ladung zur Berechnung des elektrischen Flusses

Wie beschreibt ein relativ zum Rohr im Abstand r ruhender Beobachter, den wir A nennen wollen, diesen Vorgang? Er stellt fest, daß an seinem Ort auf eine Ladung Q, die sich mit der Geschwindigkeit v parallel zum Rohr bewegt, eine Kraft F wirkt. Diese Kraft interpretiert er als LORENTZ-Kraft

$$F = Q v B$$

auf die bewegte Ladung Q in einem Magnetfeld der magnetischen Flußdichte B, das durch die im Rohr strömenden Ladungen verursacht wird.

Auf ein Rohrstück der Länge l mögen z positive und z negative Ladungsträger entfallen. Die positiven Ladungsträger besitzen die Geschwindigkeit u, die negativen die Geschwindigkeit $-u$ relativ zum Rohr. Wenn alle Ladungsträger sich in der Zeit t um ein Stück l bewegt haben, gilt $u = \frac{l}{t}$ bzw. $t = \frac{l}{u}$. In dieser Zeit ist sowohl die positive Ladung ze als auch die negative Ladung $-ze$ durch das Leiterstück l geflossen. Die Stromstärke I ergibt sich daher zu

$$I = \frac{2ze}{t} = \frac{2zeu}{l}.$$

Die magnetische Flußdichte B um einen praktisch unendlich langen Leiter mit der Stromstärke I beträgt im Abstand r vom Leiter

$$B = \mu_0 \cdot \frac{I}{2\pi r} \quad \text{(vgl. S. 487).}$$

Der Beobachter A mißt daher als LORENTZ-Kraft

$$\begin{aligned} F &= Q v B \\ &= \frac{Q v \mu_0 I}{2\pi r} \\ &= \frac{\mu_0 Q v z e u}{\pi r l}. \end{aligned}$$

Bevor wir uns der Beschreibung desselben Vorganges durch einen mit der Ladung Q mitbewegten bzw. relativ zur Ladung Q ruhenden Beobachter B zuwenden, berechnen wir die elektrische Feldstärke E, die sich im Abstand r vom Rohr ergeben würde, wenn nur die positiven oder nur die negativen Ladungsträger im Rohr ruhend vorhanden wären. Da das Rohr als unendlich lang gedacht wird, ist die Richtung der elektrischen Feldstärke radial, d.h., die Feldlinien stehen senkrecht auf dem Rohr. Um die Größe der Feldstärke zu ermitteln, denken wir uns einen Zylinder mit dem Radius r und der Höhe l um das Rohr gelegt, in dessen Achse das Rohr verläuft (Abb. 713.2).

In der Elektrostatik (S. 422) erhielten wir die Aussage, daß der elektrische Fluß

$$\Psi = \varepsilon_0 \cdot \sum E_N \cdot \Delta A$$

gleich der umschlossenen Ladung ist. In diesem speziellen Fall erhalten wir:

$$\varepsilon_0 \cdot E \cdot 2\pi r l = z \cdot e.$$

Die positiven Ladungen verursachen im Abstand r die Feldstärke

$$E = \frac{z e}{2\pi \varepsilon_0 r l},$$

die negativen Ladungen eine gleich große Feldstärke mit entgegengesetzter Feldrichtung. Sind die Ladungsträger beider Sorten anwesend, so heben sich die Felder gegenseitig auf; der Beobachter A stellt kein elektrisches Feld fest. Das gilt für ihn auch dann noch, wenn die positiven und negativen Ladungsträger mit gleich großen, aber entgegengesetzten Geschwindigkeiten durch das Rohr strömen.

Der Beobachter B, der mit der Ladung Q parallel zum Rohr fliegt, muß den Bewegungszustand der im Rohr strömenden Ladungen anders beurteilen. Die Ladungsträger erhalten aus seiner Sicht noch die Geschwindigkeit $-v$, die er relativistisch zu den Geschwindigkeiten u und $-u$ addieren muß. Für B ist die Geschwindigkeit der positiven Ladungsträger

$$u'_p = \frac{u - v}{1 - \frac{u v}{c^2}}$$

und die Geschwindigkeit der negativen Ladungsträger

$$u'_n = \frac{-u - v}{1 + \frac{u v}{c^2}}.$$

Dadurch erhält B verschiedene Werte für die Ladungsträgerdichten. Da die positiven Ladungen sich relativ zu B mit der Geschwindigkeit u'_p bewegen, verringert sich ihr Abstand wegen der relativistischen Längenkontraktion auf das

$$\sqrt{1 - \frac{(u'_p)^2}{c^2}}\text{-fache}.$$

Die Ladungsträgerdichte der positiven Ladungen muß sich daher mit dem Faktor

$$\frac{1}{\sqrt{1 - \frac{(u'_p)^2}{c^2}}}$$

vergrößern. Entsprechend erhält man für die relativistische Veränderung der Ladungsträgerdichte der negativen Ladungen den Faktor

$$\frac{1}{\sqrt{1 - \frac{(u'_n)^2}{c^2}}}.$$

Aus der Sicht von B verursachen die positiven Ladungen im Abstand r die Feldstärke

$$E_p = \frac{z e}{2\pi \varepsilon_0 r l} \cdot \frac{1}{\sqrt{1 - \frac{(u'_p)^2}{c^2}}}.$$

Der Feldvektor zeigt vom Rohr radial nach außen.

Die negativen Ladungen verursachen dagegen die Feldstärke

$$E_n = \frac{z e}{2\pi \varepsilon_0 r l} \cdot \frac{1}{\sqrt{1 - \frac{(u_n')^2}{c^2}}}$$

mit entgegengesetzter Feldrichtung. Wirksam bleibt die Feldstärke

$$E = E_n - E_p,$$

deren Feldvektor auf das Rohr gerichtet ist. Wir erhalten:

$$E = \frac{z e}{2\pi \varepsilon_0 r l} \cdot \left(\frac{1}{\sqrt{1 - \frac{(u_n')^2}{c^2}}} - \frac{1}{\sqrt{1 - \frac{(u_p')^2}{c^2}}} \right).$$

Wir formen zunächst den Wurzelausdruck

$$\sqrt{1 - \frac{(u_p')^2}{c^2}} = \sqrt{1 - \frac{(u - v)^2}{c^2 \cdot \left(1 - \frac{u v}{c^2}\right)^2}}$$

um:

$$\sqrt{1 - \frac{(u-v)^2}{c^2 \cdot \left(1 - \frac{u v}{c^2}\right)^2}} = \frac{\sqrt{c^2 \cdot \left(1 - \frac{u v}{c^2}\right)^2 - (u - v)^2}}{c \cdot \left(1 - \frac{u v}{c^2}\right)}$$

$$= \frac{\sqrt{1 - \frac{2 u v}{c^2} + \frac{u^2 v^2}{c^4} - \frac{u^2}{c^2} + \frac{2 u v}{c^2} - \frac{v^2}{c^2}}}{1 - \frac{u v}{c^2}}$$

$$= \frac{\sqrt{1 - \frac{u^2}{c^2} + \frac{u^2 v^2}{c^4} - \frac{v^2}{c^2}}}{1 - \frac{u v}{c^2}}$$

$$= \frac{\sqrt{\left(1 - \frac{u^2}{c^2}\right) \cdot \left(1 - \frac{v^2}{c^2}\right)}}{1 - \frac{u v}{c^2}}.$$

Die Feldstärke E_p beträgt also

$$E_p = \frac{z e}{2\pi \varepsilon_0 r l} \cdot \frac{1 - \frac{u v}{c^2}}{\sqrt{\left(1 - \frac{u^2}{c^2}\right) \cdot \left(1 - \frac{v^2}{c^2}\right)}}.$$

Um die Feldstärke E_n zu berechnen, brauchen wir nur u durch $-u$ ersetzen und erhalten:

$$E_n = \frac{z e}{2\pi \varepsilon_0 r l} \cdot \frac{1 + \frac{u v}{c^2}}{\sqrt{\left(1 - \frac{u^2}{c^2}\right) \cdot \left(1 - \frac{v^2}{c^2}\right)}}.$$

Insgesamt ergibt sich daher

$$E=\frac{z\,e}{2\pi\,\varepsilon_0\,r\,l}\cdot\frac{\frac{2\,u\,v}{c^2}}{\sqrt{\left(1-\frac{u^2}{c^2}\right)\cdot\left(1-\frac{v^2}{c^2}\right)}}$$

$$=\frac{z\,e\,u\,v}{\pi\,\varepsilon_0\,r\,l\,c^2}\cdot\frac{1}{\sqrt{\left(1-\frac{u^2}{c^2}\right)\cdot\left(1-\frac{v^2}{c^2}\right)}}.$$

Für Geschwindigkeiten u und v, die klein gegenüber c sind, kann der ganze Wurzelausdruck gleich 1 gesetzt werden:

$$E=\frac{z\,e\,u\,v}{\pi\,\varepsilon_0\,r\,l\,c^2}.$$

Der Beobachter B stellt fest, daß auf die Ladung Q die elektrische Kraft $F_{\mathrm{el}}=QE$ wirkt:

$$F_{\mathrm{el}}=\frac{z\,e\,u\,v\,Q}{\pi\,\varepsilon_0\,r\,l\,c^2}.$$

Eine magnetische Kraft braucht B für die Beschreibung des Vorganges nicht.

Die letzte Gleichung läßt sich mit Hilfe des Zusammenhanges

$$c^2\cdot\varepsilon_0\cdot\mu_0=1 \qquad \text{(vgl. S. 545)}$$

zwischen der Lichtgeschwindigkeit und den Feldkonstanten umschreiben. Mit

$$\varepsilon_0\cdot c^2=\frac{1}{\mu_0}$$

erhalten wir

$$F_{\mathrm{el}}=\frac{\mu_0\,Q\,v\,z\,e\,u}{\pi\,r\,l},$$

d.h. denselben Ausdruck wie für die LORENTZ-Kraft.

7.2.11 Abschließende Bemerkungen

Alle Aussagen, die in den vorangegangenen Abschnitten gemacht wurden, beziehen sich auf den Spezialfall relativ zueinander bewegter Inertialsysteme. Deshalb heißt dieser Teil der Relativitätstheorie auch die *spezielle Relativitätstheorie.* Die Grundgedanken dazu veröffentlichte EINSTEIN 1905 in seiner Arbeit „Zur Elektrodynamik bewegter Körper". Später versuchte EINSTEIN über die Einschränkungen der speziellen Relativitätstheorie hinauszukommen und das Prinzip der Gleichberechtigung der Beobachter in der *allgemeinen Relativitätstheorie* auch auf beschleunigte Bezugssysteme zu erweitern. Eine Theorie, die das leistet, muß die *Wirkung von Gravitationsfeldern* in ihre Betrachtungen einbeziehen. Ein Beobachter, der sich in einem konstant beschleunigten Raum ohne Kontakt zur Außenwelt befindet, kann nämlich nicht entscheiden, ob er sich in einem beschleunigten System oder ruhend in einem Gravitationsfeld befindet. EINSTEIN entwickelte in diesem Zusammenhang eine neue Gravitationstheorie, nach der sich auch Gravitationswirkungen im Gegensatz zur Auffassung NEWTONS nicht schneller als mit Lichtgeschwindigkeit ausbreiten können.

Innerhalb der speziellen Relativitätstheorie haben wir die enge Verzahnung zwischen Experiment und Theorie kennengelernt. Prüfstein für eine verallgemeinerte Theorie muß wieder die der Messung zugängliche Erfahrung sein. Leider sind aber die Schwierigkeiten für den experimentell arbeitenden Physiker diesbezüglich noch größer als innerhalb der speziellen Relativitätstheorie. Es lassen sich kaum Laboratoriumsexperimente ersinnen, mit denen die Aussagen der allgemeinen Relativitätstheorie nachgeprüft werden können. Mit Hilfe eines 1957 von R. L. MÖSSBAUER (geb. 1929) entdeckten Effektes der Kernphysik konnte allerdings ein solches Experiment durchgeführt werden. Vorher hatte man sich zur Überprüfung der allgemeinen Relativitätstheorie astronomischen Beobachtungen zugewandt. Die Schwierigkeiten bei der Auswertung solcher Beobachtungen liegen einmal in der Geringfügigkeit der zu erwartenden Effekte und zum anderen in der Überlagerung der relativistischen Effekte durch andere, nichtrelativistische Effekte. Trotzdem konnte man zwei astronomische Effekte finden, die für die Gültigkeit der allgemeinen Relativitätstheorie sprechen. Es handelt sich um die Periheldrehung der Merkurbahn und um die Lichtablenkung im Gravitationsfeld der Sonne.

Wir wenden uns nun im einzelnen den drei genannten Effekten zu.

1. Uhren im Gravitationsfeld

Als Uhr kann man jede Anordnung benutzen, die einem zeitlich periodischen Ablauf unterliegt oder einen solchen erzeugt. Im folgenden werden jedoch nicht solche Uhren betrachtet, deren Konstruktion auf der Erdanziehung beruht (Schwerependeluhr, Sanduhr). Ideal im Sinne unserer Betrachtungen sind Atome, die Licht ausstrahlen. Wir denken uns zwei gleichartige Atome mit gleichem Ausstrahlungsprozeß an den Orten P_1 und P_2 mit den Gravitationspotentialen V_1 bzw. V_2. Es soll $V_2 > V_1$ sein, d.h. bezüglich der Erde, daß der Ort P_2 höher über der Erdoberfläche liegt als der Ort P_1. Ein Beobachter, der sich am Ort des Licht ausstrahlenden Atoms befindet, stellt fest, daß ein Wellenzug aus N Wellen mit der Frequenz ν in der Zeitspanne Δt ausgestrahlt wird. Der Beobachter in P_2 mißt für den Wellenzug „seines" Atoms also die Frequenz ν, für den am Ort P_1 ausgestrahlten Wellenzug jedoch die kleinere Frequenz ν'. Er schließt daraus, daß der Wellenzug am Ort P_1 in der Zeitspanne $\Delta t'$ ausgestrahlt wurde.

Da $N = \nu \cdot \Delta t = \nu' \cdot \Delta t'$ ist, gilt $\Delta t' = \frac{\nu}{\nu'} \cdot \Delta t$, also $\Delta t' > \Delta t$. Der Ausstrahlungsvorgang in P_1 erforderte aus der Sicht des Beobachters in P_2 also eine längere Zeitspanne. Dazu sagt man kurz:

Eine Uhr geht am Ort mit niedrigerem Gravitationspotential langsamer als eine Vergleichsuhr am Ort mit höherem Gravitationspotential.

Die allgemeine Relativitätstheorie liefert für die relative Frequenzdifferenz die Beziehung

$$\frac{\nu - \nu'}{\nu} = \frac{V_2 - V_1}{c^2}.$$

Das Gravitationspotential der Erde ist

$$V = -G\frac{m_E}{r}.$$

G = Gravitationskonstante,
m_E = Masse der Erde,
r = Abstand vom Erdmittelpunkt.

Damit erhalten wir

$$\frac{\nu - \nu'}{\nu} = \frac{G m_E}{c^2}\left(\frac{1}{r_1} - \frac{1}{r_2}\right).$$

Zur Abschätzung der Größe der relativen Frequenzdifferenz wählen wir $r_1 = r_E$ und $r_2 = r_E + 10$ m, wobei mit r_E der Radius der Erde bezeichnet wird. Mit den bekannten Größen G, c, m_E und r_E erhält man

$$\frac{\nu - \nu'}{\nu} \approx 10^{-15}.$$

Angesichts dieses kleinen Wertes tritt folgende Schwierigkeit auf. Jede Spektrallinie besitzt eine gewisse Breite. Wenn von Atomen eines glühenden Körpers Licht mit der Frequenz ν_0 abgestrahlt wird, so enthält das Spektrum dieses Lichtes eine Spektrallinie mit der Frequenzbreite von $\nu_0 - \Delta\nu$ bis $\nu_0 + \Delta\nu$. Die Spektrallinie ist also nicht unendlich schmal. Die Unschärfe beruht vor allem auf dem DOPPLER-Effekt der thermisch bewegten Atome und auf der Stoßdämpfung bei dem Zusammenstoß strahlender Atome. Durch den Stoß wird die Ausstrahlung vorzeitig abgebrochen, der ausgestrahlte Wellenzug verkürzt und damit die Spektrallinie verbreitert. Ohne auf Einzelheiten näher einzugehen sei an dieser Stelle mitgeteilt, daß mit normalen Spektrallinien der Nachweis der Frequenzverschiebung im Gravitationsfeld nicht zu führen ist, weil die Spektrallinien viel zu breit sind. Wenn man geringfügige Frequenzdifferenzen messen will, darf die Breite der Spektrallinien nicht so groß sein, daß sie den zu messenden Effekt überdeckt.

MÖSSBAUER hat ein Verfahren gefunden, mit dem man so schmale Spektrallinien gewinnen kann, daß eine Messung der relativen Frequenzdifferenz in der Größenordnung 10^{-15} möglich ist. Er benutzte dazu nicht das sichtbare Licht, sondern die Gammastrahlung von radioaktiv angeregten Atomkernen. Entscheidend bei diesem Verfahren ist, daß die Atome in einem Kristallgitter eingebaut sind. Die oben genannten Effekte, die zu einer breiten Spektrallinie führen, können auf diese Weise unterdrückt werden. Mit dem Einbau der strahlenden Atomkerne in ein Kristallgitter wird auch noch der letzte wesentliche Störeffekt beseitigt. Die Abstrahlung eines Wellenzuges oder, im Teilchenbild betrachtet, eines sog. Gammaquants gibt einen Rückstoß auf den emittierenden Kern. Bei frei beweglichen Kernen nimmt der Kern dadurch Energie auf, die der abgestrahlten Energie dann fehlt. Das führt wiederum zu einer Unschärfe der Spektrallinie. Sind dagegen die Kerne in ein Kristallgitter eingebaut, so erfolgt bei hinreichend tiefer Temperatur der Rückstoß nicht auf den einzelnen Kern, sondern auf das ganze Gitter. Dies bewirkt infolge der vergleichsweise riesigen Masse des Kristallgitters gegenüber dem Einzelkern, daß der Rückstoßeffekt praktisch nicht zur Wirkung kommt und somit die Spektrallinie äußerst schmal bleibt. Man bezeichnet die rückstoßfreie Emission oder auch Absorption als MÖSSBAUER-Effekt.

Nach der Methode MÖSSBAUERS ergeben sich Spektrallinien, die um den Faktor 10^{-8} schmaler sind als die üblichen Spektrallinien des sichtbaren Lichtes. Mit derart scharfen Linien konnten POUND und REBKA die Beziehung

$$\frac{\nu-\nu'}{\nu}=\frac{G m_{\mathrm{E}}}{c^2}\left(\frac{1}{r}-\frac{1}{r}\right)$$

bestätigen. Das Experiment wurde im Turm der Harvard-University bei einem Abstand $r_2-r_1=22{,}6\,\mathrm{m}$ in vertikaler Anordnung mit Hilfe von Gammastrahlen des Eisennuklids ${}^{57}_{26}\mathrm{Fe}$ durchgeführt. Mit den bekannten Größen der rechten Seite der oben angeführten Gleichung erhält man den theoretischen Wert $2{,}48\cdot10^{-15}$. Für die linke Seite der Gleichung ergab die Auswertung der Messungen den Wert $2{,}56\cdot10^{-15}$, so daß man von einer guten Bestätigung der Theorie sprechen darf.

2. *Die Periheldrehung der Merkurbahn*

Merkur ist der sonnennächste Planet unseres Planetensystems. Nach den KEPLER-Gesetzen der Planetenbewegung bewegt sich Merkur auf einer Ellipse um die Sonne. Langjährige Beobachtungen des Merkur zeigen, daß die große Achse der Ellipse nicht festliegt, sondern eine langsame Drehung erfährt. Mit *Perihel* bezeichnet man den sonnennächsten Punkt einer Planetenbahn. Wenn sich nun die Planetenbahnachse, auf der die Sonne liegt, um die Sonne dreht, so beschreibt das Perihel dabei einen Kreis um die Sonne. In diesem Sinne spricht man von der *Perihelbewegung* oder *Periheldrehung*. Die Bewegung des Planeten auf einer Ellipse und die Perihelbewegung überlagern sich, so daß der Planet insgesamt im Laufe der Zeit eine Rosettenbahn durchläuft.

Der Hauptanteil der Periheldrehung der Merkurbahn kommt durch die Gravitationswirkungen der anderen Planeten auf den Merkur zustande. Die Berechnung dieser Periheldrehung in Anwendung der Himmelsmechanik NEWTONS ergibt den Winkel 5557,62″ pro Jahrhundert. Beobachtet wird dagegen der größere Wert von 5600,73″ pro Jahrhundert. Die Differenz von 43,11″ pro Jahrhundert konnte erst 1915 als relativistischer Effekt gedeutet werden.

Aus der allgemeinen Relativitätstheorie ergibt sich durch hier nicht weiter zu erörternde Herleitungen für den Winkel δ (im Bogenmaß) des relativistischen Anteils der Periheldrehung während eines Umlaufs des Planeten auf seiner Ellipsenbahn die Beziehung

$$\delta=24\pi^3\,\frac{a^2}{T^2\,c^2\,(1-\varepsilon^2)}$$

mit

$$\varepsilon=\sqrt{a^2-\frac{b^2}{a^2}}.$$

a = große Halbachse der Ellipse,
b = kleine Halbachse der Ellipse,
ε = Exzentrizität der Ellipse,
T = Umlaufzeit des Planeten,
c = Lichtgeschwindigkeit.

Da die Größen in der rechten Seite der Gleichung bekannt sind, läßt sich δ berechnen. Die Durchführung der Rechnung liefert eine vollständige Übereinstimmung mit der Beobachtung. Damit ist zugleich erwiesen, daß die Gravitationstheorie NEWTONS als eine Näherung der präziseren Gravitationstheorie EINSTEINS zu gelten hat. Andererseits zeigt die Geringfügigkeit des Effektes der Periheldrehung, wie leistungsfähig das Gravitationsgesetz NEWTONS ist.

Die moderne Entwicklung auf dem Gebiet der Weltraumtechnik läßt hoffen, daß die relativistische Periheldrehung auch mit künstlichen Satelliten gemessen werden kann.

3. Die Lichtablenkung im Gravitationsfeld der Sonne

Eine weitere Folgerung aus der allgemeinen Relativitätstheorie besteht in der Aussage, daß Lichtstrahlen von einem Gravitationsfeld abgelenkt werden, wenn sie die Gravitationsfeldlinien schneiden. Ein Beobachter, der während einer totalen Sonnenfinsternis Sterne sieht, die ihr Licht an der Sonne vorbei zur Erde senden, wird über die wahre Lage der Sterne getäuscht. Er sieht die Winkelabstände der Sterne vergrößert, weil das Auge den Eindruck vermittelt, die Sterne befänden sich in den Richtungen der geradlinigen Verlängerungen der in die Augenlinse eintretenden Lichtstrahlen. Der Effekt ist in Wirklichkeit außerordentlich klein. Es handelt sich um Ablenkungswinkel in der Größenordnung von etwa $\frac{1}{2000}$ Grad. Unter einem solchen Winkel würde man z.B. eine kleine Geldmünze in 1 km Entfernung sehen.

Auch ohne Kenntnis der allgemeinen Relativitätstheorie ist einzusehen, daß eine Ablenkung des Lichtes in der Nähe eines Himmelskörpers eintreten muß. Gebraucht man zur Betrachtung das durch die Lichtquantentheorie revidierte Korpuskelbild des Lichtes, so lassen sich die Lichtkorpuskeln als Energieportionen W auffassen. Nach den Ausführungen auf S. 711 ist der Energie W die Masse $m=\frac{W}{c^2}$ äquivalent. Wie jede andere Masse muß auch diese Masse der Gravitationswirkung unterliegen, d.h. von der Masse des Himmelskörpers angezogen werden. Insgesamt ergibt sich dadurch ein gekrümmter Lichtweg. Aufgrund der allgemeinen Relativitätstheorie konnte EINSTEIN zeigen, daß die Massenanziehung aber nur den halben Ablenkungseffekt bewirkt. Die exakte Theorie muß noch die *nichteuklidische Struktur des Weltraums* berücksichtigen; sie liefert den Ablenkungswinkel

$$\delta=\frac{4Gm}{c^2 d}.$$

G = Gravitationskonstante,
m = Masse des Himmelskörpers,
c = Lichtgeschwindigkeit,
d = Abstand des unabgelenkt gedachten, geradlinigen Lichtstrahls vom Mittelpunkt des Himmelskörpers.

Für den Sonderfall der Sonne mit der Masse m_S und für Strahlen, die unmittelbar am Sonnenrand ($d=r_S$ = Radius der Sonne) vorbeigehen, erhält man

$$\delta=\frac{4Gm_S}{c^2 r_S}.$$

Mit den bekannten Größen G, c, m_S und r_S ergibt sich der Ablenkungswinkel $\delta=1{,}74''$.

Die Messung des Ablenkungswinkels mußte für die experimentelle Bestätigung der allgemeinen Relativitätstheorie von großer Bedeutung sein. Sie konnte natürlich nur bei totalen Sonnenfinsternissen vorgenommen werden, die sich leider nicht häufig in günstigen Beobachtungsorten der Erde ereignen. Man verfährt praktisch so, daß während der Finsternis die verdeckte Sonne mit dem Hintergrund des sichtbar werdenden Sternenhimmels fotografiert wird. Zum Vergleich benötigt man eine zweite Aufnahme, welche die Sternpositionen der gleichen Sterne während der Nacht zeigt. Das Licht der Sterne gelangt dann ohne die Gravitationseinwirkung der Sonne geradlinig zum Beobachter. Die Vergleichsaufnahme muß etwa ein halbes Jahr später gemacht werden.

Wie wichtig den Physikern und Astronomen der geschilderte Sachverhalt ist, erkennt man an der Vielzahl der Expeditionen. Wir führen in einer Tabelle einige Ergebnisse und die Jahreszahlen der Sonnenfinsternisexpeditionen auf:

Jahr der Sonnenfinsternis	*Gemessene Ablenkung*
1919	1,98″
1919	1,61″
1922	1,78″
1922	1,77″
1929	1,75″
1947	2,01″
1952	1,70″

Aus den Meßergebnissen zieht man zwei Schlußfolgerungen. Zunächst steht außer Zweifel, daß bei allen Beobachtungen eine Ablenkung des Lichtes durch die Sonne festgestellt wird. Weiterhin zeigt sich aber auch mit Sicherheit, daß die durchschnittliche Größe der Ablenkung nur mit Hilfe der allgemeinen Relativitätstheorie gedeutet werden kann. Lichtablenkung, die sich allein aufgrund der Massenanziehung zwischen Sonne und Lichtquanten ergibt, hätte im Widerspruch zu den Meßergebnissen den Ablenkungswinkel $\delta = 0{,}87''$ erbringen müssen.

Wir schließen die Ausführungen zur Relativitätstheorie mit zwei Übungsbeispielen ab.

Beispiele

1. Das S'-System hat relativ zum S-System die Geschwindigkeit $v = 0{,}6\,c$. Im Zeitpunkt der Raum-Zeit-Koinzidenz der Koordinatenanfangspunkte von S und S' werden die Uhren auf $t = t' = 0$ gestellt.

Es finden zwei Ereignisse statt. Das erste Ereignis wird in S zur Zeit $t_1 = 2 \cdot 10^{-7}$ s am Ort $x_1 = 50$ m beobachtet, das zweite Ereignis in S' zur Zeit $t'_2 = 3{,}5 \cdot 10^{-7}$ s am Ort $x'_2 = -55$ m.

Welche Zeit verging im S-System bzw. im S'-System zwischen den beiden Ereignissen?

Mit $v = 0{,}6\,c$ erhält man

$$\sqrt{1 - \frac{v^2}{c^2}} = \tfrac{4}{5}.$$

Die LORENTZ-Transformationen liefern:

$$t'_1 = \frac{2 \cdot 10^{-7}\,\text{s} - \dfrac{3 \cdot 50\,\text{m}}{5 \cdot 3 \cdot 10^8\,\text{m}\,\text{s}^{-1}}}{\frac{4}{5}} = 1{,}25 \cdot 10^{-7}\,\text{s},$$

$$t_2 = \frac{3{,}5 \cdot 10^{-7}\,\text{s} + \dfrac{3 \cdot (-55\,\text{m})}{5 \cdot 3 \cdot 10^8\,\text{m}\,\text{s}^{-1}}}{\frac{4}{5}} = 3 \cdot 10^{-7}\,\text{s}.$$

Die Zeit zwischen den Ereignissen ist

im S-System: $t_2 - t_1 = 3 \cdot 10^{-7}\,\text{s} - 2 \cdot 10^{-7}\,\text{s} = 1 \cdot 10^{-7}\,\text{s}$,

im S'-System: $t'_2 - t'_1 = 3{,}5 \cdot 10^{-7}\,\text{s} - 1{,}25 \cdot 10^{-7}\,\text{s} = 2{,}25 \cdot 10^{-7}\,\text{s}$.

2. Ein Plattenkondensator mit der Plattenfläche $A = 600\,\text{cm}^2$ und dem Plattenabstand $d = 2$ mm wird durch Berühren mit einer Spannungsquelle von $U = 500$ V geladen. Wie groß ist sein Massenzuwachs?

Durch den Ladevorgang werden Elektronen der einen Platte auf die andere Platte transportiert. Es fließt daher keine zusätzliche Ladung in den Kondensator ein. Der Massenzuwachs kann sich nur durch die elektrische Feldenergie, die der Kondensator aufnimmt, ergeben.

Die elektrische Feldenergie berechnet sich aus der elektrischen Feldstärke

$$E = \frac{U}{d} \quad \text{zu} \quad W = \tfrac{1}{2} \cdot \varepsilon_0 \cdot E^2 A d = \frac{\varepsilon_0 \cdot U^2 A}{2d}.$$

Dieser Energie kommt die Eigenschaft einer Masse m in der Größe

$$m = \frac{W}{c^2} = \frac{\varepsilon_0 \cdot U^2 A}{2 d c^2} \quad \text{zu}.$$

Mit $\varepsilon_0 = 8{,}85 \cdot 10^{-12}\,\text{A}\,\text{s}\,\text{V}^{-1}\,\text{m}^{-1}$, $U = 500$ V, $A = 6 \cdot 10^{-2}\,\text{m}^2$, $d = 2 \cdot 10^{-3}$ m, $c = 3 \cdot 10^8\,\text{m}\,\text{s}^{-1}$ ergibt sich:

$$m = \frac{8{,}85 \cdot 10^{-12}\,\text{A}\,\text{s}\,\text{V}^{-1}\text{m}^{-1} \cdot 2{,}5 \cdot 10^5\,\text{V}^2 \cdot 6 \cdot 10^{-2}\,\text{m}^2}{2 \cdot 2 \cdot 10^{-3}\,\text{m} \cdot 9 \cdot 10^{16}\,\text{m}^2\text{s}^{-2}}$$

$$= 3{,}7 \cdot 10^{-22}\,\text{kg}.$$

Weitere Aufgaben: Siehe O. HÖFLING, Physik-Aufgaben II/2.

Anhang

Elektrische Schaltzeichen

Schaltzeichen	*Bedeutung*	*Schaltzeichen*	*Bedeutung*
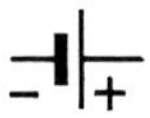	Batterie, Akkumulator	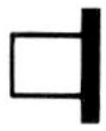	Kopfhörer
	Stromversorgungsgerät Wechselspannung		Lautsprecher
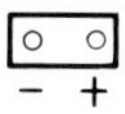	Stromversorgungsgerät, Gleichspannung		Spannungsmesser oder Voltmeter
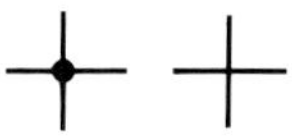	gekreuzte Leitungen mit/ohne Verbindung		Strommesser oder Amperemeter
	Schalter		elektrisches Meßinstrument, allgemein
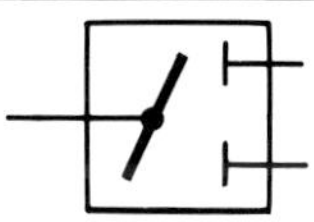	Morsetaste	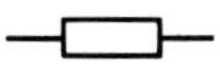	ohmscher Widerstand
	Erdung		stetig veränderbarer Widerstand
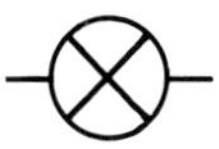	Glühlampe	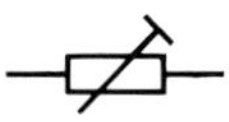	stufenweise veränderbarer Widerstand
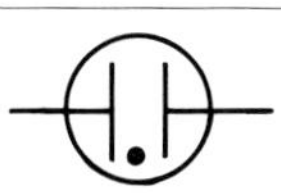	Glimmlampe	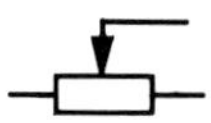	stetig veränderbarer Spannungsteiler
	Mikrofon	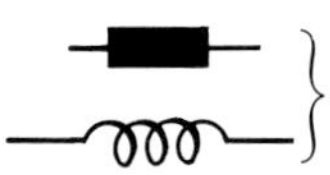	Spule allgemein; induktiver Widerstand

Elektrische Schaltzeichen (Fortsetzung)

Schaltzeichen	*Bedeutung*
	Spule mit Eisenkern
	Transformator mit Eisenkern
	Kondensator, allgemein
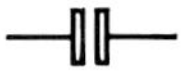	Ungepolter Elektrolytkondensator
	Kondensator, stetig veränderbare Kapazität
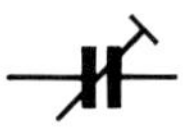	Kondensator stufenweise veränderbare Kapazität
	Halbleiterdiode, Gleichrichter
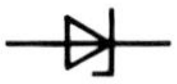	Zener-Diode
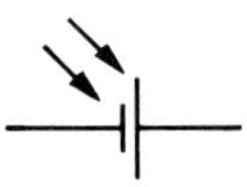	Fotoelement
	Fotodiode
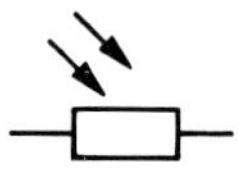	Fotowiderstand
	Vakuum-Fotozelle
	*pnp*-Flächentransistor (E = Emitter, C = Kollektor, B = Basis)
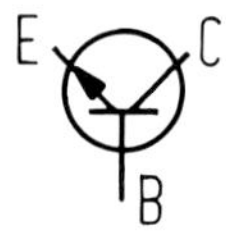	*npn*-Flächentransistor
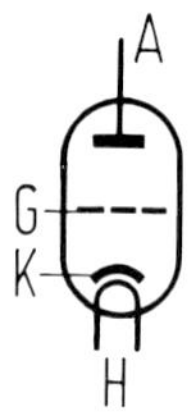	indirekt geheizte Triode (A = Anode, G = Gitter, K = Katode, H = Heizung)

Physikalische Größen, ihre Dimensionen und ihre Einheiten

In der folgenden Tabelle sind die benutzten physikalischen Größen und ihre Einheiten zusammengestellt. Die Basisgrößen sind durch Fettdruck gekennzeichnet. Hinter jeder Größe und jeder Einheit sind die Seiten angegeben, auf denen die genauen Definitionen zu finden sind. Seitenangaben unter 401 beziehen sich auf Band II, Teilband 1.

Name der Größe und Formelzeichen	*Verknüpfung*	*Dimension*	*Einheit und Einheitenzeichen*
		1. Geometrie	
Länge (S. 13) $\vec{s}, \vec{r}, \vec{l}, \dots$	–	**L**	**1 Meter** (S. 14) 1 m
Fläche (S. 16) A	$A = l_1 \cdot l_2$	$\mathbf{L}^2$	1 Quadratmeter (S. 17) 1 m^2
Volumen (S. 17) V	$V = l_1 \cdot l_2 \cdot l_3$	$\mathbf{L}^3$	1 Kubikmeter (S. 17) 1 m^3
Ebener Winkel (S. 19) $\alpha, \beta, \delta, \varphi, \dots$	$\varphi = \frac{l_1}{l_2}$	$\mathbf{L}^0$	1 Radiant (S. 19) $1\,\mathrm{rad} = 1\,\mathrm{m} \cdot 1\,\mathrm{m}^{-1} = 1$
		2. Kinematik	
Zeit (S. 21) t, T	–	**Z**	**1 Sekunde** (S. 22) 1 s
Geschwindigkeit (S. 37) $\vec{v}, c$	$\vec{v} = \frac{\vec{s}}{t}$	$\mathbf{L}\mathbf{Z}^{-1}$	1 Meter durch Sekunde (S. 37) $1\,\mathrm{m\,s^{-1}}$
Beschleunigung (S. 43) $\vec{a}$	$\vec{a} = \frac{\vec{v}}{t}$	$\mathbf{L}\mathbf{Z}^{-2}$	1 Meter durch Sekundequadrat (S. 43) $1\,\mathrm{m\,s^{-2}}$
Frequenz (S. 56) ν	$\nu = \frac{n}{t}$	$\mathbf{Z}^{-1}$	1 Hertz (S. 56) $1\,\mathrm{Hz} = 1\,\mathrm{s}^{-1}$
Winkelgeschwindigkeit, Kreisfrequenz (S. 55) ω	$\omega = \frac{\varphi}{t}$	$\mathbf{Z}^{-1}$	1 Radiant durch Sekunde (S. 55) $1\,\mathrm{rad\,s^{-1}} = 1\,\mathrm{s}^{-1}$
		3. Dynamik	
Masse (S. 66) m	–	**M**	**1 Kilogramm** (S. 66) 1 kg
Dichte (S. 68) ρ	$\rho = \frac{m}{V}$	$\mathbf{M}\mathbf{L}^{-3}$	1 Kilogramm durch Kubikmeter (S. 68) $1\,\mathrm{kg\,m^{-3}}$
Kraft (S. 73) $\vec{F}$	$\vec{F} = m\vec{a}$	$\mathbf{M}\mathbf{L}\mathbf{Z}^{-2}$	1 Newton (S. 80) $1\,\mathrm{N} = 1\,\mathrm{kg\,m\,s^{-2}}$
Arbeit, Energie (S. 99) W	$W = \vec{F}\vec{s}$	$\mathbf{M}\mathbf{L}^2\mathbf{Z}^{-2}$	1 Joule (S. 100) $1\,\mathrm{J} = 1\,\mathrm{N\,m} = 1\,\mathrm{kg\,m^2\,s^{-2}}$
Leistung (S. 112) P	$P = \frac{W}{t}$	$\mathbf{M}\mathbf{L}^2\mathbf{Z}^{-3}$	1 Watt (S. 112) $1\,\mathrm{W} = 1\,\mathrm{J\,s^{-1}} = 1\,\mathrm{kg\,m^2\,s^{-3}}$
Impuls oder Bewegungsgröße (S. 115) $\vec{p}$	$\vec{p} = m\vec{v}$	$\mathbf{M}\mathbf{L}\mathbf{Z}^{-1}$	1 Newtonsekunde (S. 115) $1\,\mathrm{N\,s} = 1\,\mathrm{kg\,m\,s^{-1}}$

Physikalische Größen, ihre Dimensionen und ihre Einheiten (Fortsetzung)

Name der Größe und Formelzeichen	*Verknüpfung*	*Dimension*	*Einheit und Einheitenzeichen*
Drehmoment (S. 128) $\vec{M}$	$\vec{M}=\vec{F}\times\vec{r}$	$\mathbf{M}\,\mathbf{L}^2\,\mathbf{Z}^{-2}$	1 Newtonmeter (S. 128) $1\,\mathrm{N\,m}=1\,\mathrm{kg\,m^2\,s^{-2}}$
Gravitationspotential (S. 167) V	$V=\frac{W}{m}$	$\mathbf{L}^2\,\mathbf{Z}^{-2}$	1 Joule durch Kilogramm (S. 167) $1\,\mathrm{J\,kg^{-1}}=1\,\mathrm{m^2\,s^{-2}}$
Gravitationskonstante (S. 161) G	$G=\frac{F\,r^2}{m_1\,m_2}$	$\mathbf{M}^{-1}\,\mathbf{L}^3\,\mathbf{Z}^{-2}$	$1\,\mathrm{kg^{-1}\,m^3\,s^{-2}}$ (S. 161)
		4. Wärme	
Temperatur (S. 320) T (abs. Temp.); ϑ (Celsius-Temp.)	–	$\mathbf{T}$	**1 Kelvin** oder **1 °Celsius** (S. 320 u. 323) 1 K oder 1 °C
Stoffmenge (S. 327) ν	–	$\mathbf{N}$	**1 Mol** (S. 327) 1 mol
Molare Masse (S. 328) M_{molar}	$M_{\mathrm{molar}}=\frac{m}{\nu}$	$\mathbf{M}\,\mathbf{N}^{-1}$	1 Kilogramm durch Mol (S. 328) $1\,\mathrm{kg\,mol^{-1}}$
Molares Volumen (S. 329) V_{molar}	$V_{\mathrm{molar}}=\frac{V}{\nu}$	$\mathbf{L}^3\,\mathbf{N}^{-1}$	1 Kubikmeter durch Mol (S. 329) $1\,\mathrm{m^3\,mol^{-1}}$
AVOGADRO-Konstante (S. 328) N_{A}	$N_{\mathrm{A}}=\frac{N}{\nu}$	$\mathbf{N}^{-1}$	1 durch Mol (S. 328) $1\,\mathrm{mol^{-1}}$
		5. Elektrizität und Magnetismus	
Elektrische Stromstärke (S. 402) I	–	$\mathbf{I}$	**1 Ampere** (S. 402) 1 A
Elektrische Ladung (S. 402) Q	$Q=I\,t$	$\mathbf{Z}\,\mathbf{I}$	1 Coulomb = 1 Amperesekunde (S. 402) $1\,\mathrm{C}=1\,\mathrm{A\,s}$
Elektrisches Potential (S. 439) φ	$\varphi=\frac{W}{Q}$	$\mathbf{M}\,\mathbf{L}^2\,\mathbf{Z}^{-3}\,\mathbf{I}^{-1}$	1 Volt (S. 439) $1\,\mathrm{V}=1\,\mathrm{J\,C^{-1}}=1\,\mathrm{kg\,m^2\,s^{-3}A^{-1}}$
Elektrische Spannung oder elektrische Potentialdifferenz (S. 403) U	$U=\frac{W}{Q}$	$\mathbf{M}\,\mathbf{L}^2\,\mathbf{Z}^{-3}\,\mathbf{I}^{-1}$	1 Volt (S. 403) $1\,\mathrm{V}=1\,\mathrm{J\,C^{-1}}=1\,\mathrm{W\,A^{-1}}$ $=1\,\mathrm{kg\,m^2\,s^{-3}A^{-1}}$
Elektrischer Widerstand (S. 403) R	$R=\frac{U}{I}$	$\mathbf{M}\,\mathbf{L}^2\,\mathbf{Z}^{-3}\,\mathbf{I}^{-2}$	1 Ohm (S. 403) $1\,\Omega=1\,\mathrm{V\,A^{-1}}=1\,\mathrm{kg\,m^2\,s^{-3}A^{-2}}$
Elektrischer Leitwert (S. 404) G	$G=\frac{1}{R}$	$\mathbf{M}^{-1}\,\mathbf{L}^{-2}\,\mathbf{Z}^3\,\mathbf{I}^2$	1 Siemens (S. 404) $1\,\mathrm{S}=1\,\Omega^{-1}=1\,\mathrm{kg^{-1}\,m^{-2}\,s^3A^2}$
Kapazität (S. 405) C	$C=\frac{Q}{U}$	$\mathbf{M}^{-1}\,\mathbf{L}^{-2}\,\mathbf{Z}^4\,\mathbf{I}^2$	1 Farad (S. 405) $1\,\mathrm{F}=1\,\mathrm{C\,V^{-1}}=1\,\mathrm{kg^{-1}\,m^{-2}\,s^4A^2}$
Induktivität (S. 534) L	$L=-\frac{U_{\mathrm{ind}}}{\Delta I/\Delta t}$	$\mathbf{M}\,\mathbf{L}^2\,\mathbf{Z}^{-2}\,\mathbf{I}^{-2}$	1 Henry (S. 535) $1\,\mathrm{H}=1\,\mathrm{V\,s\,A^{-1}}=1\,\mathrm{kg\,m^2\,s^{-2}A^{-2}}$
Elektrische Feldstärke (S. 418) $\vec{E}$	$E=\frac{U}{d}$ $\vec{E}=\frac{\vec{F}}{Q}$	$\mathbf{M}\,\mathbf{L}\,\mathbf{Z}^{-3}\,\mathbf{I}^{-1}$	1 Volt durch Meter (S. 418) $1\,\mathrm{V\,m^{-1}}=1\,\mathrm{kg\,m\,s^{-3}A^{-1}}$

Physikalische Größen, ihre Dimensionen und ihre Einheiten (Fortsetzung)

Name der Größe und Formelzeichen	*Verknüpfung*	*Dimension*	*Einheit und Einheitenzeichen*
Elektrische Feldkonstante (S. 411) ε_0	$\varepsilon_0 = \frac{Q_1 Q_2}{4\pi F r^2}$	$\mathbf{M}^{-1}\mathbf{L}^{-3}\mathbf{Z}^4\mathbf{I}^2$	1 Amperesekunde durch Voltmeter (S. 411) $1\,\mathrm{AsV^{-1}\,m^{-1}} = 1\,\mathrm{kg^{-1}\,m^{-3}\,s^4A^2}$
Elektrische Flußdichte oder elektrische Verschiebung (S. 452) $\vec{D}$	$D = \frac{Q}{A}$ $\vec{D} = \varepsilon_0 \vec{E}$ (Vakuum)	$\mathbf{L}^{-2}\mathbf{Z}\mathbf{I}$	1 Coulomb durch Quadratmeter (S. 452) $1\,\mathrm{Cm^{-2}} = 1\,\mathrm{m^{-2}sA}$
Elektrischer Fluß (S. 421) Ψ	$\Psi = \varepsilon_0 \vec{E} \cdot \vec{A}$ $= \vec{D} \cdot \vec{A}$	$\mathbf{Z}\mathbf{I}$	1 Amperesekunde (S. 421) 1 As
Magnetische Flußdichte oder magnetische Induktion (S. 464) $\vec{B}$	$\vec{F} = l\, \vec{I} \times \vec{B}$ $\vec{F} = Q \vec{v} \times \vec{B}$	$\mathbf{M}\mathbf{Z}^{-2}\mathbf{I}^{-1}$	1 Tesla (S. 465) $1\,\mathrm{T} = 1\,\mathrm{Vsm^{-2}} = 1\,\mathrm{kgs^{-2}A^{-1}}$
Magnetischer Fluß (S. 494) Φ	$\Phi = \vec{B}\vec{A}$	$\mathbf{M}\mathbf{L}^2\mathbf{Z}^{-2}\mathbf{I}^{-1}$	1 Weber = 1 Voltsekunde (S. 495) $1\,\mathrm{Wb} = 1\,\mathrm{Vs} = 1\,\mathrm{kgm^2s^{-2}A^{-1}}$
Magnetische Feldkonstante (S. 487) μ_0	$\mu_0 = 4\pi \cdot 10^{-7}\,\frac{\mathrm{N}}{\mathrm{A}^2}$	$\mathbf{M}\mathbf{L}\mathbf{Z}^{-2}\mathbf{I}^{-2}$	1 Voltsekunde durch Amperemeter (S. 487) $1\,\mathrm{VsA^{-1}m^{-1}} = 1\,\mathrm{kgms^{-2}A^{-2}}$
Magnetische Feldstärke (S. 546) $\vec{H}$	$\vec{H} = \frac{\vec{B}}{\mu_0}$ (Vakuum)	$\mathbf{L}^{-1}\mathbf{I}$	1 Ampere durch Meter (S. 547) $1\,\mathrm{Am^{-1}}$
Elektrisches Moment (S. 436) $\vec{p}$	$\vec{p} = Q\vec{l}$	$\mathbf{L}\mathbf{Z}\mathbf{I}$	1 Coulombmeter 1 Cm = 1 msA
Magnetisches Moment (S. 506) $\vec{m}$	$\vec{M} = \vec{m} \times \vec{B}$	$\mathbf{L}^2\mathbf{I}$	1 Ampere mal Quadratmeter (S. 506) $1\,\mathrm{Am^2}$
Elektrochemisches Äquivalent (S. 578) $\ddot{A}$	$\ddot{A} = \frac{m}{Q}$	$\mathbf{M}\mathbf{Z}^{-1}\mathbf{I}^{-1}$	1 Kilogramm durch Coulomb (S. 578) $1\,\mathrm{kgC^{-1}} = 1\,\mathrm{kgs^{-1}A^{-1}}$

Die wichtigsten Naturkonstanten

Vakuum-Lichtgeschwindigkeit	$c = 2{,}997925 \cdot 10^8\ \mathrm{m \cdot s^{-1}}$
Gravitationskonstante	$G = 6{,}672 \cdot 10^{-11}\ \mathrm{m^3 \cdot kg^{-1} \cdot s^{-2}}$
Fallbeschleunigung (Normwert)	$g = 9{,}80665\ \mathrm{m \cdot s^{-2}}$
AVOGADRO-Konstante	$N_\mathrm{A} = 6{,}0221 \cdot 10^{23}\ \mathrm{mol^{-1}}$
Elektrische Elementarladung	$e = 1{,}6022 \cdot 10^{-19}\ \mathrm{C}$
FARADAY-Konstante	$F = N_\mathrm{A}\, e = 96485\ \mathrm{C \cdot mol^{-1}}$
PLANCK-Konstante	$h = 6{,}6262 \cdot 10^{-34}\ \mathrm{J \cdot s}$
BOLTZMANN-Konstante	$k = 1{,}3806 \cdot 10^{-23}\ \mathrm{J \cdot K^{-1}}$
Universelle Gaskonstante	$R = k\, N_\mathrm{A} = 8{,}3143\ \mathrm{J \cdot K^{-1}\, mol^{-1}}$
Absoluter Nullpunkt	$T_0 = 0\ \mathrm{K}$ oder $\vartheta_0 = -273{,}15\ ^\circ\mathrm{C}$
Molares Normvolumen eines idealen Gases (0 °C und 1013 mbar)	$V_{\mathrm{molar},\,0} = 0{,}022414\ \mathrm{m^3 \cdot mol^{-1}}$
Elektrische Feldkonstante	$\varepsilon_0 = 8{,}8542 \cdot 10^{-12}\ \mathrm{A \cdot s \cdot V^{-1} \cdot m^{-1}}$
Magnetische Feldkonstante	$\mu_0 = 4\pi \cdot 10^{-7}\ \mathrm{V \cdot s \cdot A^{-1} \cdot m^{-1}}$
RYDBERG-Konstante	$Ry = 1{,}097 \cdot 10^7\ \mathrm{m^{-1}}$
Atomare Masseneinheit	$1\ \mathrm{u} = 10^{-3}\ \mathrm{kg\, mol^{-1}} \cdot \frac{1}{N_\mathrm{A}} = 1{,}66055 \cdot 10^{-27}\ \mathrm{kg}$
Ruhmasse	
des Elektrons	$m_\mathrm{e} = 9{,}1095 \cdot 10^{-31}\ \mathrm{kg} = 0{,}548580 \cdot 10^{-3}\ \mathrm{u}$
des Protons	$m_\mathrm{p} = 1{,}6726 \cdot 10^{-27}\ \mathrm{kg} = 1{,}007277\ \mathrm{u}$
des Neutrons	$m_\mathrm{n} = 1{,}6749 \cdot 10^{-27}\ \mathrm{kg} = 1{,}008665\ \mathrm{u}$
des Deuterons	$m_\mathrm{d} = 3{,}3436 \cdot 10^{-27}\ \mathrm{kg} = 2{,}013554\ \mathrm{u}$
des Alphateilchens	$m_\alpha = 6{,}6447 \cdot 10^{-27}\ \mathrm{kg} = 4{,}001506\ \mathrm{u}$
des Wasserstoffatoms	$m_\mathrm{H} = 1{,}6735 \cdot 10^{-27}\ \mathrm{kg} = 1{,}007825\ \mathrm{u}$
des Heliumatoms	$m_\mathrm{He} = 6{,}6465 \cdot 10^{-27}\ \mathrm{kg} = 4{,}002603\ \mathrm{u}$
Massenverhältnis Proton/Elektron	$\frac{m_\mathrm{p}}{m_\mathrm{e}} = 1836$
Spezifische Ladung	
des Elektrons	$\frac{e}{m_\mathrm{e}} = 1{,}7588 \cdot 10^{11}\ \mathrm{A \cdot s \cdot kg^{-1}}$
des Protons	$\frac{e}{m_\mathrm{p}} = 9{,}5788 \cdot 10^{7}\ \mathrm{A \cdot s \cdot kg^{-1}}$
Ruhenergie	
des Elektrons	$m_\mathrm{e}\, c^2 = 0{,}5110\ \mathrm{MeV}$
des Protons	$m_\mathrm{p}\, c^2 = 938{,}3\ \mathrm{MeV}$
COMPTON-Wellenlänge des Elektrons	$\lambda_\mathrm{C} = 2{,}4263 \cdot 10^{-12}\ \mathrm{m}$

Namen- und Sachverzeichnis

Bildquellennachweis

AEG Telefunken, Großwelzheim (599.1); W. Finkelnburg, Einführung in die Atomphysik, 9. u. 10. Auflage, Springer Verlag, Berlin (596.1); Chr. Gerthsen-H. O. Kneser, Physik, 10. Auflage, Springer Verlag, Berlin (590.1); Lawrence Radiation Laboratory, University of California (470.1); Leybold-Heraeus, Köln (424.1, 424.2, 469.1, 469.2); MPI für Radioastronomie, Bonn, Foto G. Hutschenreiter (664.2); H. v. Murawski, Vom Erdkern bis zur Magnetosphäre (Nachzeichnung) Umschau Verlag, Frankfurt (471.1), Phywe AG, Göttingen (628.1); J. Smitt-H. P. J. Wijn Ferrite, Deutsche Philips, Hamburg (556.3); Philips GmbH, Forschungslaboratorium Hamburg (530.3); O. Struve, Astronomie, 2. Auflage, Walter de Gruyter & Co., Berlin (664.1); Technische Hochschule, München (669.1); Carl Zeiss, Bildarchiv, Oberkochen/Württ. (590.2, 591.1, 591.2).
Verfasser (413.1, 460.3, 462.2, 493.1, 493.2, 533.2, 619.3, 639.1, 646.2, 647.2, 654.1, 660.2).

SPEKTRUM

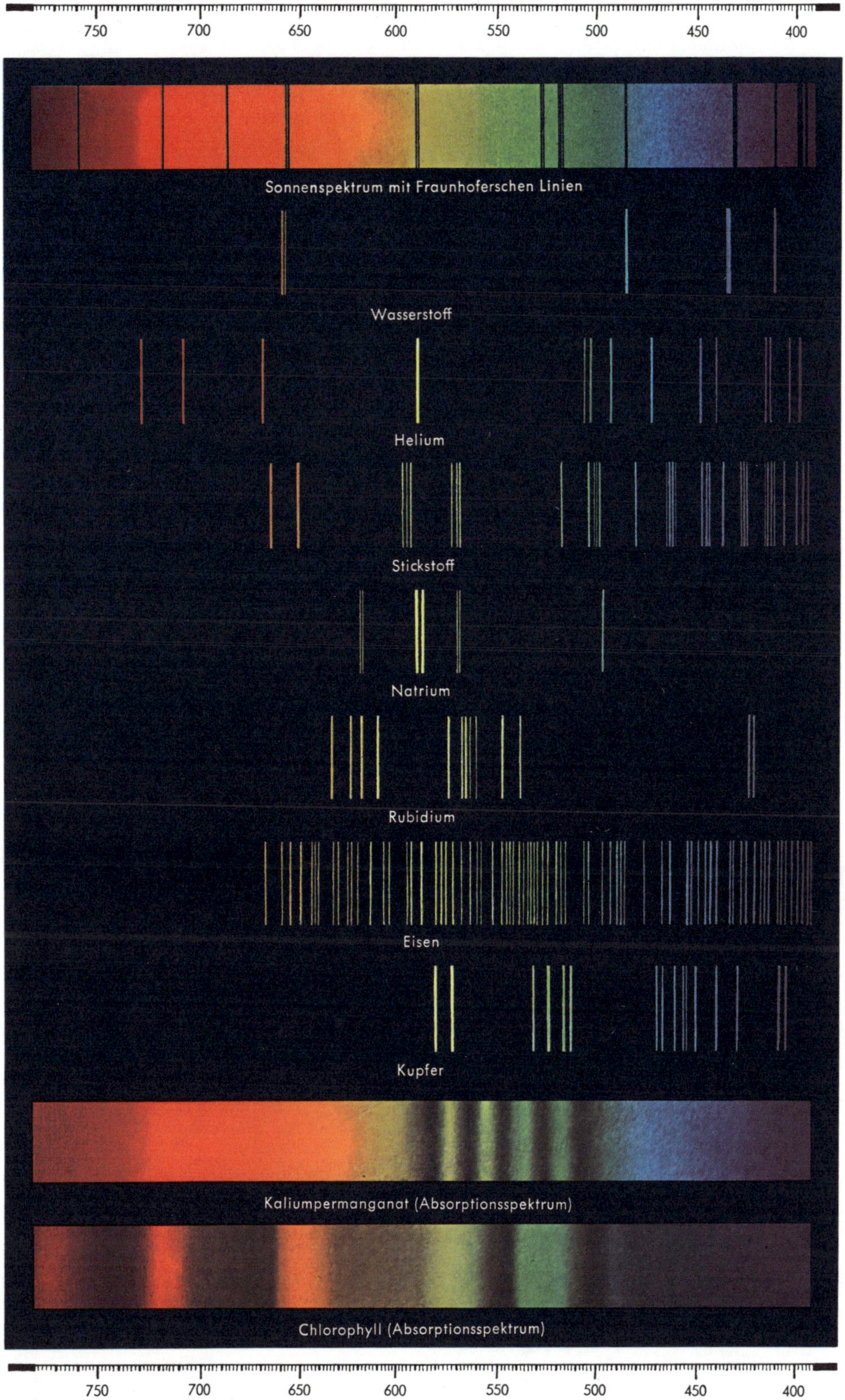

Einige charakteristische Spektren von Elementen und Verbindungen. Die Zahlen der Skala bedeuten Wellenlängen in nm